Das LEGO®-MINDSTORMS®-Roboter-Erfinder-Ideenbuch

YOSHIHITO ISOGAWA

128 Maschinen und smarte Ideen
für eigene Roboter

Yoshihito Isogawa

Lektorat & Übersetzung: Gabriel Neumann
Lektoratsassistenz: Anja Weimer
Satz: Veronika Schnabel
Herstellung: Stefanie Weidner
Umschlaggestaltung: Helmut Kraus, *www.exclam.de,* nach Vorlage von No Starch Press Inc.
Druck und Bindung: Schleunungdruck GmbH, Marktheidenfeld

Bibliografische Information der Deutschen Nationalbibliothek
Die Deutsche Nationalbibliothek verzeichnet diese Publikation in der Deutschen Nationalbibliografie; detaillierte bibliografische Daten sind im Internet über *http://dnb.d-nb.de* abrufbar.

ISBN:
Print 978-3-86490-897-2
PDF 978-3-96910-792-8
ePub 978-3-96910-793-5
mobi 978-3-96910-794-2

1. Auflage 2022

Wieblinger Weg 17
69123 Heidelberg

Hinweis:
Der Umwelt zuliebe verzichten wir auf die Einschweißfolie.

Schreiben Sie uns:
Falls Sie Anregungen, Wünsche und Kommentare haben, lassen Sie es uns wissen: *hallo@dpunkt.de.*

5 4 3 2 1 0

Inhalt

Teil 1 • Grundlegende Mechanismen

Teil 2 • Bewegliche Mechanismen

Teil 3 • Praktische Mechanismen

Teil 4 • Sensoren

Teil 5 • Andere unterhaltsame Mechanismen

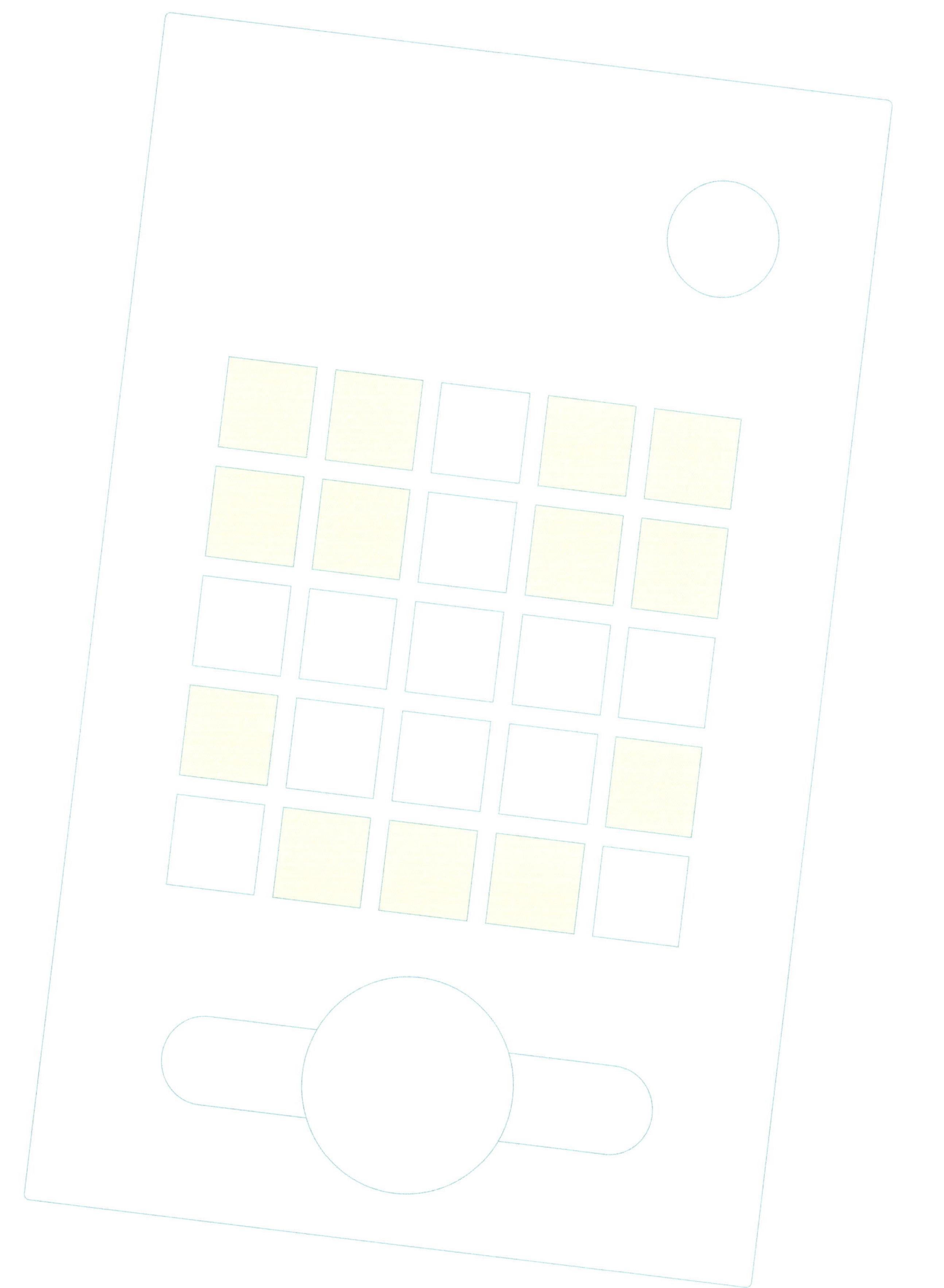

Einleitung

Mit dem LEGO-Mindstorms-Roboter-Erfinder-Set und der dazugehörigen App kannst du tolle Roboter bauen und eine Menge lernen. Wenn du bereits die mitgelieferten Modelle ausprobiert hast, fragst du dich vielleicht, wie du noch mehr Spaß mit dem Set haben kannst. Dieses Ideenbuch wird dir dabei helfen. Die Erfahrungen, die du mit diesem Buch sammelst, werden deine Phantasie und deine Kreativität beflügeln.

Um die Modelle aus diesem Buch nachzubauen, brauchst du nur das Set »LEGO MINDSTORMS Roboter-Erfinder« (#51515) und ein Gerät, mit dem du die LEGO-Mindstorms-App bedienen kannst.

Wie man dieses Buch benutzt

Das Buch enthält keine Schritt-für-Schritt-Anleitungen. Farbenfrohe Fotos, die aus verschiedenen Blickrichtungen aufgenommen sind, sowie eine Auflistung der Teile, die für das jeweilige Modell benötigt werden, ermöglichen den Nachbau ohne ermüdende Anleitungen. Betrachte die Fotos genau und versuche, die Modelle nachzubauen. So zu bauen ist wie ein Puzzlespiel. Wenn du mit dieser Art des Bauens nicht vertraut bist, beginne mit dem Kapitel *Warmlaufen* auf der übernächsten Seite, um etwas Übung zu bekommen.

Es ist nicht nötig, die Modelle in der Reihenfolge, in der sie im Buch vorgestellt werden, nachzubauen. Blättere durch die Seiten und suche dir die Geräte, die du am interessantesten findest, aus. Du wirst hier eine Vielzahl an Modellen entdecken: einfache in der ersten und komplexere Modelle in der zweiten Buchhälfte. Sie sind so einfach wie möglich gehalten, damit du sie leicht nachbauen kannst und verstehst, wie sie funktionieren. Aber sie sind nur ein Ausgangspunkt. Ich lade dich dazu ein, deine eigenen Ideen einzubringen, um die Geräte besser und cooler zu machen. Wenn du ein Modell ein wenig zerbrechlich findest, verstärke seine Schwachstellen. Wenn du eine andere Möglichkeit siehst, einen Mechanismus zu benutzen, probiere sie aus. Diese Erfahrungen werden dir helfen, als Konstrukteur zu wachsen.

Wenn du weitere Modelle baust, kannst du sie immer wieder verändern und versuchen, verschiedene Mechanismen zu immer raffinierteren Robotern zu kombinieren. Solltest du bereits andere LEGO-Sets besitzen, wird es dir auch Spaß machen, sie mit dem Roboter-Erfinder-Set zu kombinieren. Das Endprodukt wird dein eigenes Originalmodell sein, das einzige seiner Art auf der Welt. Als Autor wünsche ich mir, dass meine Leserinnen und Leser so auch ihre Einzigartigkeit zeigen und außergewöhnliche Modelle schaffen, die Menschen auf der ganzen Welt begeistern.

Hinweise

- Die Motoren im Mindstorms-Roboter-Erfinder-Set sind sehr leistungsfähig. Achte darauf, dass du die rotierenden Zahnräder nicht berührst, sonst könntest du dir die Finger verletzen.
- Einige Modelle haben Teile, die sich mit hoher Geschwindigkeit drehen. Achte darauf, dass diese Teile nicht deine Augen treffen.
- Im Buch gibt es einige Modelle zum Zeichnen mit einem Stift. Wenn möglich, verwende einen Stift auf Wasserbasis. Ein Stift auf Ölbasis kann den Tisch oder den Boden verunreinigen.
- Die Programme in diesem Buch wurden mit der neuesten App-Version erstellt, die zum Zeitpunkt des Schreibens verfügbar war. Dein Bildschirm kann je nach Version der App (oder je nach Modell des von dir verwendeten Tablets, Smartphones oder anderem Computer) anders aussehen.

Buchempfehlungen

Eine Anleitung für Einsteigerinnen und Einsteiger in das LEGO-Mindstorms-Roboter-Erfinder-Set findest du in diesem Buch von Daniele Benedettelli:

Das LEGO®-MINDSTORMS®-Roboter-Erfinder-Labor. Bauen, programmieren und experimentieren mit 7 tollen Robots (dpunkt.verlag, 2022).

Wenn du tiefer in die Programmierung mit LEGO Mindstorms einsteigen willst, schaue dir dieses Buch von Alexander Schulze an:

Programmieren mit LEGO® MINDSTORMS® 51515 und SPIKE® Prime. Scratch und Python für Einsteiger und Fortgeschrittene (dpunkt.verlag, 2021).

Danksagungen

Zur Erstellung der Illustrationen in diesem Buch wurden LDraw-Daten und LPub-Anwendung verwendet. Ich möchte mich bei denjenigen bedanken, die an der Entwicklung dieser Programme beteiligt waren.

Warmlaufen

In diesem Buch findest du keine Schritt-für-Schritt-Bauanleitungen. Stattdessen verwendest du für den Nachbau des gezeigten Modells Fotos, die aus verschiedenen Blickwinkeln aufgenommen wurden. Du wirst bald den Dreh raushaben und Spaß daran finden! Lass uns anfangen und ein bisschen üben.

Alle Teile, die du für dieses Modell benötigst, sind in der Auswahl unten dargestellt. Finde sie in deinem Mindstorms-Roboter-Erfinder-Set und fang an zu bauen!

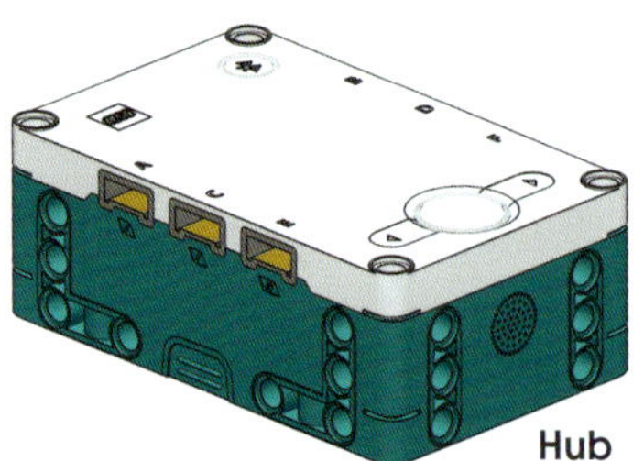

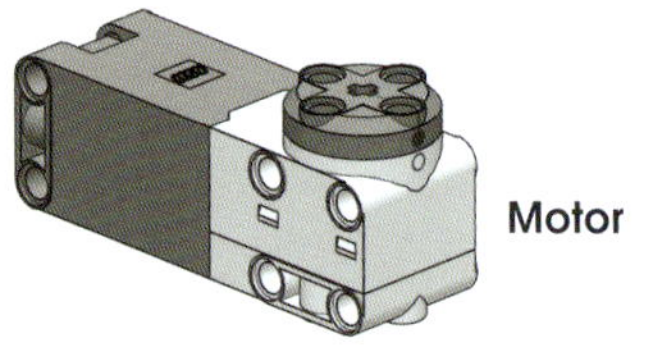

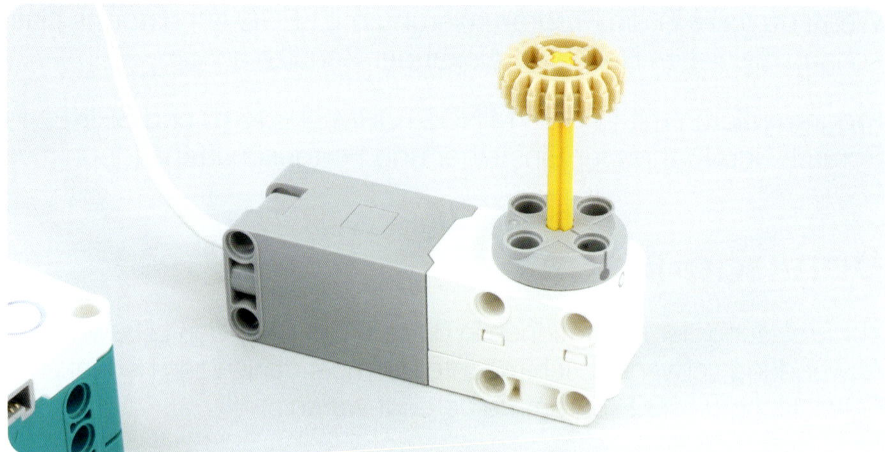

Wenn du die Teile zusammengesucht hast, versuche das Modell anhand der Fotos auf dieser und der nächsten Seite nachzubauen. Um schneller zu arbeiten, stelle dein Modell in dieselbe Position wie auf den Fotos und vergleiche sie beim Bau immer wieder.

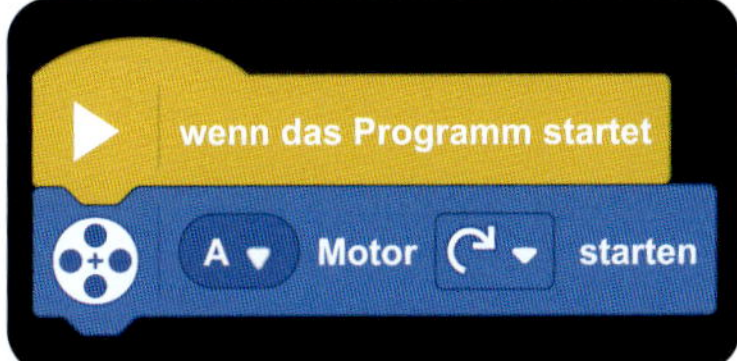

Dies ist ein Programm zum Bewegen des Modells. Wenn du ein neues Programm erstellst, befolge die folgenden Schritte.

Dies ist das »Hinweis«-Symbol, das Bauvarianten und eine andere Programmierung anzeigt. Versuche mit diesen Tipps, deine eigenen einzigartigen und unterhaltsamen Modelle zu bauen.

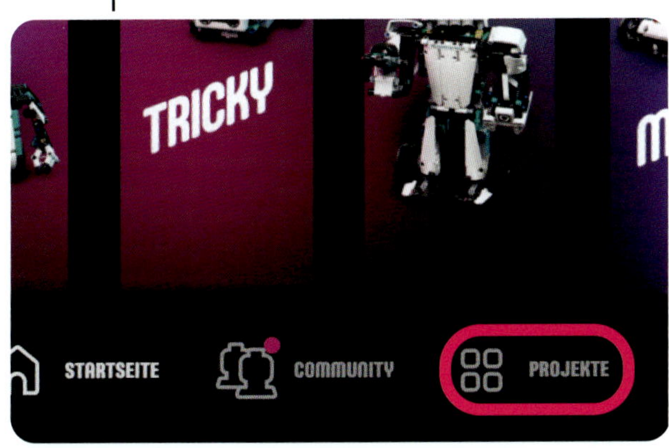

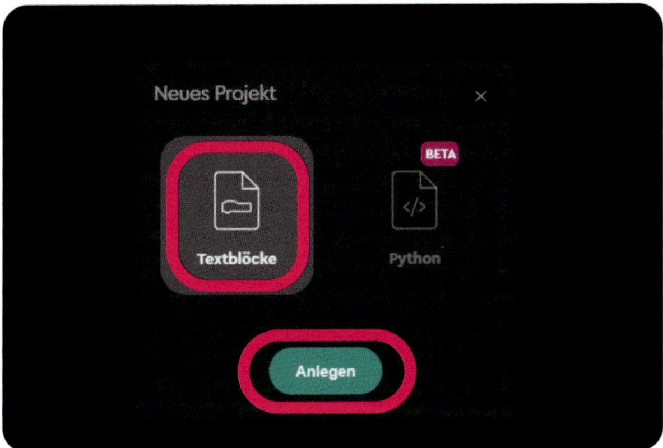

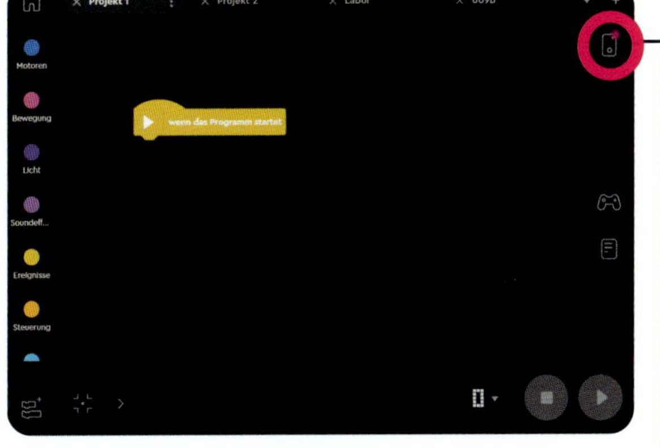

Bitte beachte, dass der angezeigte Bildausschnitt je nach Version der Software anders aussehen kann.

Wenn der Hub und dein Tablet/Smartphone/Computer nicht verbunden sind, stelle die Verbindung von hier aus her.

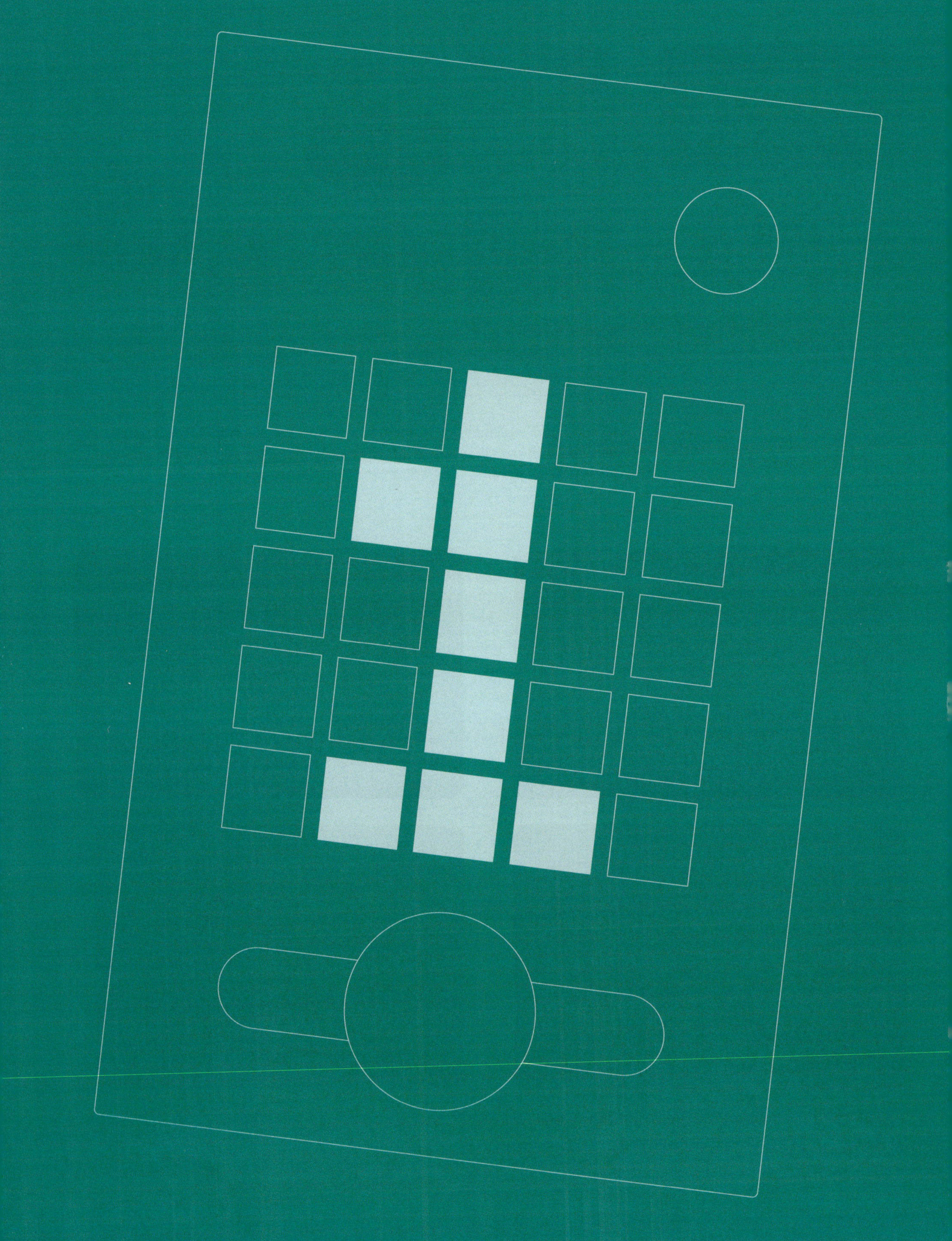

Teil 1
Grundlegende Mechanismen

Drehende Motoren

1

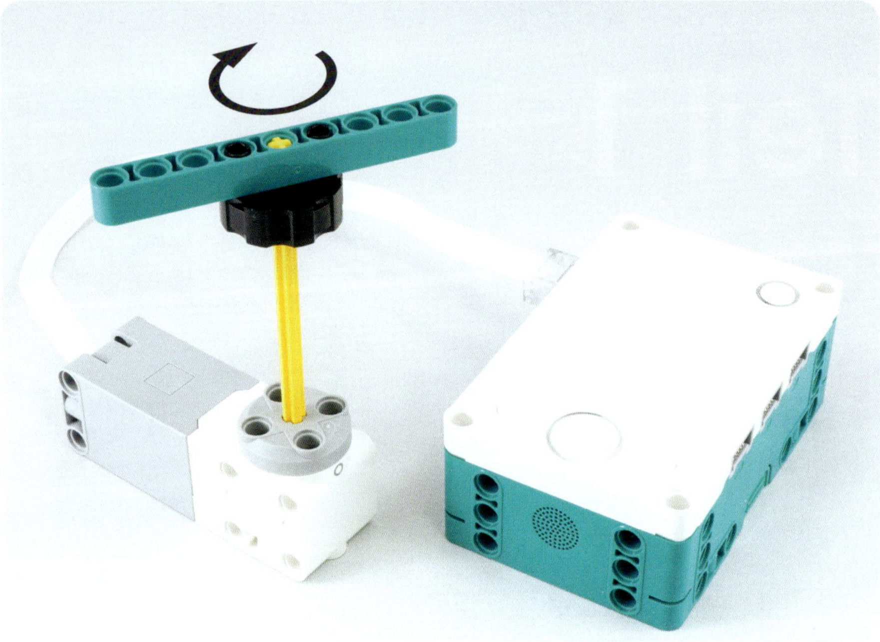

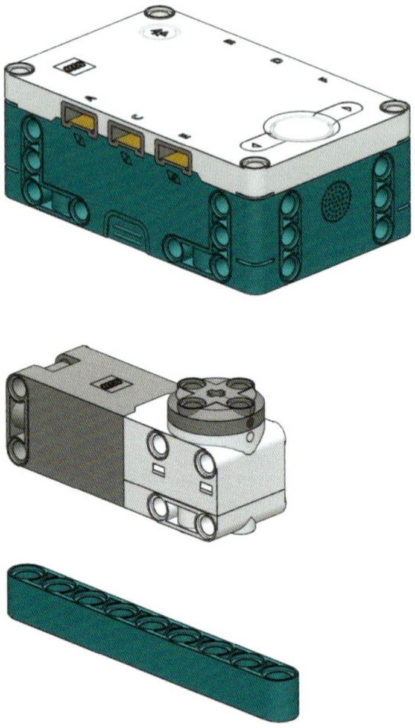

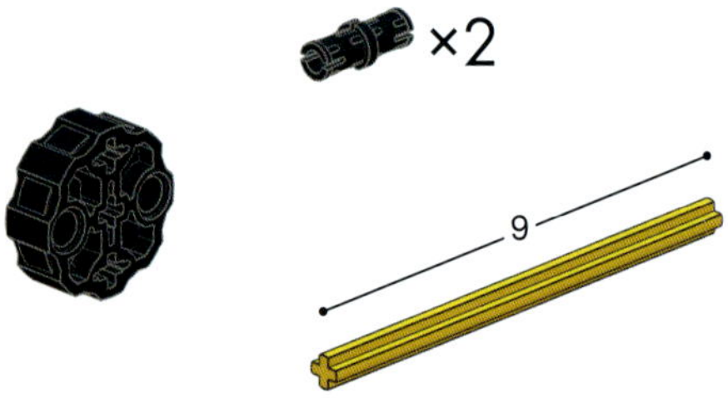

×2

9

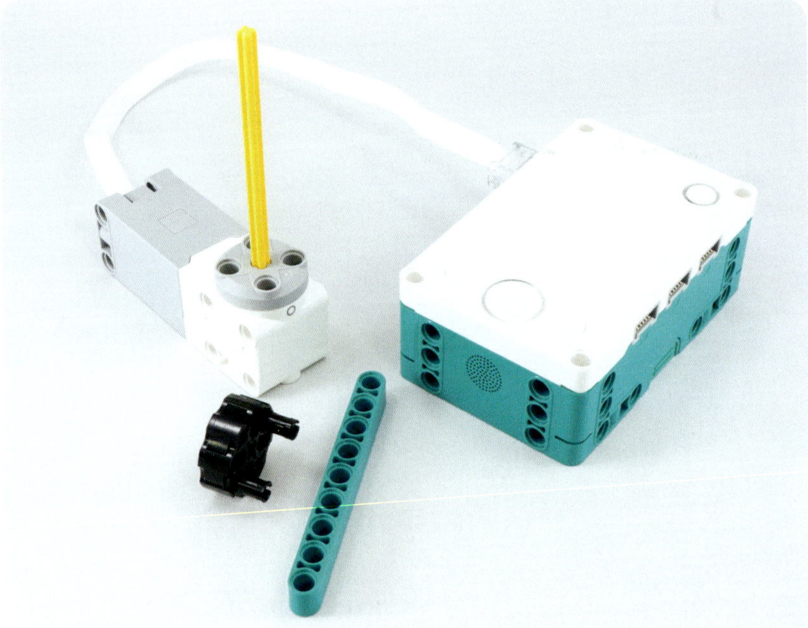

wenn das Programm startet

A Motor starten

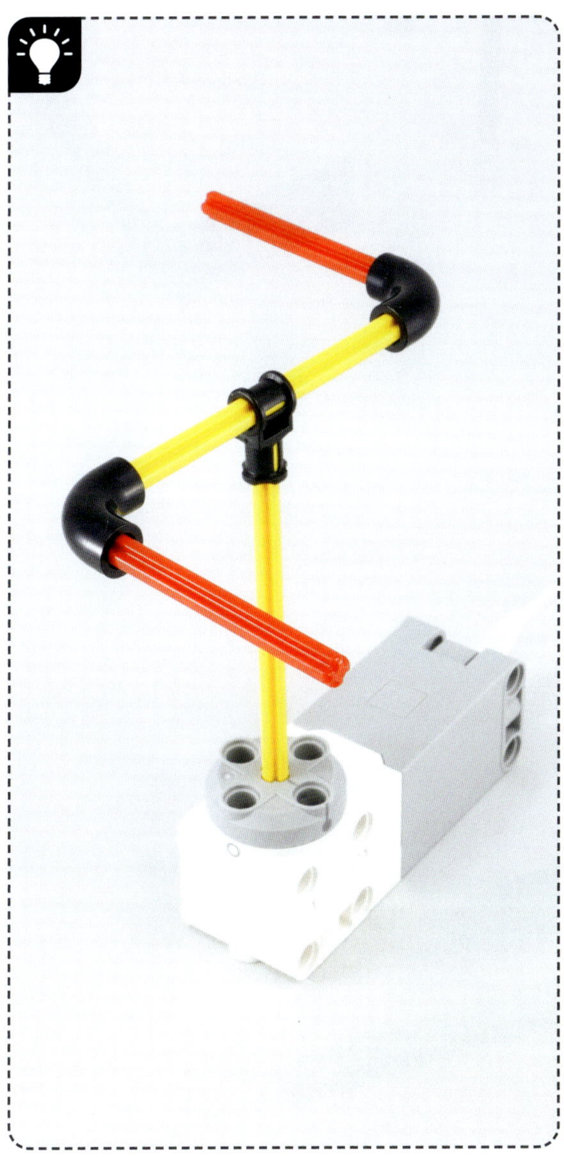

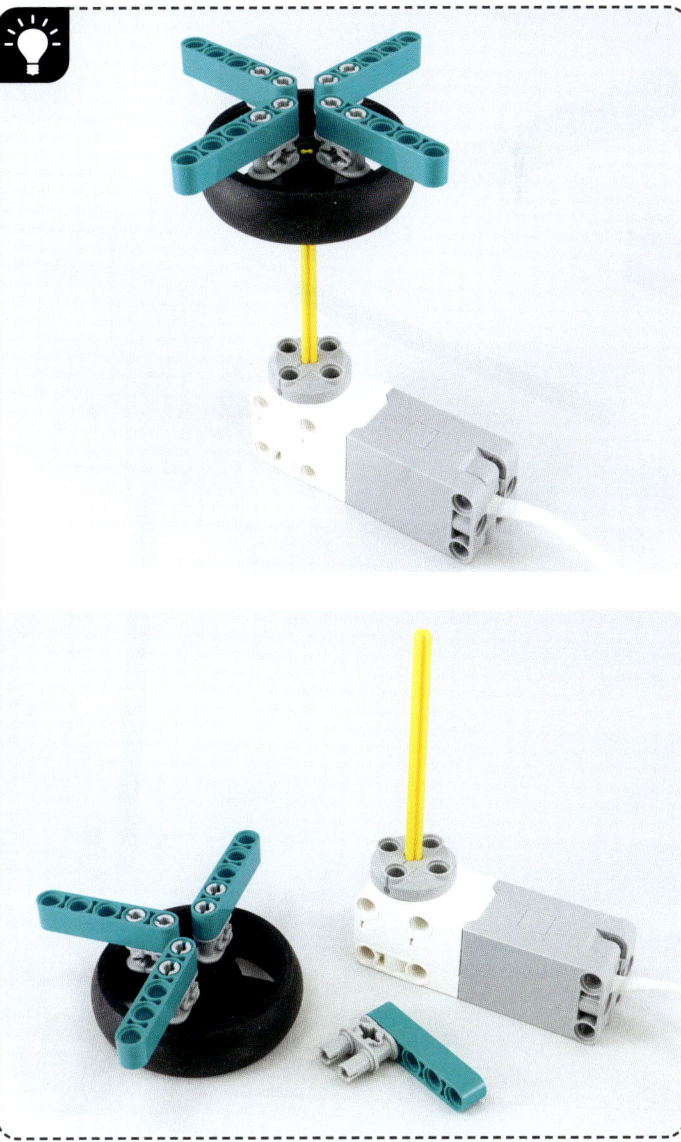

#2

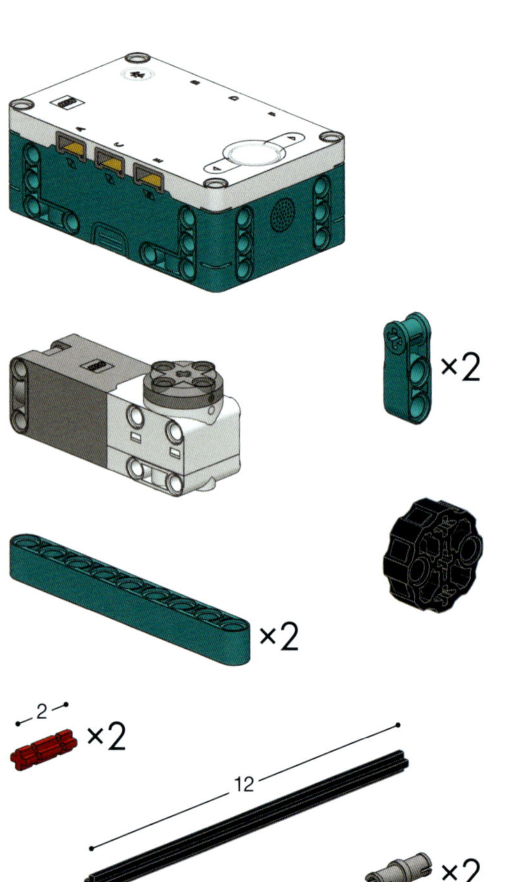

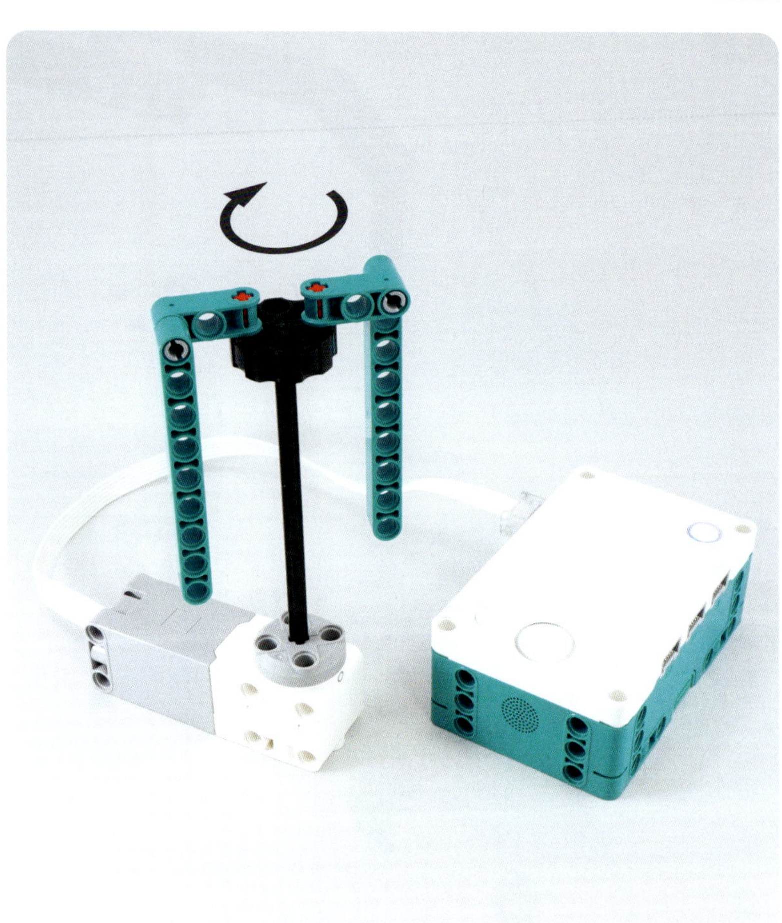

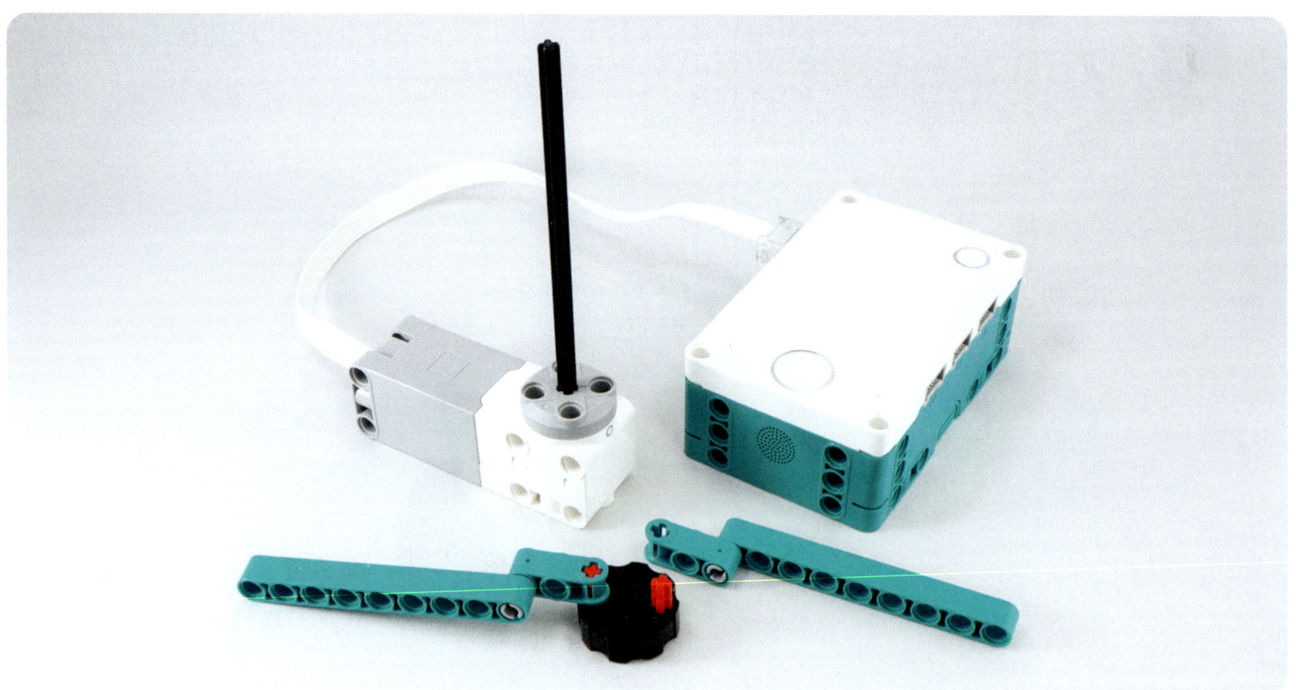

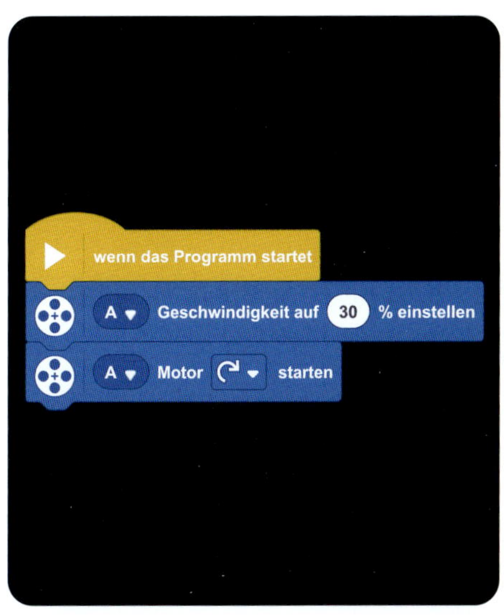
wenn das Programm startet
A Geschwindigkeit auf 30 % einstellen
A Motor starten

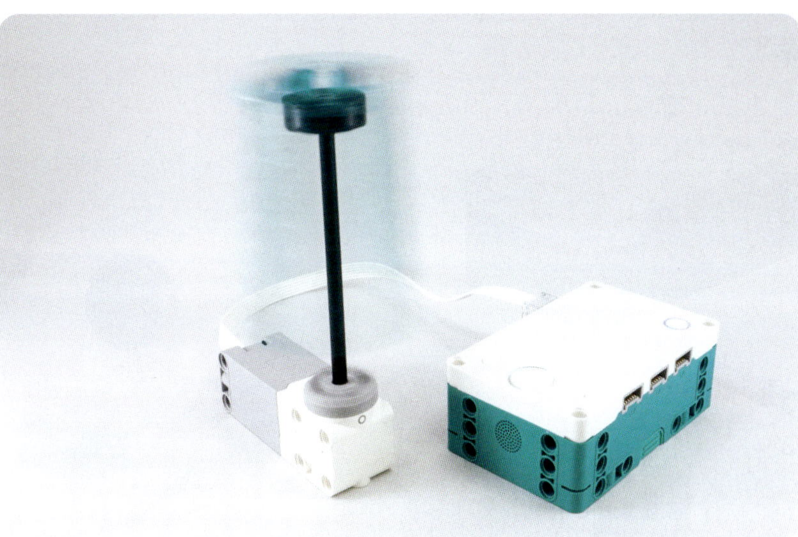

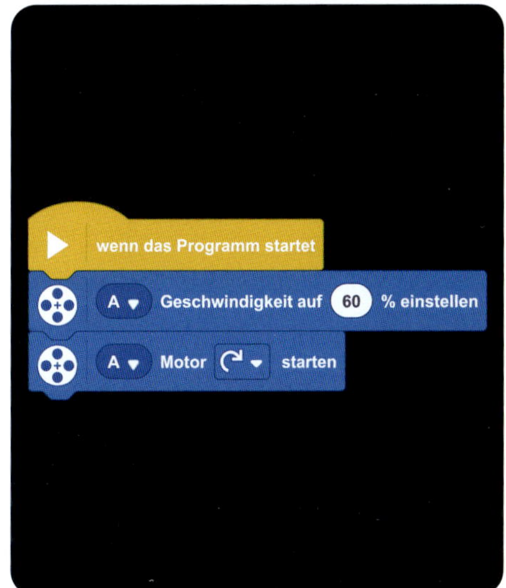
wenn das Programm startet
A Geschwindigkeit auf 60 % einstellen
A Motor starten

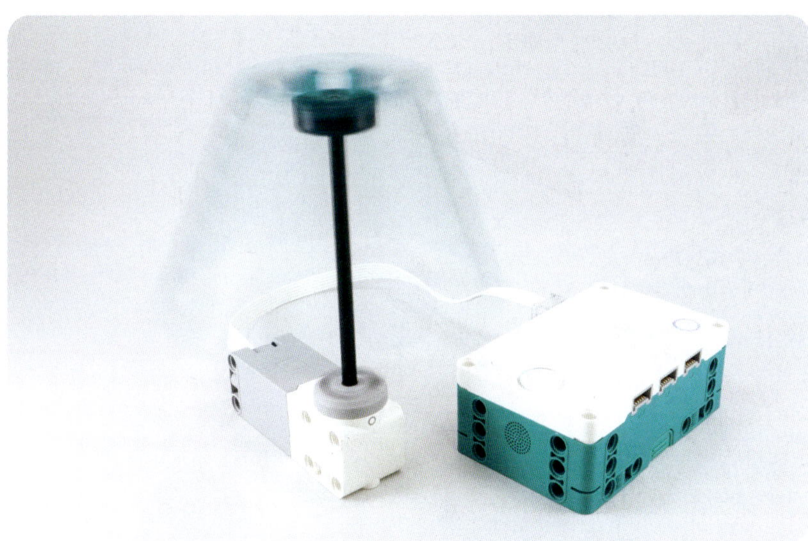

wenn das Programm startet
A Geschwindigkeit auf 100 % einstellen
A Motor starten

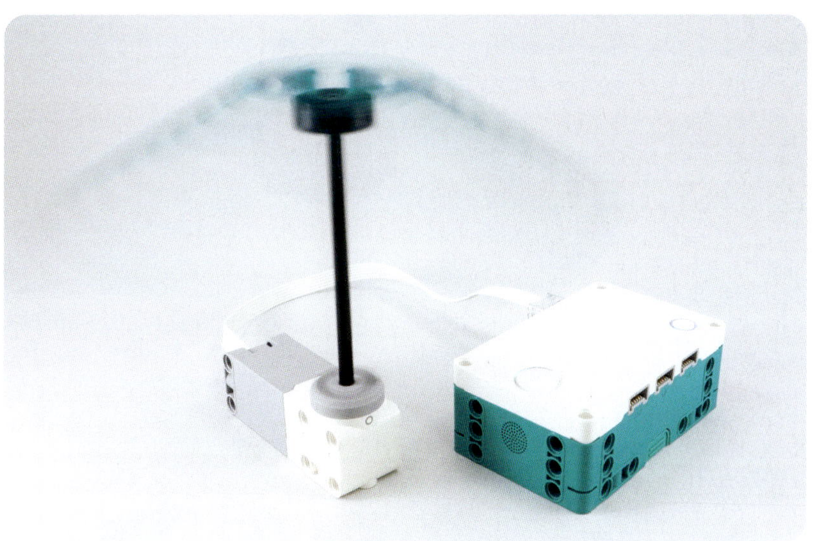

3

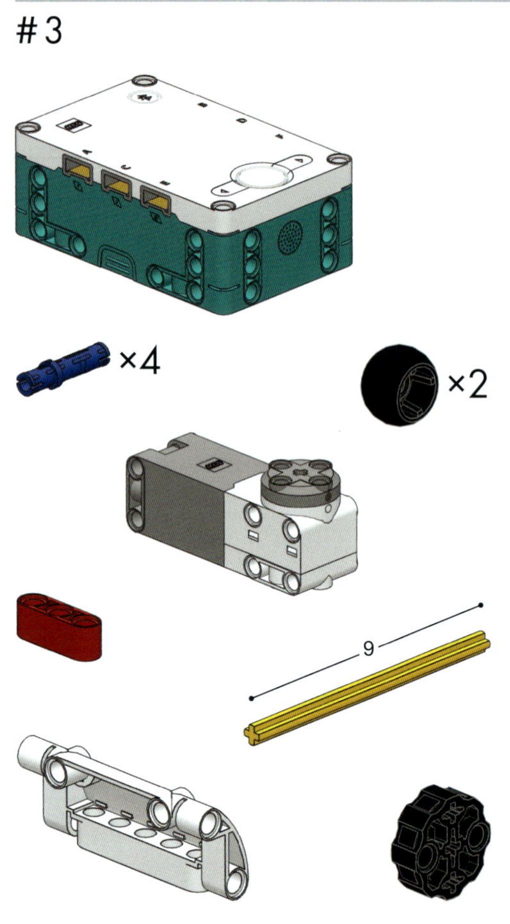

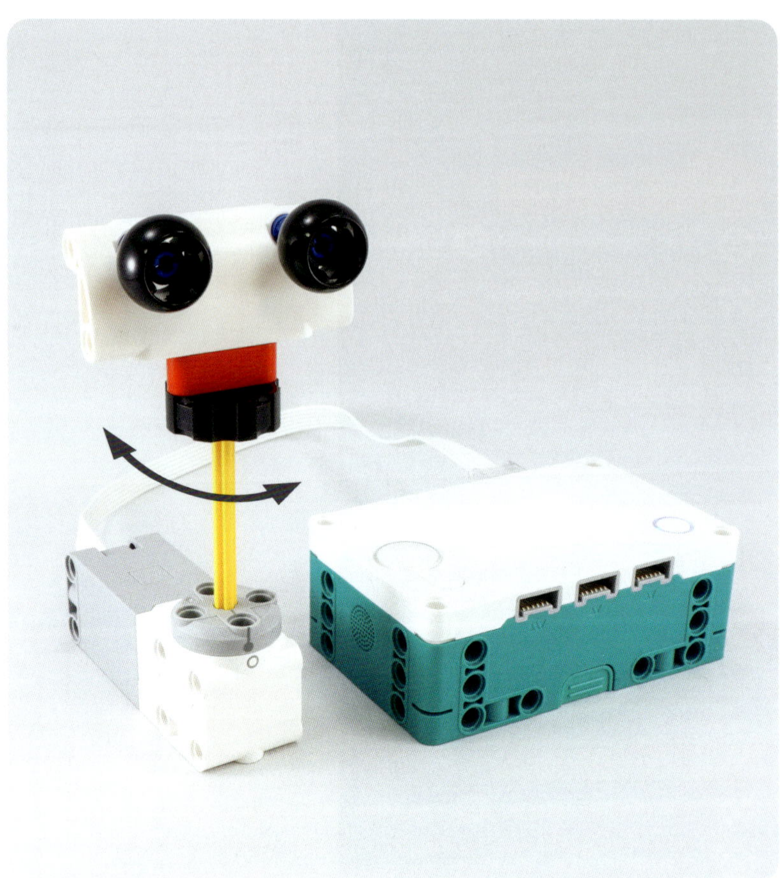

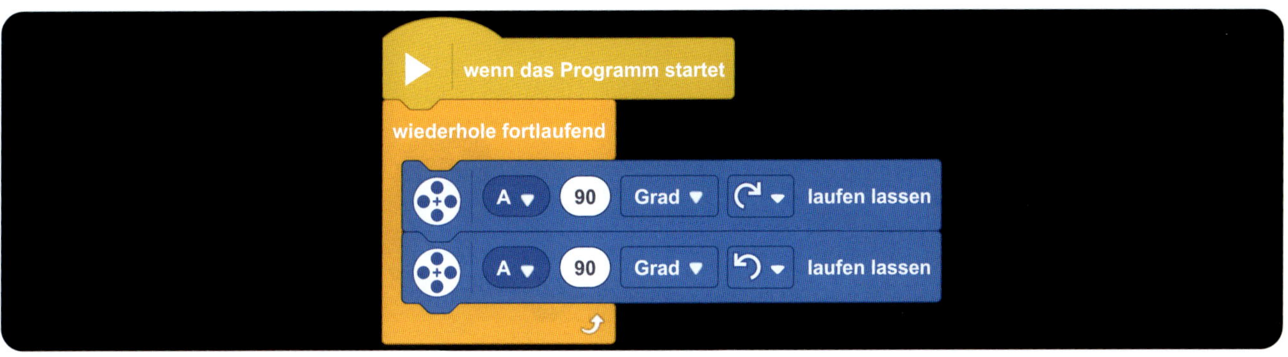

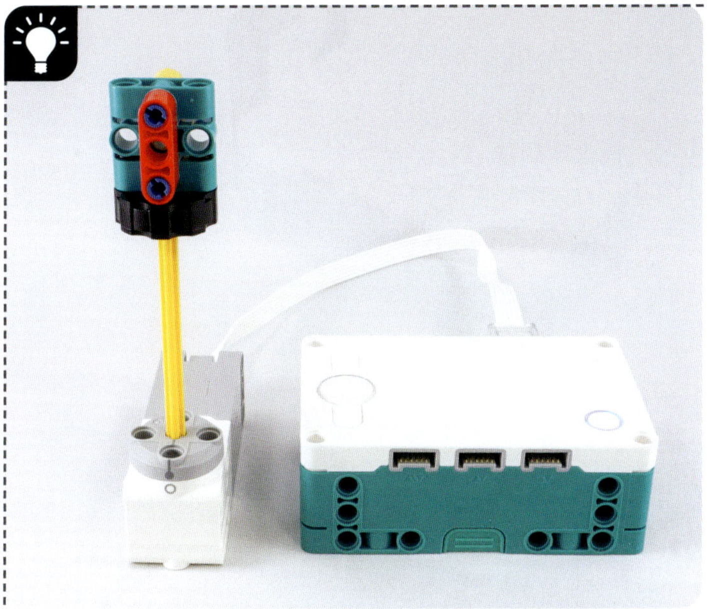

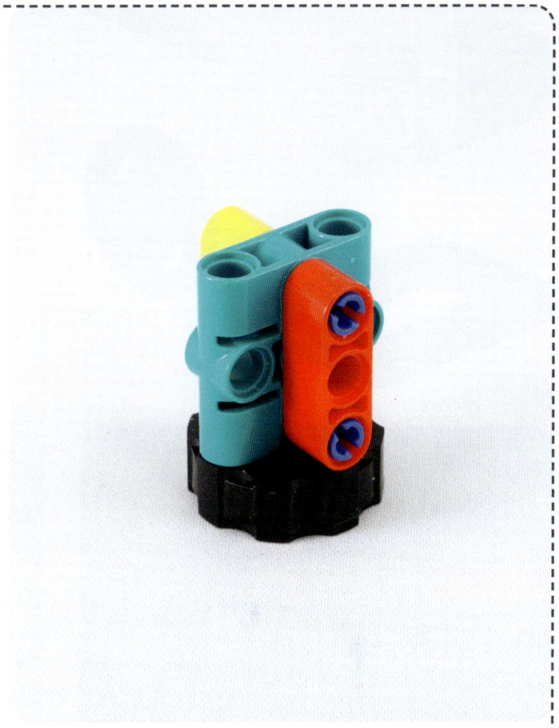

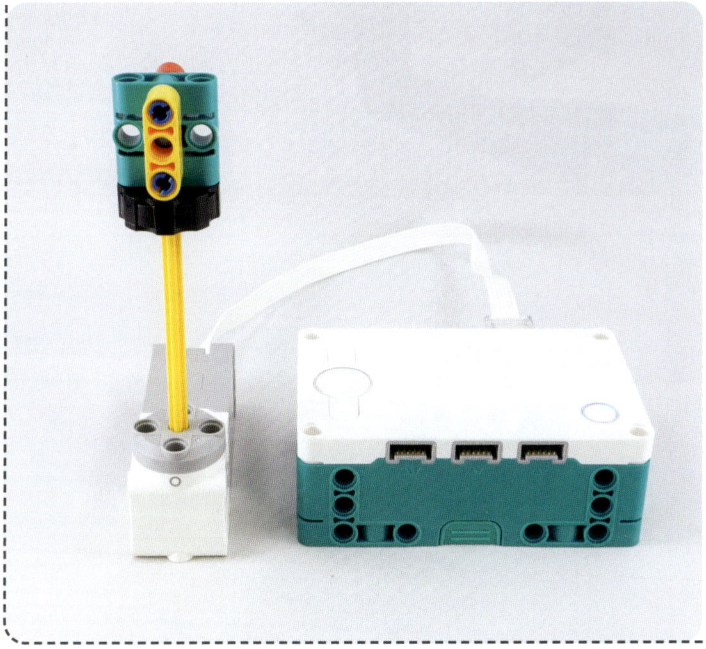

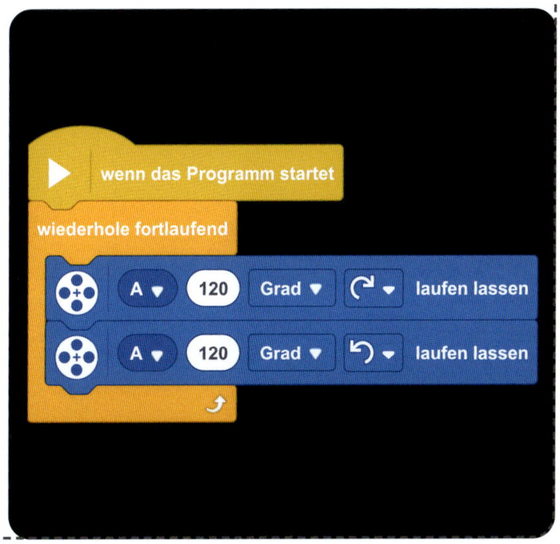

wenn das Programm startet
wiederhole fortlaufend
A 90 Grad laufen lassen
A 90 Grad laufen lassen

wenn das Programm startet
wiederhole fortlaufend
A 120 Grad laufen lassen
A 120 Grad laufen lassen

#4

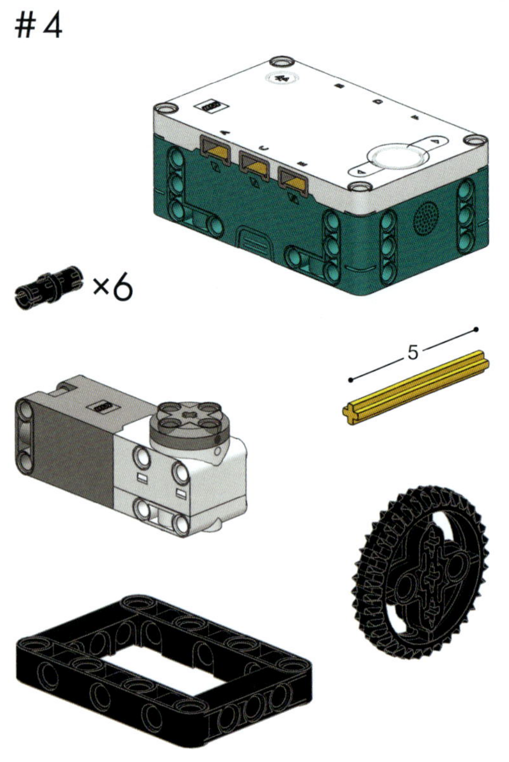
×6
5

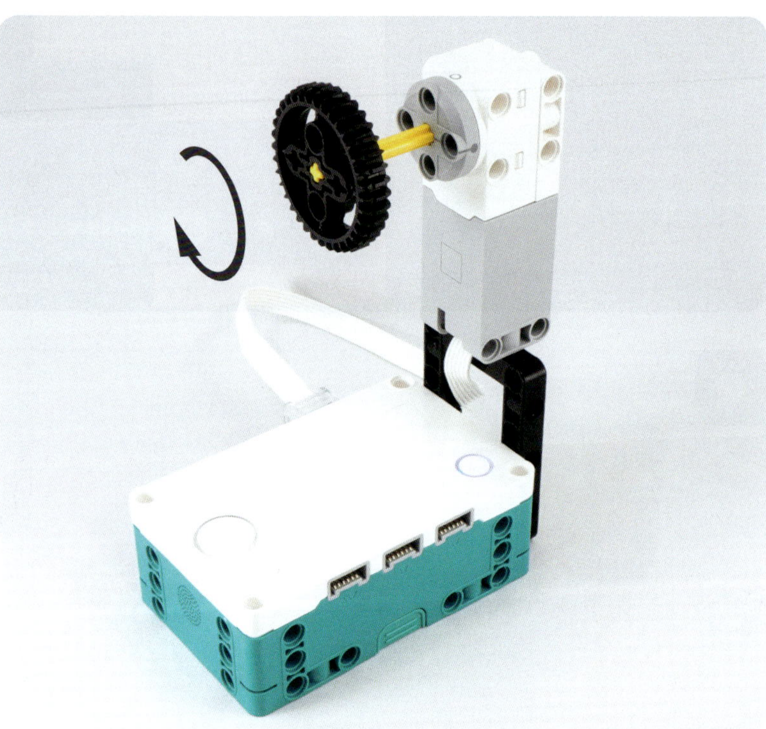

wenn das Programm startet
A Geschwindigkeit auf 30 % einstellen
A Motor starten

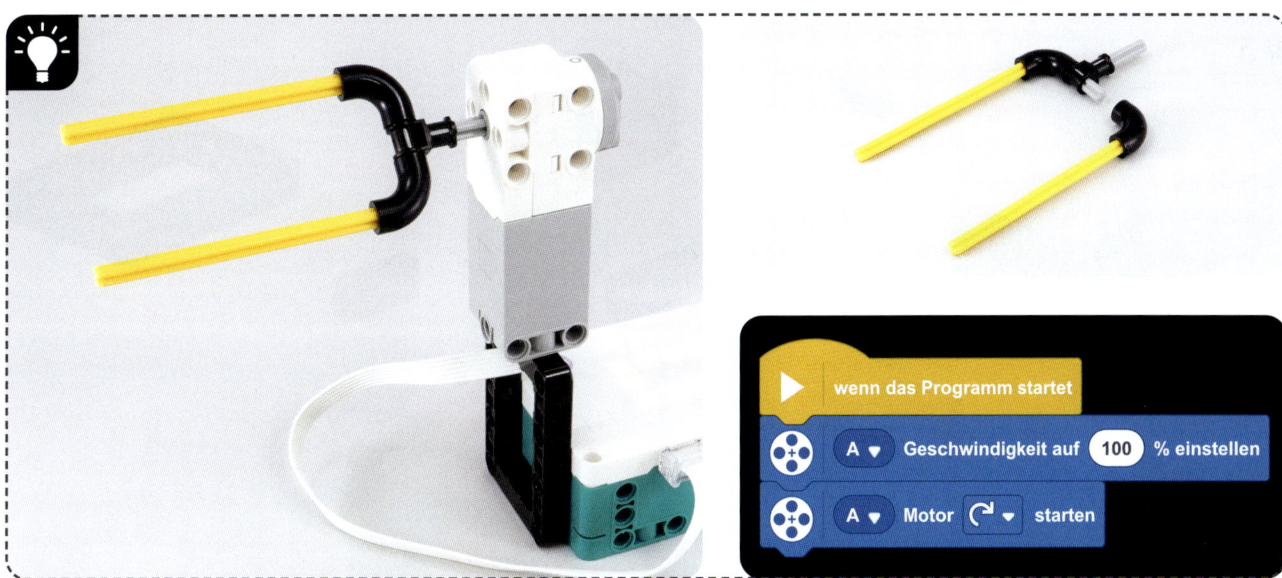

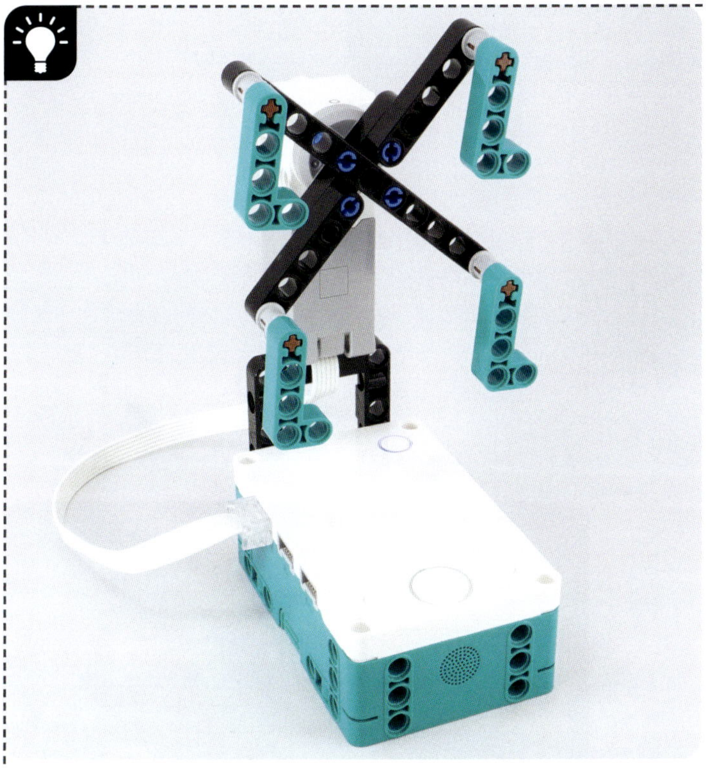

wenn das Programm startet
A Geschwindigkeit auf 100 % einstellen
A Motor starten

wenn das Programm startet
A Geschwindigkeit auf 10 % einstellen
A Motor starten

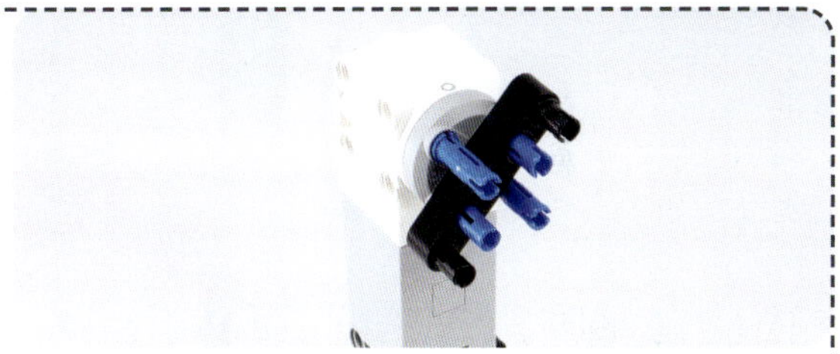

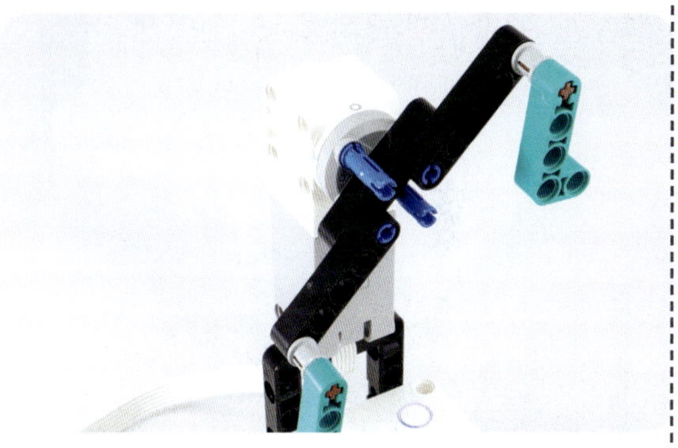

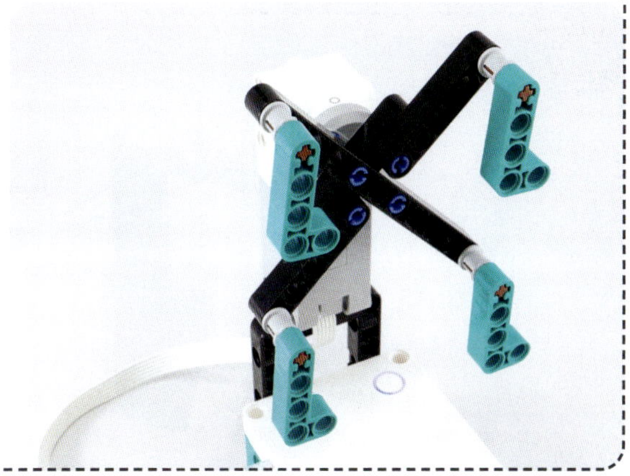

5

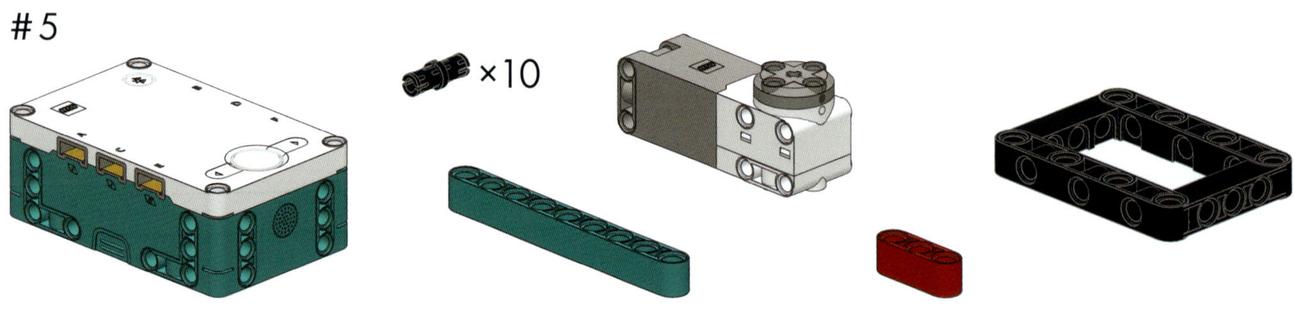
×10

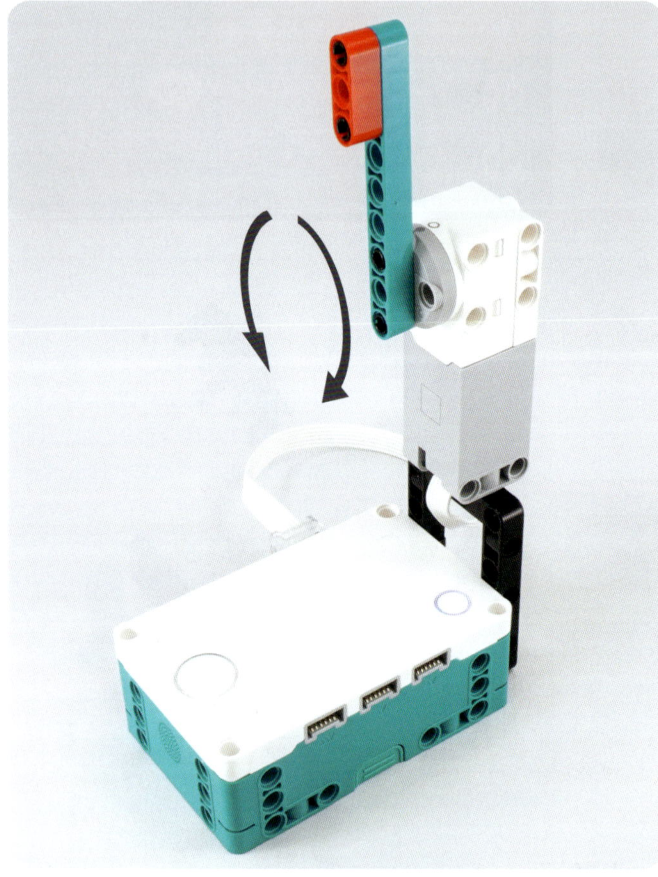

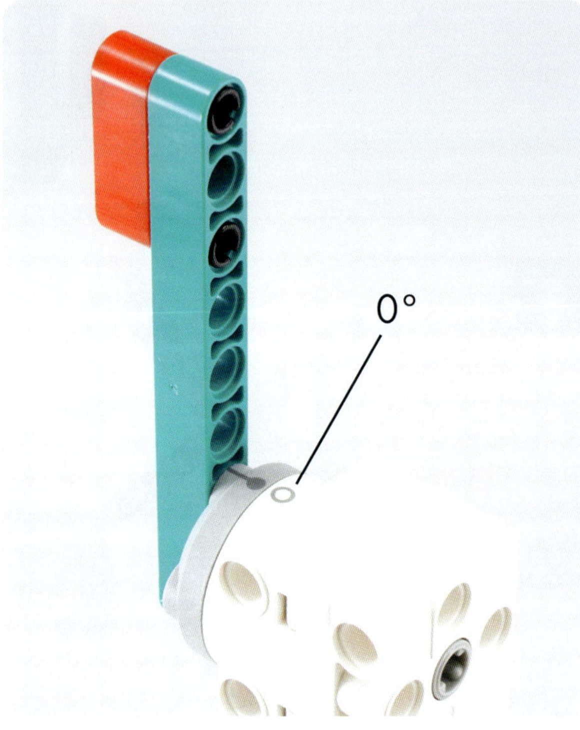
0°

wenn das Programm startet
A auf kürzestem Wege auf Position 0 bewegen
warte 1 Sekunden
A auf kürzestem Wege auf Position 120 bewegen
warte 1 Sekunden
A auf kürzestem Wege auf Position 0 bewegen
warte 1 Sekunden
A auf kürzestem Wege auf Position 240 bewegen

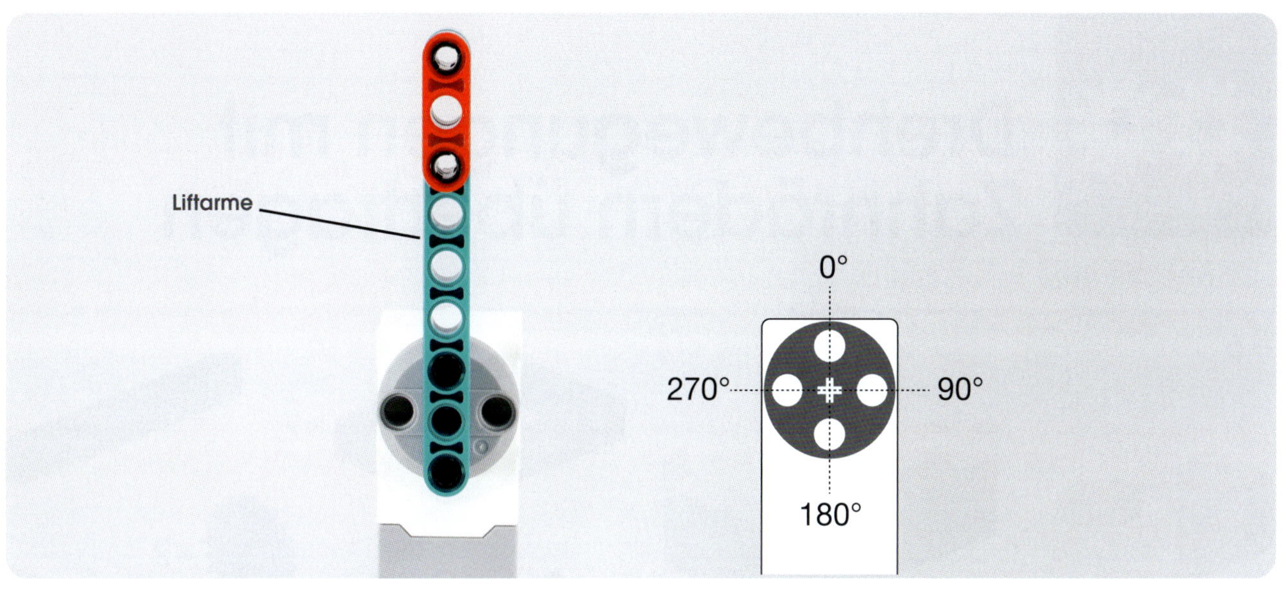

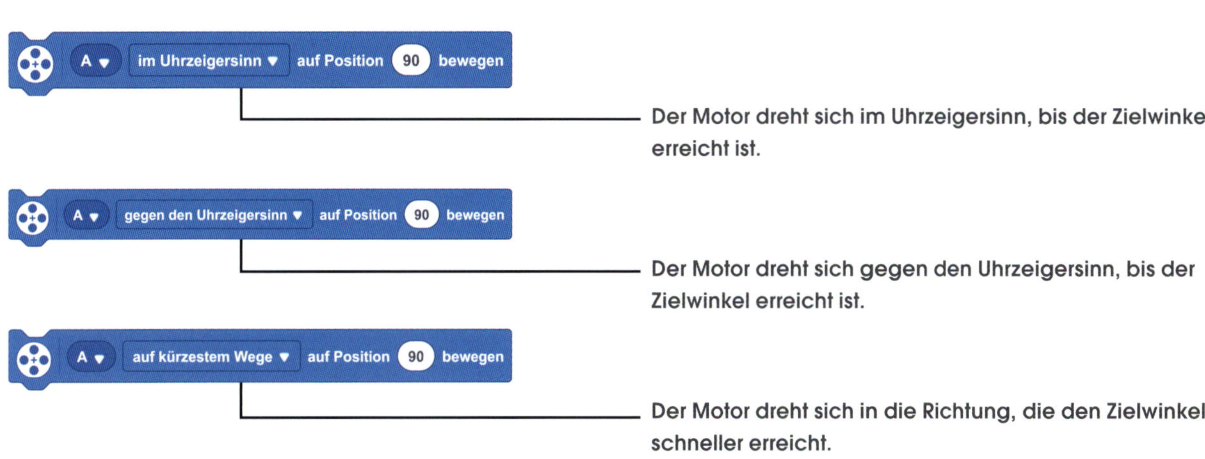

Der Motor sorgt dafür, dass sich die Liftarme willkürlich bewegen.

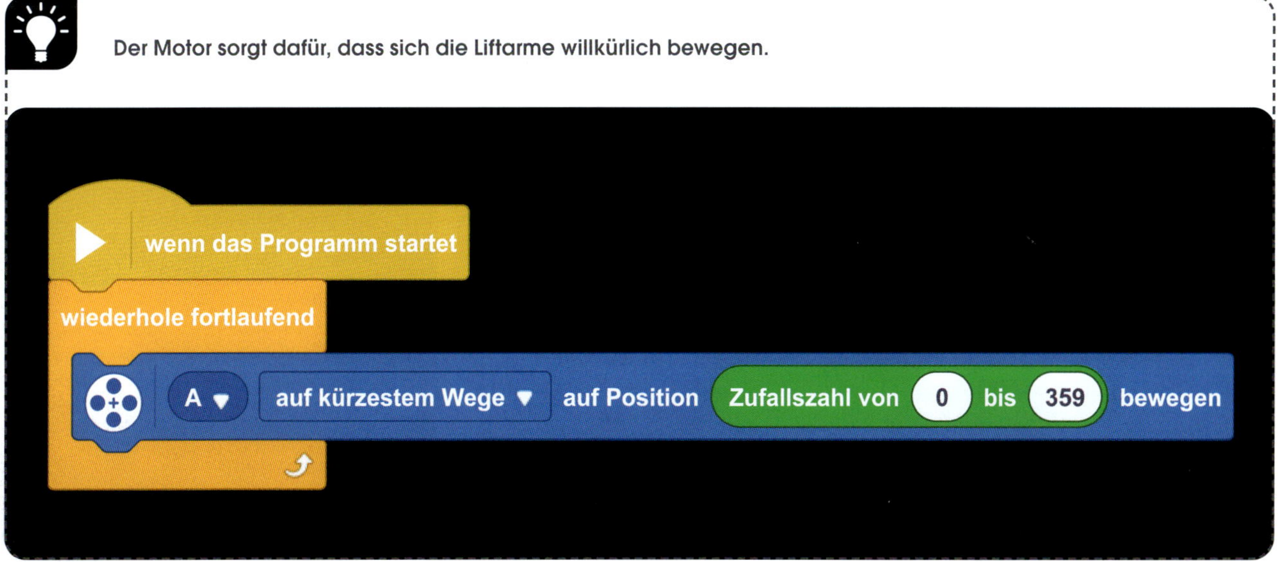

Drehbewegungen mit Zahnrädern übertragen

#6

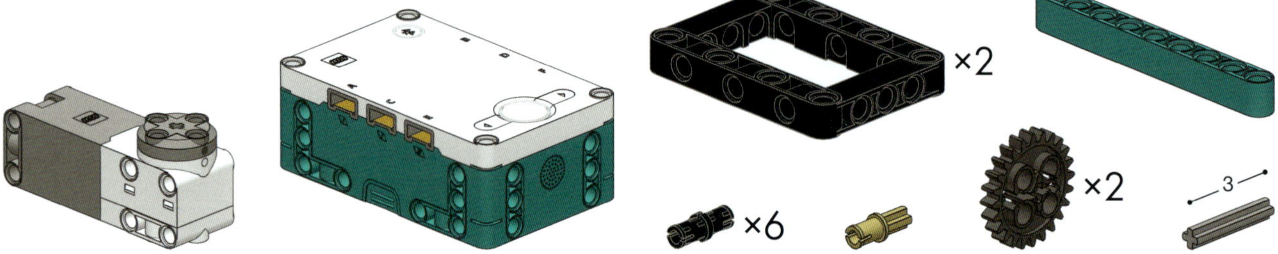

×2

×6

×2

3

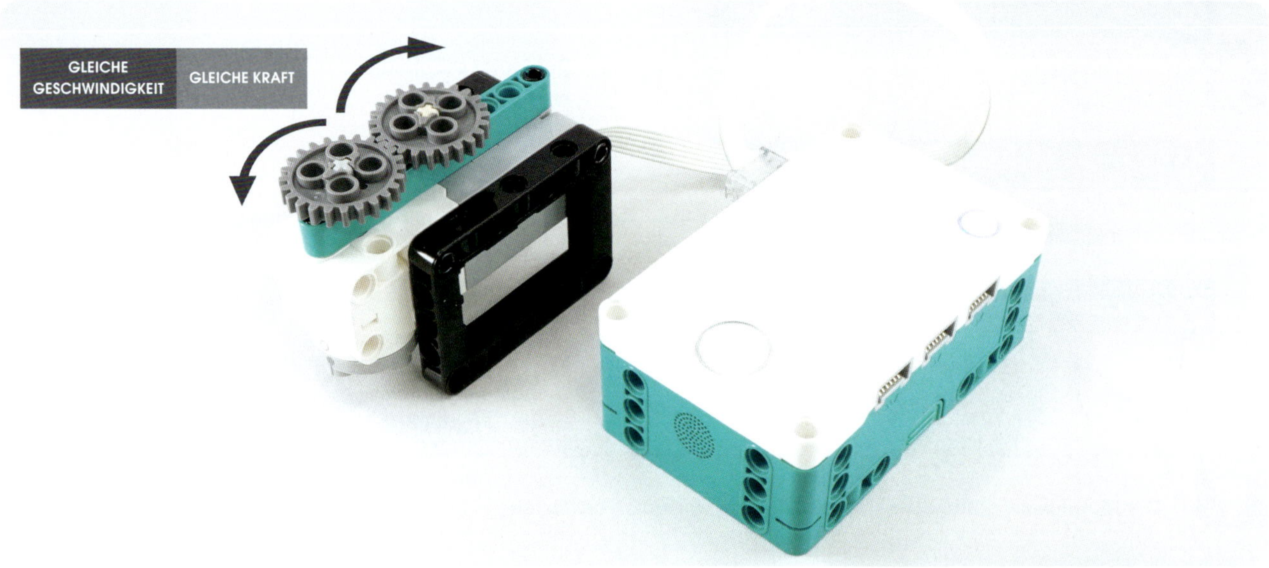

GLEICHE GESCHWINDIGKEIT | GLEICHE KRAFT

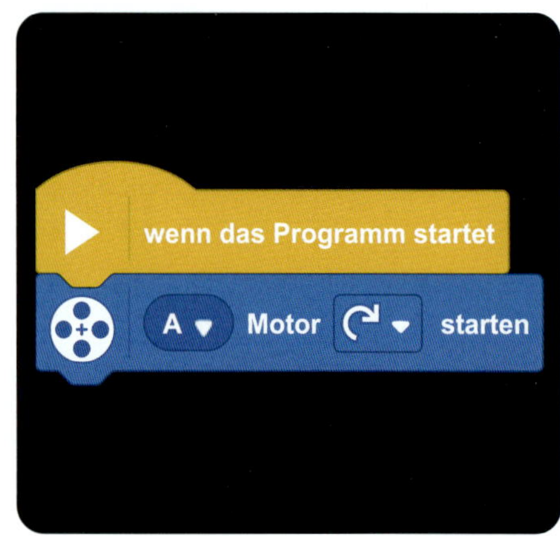

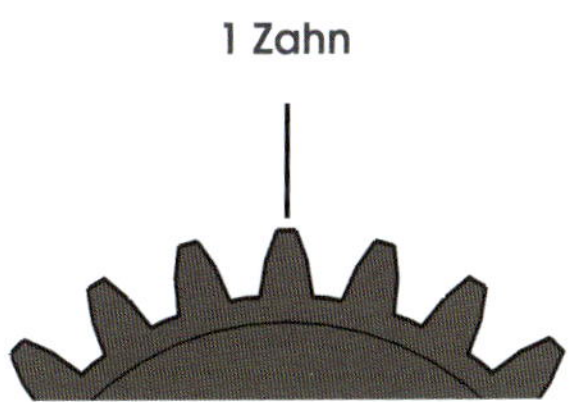

8 Zähne

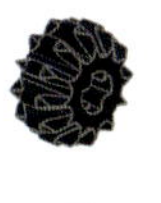

12 Zähne

20 Zähne

24 Zähne

36 Zähne

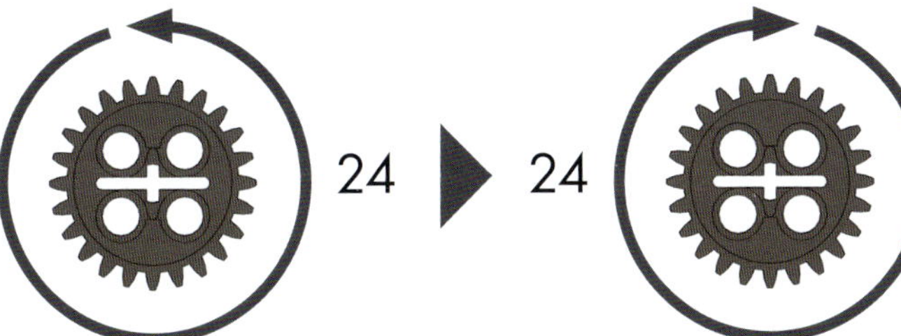
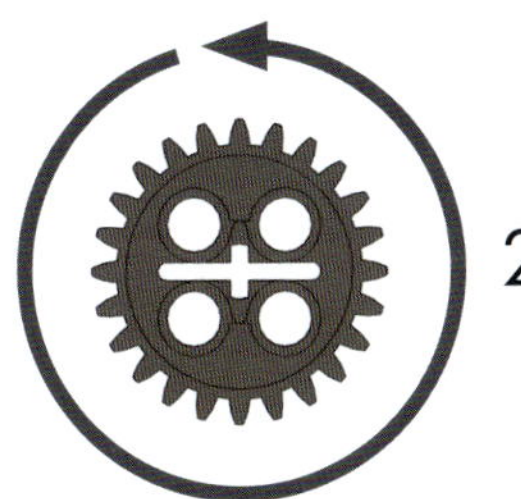

Wenn sich das übertragende Zahnrad einmal dreht, werden 24 Zähne vorwärtsbewegt.

Wenn 24 Zähne des aufnehmenden Zahnrads vorwärtsbewegt werden, macht es genau eine Umdrehung. Die Drehrichtung wird umgekehrt.

GLEICHE GESCHWINDIGKEIT	GLEICHE KRAFT

Wenn sich die Drehzahl nicht ändert, ist die Kraft des aufnehmenden Zahnrads dieselbe wie die des übertragenden Zahnrads.

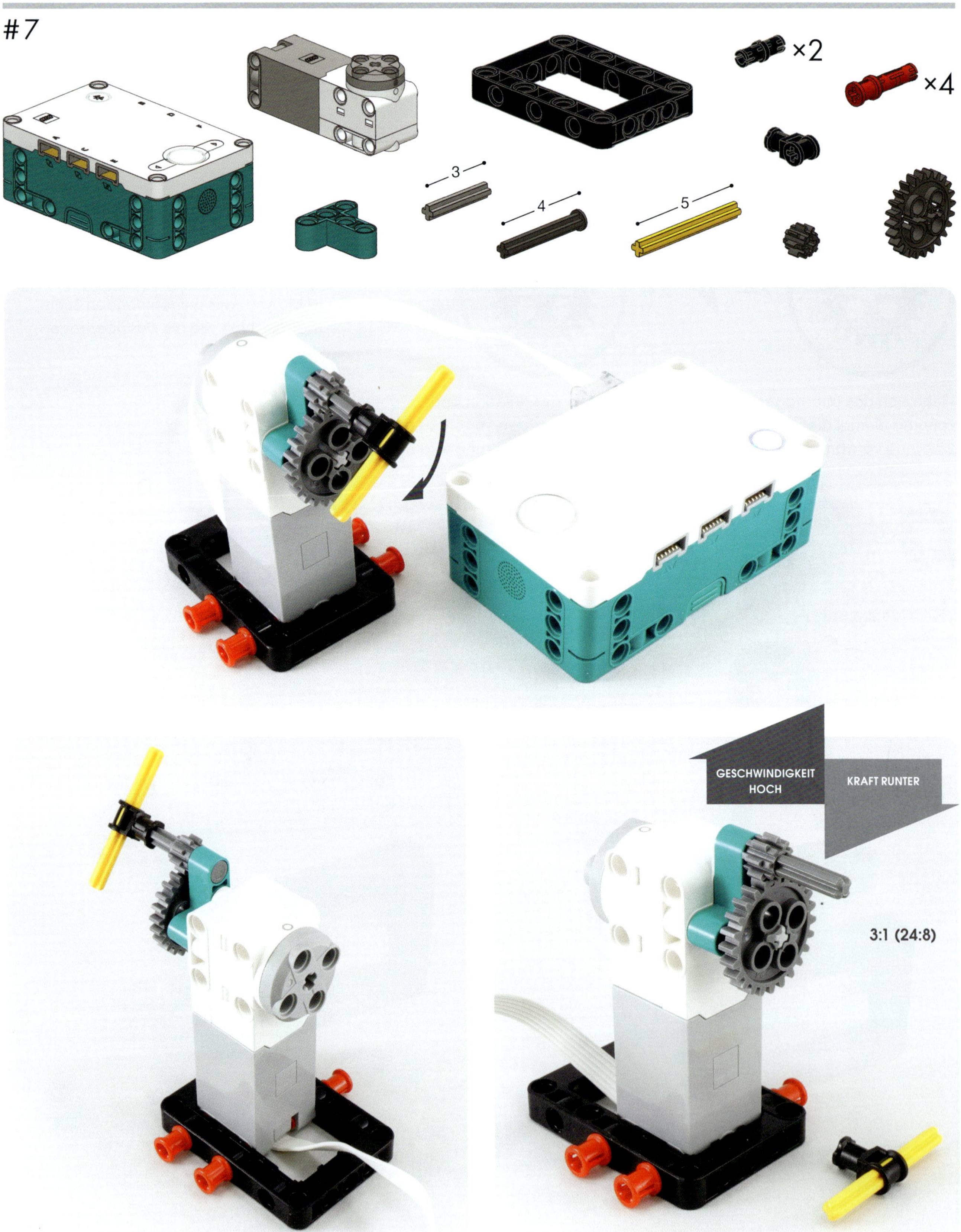
#7
×2
×4
3
4
5
GESCHWINDIGKEIT HOCH
KRAFT RUNTER
3:1 (24:8)

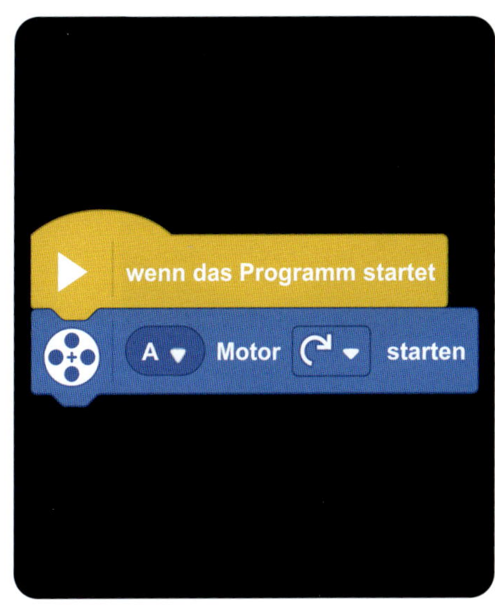

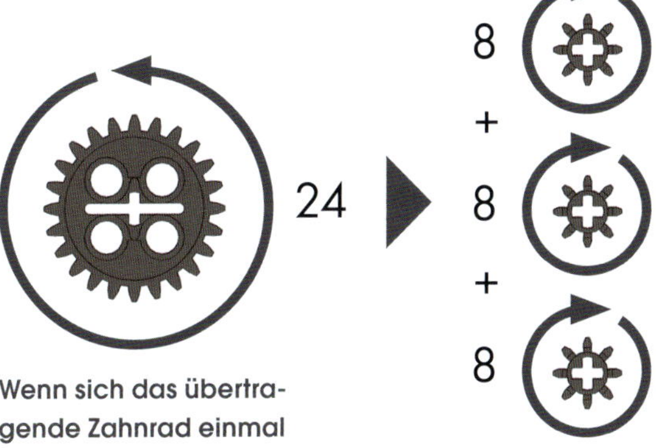

Wenn sich das übertragende Zahnrad einmal dreht, werden 24 Zähne vorwärtsbewegt.

Das aufnehmende Zahnrad vollzieht eine Umdrehung, wenn 8 Zähne vorwärtsbewegt werden. Damit dreht es sich dreimal, während 24 Zähne bewegt werden.

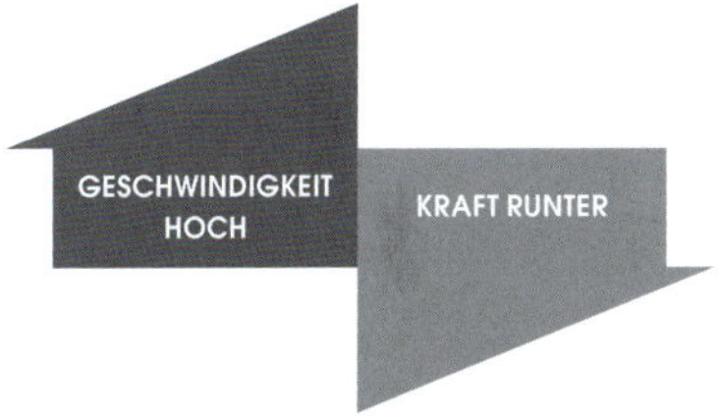

Mit zunehmender Drehzahl nimmt die Kraft des aufnehmenden Zahnrads im Vergleich zu der des übertragenden Zahnrads ab. In diesem Modell wird die Drehzahl um das Dreifache erhöht und die Kraft auf ein Drittel verringert.

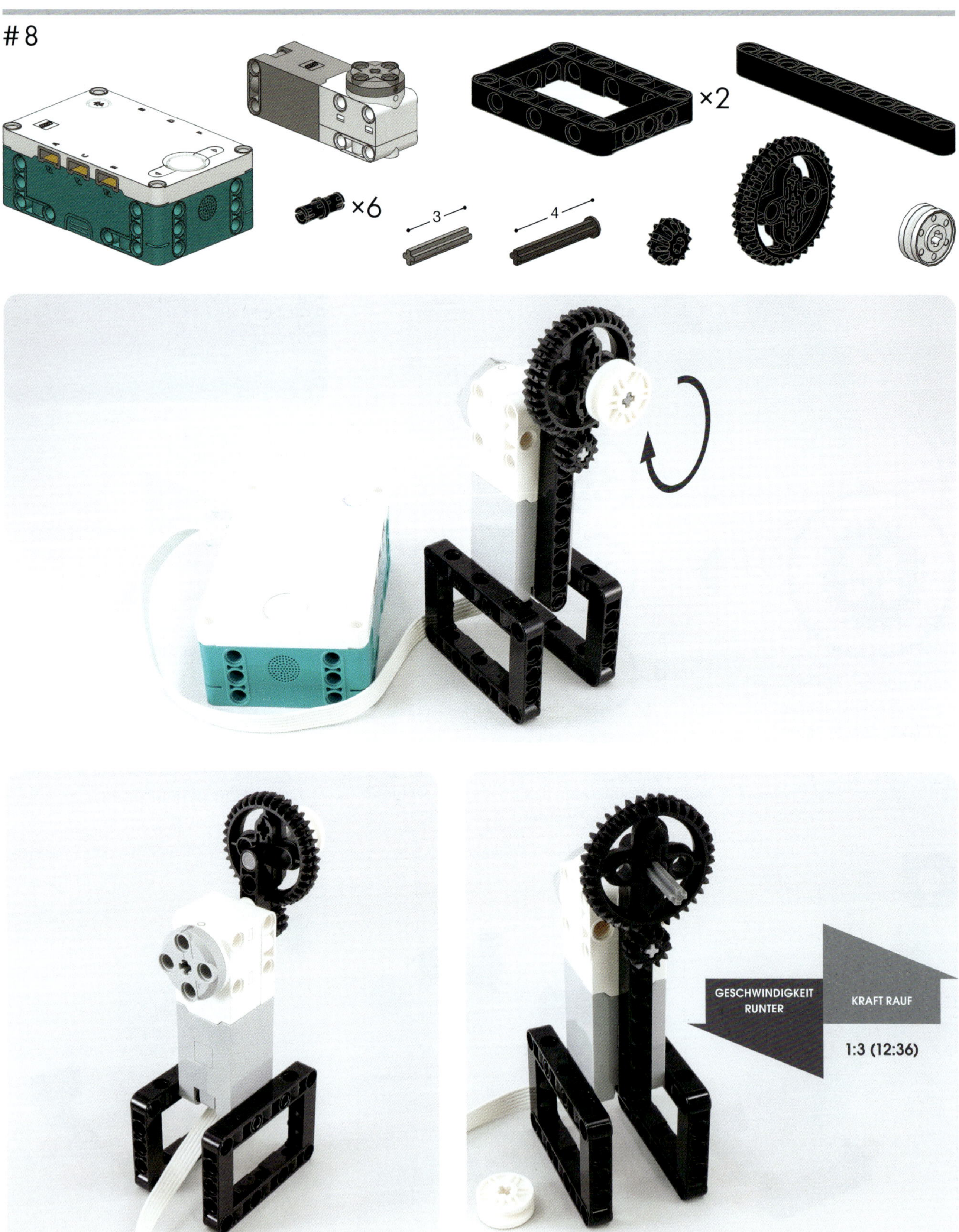
#8
×2
×6
3
4
GESCHWINDIGKEIT RUNTER
KRAFT RAUF
1:3 (12:36)

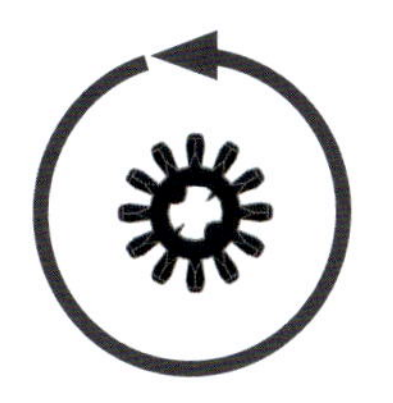

12 ▶ 12

Wenn sich das übertragende Zahnrad einmal dreht, werden 12 Zähne vorwärts bewegt.

Das aufnehmende Zahnrad hat 36 Zähne: Es vollzieht eine drittel Umdrehung, wenn 12 Zähne vorwärtsbewegt werden.

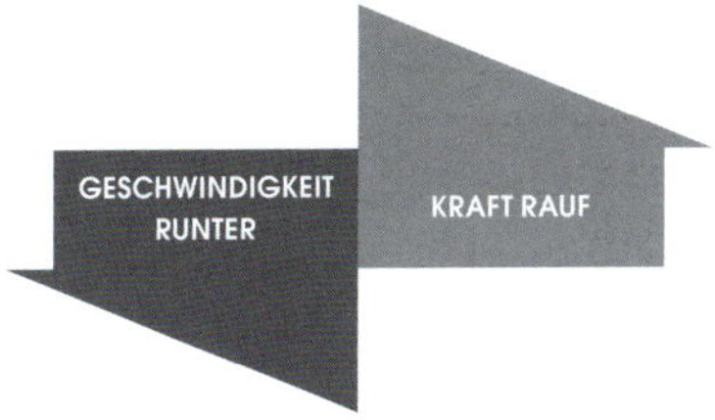

Wenn die Drehzahl sinkt, steigt die Kraft des aufnehmenden Zahnrads im Vergleich zu der des übertragenden Zahnrads. Bei diesem Modell wird die Drehzahl auf ein Drittel reduziert und die Kraft wird verdreifacht.

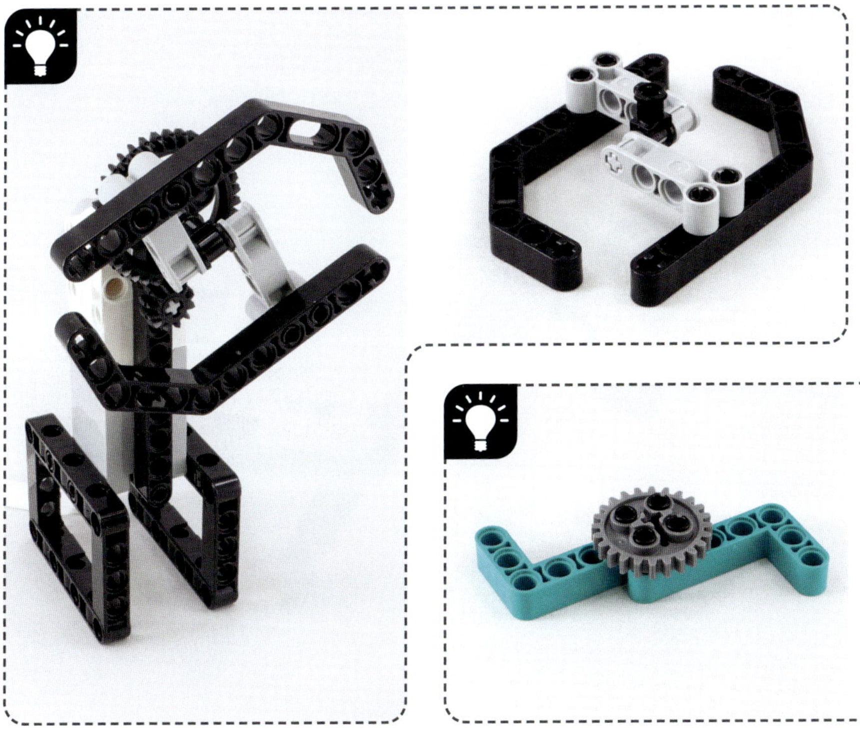

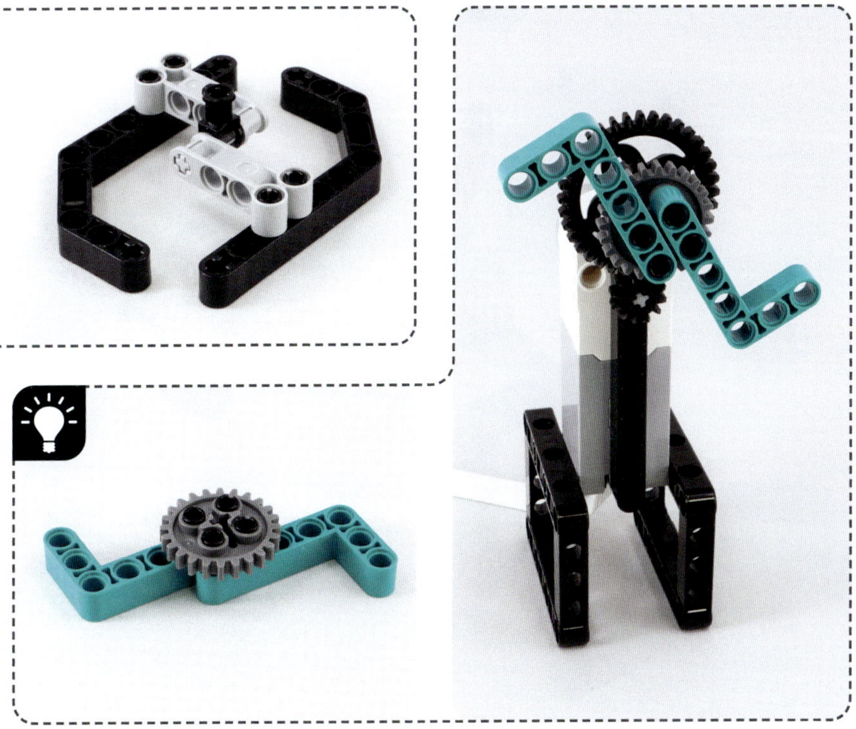

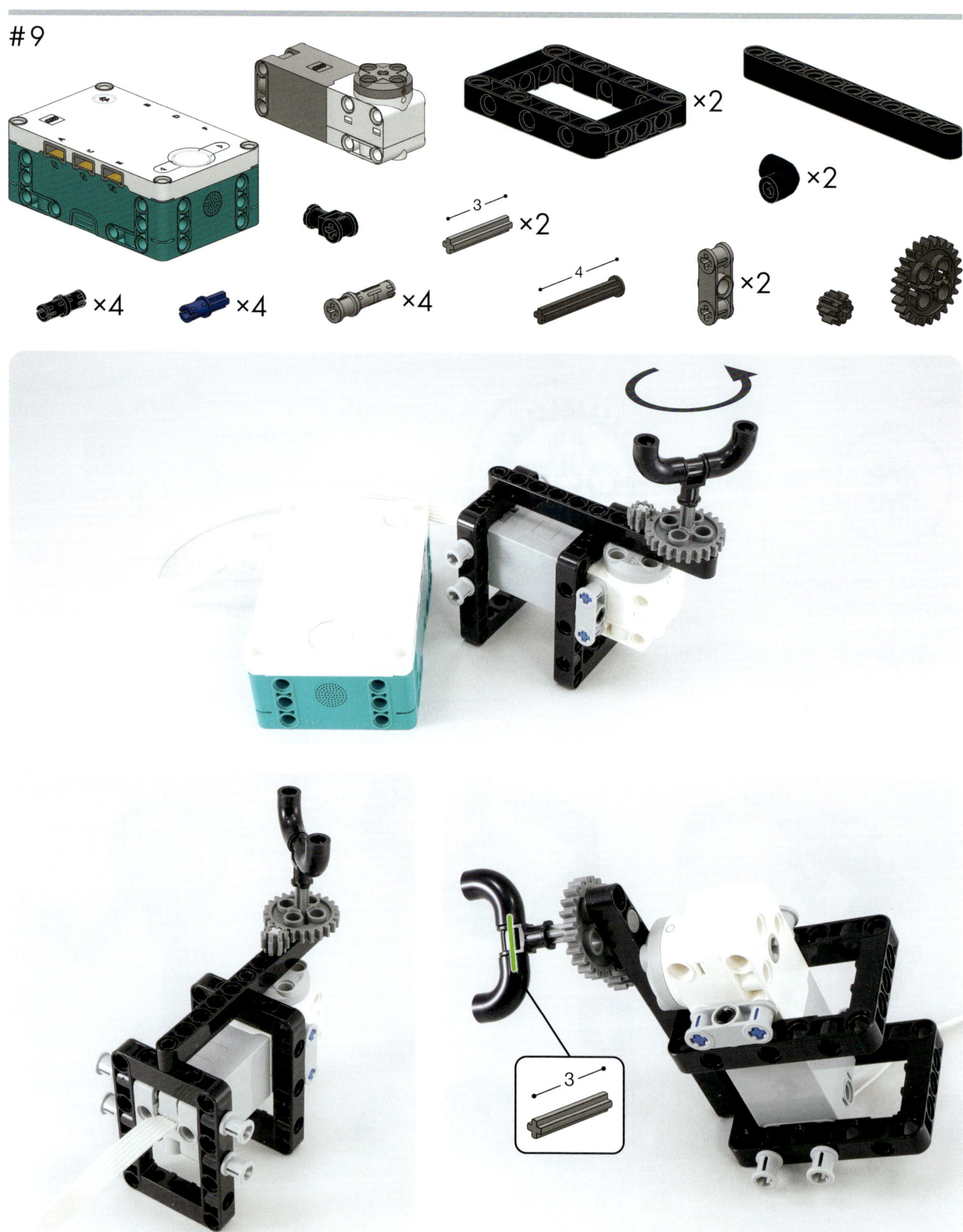

#9
×2
×2
3
×2
×4
×4
×4
4
×2
3

GESCHWINDIGKEIT
RUNTER
KRAFT RAUF
1:3 (8:24)

wenn das Programm startet
A
Motor
starten

GESCHWINDIGKEIT
RUNTER
KRAFT RAUF
3:5 (12:20)

GESCHWINDIGKEIT
HOCH
KRAFT RUNTER
5:3 (20:12)

GESCHWINDIGKEIT
HOCH
KRAFT RUNTER
3:1 (36:12)

10

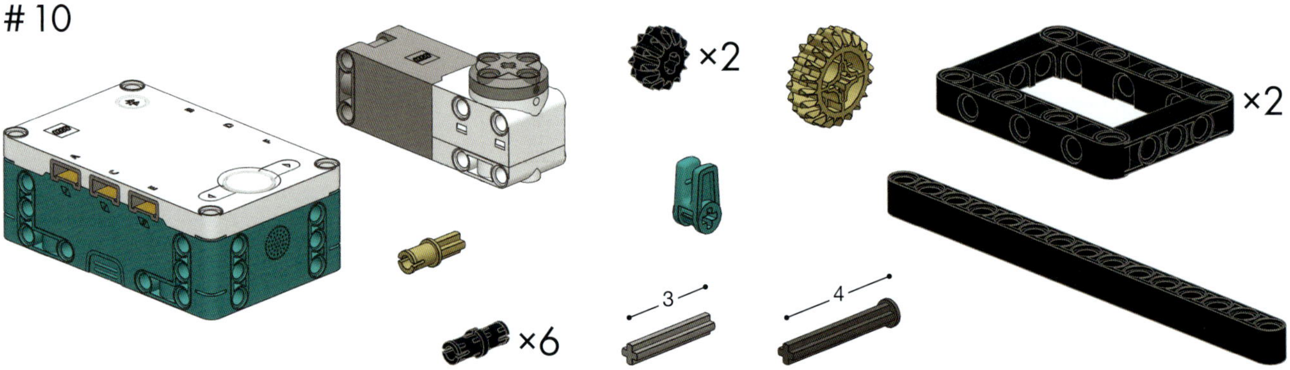

×2

×2

×6

3

4

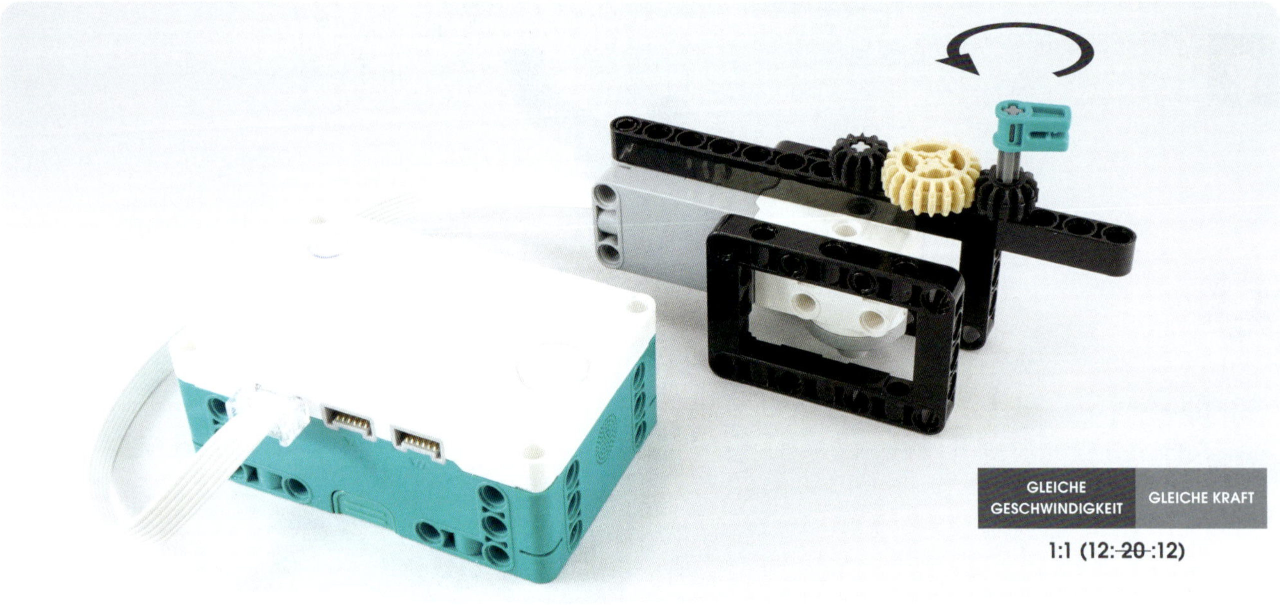

GLEICHE GESCHWINDIGKEIT | GLEICHE KRAFT

1:1 (12:~~20~~:12)

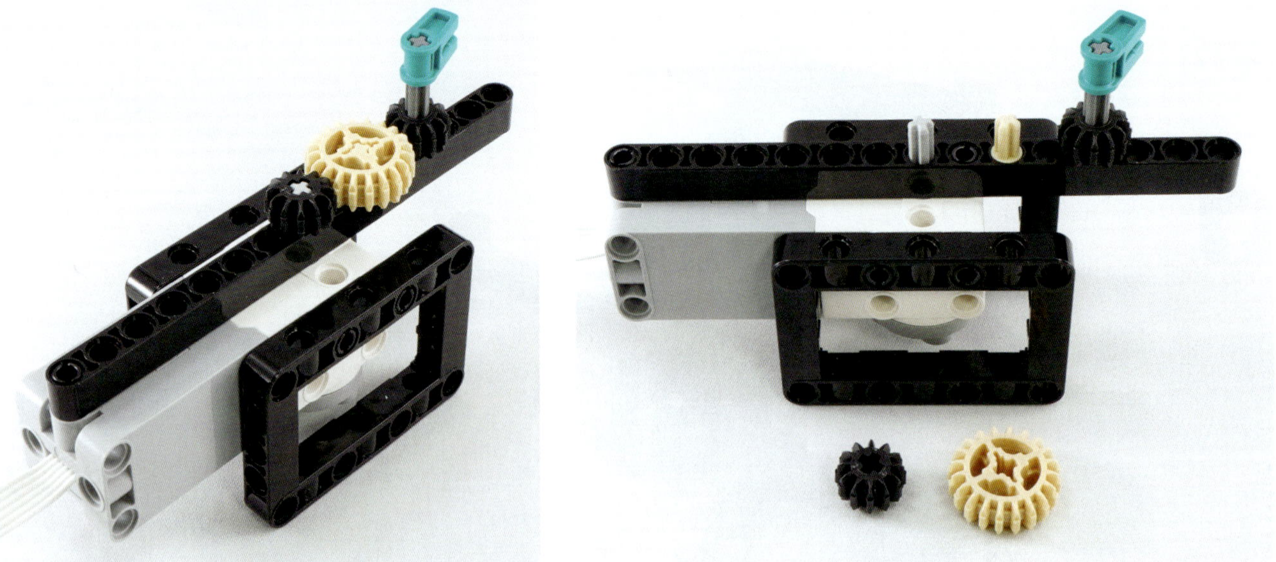

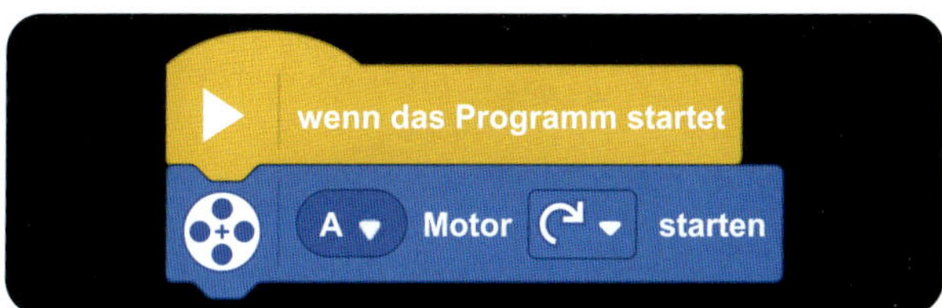

Da das Zahnrad zwischen den beiden Zahnrädern nur die Drehung der gleichen Anzahl von Zähnen auf das nächste Zahnrad überträgt, ändert sich weder die Drehgeschwindigkeit noch die Kraft. Die Drehrichtung wird jedoch umgekehrt.

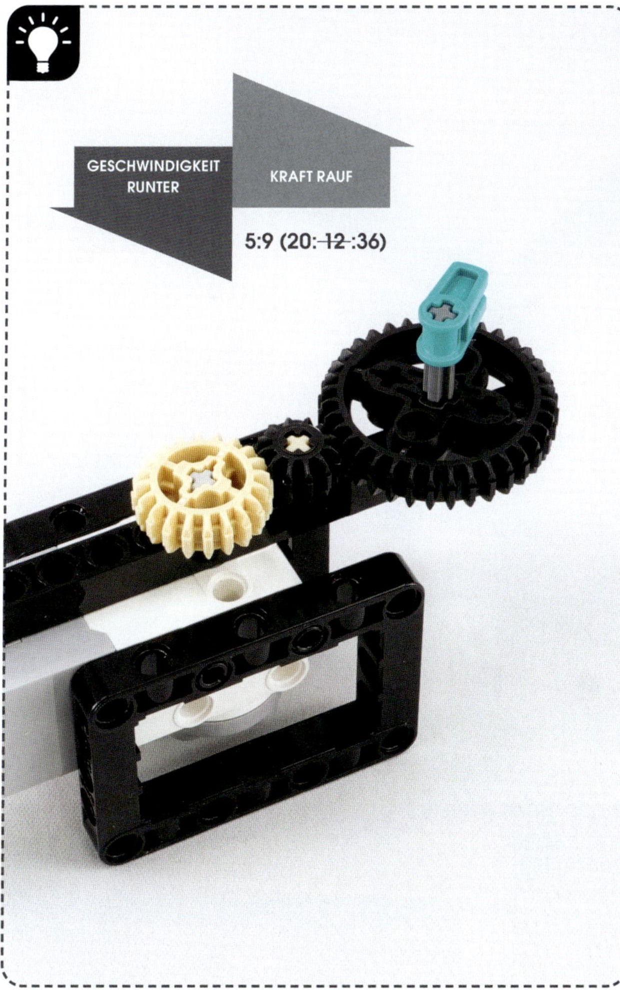

11

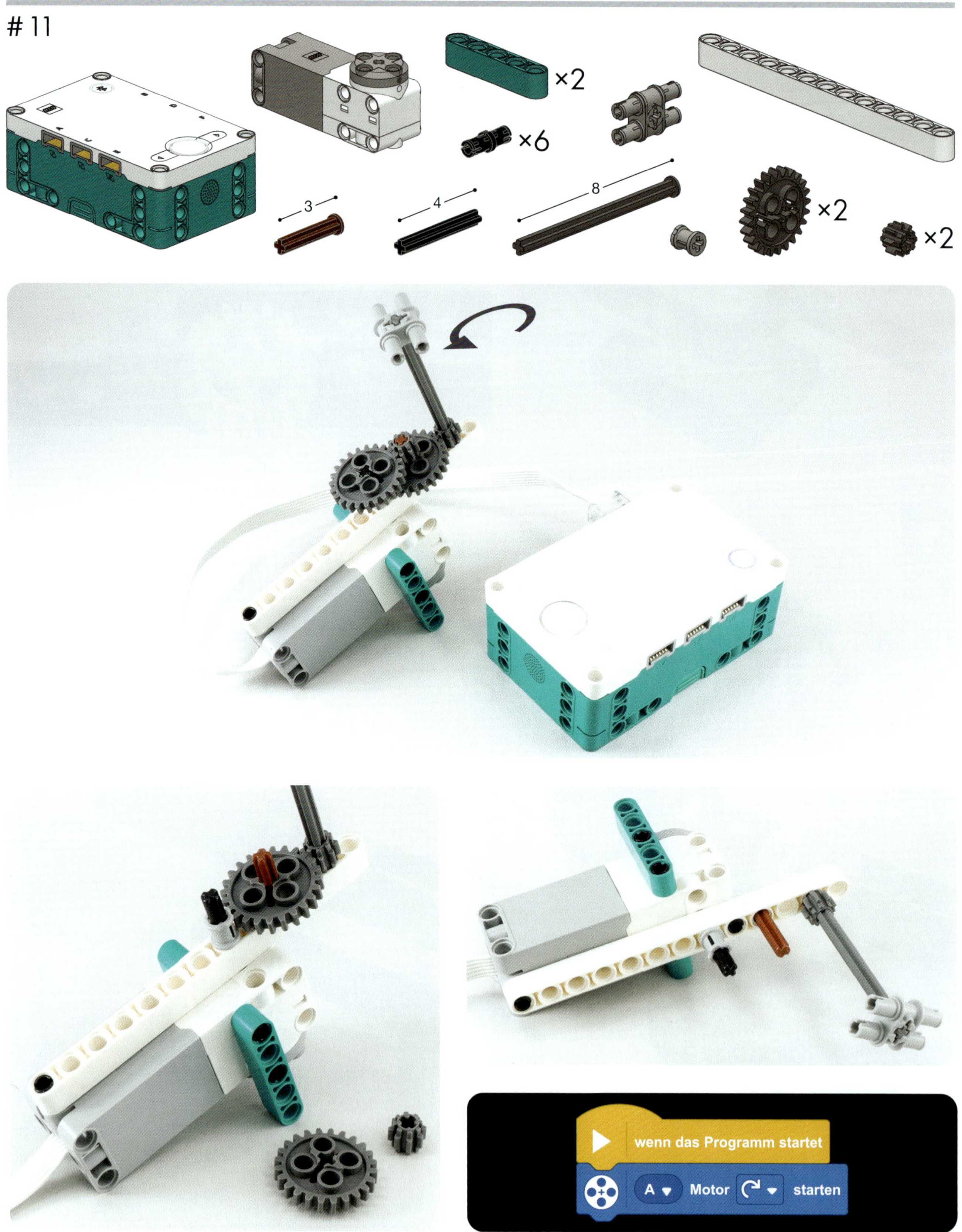

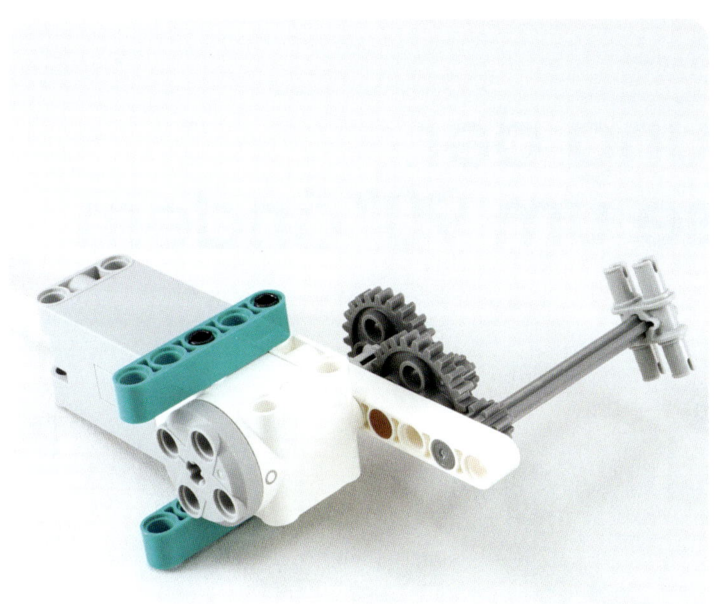

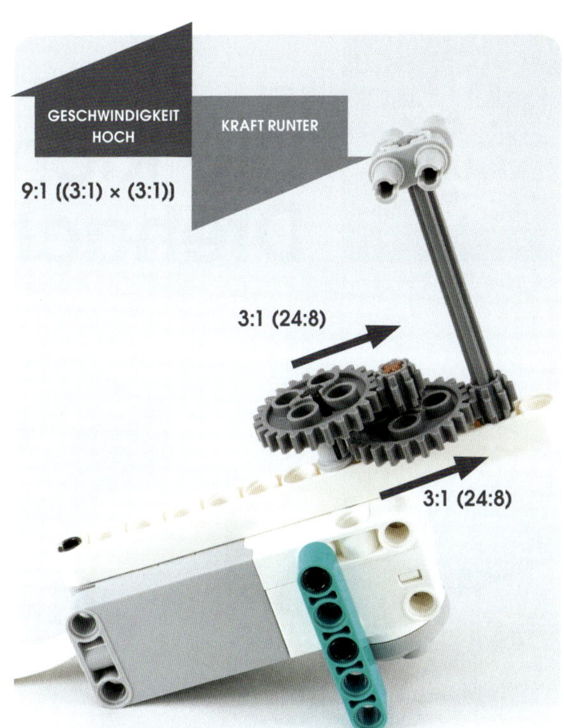
GESCHWINDIGKEIT HOCH
KRAFT RUNTER
9:1 ((3:1) × (3:1))
3:1 (24:8)
3:1 (24:8)

3:1 (36:12)
5:3 (20:12)
GESCHWINDIGKEIT HOCH
KRAFT RUNTER
5:1 ((3:1) × (5:3) = 15:3)

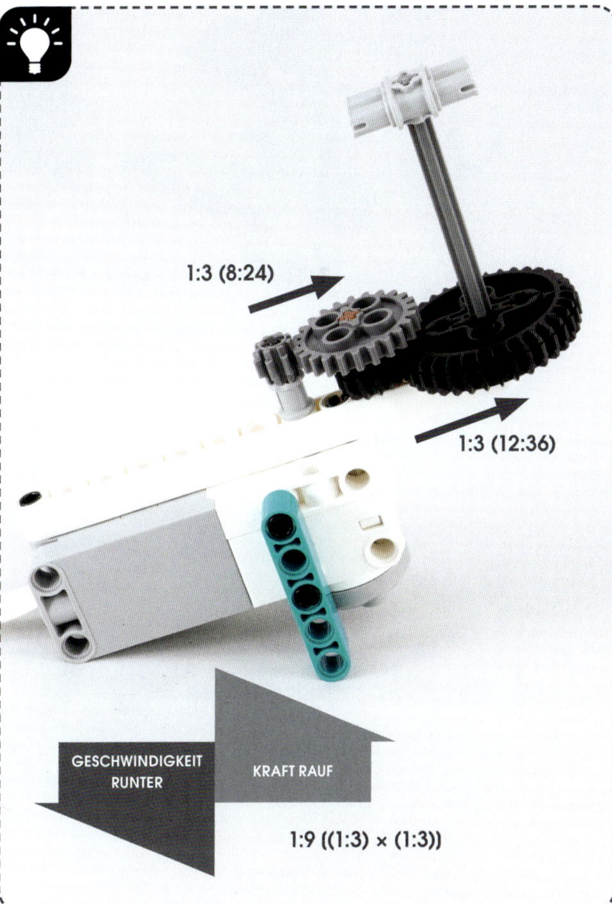
1:3 (8:24)
1:3 (12:36)
GESCHWINDIGKEIT RUNTER
KRAFT RAUF
1:9 ((1:3) × (1:3))

Die Richtung der Drehachse um 90° ändern

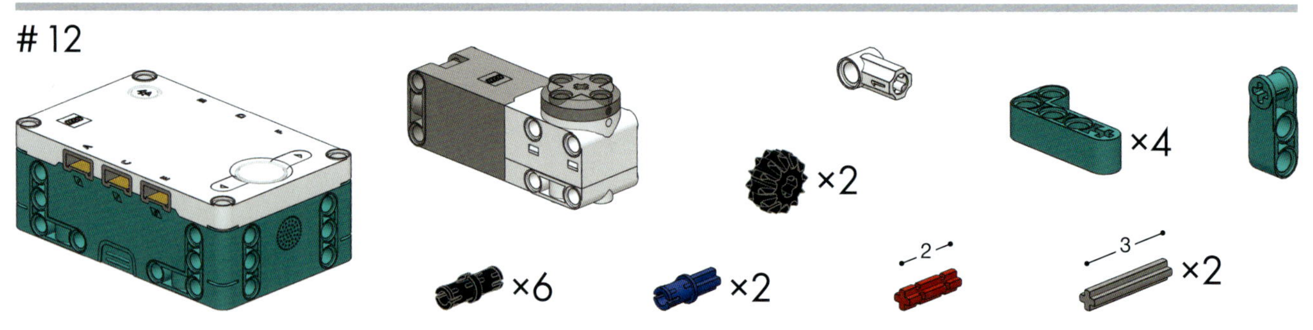

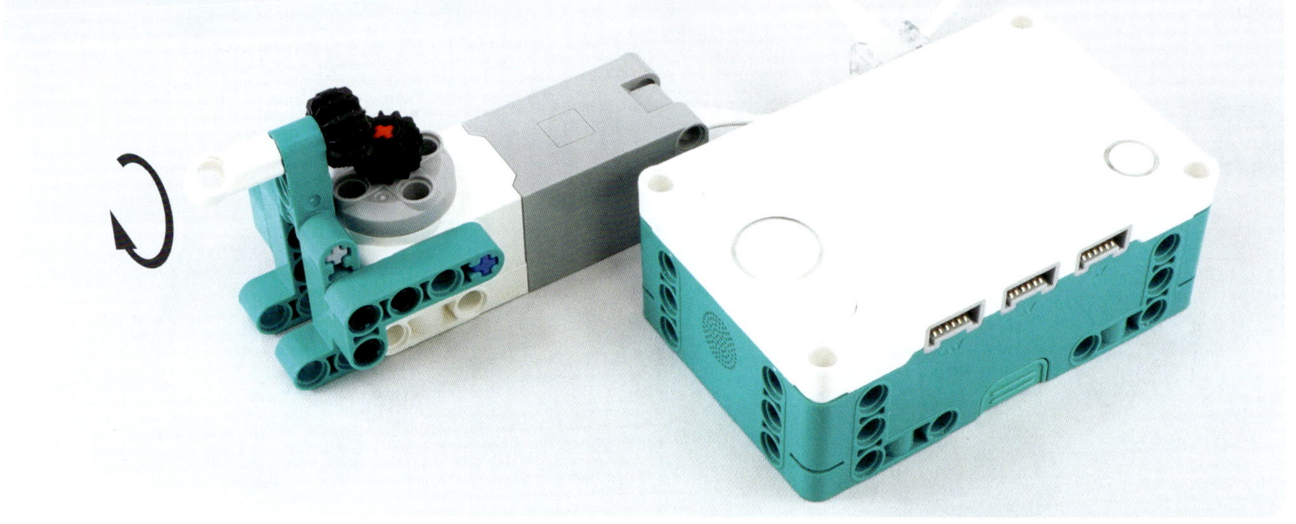

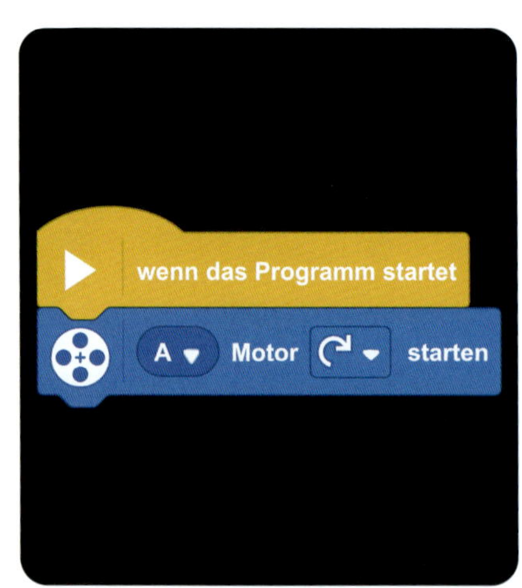

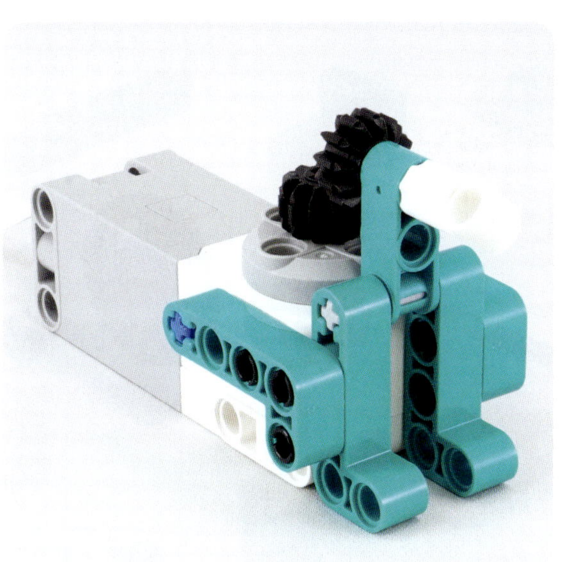

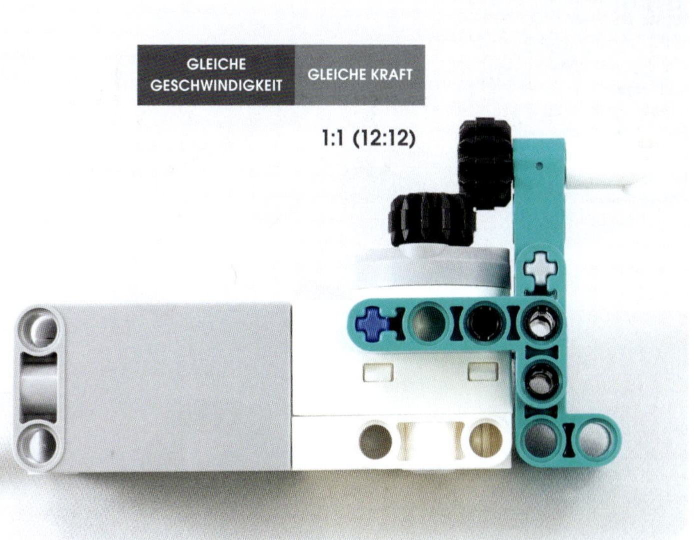
GLEICHE GESCHWINDIGKEIT
GLEICHE KRAFT
1:1 (12:12)

GESCHWINDIGKEIT RUNTER
KRAFT RAUF
3:5 (12:20)

GESCHWINDIGKEIT HOCH
KRAFT RUNTER
5:3 (20:12)

13

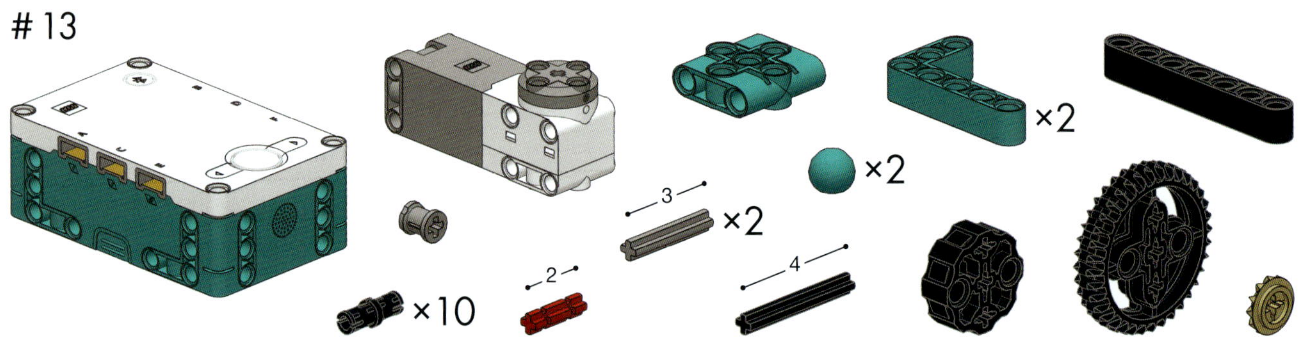
×2
×2
3
×2
×10
2
4

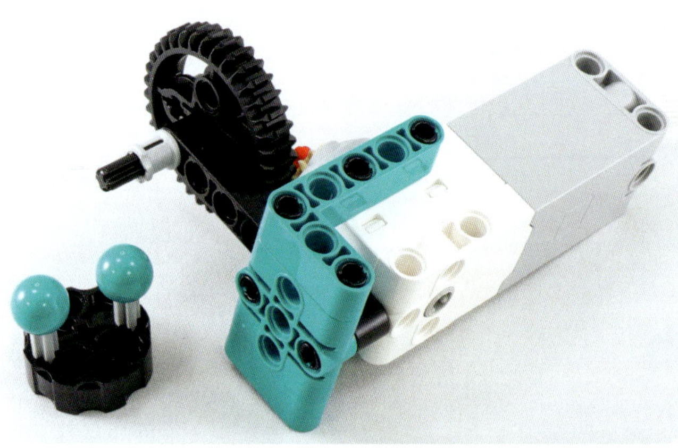

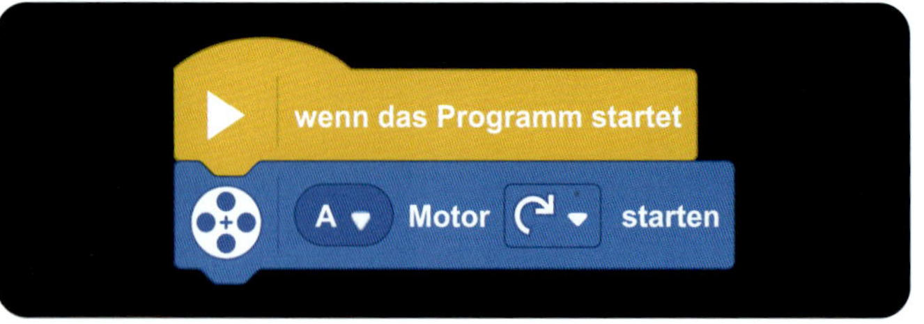
wenn das Programm startet
A Motor starten

GESCHWINDIGKEIT RUNTER
KRAFT RAUF
1:3 (12:36)

14

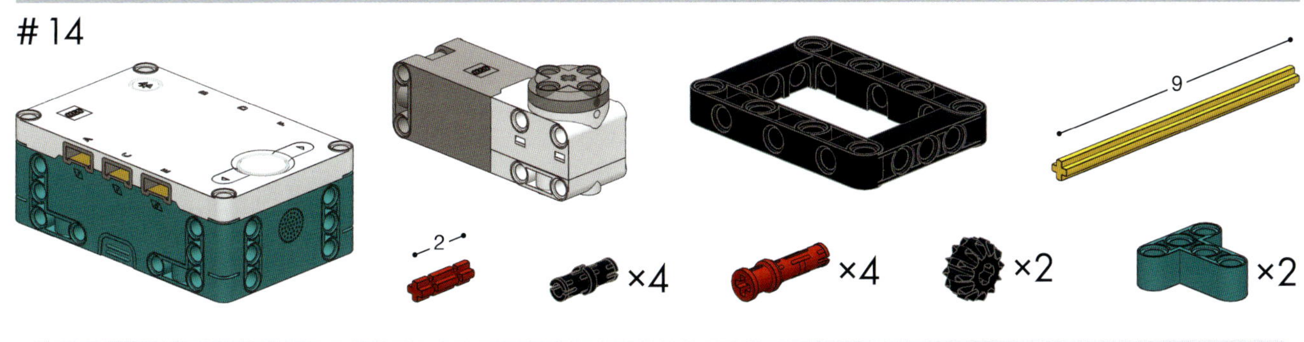
9
2
×4
×4
×2
×2

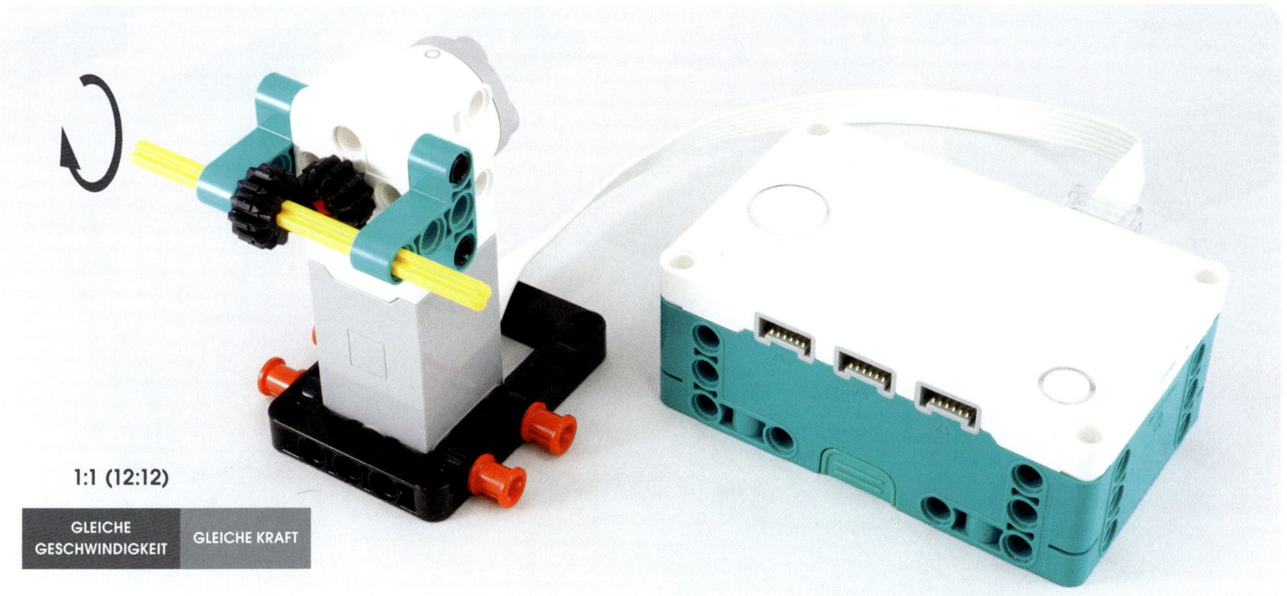
1:1 (12:12)
GLEICHE GESCHWINDIGKEIT
GLEICHE KRAFT

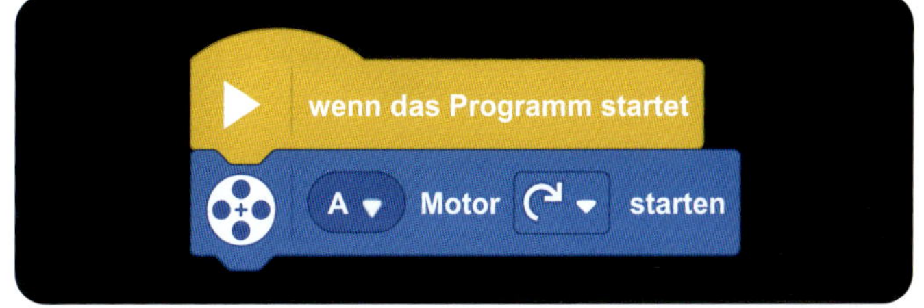
wenn das Programm startet
A Motor starten

Pendelnde Mechanismen

15

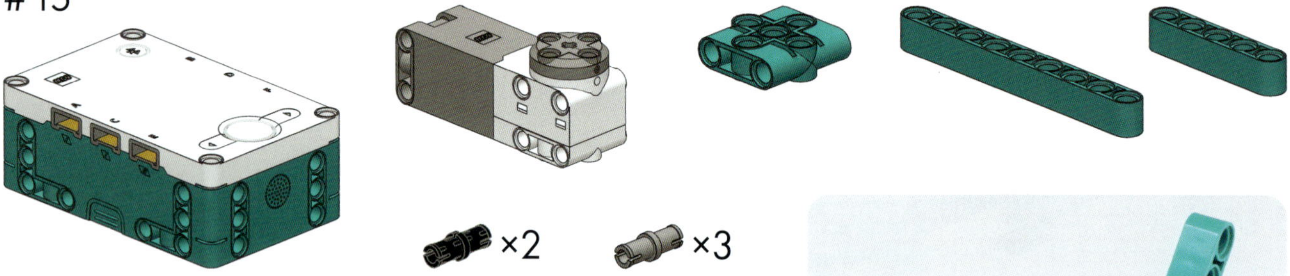

×2 ×3

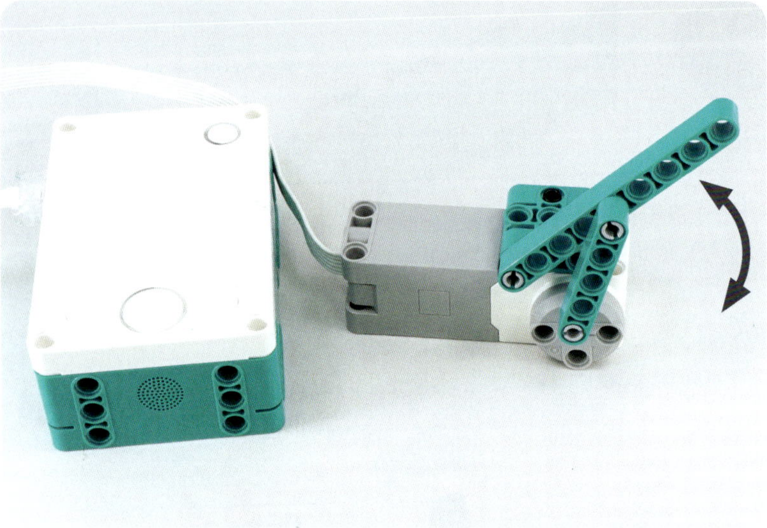

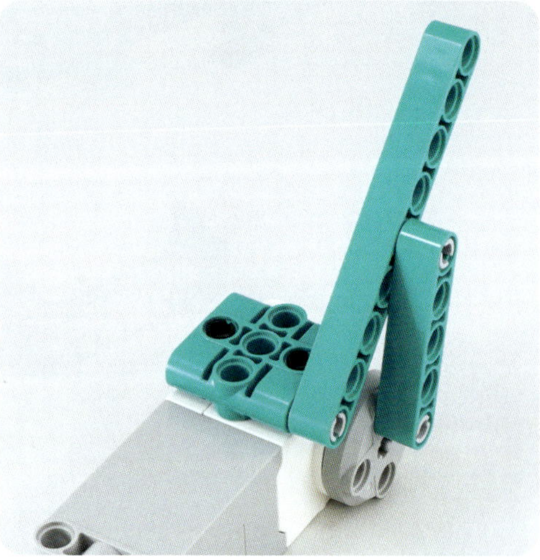

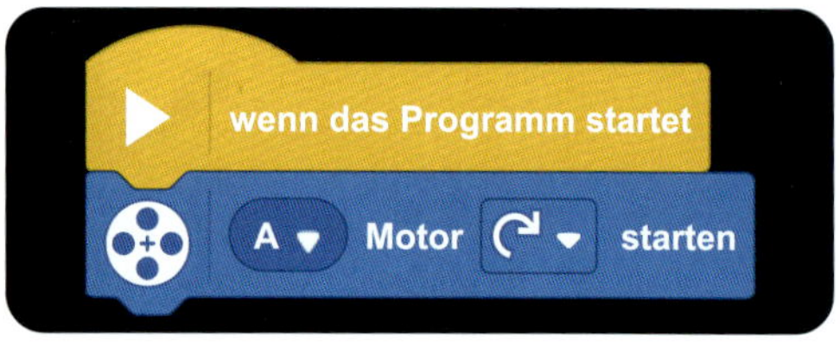

wenn das Programm startet

A Motor starten

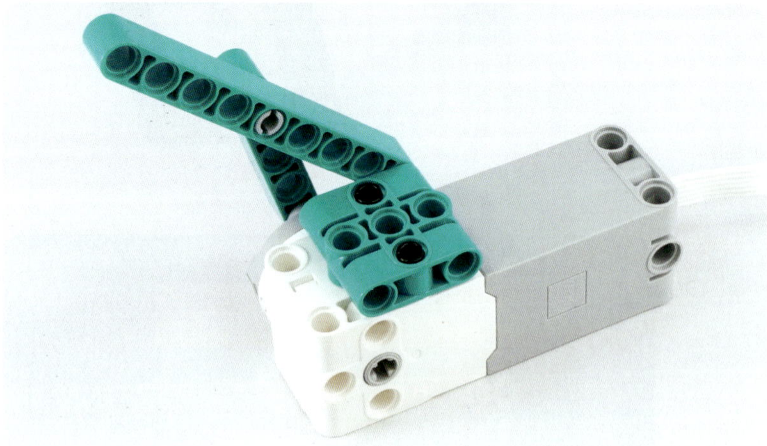

16

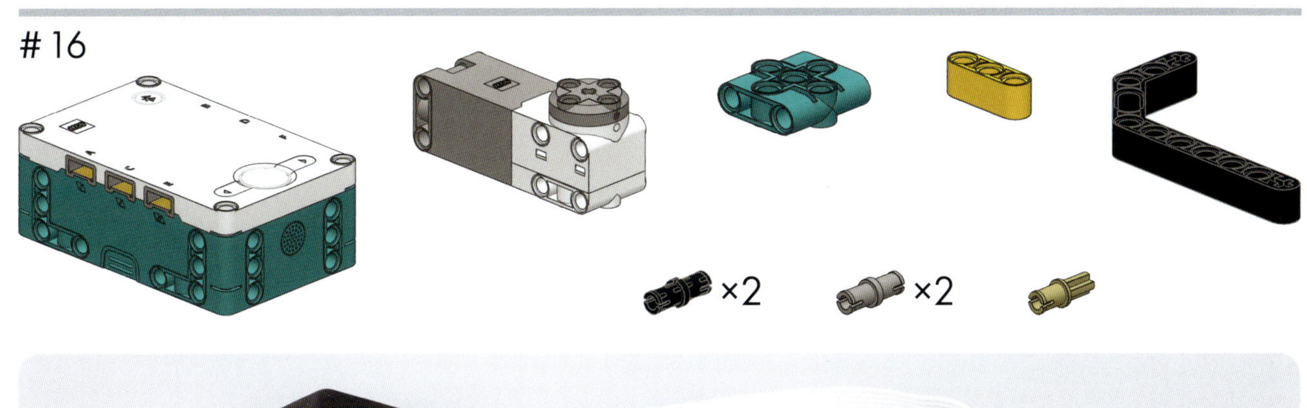

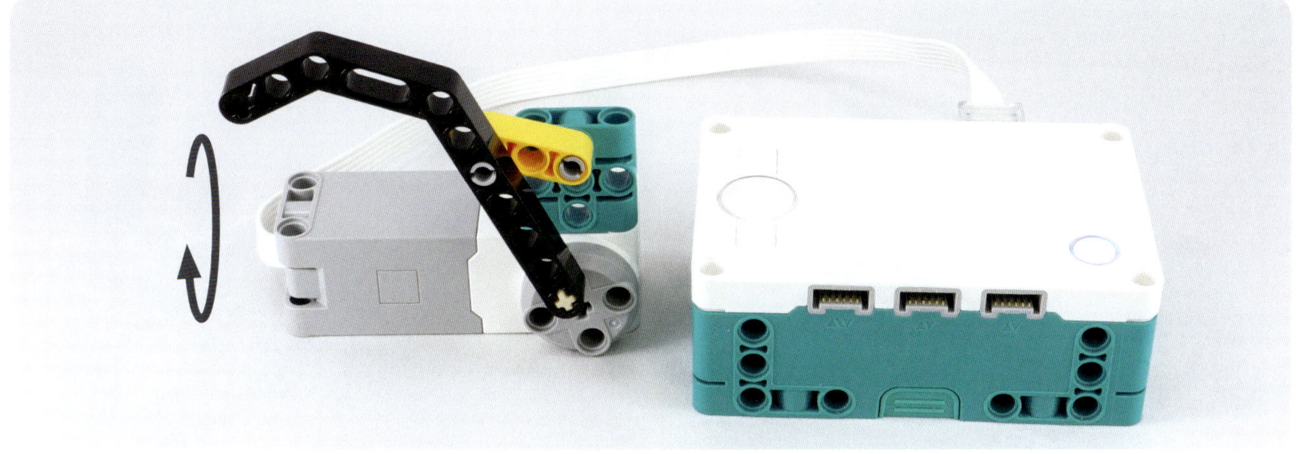

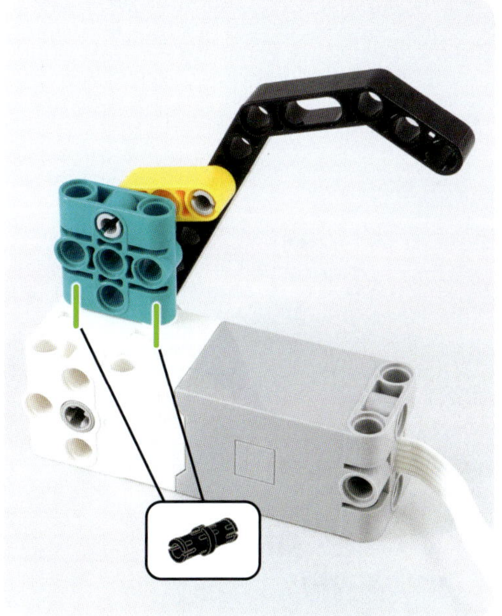

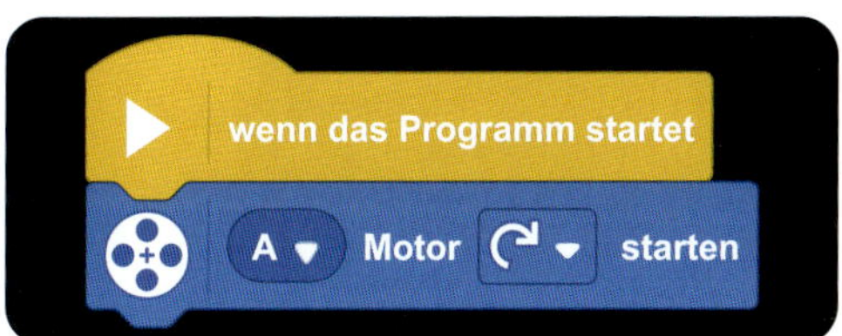

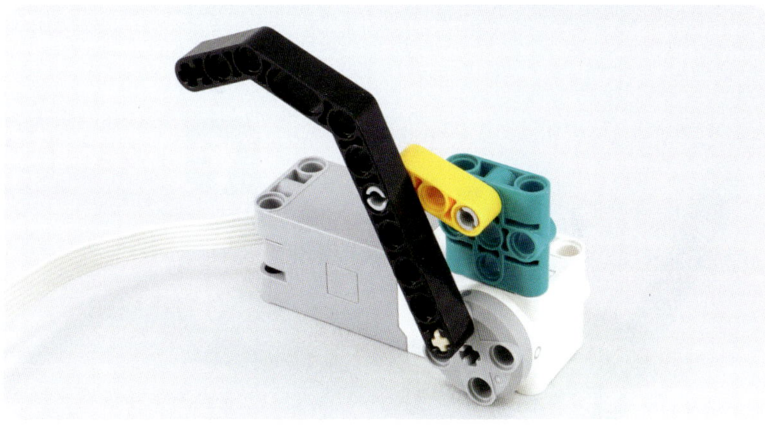

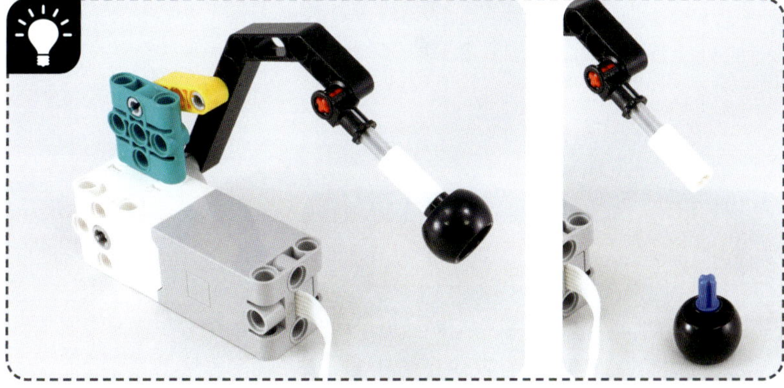

17

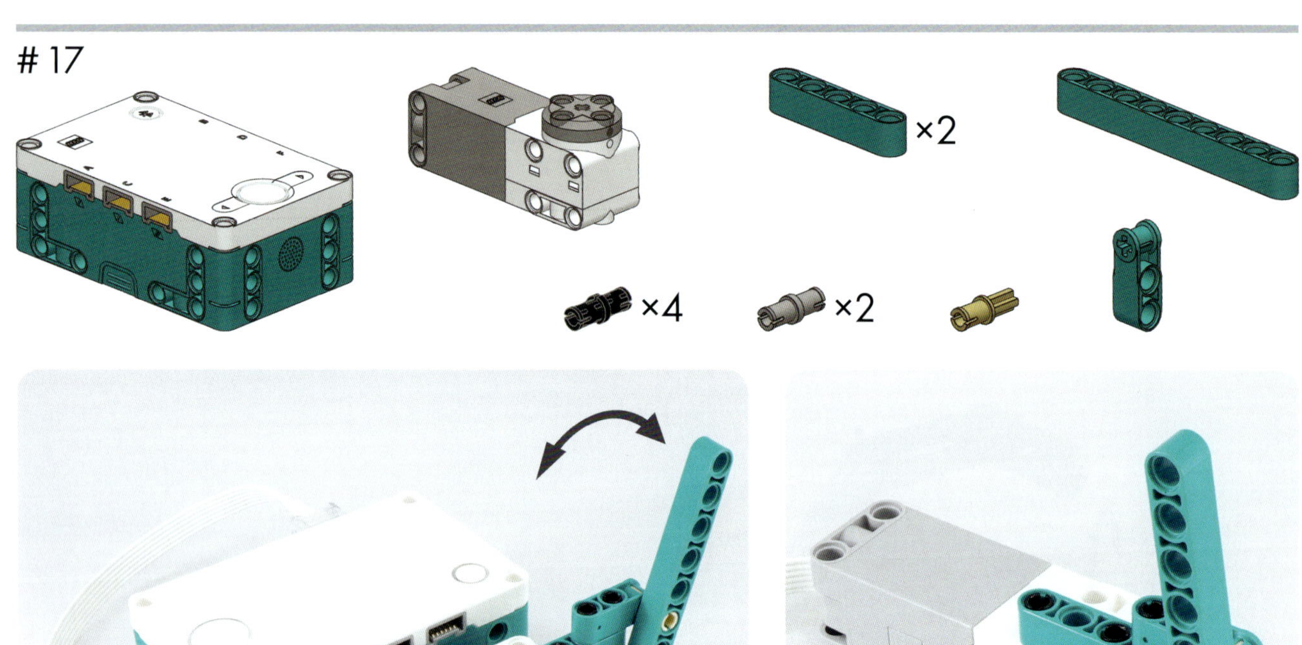

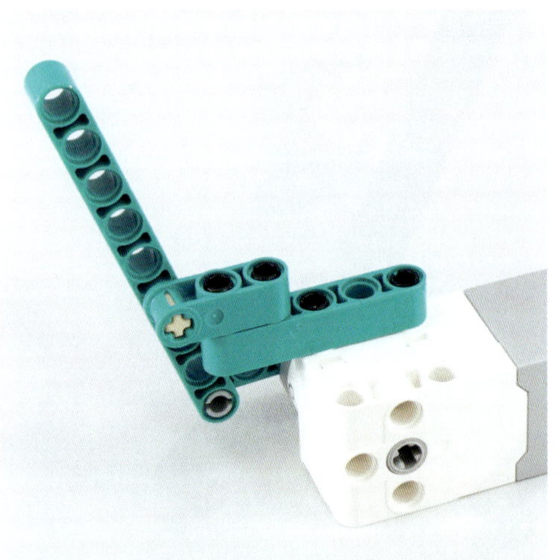

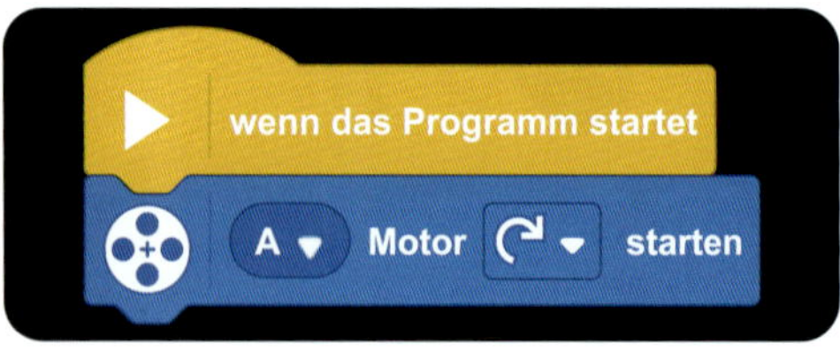

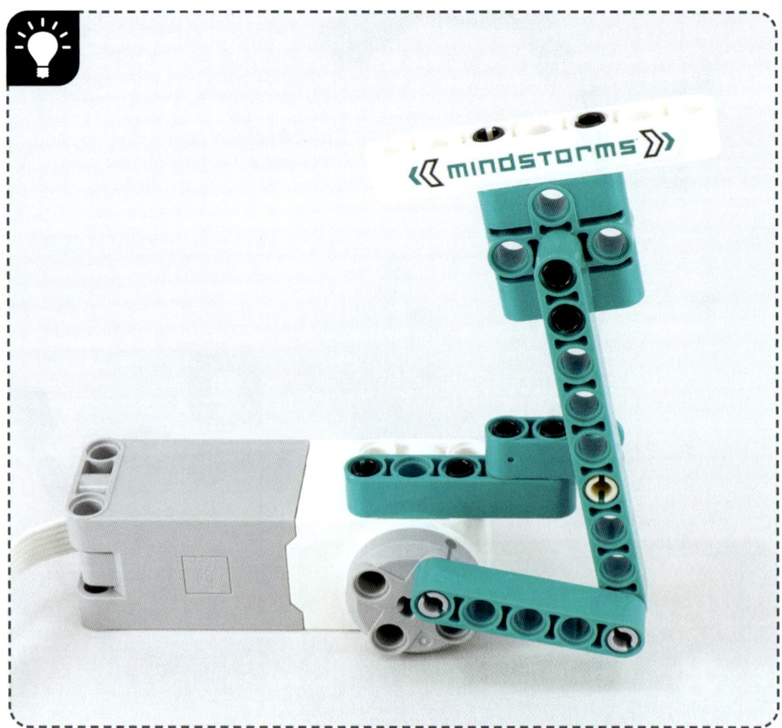

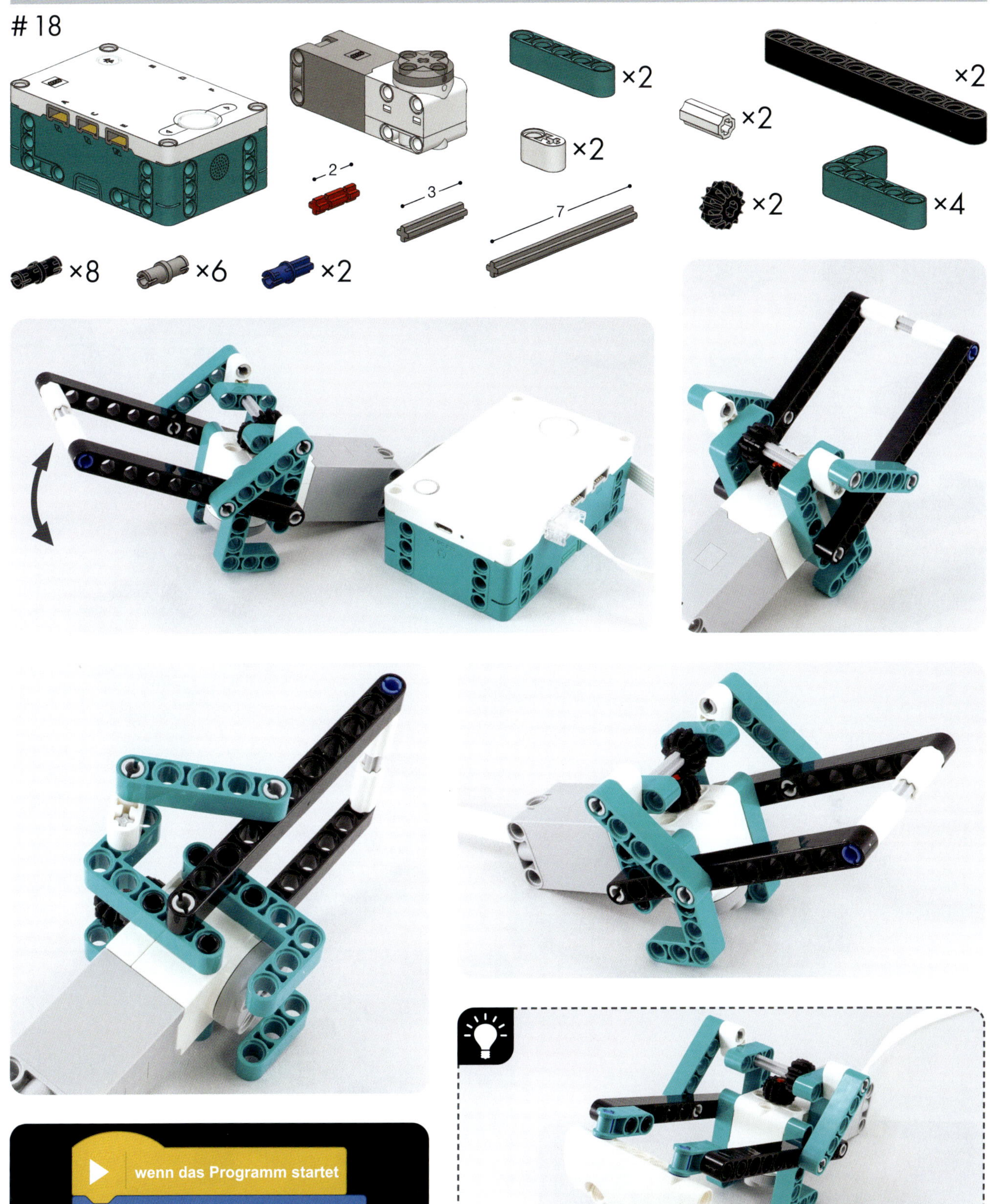

18
×2
×2
×2
×2
2
3
7
×2
×4
×8
×6
×2
wenn das Programm startet
A
Motor
starten

19

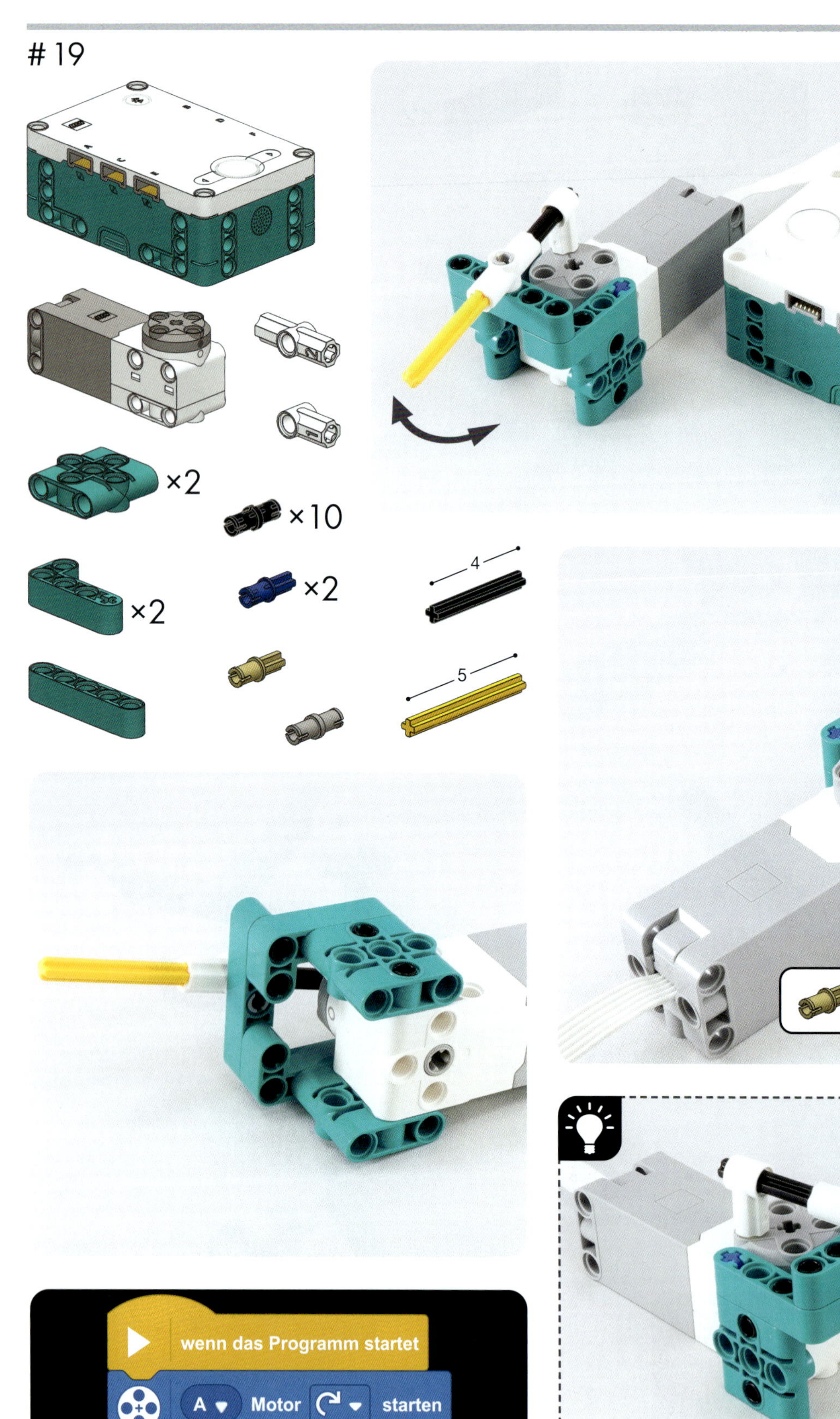

20

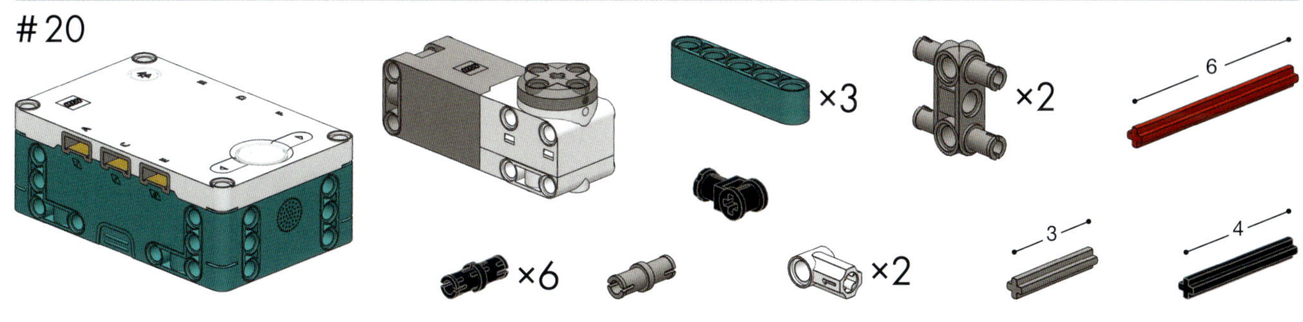

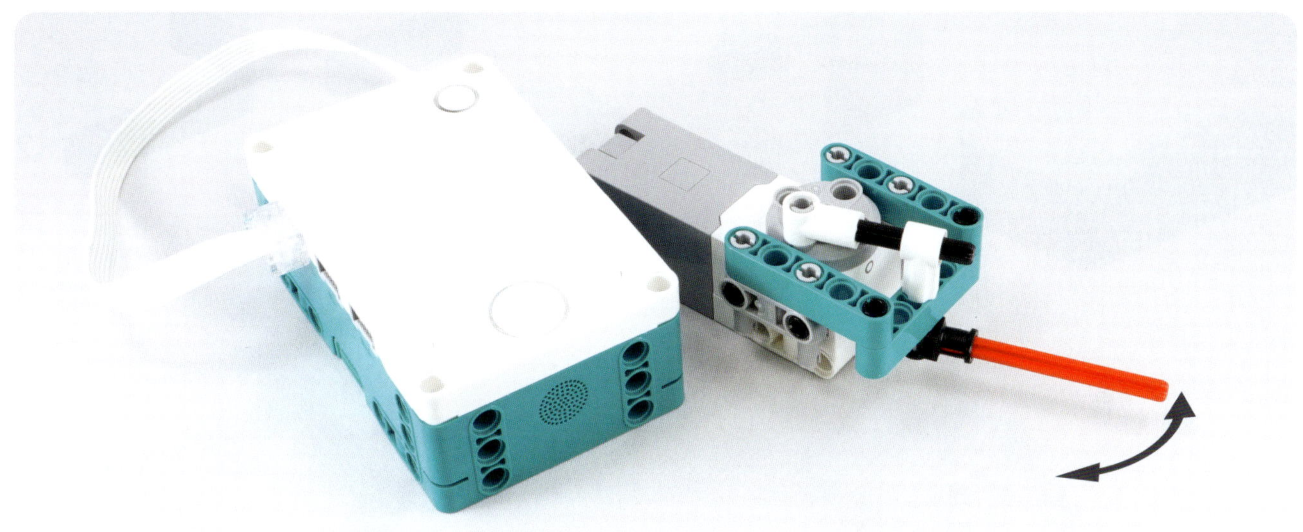

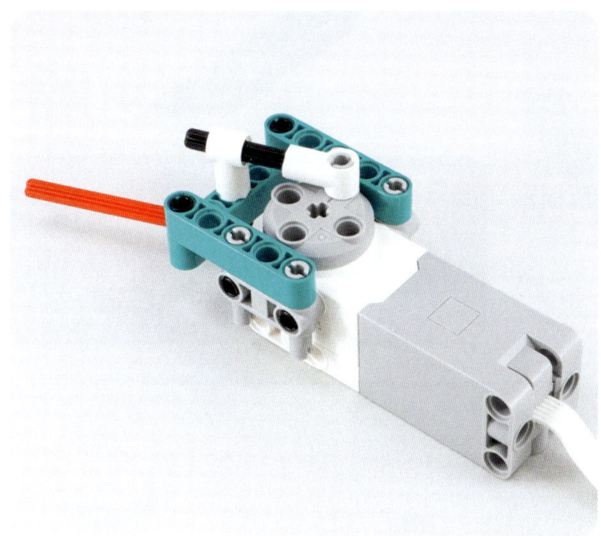

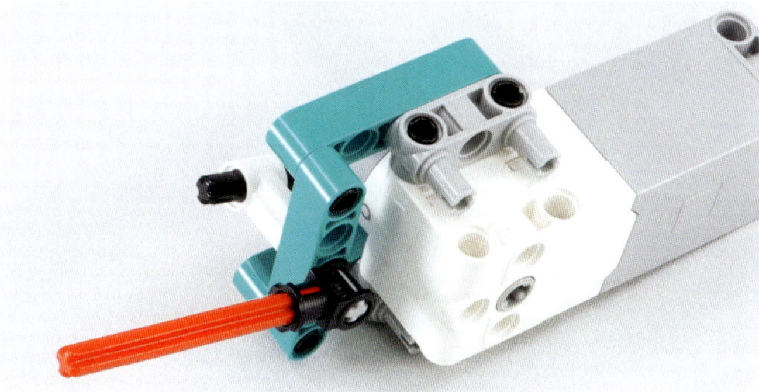

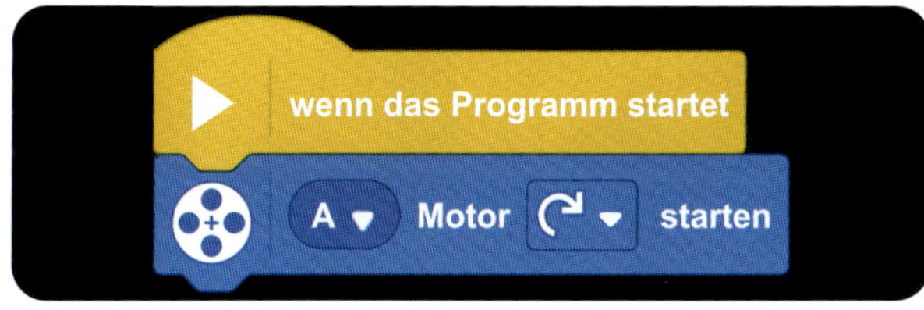

Kolbenmechanismen

\# 21

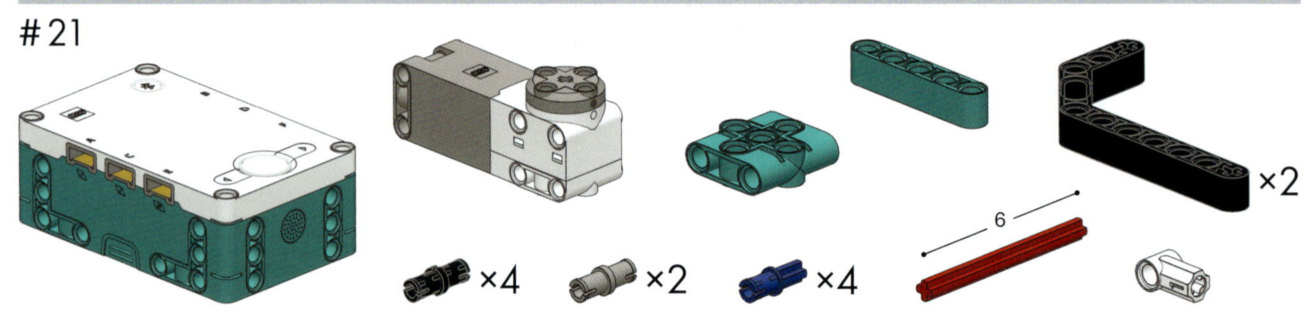

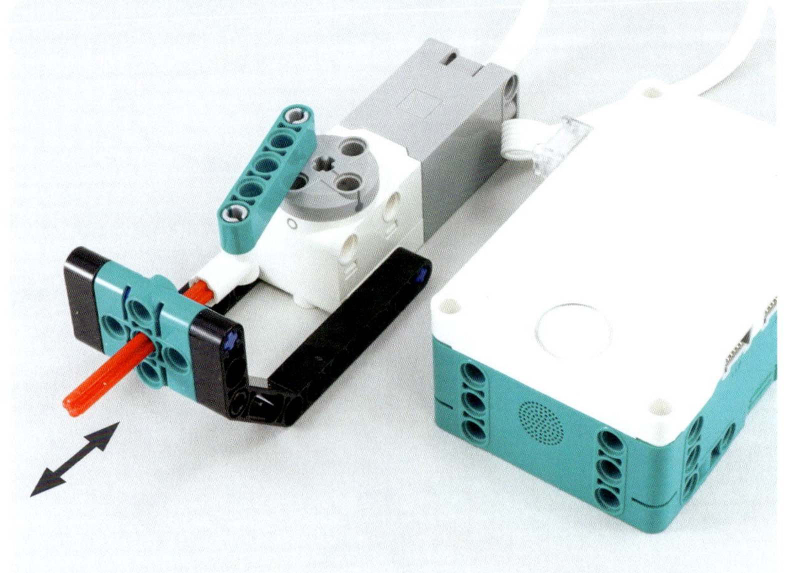

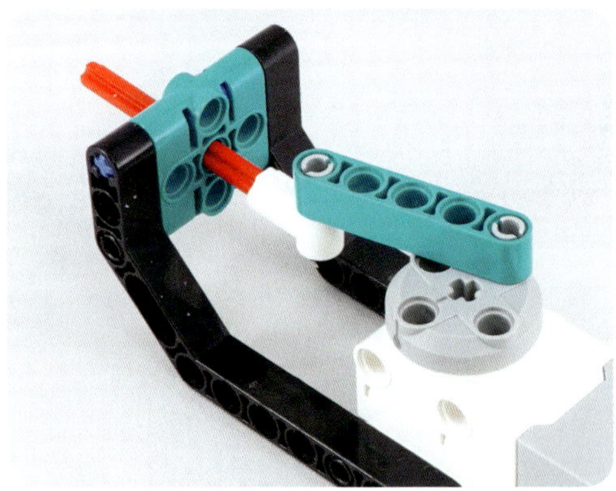

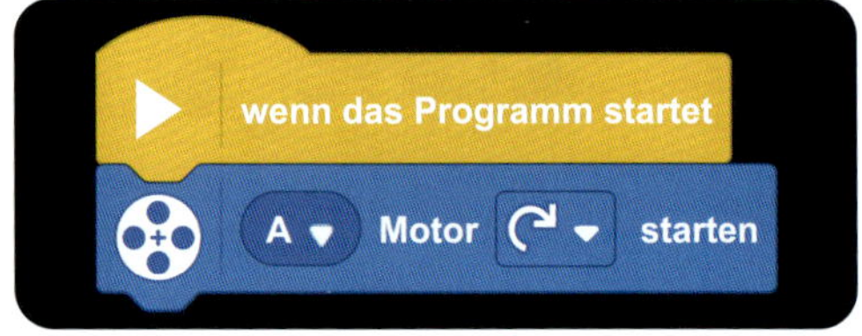

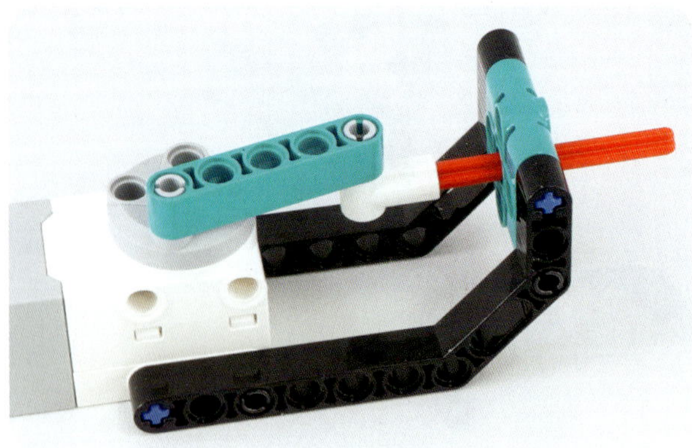

#22

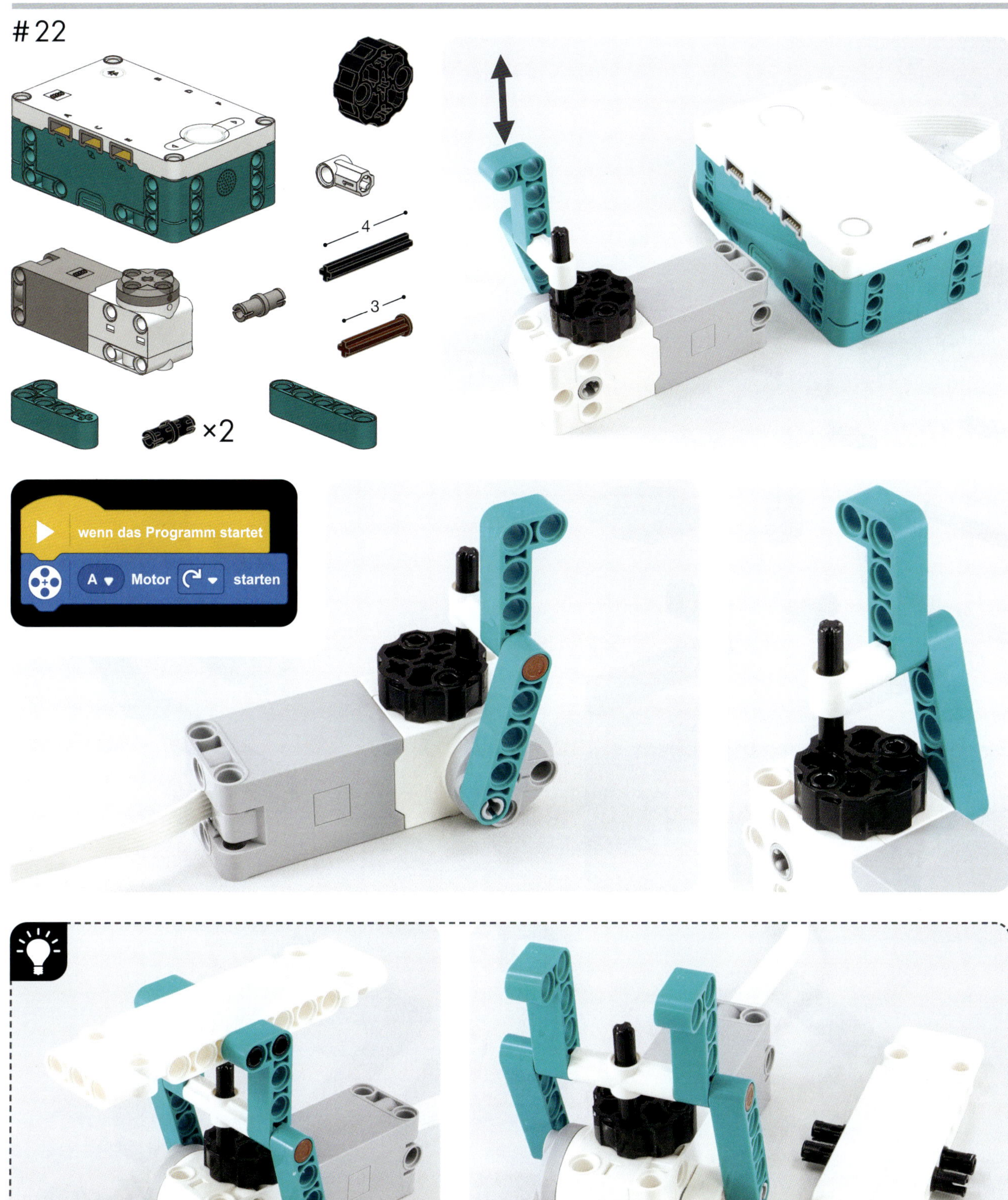

#23

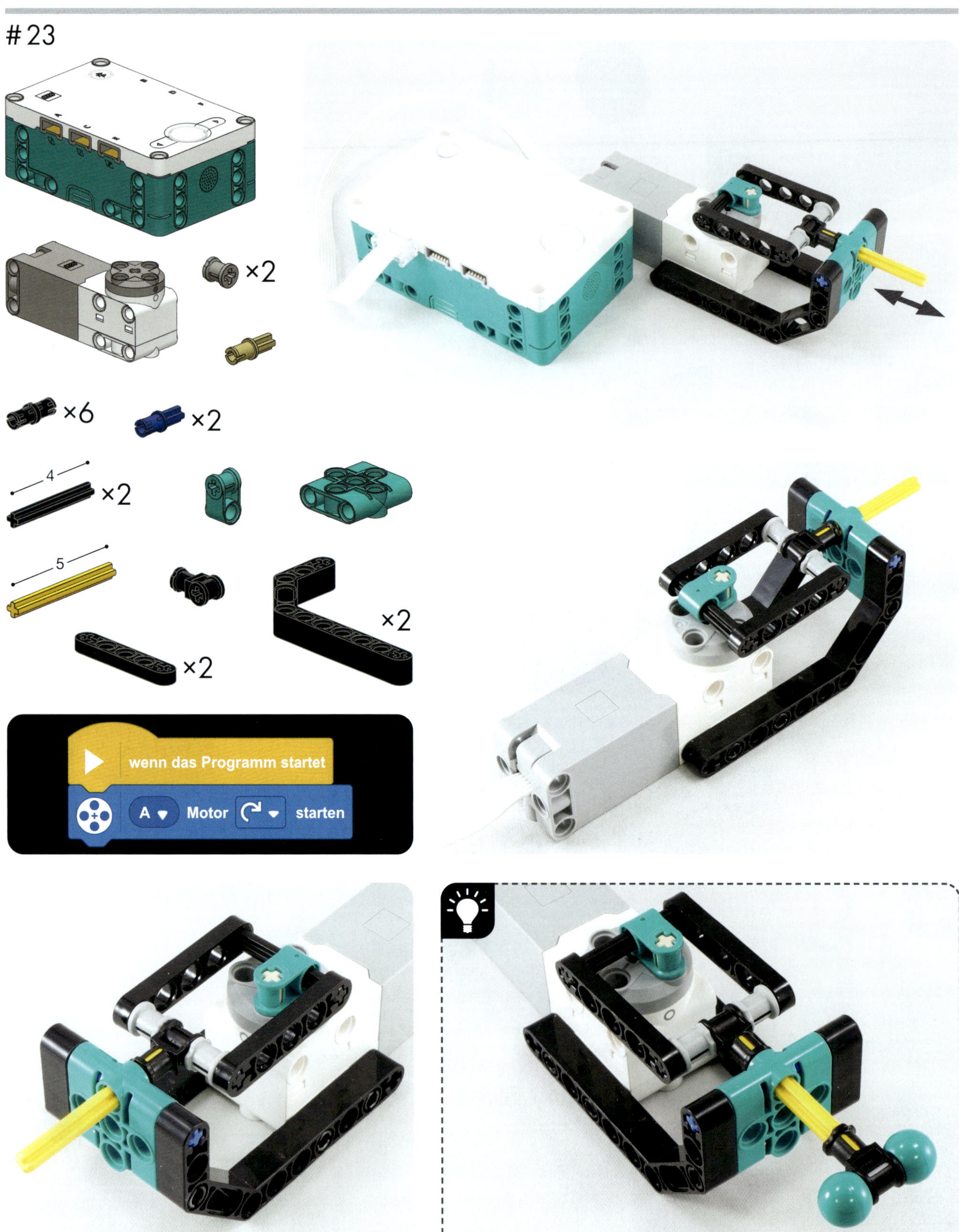

#24

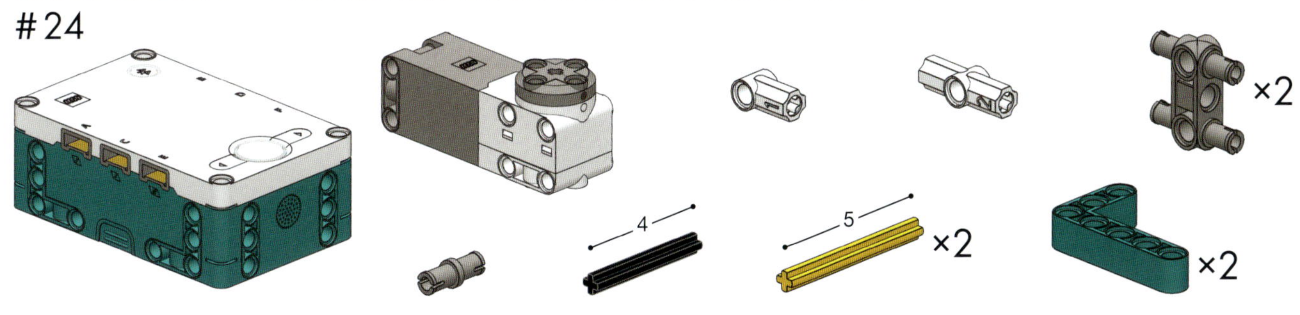

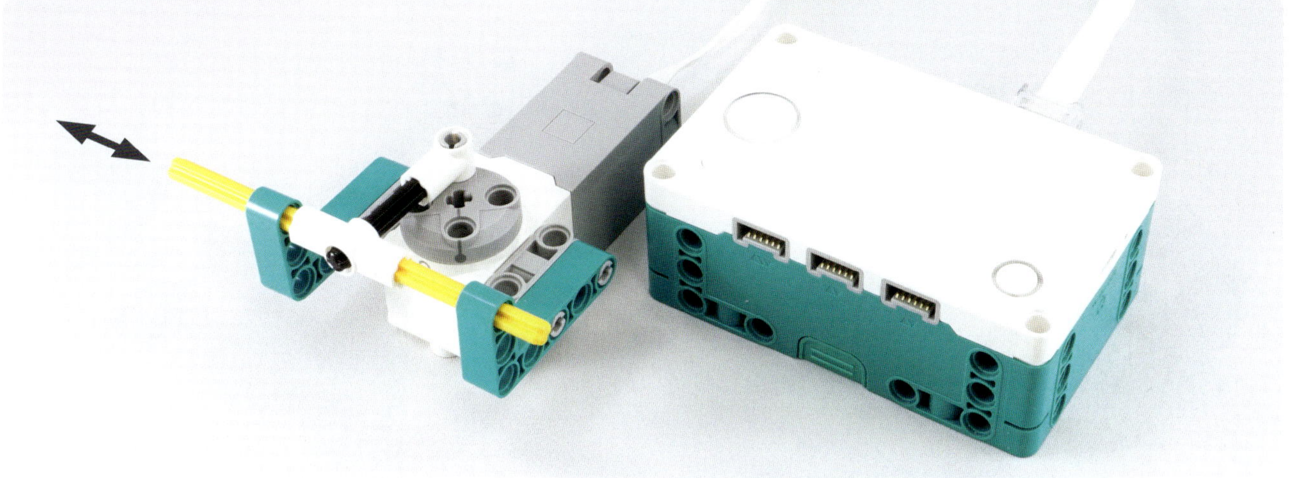

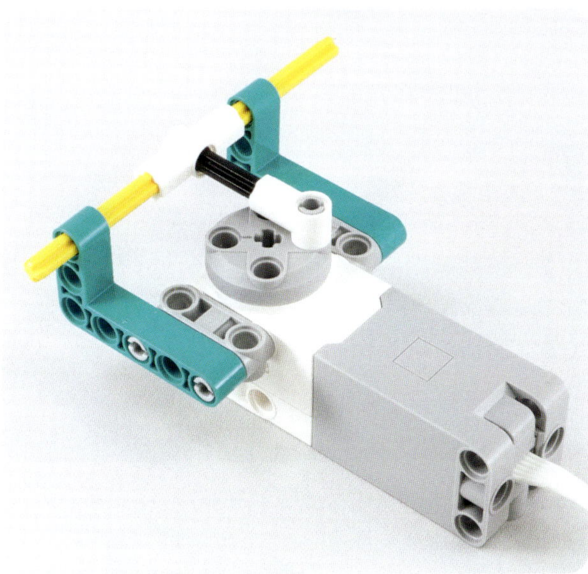

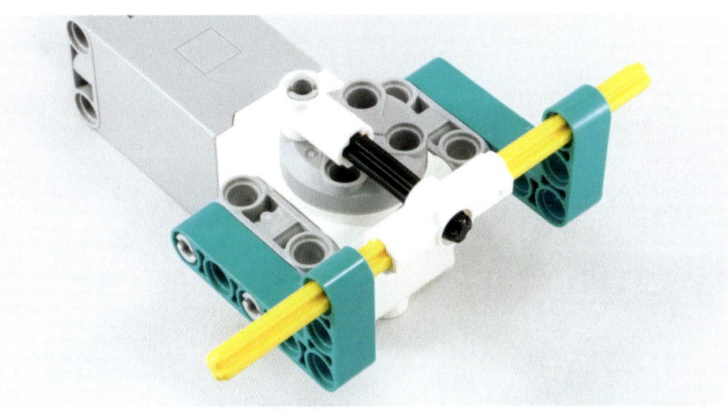

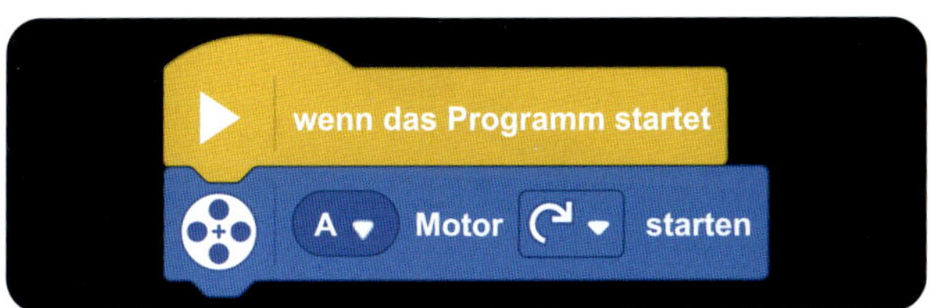

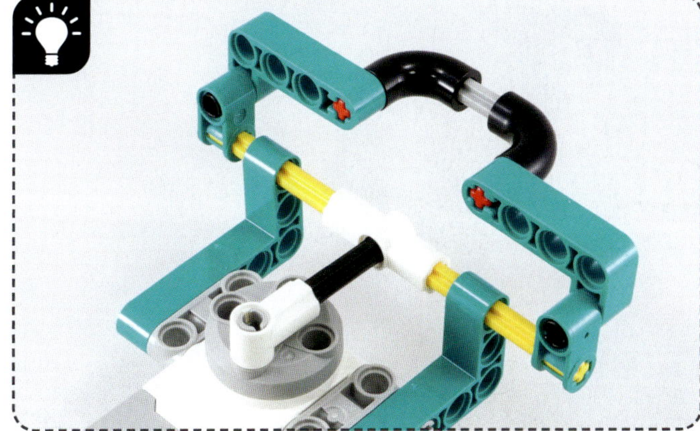

25

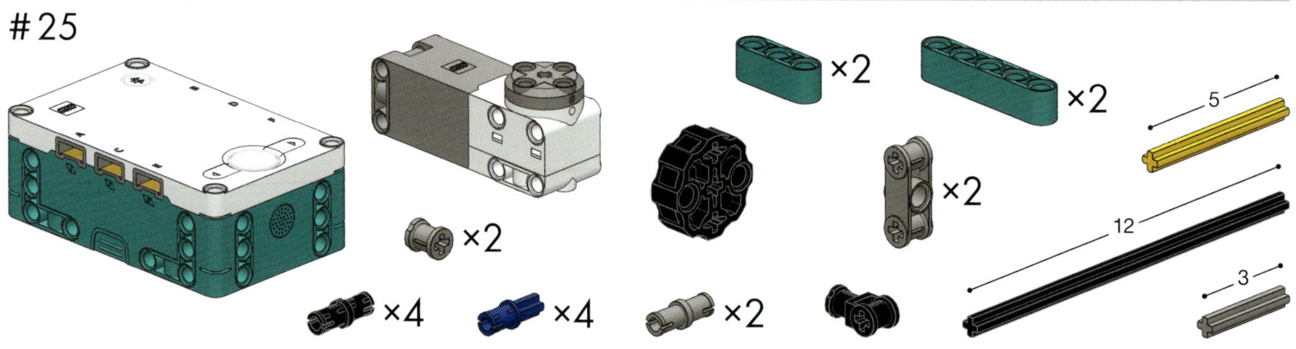
×2
×2
5
×2
×2
12
3
×4
×4
×2

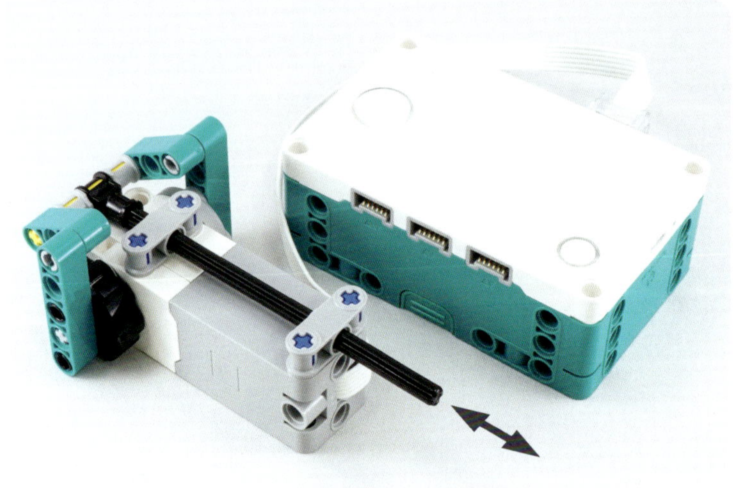

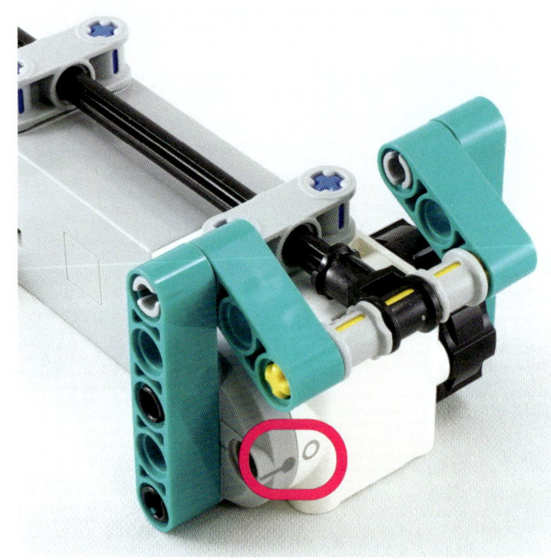

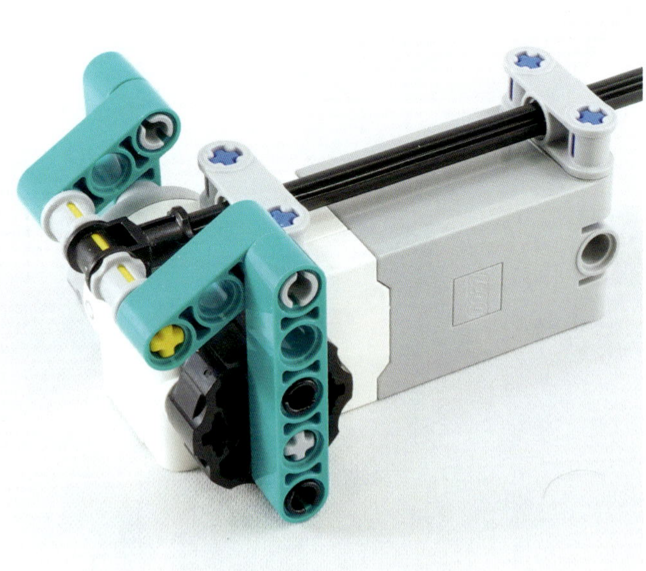

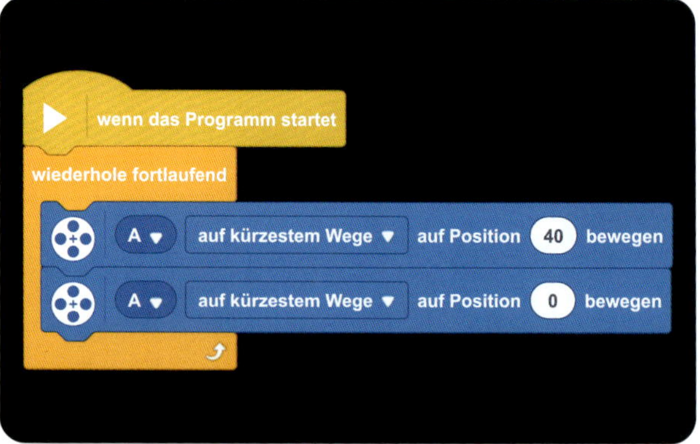
wenn das Programm startet
wiederhole fortlaufend
A ▾ auf kürzestem Wege ▾ auf Position 40 bewegen
A ▾ auf kürzestem Wege ▾ auf Position 0 bewegen

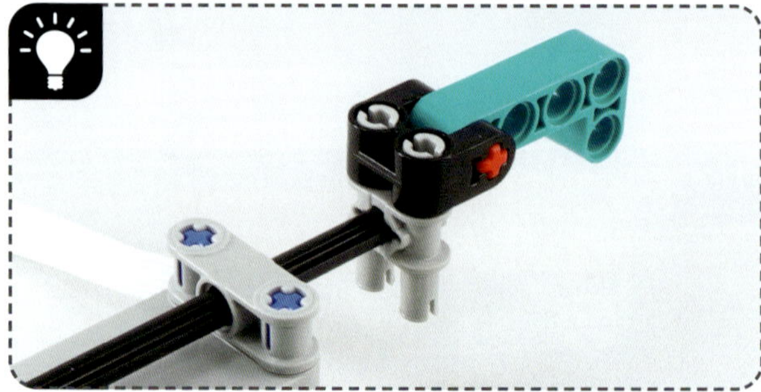

26

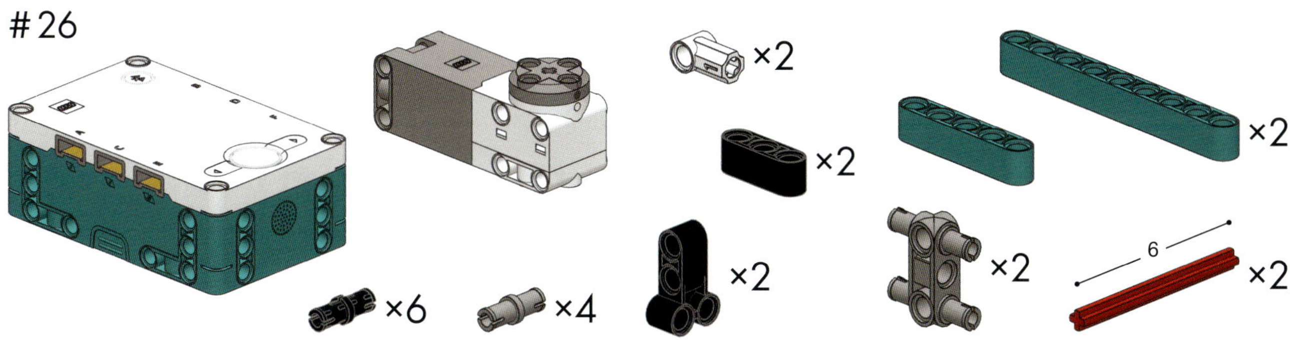
×2
×2
×2
×6
×4
×2
×2
6
×2

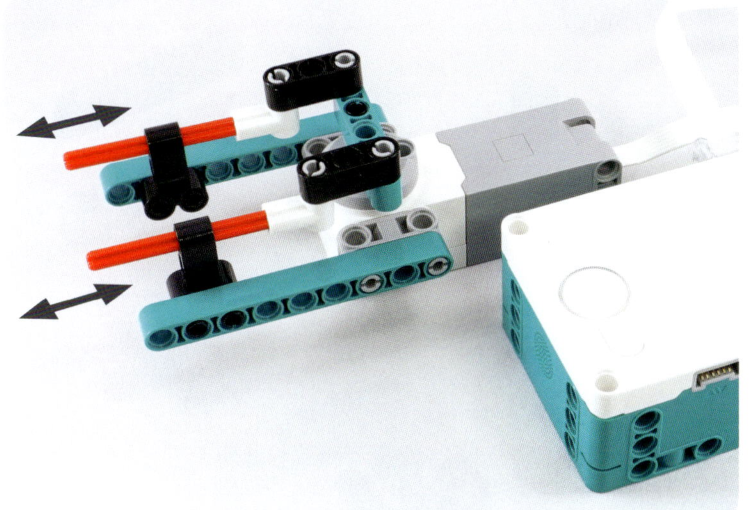

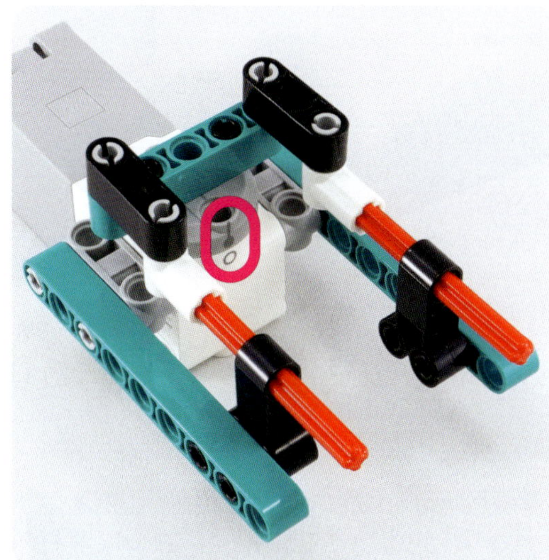

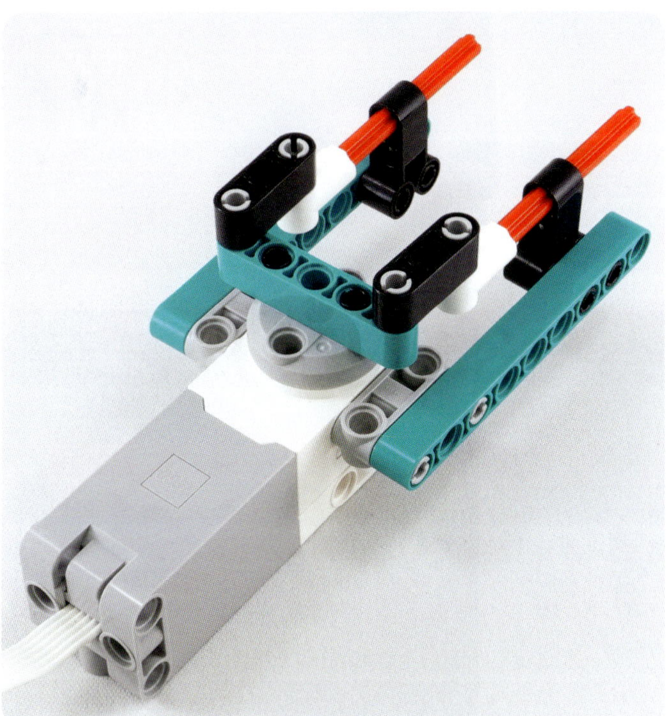

wenn das Programm startet
wiederhole fortlaufend
A auf kürzestem Wege auf Position 45 bewegen
A auf kürzestem Wege auf Position 315 bewegen

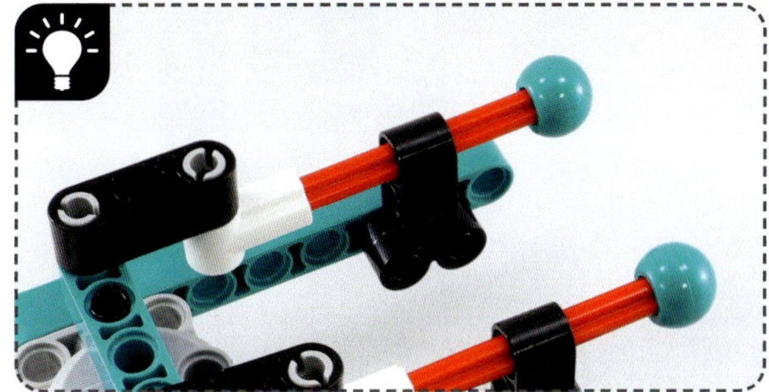

Ändern des Achswinkels

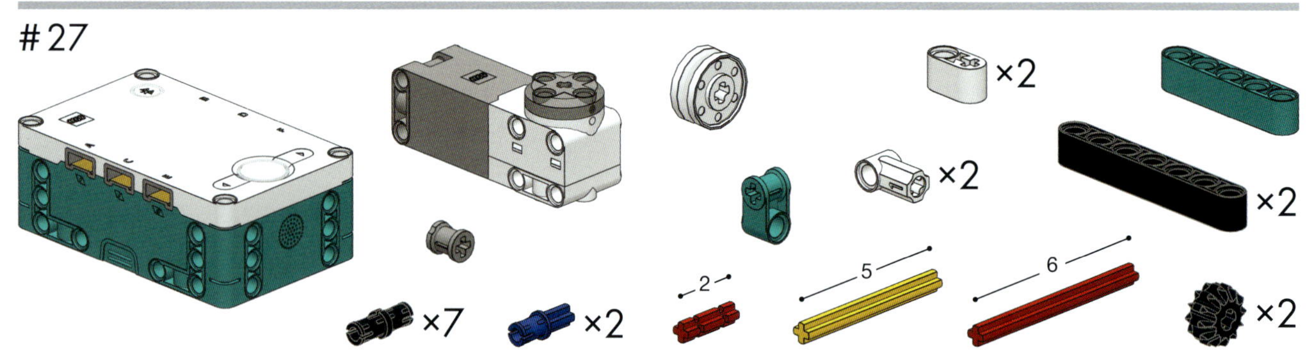

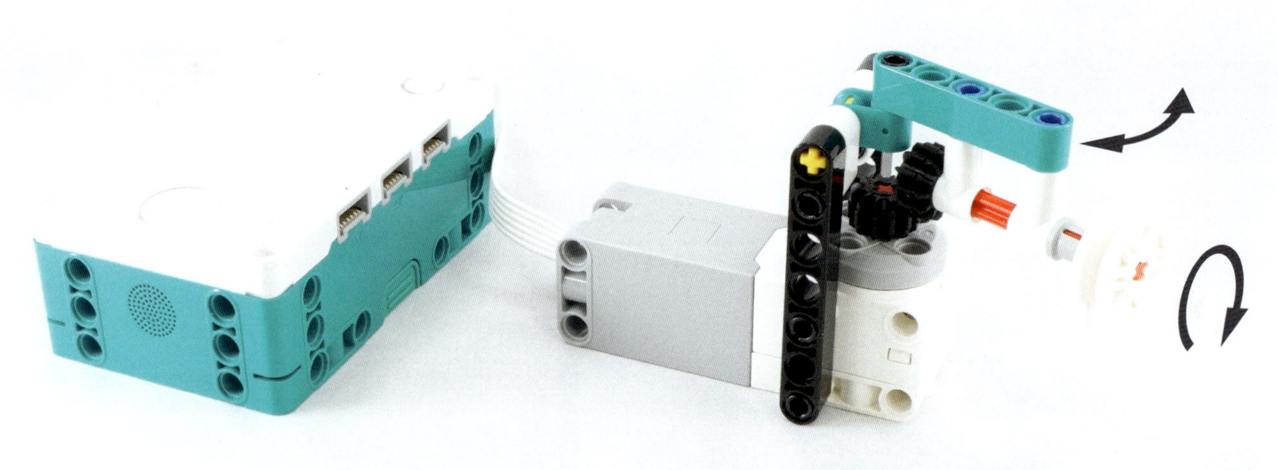

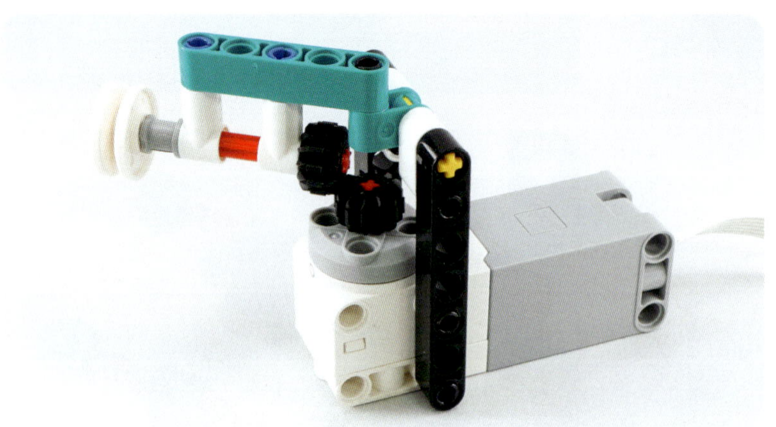

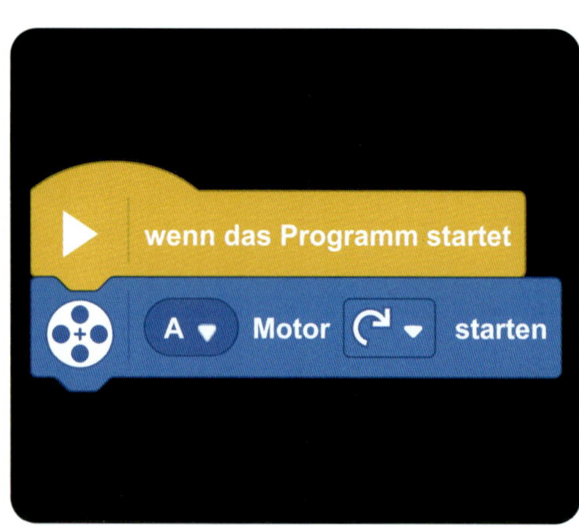

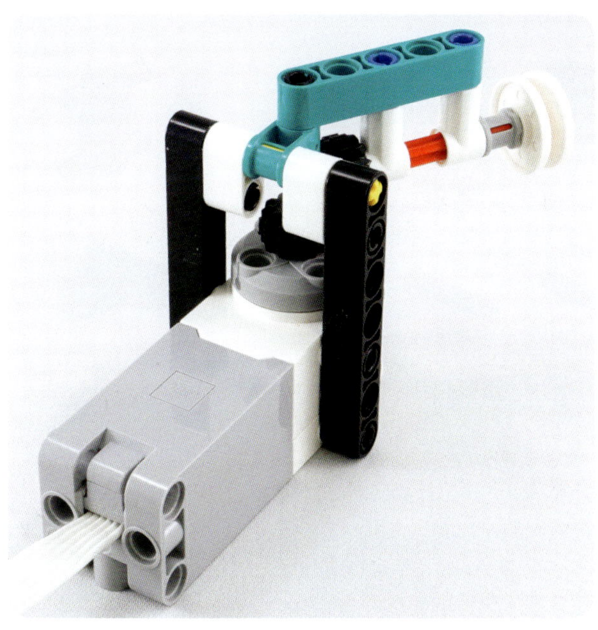

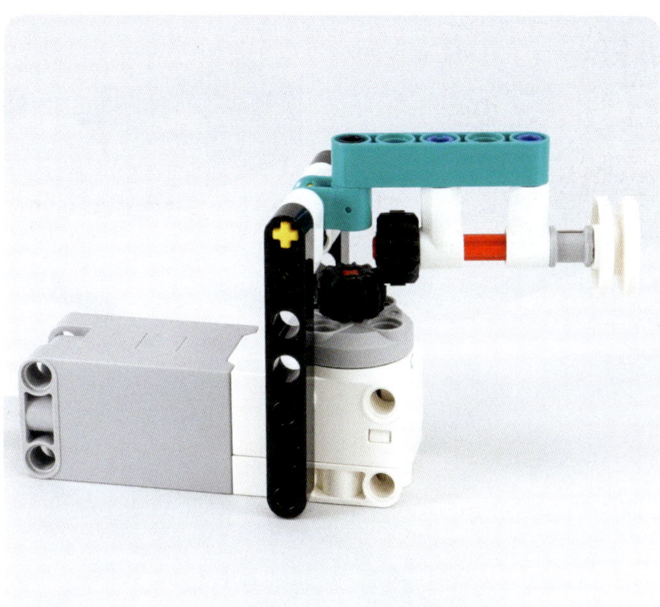

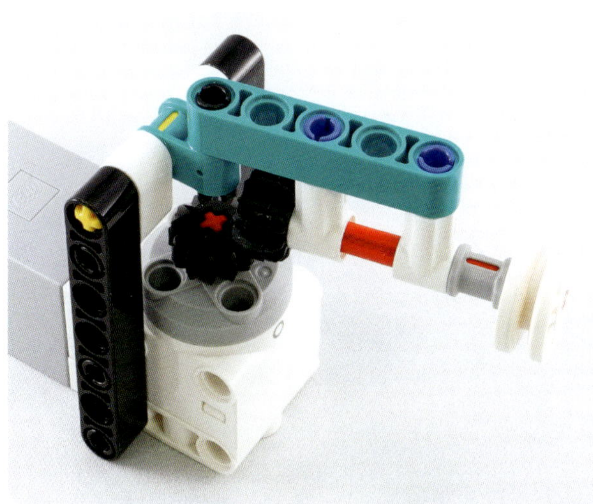

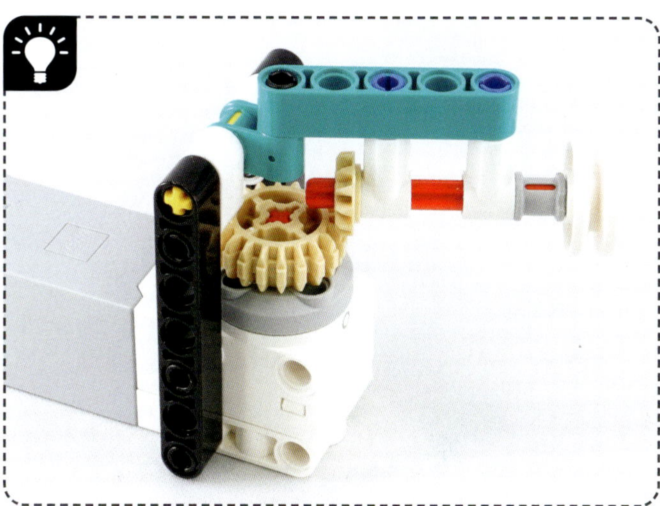

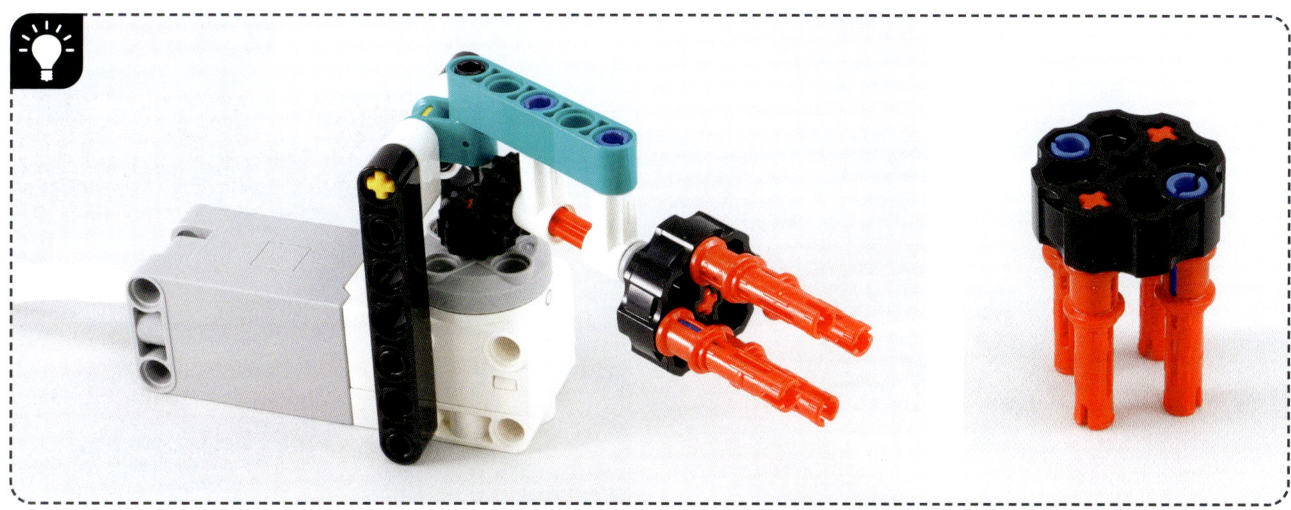

#28

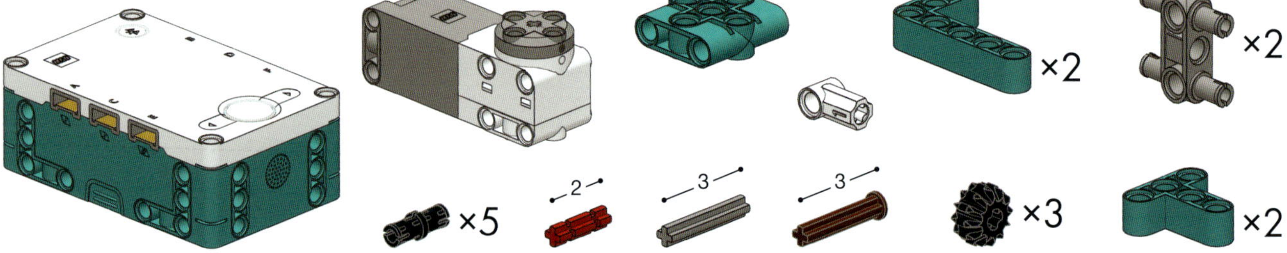

×2
×2
×5
2
3
3
×3
×2

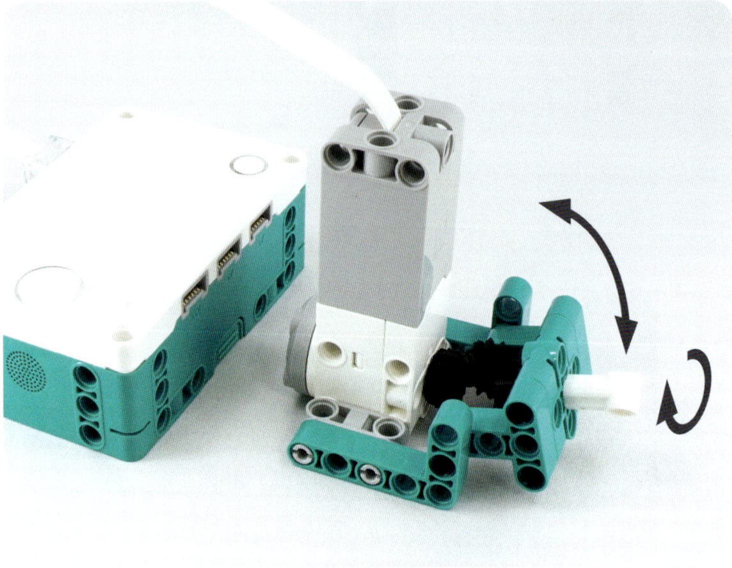

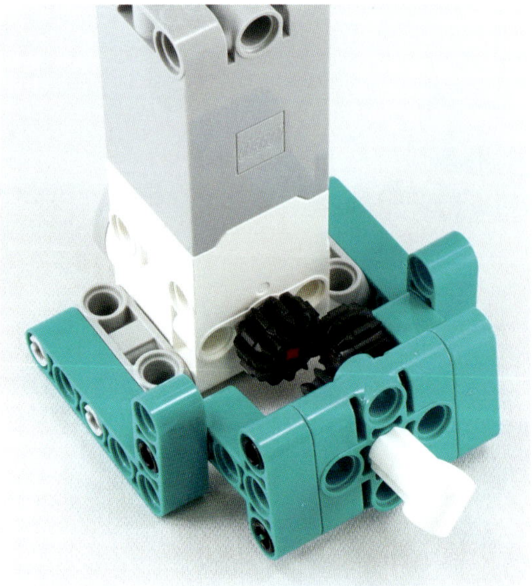

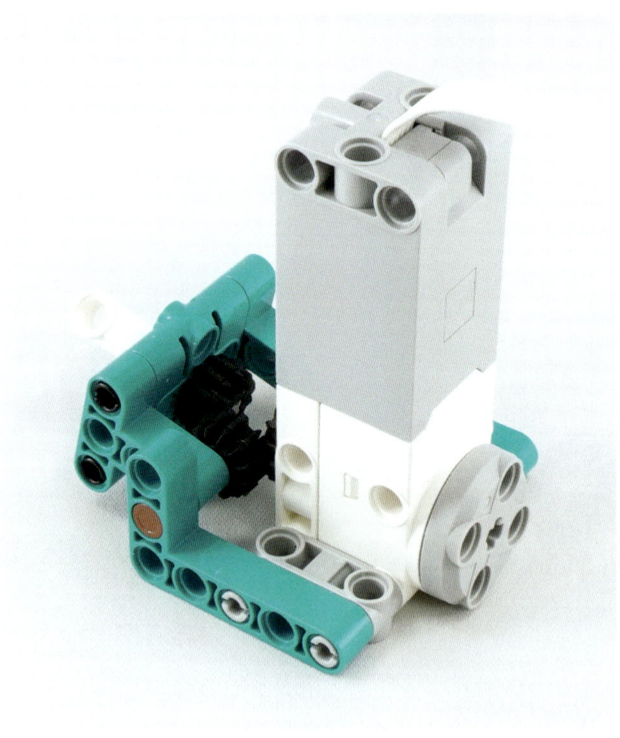

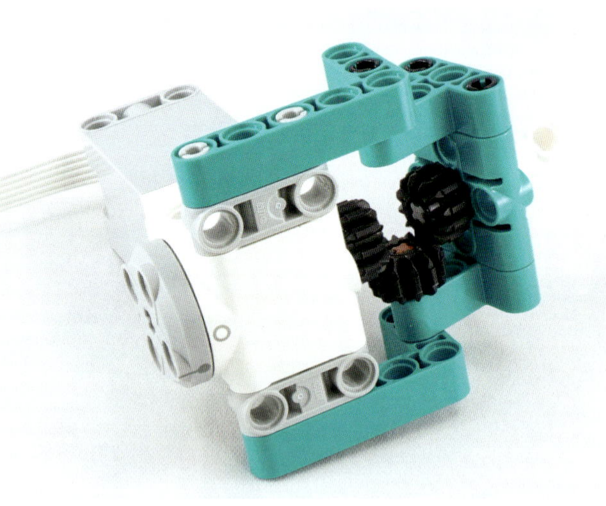

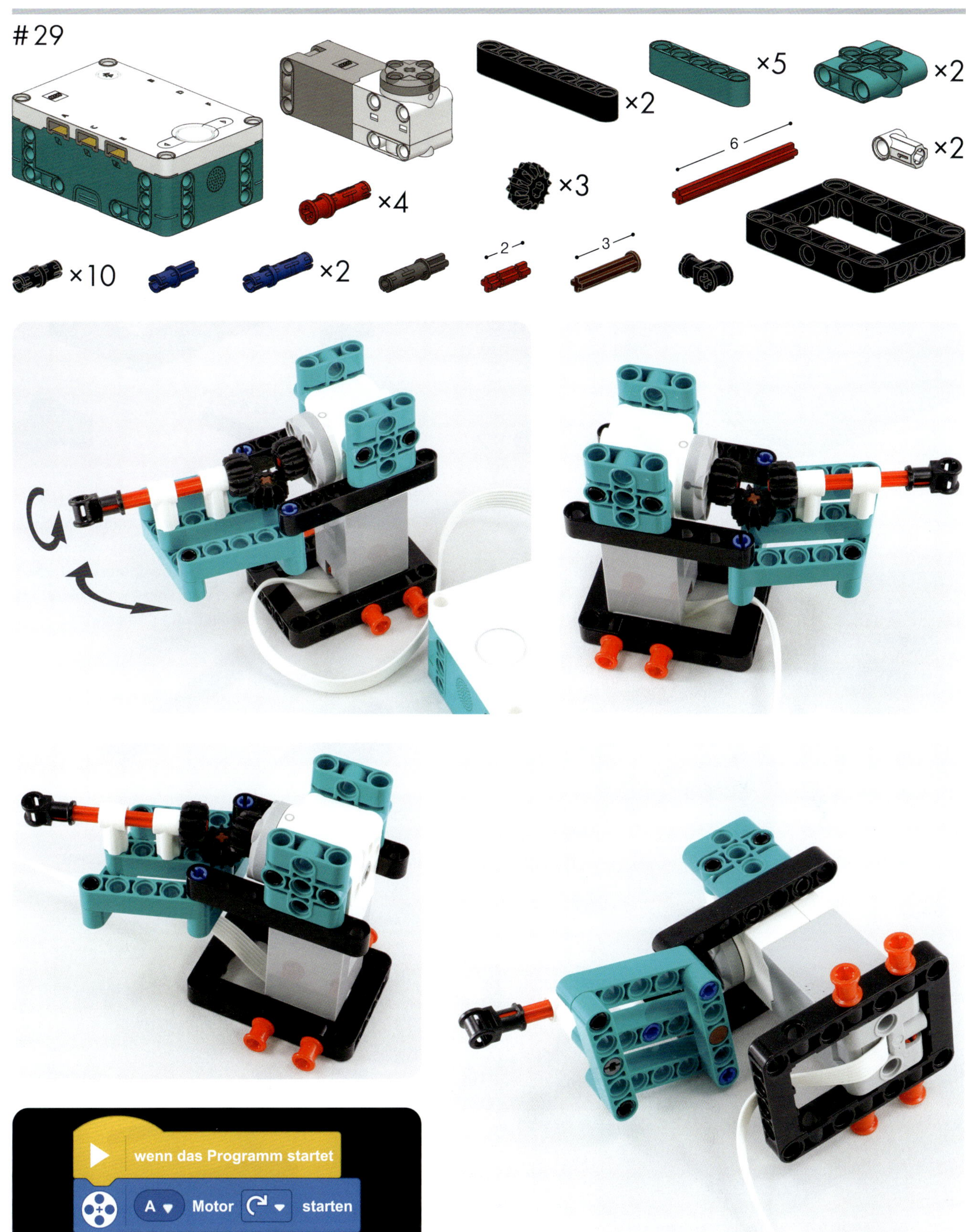
#29
×2
×5
×2
×2
×4
×3
6
×2
×10
×2
2
3
wenn das Programm startet
A
Motor
starten

Drehbewegung mit Gummibändern übertragen

#30

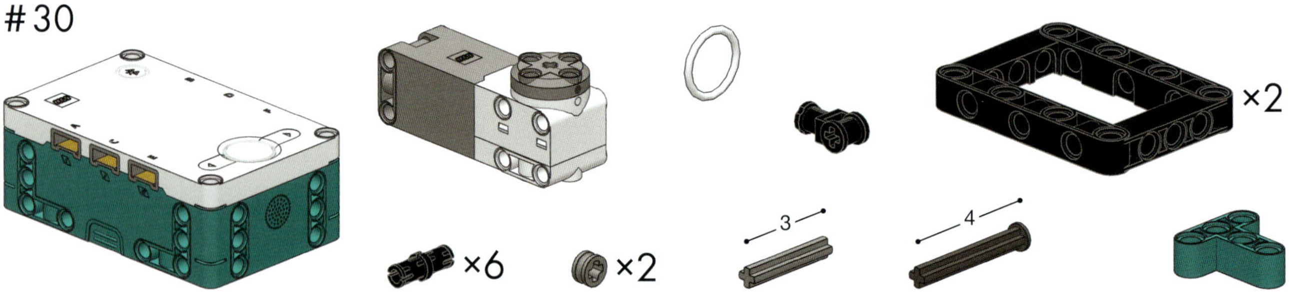

×2

×6 ×2

3 4

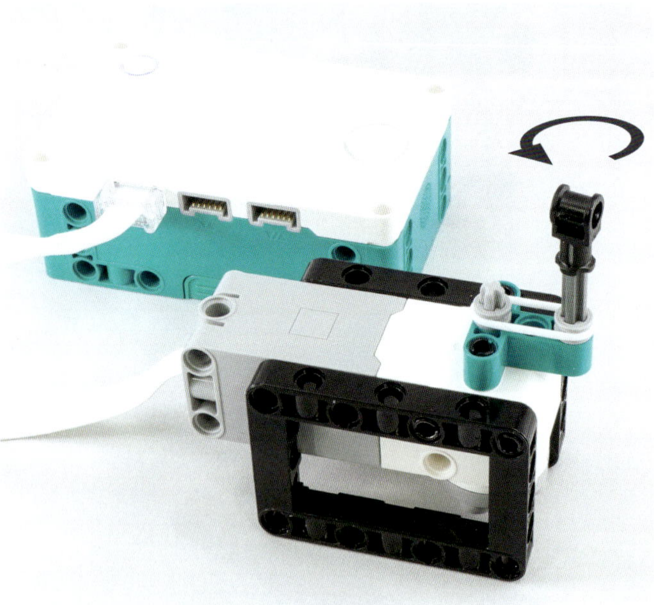

Der Vorteil der Verwendung von Gummibändern zur Übertragung der Drehbewegung besteht darin, dass der Motor nicht überlastet wird, selbst wenn dieser Teil manuell angehalten wird.

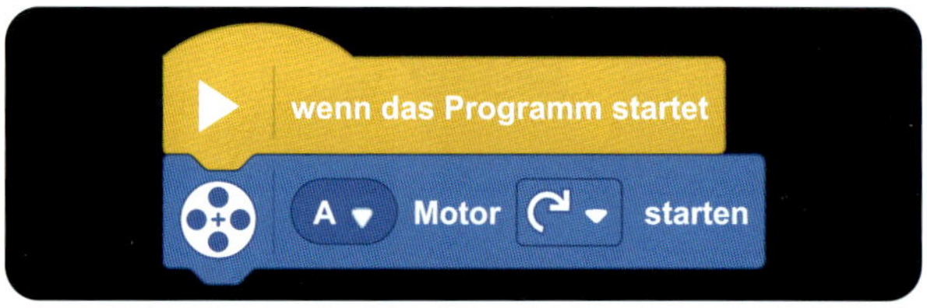

wenn das Programm startet

A Motor starten

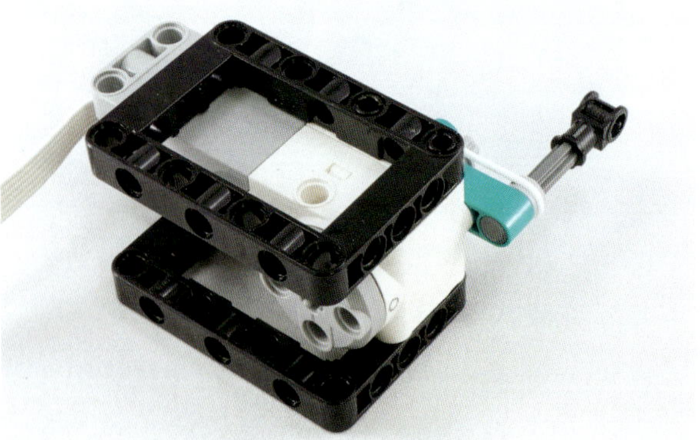

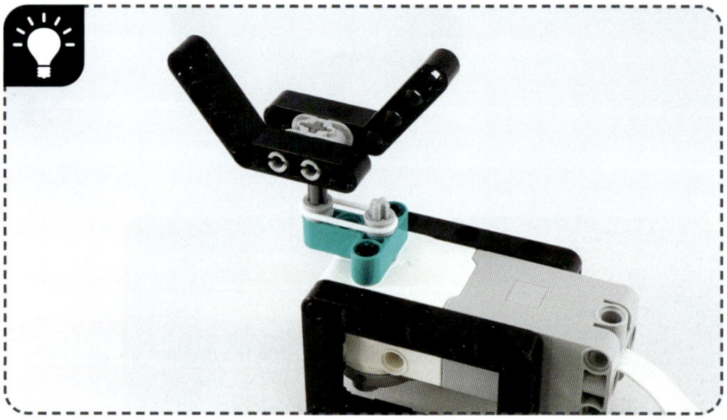

31

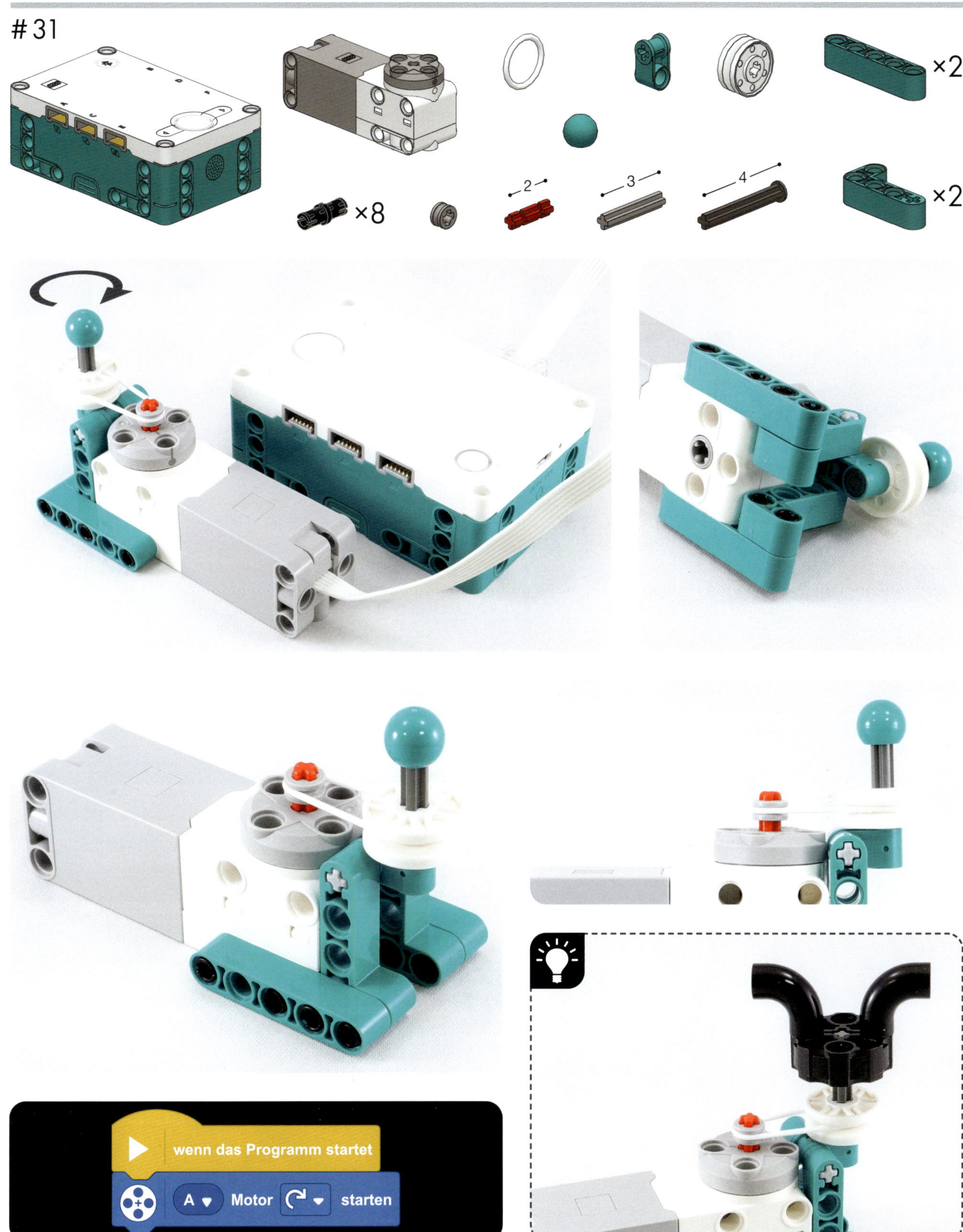

Nockenantriebe

#32

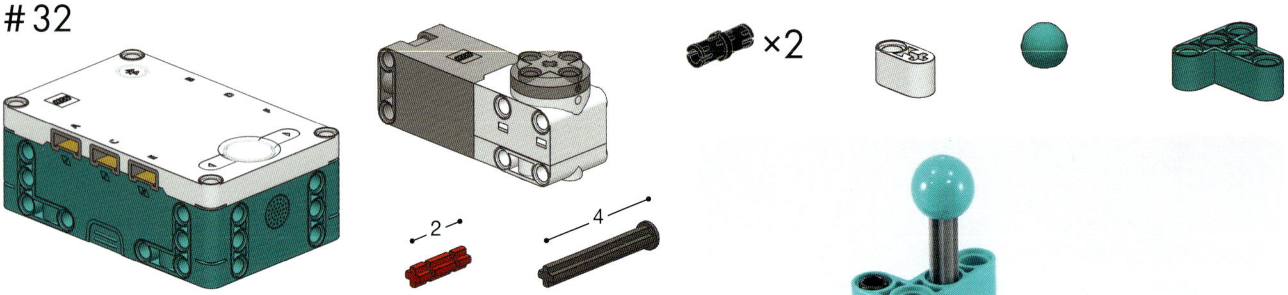

×2

2

4

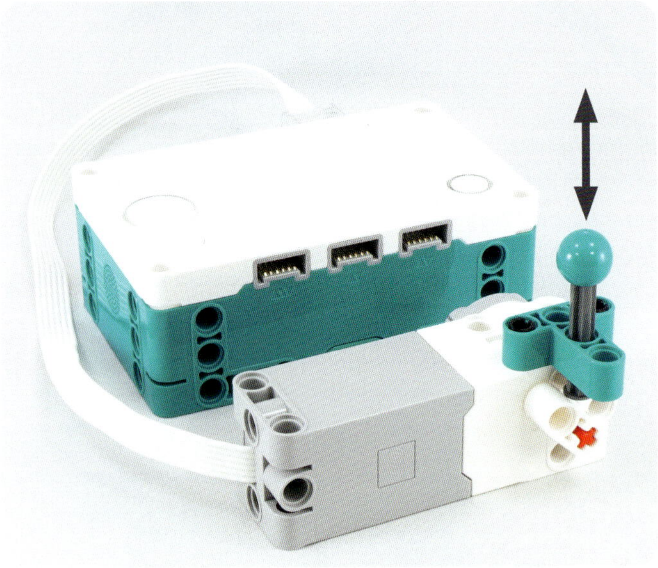

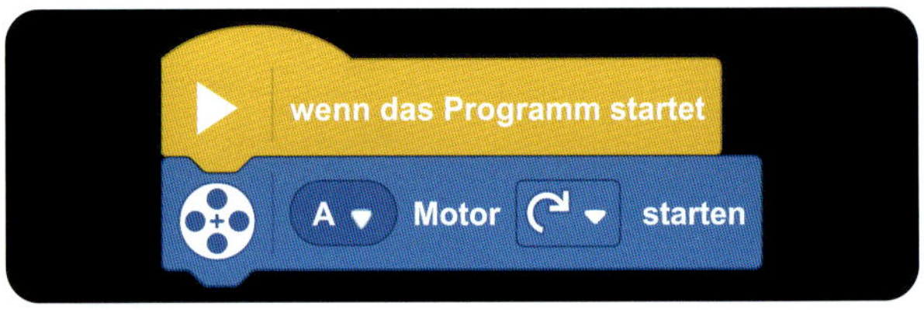

wenn das Programm startet

A Motor starten

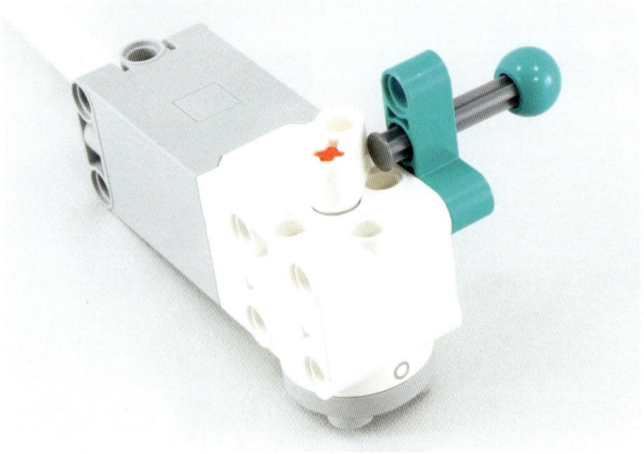

#33

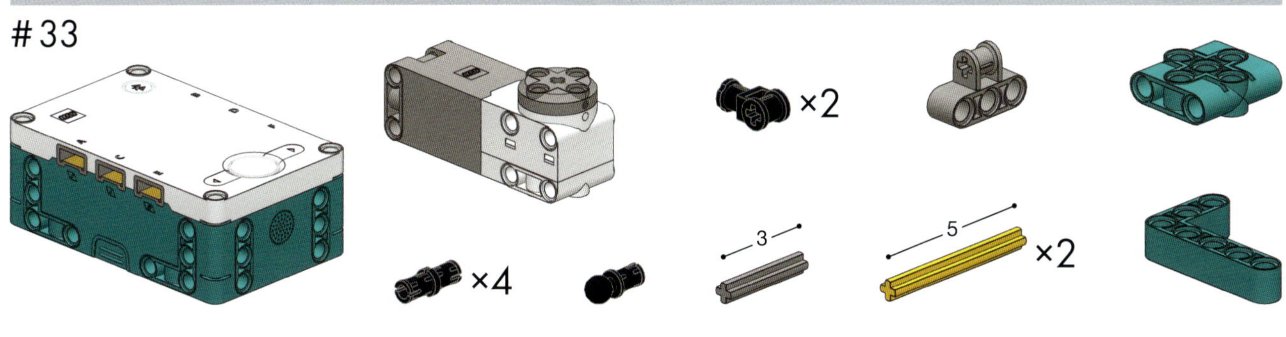

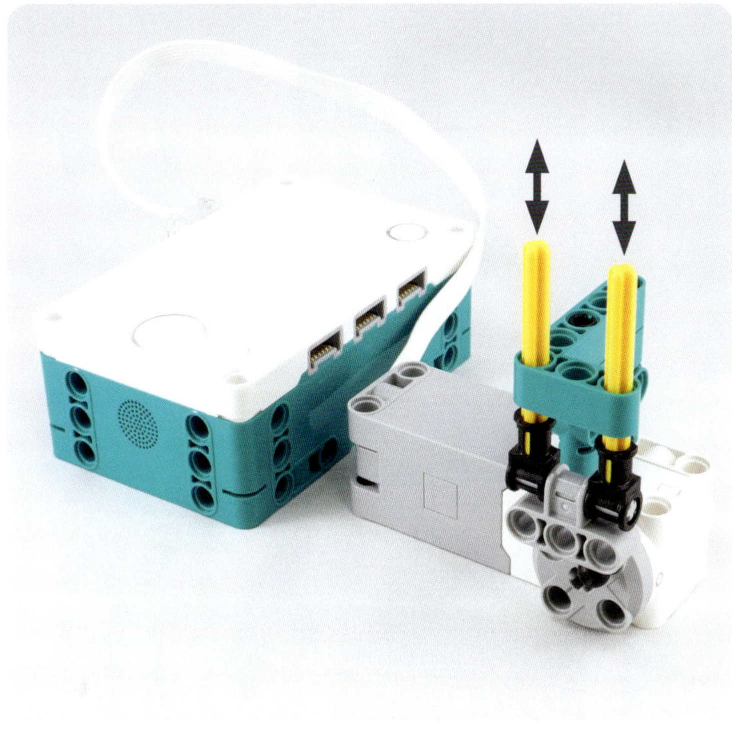

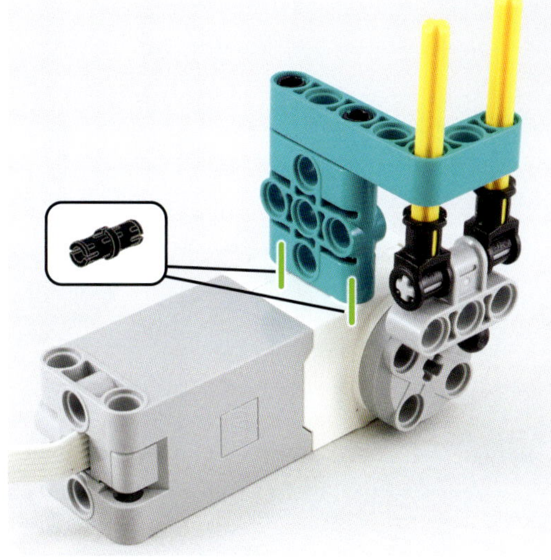

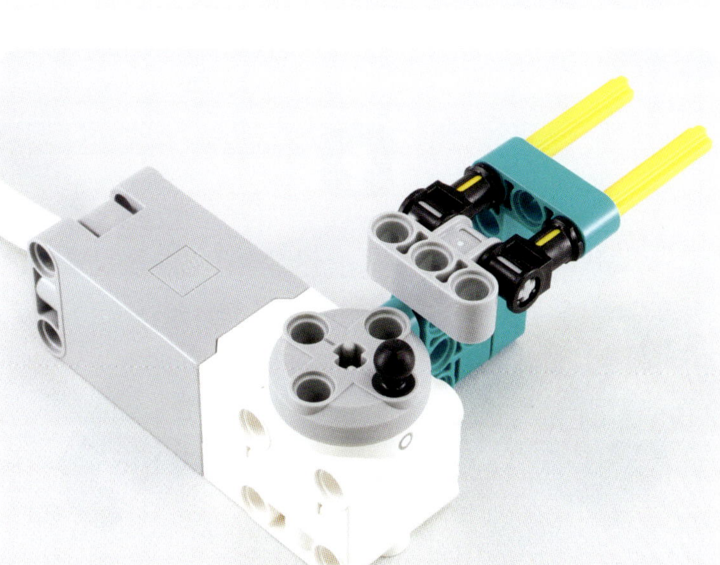

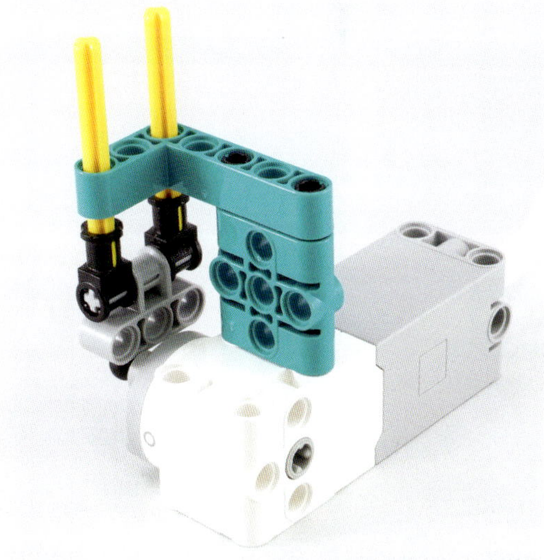

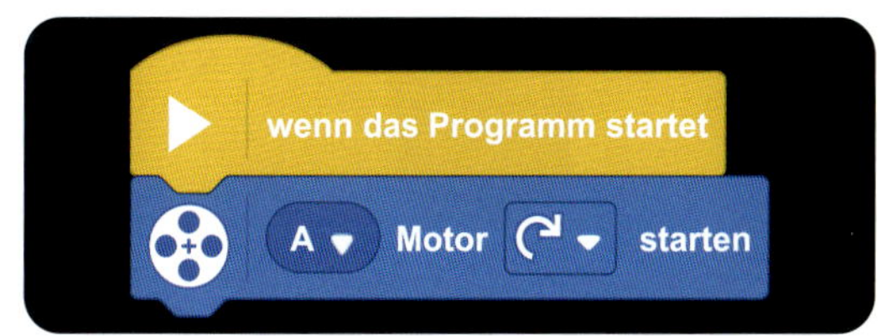

34

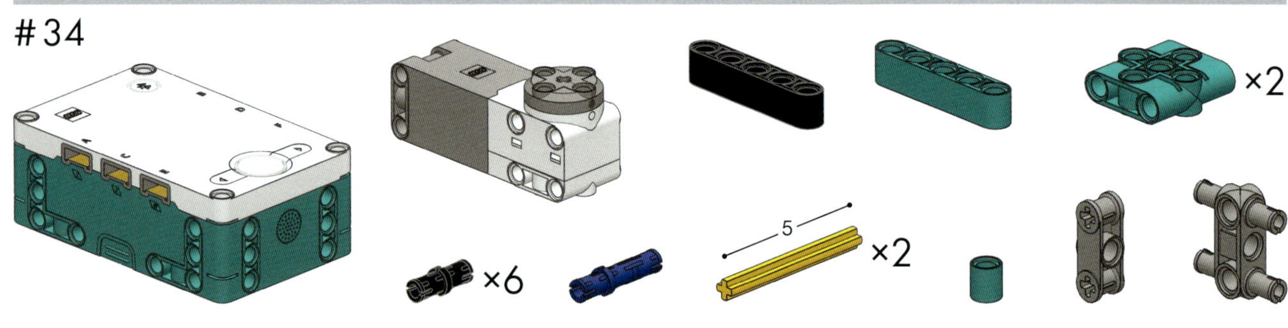

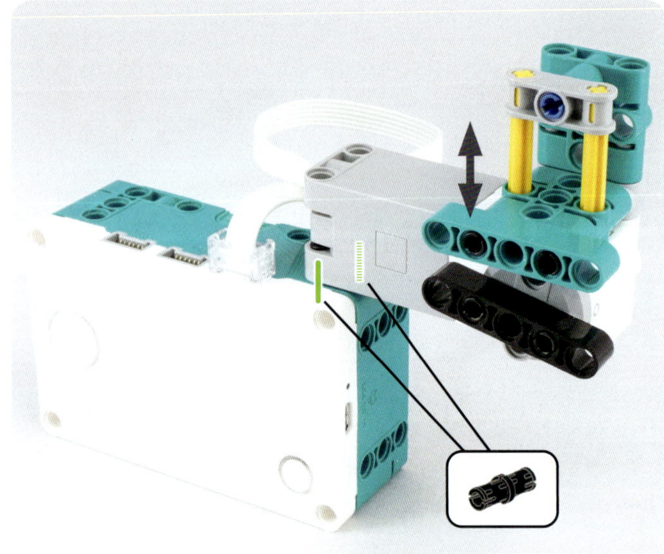

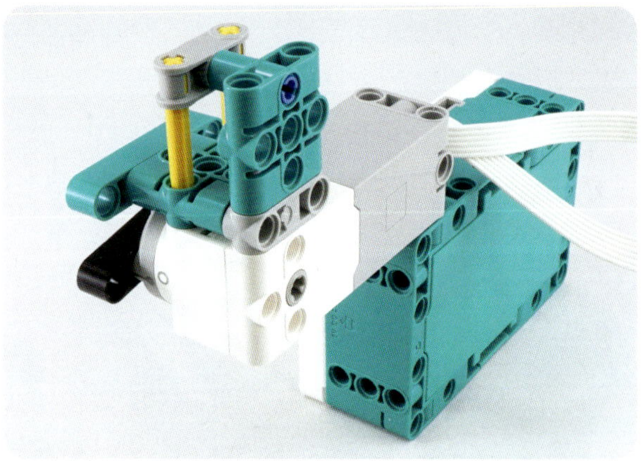

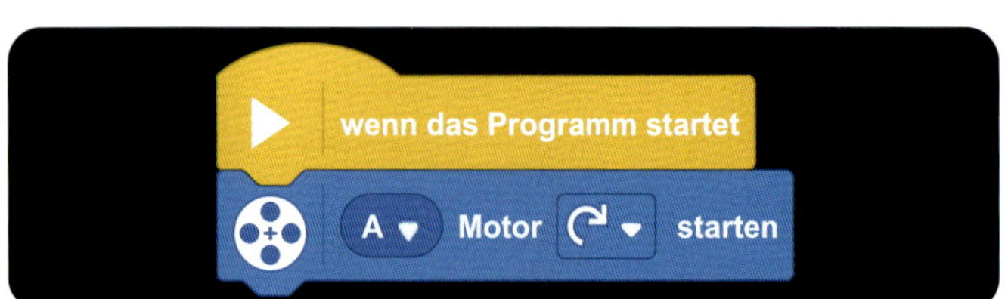

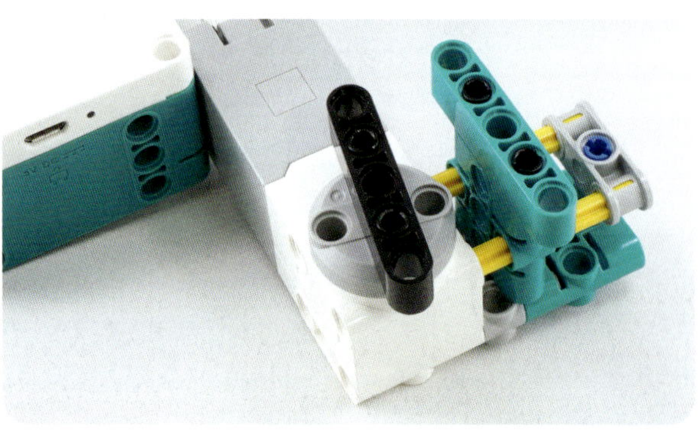

#35

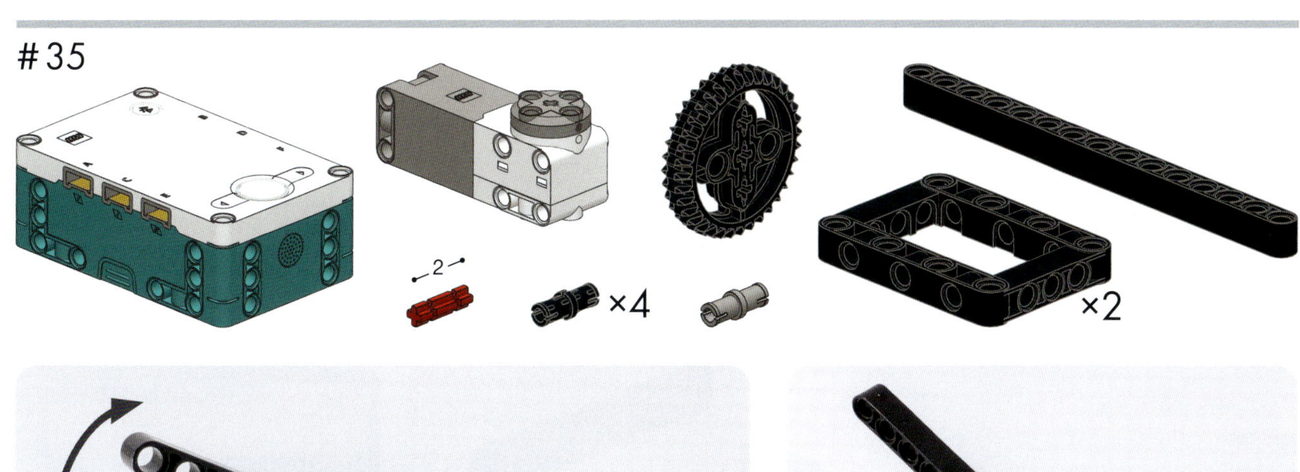

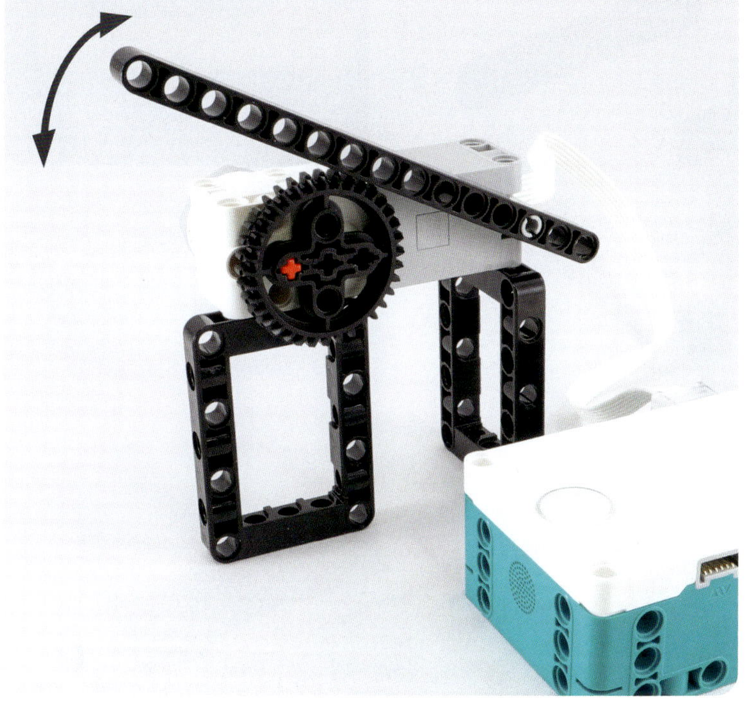

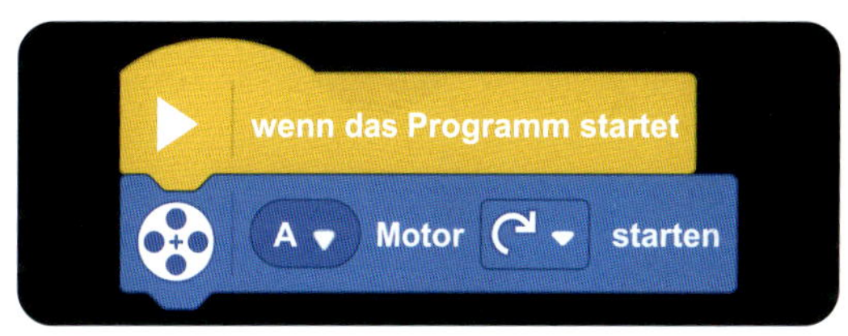

Drehteller verwenden

36

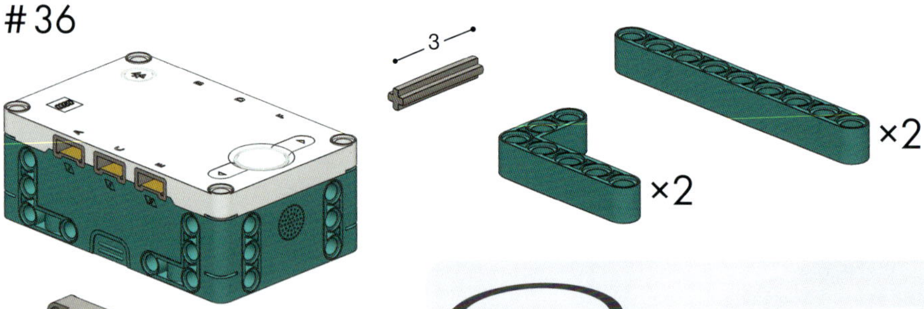

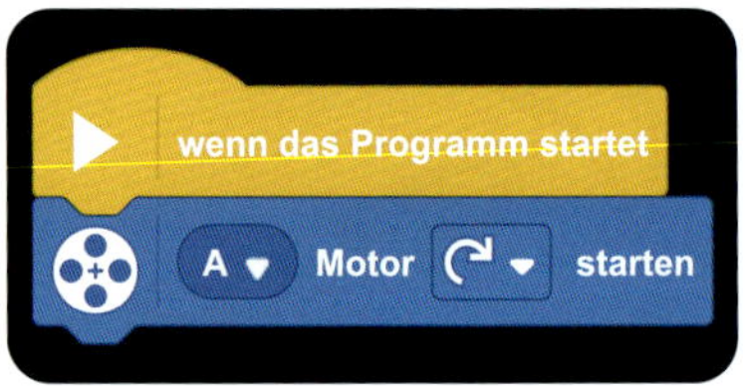

×2

×2

wenn das Programm startet

A Motor starten

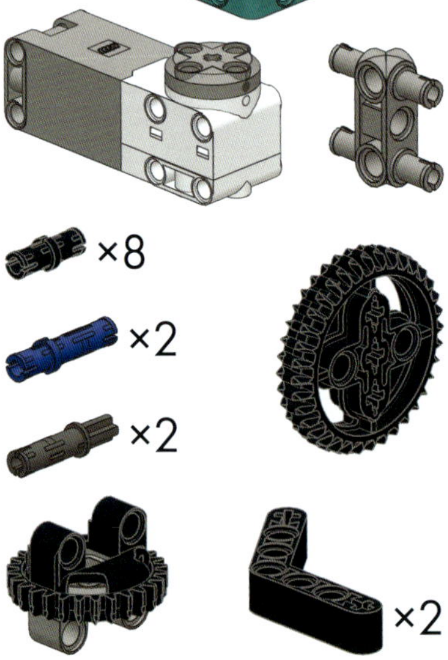

GESCHWINDIGKEIT HOCH

KRAFT RUNTER

9:7 (36:28)

×8

×2

×2

×2

Achte auf die Richtung dieser Verbinder.

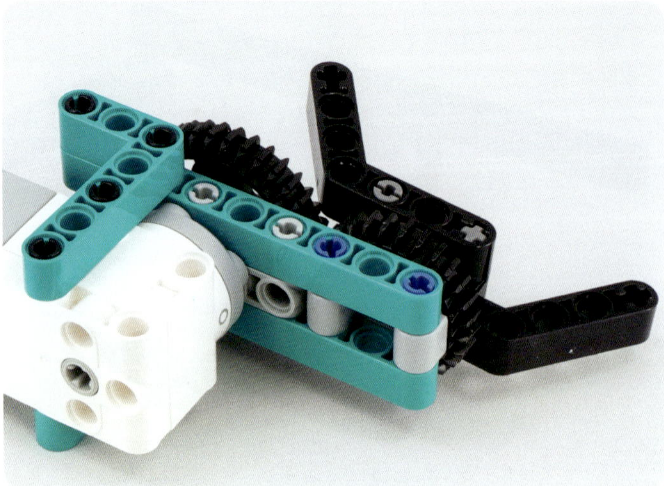

37

×2
×6
×2
2
5
×2
×2
GESCHWINDIGKEIT RUNTER
KRAFT RAUF
3:7 (12:28)
wenn das Programm startet
A Motor starten

#38

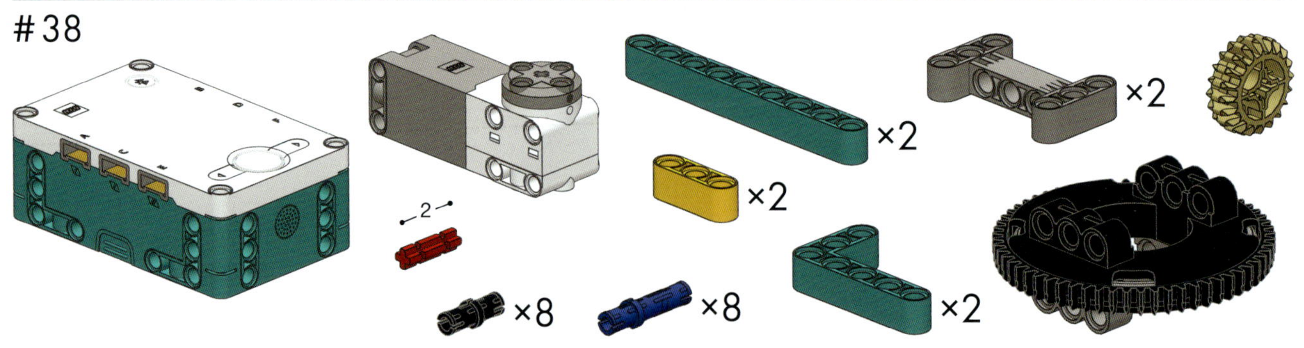

2
×8
×8
×2
×2
×2
×2

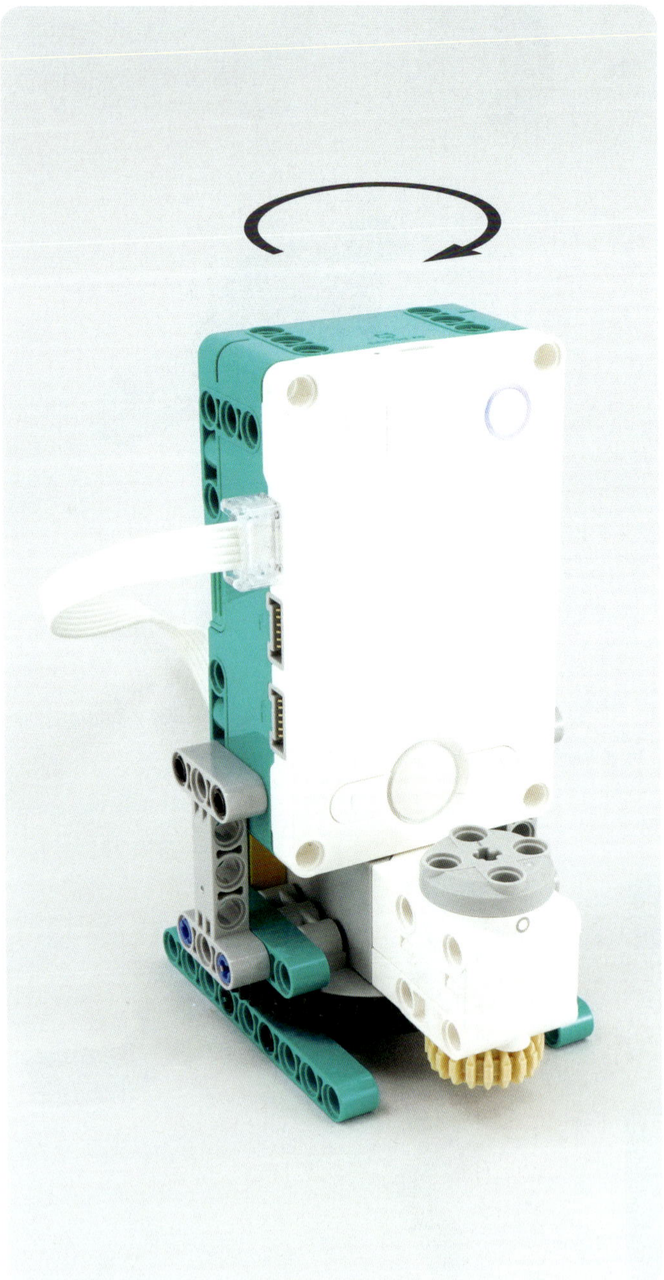

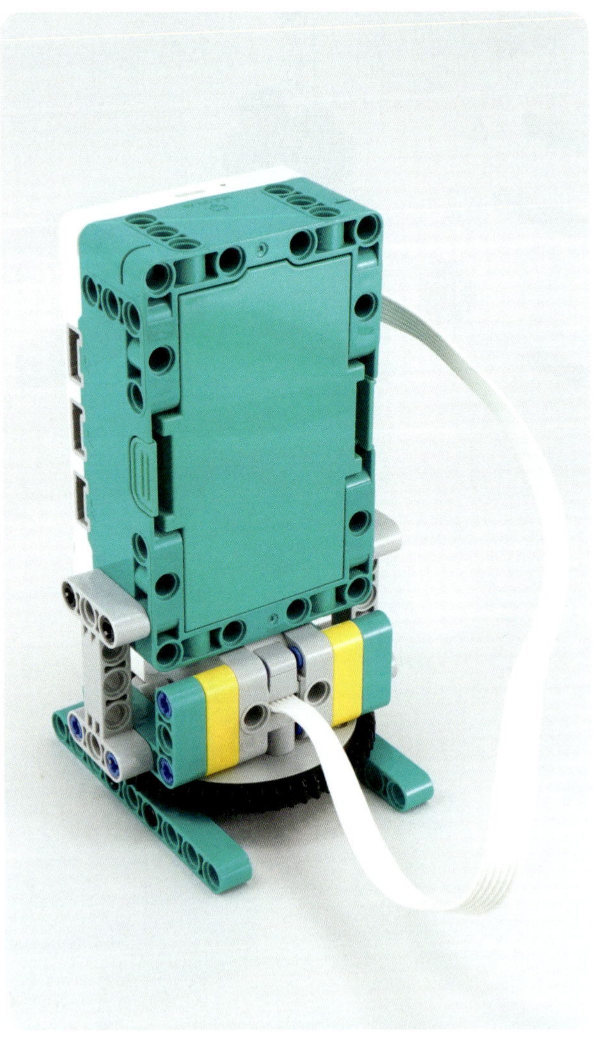

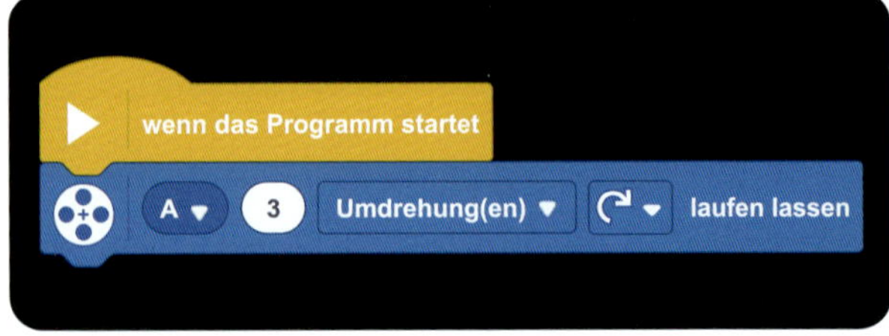

wenn das Programm startet
A
3
Umdrehung(en)
laufen lassen

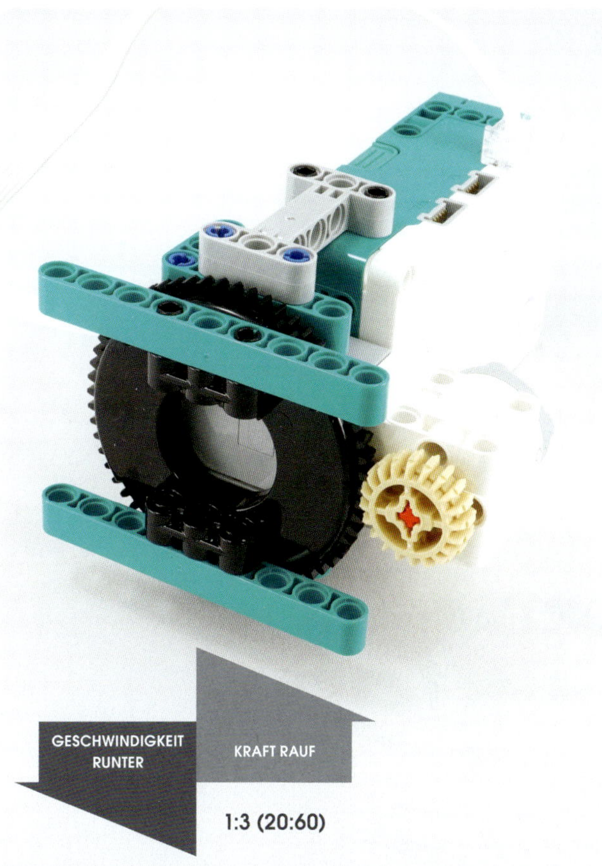
GESCHWINDIGKEIT RUNTER
KRAFT RAUF
1:3 (20:60)

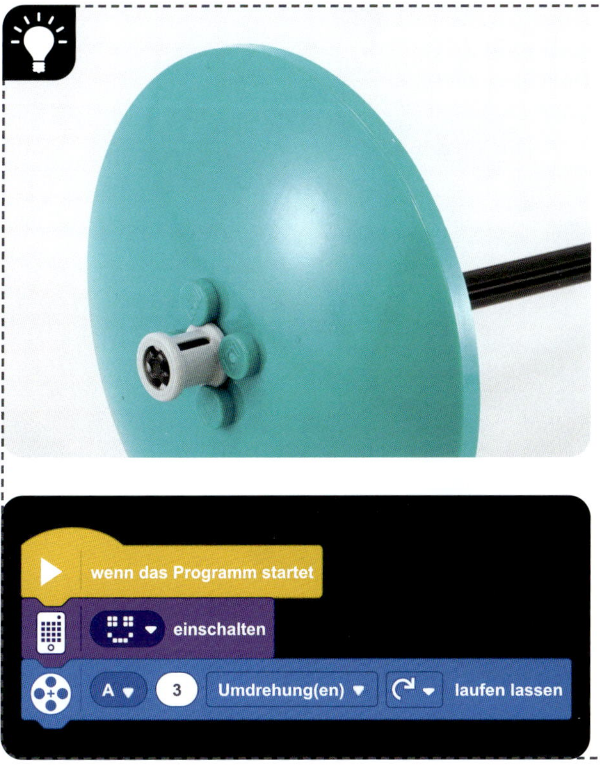
wenn das Programm startet
einschalten
A
3
Umdrehung(en)
laufen lassen

39

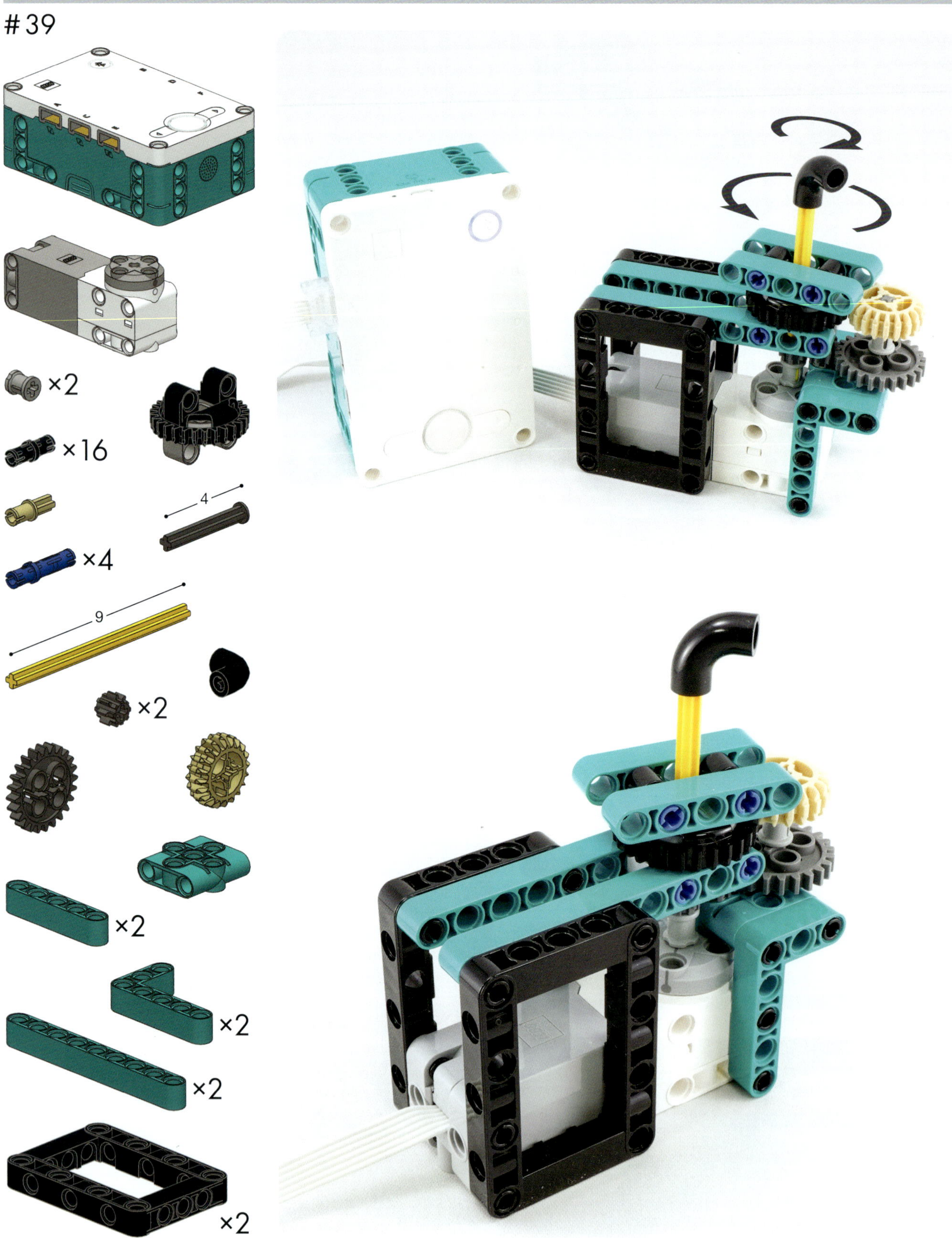

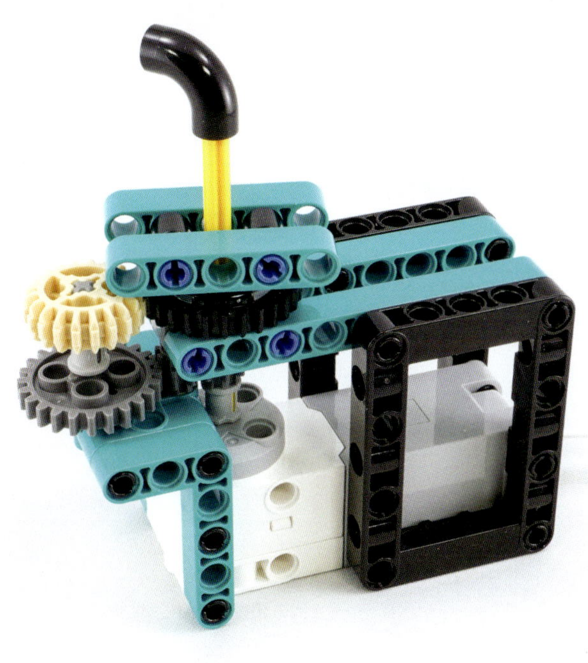

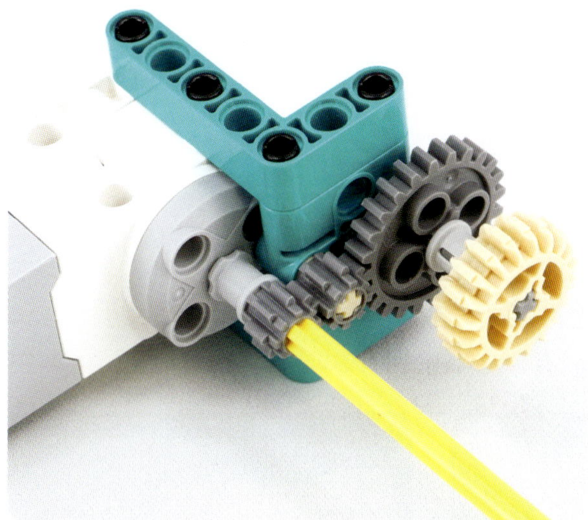

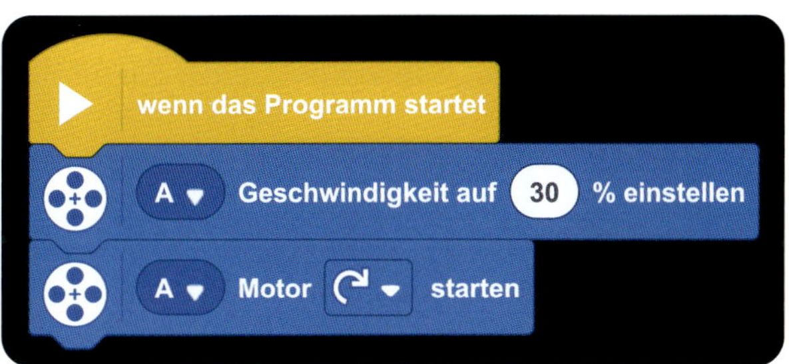
wenn das Programm startet
A Geschwindigkeit auf 30 % einstellen
A Motor starten

Die zentrale Taste aufleuchten lassen

#40

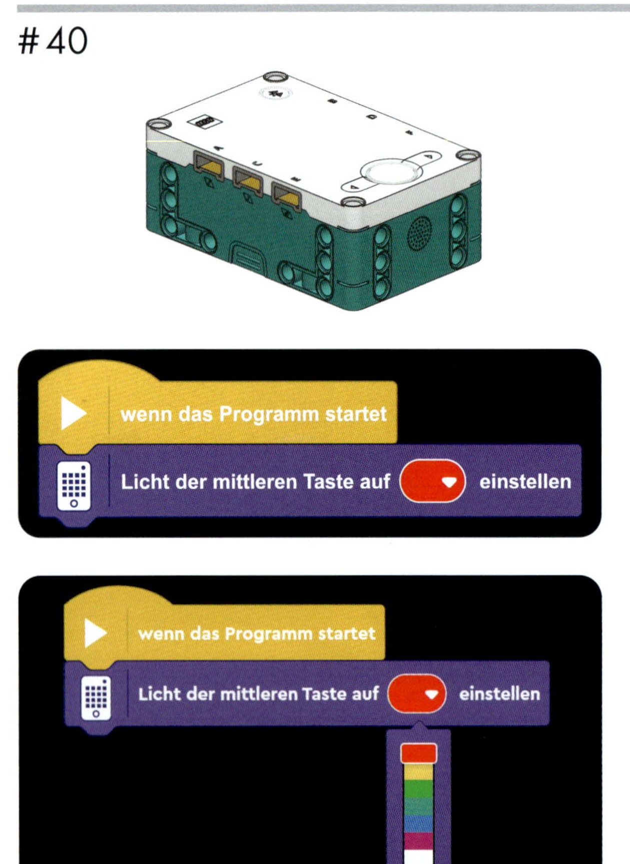

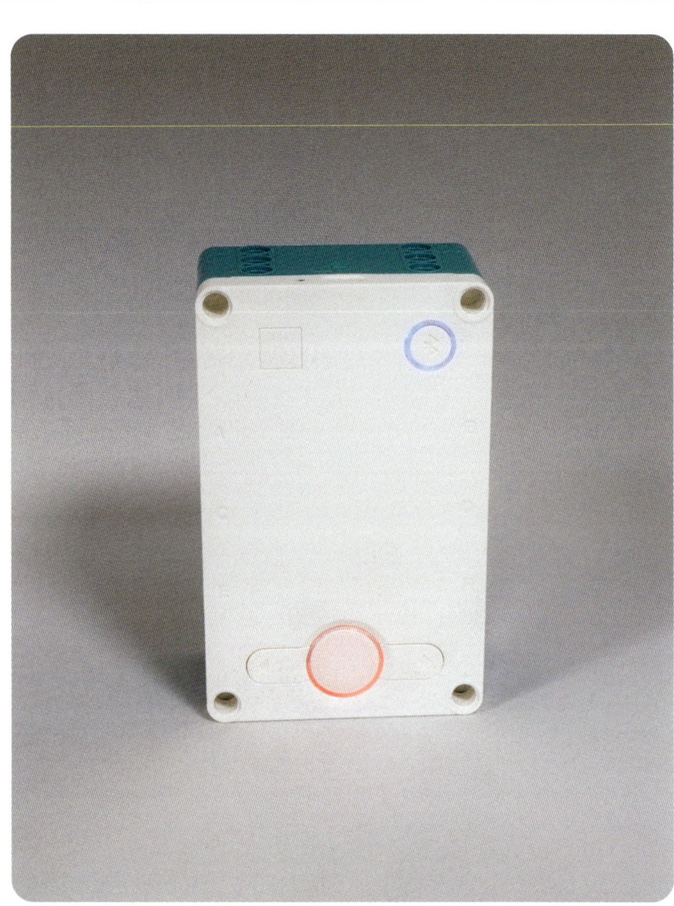

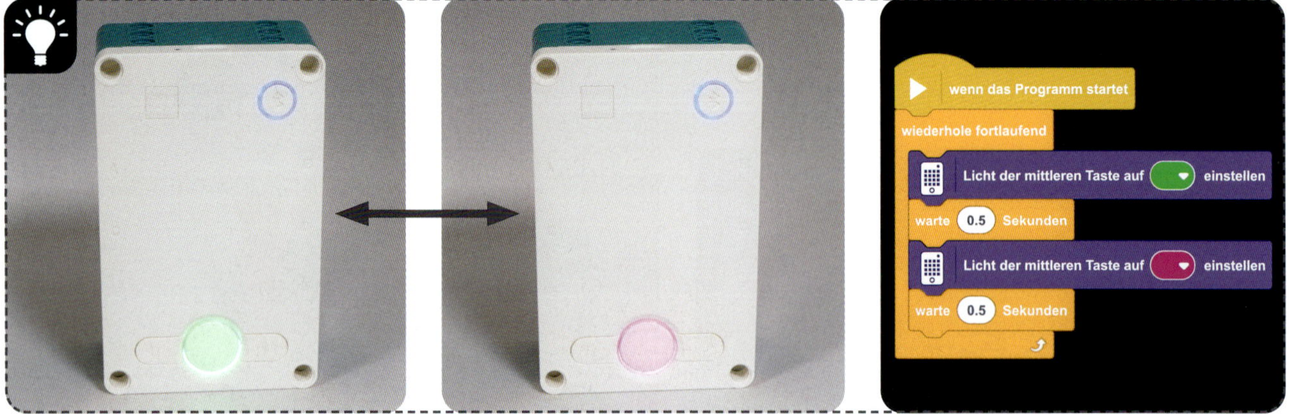

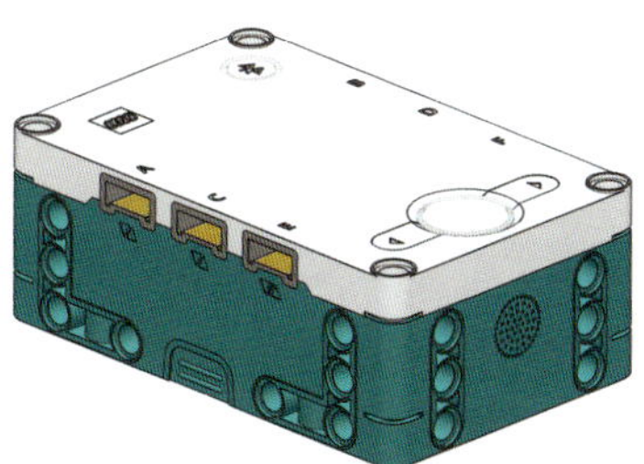

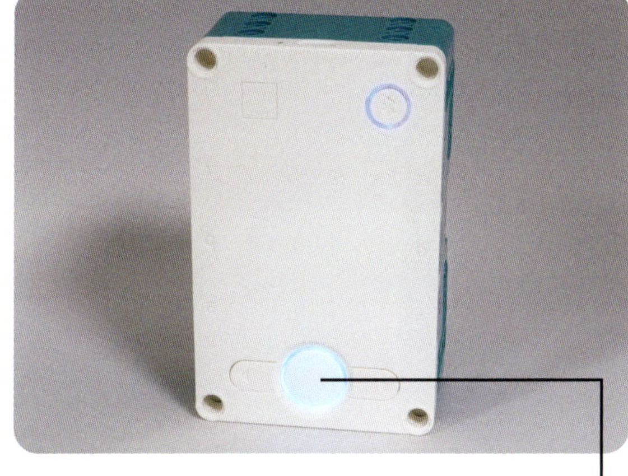

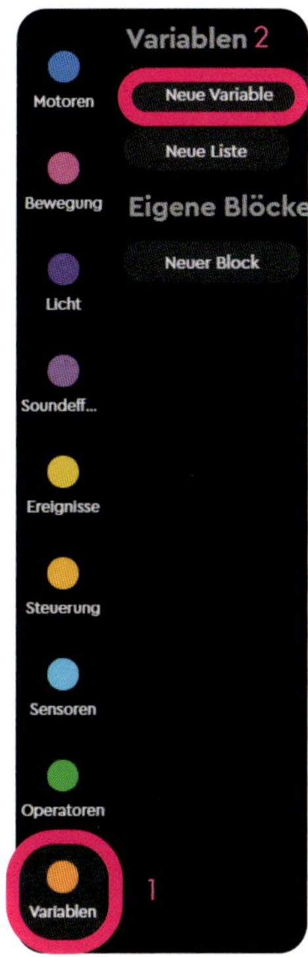

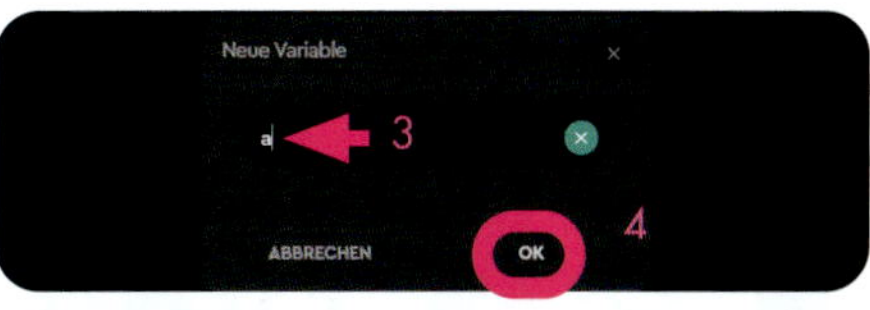

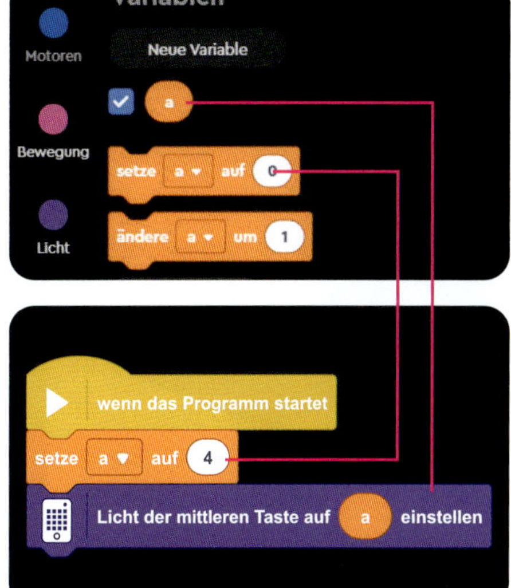

wenn das Programm startet
setze a auf 4
Licht der mittleren Taste auf a einstellen

0	1	2	3	4	5	6	7	8	9	10
schwarz	rosa	schwarz	dunkelblau	hellblau	grün	schwarz	gelb	schwarz	rot	weiß

Dies ist ein Programm, bei dem die Taste nacheinander in verschiedenen Farben (außer Schwarz) aufleuchtet.

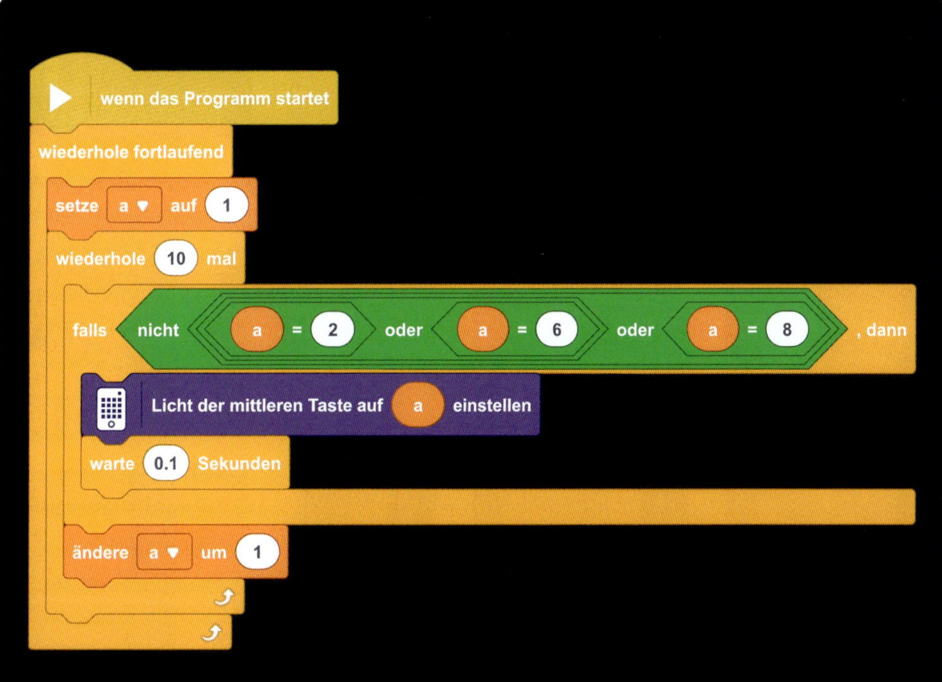

Die LED-Lichtmatrix steuern

42

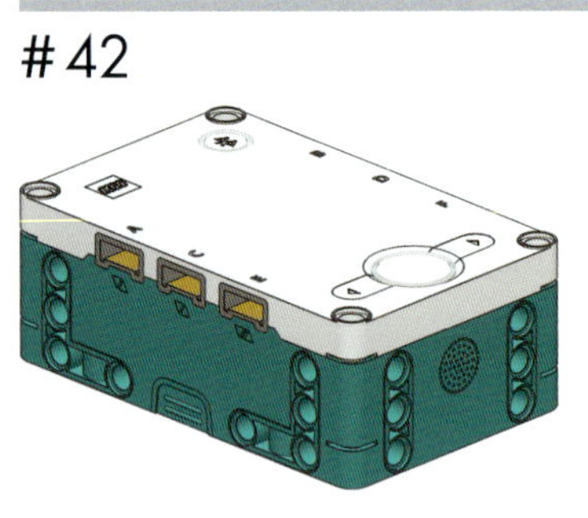

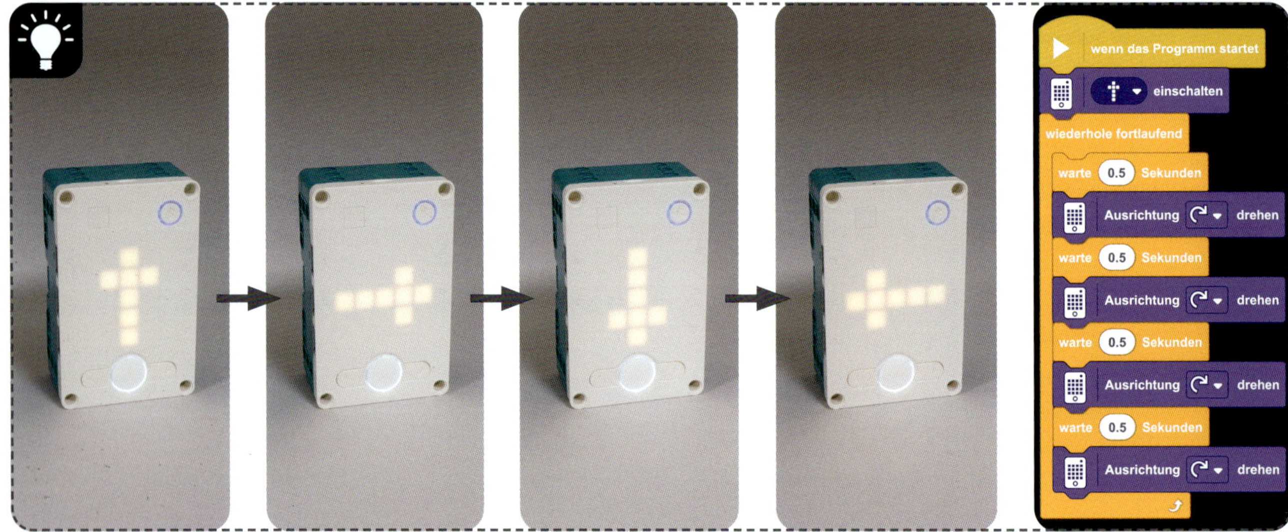

#43

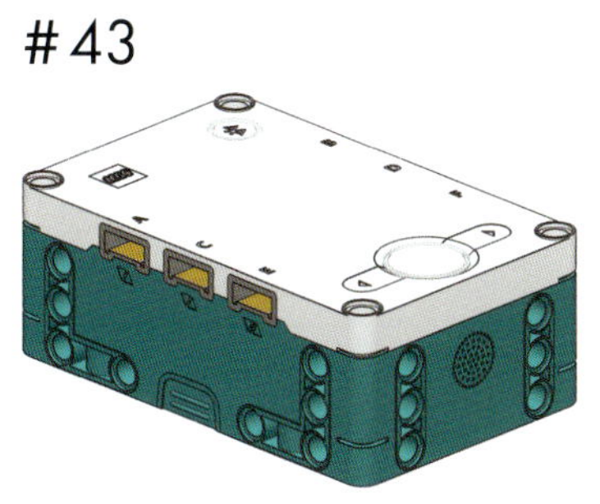

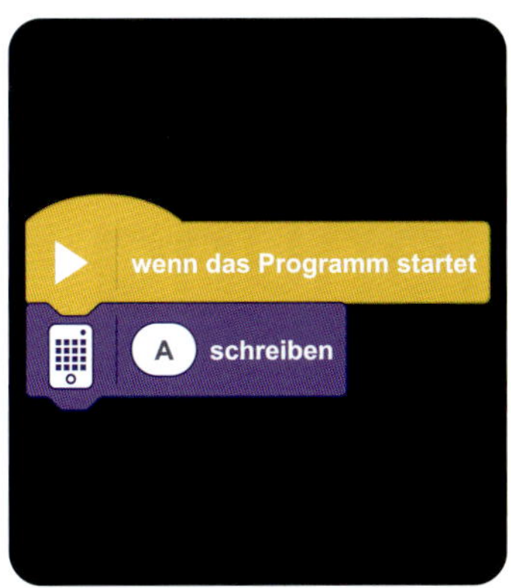

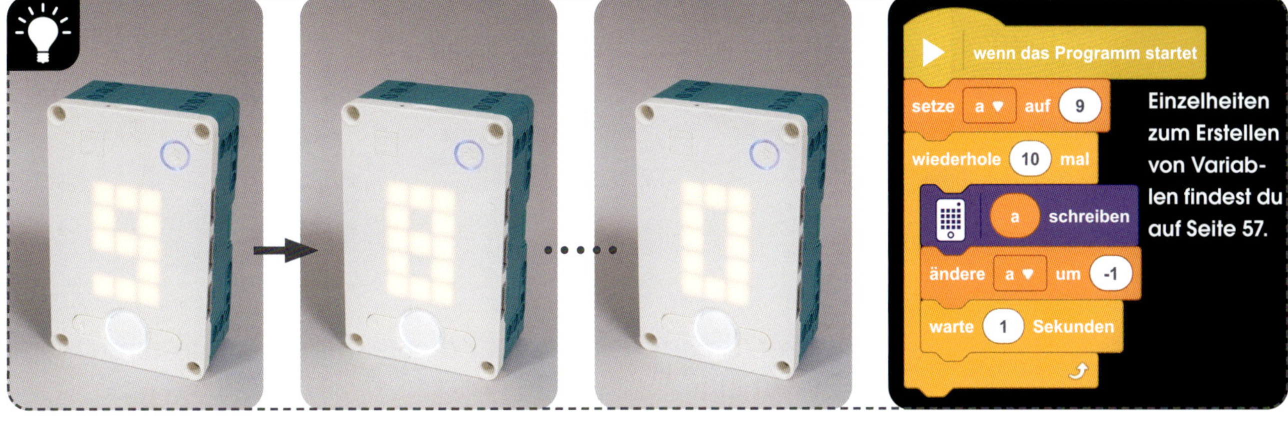

Einzelheiten zum Erstellen von Variablen findest du auf Seite 57.

#44

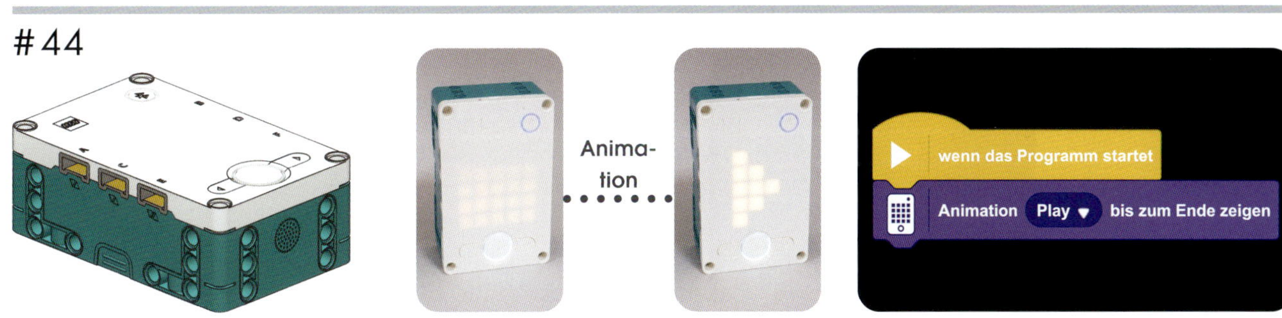

Du kannst eine Animation auswählen oder bearbeiten.

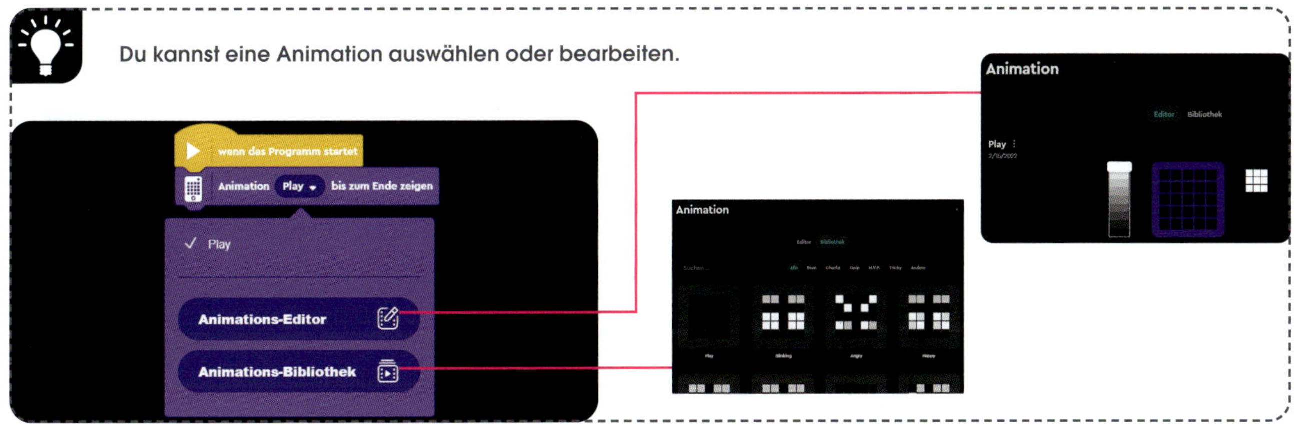

Fernbedienung

#45

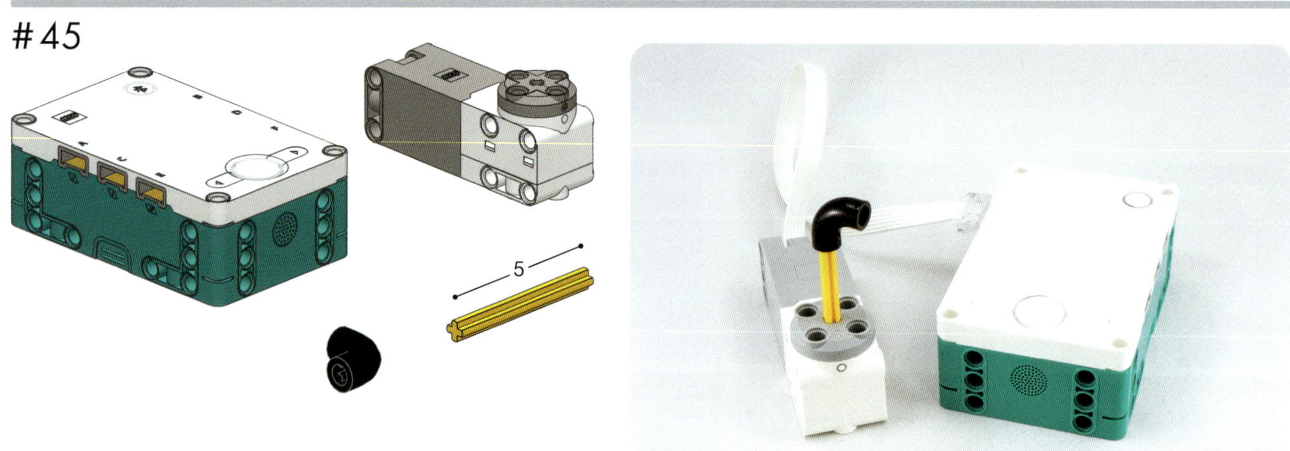

1. Vergewissere dich, dass dein Tablet, Smartphone oder Computer mit Bluetooth verbunden ist, und wechsle dann in den **Streaming**-Modus. Bitte beachte, dass die Apps der verschiedenen Plattformen etwas unterschiedlich gestaltet sein können.

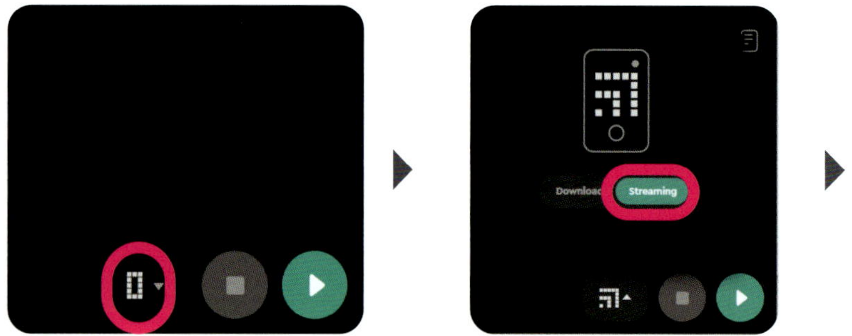

2. Wähle den Controller aus.

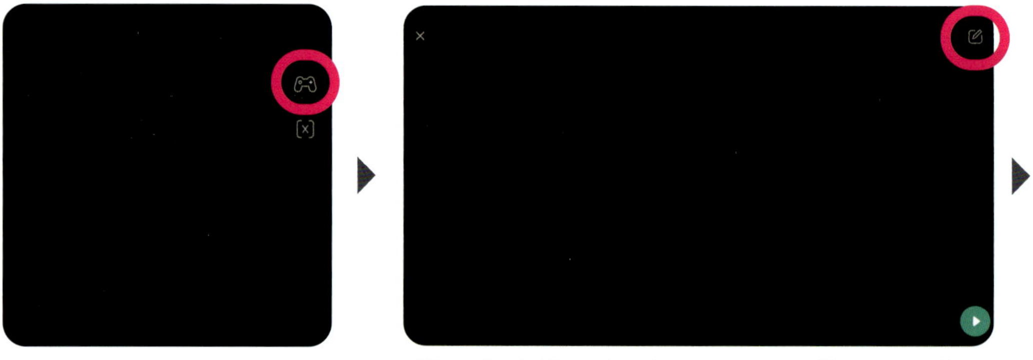

Diese Ansicht erscheint nur in der App für Mobilgeräte.

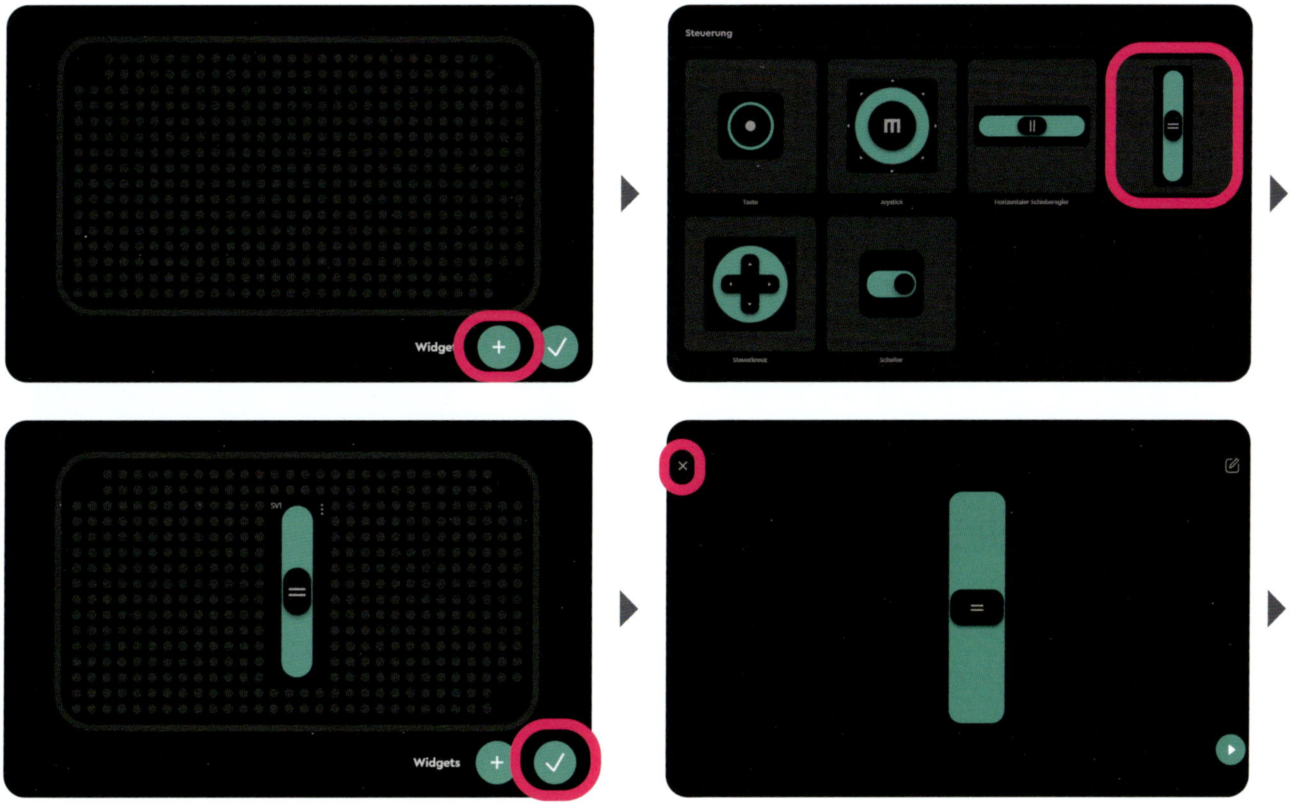

3. Erstelle dein Programm und führe es aus.

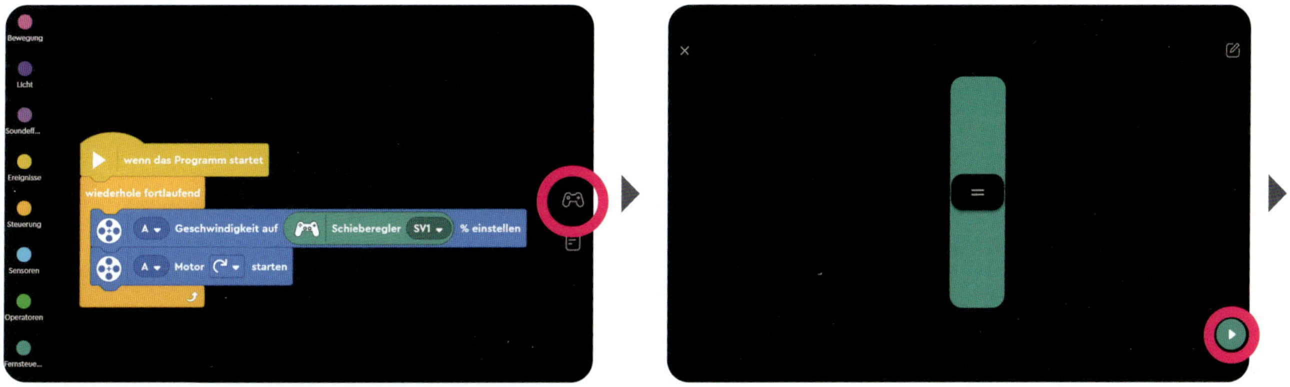

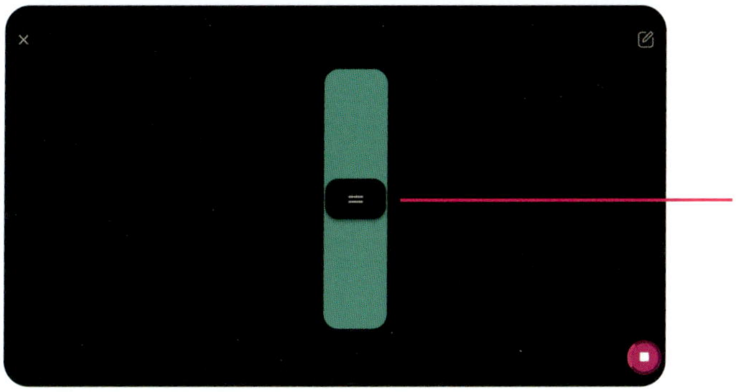

Schiebe diesen Regler nach oben und unten, um die Drehrichtung und Geschwindigkeit des Motors zu ändern.

Teil 2
Bewegliche Mechanismen

Fahrzeuge mit einem Motor

#46

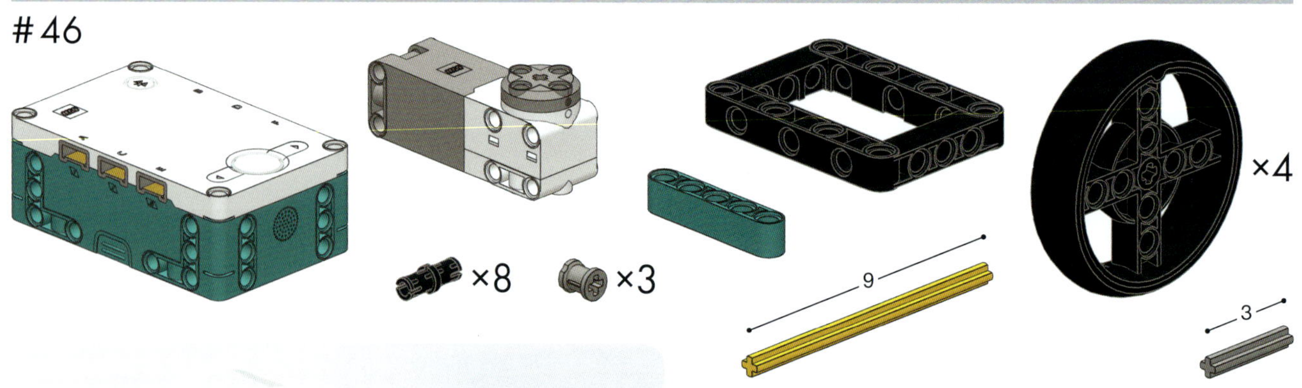

47

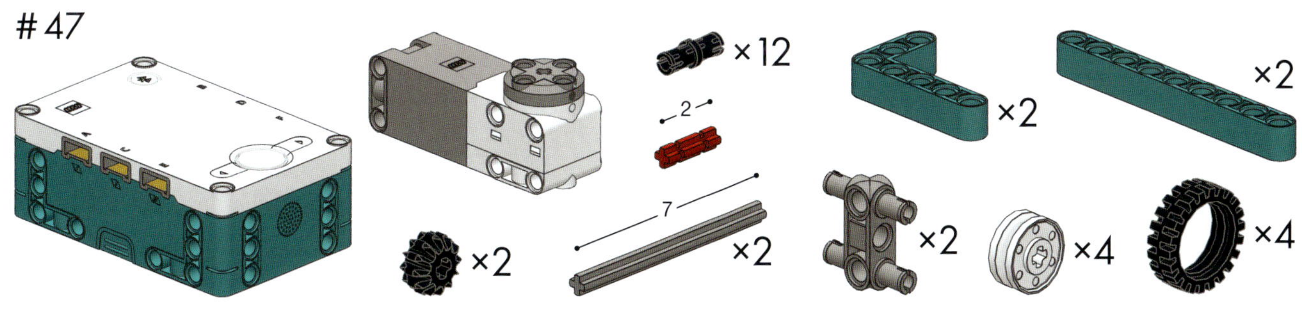
×12
2
×2
×2
7
×2
×2
×2
×4
×4

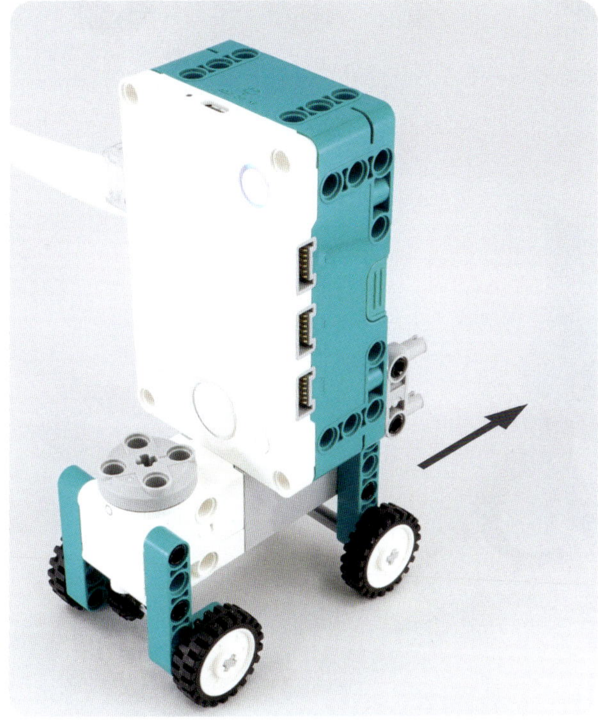

wenn das Programm startet
A Geschwindigkeit auf 60 % einstellen
A 3 Sekunde(n) laufen lassen

wenn das Programm startet
A Geschwindigkeit auf 60 % einstellen
A 2 Sekunde(n) laufen lassen
A 2 Sekunde(n) laufen lassen

48

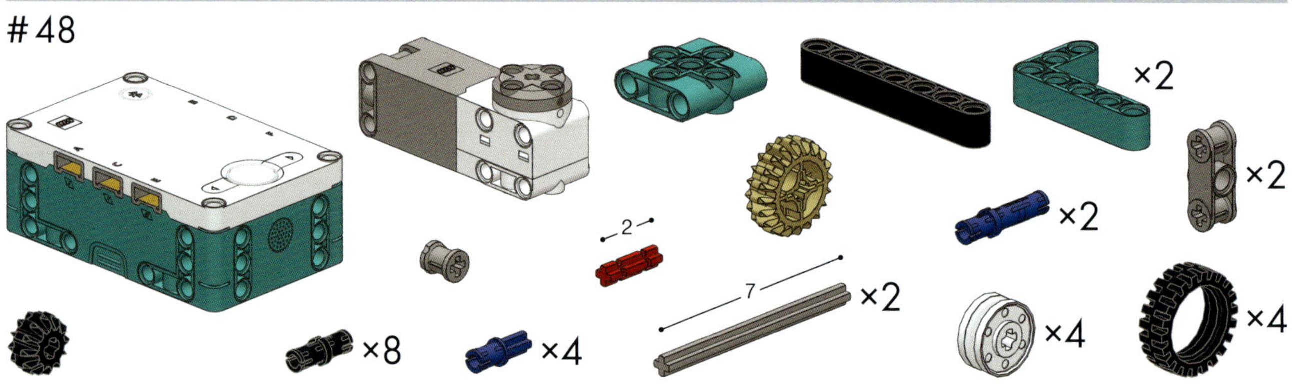
×2
×2
2
×2
7
×2
×8
×4
×4
×4

wenn das Programm startet
A Geschwindigkeit auf 60 % einstellen
A 3 Sekunde(n) laufen lassen

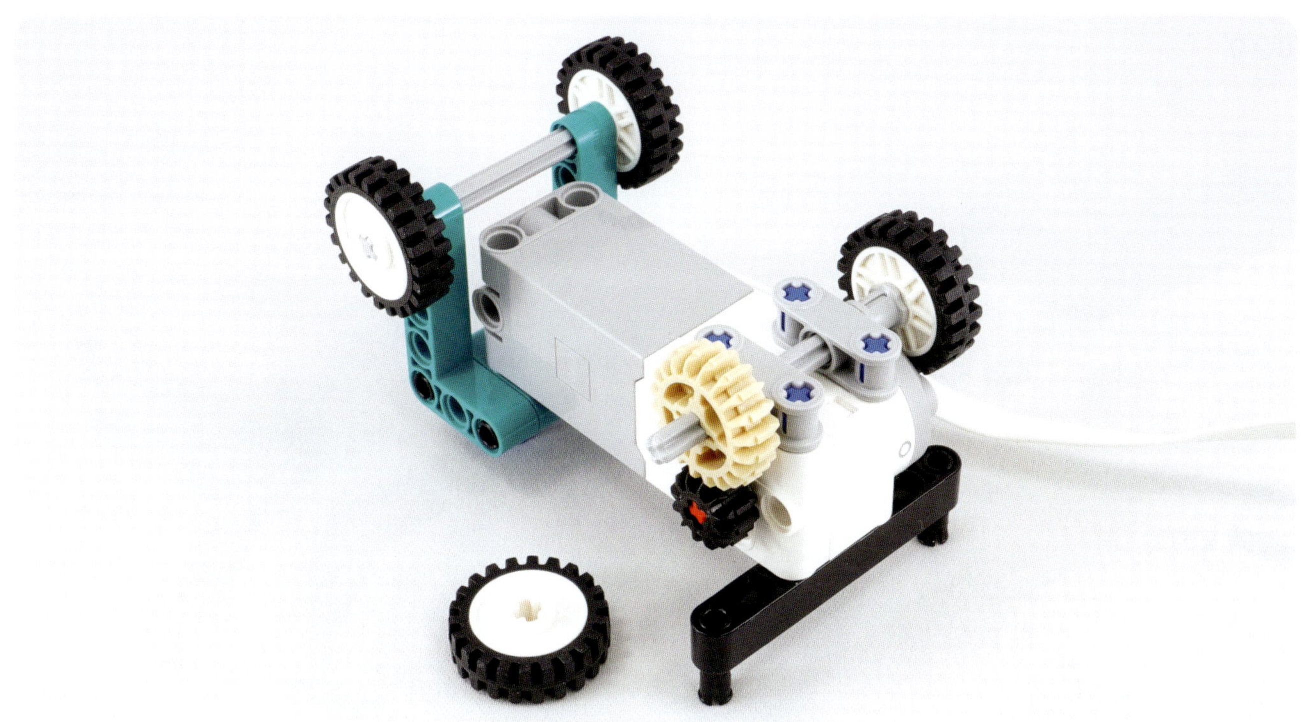

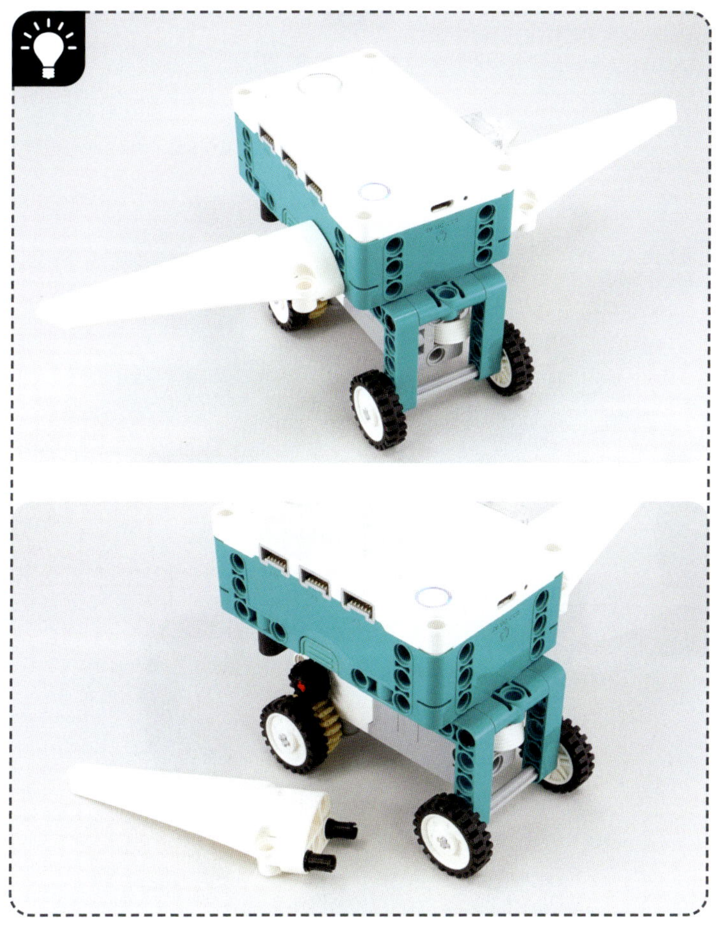

wenn das Programm startet
A Geschwindigkeit auf 20 % einstellen
A Motor starten
warte 1 Sekunden
A Geschwindigkeit auf 40 % einstellen
A Motor starten
warte 1 Sekunden
A Geschwindigkeit auf 60 % einstellen
A Motor starten
warte 1 Sekunden
A Motor stoppen

49

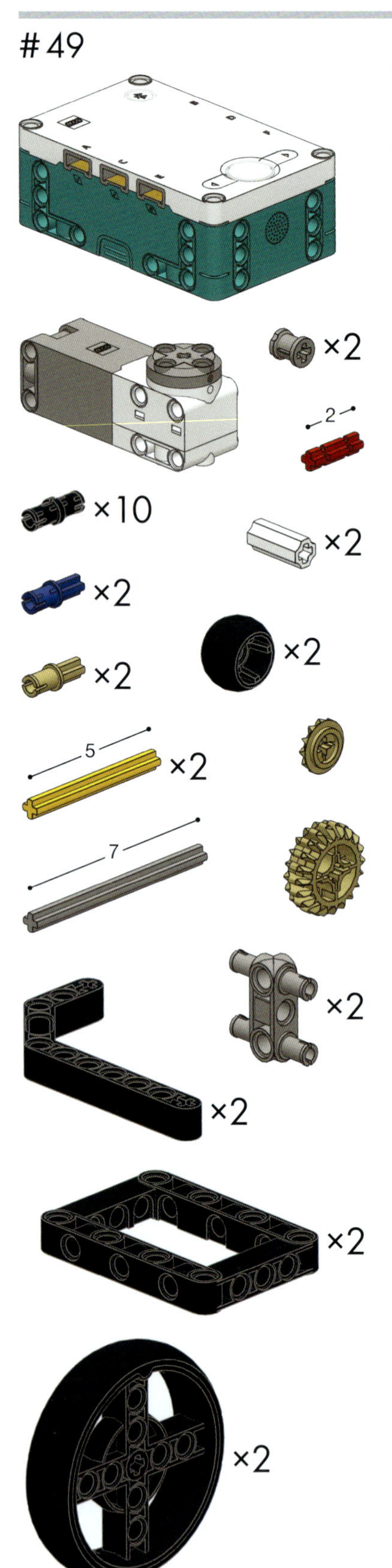

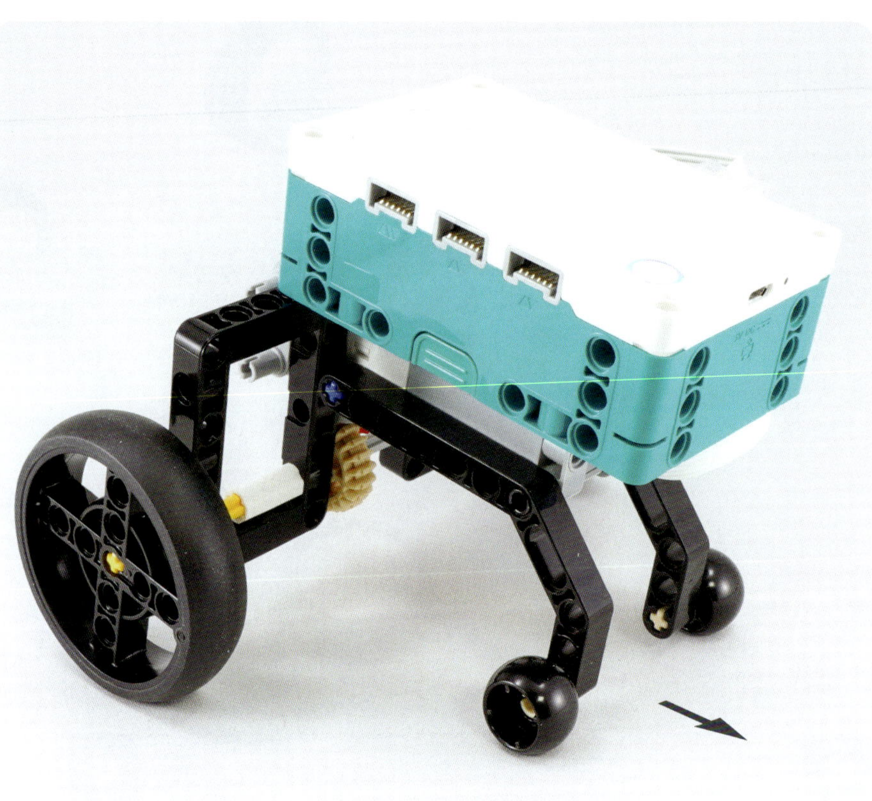

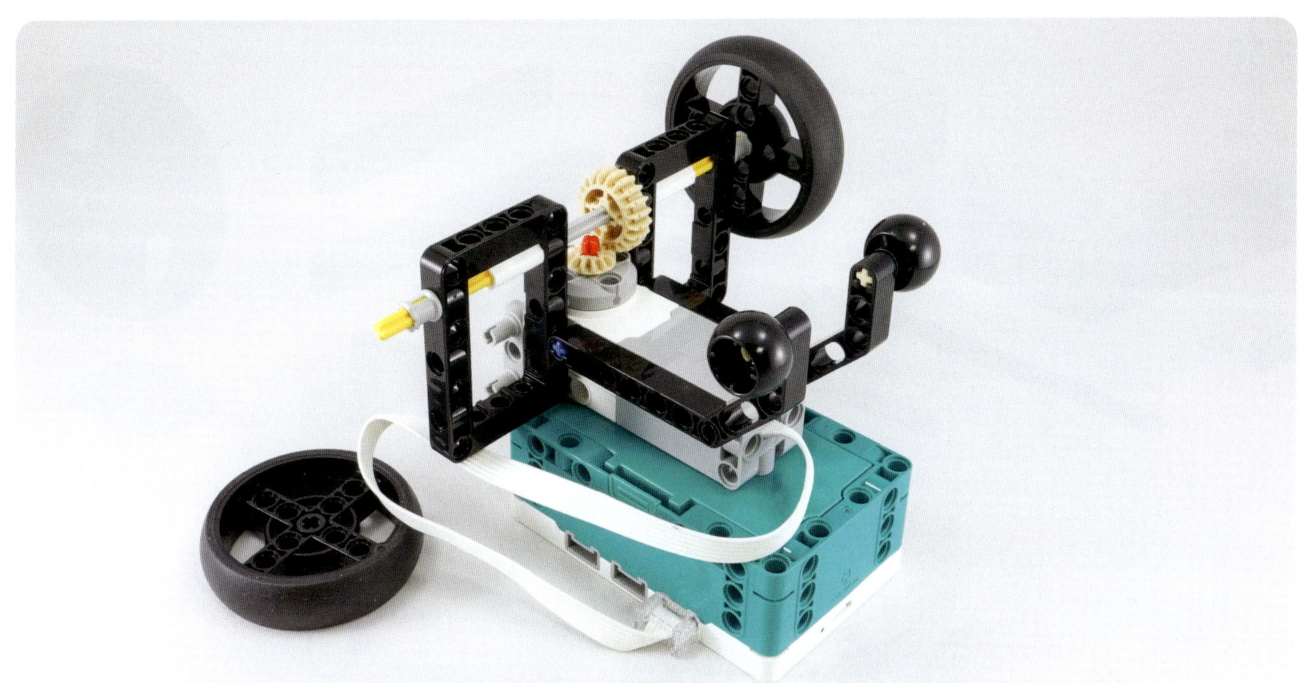

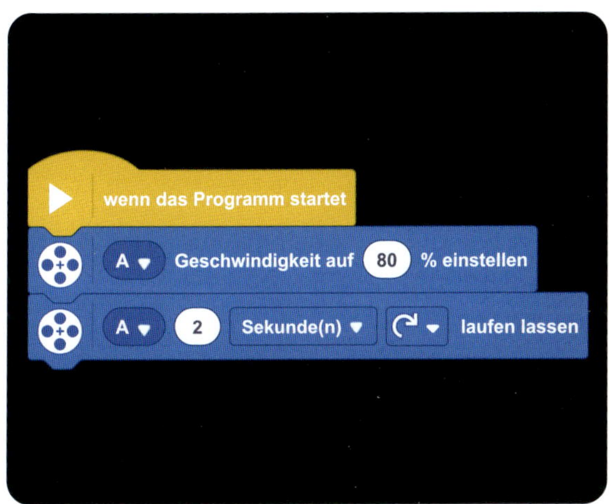

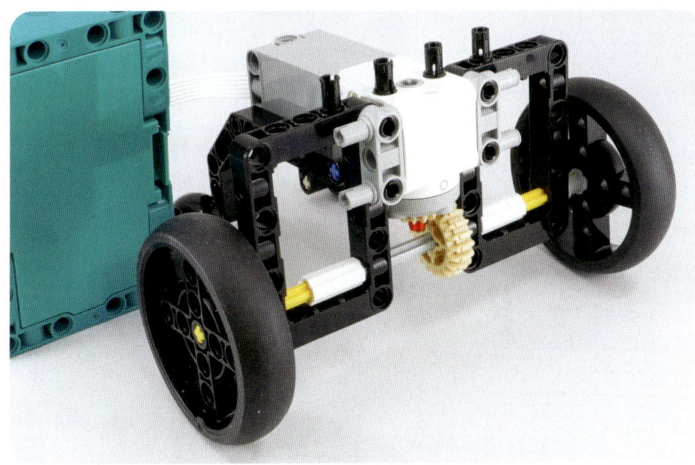

Einzelheiten zur Einrichtung der Fernbedienung erfährst du auf Seite 60.

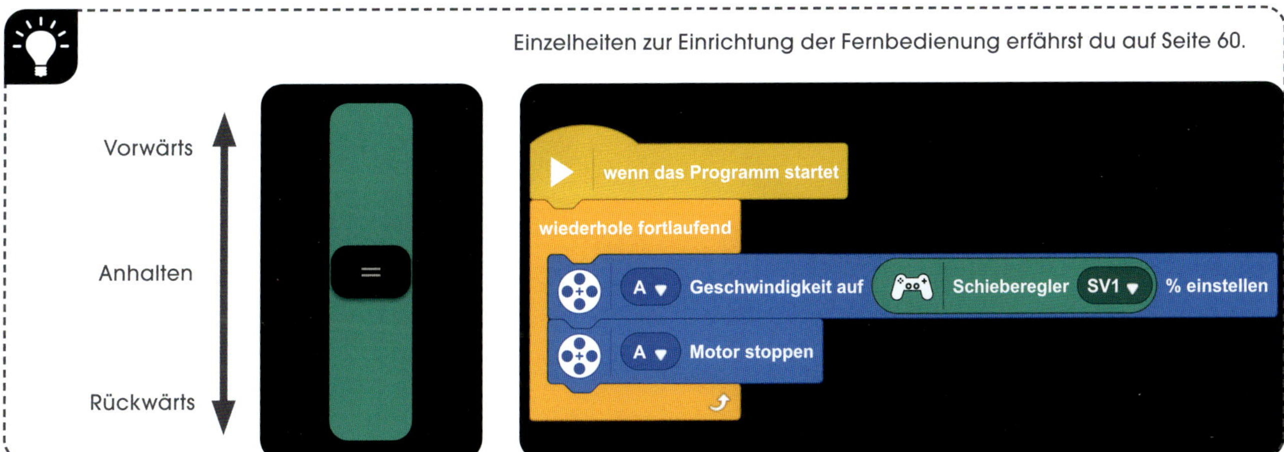

50

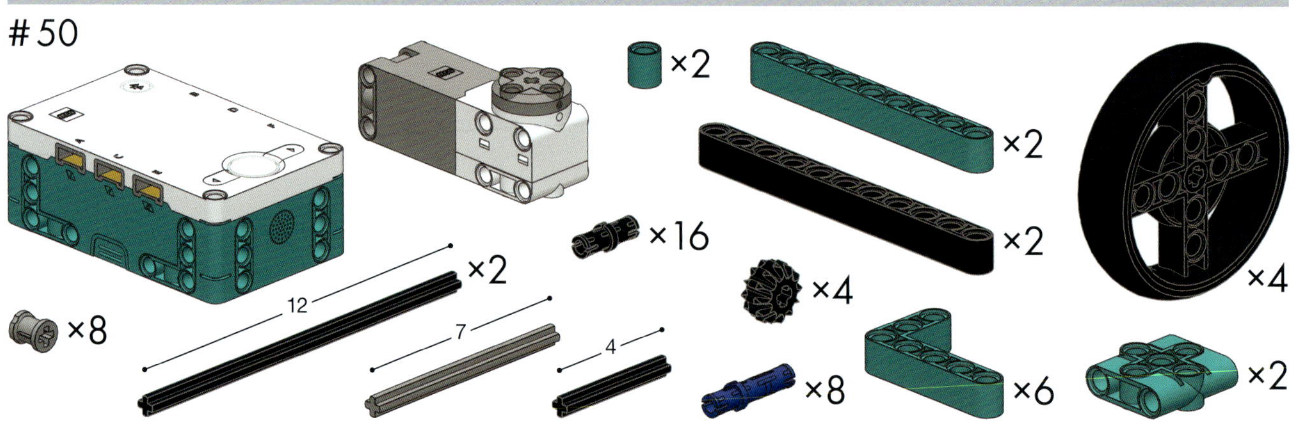

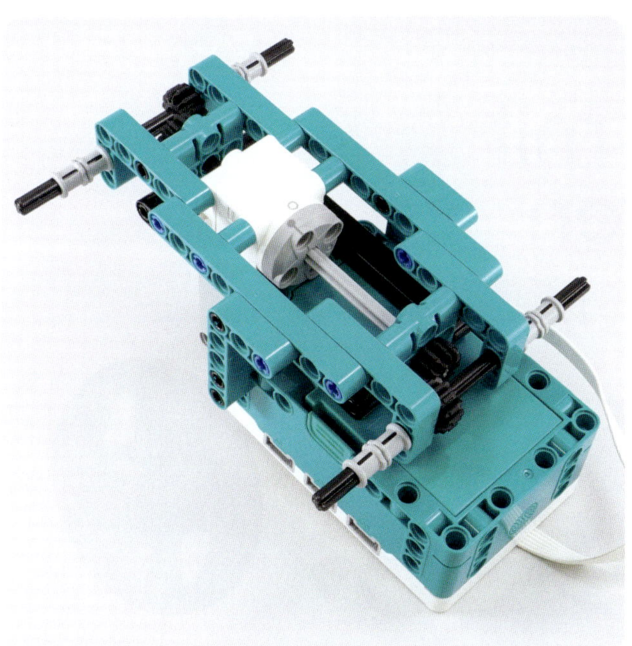

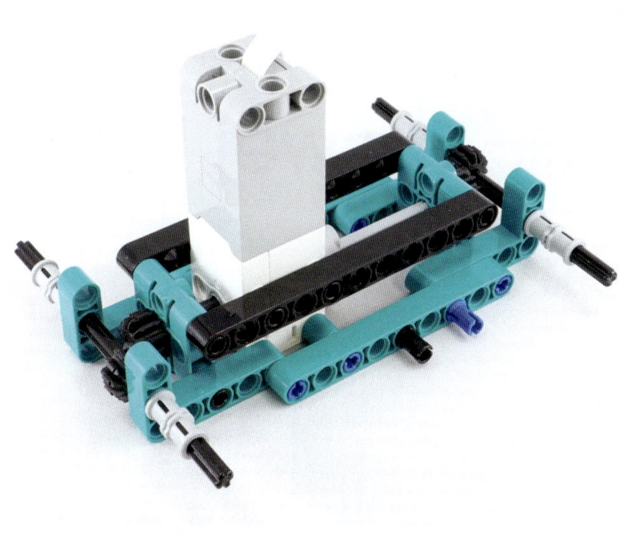

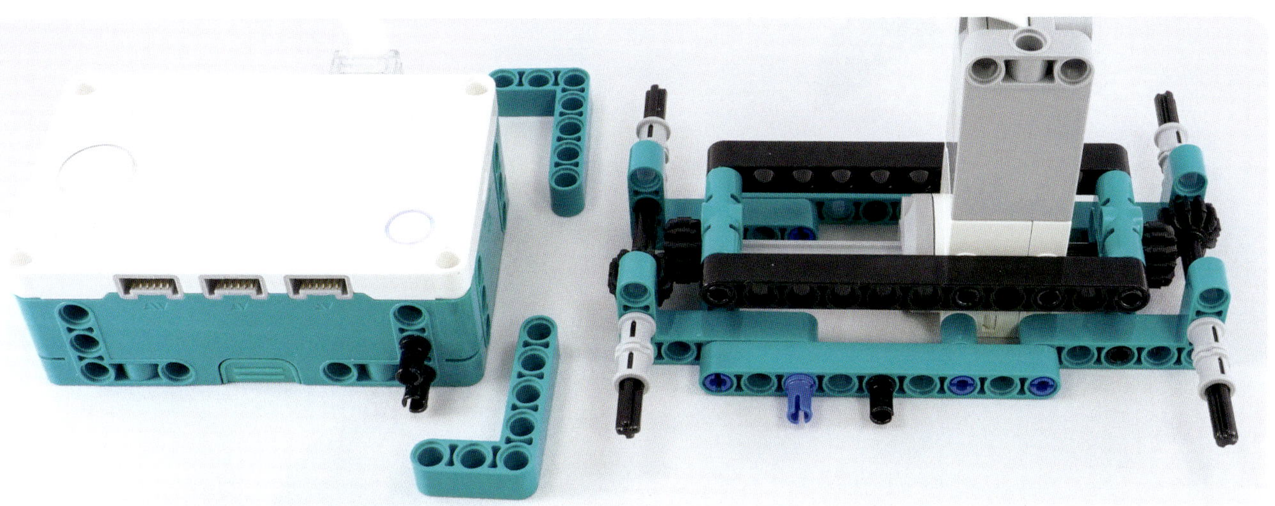

wenn das Programm startet
A Geschwindigkeit auf 20 % einstellen
A 3 Sekunde(n) laufen lassen

Fahrzeuge mit zwei Motoren

51

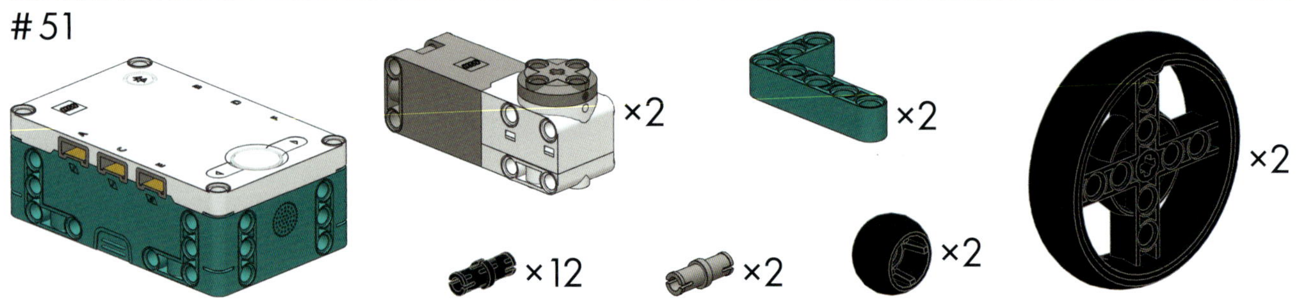

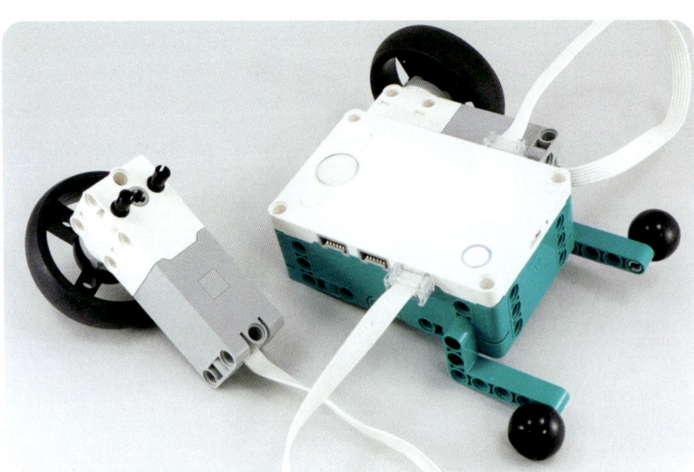

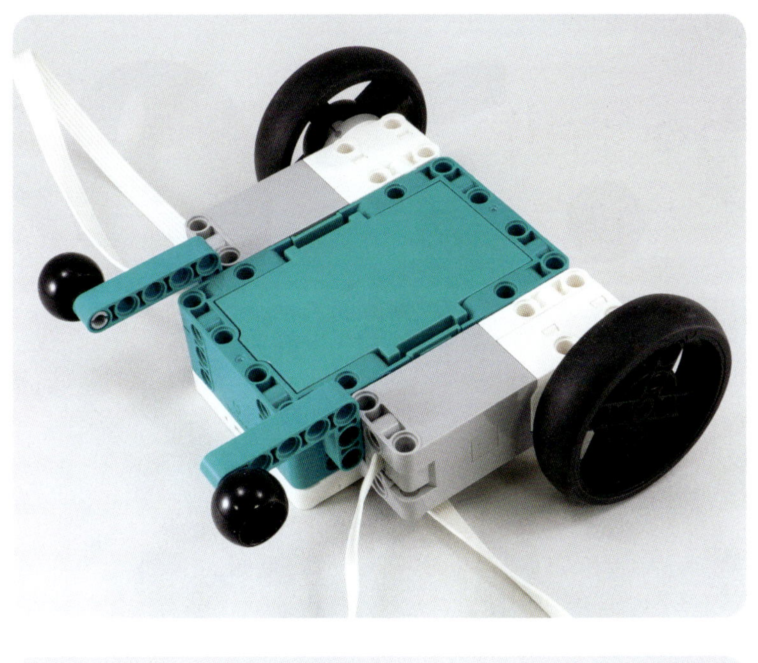

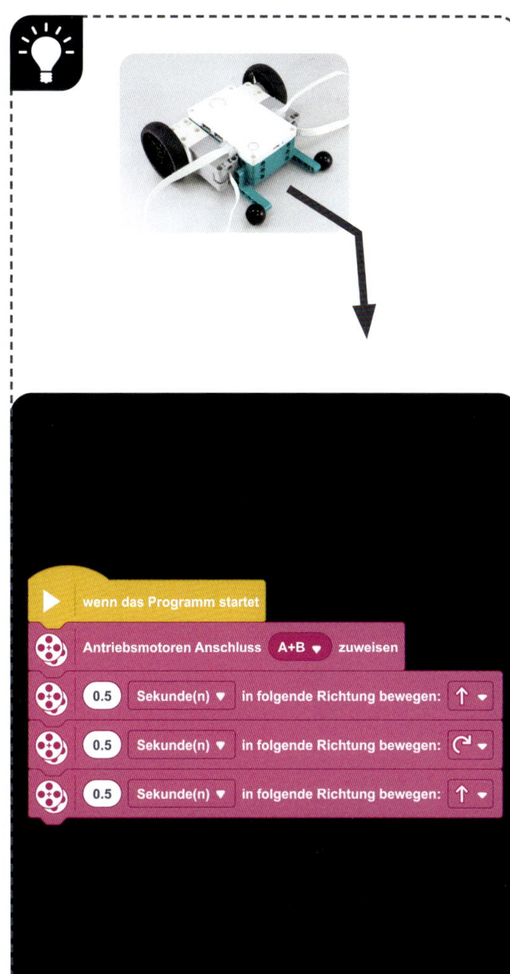
wenn das Programm startet
Antriebsmotoren Anschluss A+B zuweisen
0.5 Sekunde(n) in folgende Richtung bewegen:
0.5 Sekunde(n) in folgende Richtung bewegen:
0.5 Sekunde(n) in folgende Richtung bewegen:

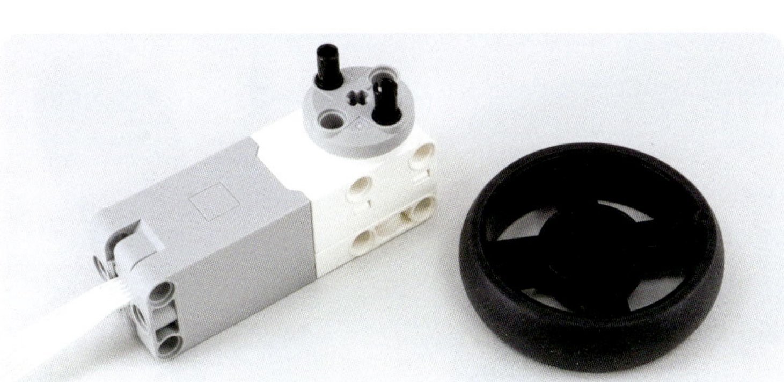

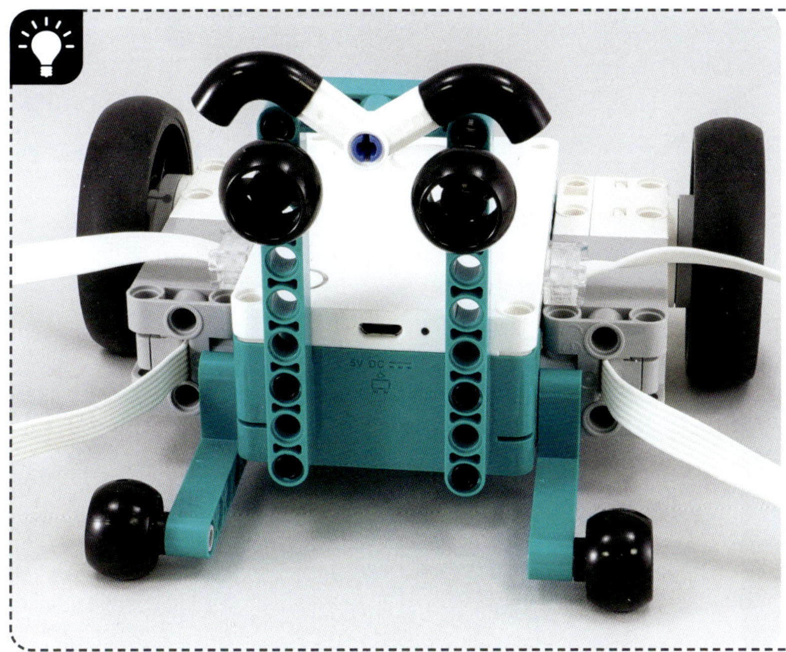

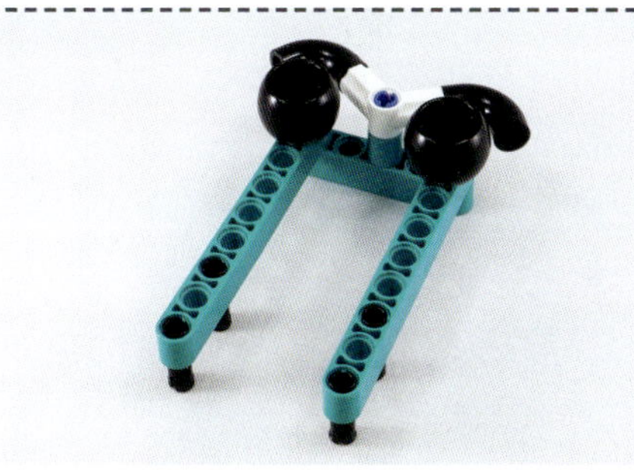

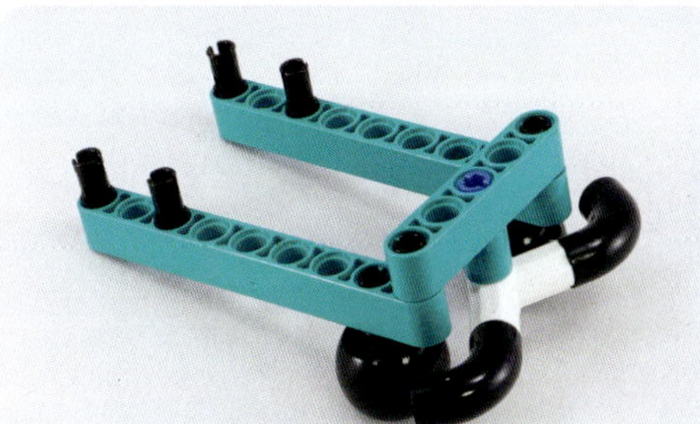

#52

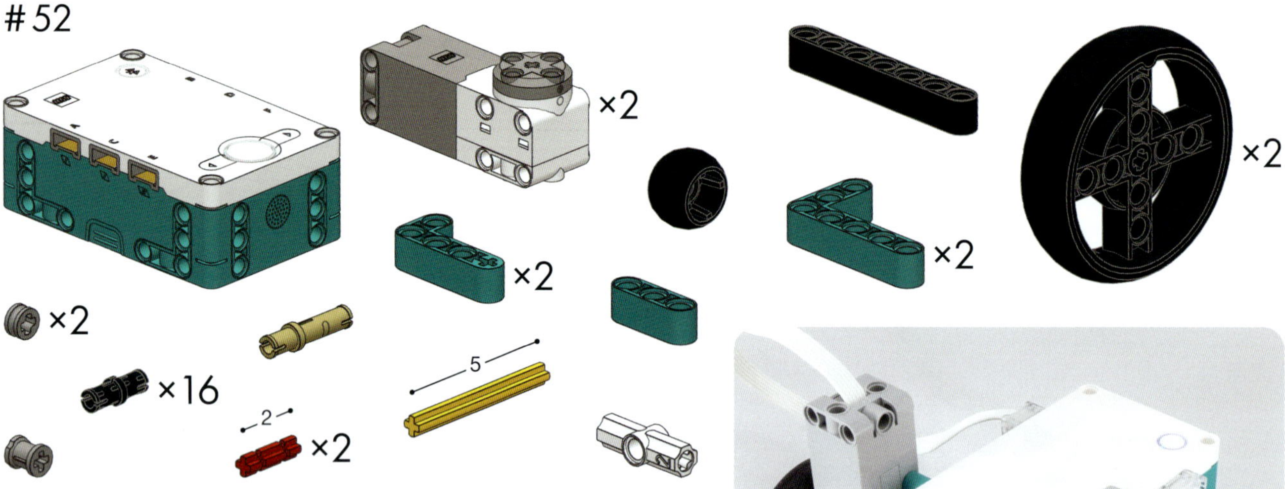

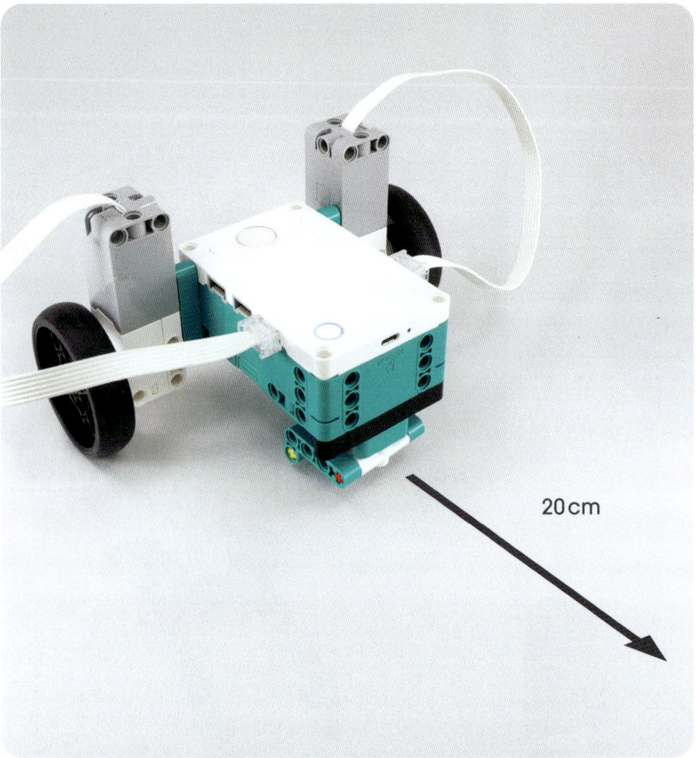

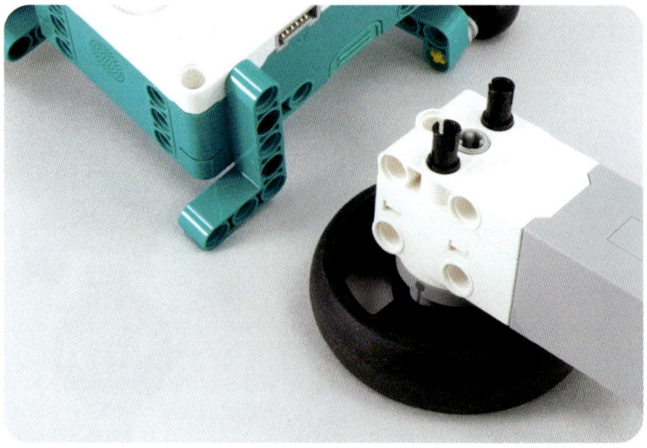

×2

×2

×2

×2

×2

×16

×2

5

2

20 cm

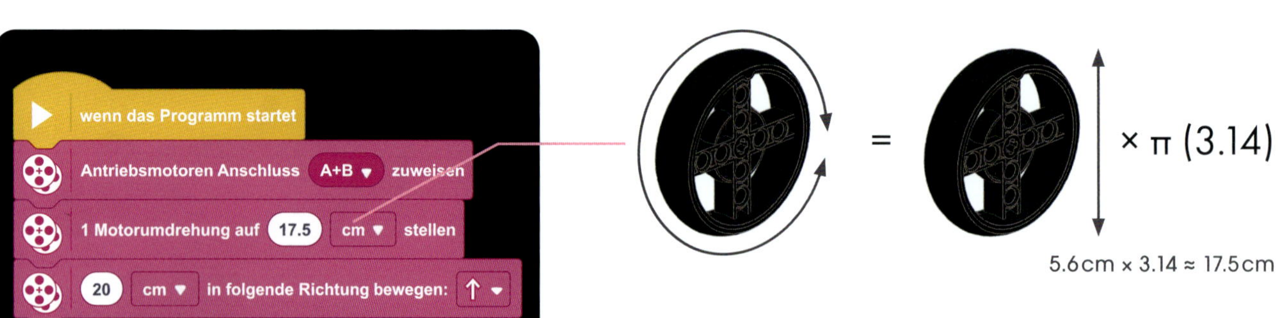

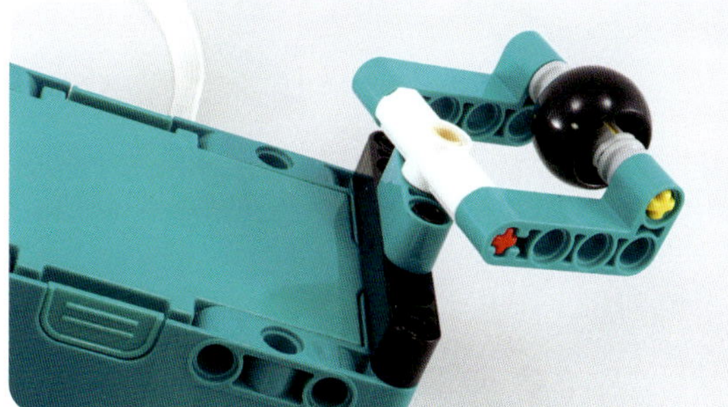

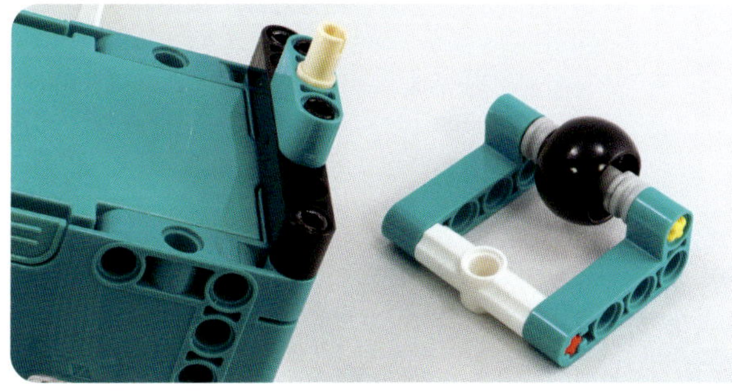

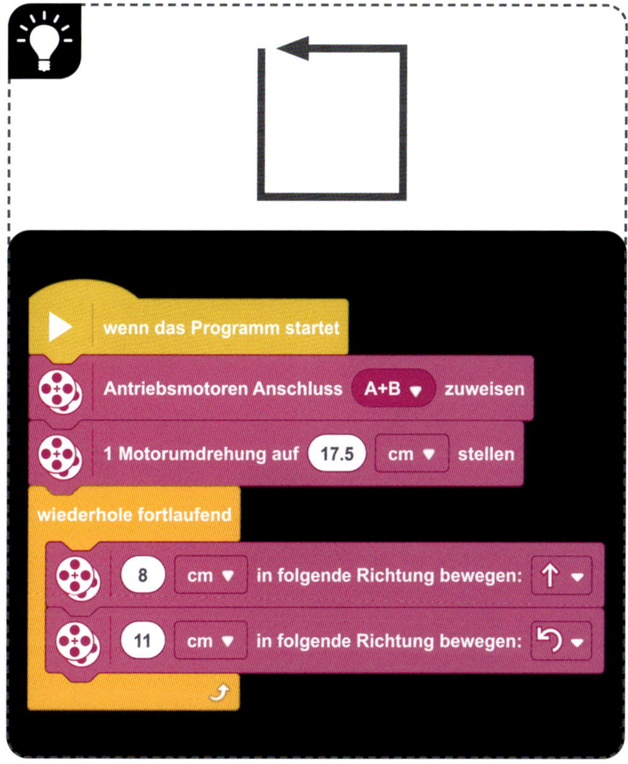
wenn das Programm startet
Antriebsmotoren Anschluss A+B zuweisen
1 Motorumdrehung auf 17.5 cm stellen
wiederhole fortlaufend
8 cm in folgende Richtung bewegen:
11 cm in folgende Richtung bewegen:

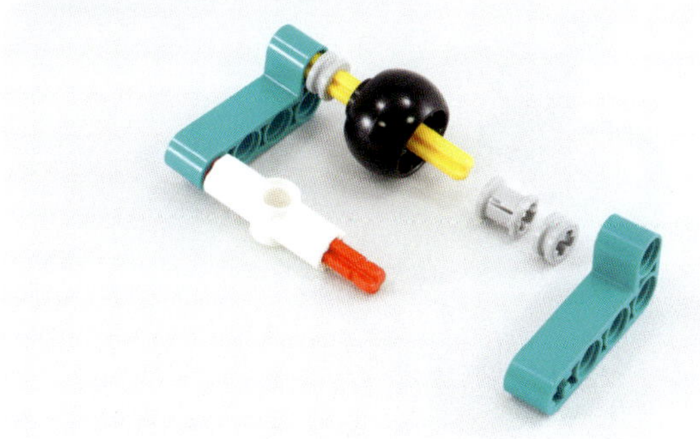

53

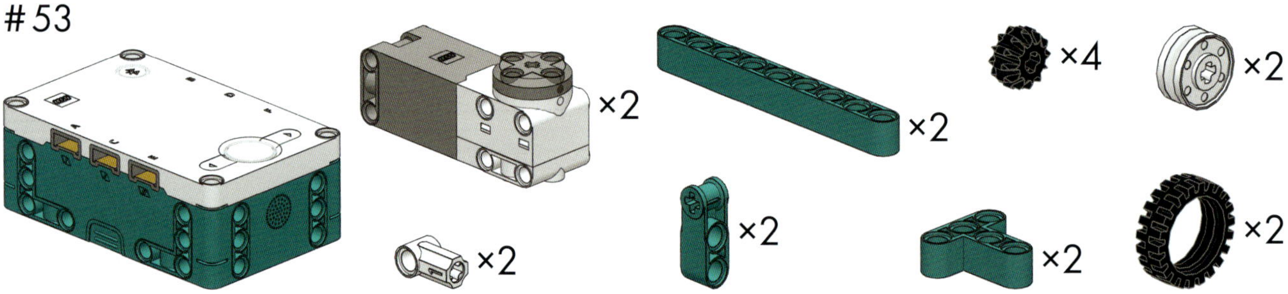

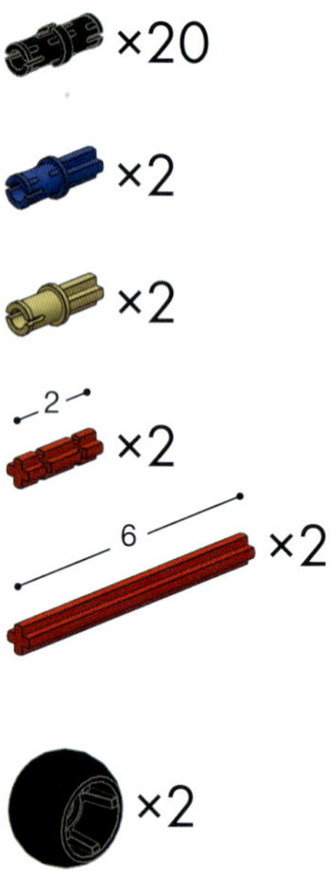

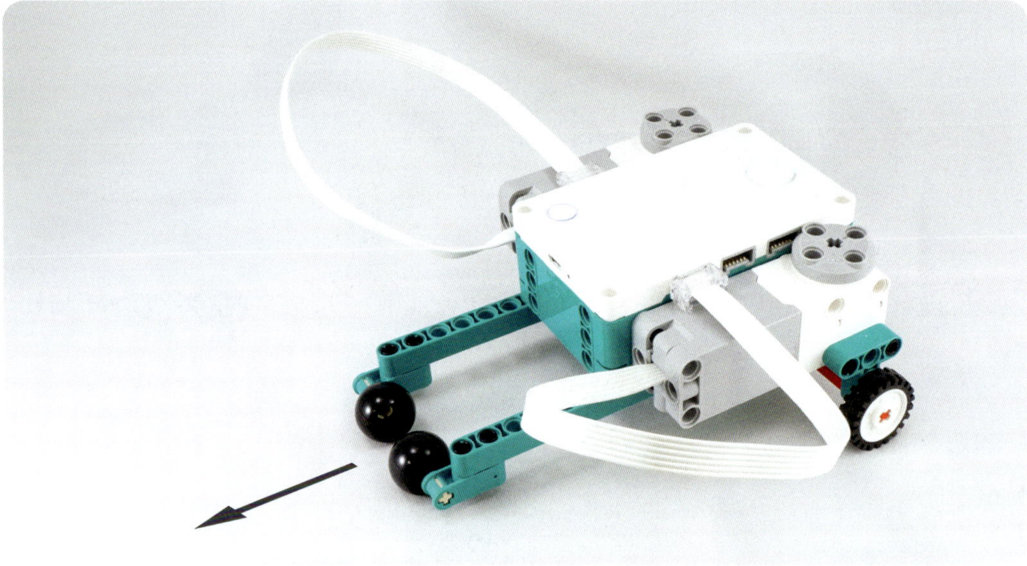

×2

×2

×4

×2

×2

×2

×2

×20

×2

×2

2

×2

6

×2

×2

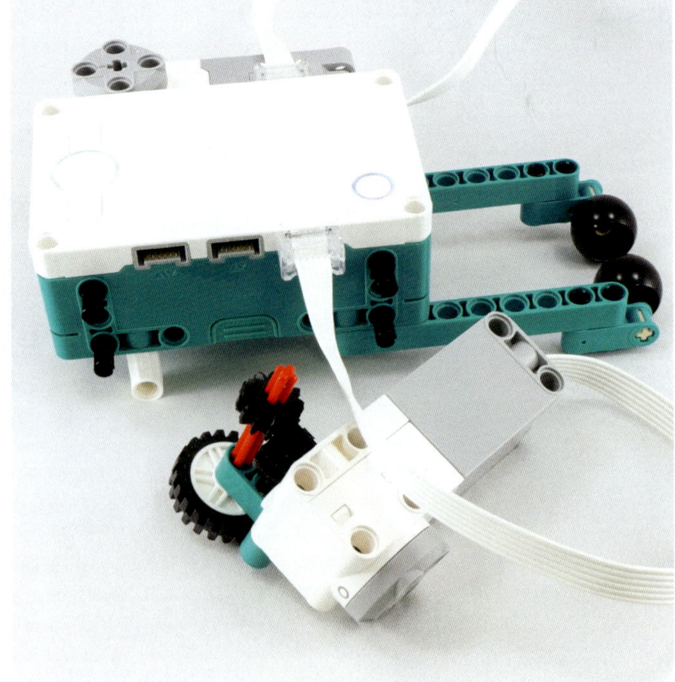

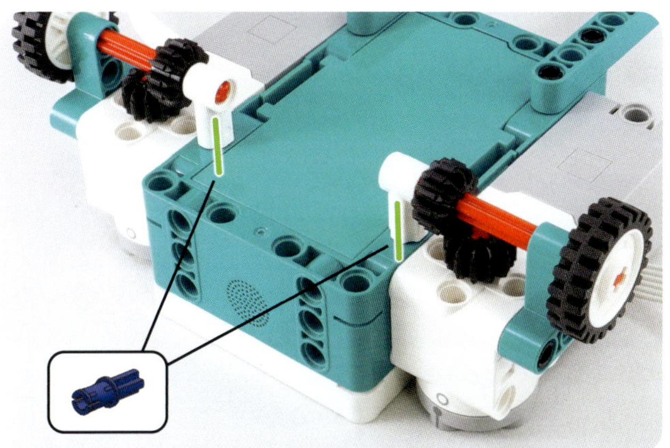

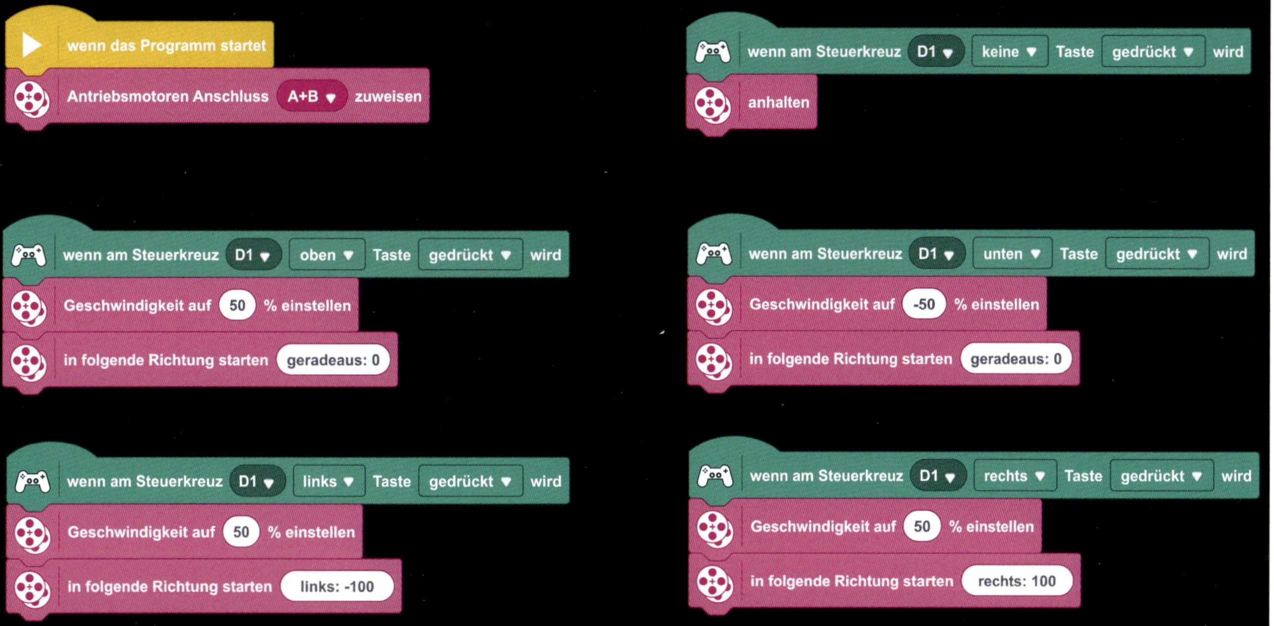

```
wenn das Programm startet
Antriebsmotoren Anschluss A+B ▾ zuweisen

wenn am Steuerkreuz D1 ▾ keine ▾ Taste gedrückt ▾ wird
anhalten

wenn am Steuerkreuz D1 ▾ oben ▾ Taste gedrückt ▾ wird
Geschwindigkeit auf 50 % einstellen
in folgende Richtung starten geradeaus: 0

wenn am Steuerkreuz D1 ▾ unten ▾ Taste gedrückt ▾ wird
Geschwindigkeit auf -50 % einstellen
in folgende Richtung starten geradeaus: 0

wenn am Steuerkreuz D1 ▾ links ▾ Taste gedrückt ▾ wird
Geschwindigkeit auf 50 % einstellen
in folgende Richtung starten links: -100

wenn am Steuerkreuz D1 ▾ rechts ▾ Taste gedrückt ▾ wird
Geschwindigkeit auf 50 % einstellen
in folgende Richtung starten rechts: 100
```

Einzelheiten zum Einrichten der Fernbedienung findest du auf Seite 60.

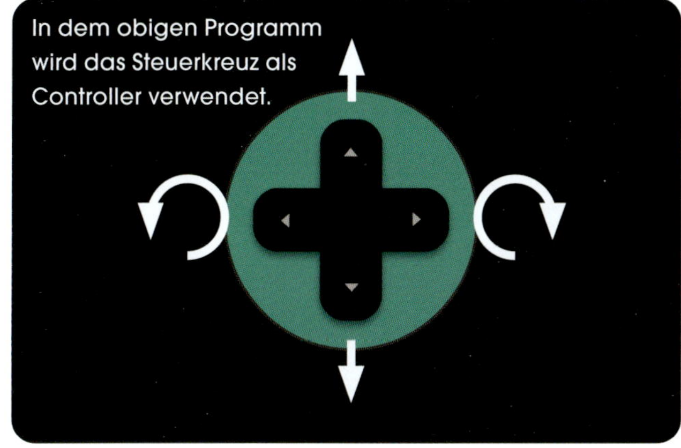
In dem obigen Programm wird das Steuerkreuz als Controller verwendet.

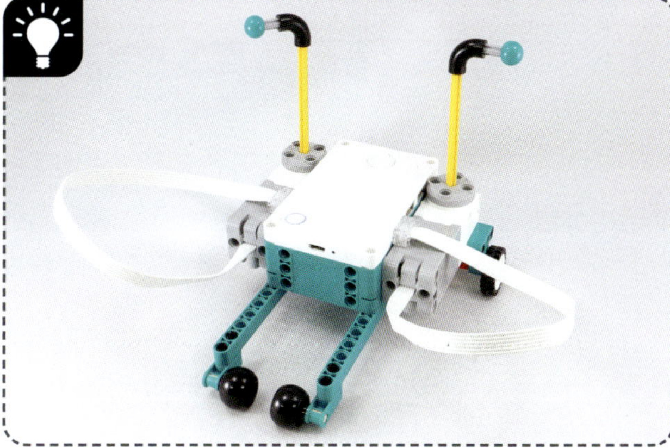

#54

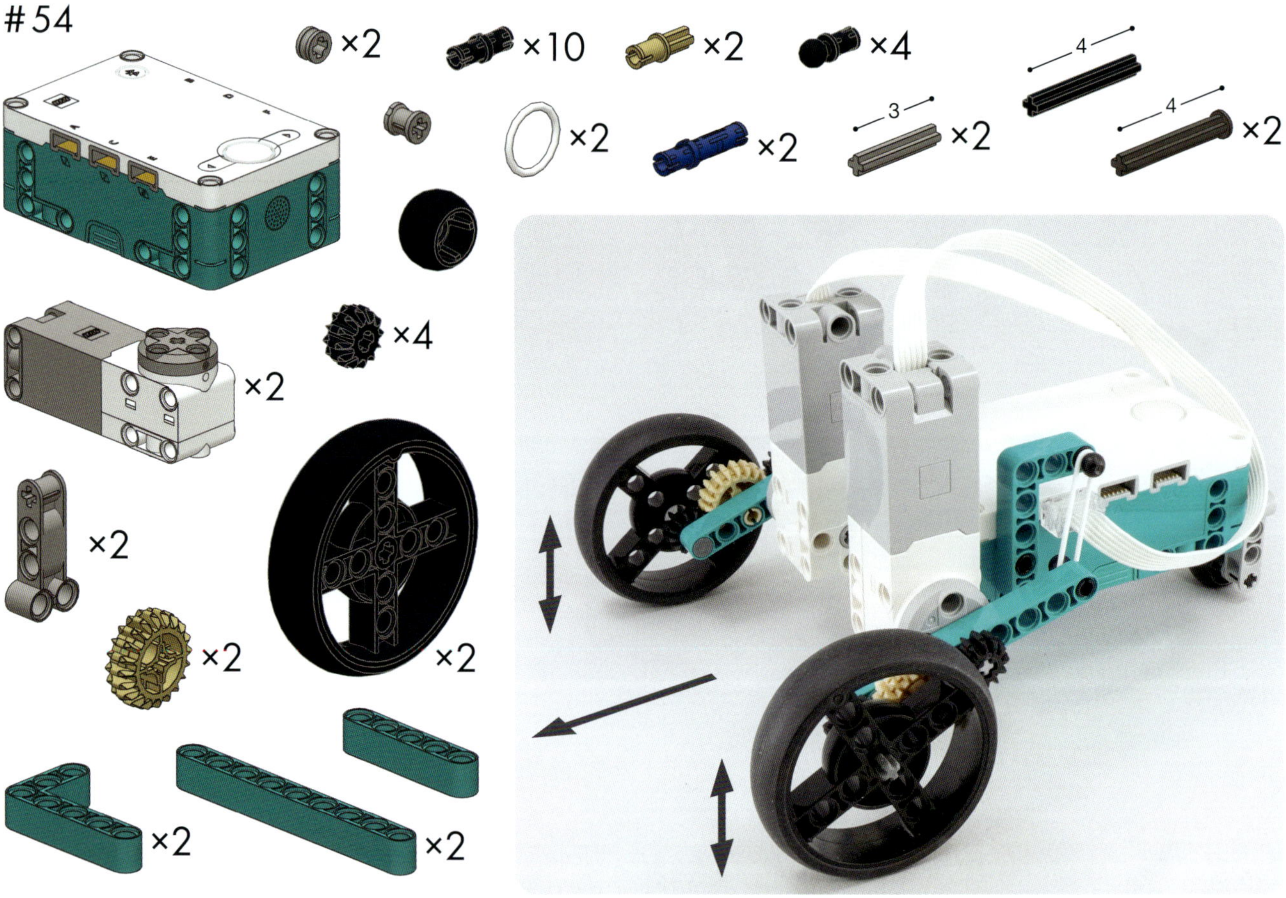

×2 ×10 ×2 ×4
×2 ×2 3 ×2 4 4 ×2
×4
×2
×2
×2 ×2
×2 ×2

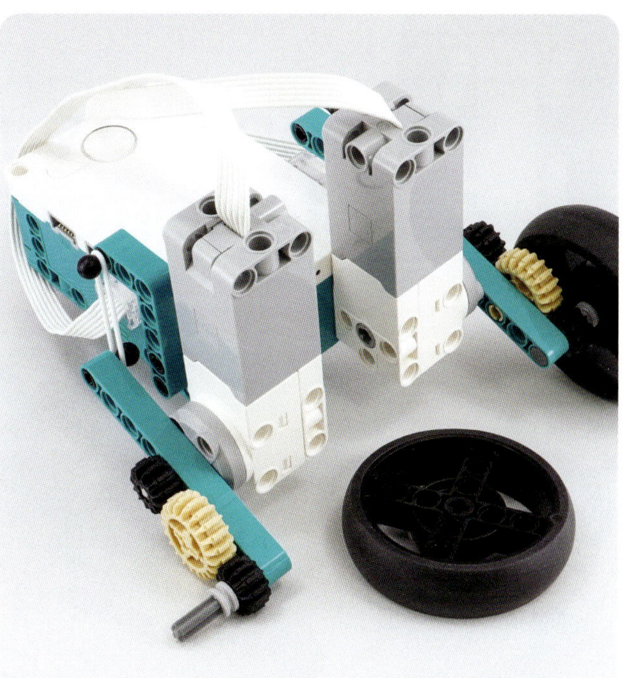

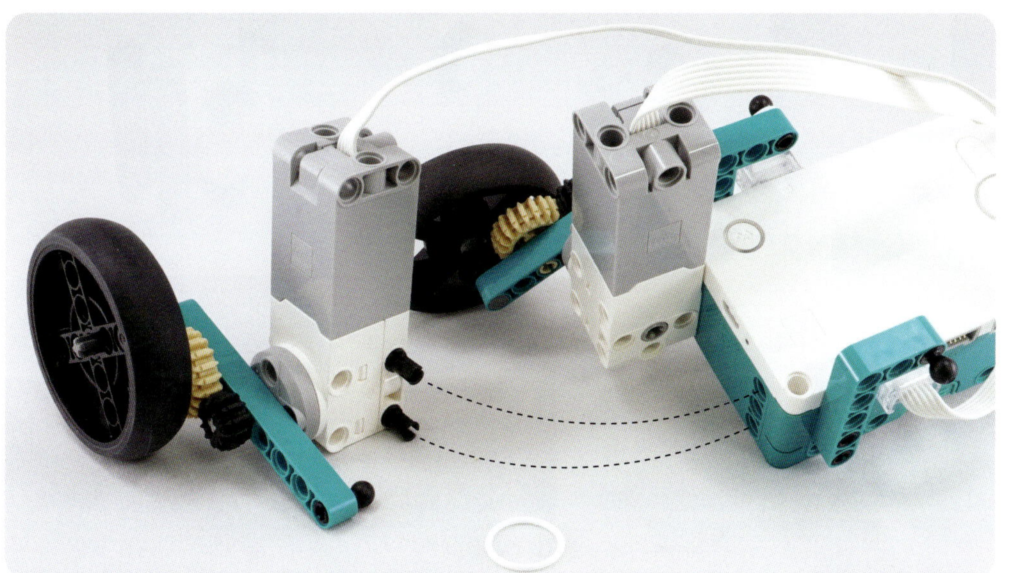

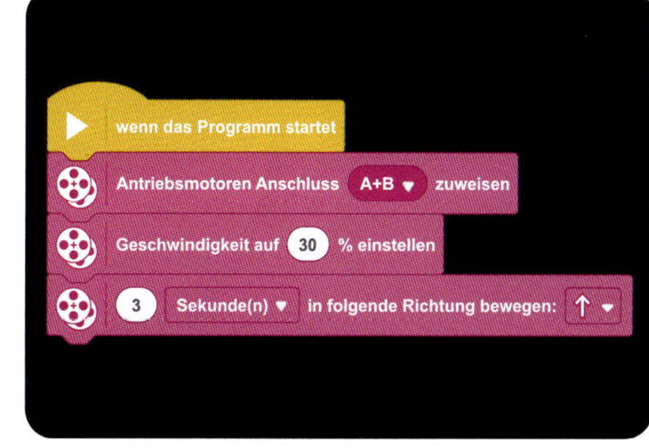
wenn das Programm startet
Antriebsmotoren Anschluss A+B zuweisen
Geschwindigkeit auf 30 % einstellen
3 Sekunde(n) in folgende Richtung bewegen: ↑

Lenkung mit einem Steuerrad

#55

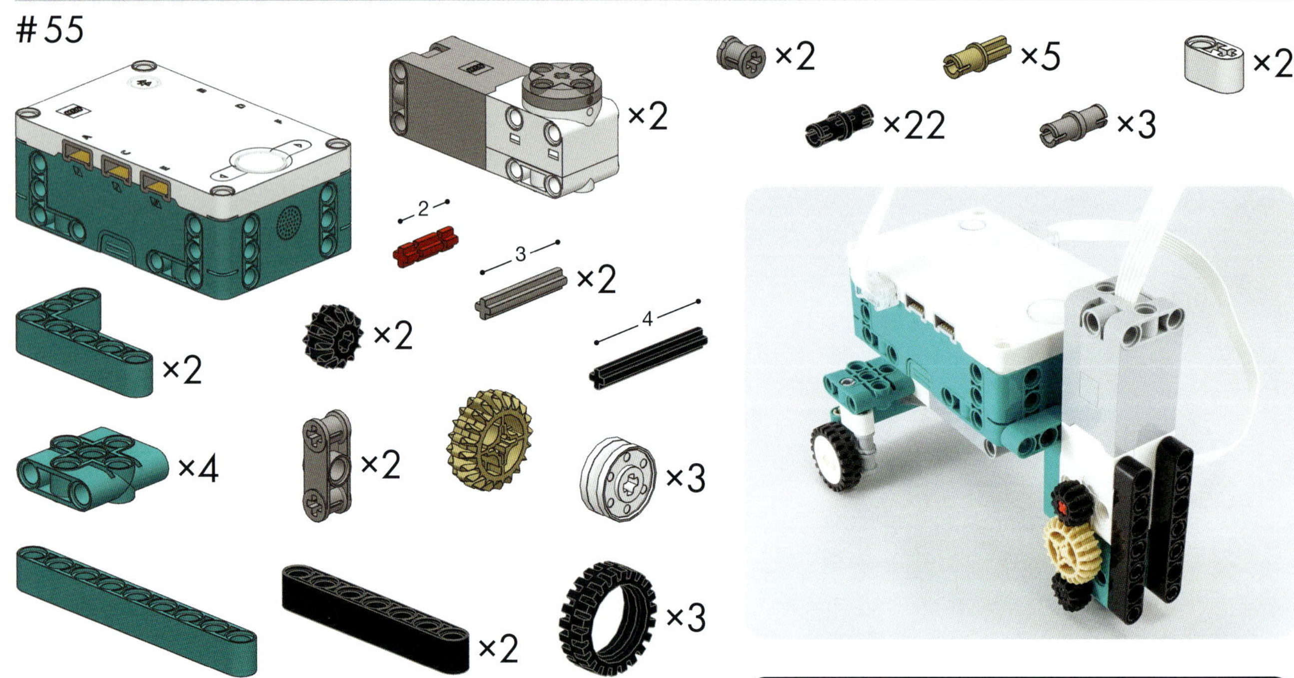

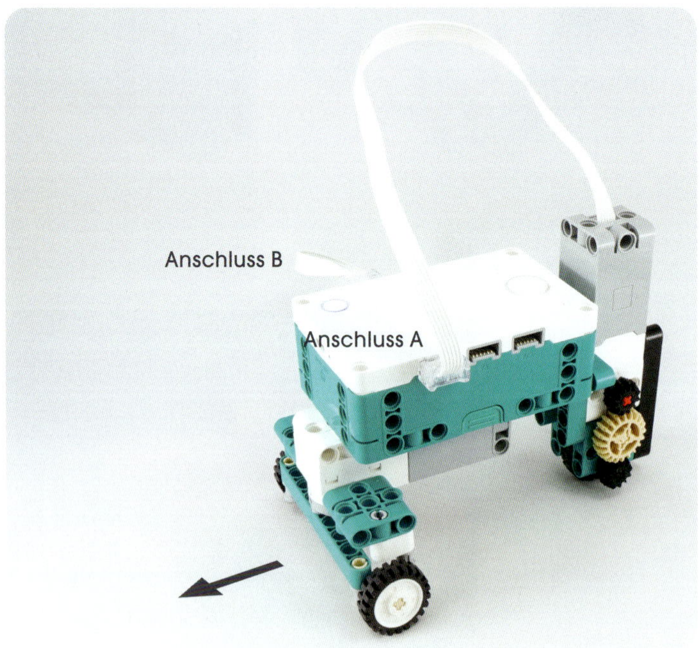

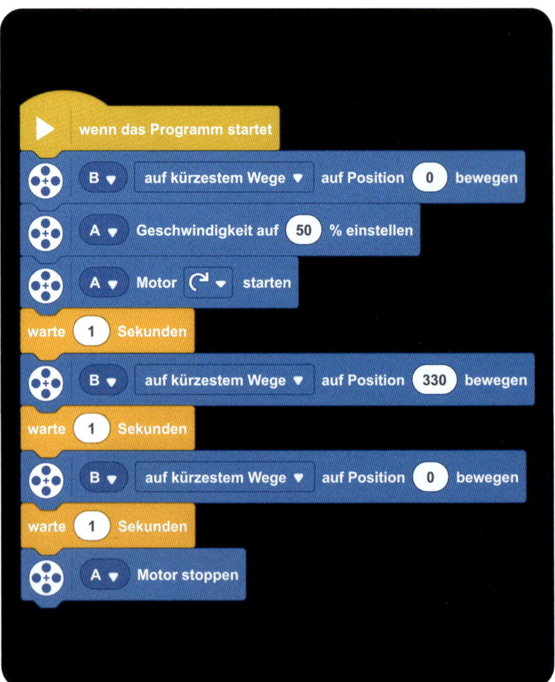

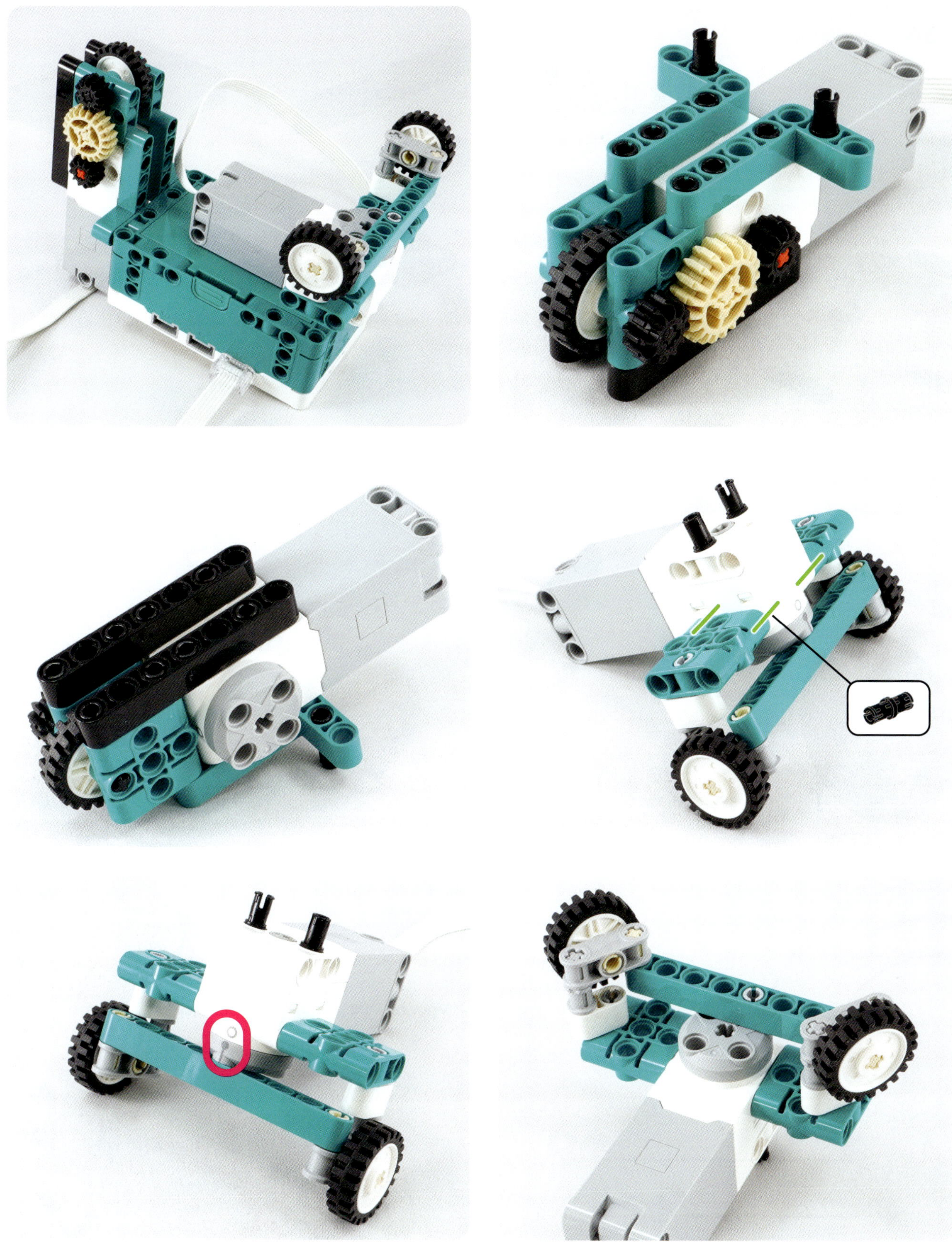

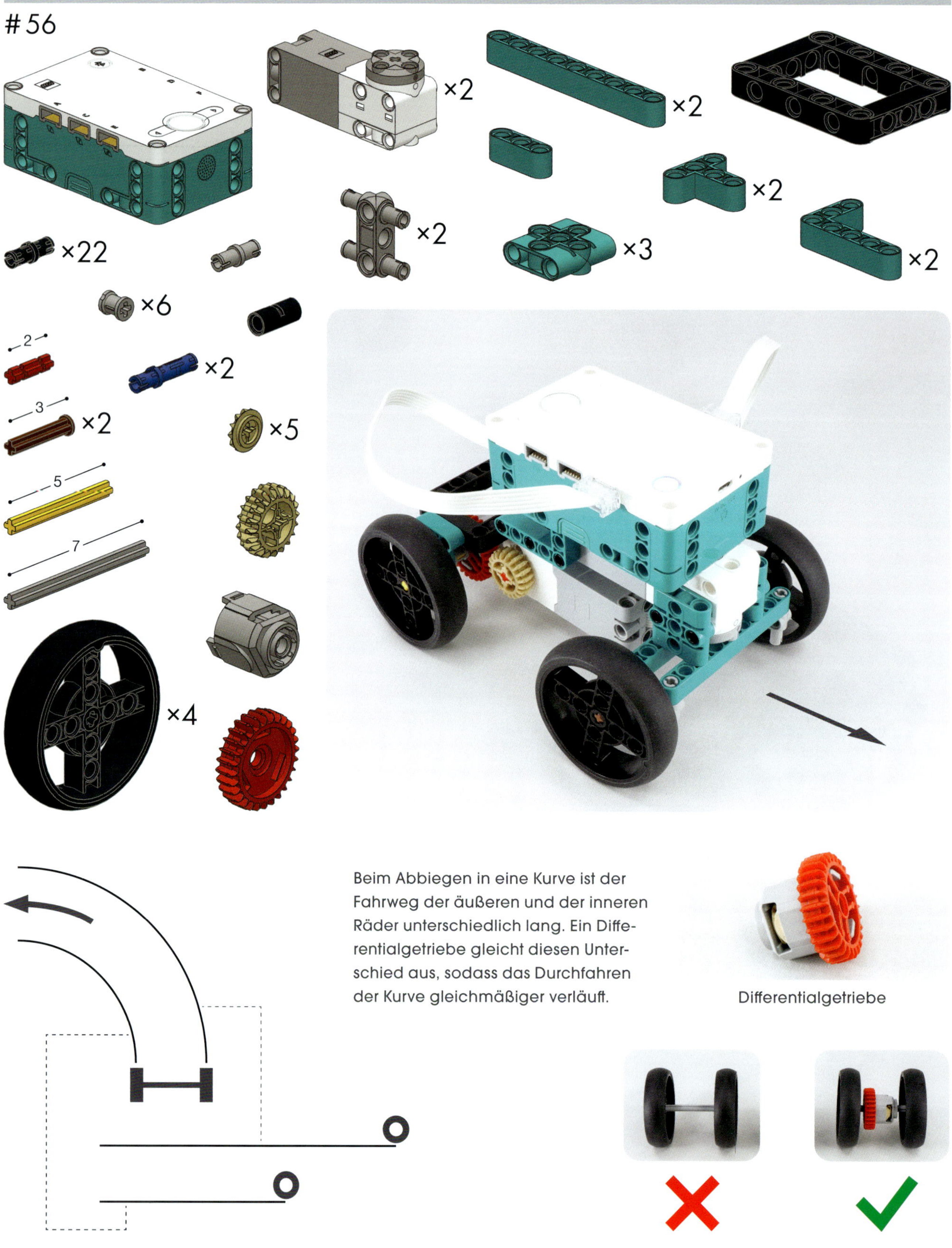

Beim Abbiegen in eine Kurve ist der Fahrweg der äußeren und der inneren Räder unterschiedlich lang. Ein Differentialgetriebe gleicht diesen Unterschied aus, sodass das Durchfahren der Kurve gleichmäßiger verläuft.

Differentialgetriebe

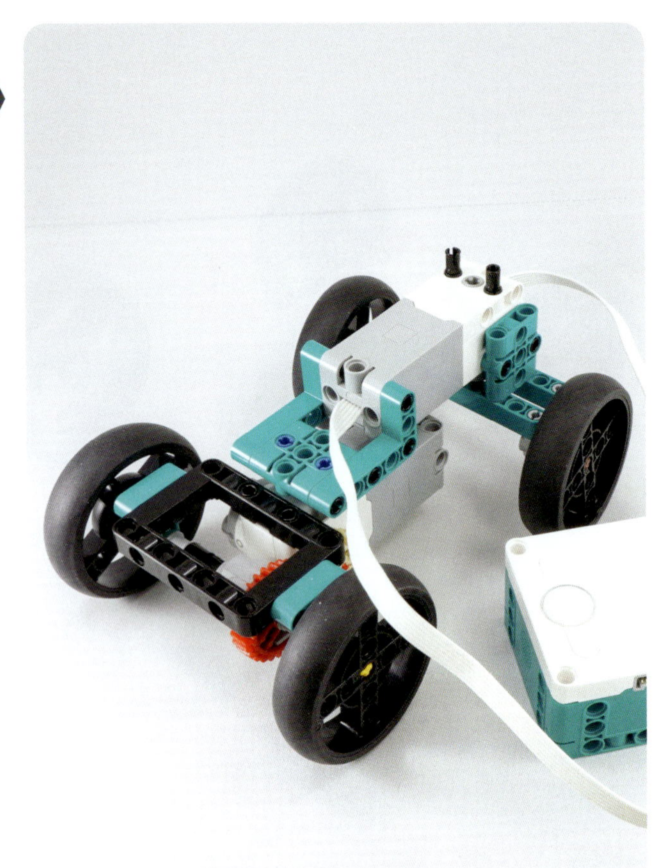

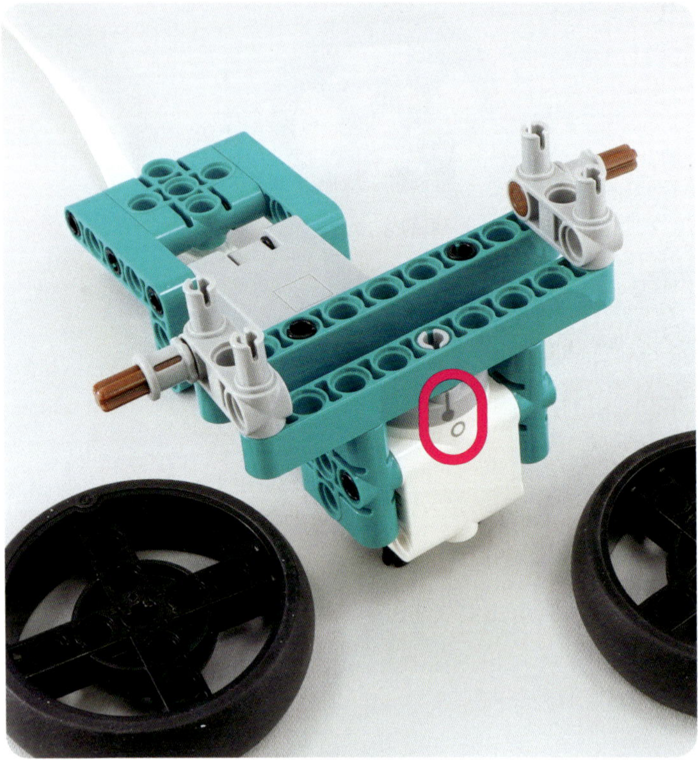

wenn das Programm startet
B auf kürzestem Wege auf Position 0 bewegen
A Geschwindigkeit auf 20 % einstellen
A Motor starten
wiederhole 3 mal
B auf kürzestem Wege auf Position 45 bewegen
warte 0.2 Sekunden
B auf kürzestem Wege auf Position 315 bewegen
warte 0.2 Sekunden
A auf kürzestem Wege auf Position 0 bewegen
A Motor stoppen

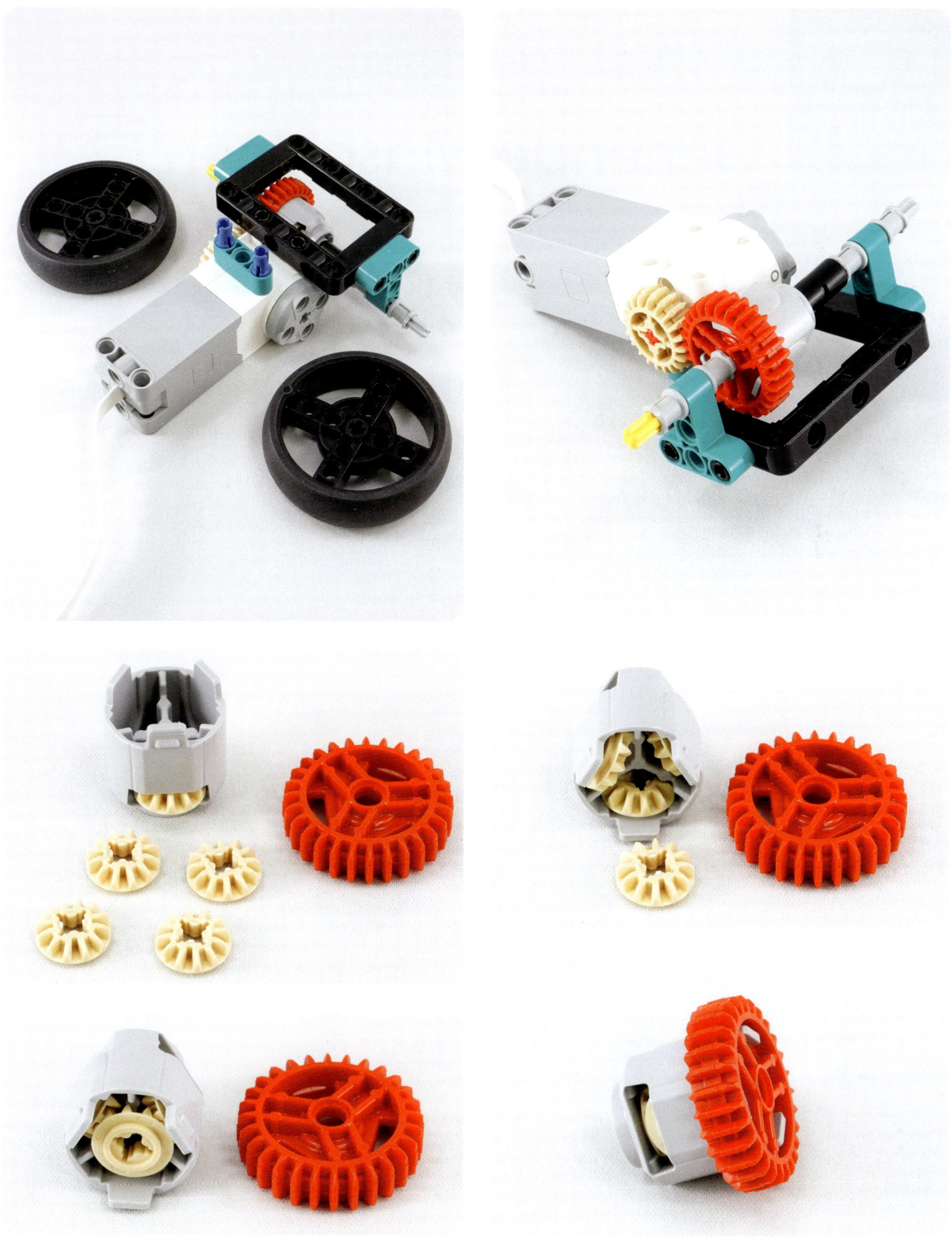

Gehende Maschinen

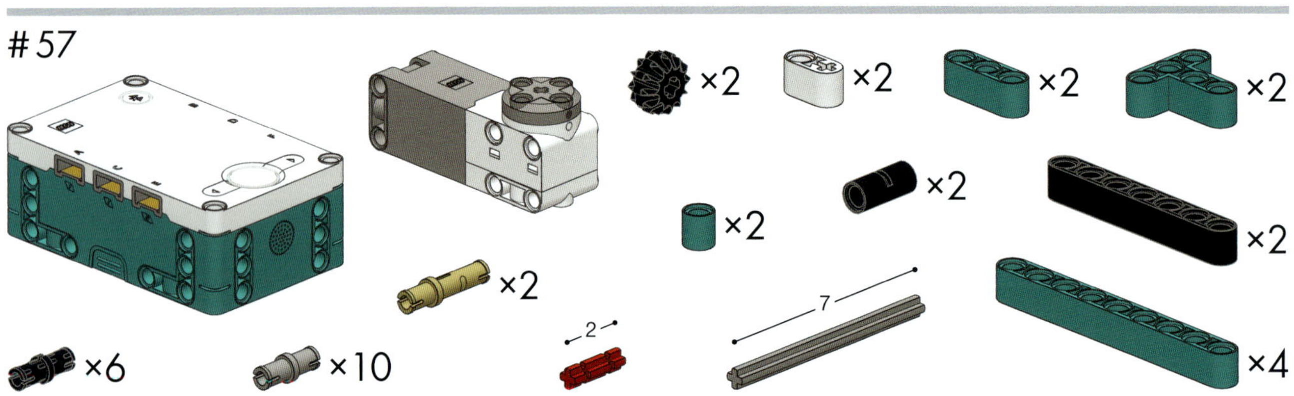

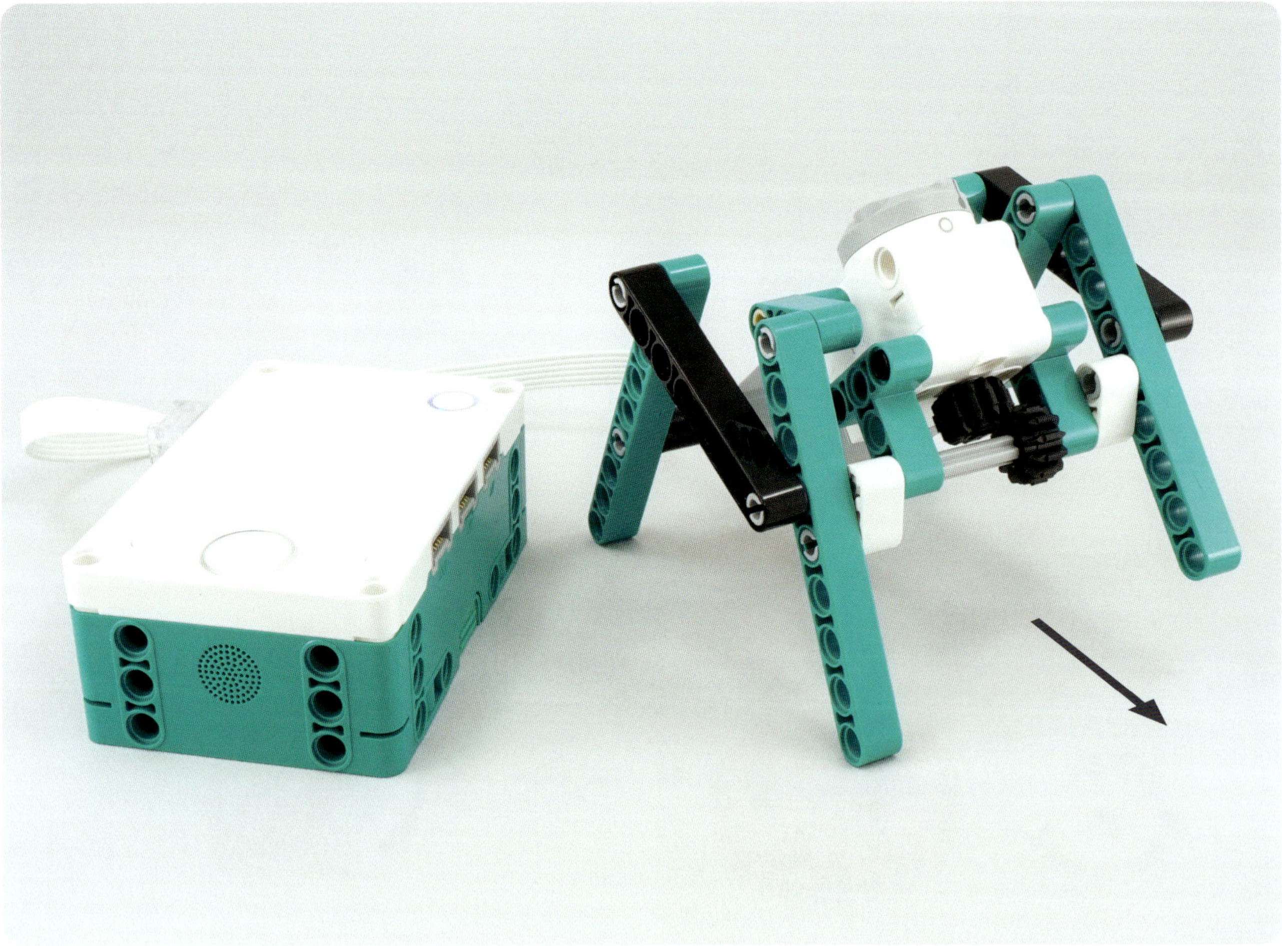

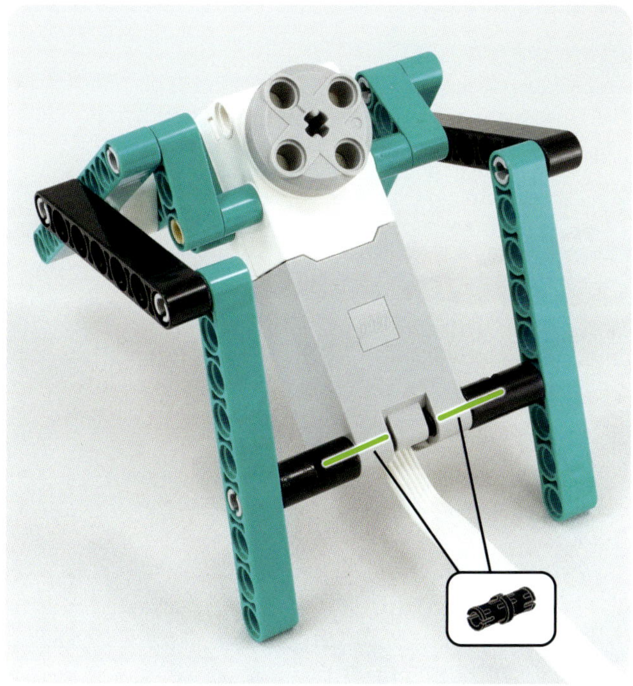

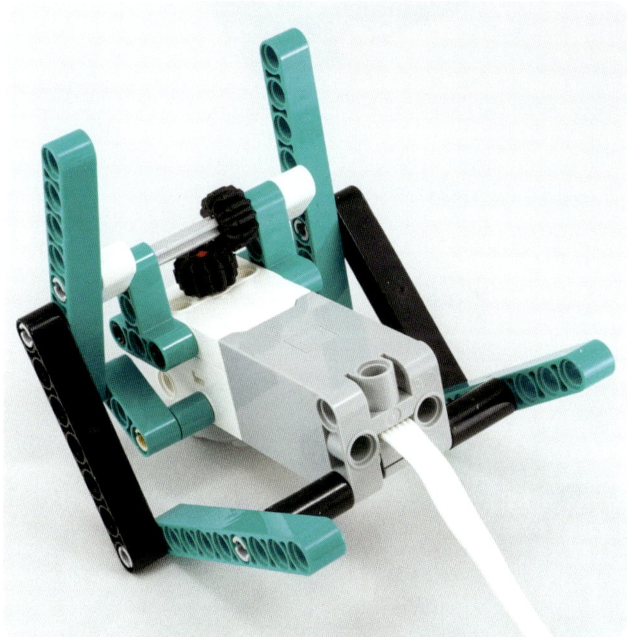

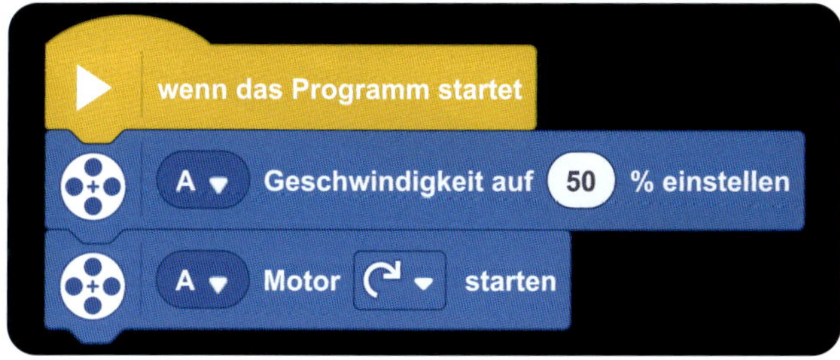
wenn das Programm startet
A Geschwindigkeit auf 50 % einstellen
A Motor starten

58

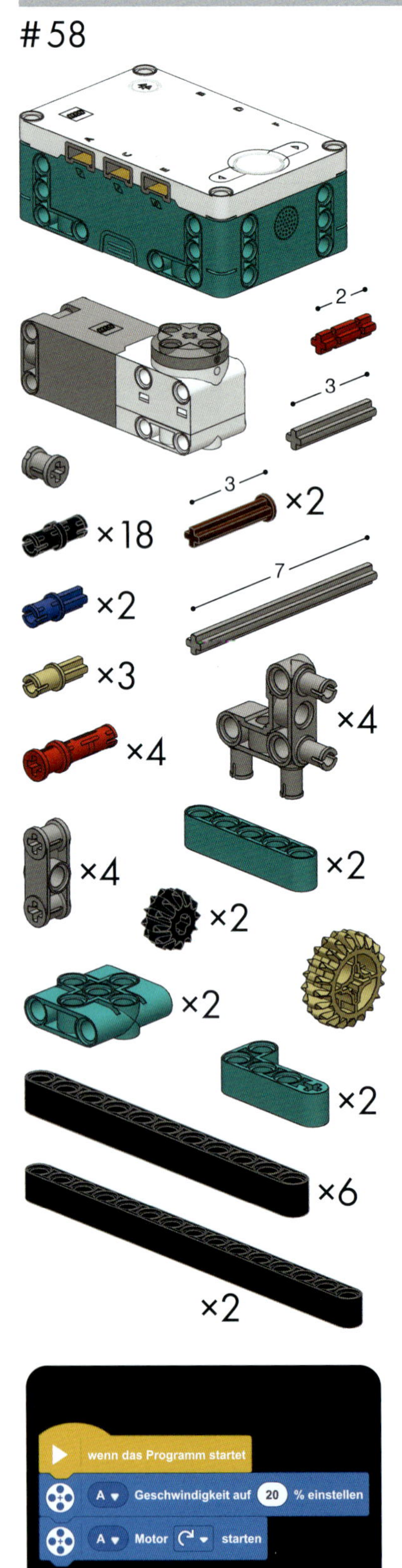

2
3
3
×2
×18
7
×2
×3
×4
×4
×4
×2
×2
×2
×2
×6
×2
wenn das Programm startet
A Geschwindigkeit auf 20 % einstellen
A Motor starten

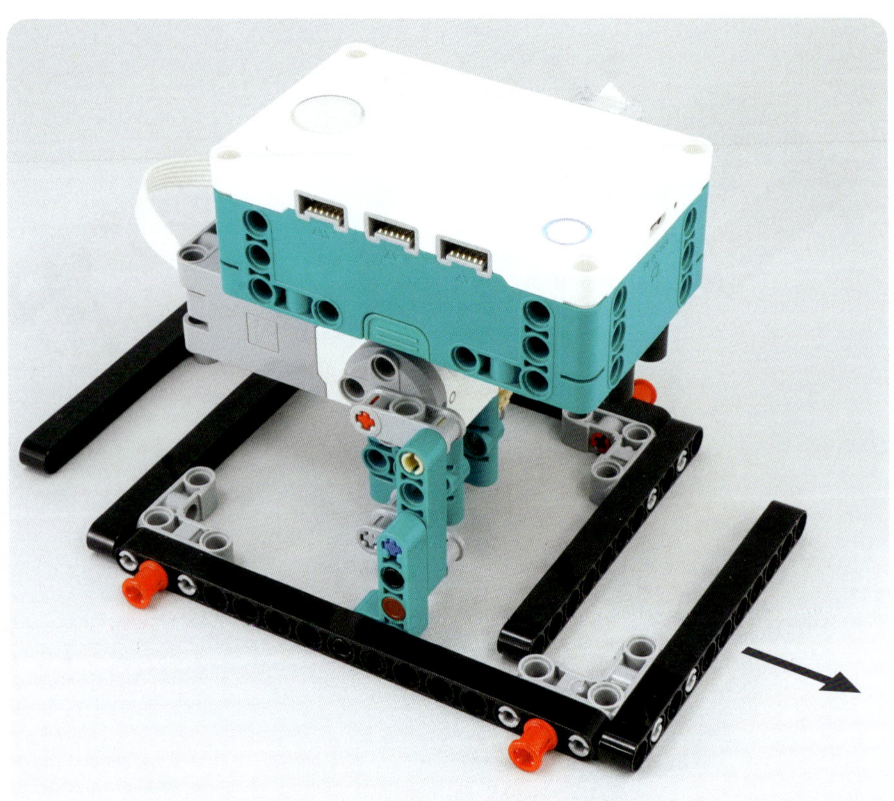

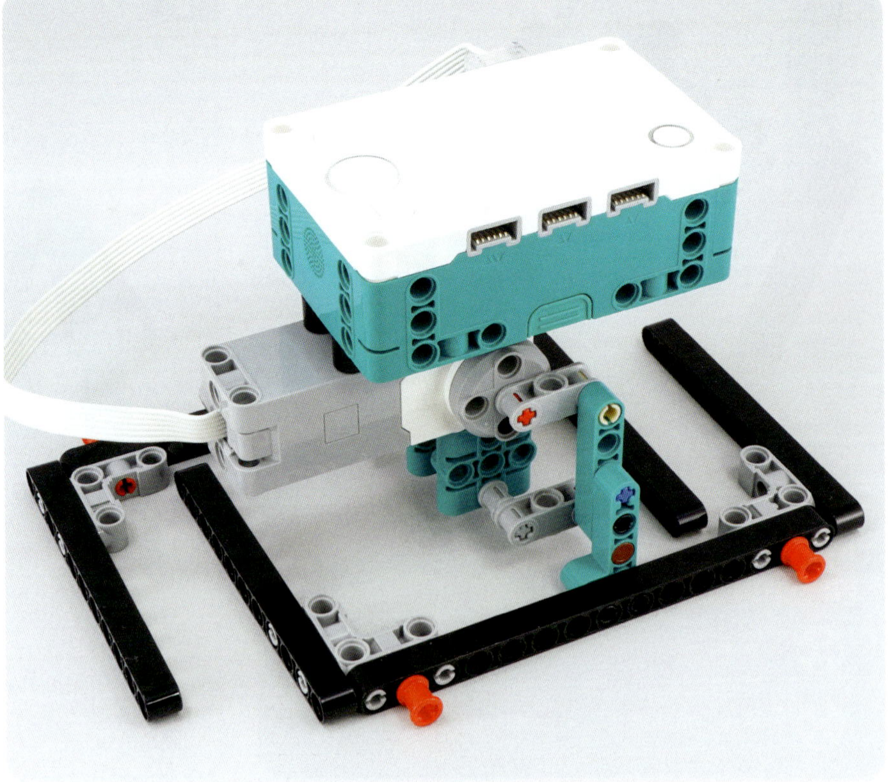

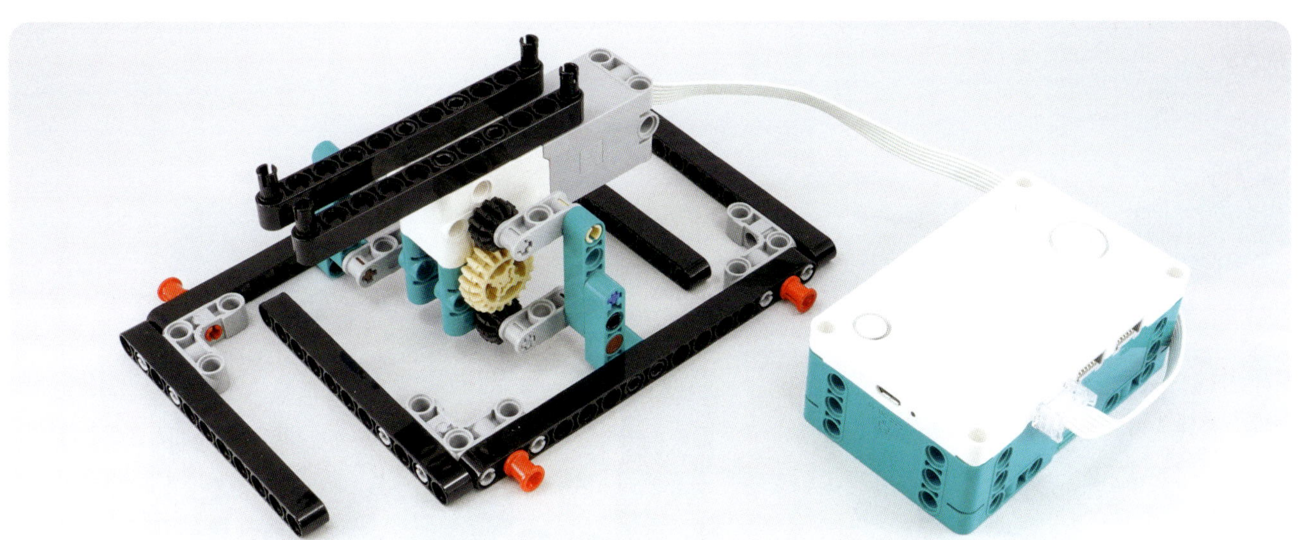

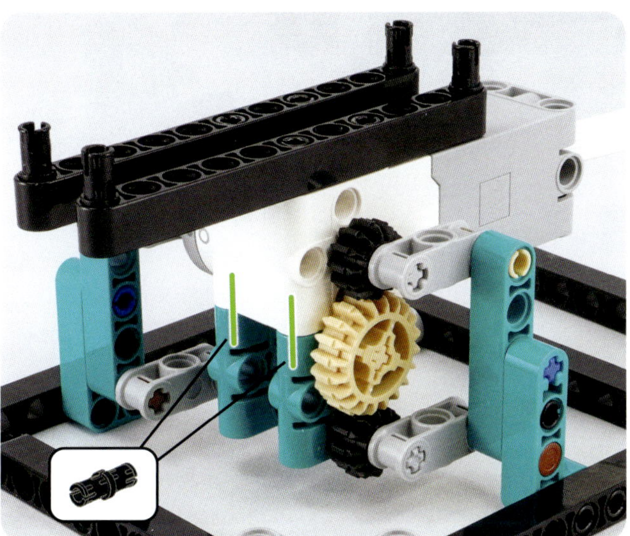

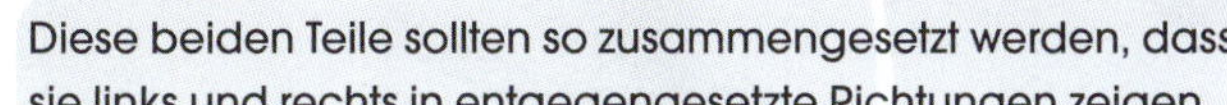

Diese beiden Teile sollten so zusammengesetzt werden, dass sie links und rechts in entgegengesetzte Richtungen zeigen.

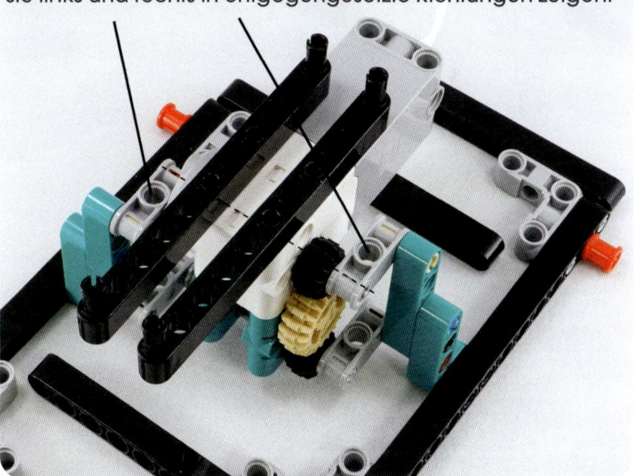

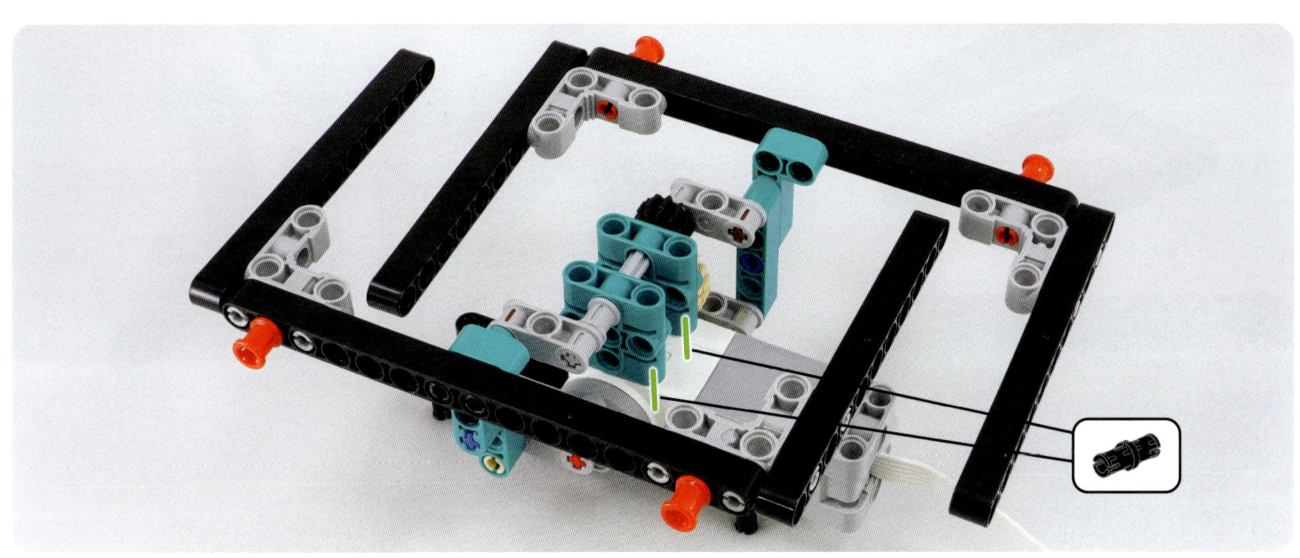

59

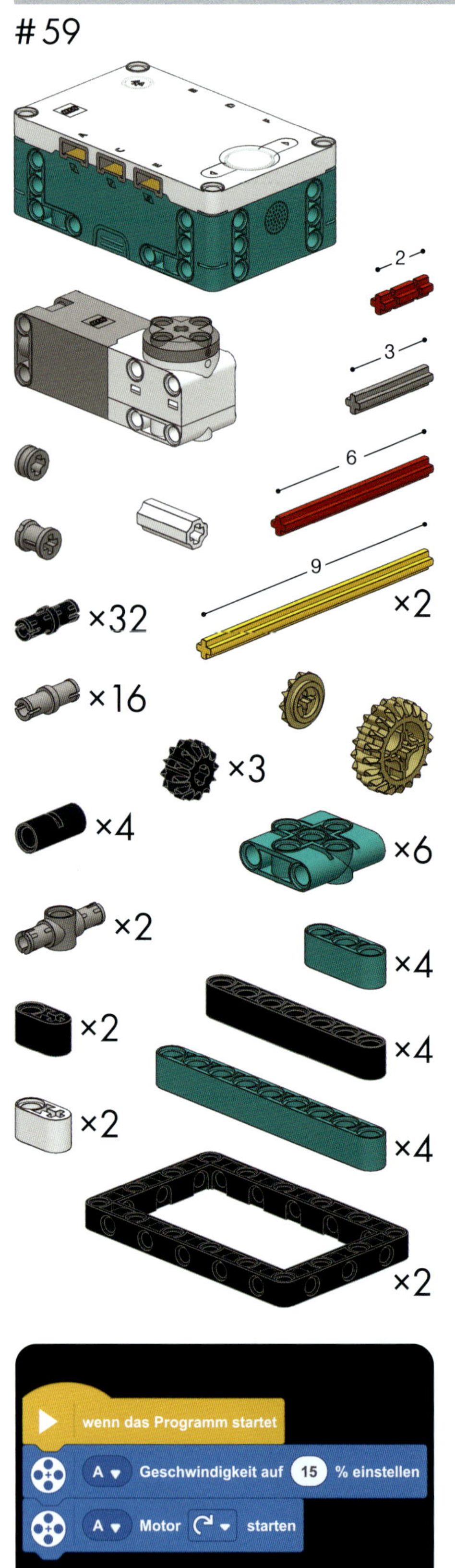
2
3
6
9
×2
×32
×16
×3
×4
×6
×2
×4
×2
×4
×2
×4
×2
wenn das Programm startet
A Geschwindigkeit auf 15 % einstellen
A Motor starten

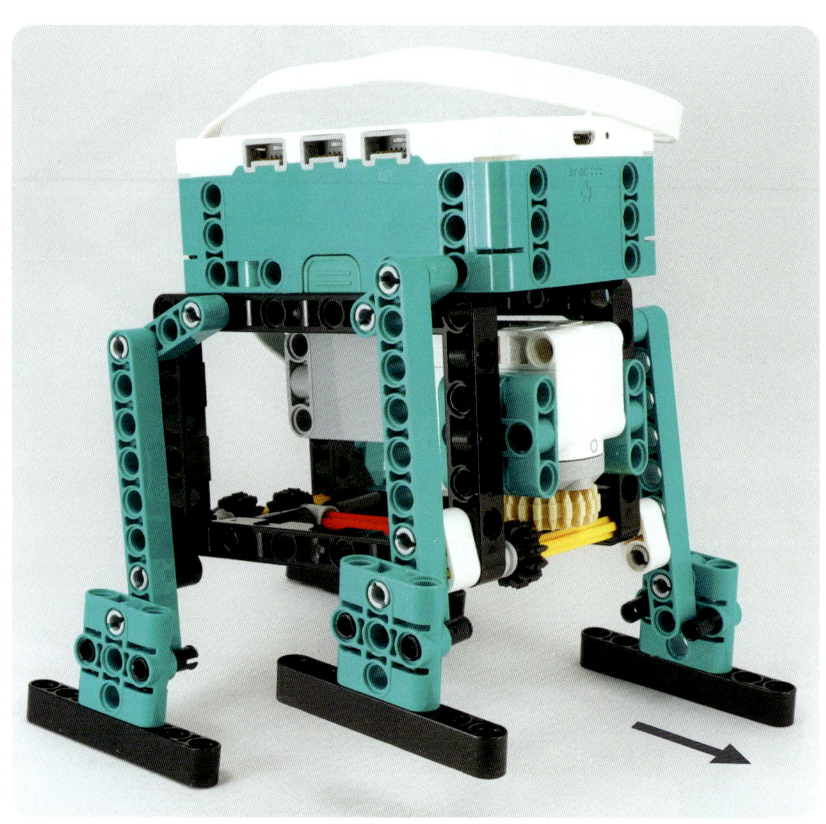

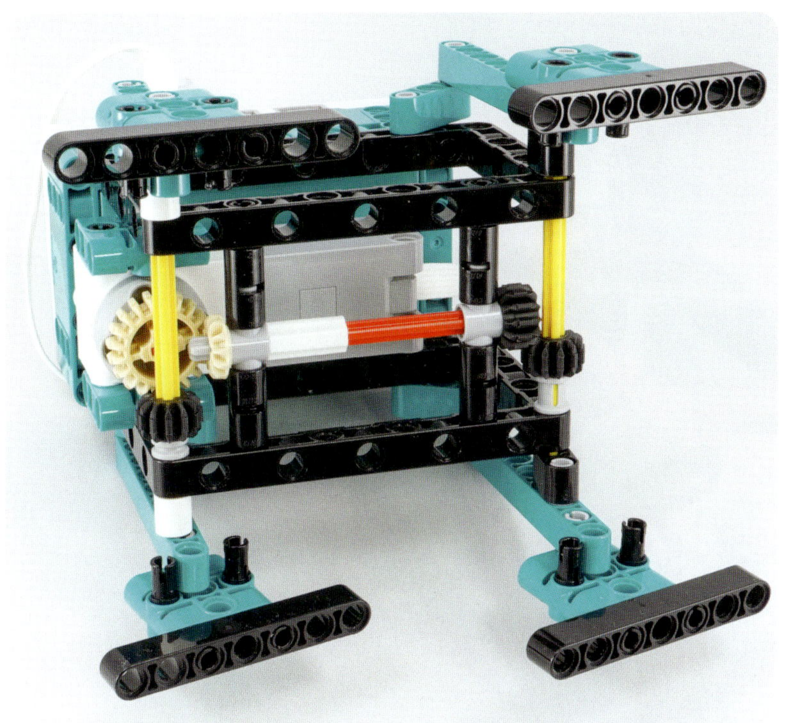

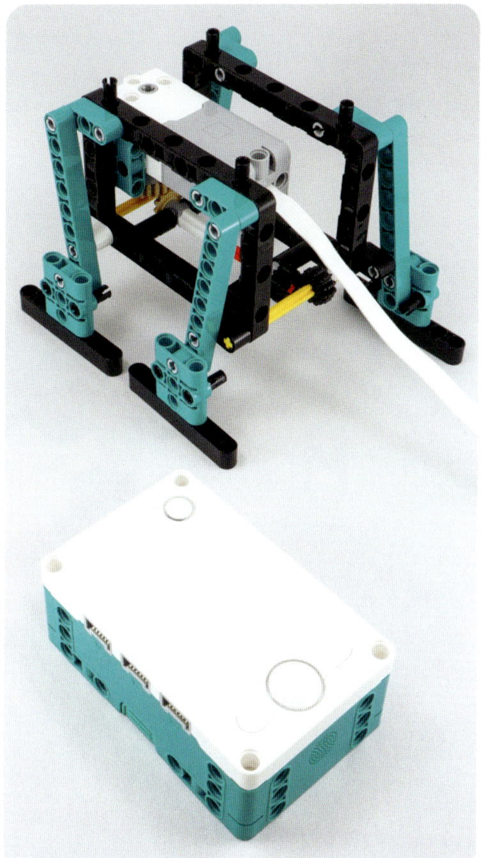

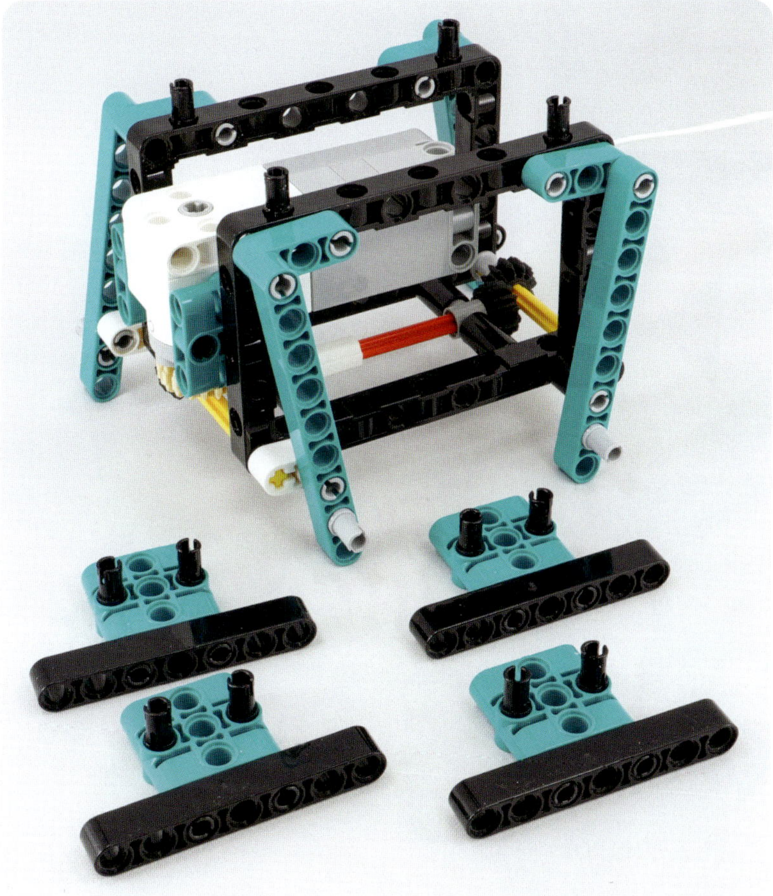

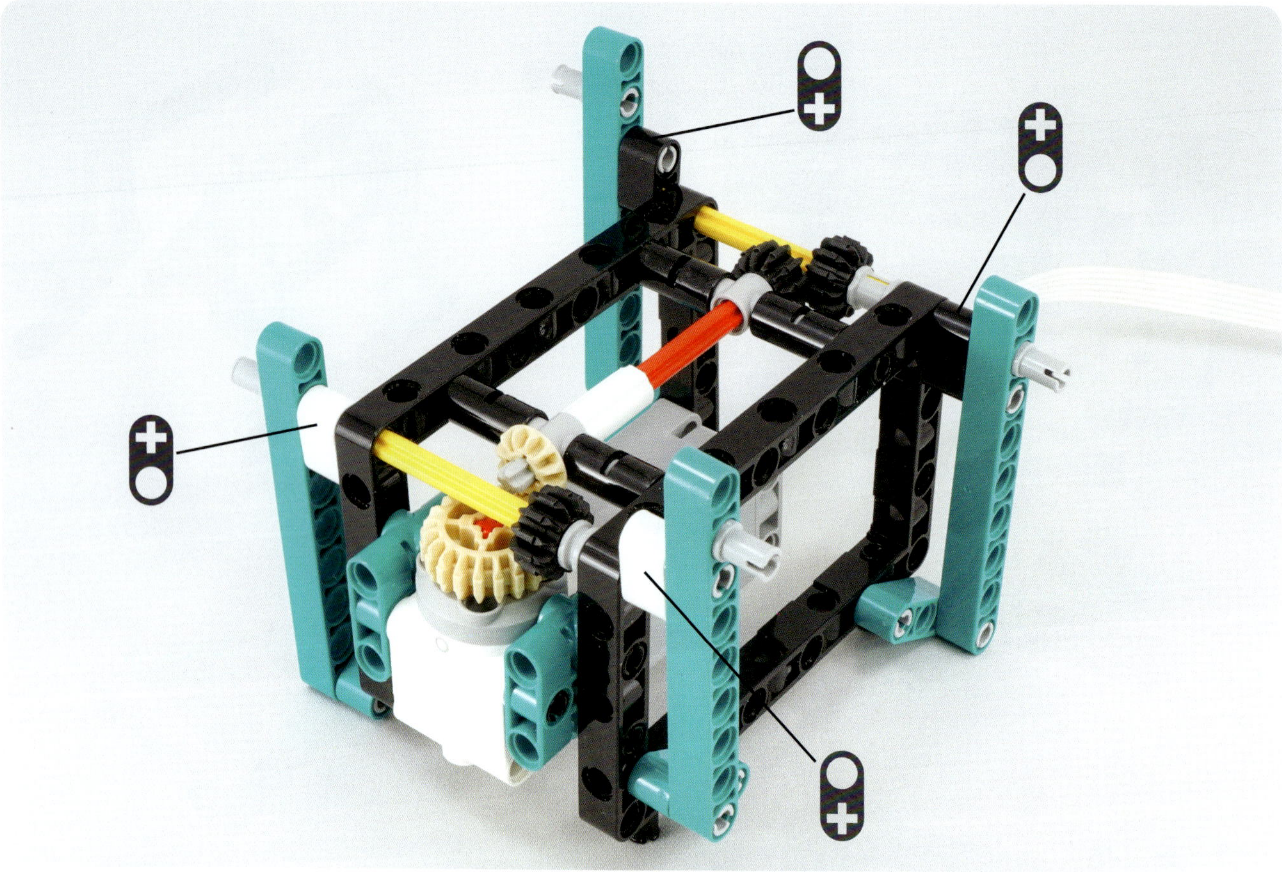

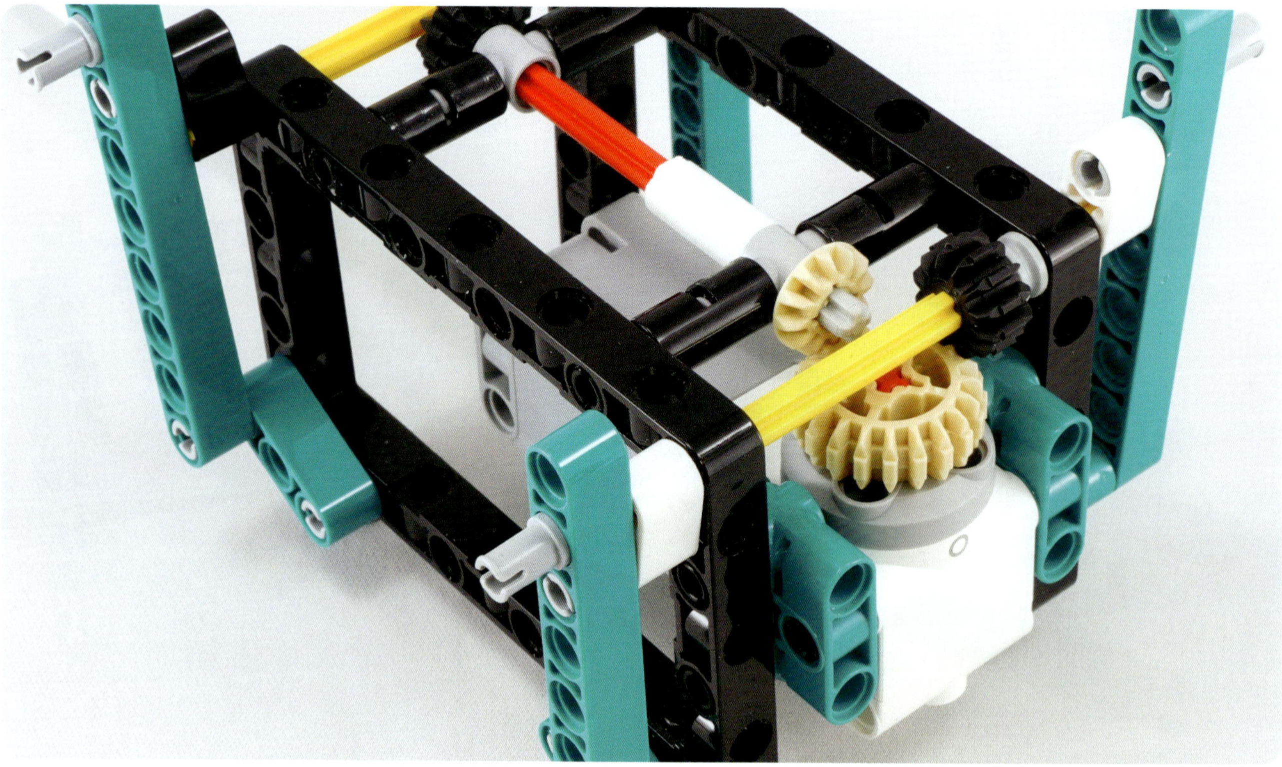

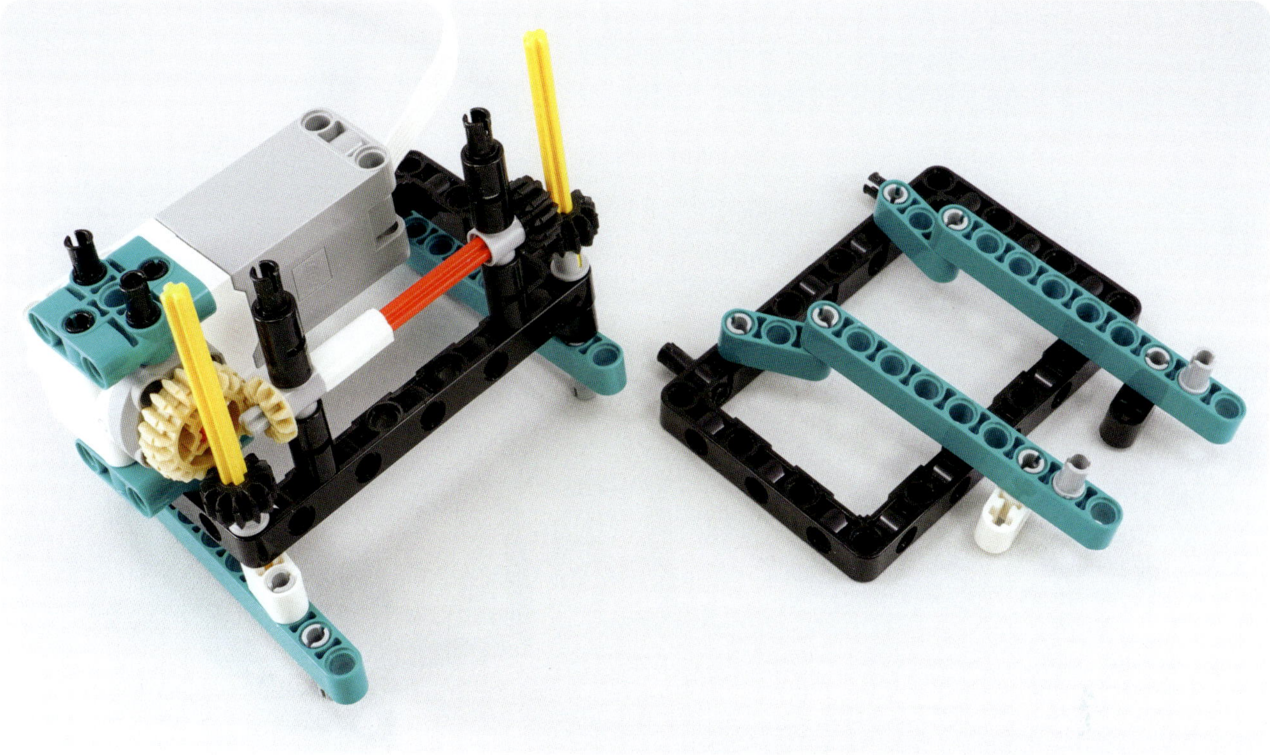

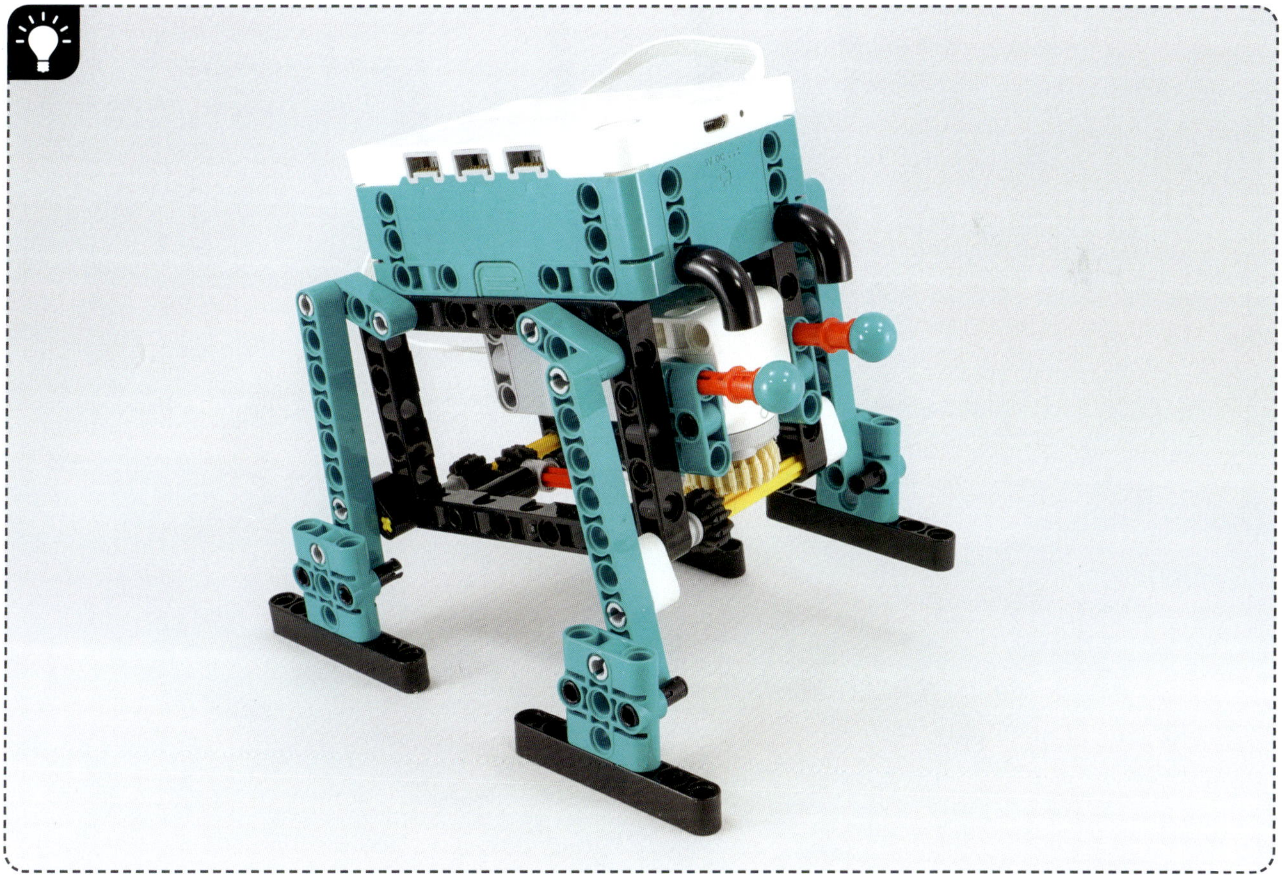

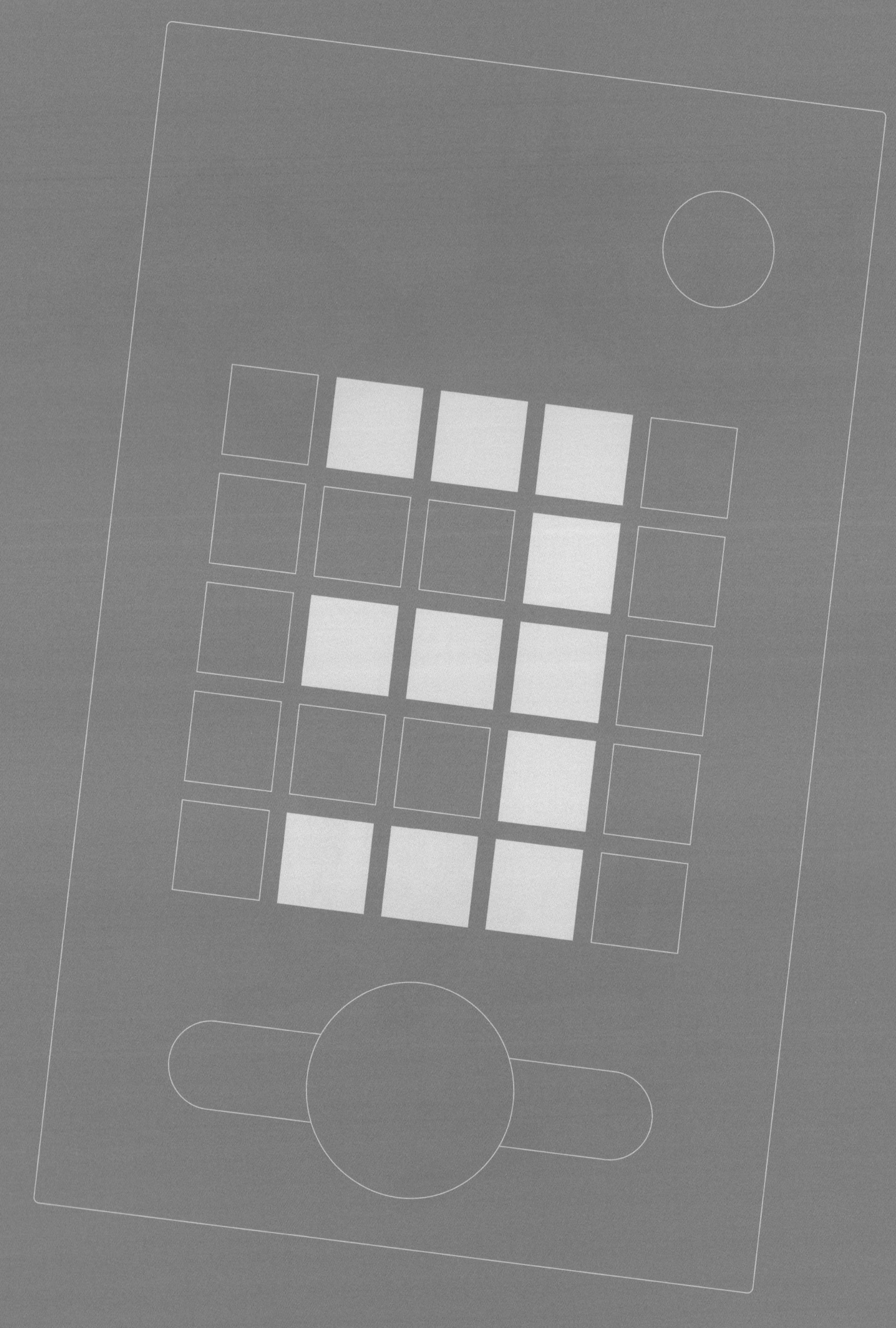

Teil 3
Praktische Mechanismen

Greifwerkzeuge

#60

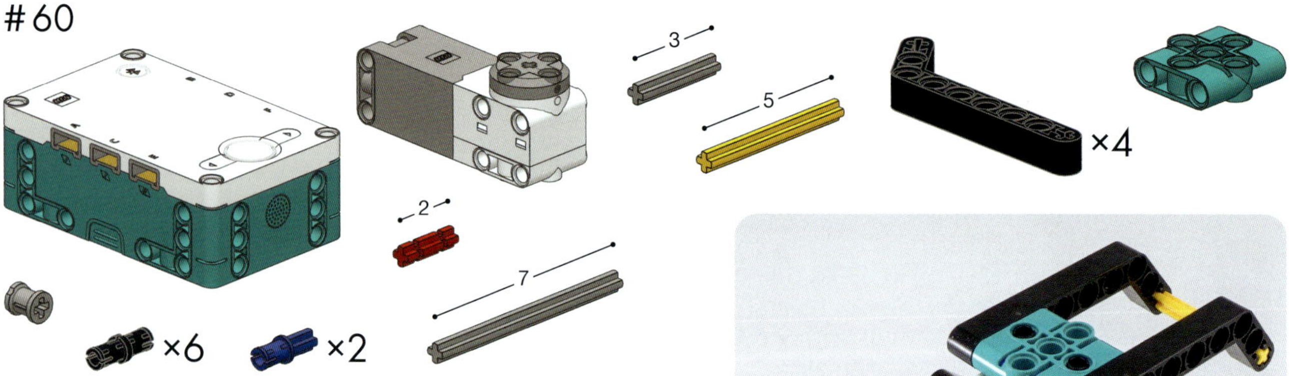

3

5

×4

2

7

×6

×2

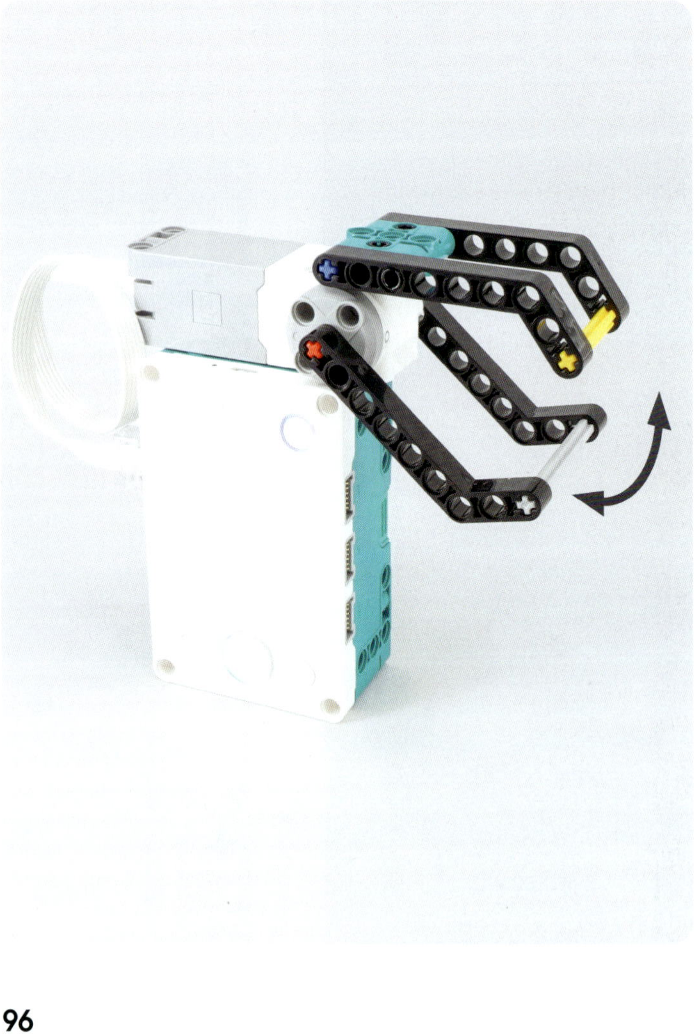

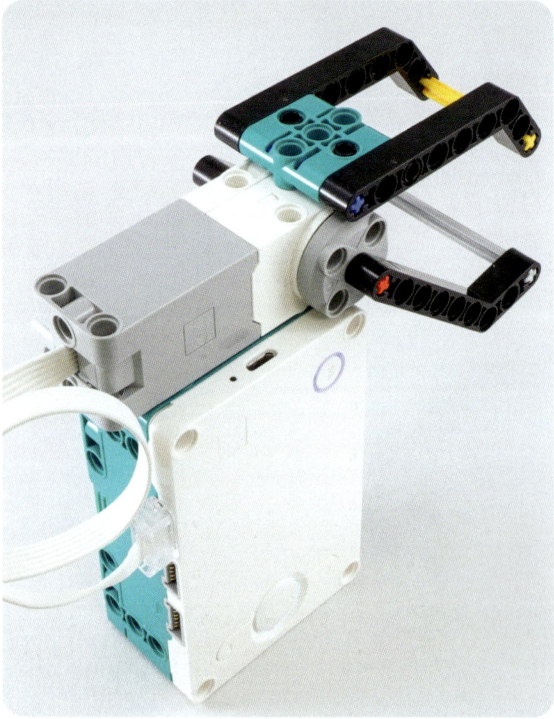

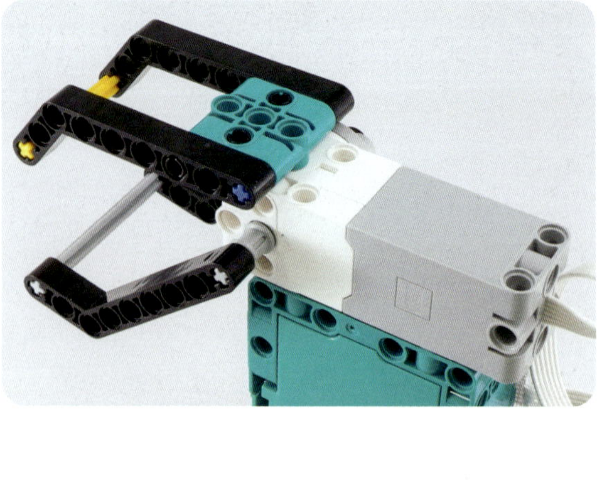

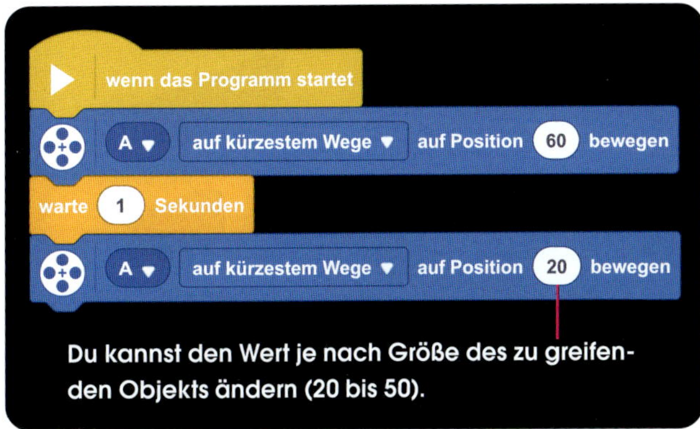

Du kannst den Wert je nach Größe des zu greifenden Objekts ändern (20 bis 50).

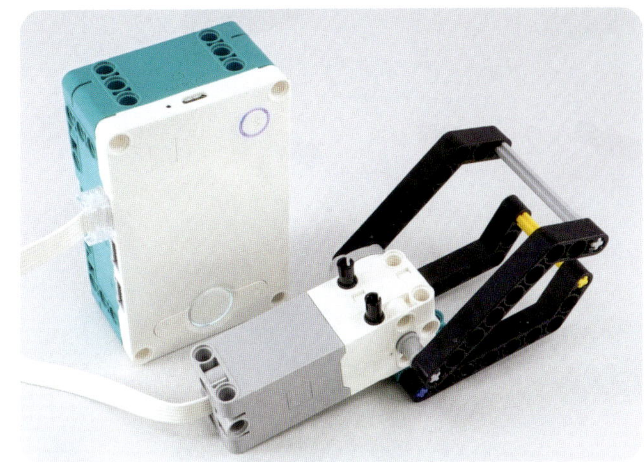

61
×2
×2
×6
3
wenn das Programm startet
A ▾ auf kürzestem Wege ▾ auf Position 30 bewegen
warte 1 Sekunden
A ▾ auf kürzestem Wege ▾ auf Position 350 bewegen

62

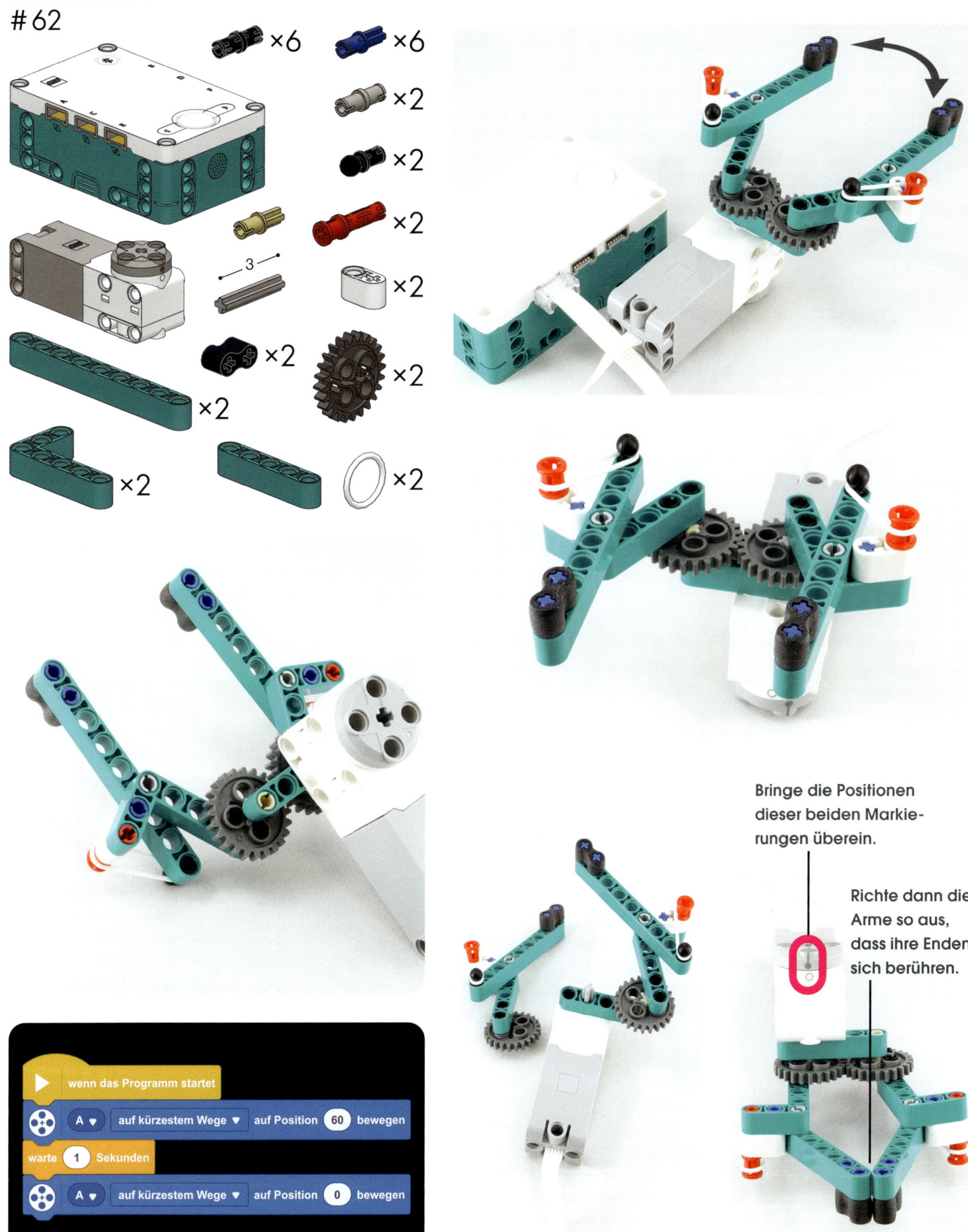

×6
×6
×2
×2
×2
3
×2
×2
×2
×2
×2
×2
×2
Bringe die Positionen dieser beiden Markierungen überein.
Richte dann die Arme so aus, dass ihre Enden sich berühren.
wenn das Programm startet
A auf kürzestem Wege auf Position 60 bewegen
warte 1 Sekunden
A auf kürzestem Wege auf Position 0 bewegen

63

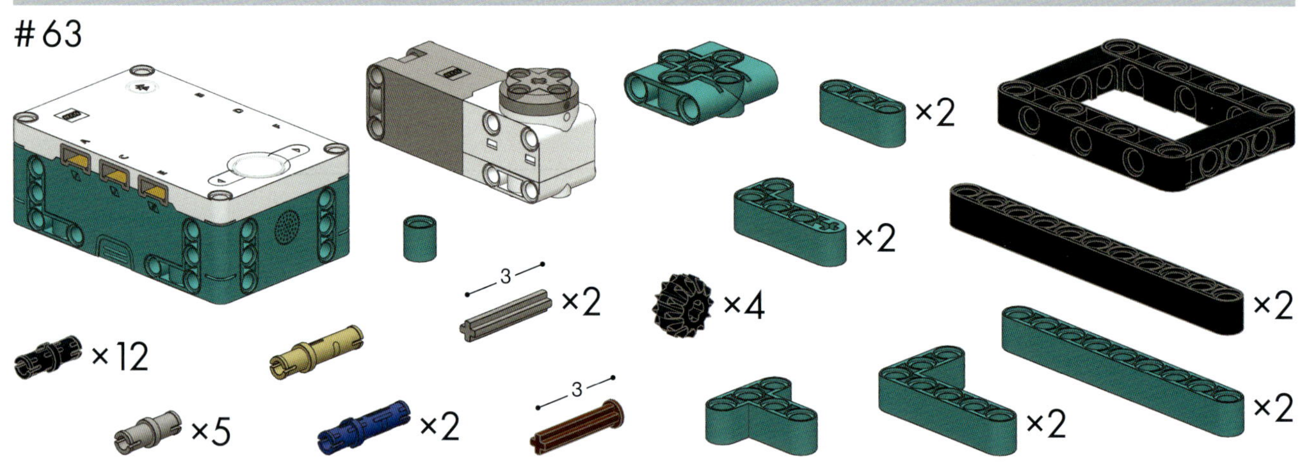

×2
×2
×12
3
×2
×4
×2
×5
×2
3
×2
×2

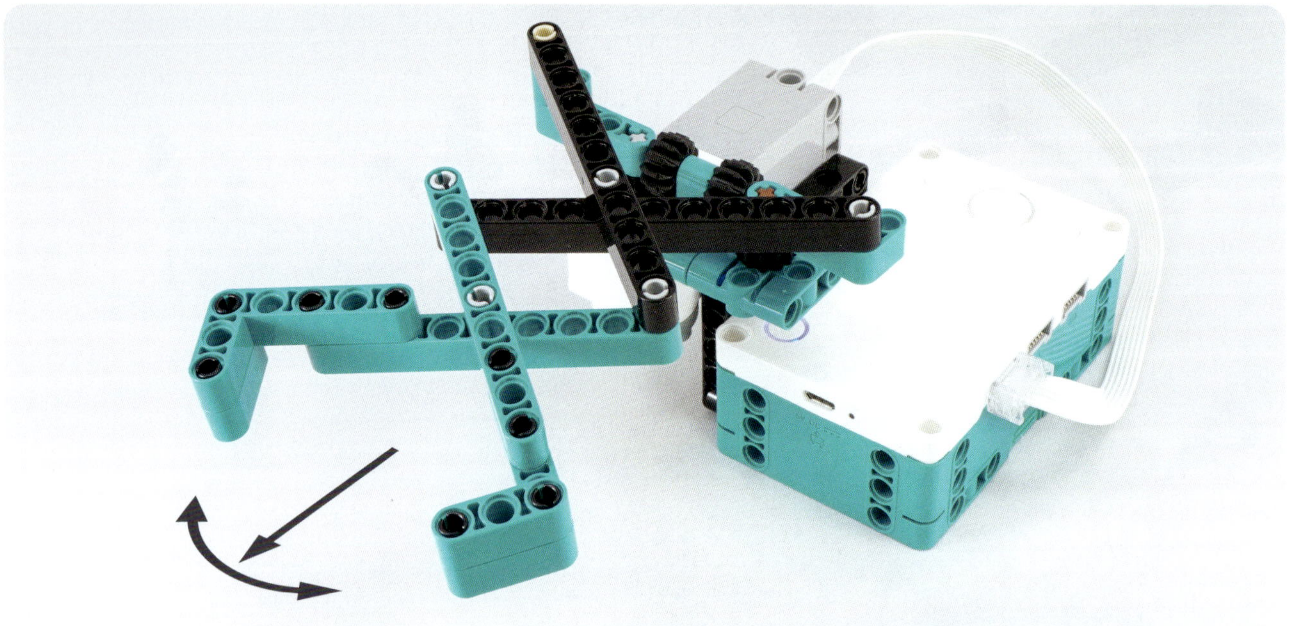

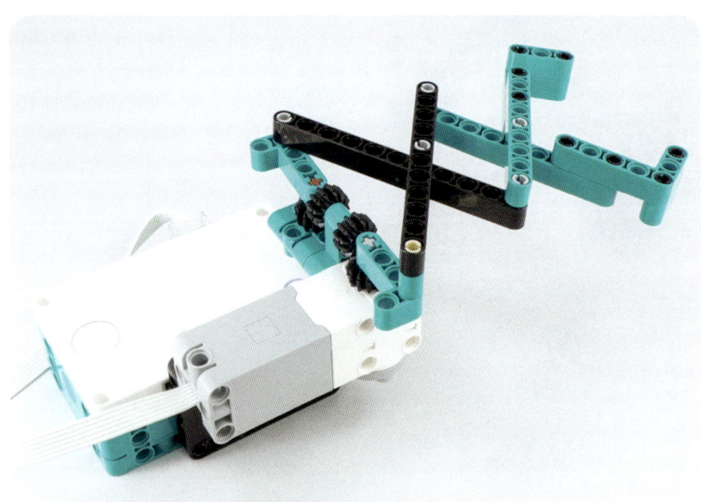

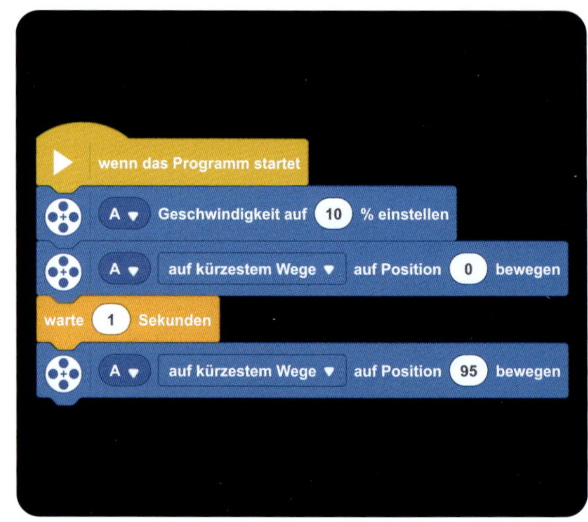

wenn das Programm startet
A Geschwindigkeit auf 10 % einstellen
A auf kürzestem Wege auf Position 0 bewegen
warte 1 Sekunden
A auf kürzestem Wege auf Position 95 bewegen

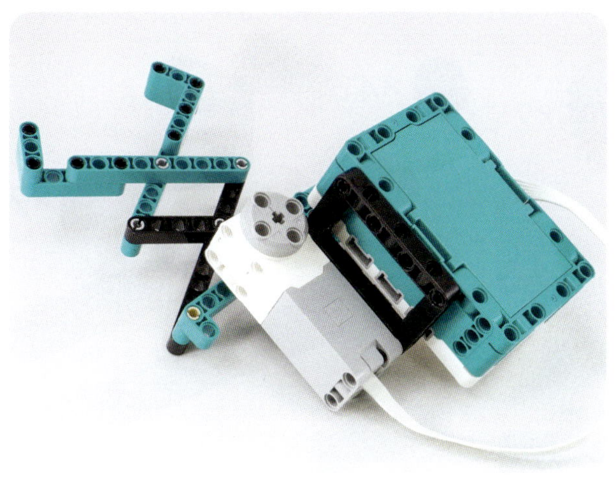

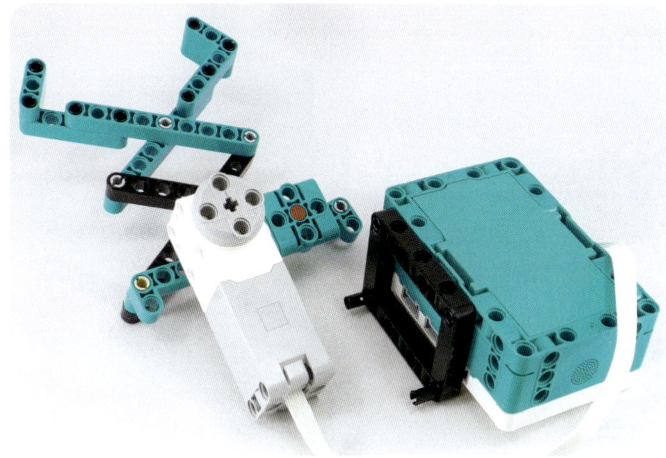

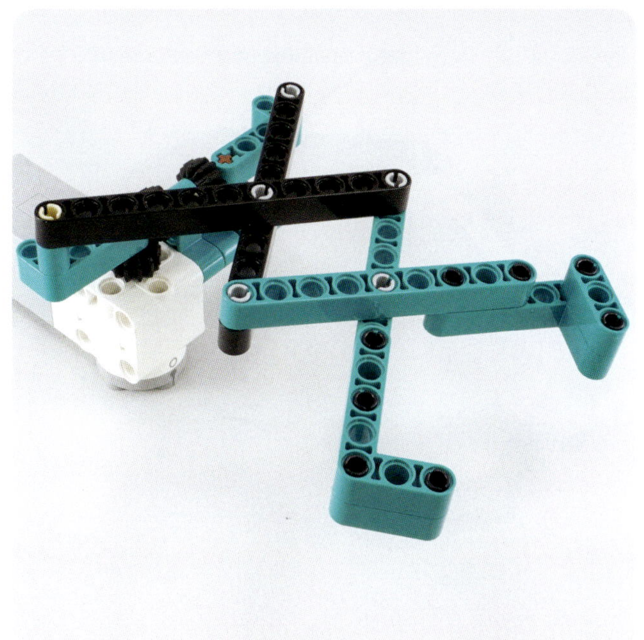

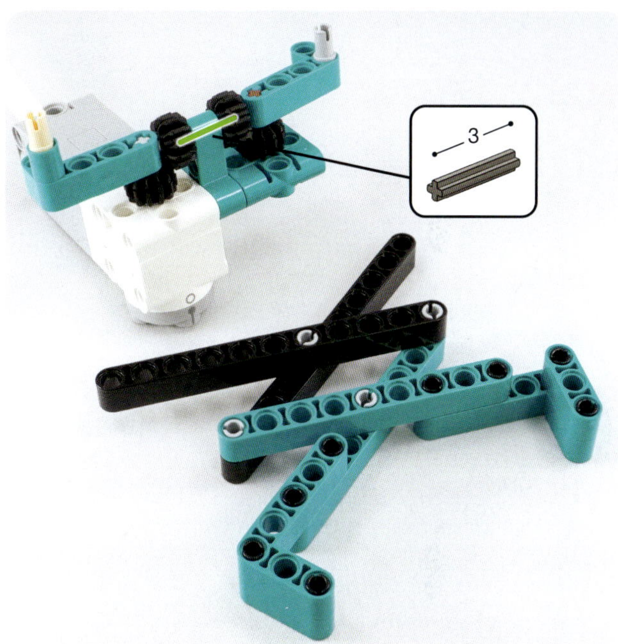
3

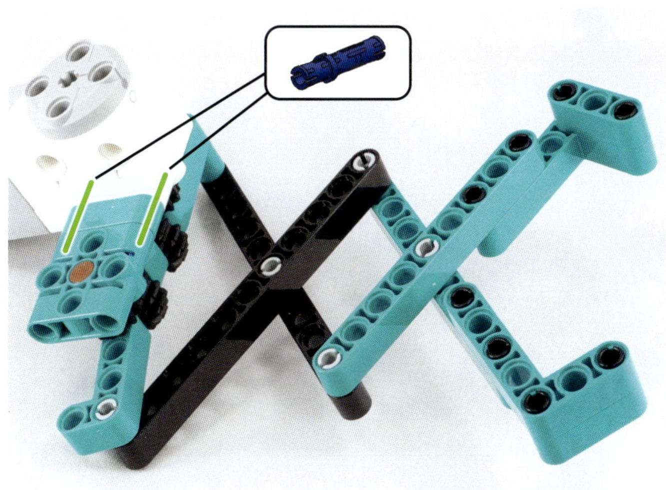

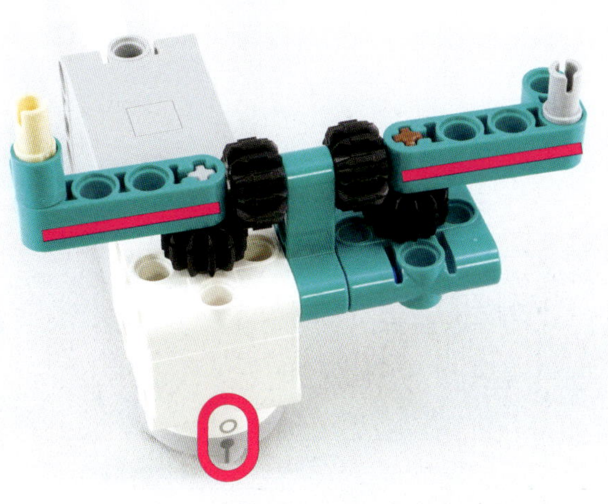

#64

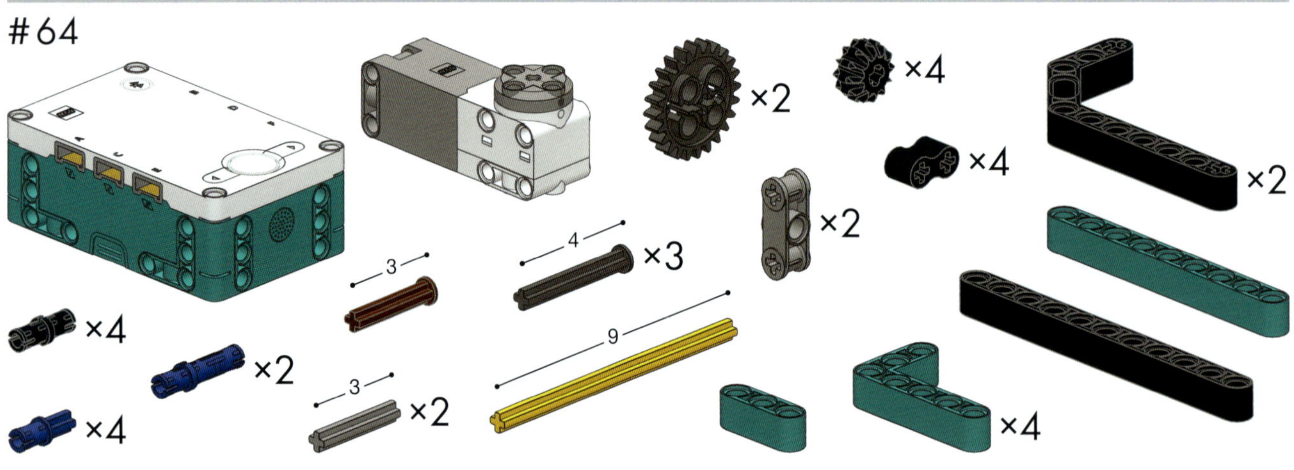

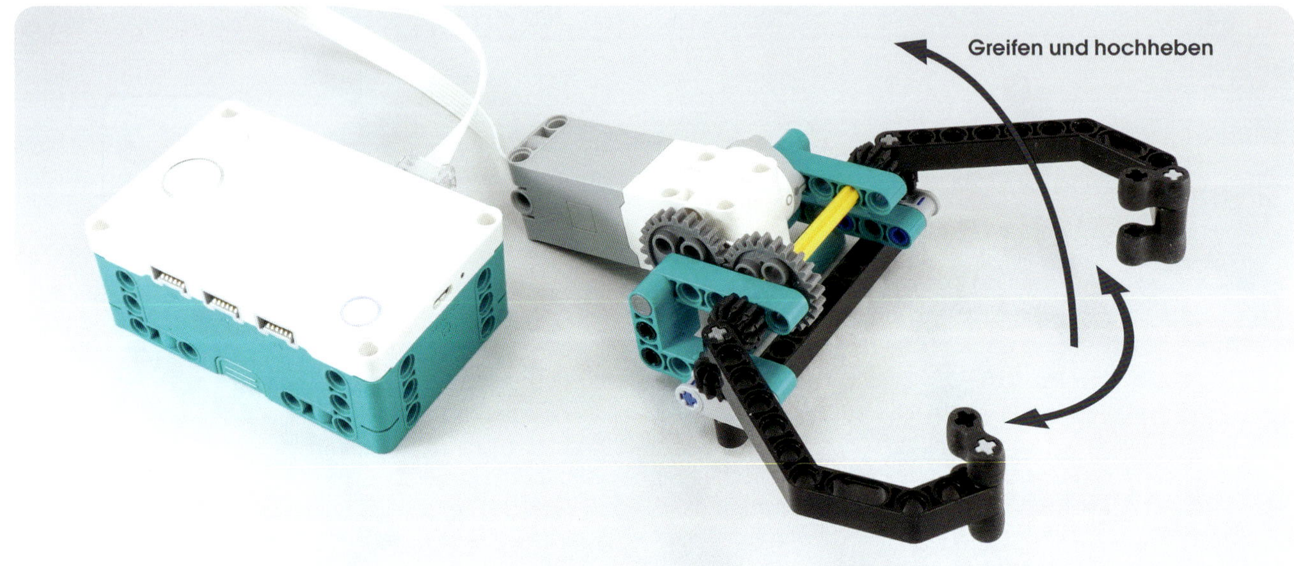

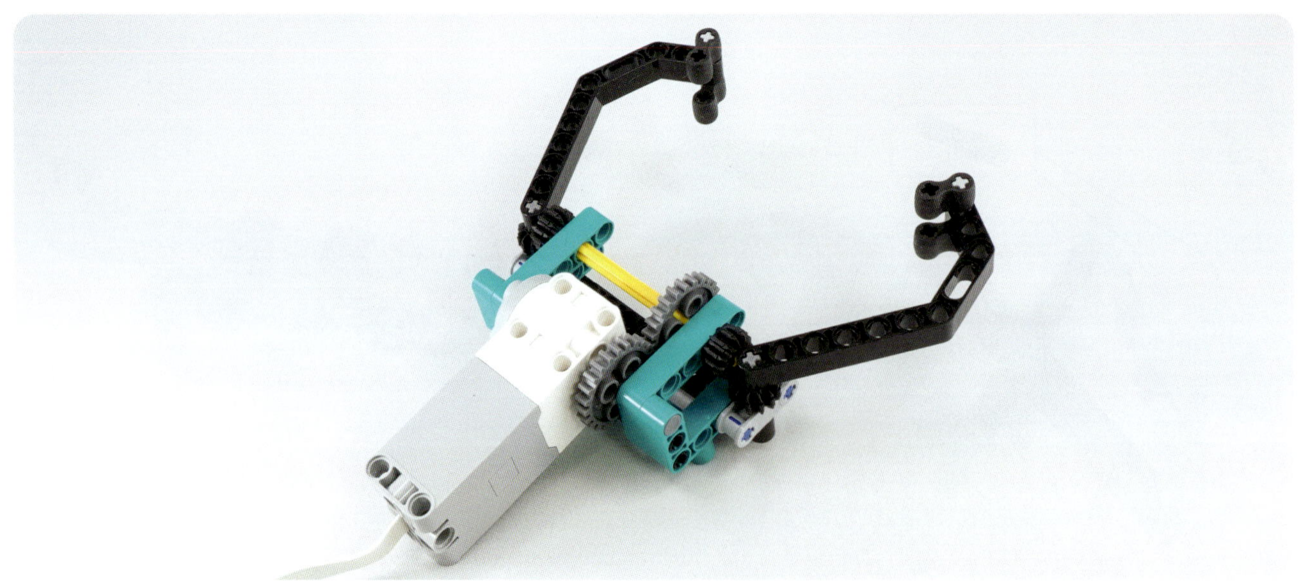

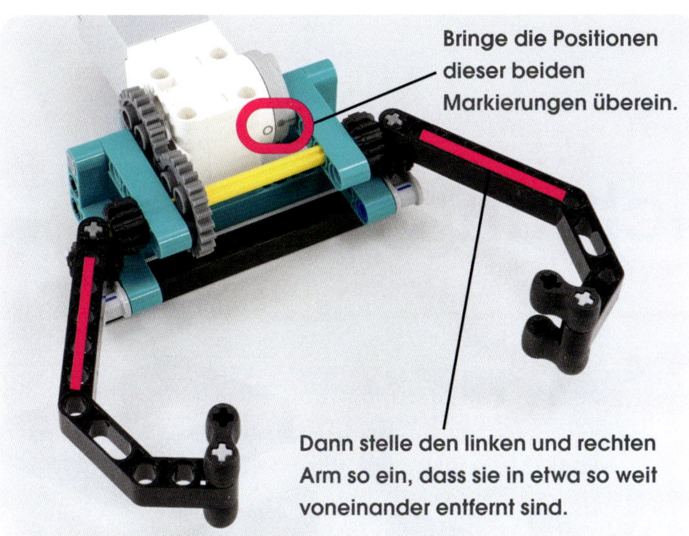
Bringe die Positionen dieser beiden Markierungen überein.
Dann stelle den linken und rechten Arm so ein, dass sie in etwa so weit voneinander entfernt sind.

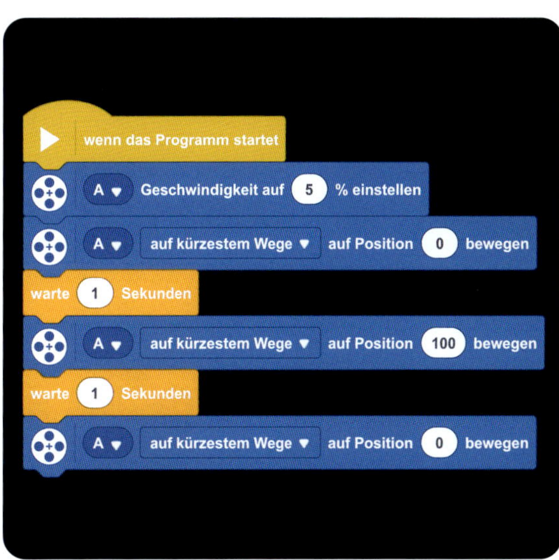
wenn das Programm startet
A Geschwindigkeit auf 5 % einstellen
A auf kürzestem Wege auf Position 0 bewegen
warte 1 Sekunden
A auf kürzestem Wege auf Position 100 bewegen
warte 1 Sekunden
A auf kürzestem Wege auf Position 0 bewegen

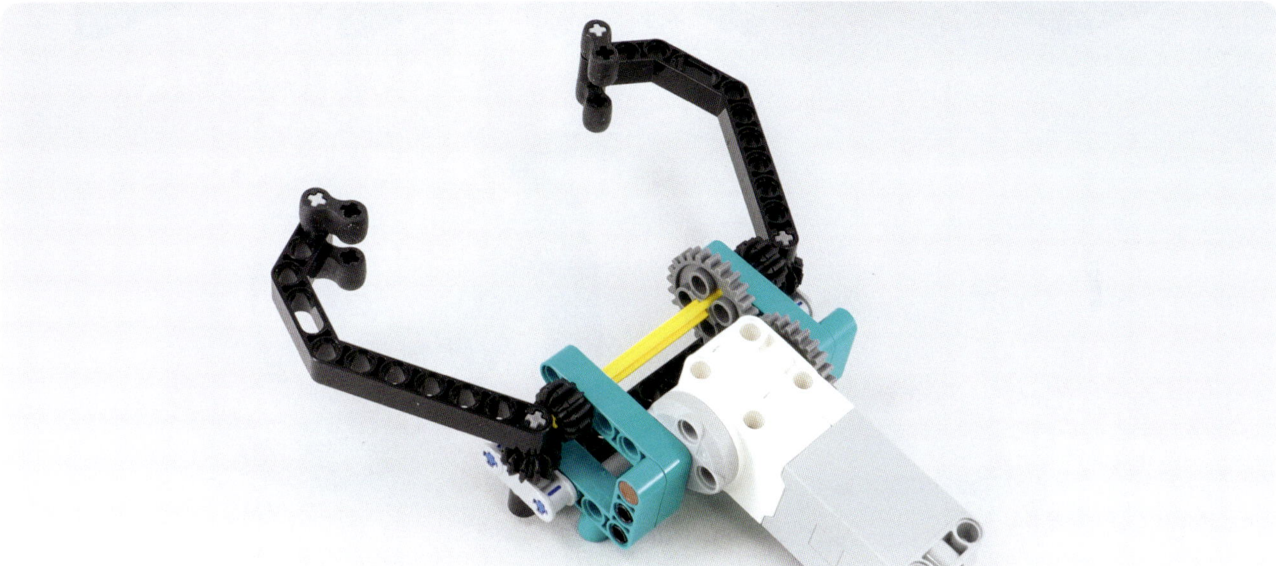

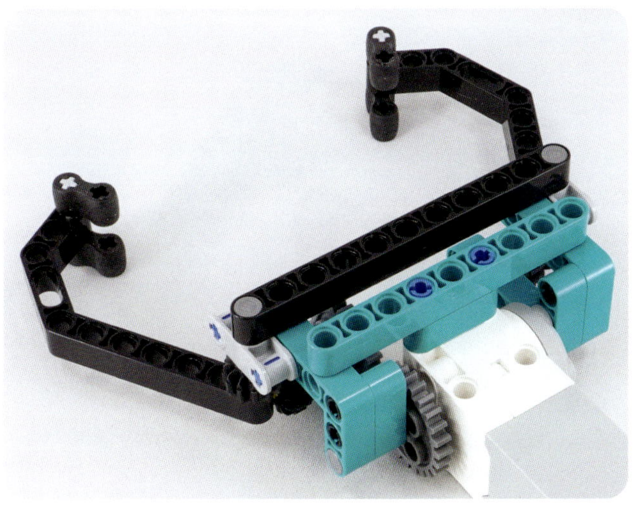

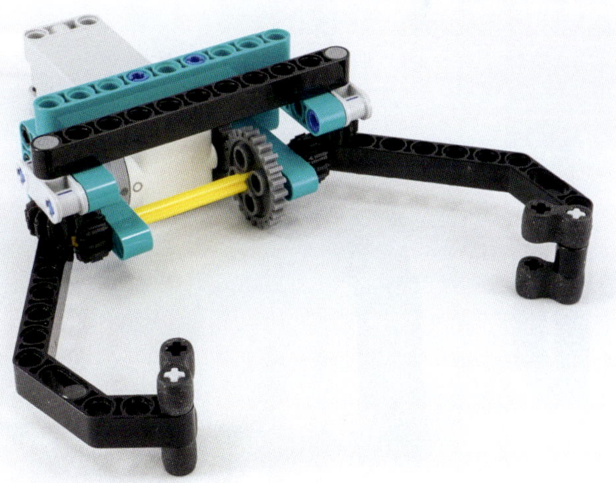

Hebevorrichtungen

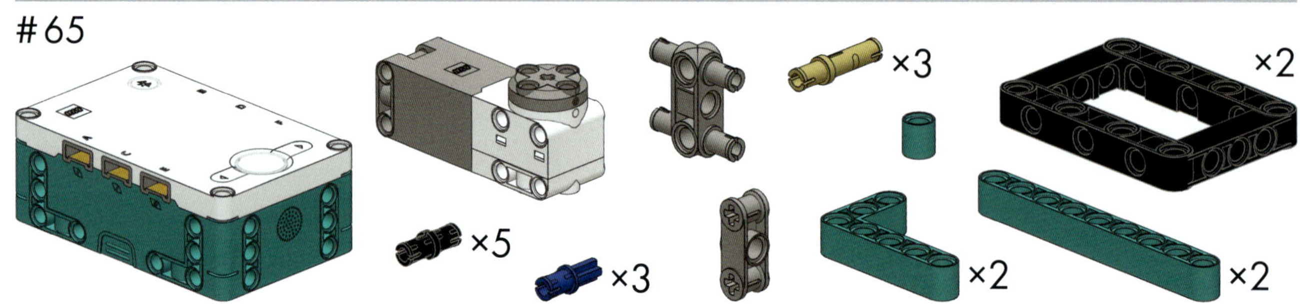

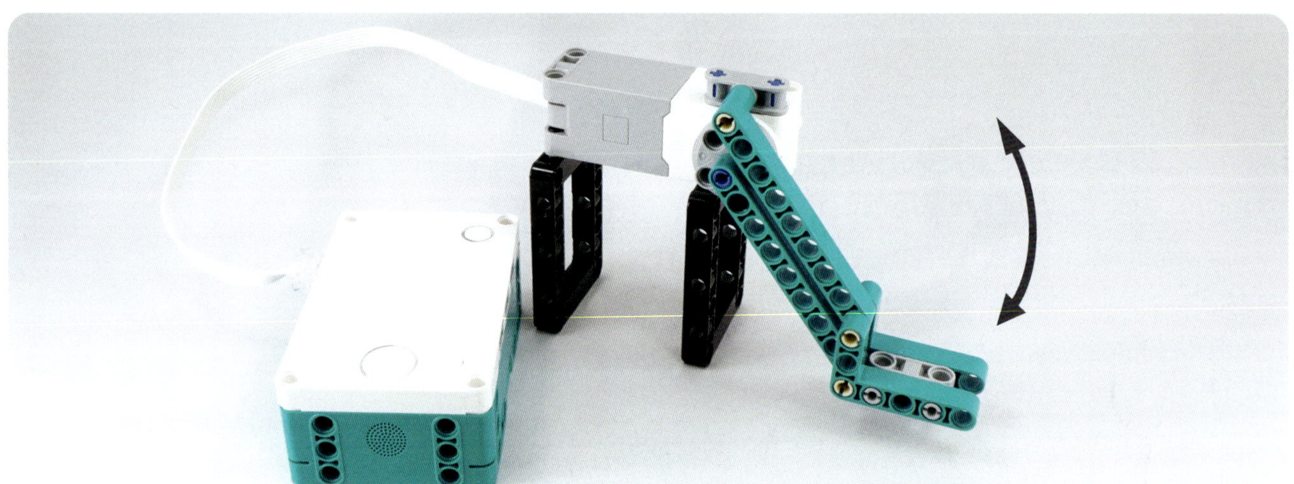

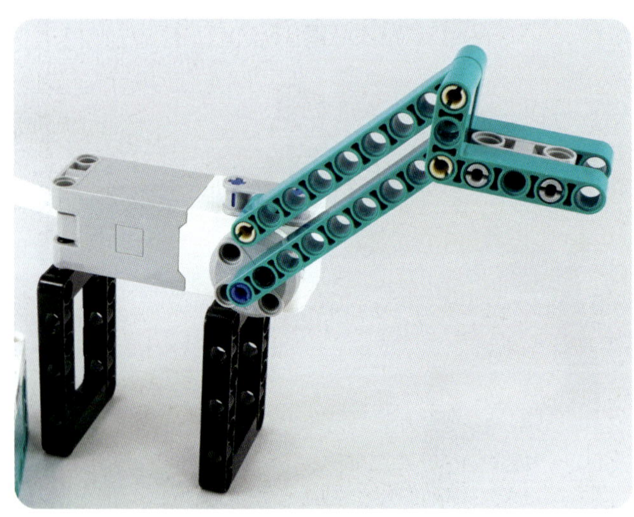

wenn das Programm startet
A Geschwindigkeit auf 10 % einstellen
A auf kürzestem Wege auf Position 60 bewegen
warte 1 Sekunden
A auf kürzestem Wege auf Position 320 bewegen

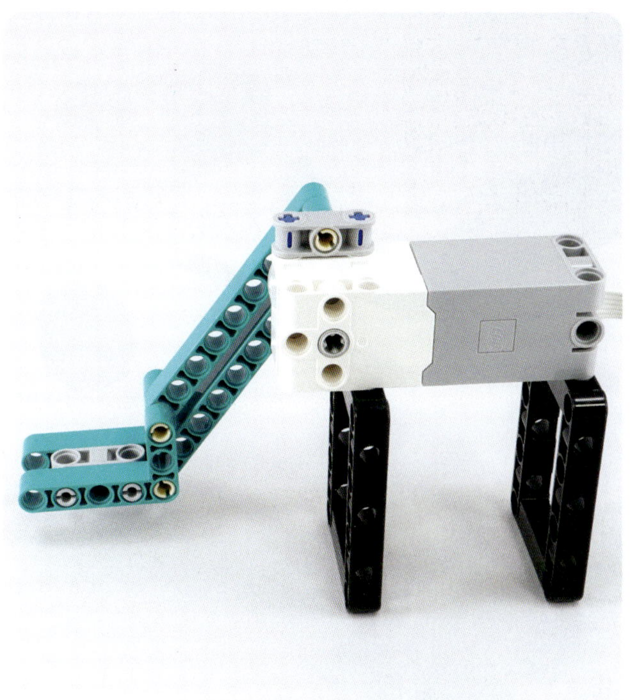

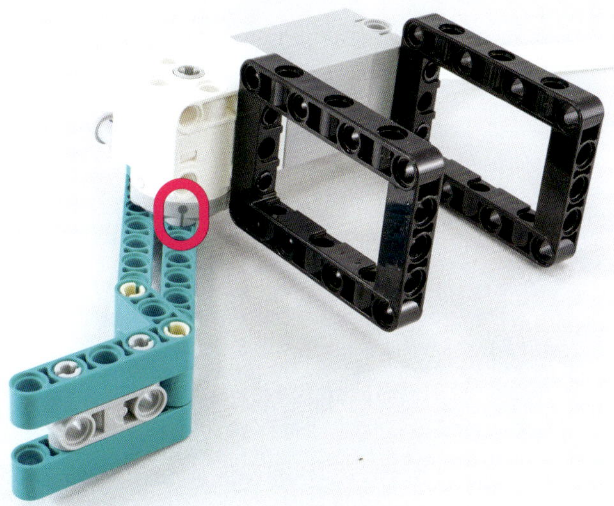

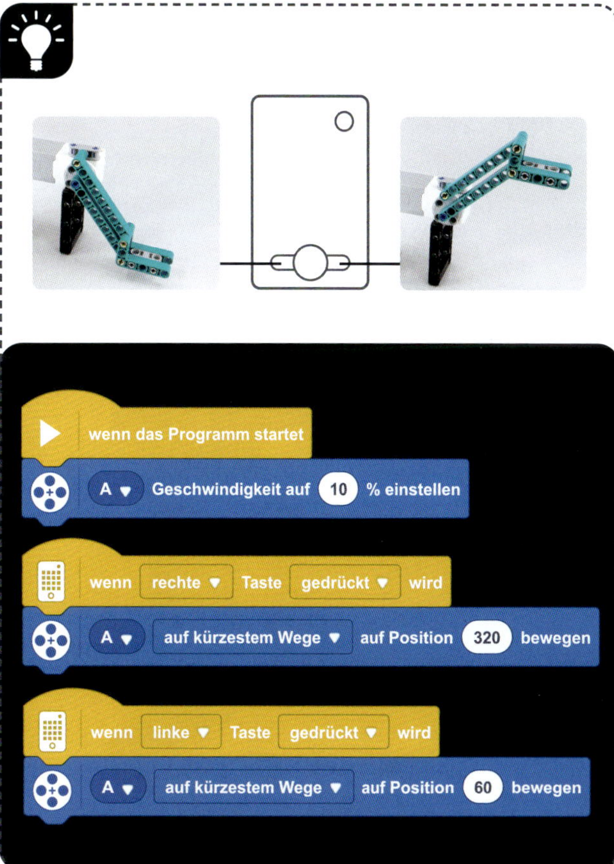
wenn das Programm startet
A Geschwindigkeit auf 10 % einstellen
wenn rechte Taste gedrückt wird
A auf kürzestem Wege auf Position 320 bewegen
wenn linke Taste gedrückt wird
A auf kürzestem Wege auf Position 60 bewegen

#66

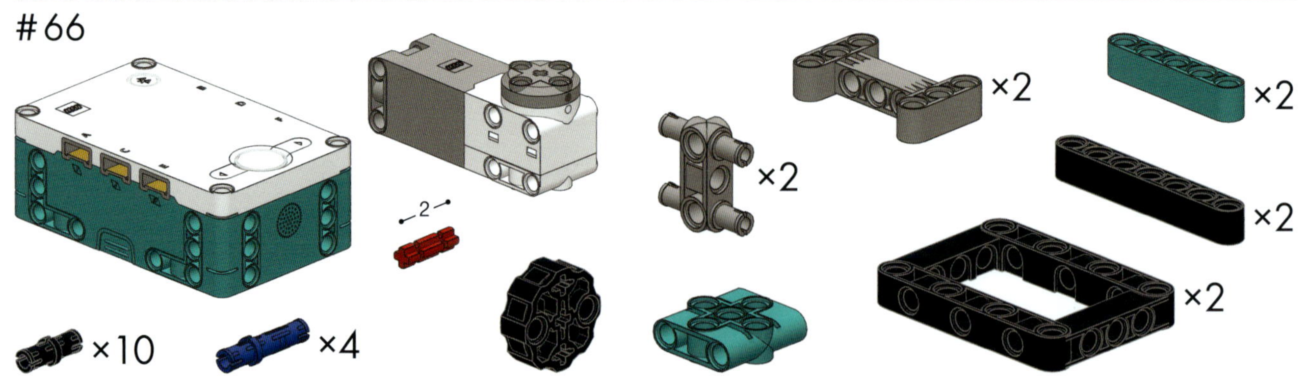
2
×2
×2
×2
×2
×2
×10
×4

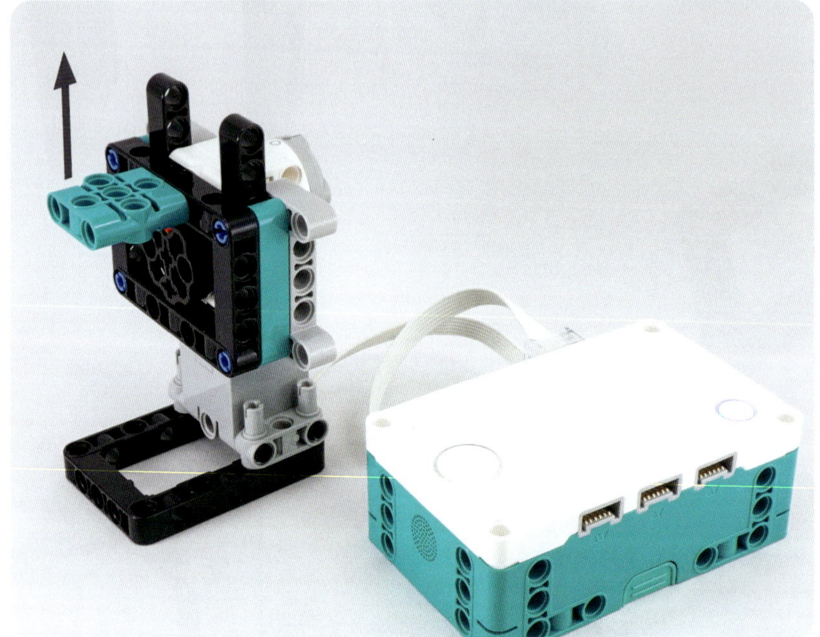

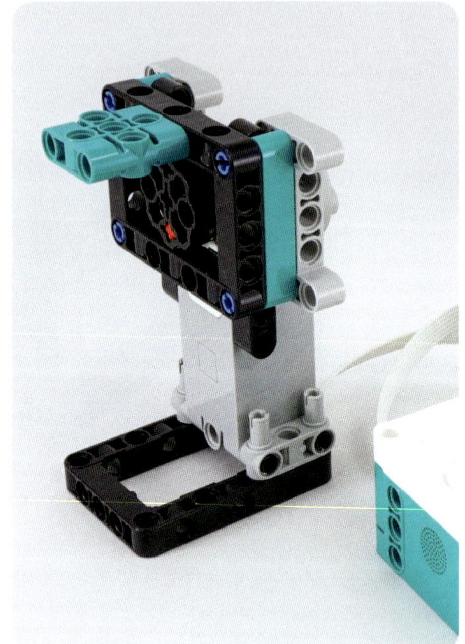

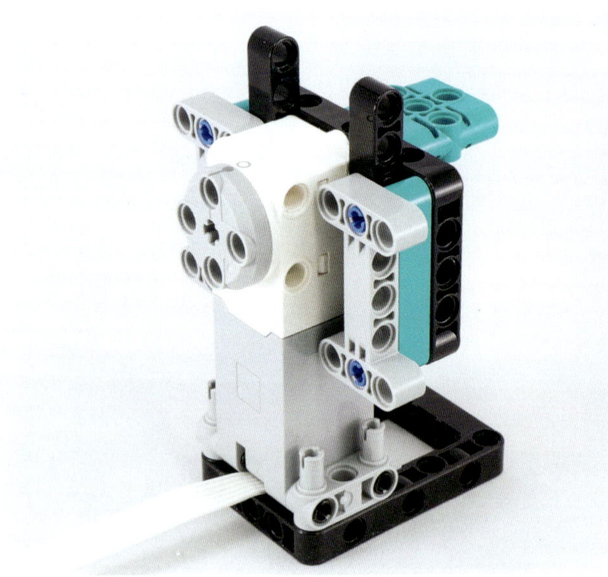

wenn das Programm startet
wiederhole 3 mal
A auf kürzestem Wege auf Position 0 bewegen
warte 1 Sekunden
A auf kürzestem Wege auf Position 180 bewegen
warte 1 Sekunden

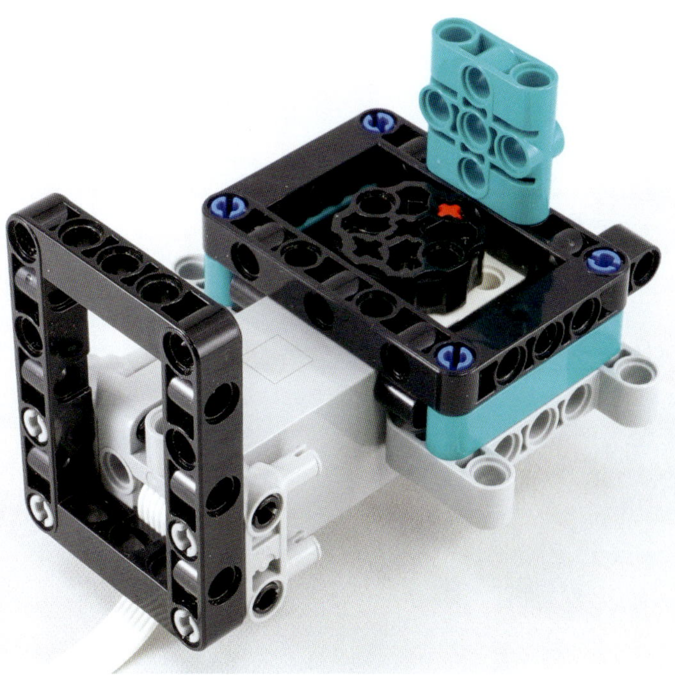

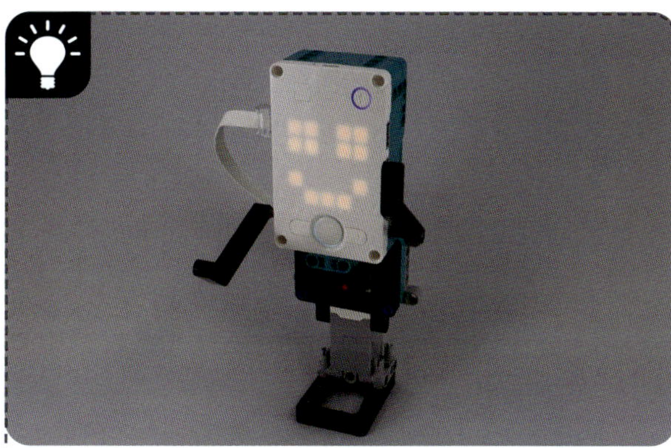

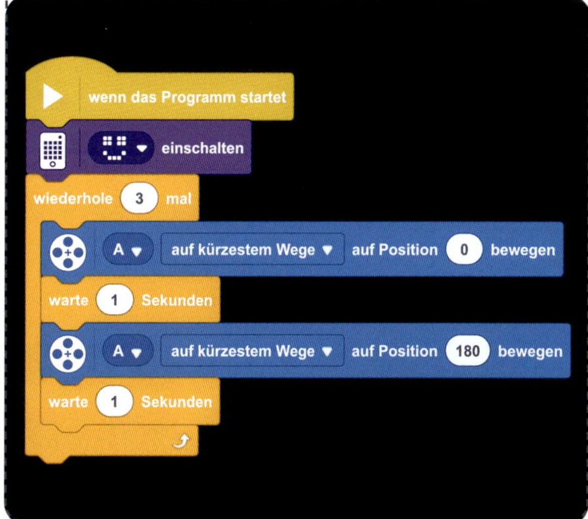
wenn das Programm startet
einschalten
wiederhole 3 mal
A auf kürzestem Wege auf Position 0 bewegen
warte 1 Sekunden
A auf kürzestem Wege auf Position 180 bewegen
warte 1 Sekunden

67
×2
×2
×3
9
×2
×6
×8
×11
×2
×2

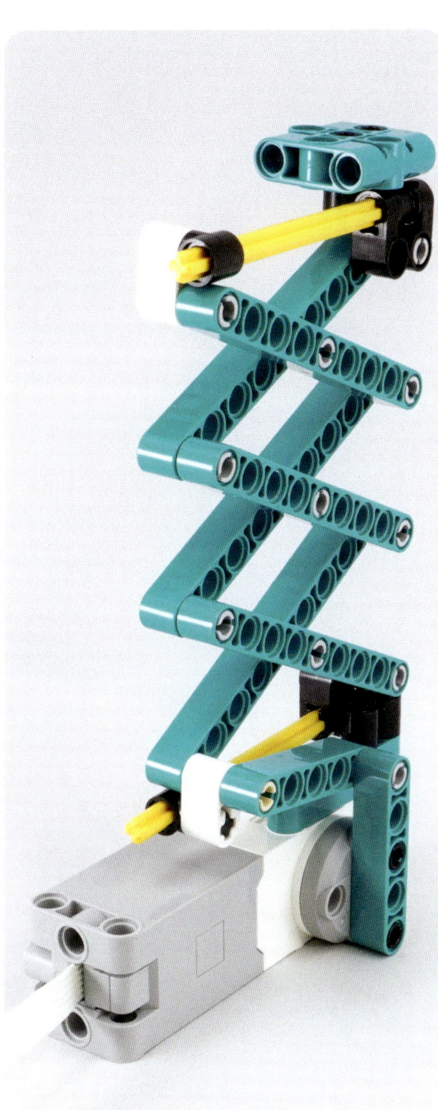

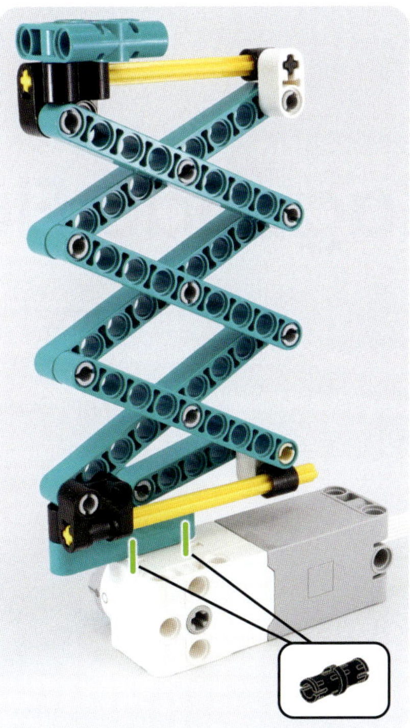

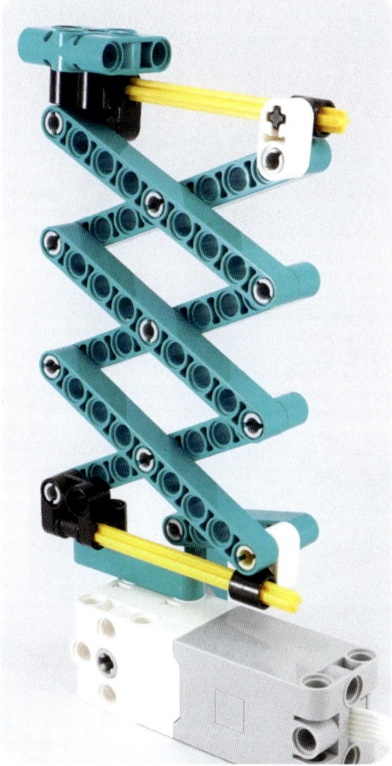

wenn das Programm startet
A Geschwindigkeit auf 30 % einstellen
A auf kürzestem Wege auf Position 345 bewegen
warte 1 Sekunden
A auf kürzestem Wege auf Position 60 bewegen

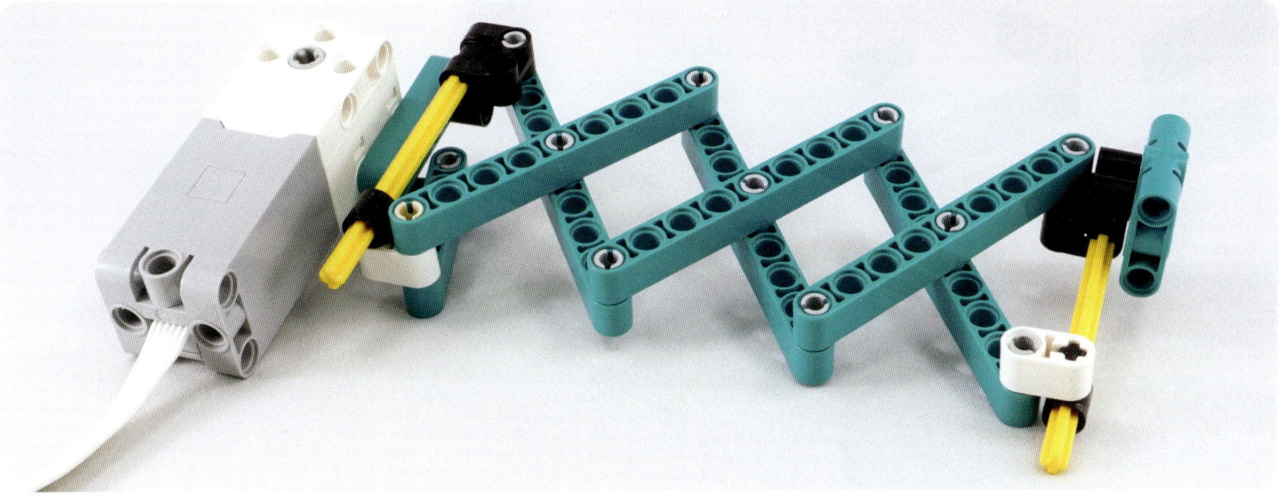

Schlagende Flügel

68

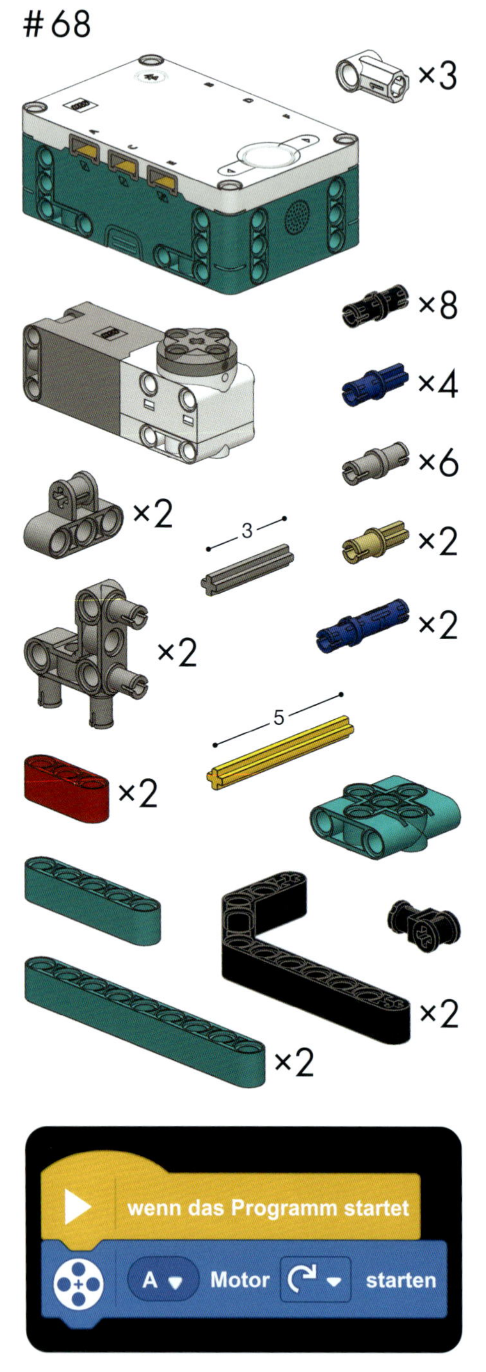

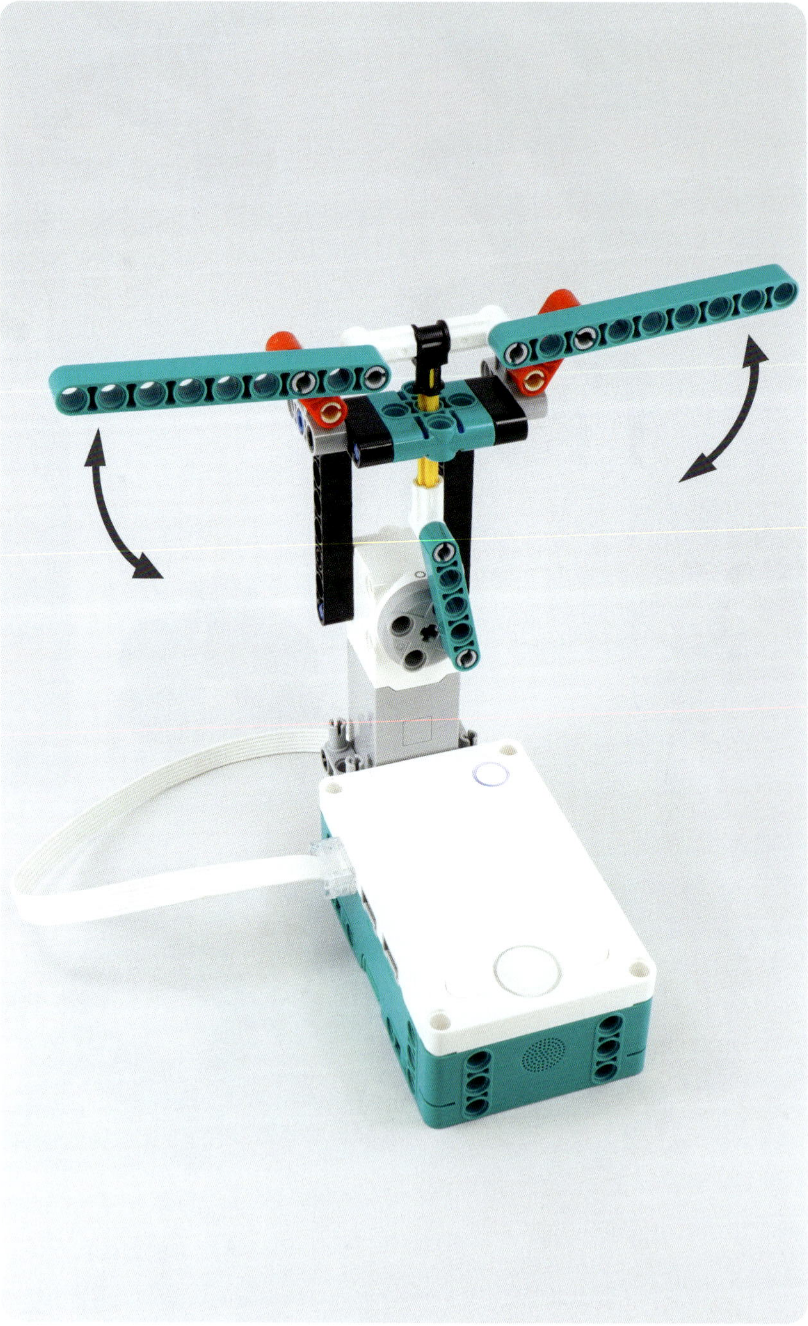

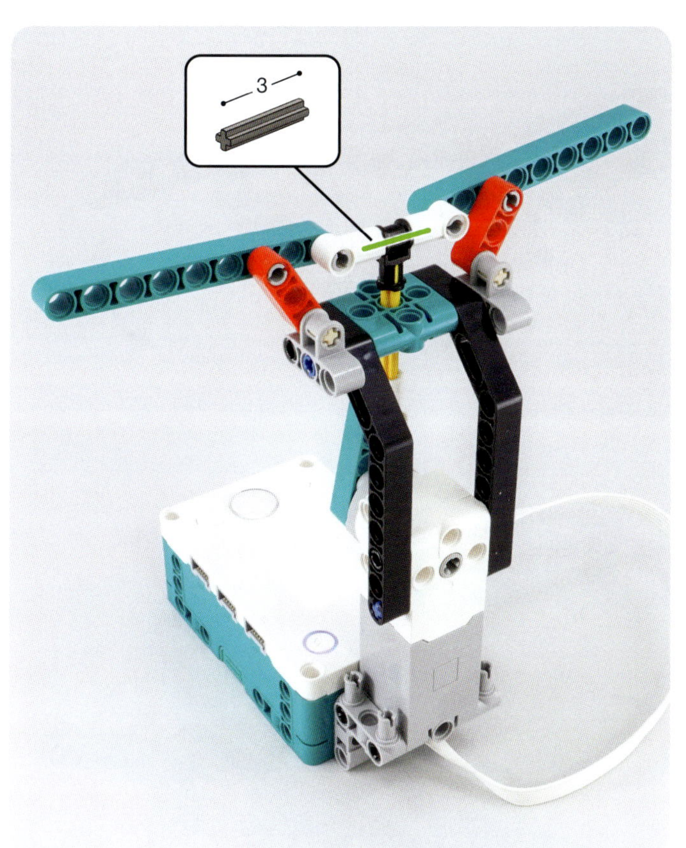
3

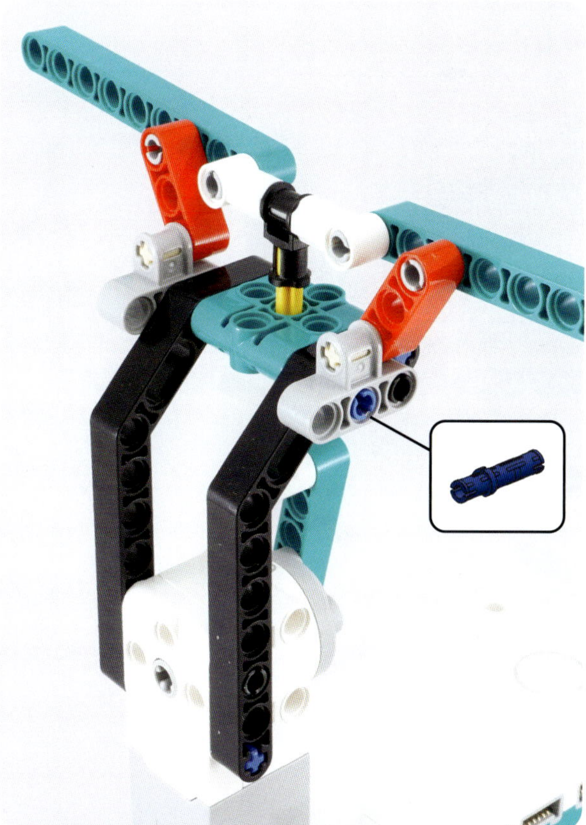

69

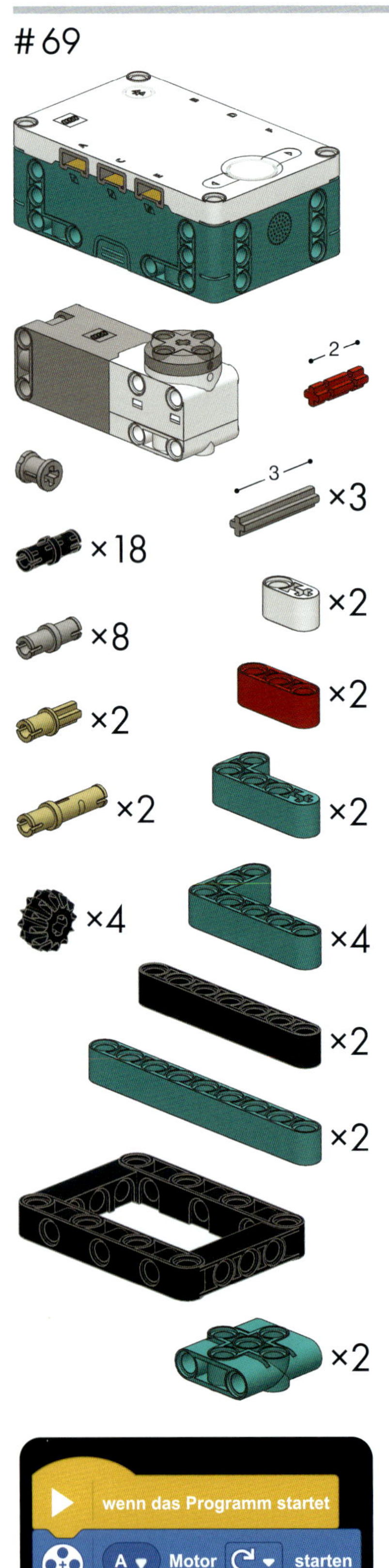
2
3
×3
×18
×2
×8
×2
×2
×2
×2
×4
×4
×2
×2
×2
wenn das Programm startet
A Motor starten

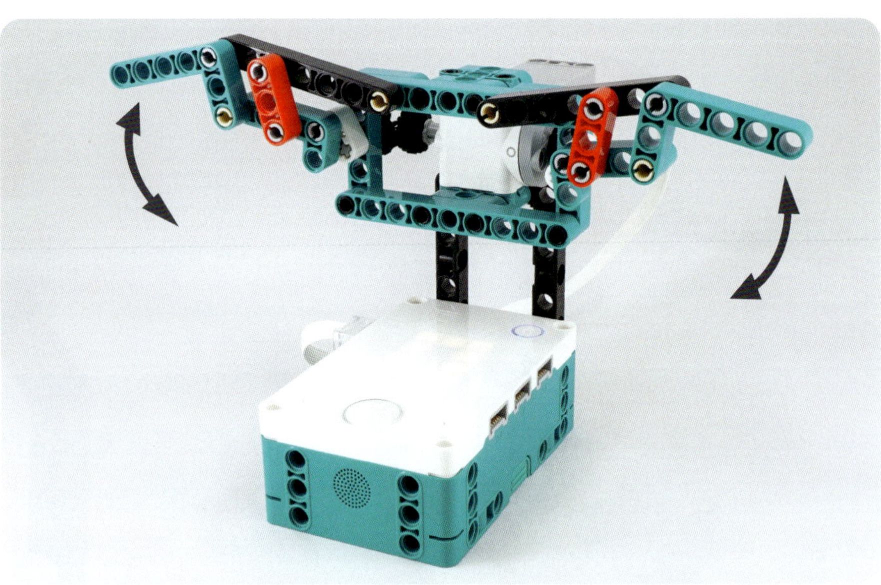

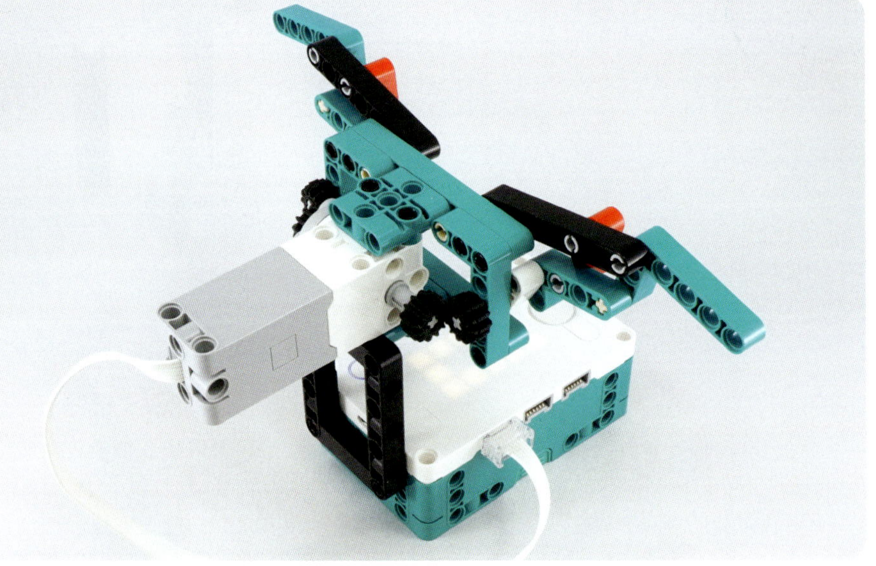

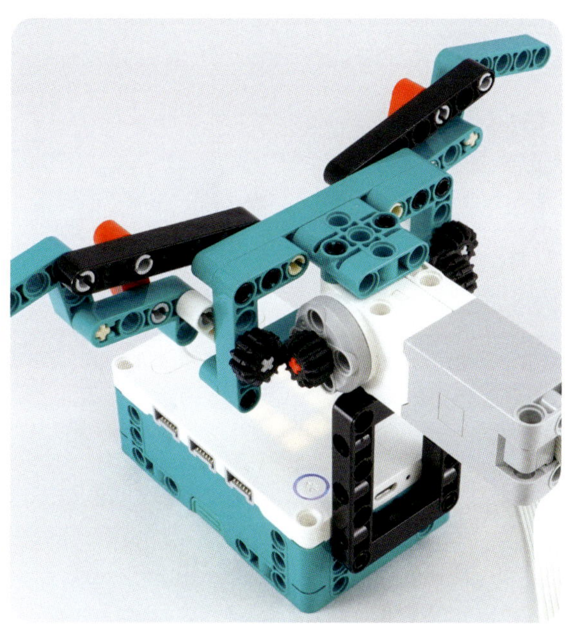

Stelle sicher, dass diese Teile symmetrisch zueinander sind.

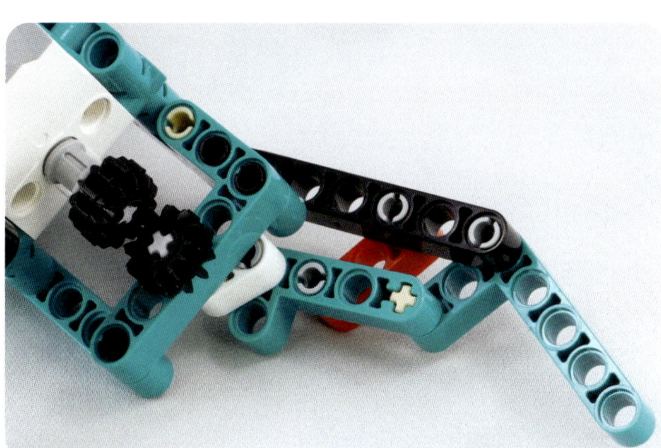

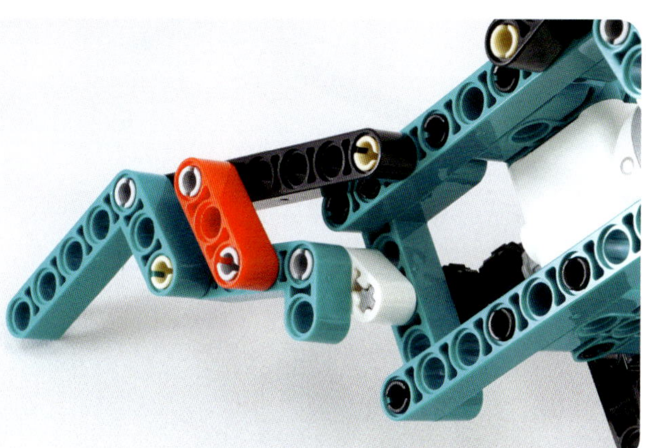

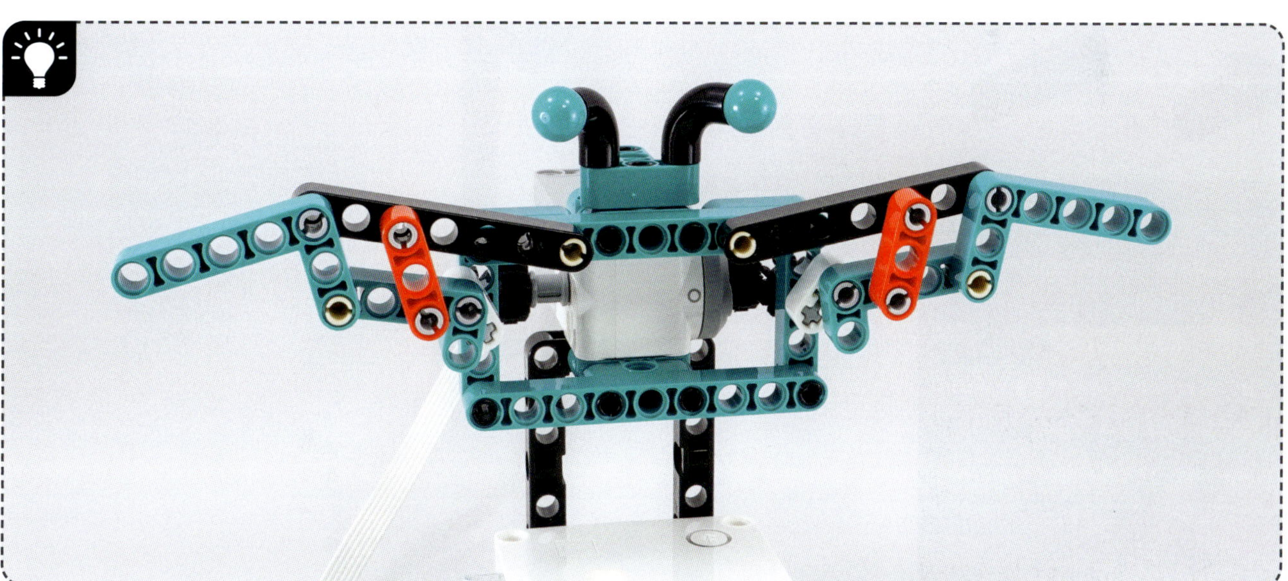

#70

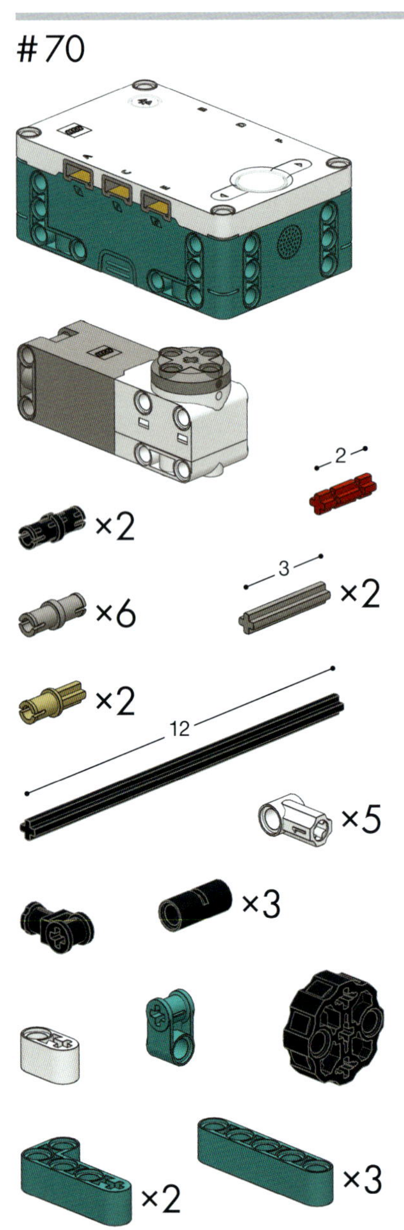
×2
2
3
×2
×6
×2
12
×5
×3
×2
×3

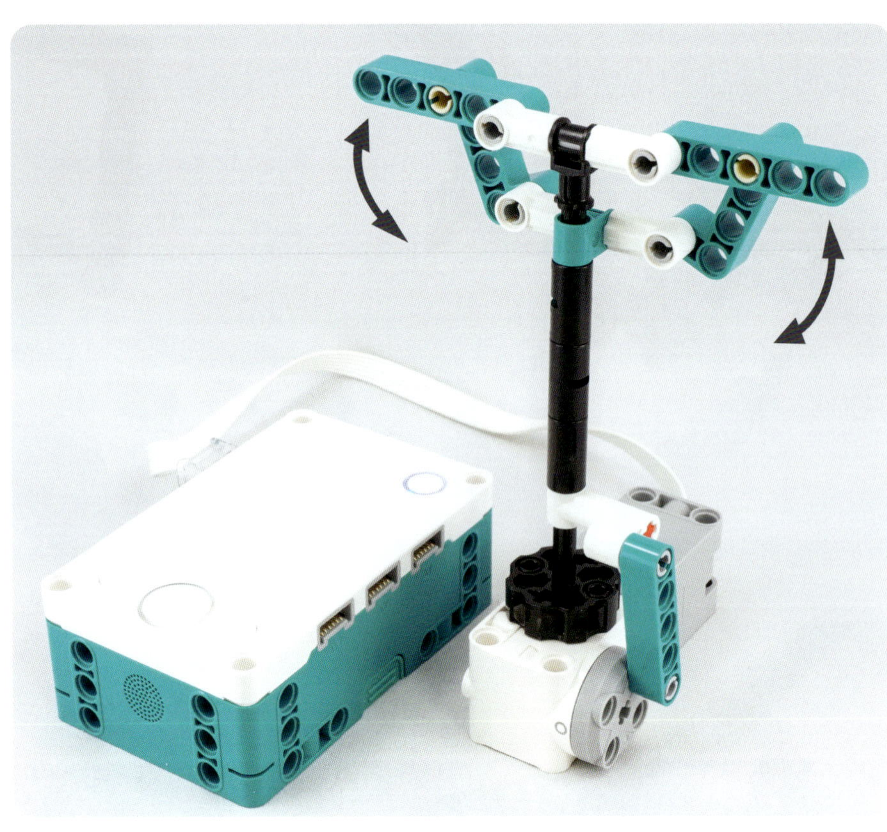

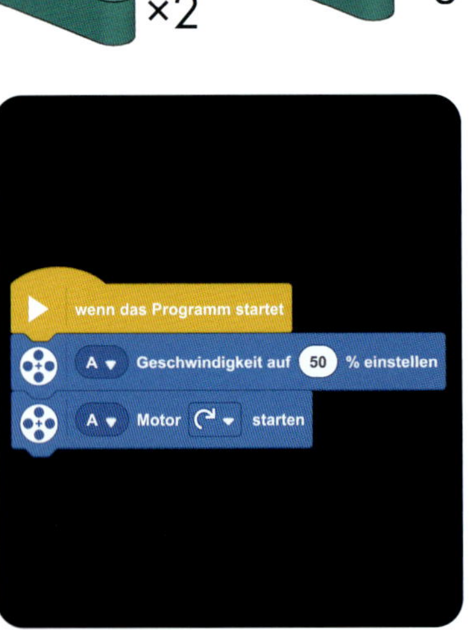
wenn das Programm startet
A Geschwindigkeit auf 50 % einstellen
A Motor starten

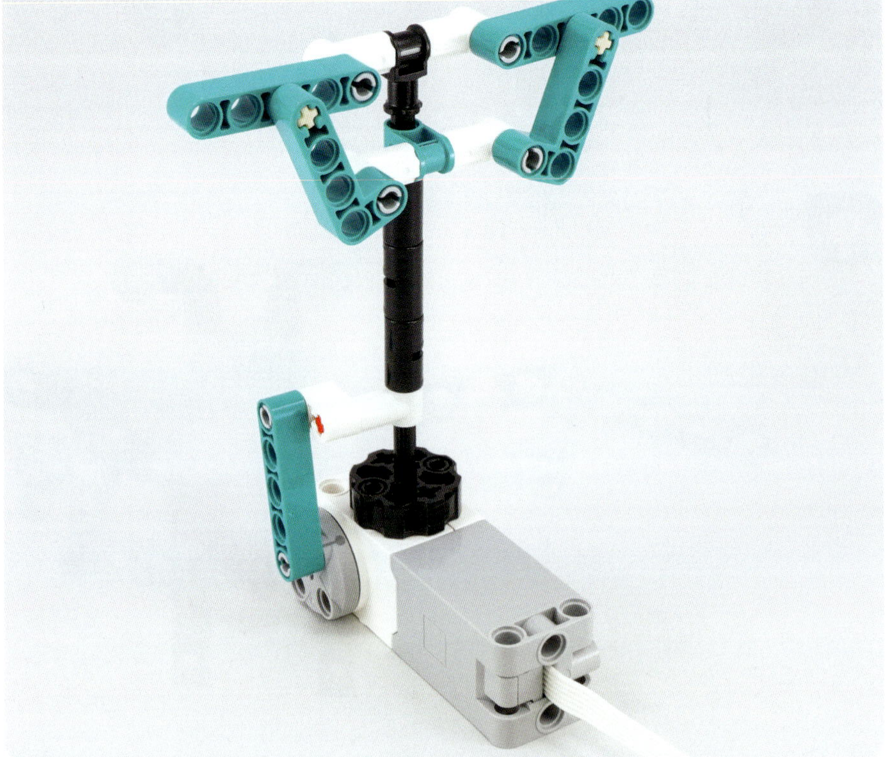

3

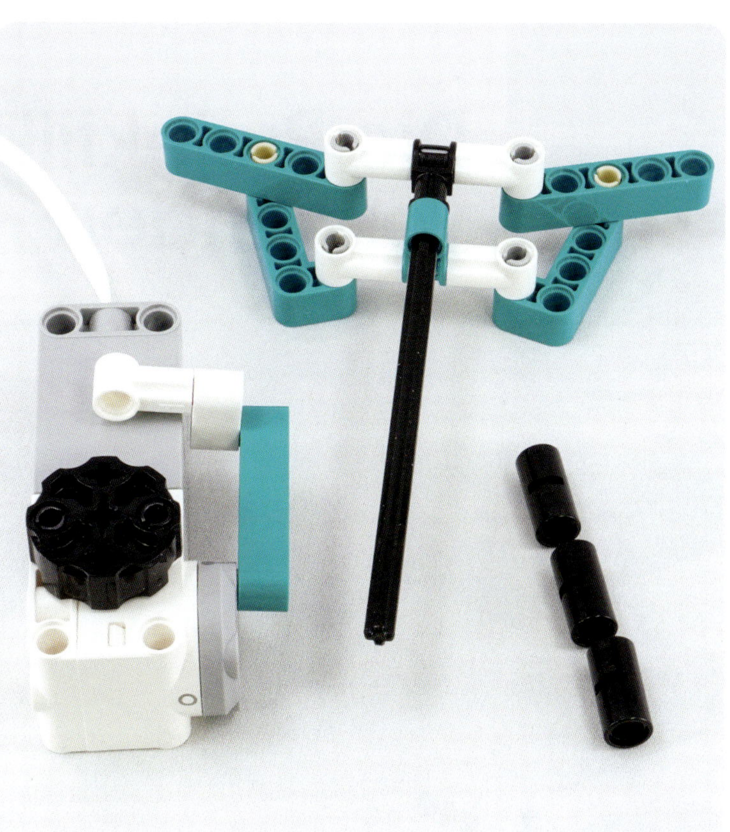

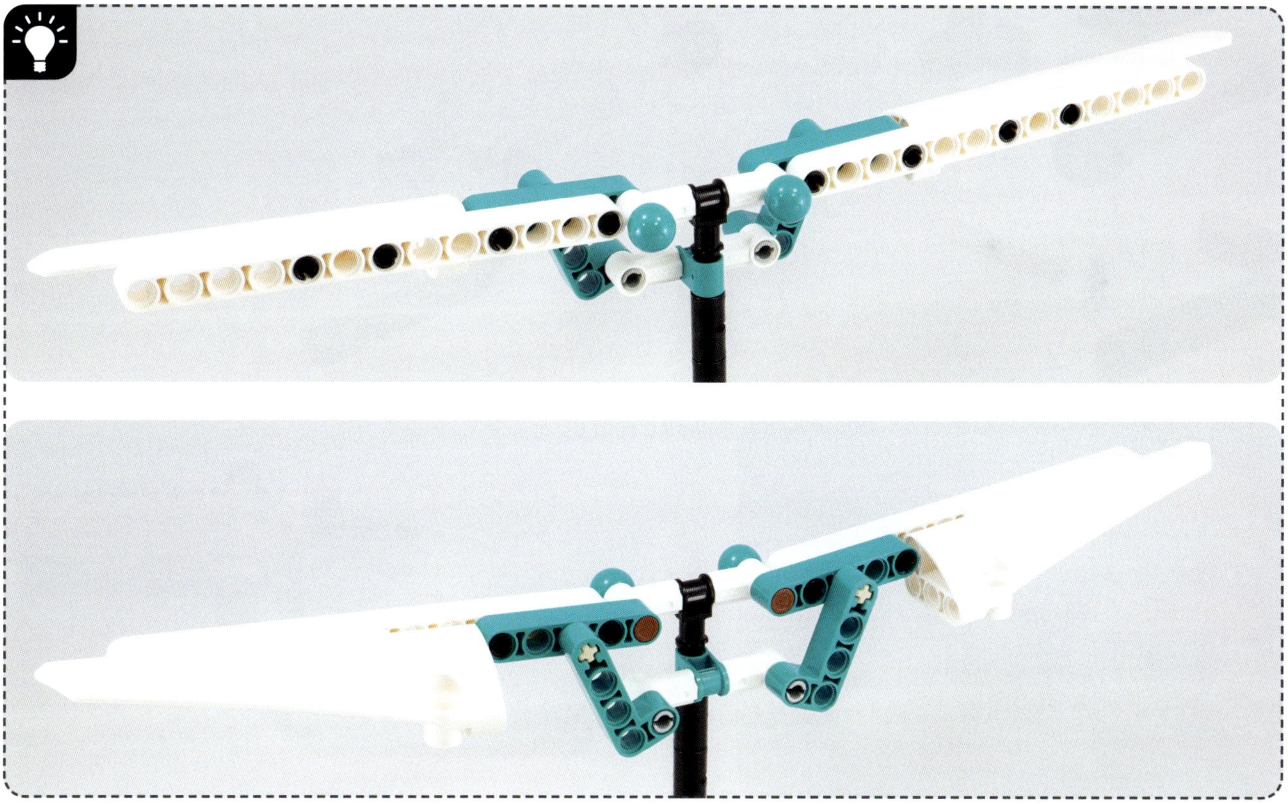

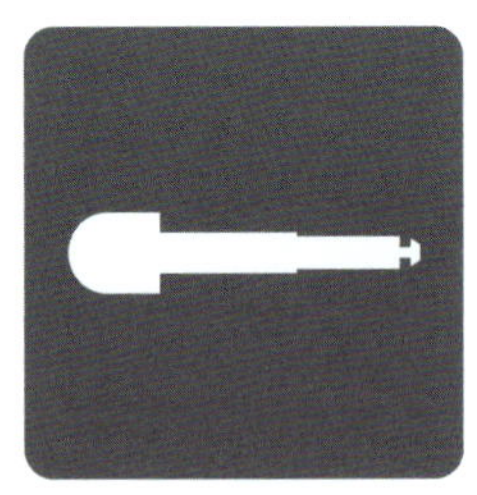

Die Projektilkanone verwenden

#71

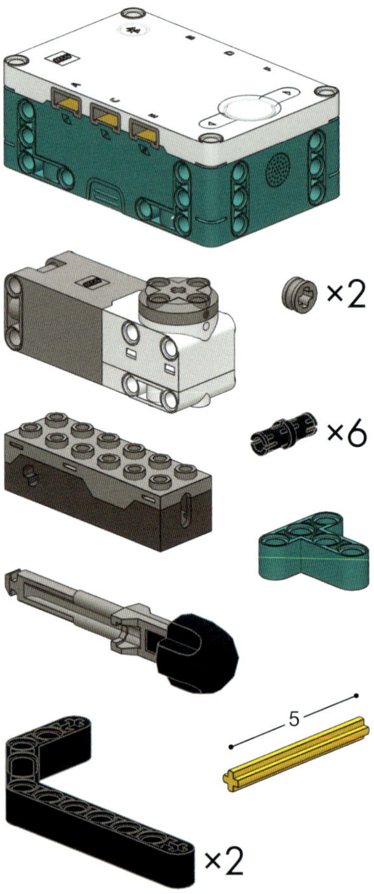

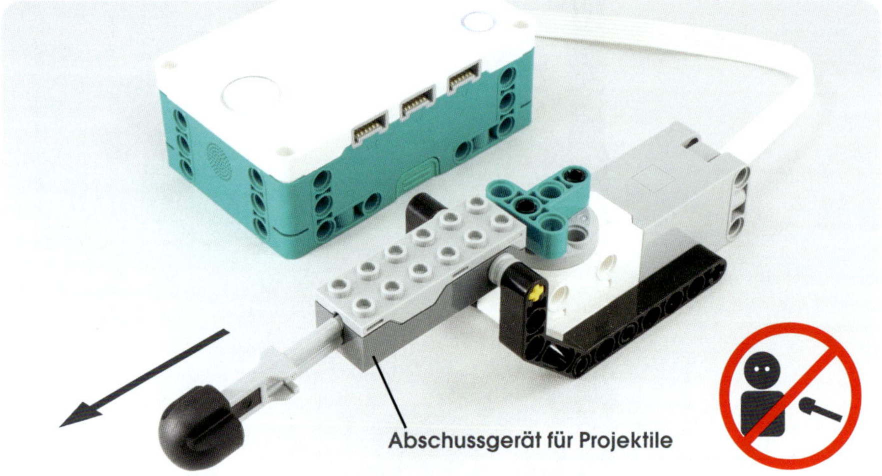

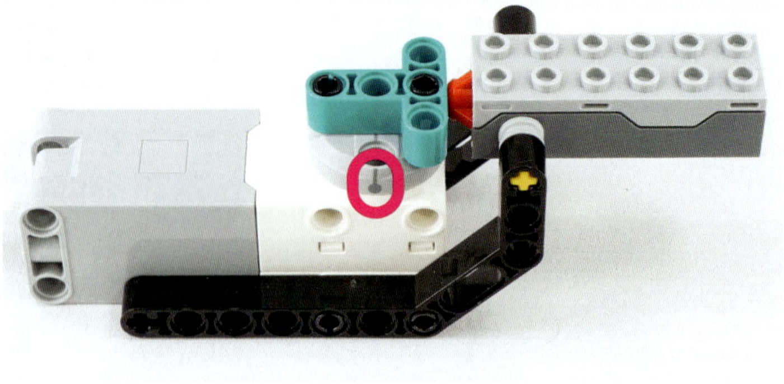

×2

×6

×2

5

Abschussgerät für Projektile

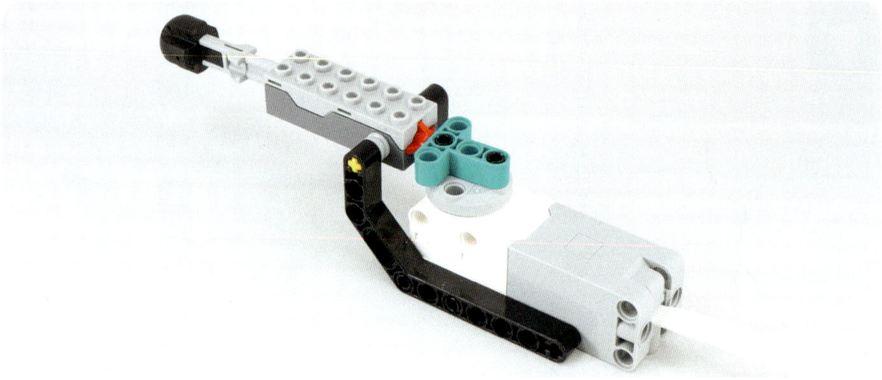

```
wenn das Programm startet
A ▾ auf kürzestem Wege ▾ auf Position (90) bewegen
warte (1) Sekunden
A ▾ auf kürzestem Wege ▾ auf Position (60) bewegen
A ▾ auf kürzestem Wege ▾ auf Position (90) bewegen
```

72

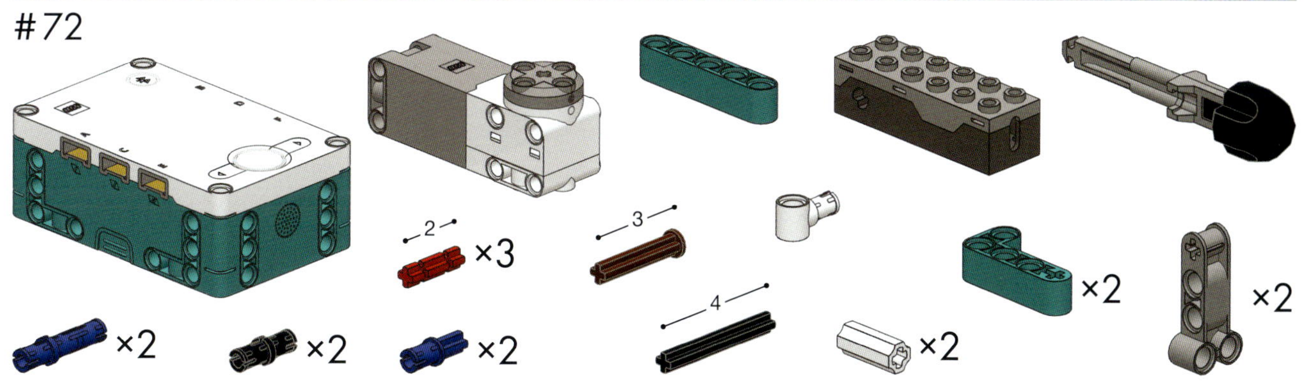
×2
×2
2
×3
×2
3
4
×2
×2
×2

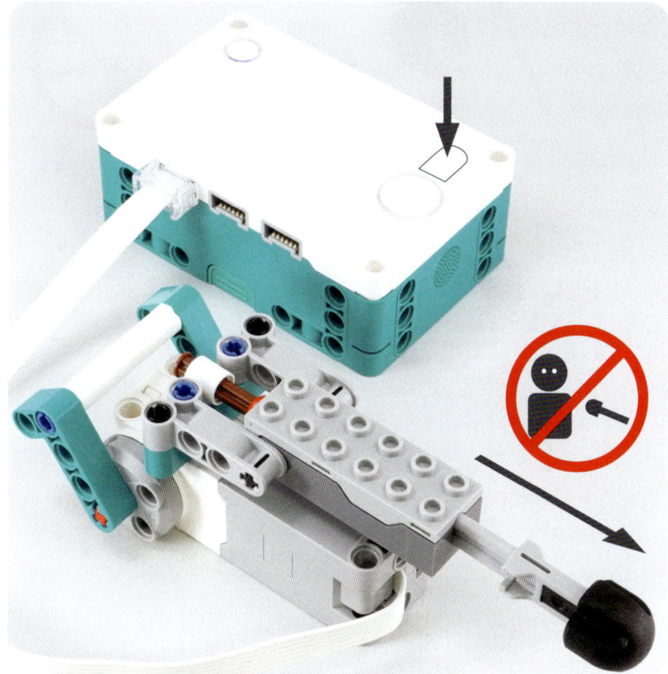

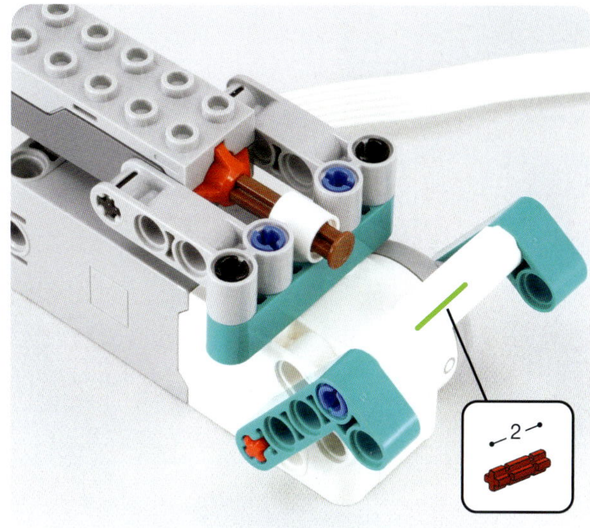
2

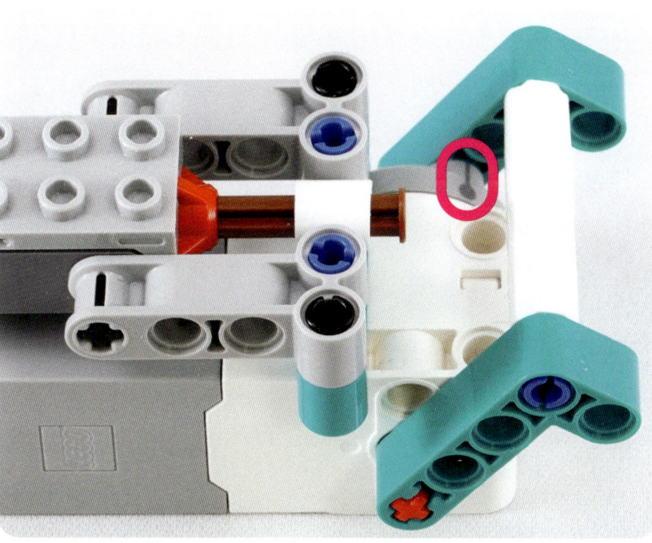

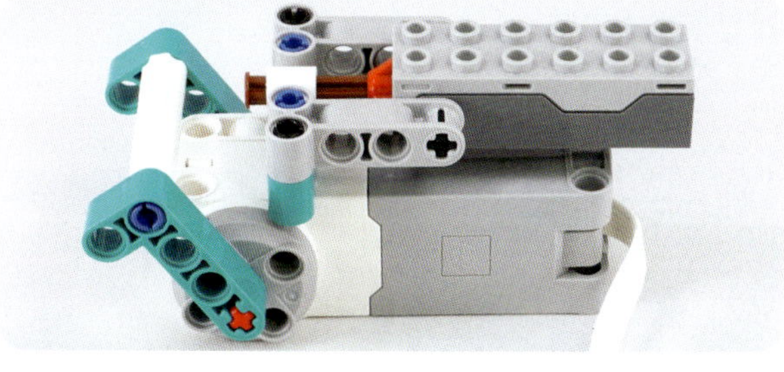

wenn das Programm startet
A auf kürzestem Wege auf Position 60 bewegen
warte bis Wird rechte Taste gedrückt wird ?
A auf kürzestem Wege auf Position 90 bewegen
A auf kürzestem Wege auf Position 60 bewegen

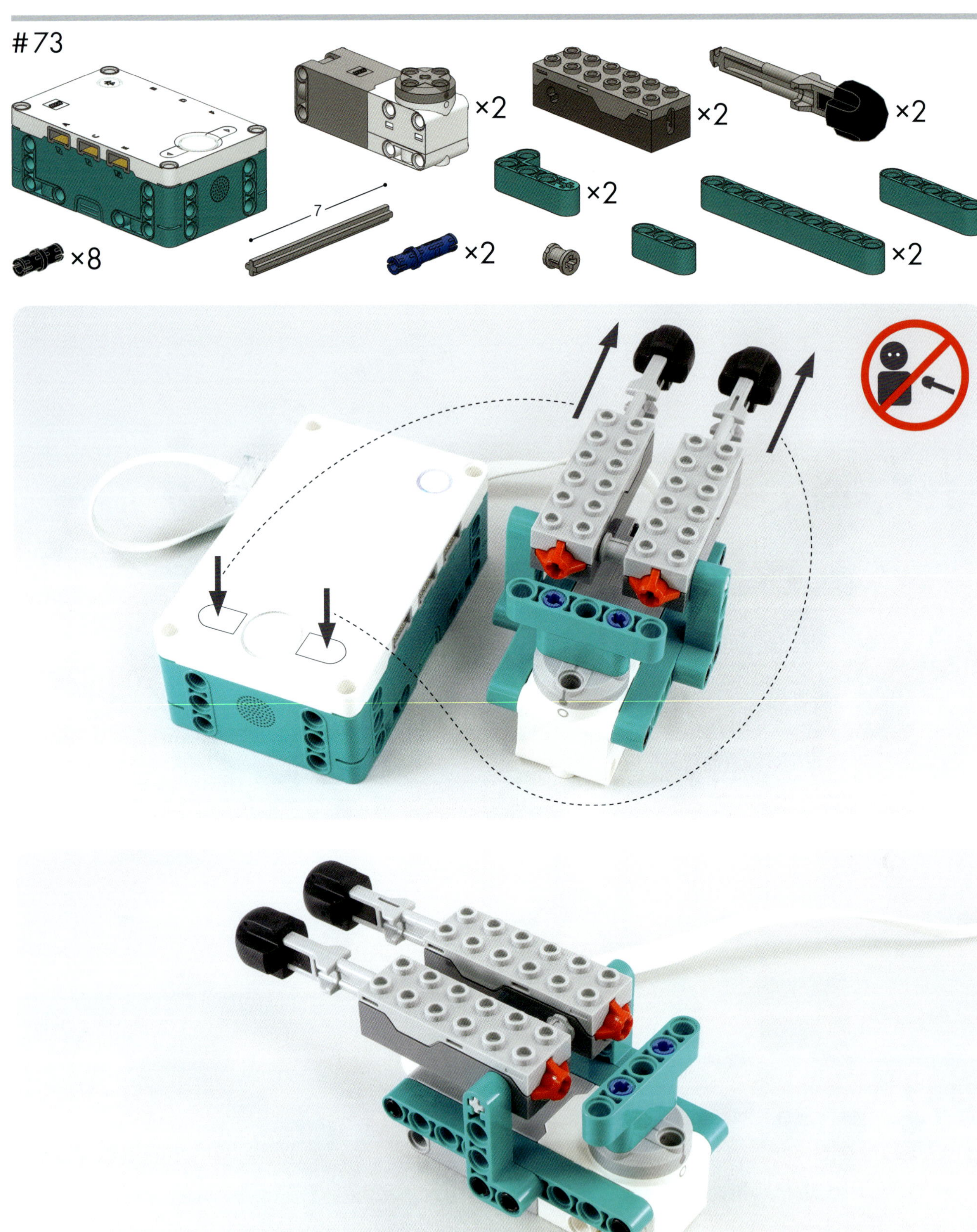

#73
×2
×2
×2
×2
7
×8
×2
×2

wenn das Programm startet
A auf kürzestem Wege auf Position 0 bewegen
wenn linke Taste gedrückt wird
A auf kürzestem Wege auf Position 45 bewegen
A auf kürzestem Wege auf Position 0 bewegen
wenn rechte Taste gedrückt wird
A auf kürzestem Wege auf Position 315 bewegen
A auf kürzestem Wege auf Position 0 bewegen

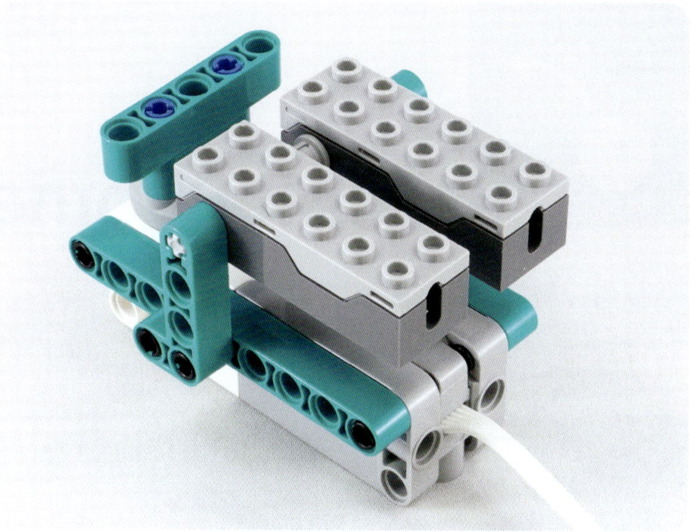

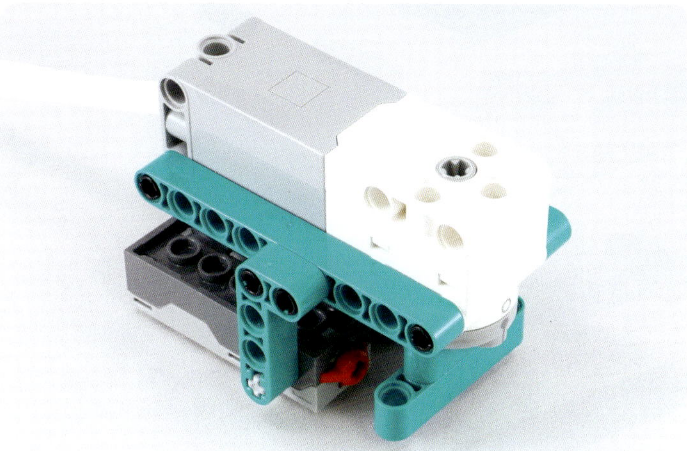

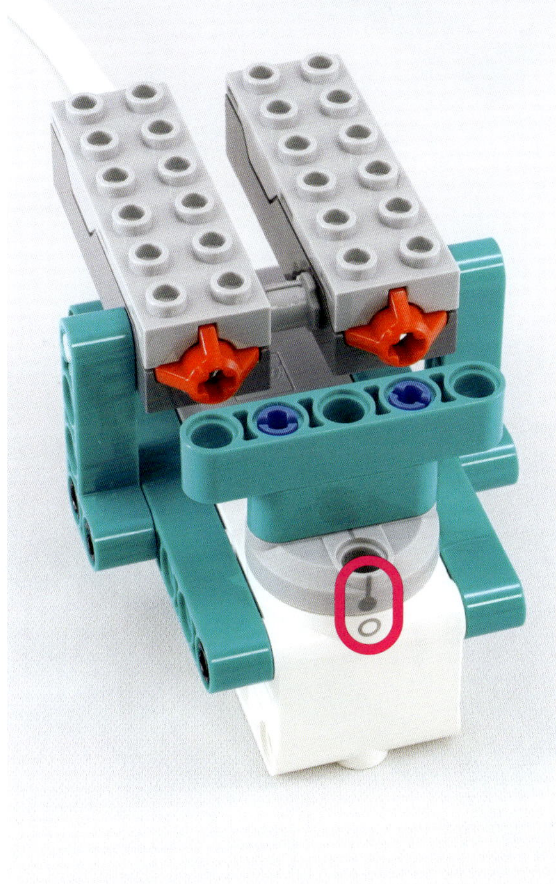

Schießvorrichtungen

#74

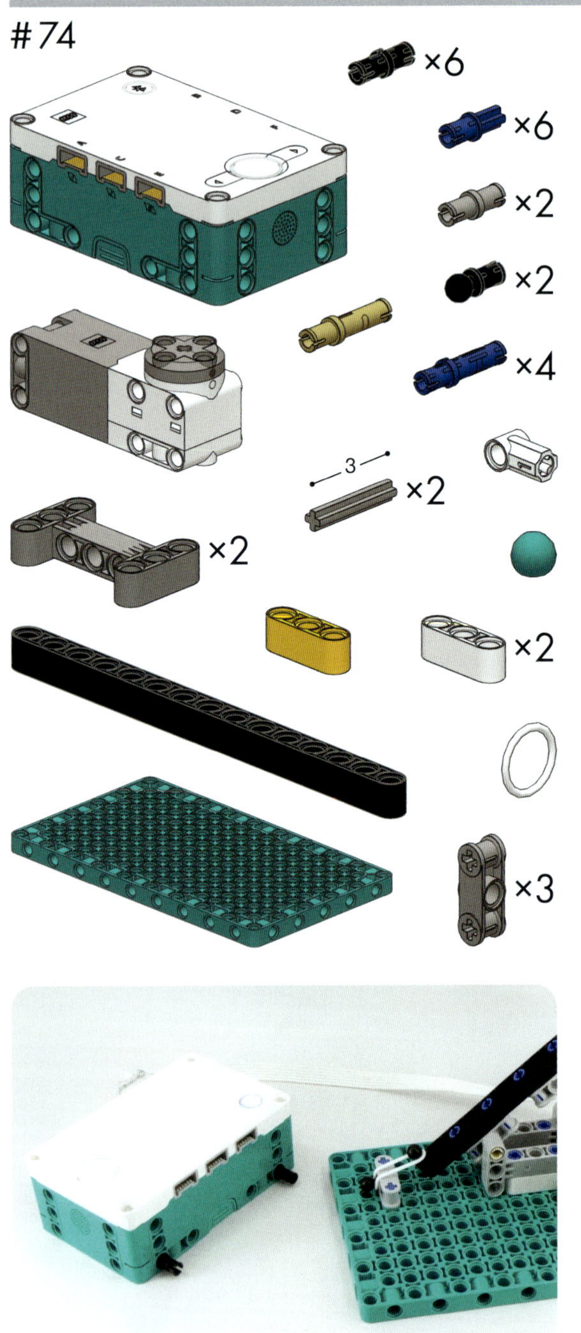

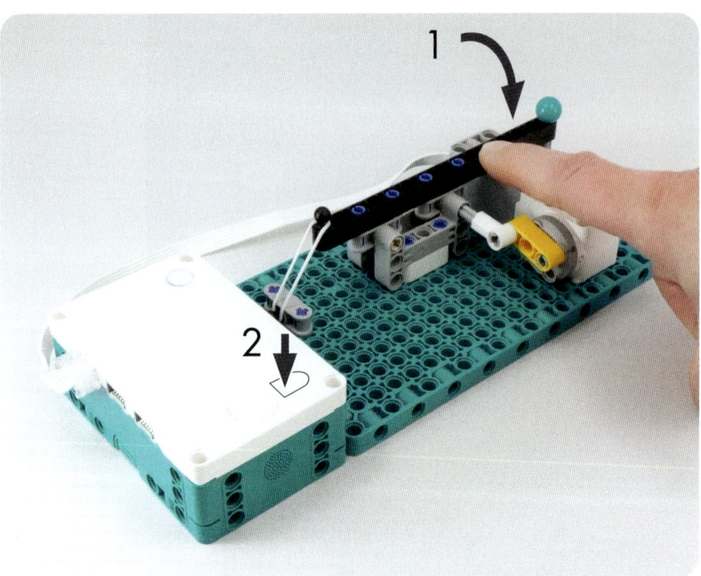

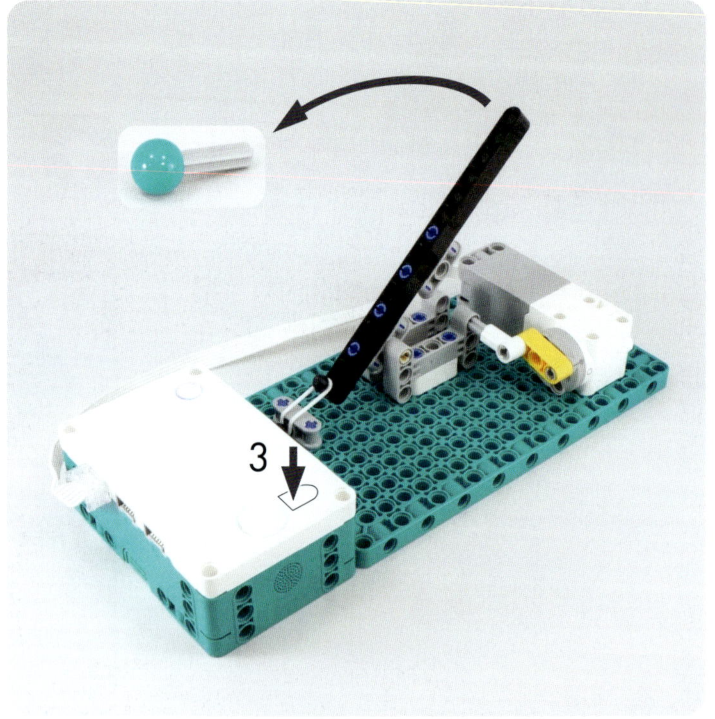

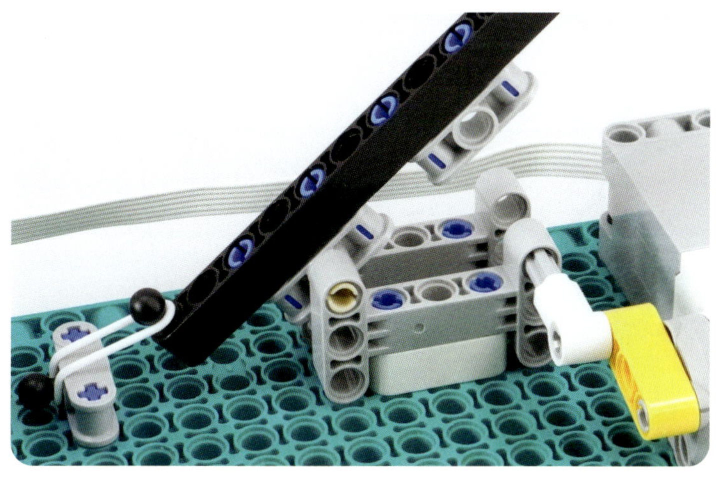

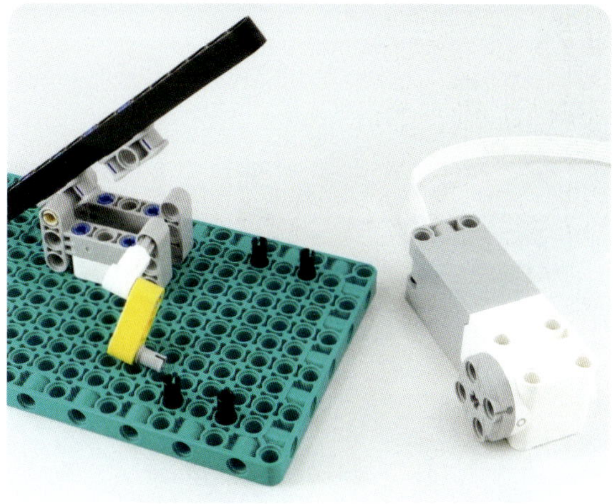

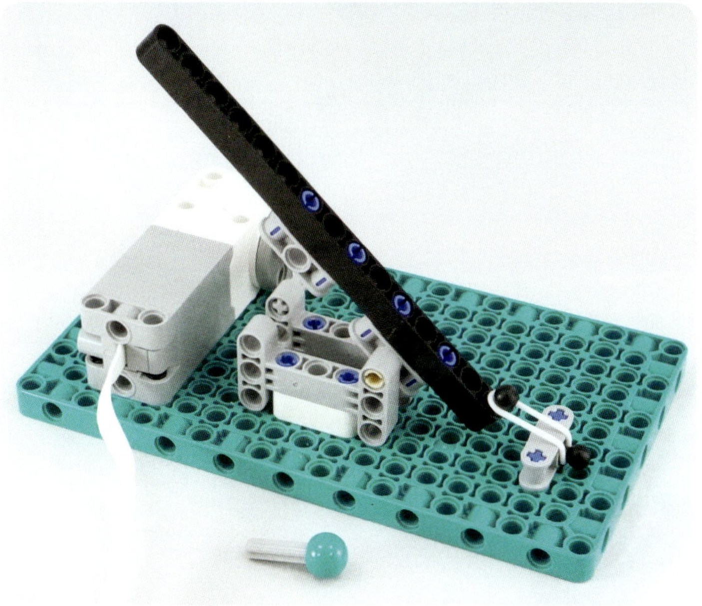

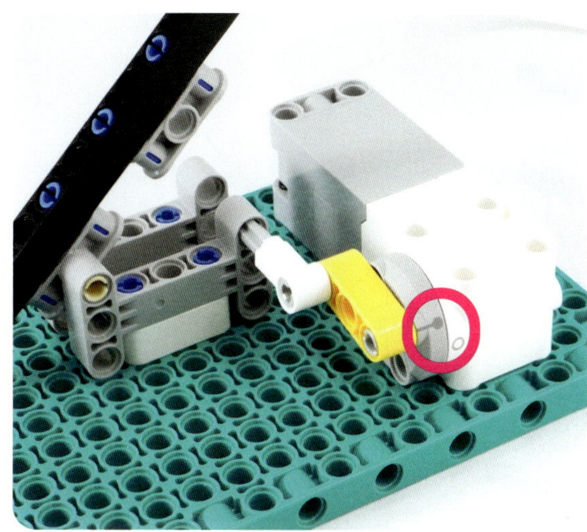

wenn das Programm startet
wiederhole fortlaufend
A auf kürzestem Wege auf Position 340 bewegen
warte bis Wird rechte Taste gedrückt wird ?
A auf kürzestem Wege auf Position 270 bewegen
warte bis Wird rechte Taste gedrückt wird ?
A auf kürzestem Wege auf Position 340 bewegen

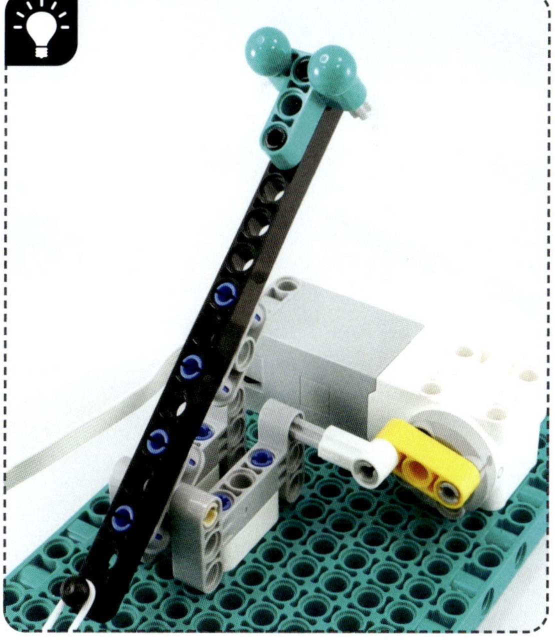

#75

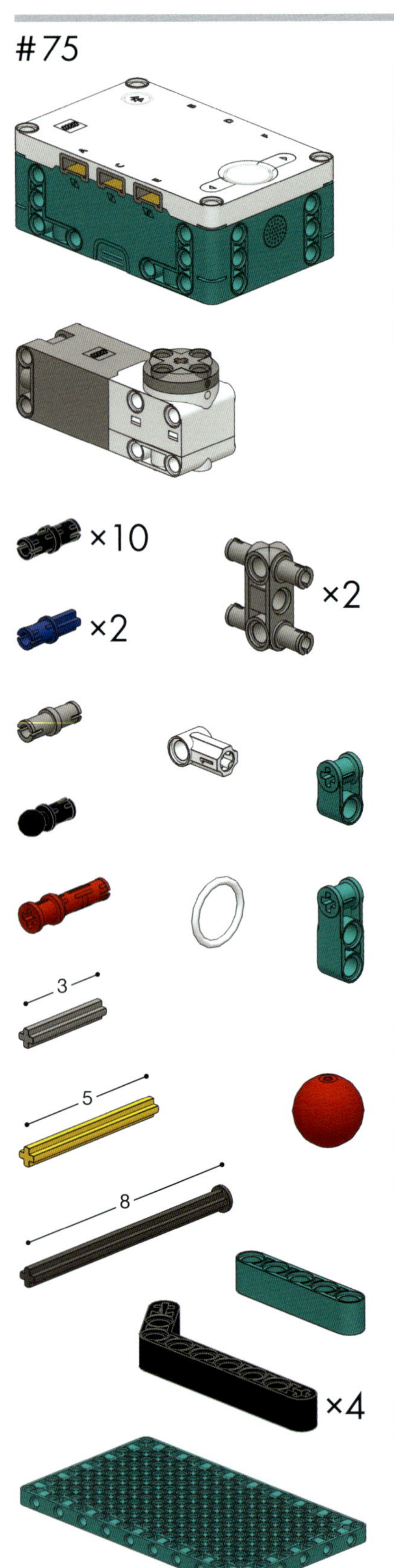
×10
×2
×2
3
5
8
×4

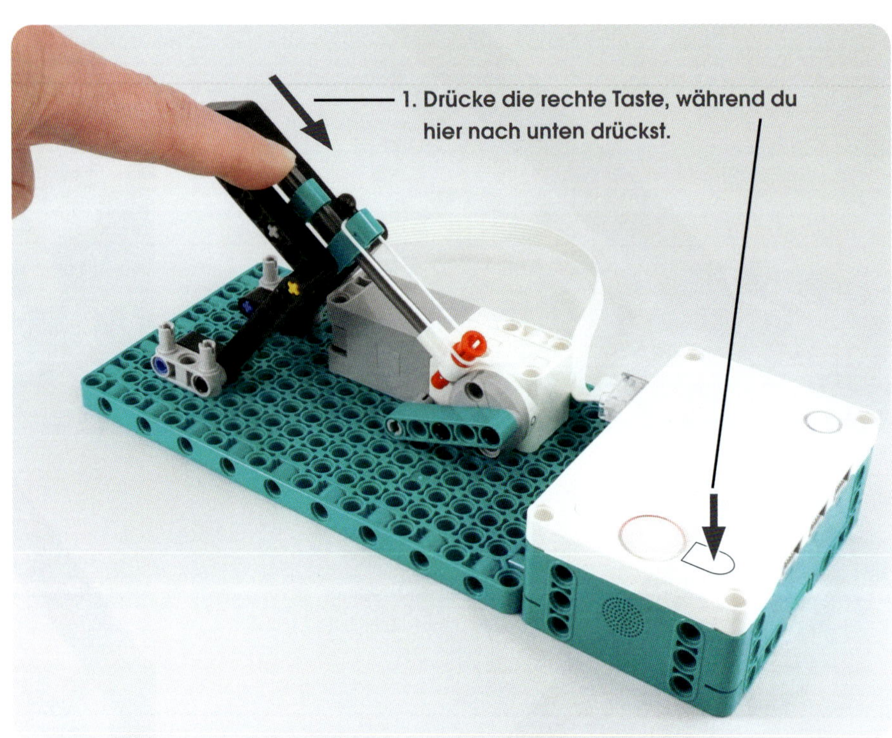
1. Drücke die rechte Taste, während du hier nach unten drückst.

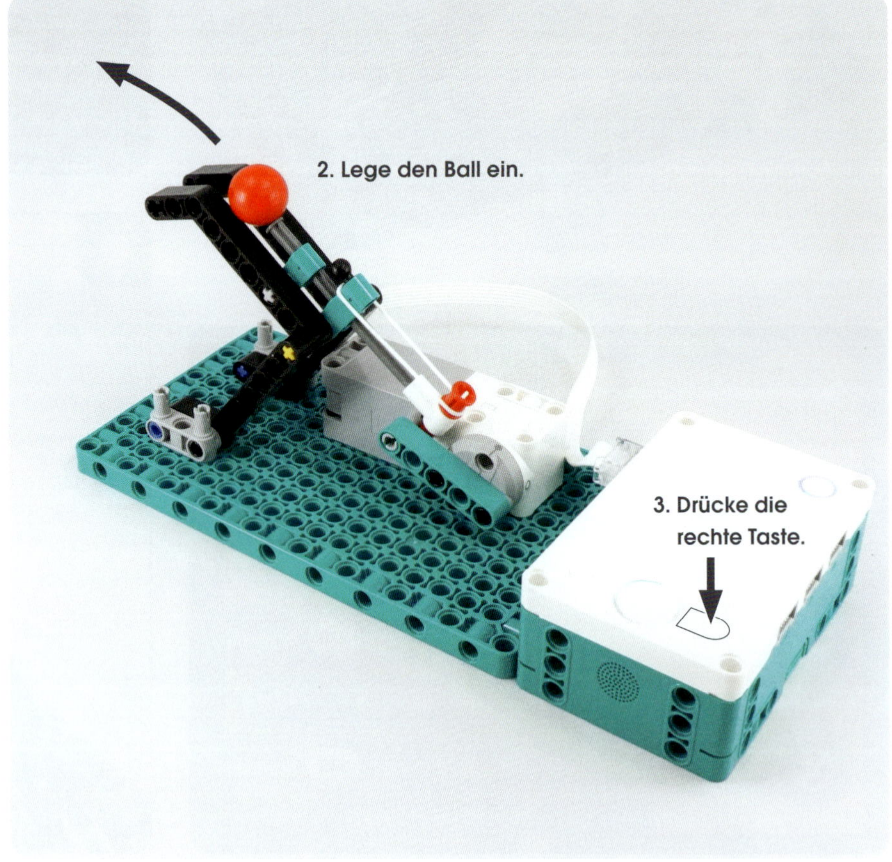
2. Lege den Ball ein.
3. Drücke die rechte Taste.

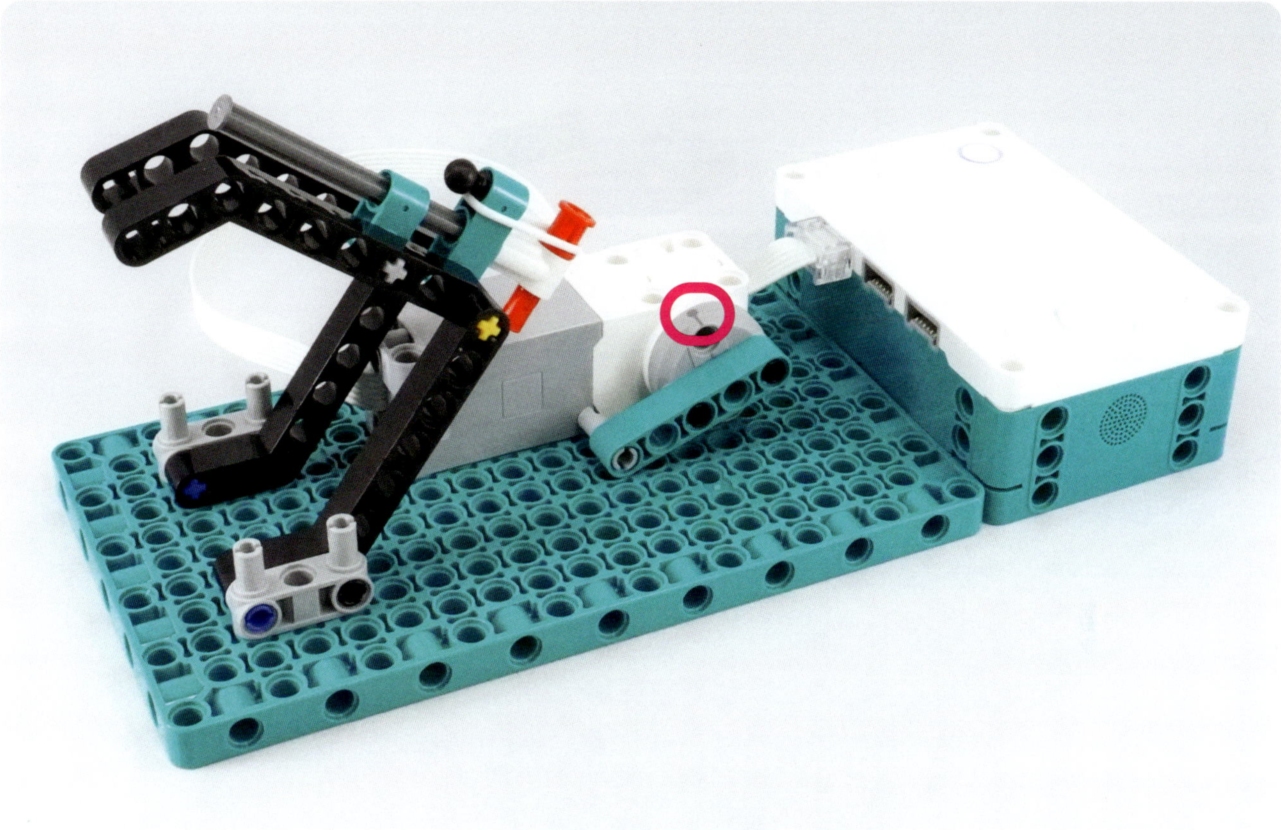

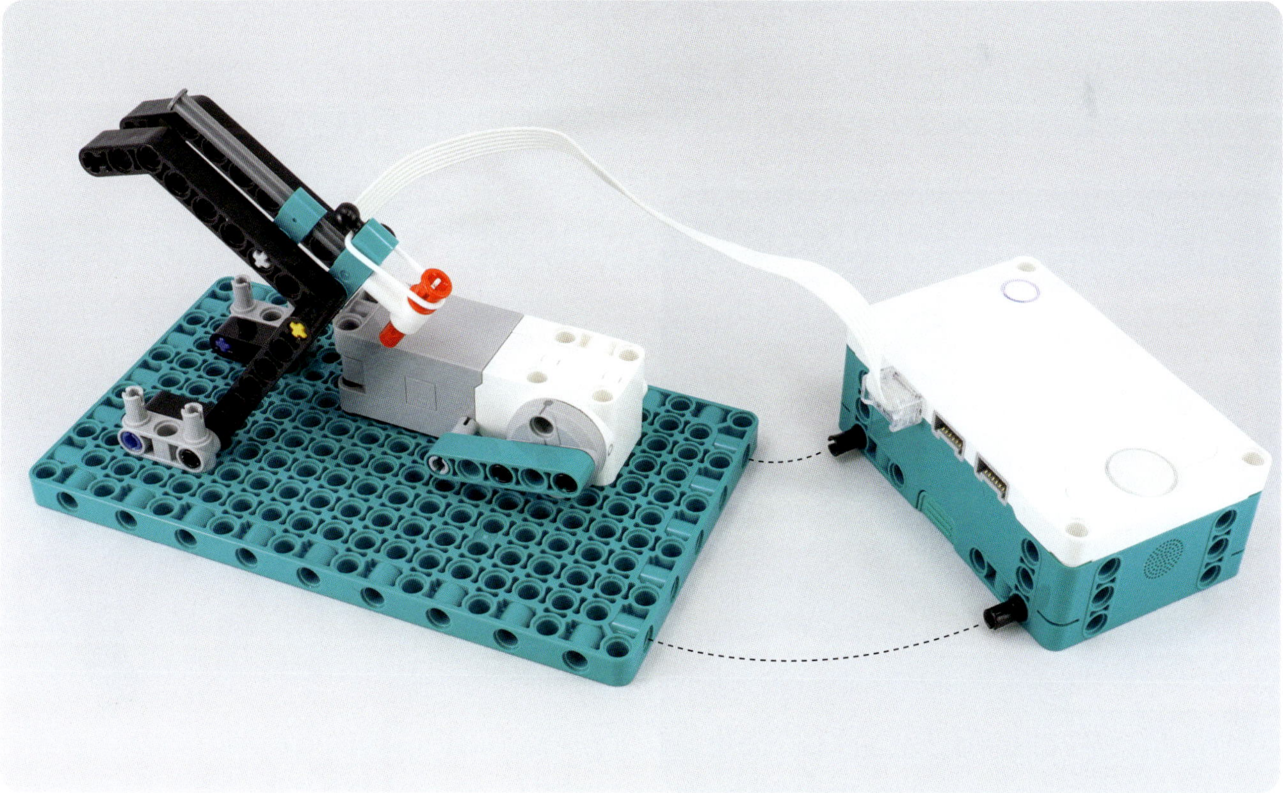

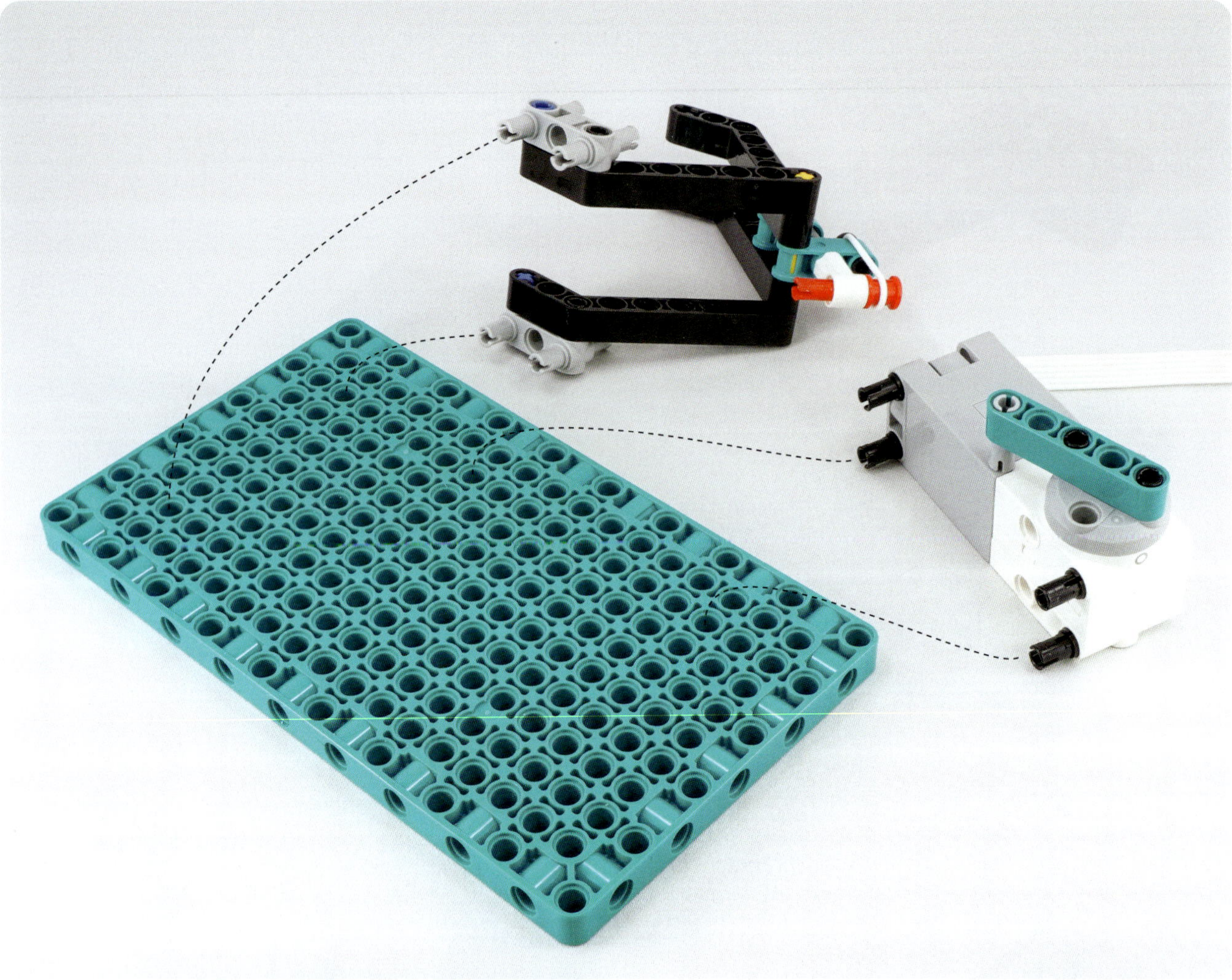

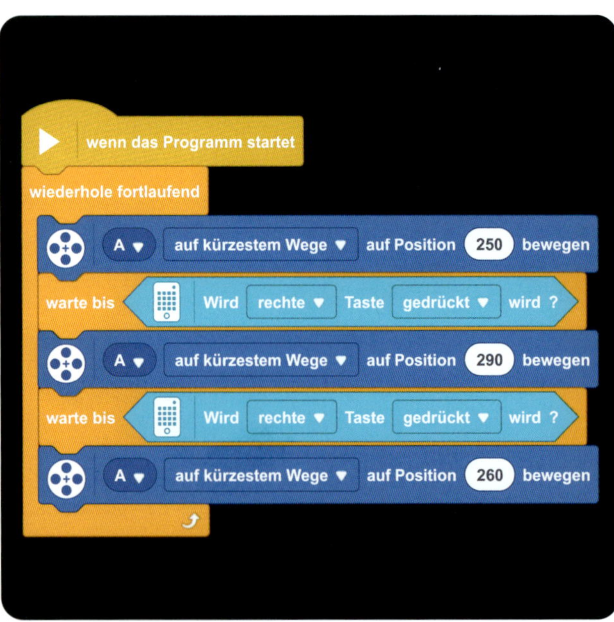
wenn das Programm startet
wiederhole fortlaufend
A auf kürzestem Wege auf Position 250 bewegen
warte bis Wird rechte Taste gedrückt wird ?
A auf kürzestem Wege auf Position 290 bewegen
warte bis Wird rechte Taste gedrückt wird ?
A auf kürzestem Wege auf Position 260 bewegen

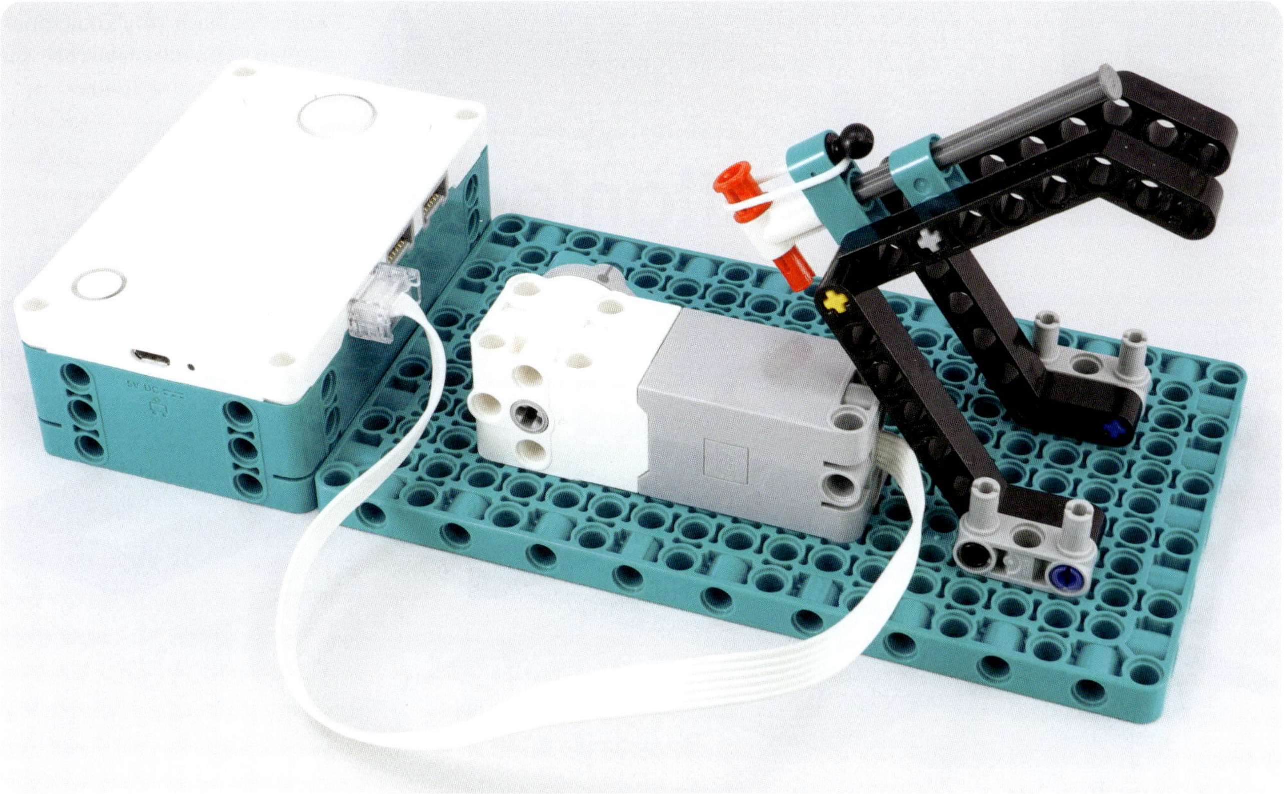

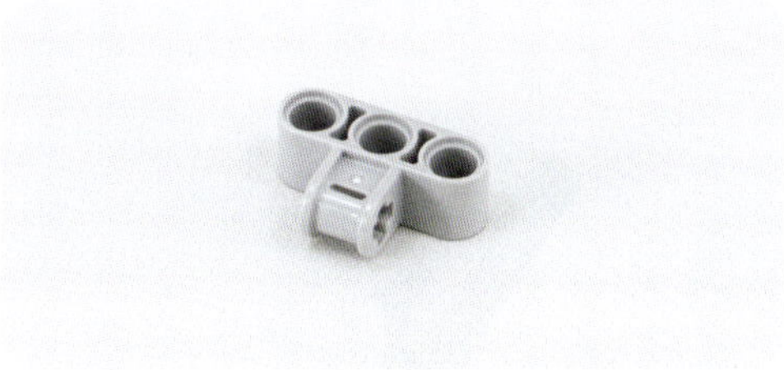

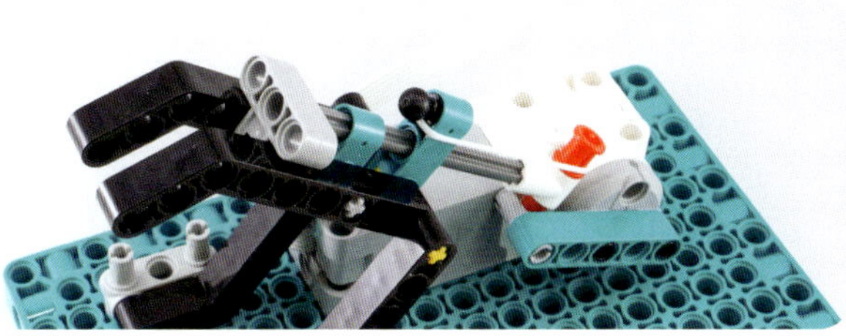

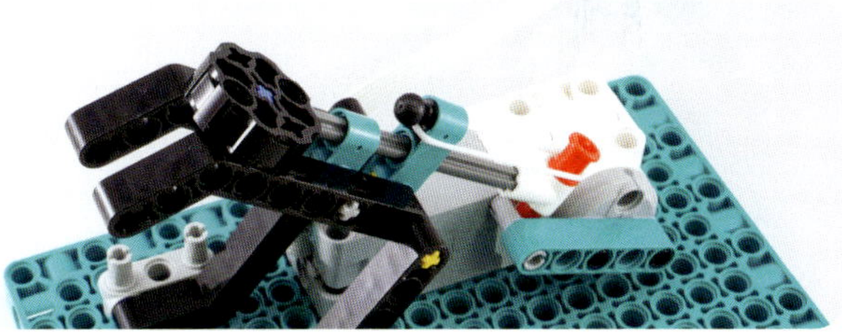

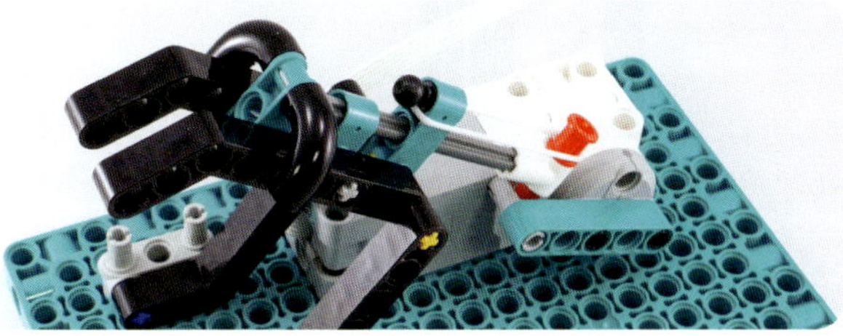

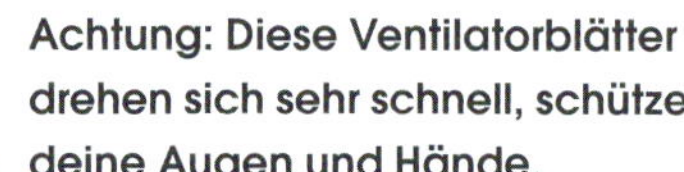

Achtung: Diese Ventilatorblätter drehen sich sehr schnell, schütze deine Augen und Hände.

Windkraftanlagen

#76

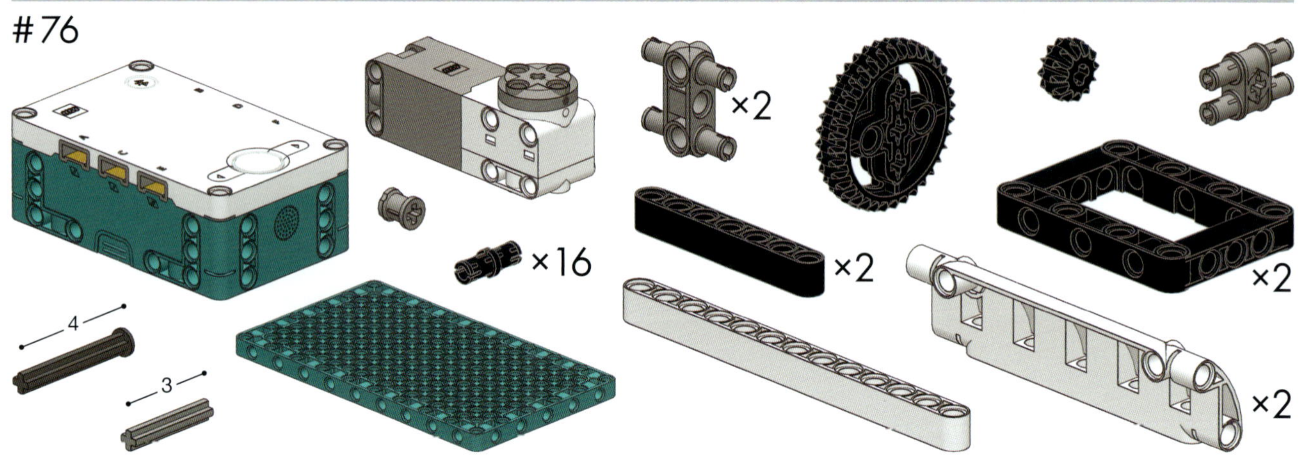

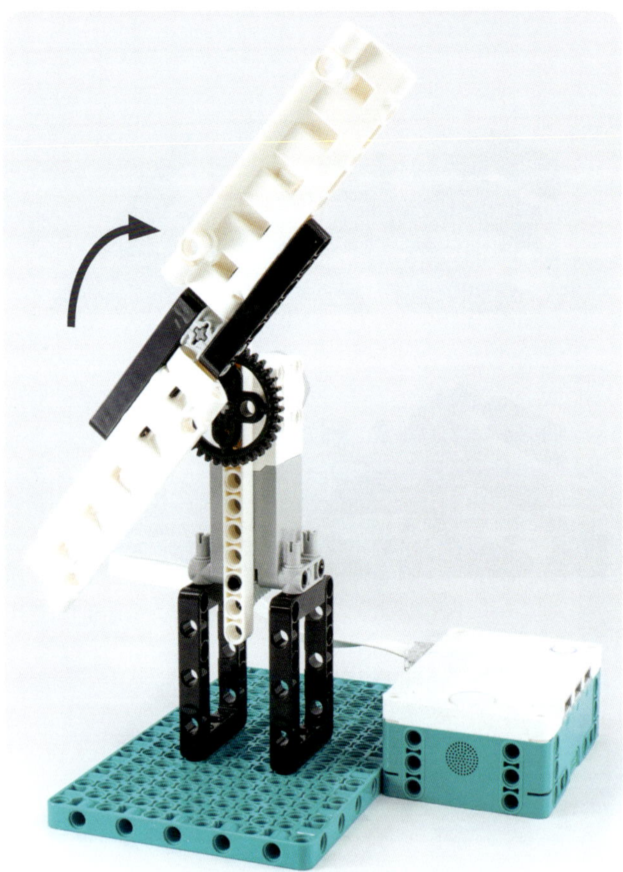

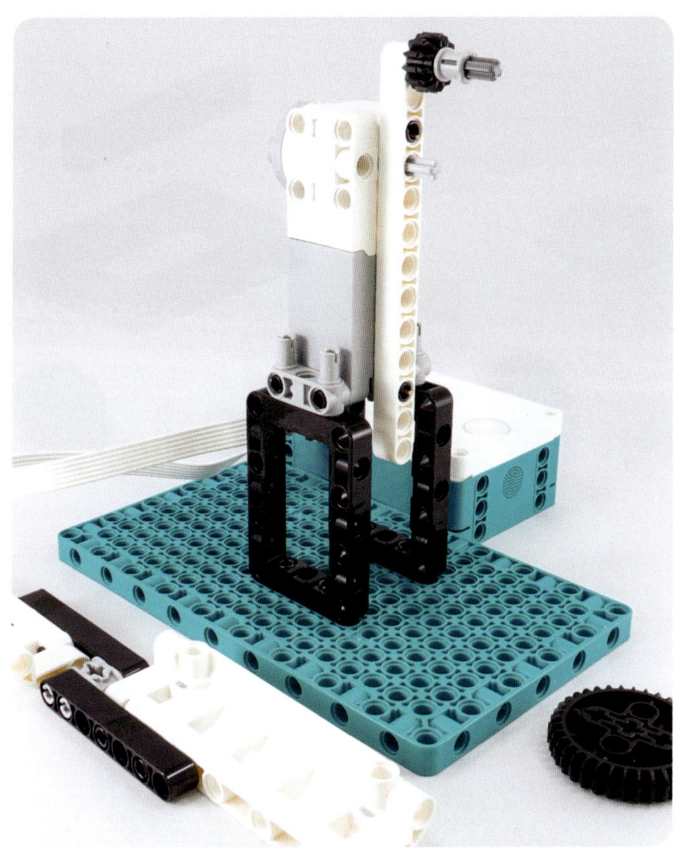

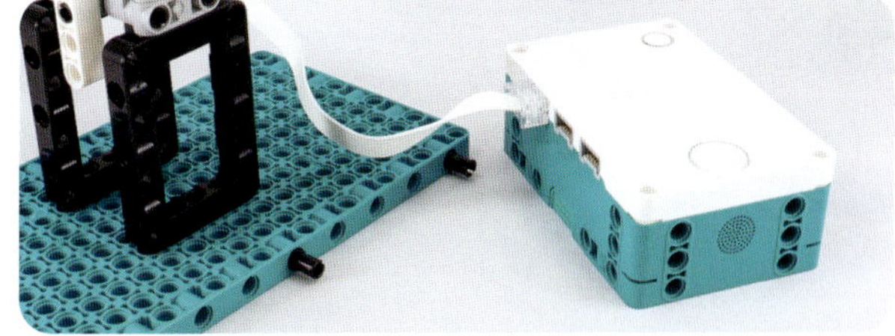

wenn das Programm startet
A Geschwindigkeit auf 100 % einstellen
A Motor starten
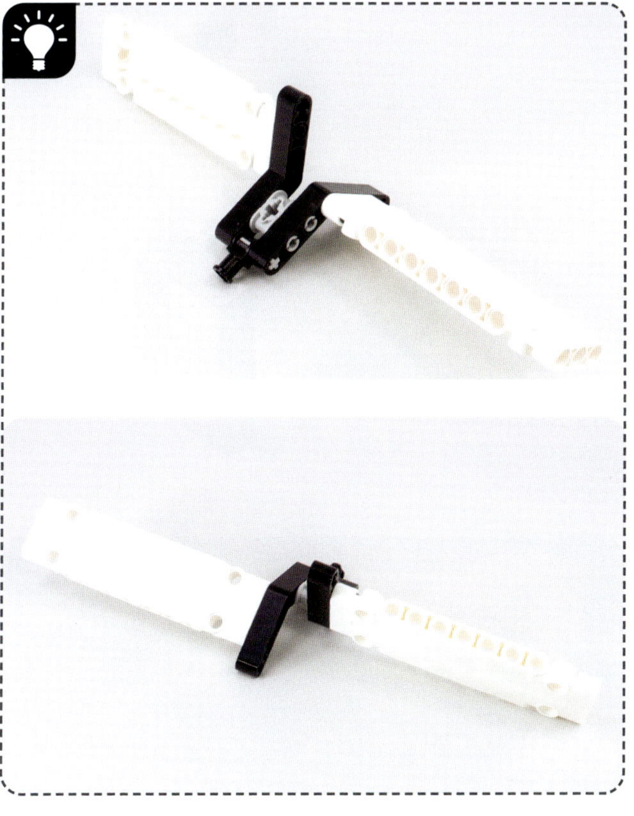
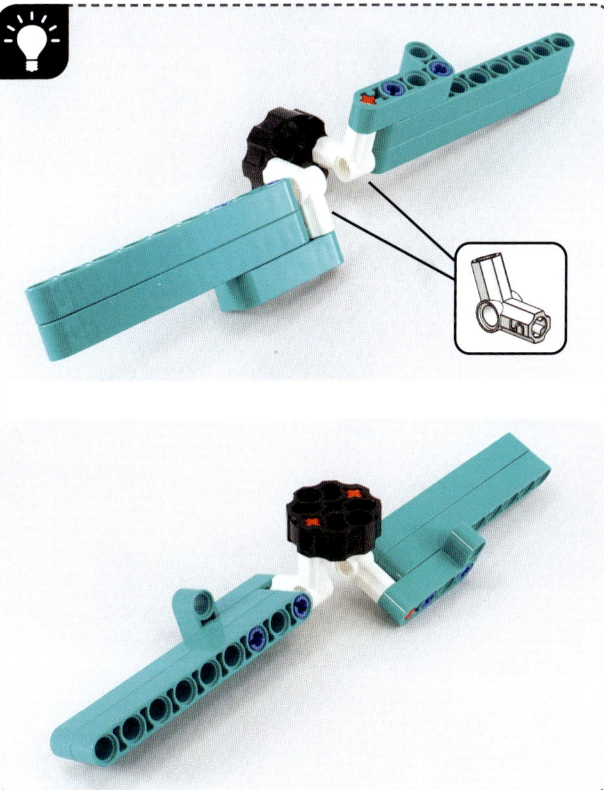

#77

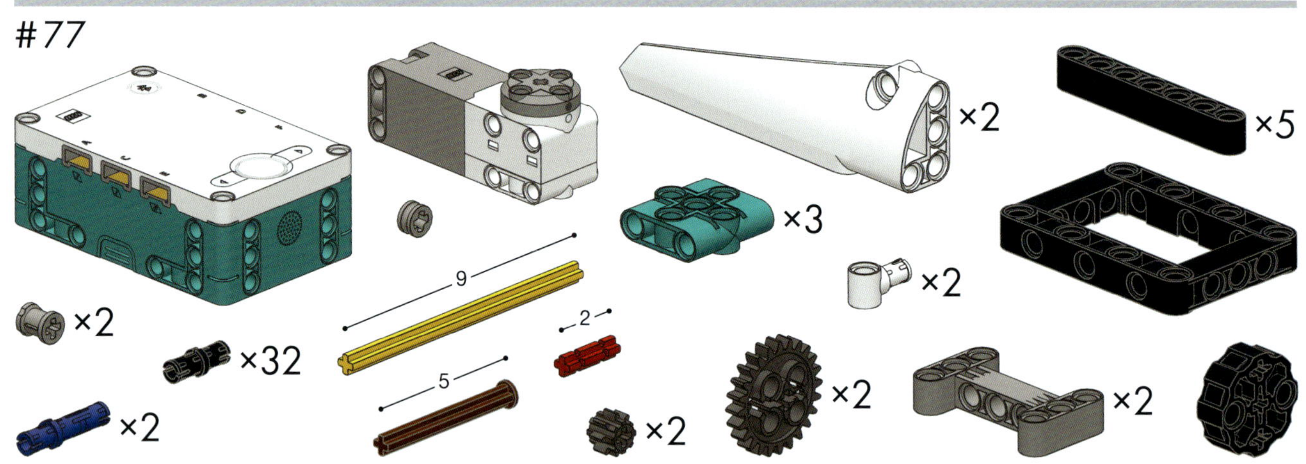
×2
×5
×3
×2
×2
9
2
×32
5
×2
×2
×2
×2

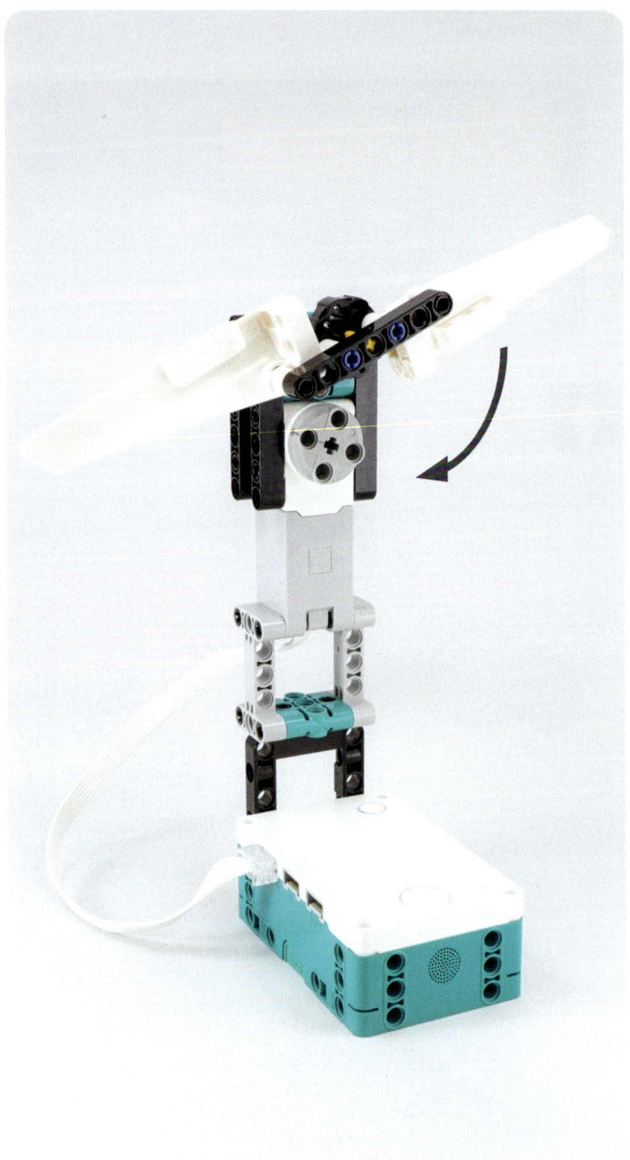

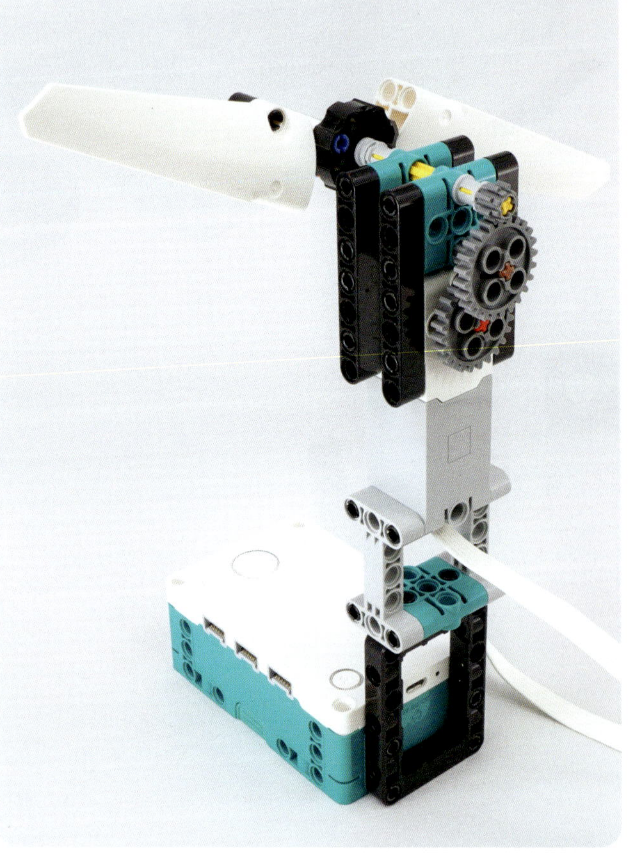

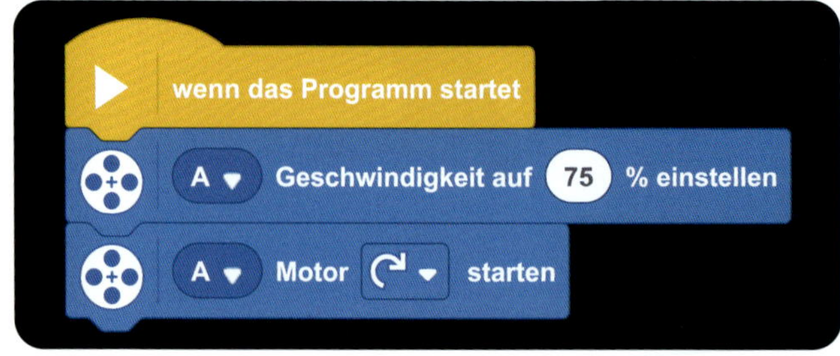
wenn das Programm startet
A Geschwindigkeit auf 75 % einstellen
A Motor starten

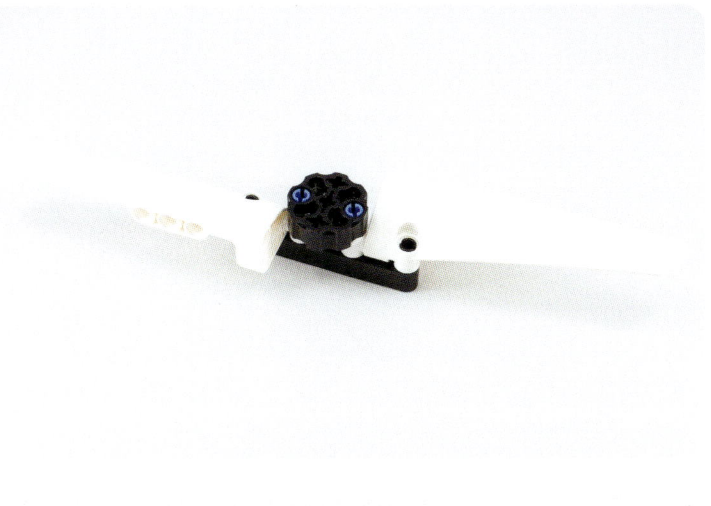

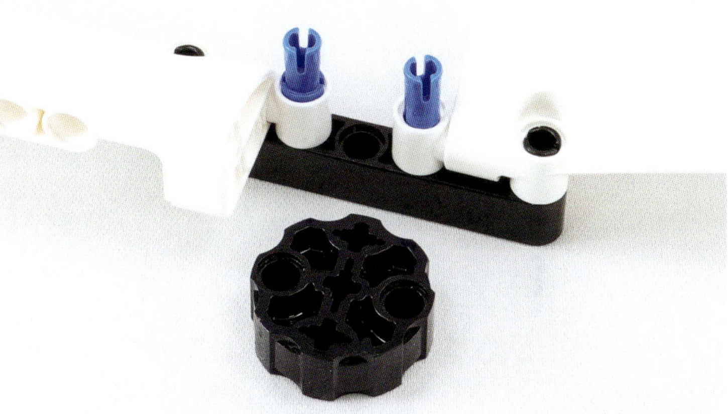

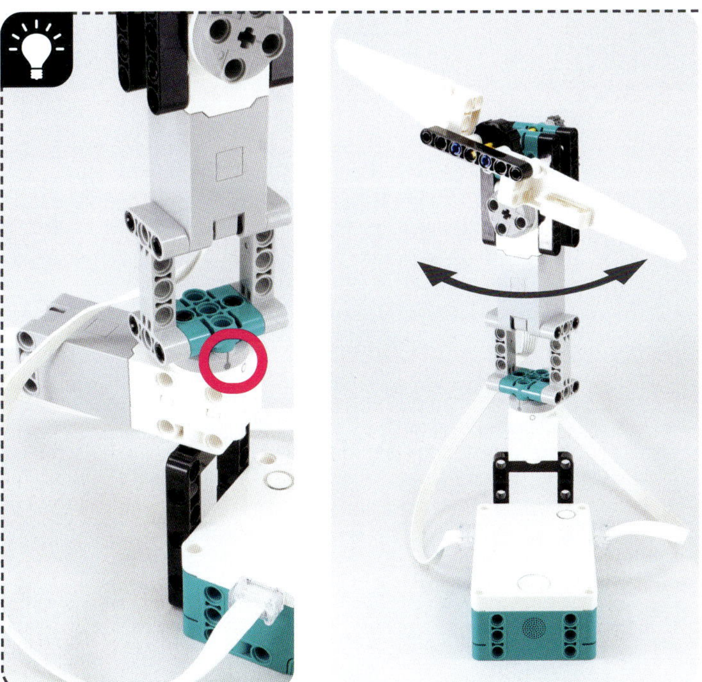

wenn das Programm startet
A Geschwindigkeit auf 75 % einstellen
A Motor starten
wenn das Programm startet
B Geschwindigkeit auf 10 % einstellen
wiederhole fortlaufend
B auf kürzestem Wege auf Position 45 bewegen
B auf kürzestem Wege auf Position 315 bewegen

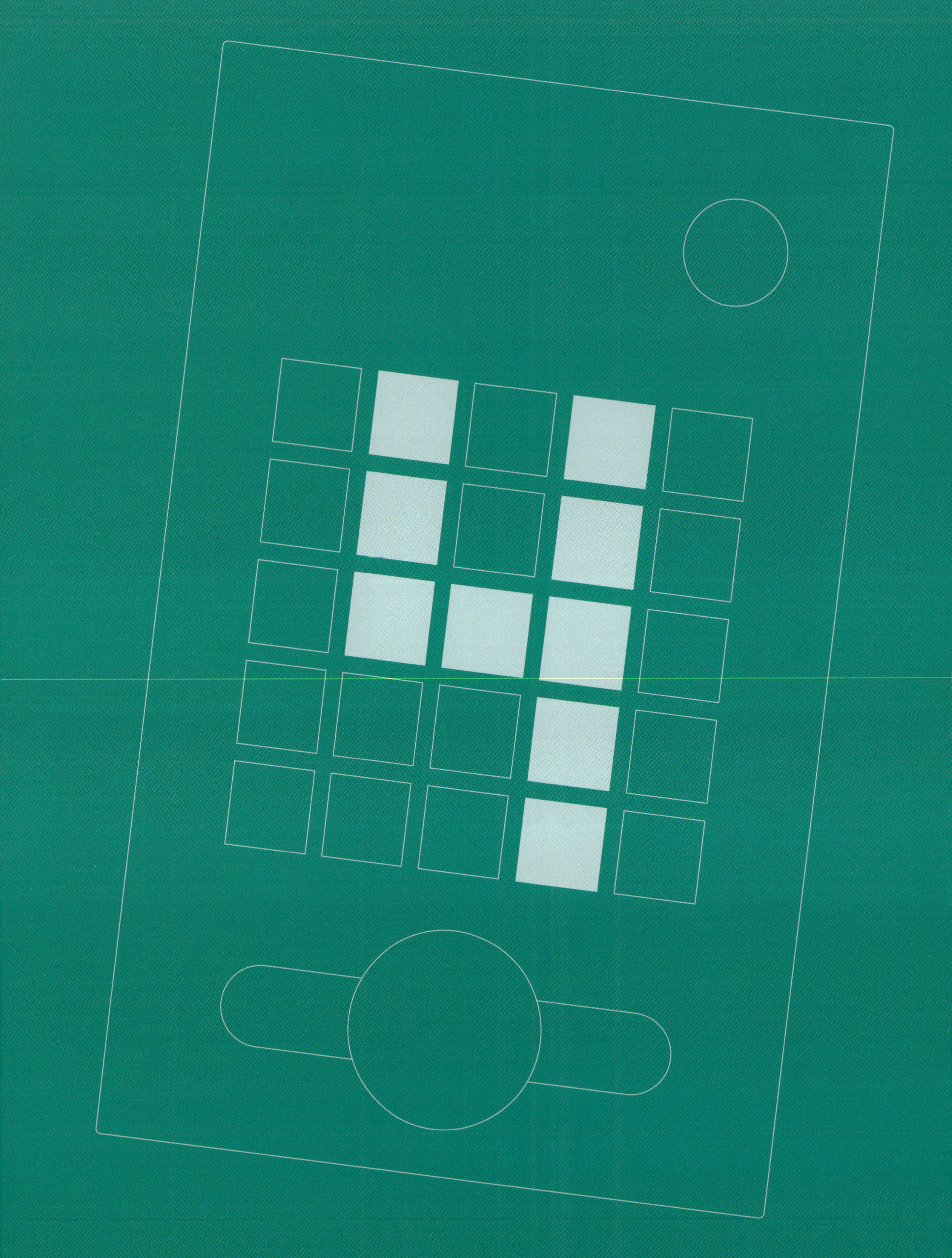

Teil 4
Sensoren

Den Abstandssensor verwenden

#78

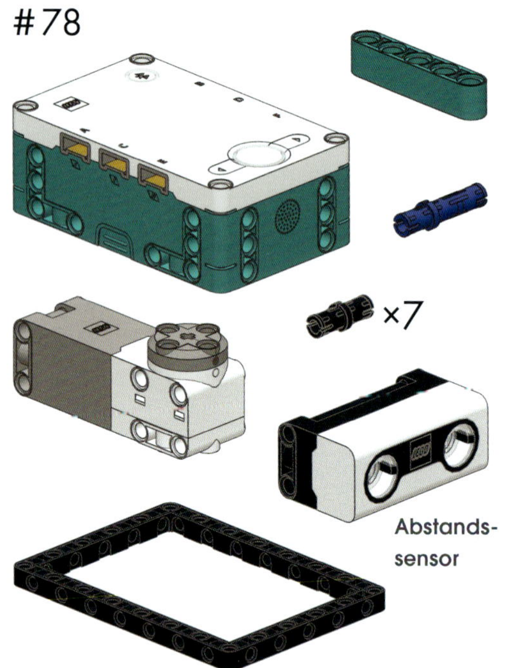

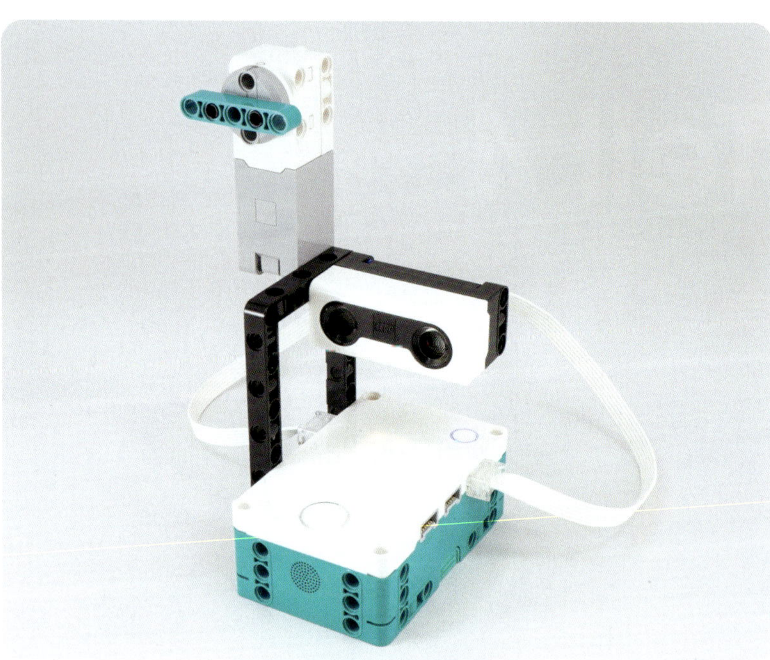

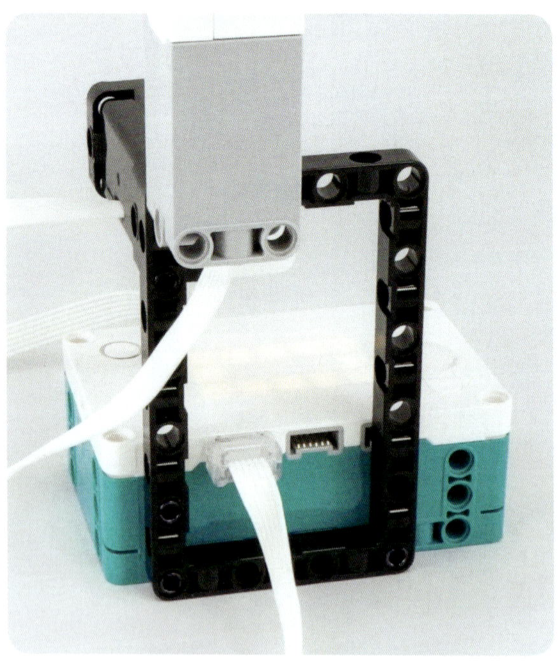

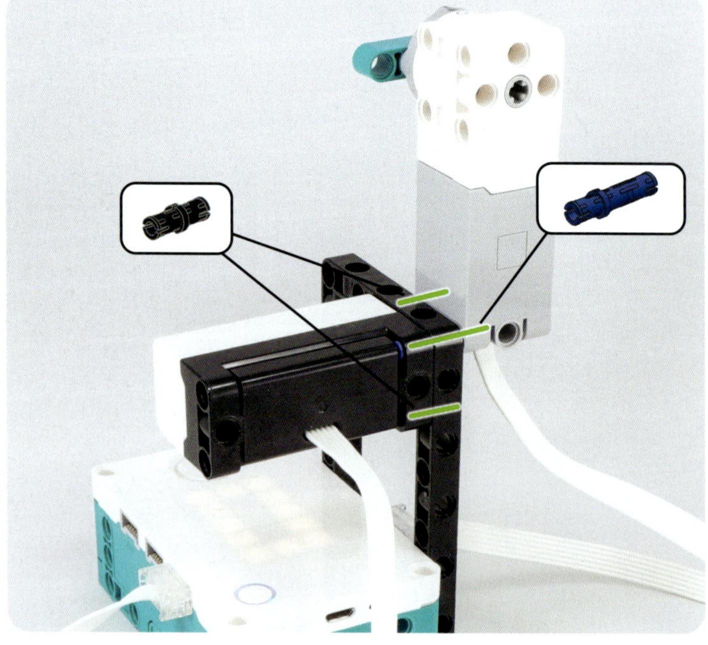

Weiter als 10 cm

Der Motor läuft eine Umdrehung.
Näher als 10 cm

B wenn näher als 10 cm
A 1 Umdrehung(en) laufen lassen

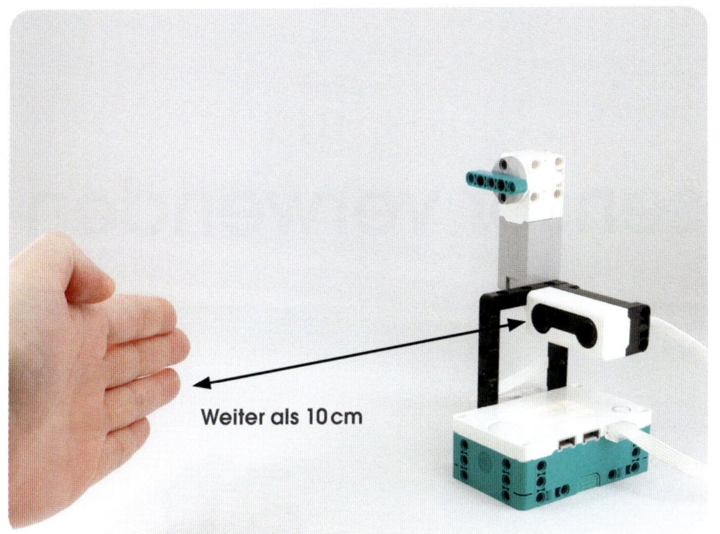

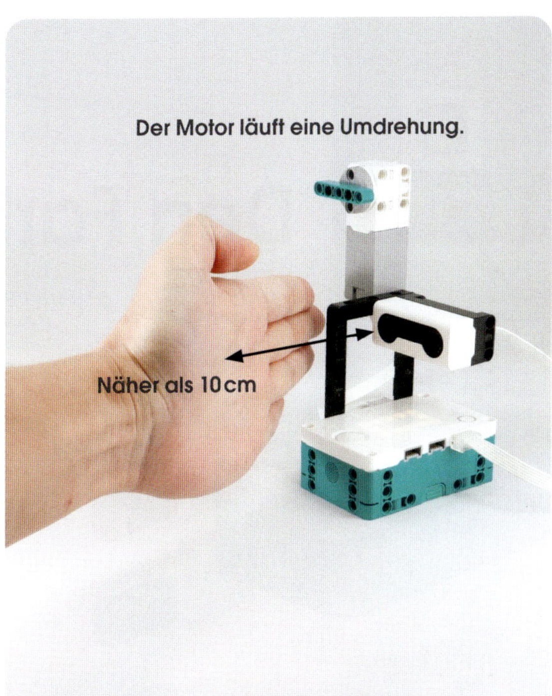

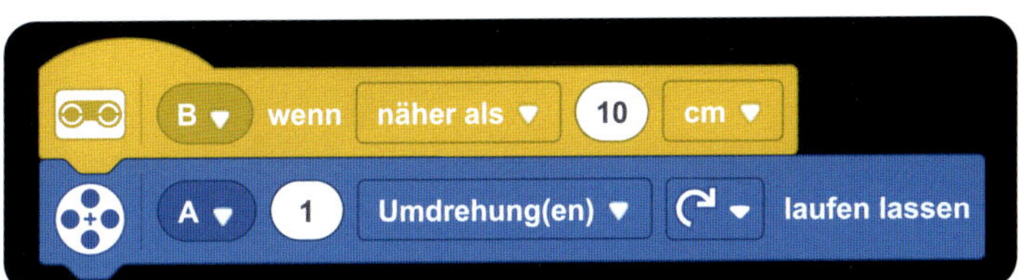

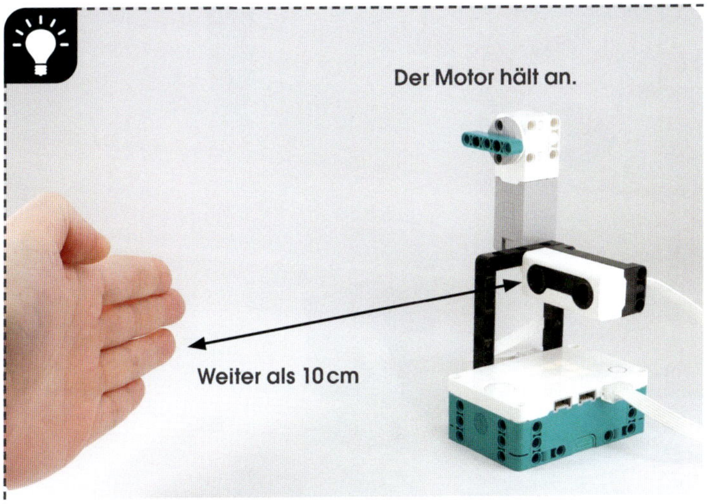

Der Motor hält an.
Weiter als 10 cm

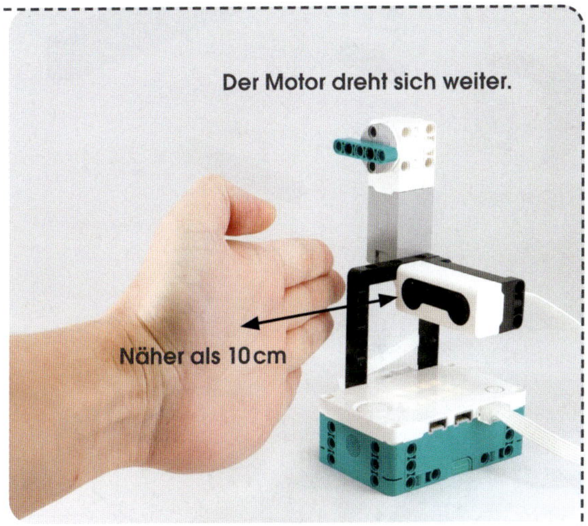

Der Motor dreht sich weiter.
Näher als 10 cm

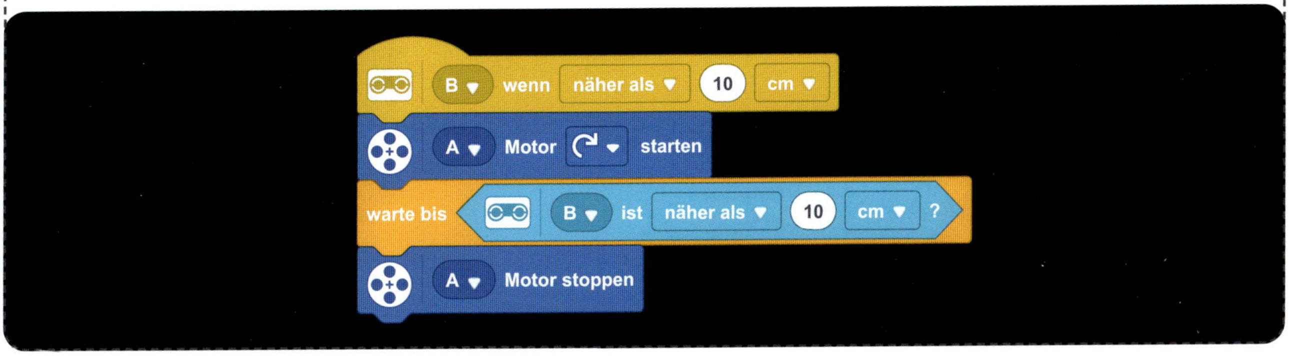

B wenn näher als 10 cm
A Motor starten
warte bis B ist näher als 10 cm ?
A Motor stoppen

Den Farbsensor verwenden

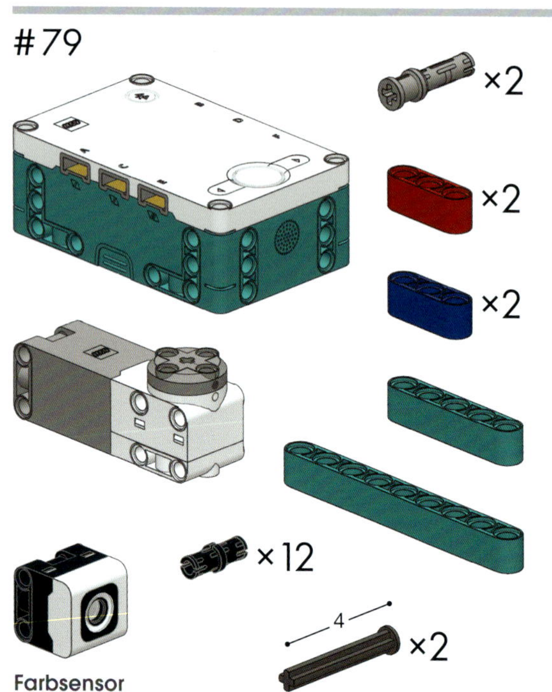

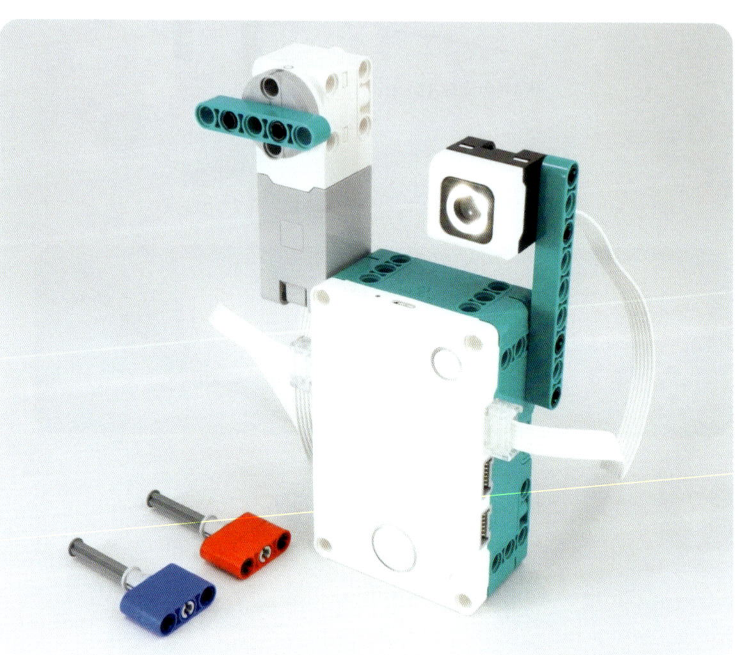

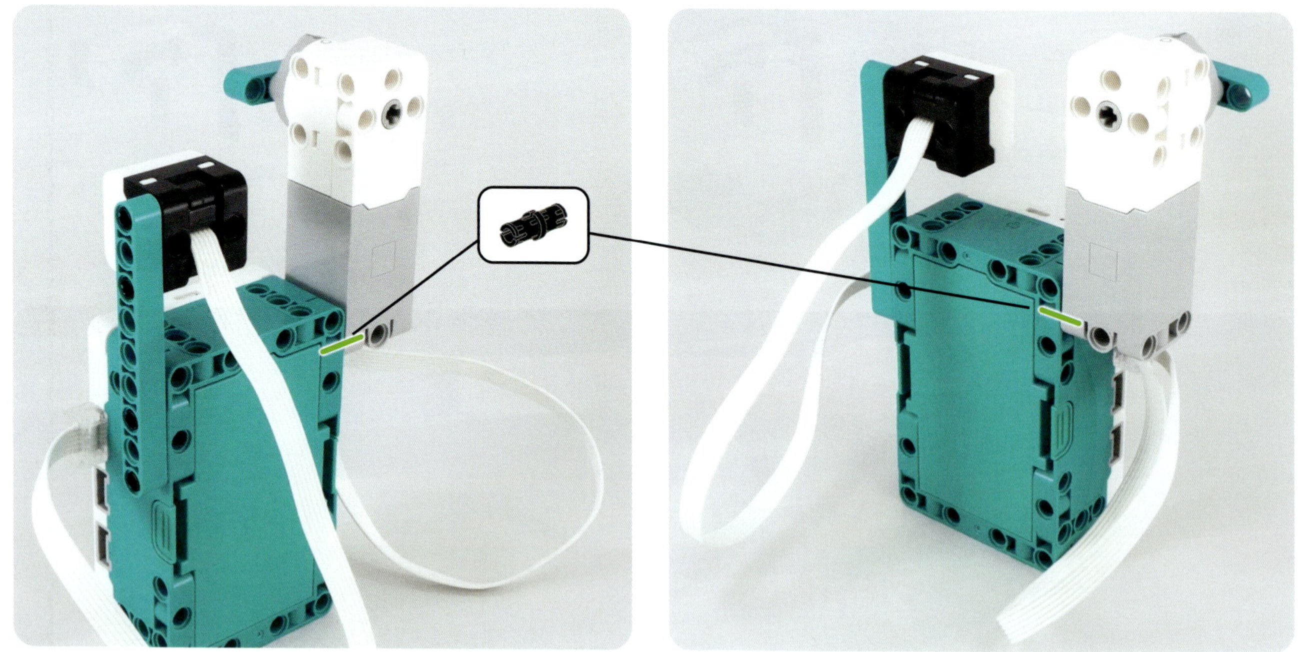

Der Motor dreht sich weiter.

Der Motor hält an.

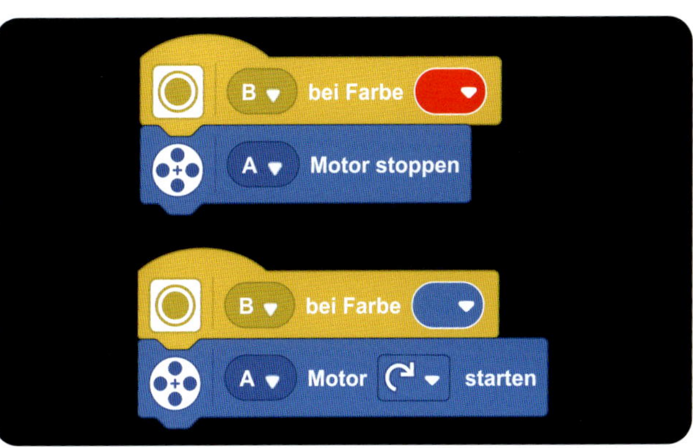
B bei Farbe
A Motor stoppen
B bei Farbe
A Motor starten

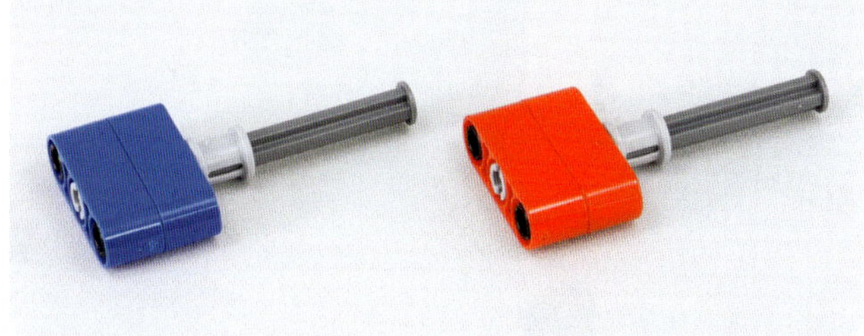

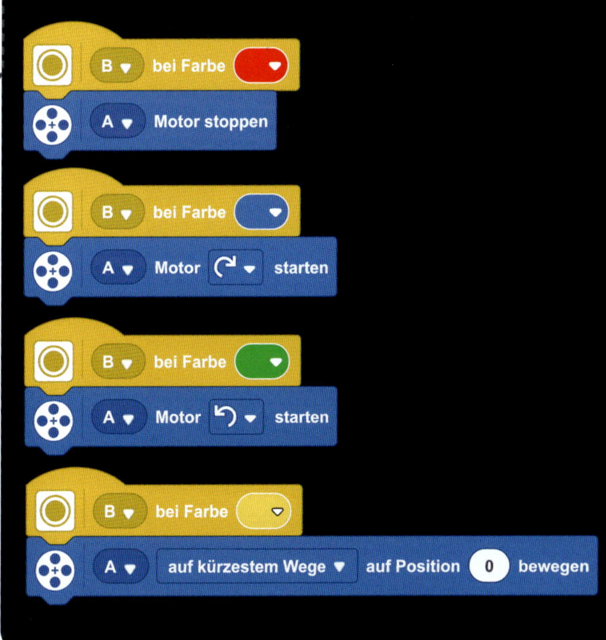
B bei Farbe
A Motor stoppen
B bei Farbe
A Motor starten
B bei Farbe
A Motor starten
B bei Farbe
A auf kürzestem Wege auf Position 0 bewegen

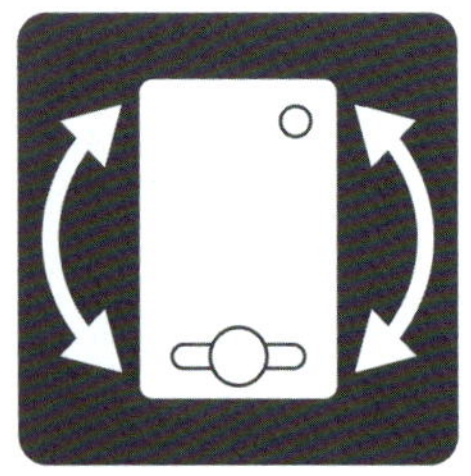

Den im Hub eingebauten Sensor verwenden

80

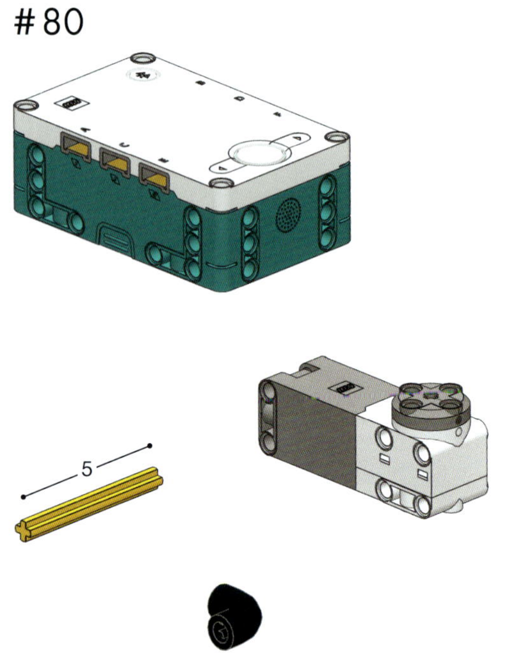

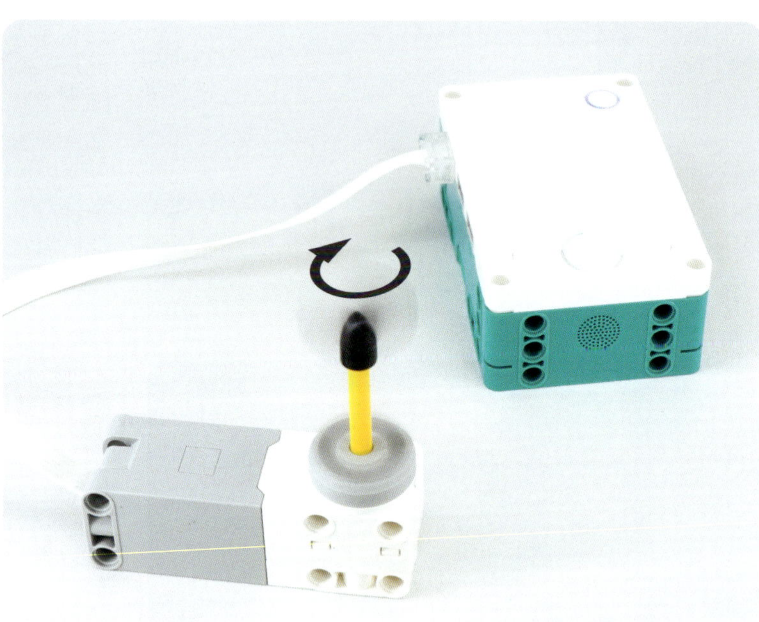

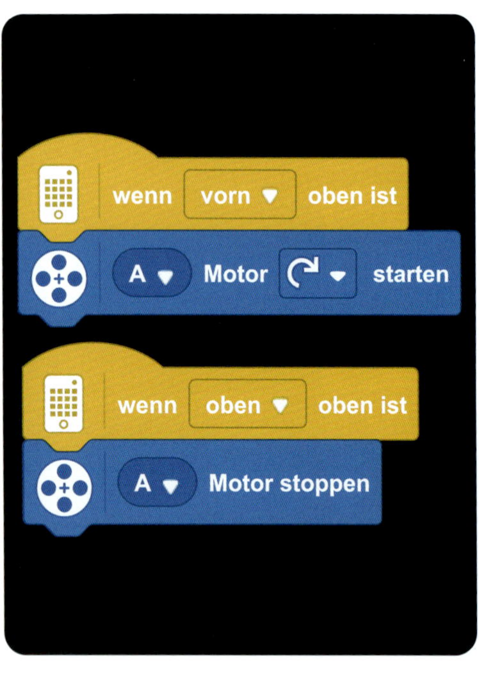

Der Motor hält an, wenn der Hub aufgerichtet ist.

81

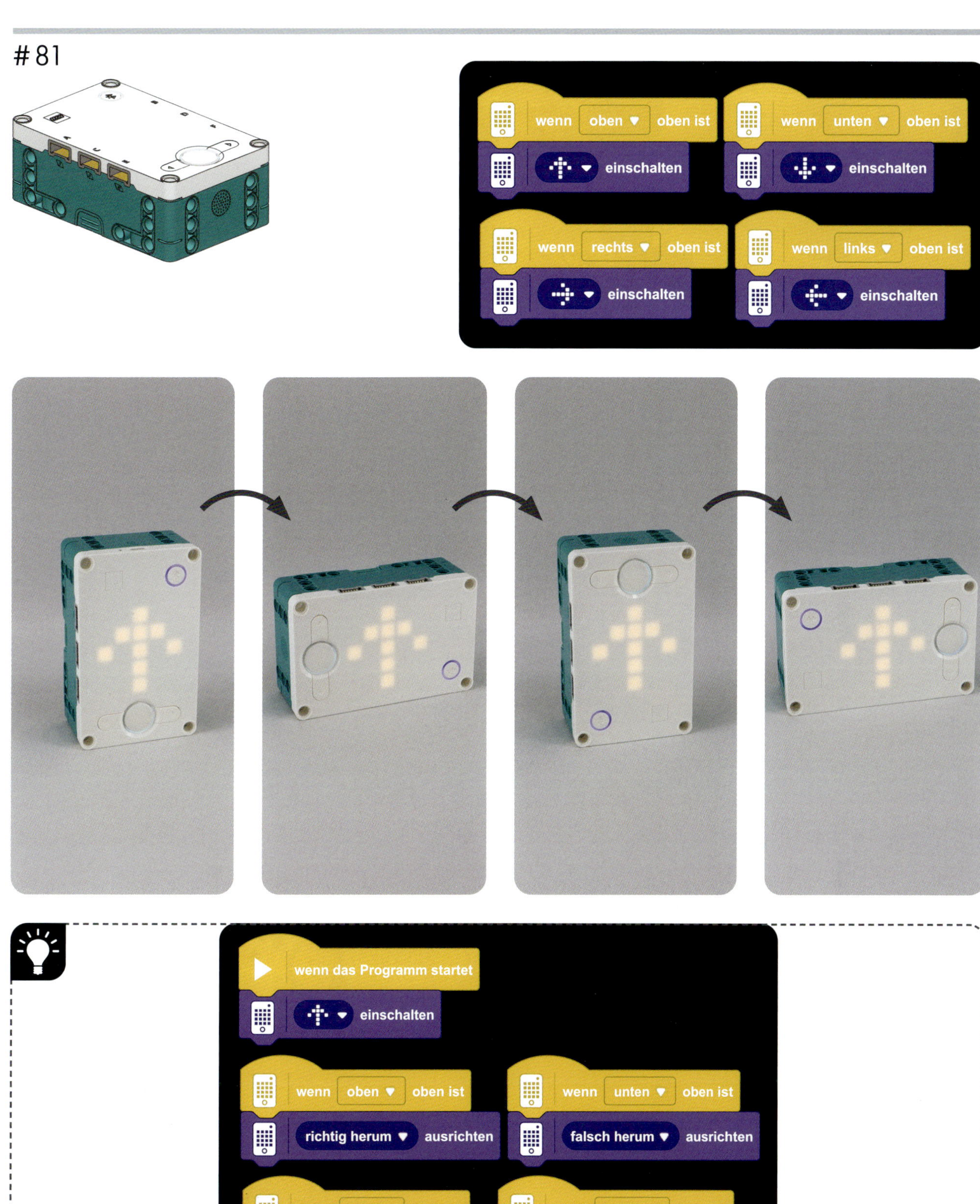

wenn oben oben ist
einschalten
wenn unten oben ist
einschalten
wenn rechts oben ist
einschalten
wenn links oben ist
einschalten
wenn das Programm startet
einschalten
wenn oben oben ist
richtig herum ausrichten
wenn unten oben ist
falsch herum ausrichten
wenn links oben ist
nach rechts ausrichten
wenn rechts oben ist
nach links ausrichten

#82

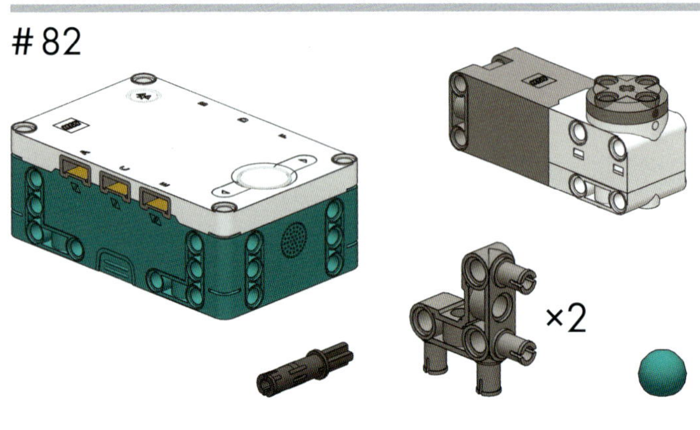
×2

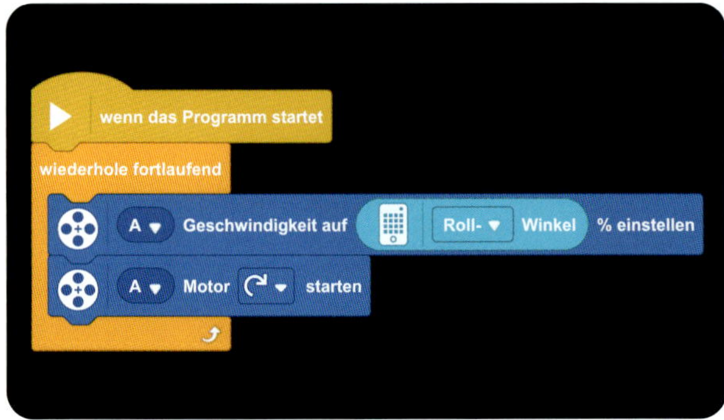
wenn das Programm startet
wiederhole fortlaufend
A Geschwindigkeit auf Roll- Winkel % einstellen
A Motor starten

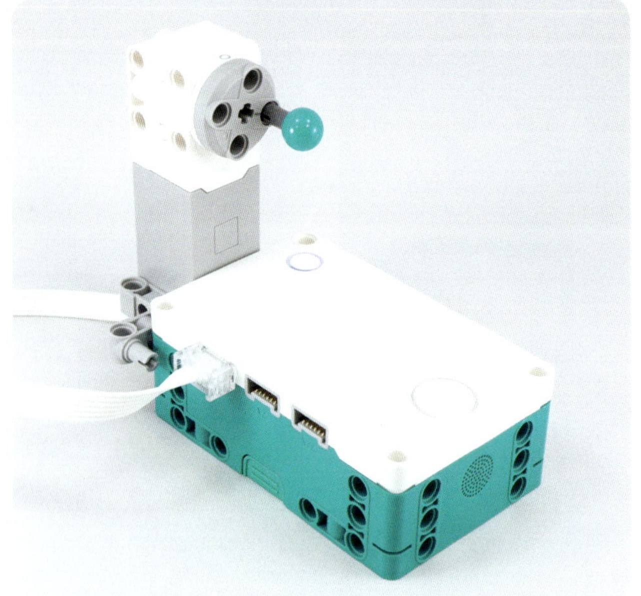

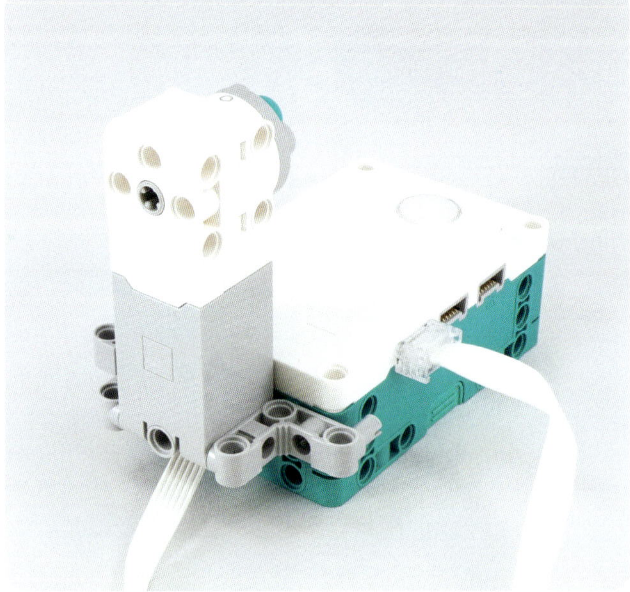

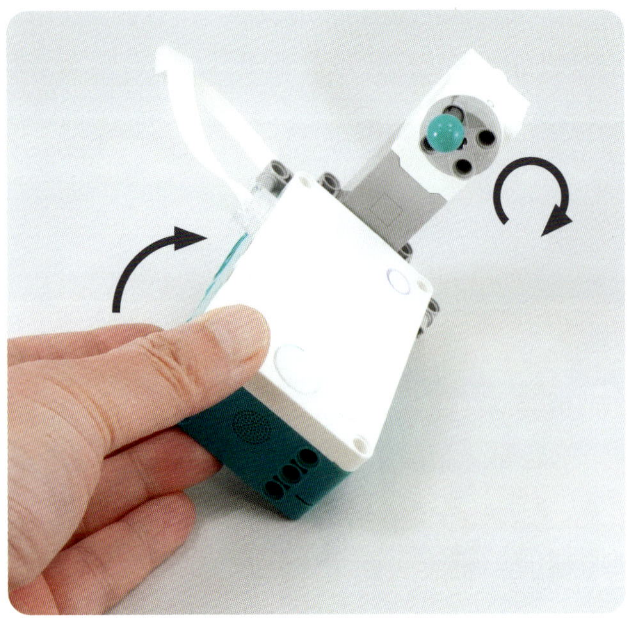

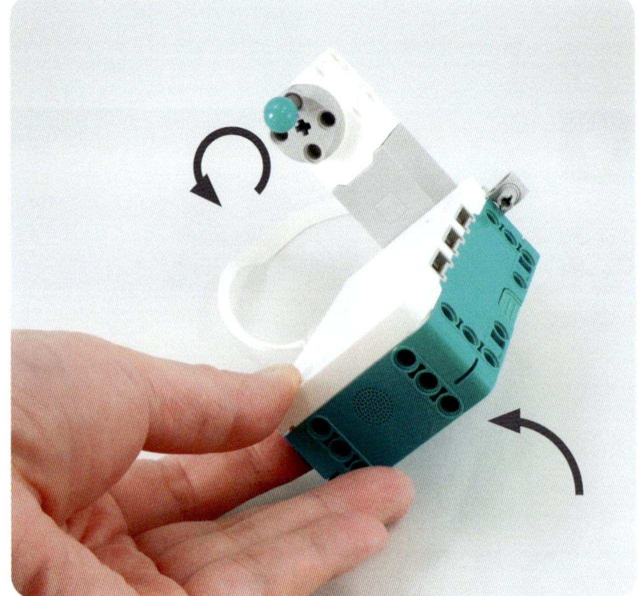

83

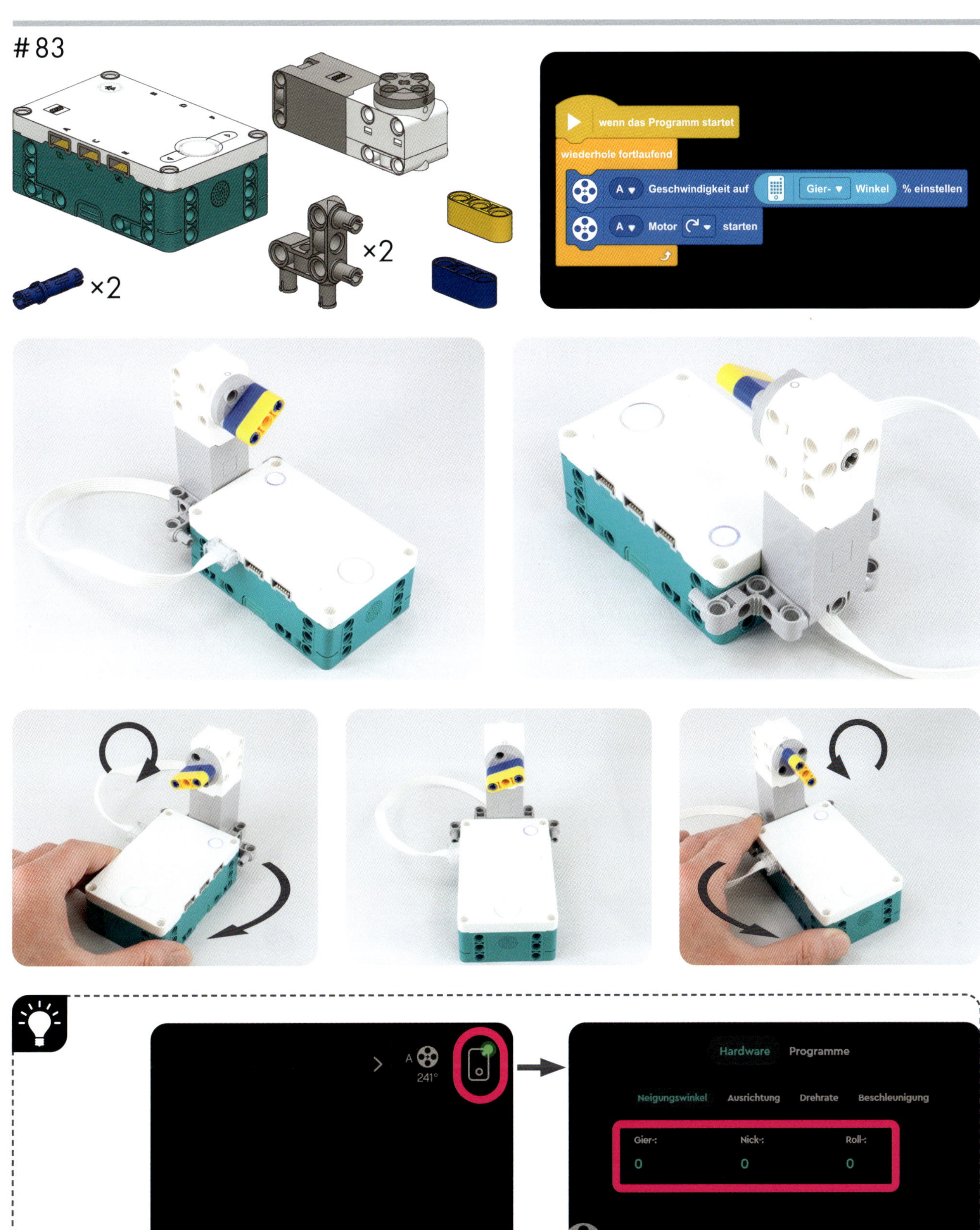
×2
×2
wenn das Programm startet
wiederhole fortlaufend
A Geschwindigkeit auf Gier- Winkel % einstellen
A Motor starten
A
241°
Hardware
Programme
Neigungswinkel
Ausrichtung
Drehrate
Beschleunigung
Gier-:
0
Nick-:
0
Roll-:
0

#84

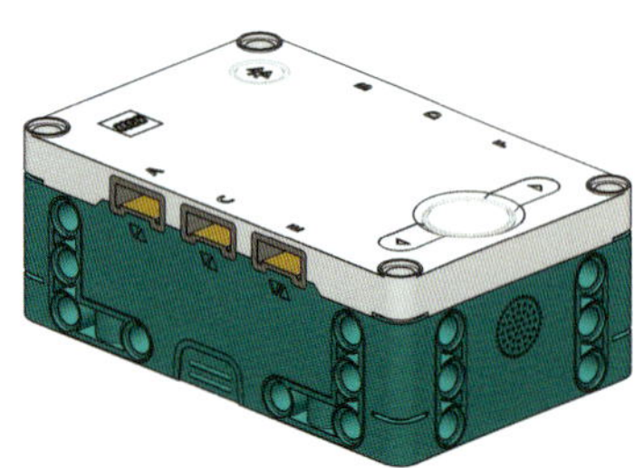

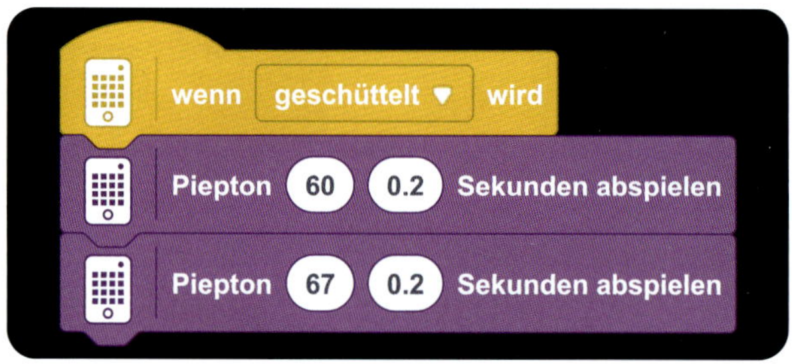

Schüttel mich!

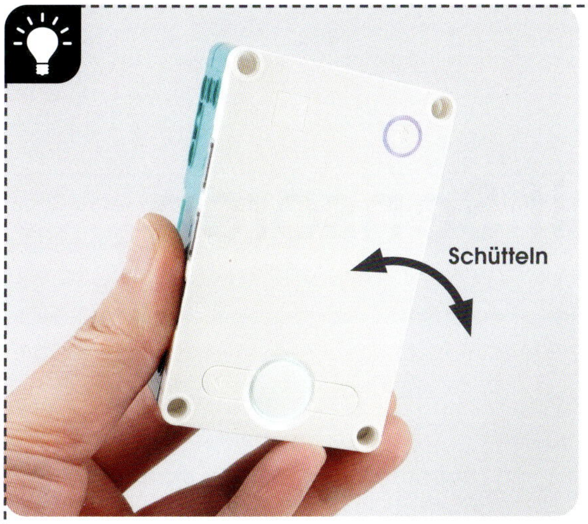

Schütteln

Tippen

wenn geschüttelt ▾ wird
Piepton 60 0.2 Sekunden abspielen
Piepton 67 0.2 Sekunden abspielen

wenn angetippt ▾ wird
Piepton 72 0.2 Sekunden abspielen
Piepton 60 0.2 Sekunden abspielen

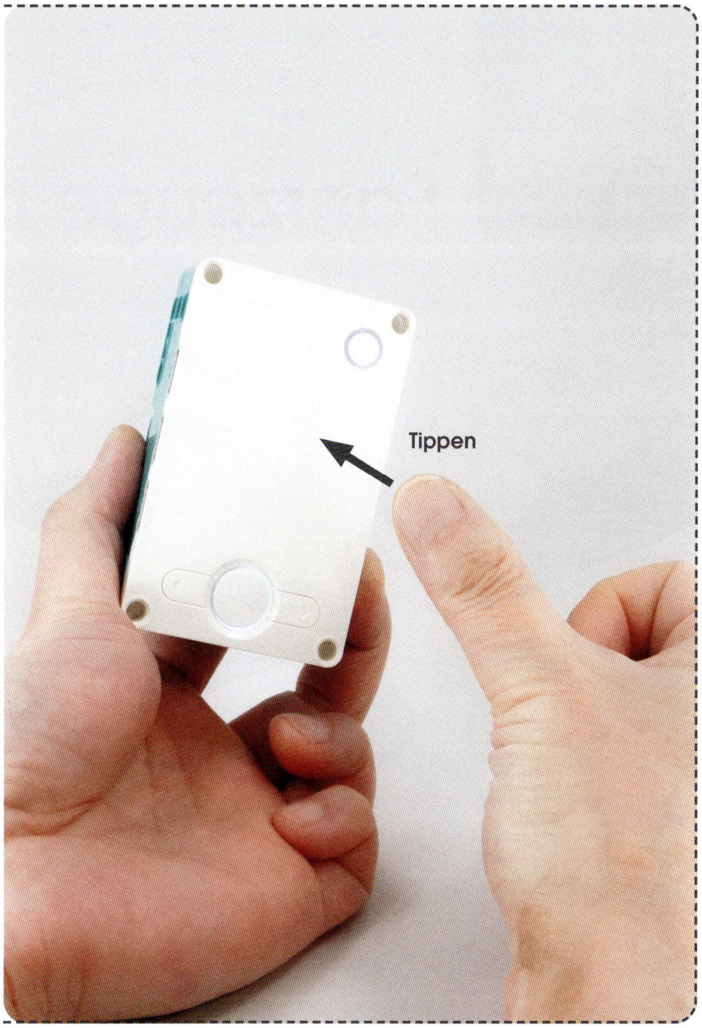

Fahrzeuge mit Sensoren

#85

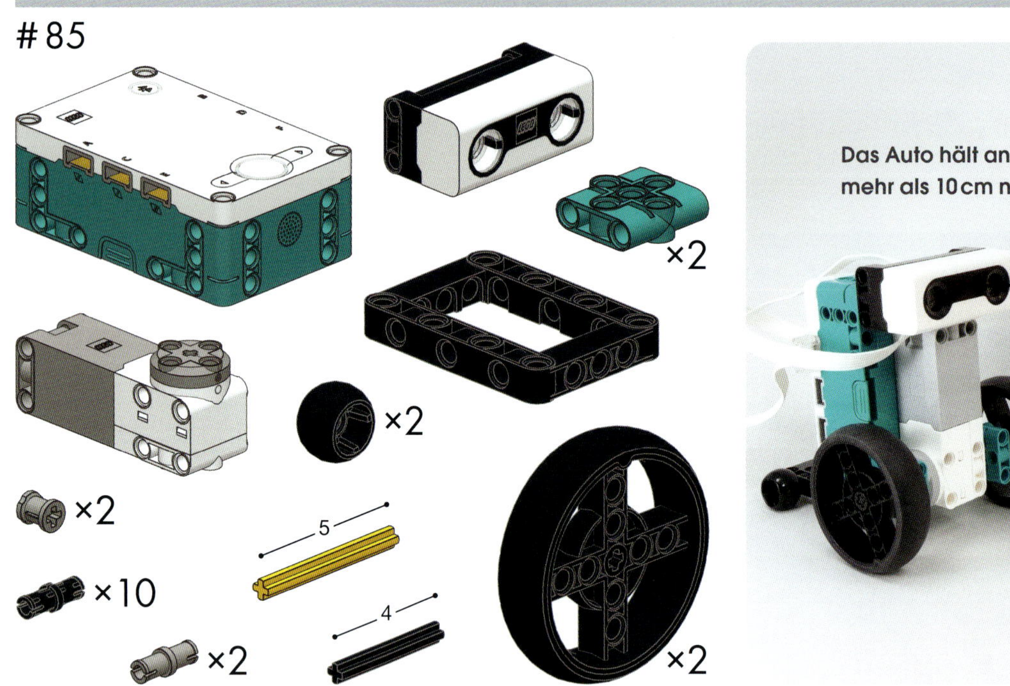

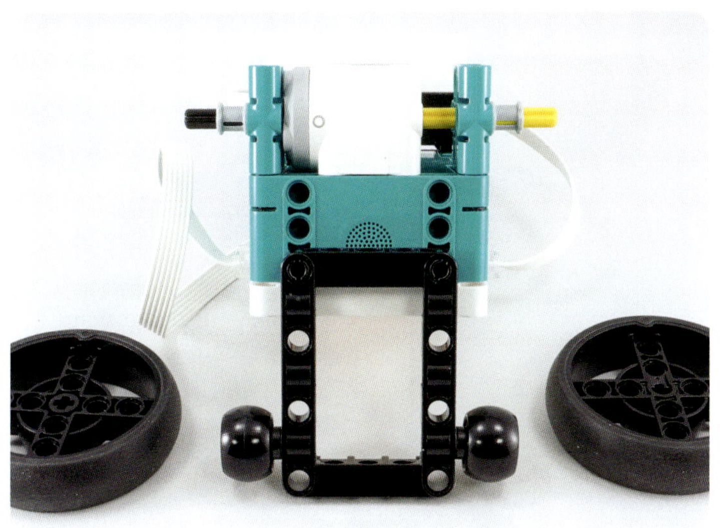

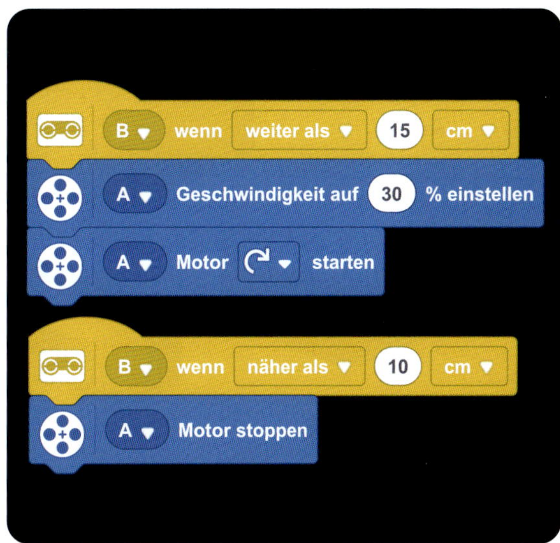
B wenn weiter als 15 cm
A Geschwindigkeit auf 30 % einstellen
A Motor starten
B wenn näher als 10 cm
A Motor stoppen

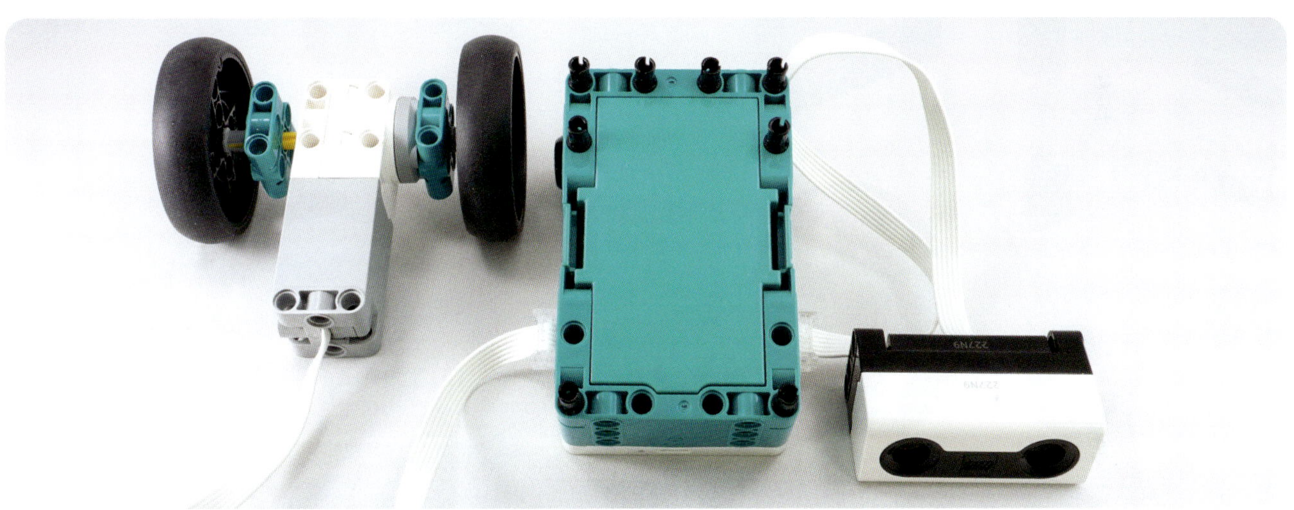

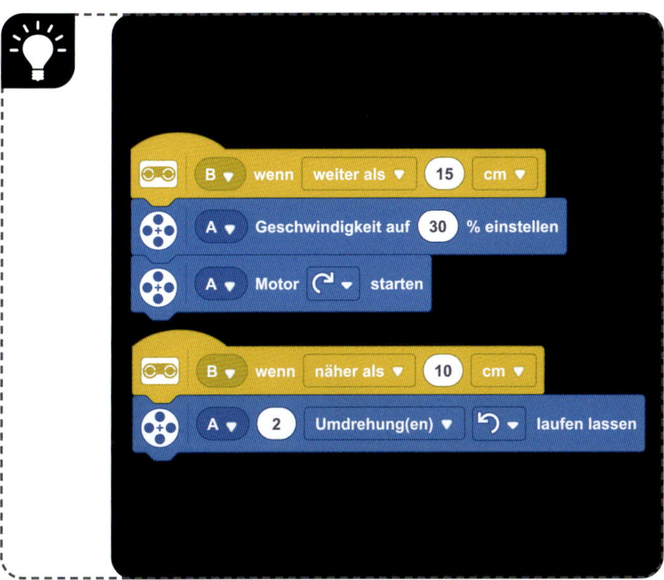
B wenn weiter als 15 cm
A Geschwindigkeit auf 30 % einstellen
A Motor starten
B wenn näher als 10 cm
A 2 Umdrehung(en) laufen lassen

#86

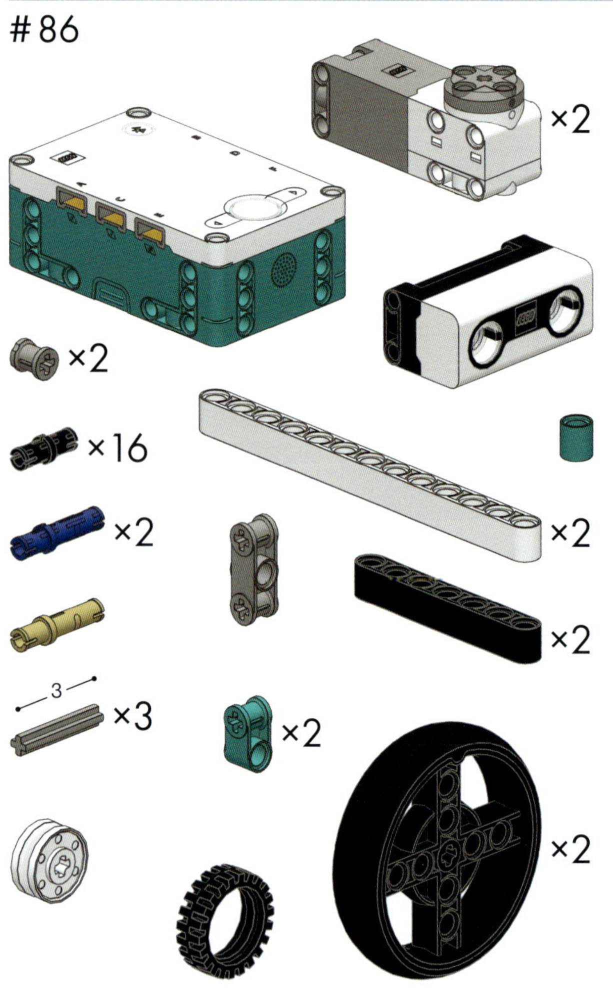
×2
×2
×16
×2
×2
×2
3
×3
×2
×2

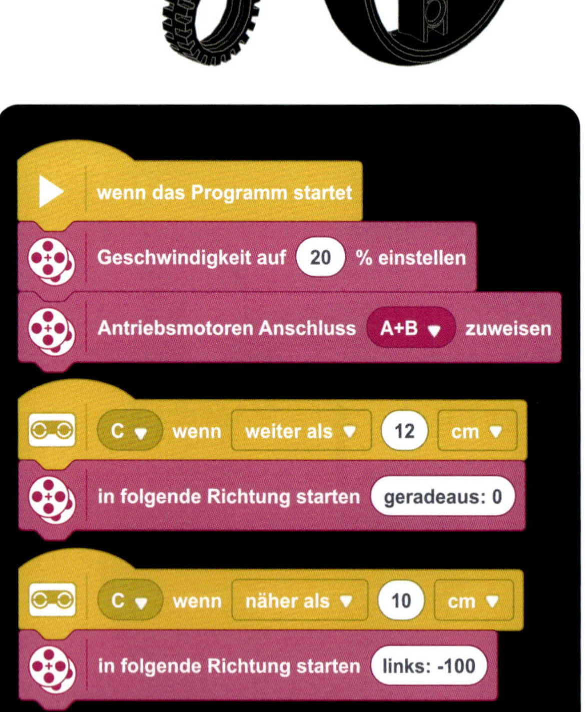
wenn das Programm startet
Geschwindigkeit auf 20 % einstellen
Antriebsmotoren Anschluss A+B zuweisen
C wenn weiter als 12 cm
in folgende Richtung starten geradeaus: 0
C wenn näher als 10 cm
in folgende Richtung starten links: -100

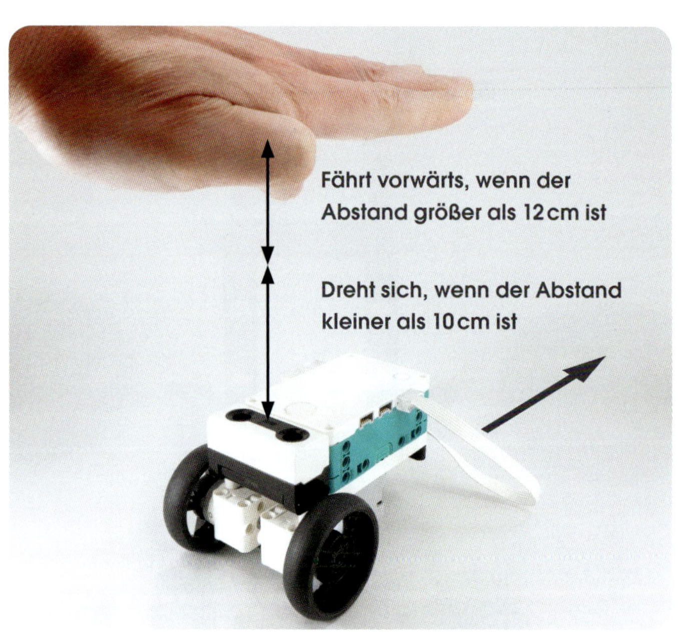
Fährt vorwärts, wenn der Abstand größer als 12 cm ist
Dreht sich, wenn der Abstand kleiner als 10 cm ist

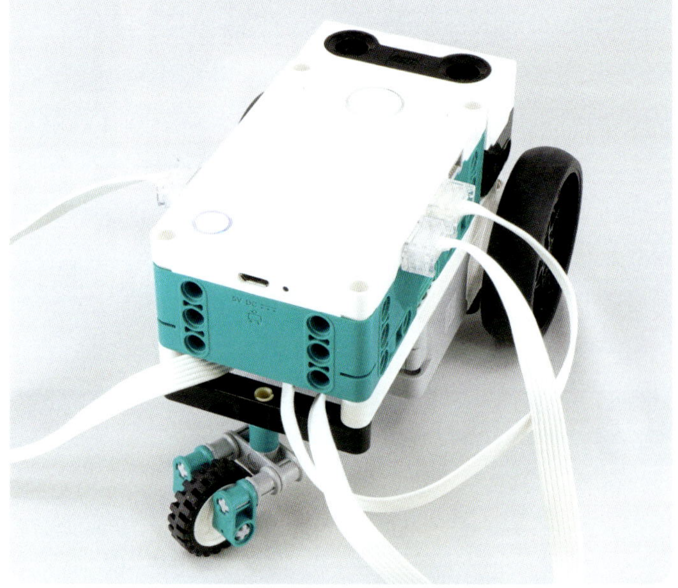

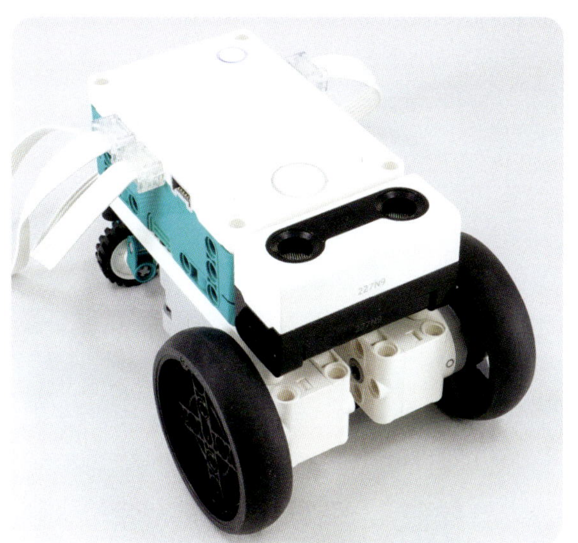

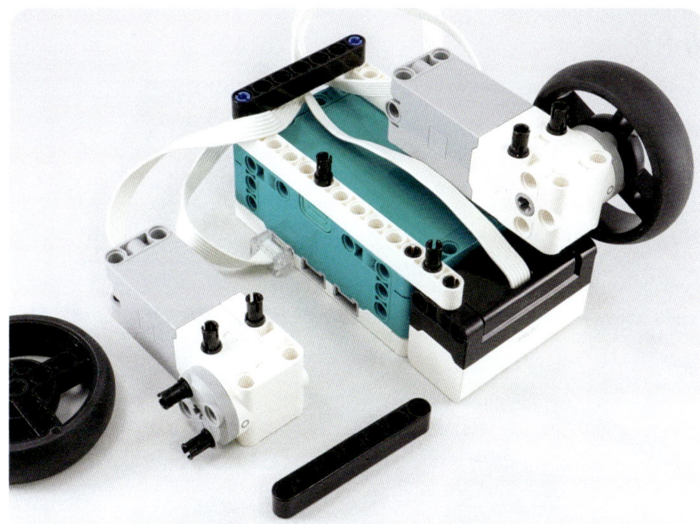

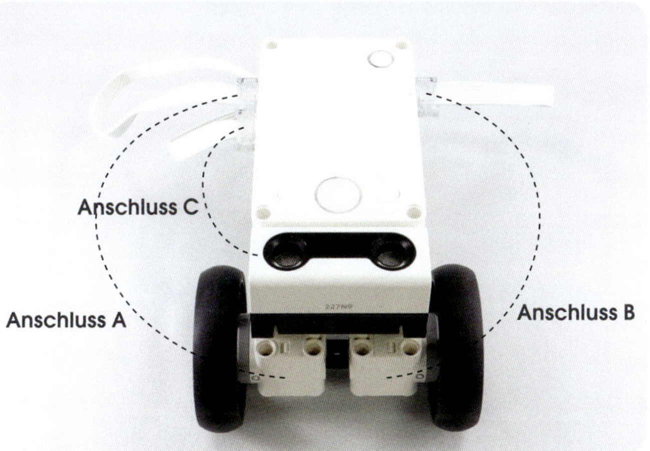

Das Auto hält an, wenn der Abstand mehr als 20 cm beträgt. Es fährt vorwärts, wenn der Abstand 10–20 cm beträgt. Es wendet, wenn der Abstand kleiner als 10 cm ist.

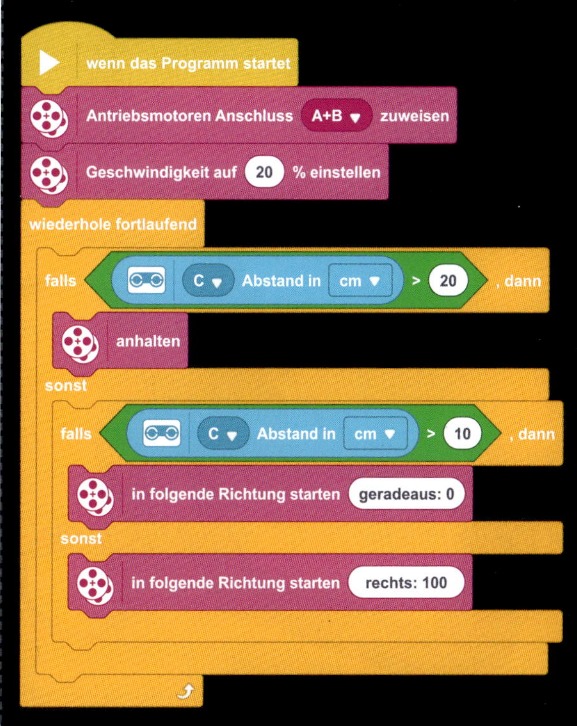

87

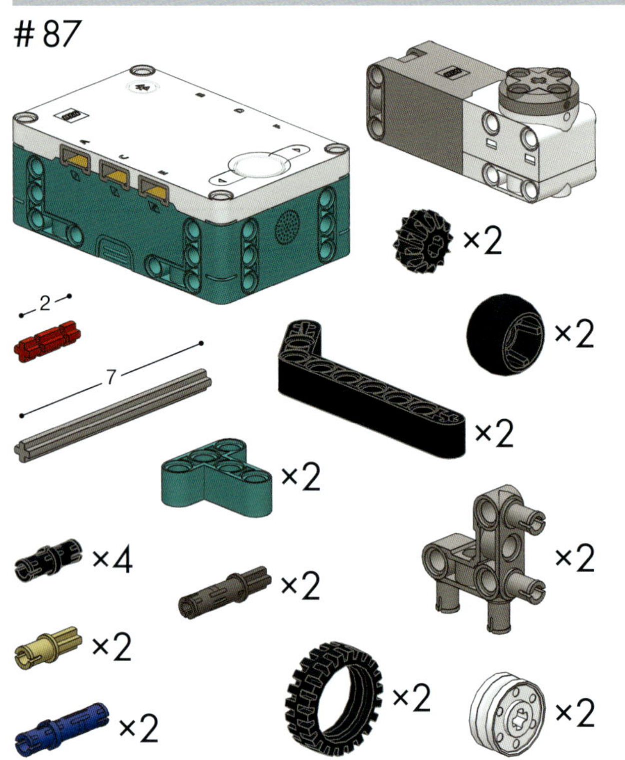

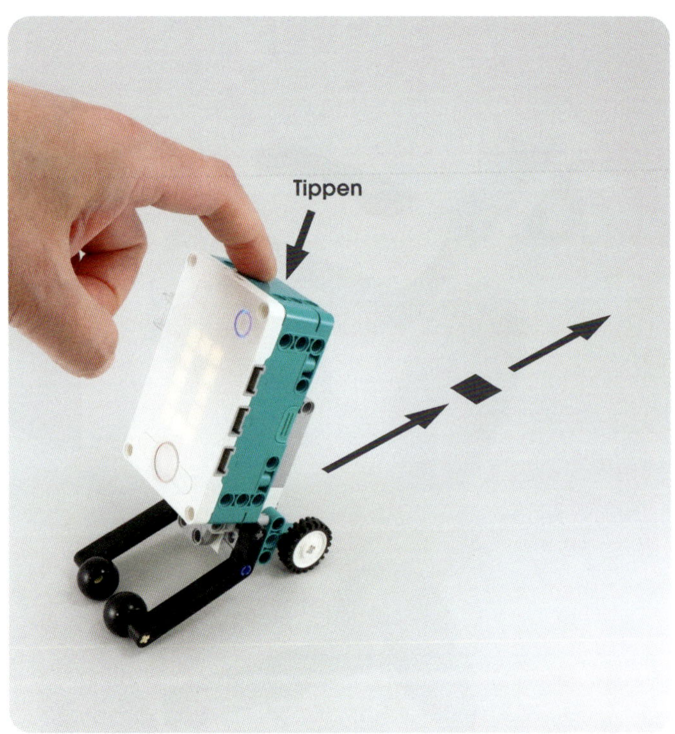

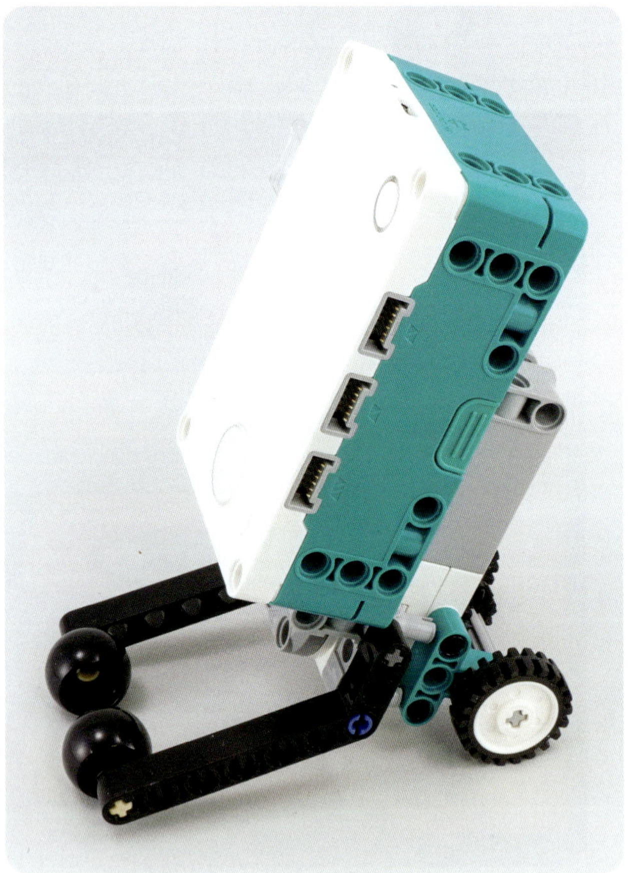

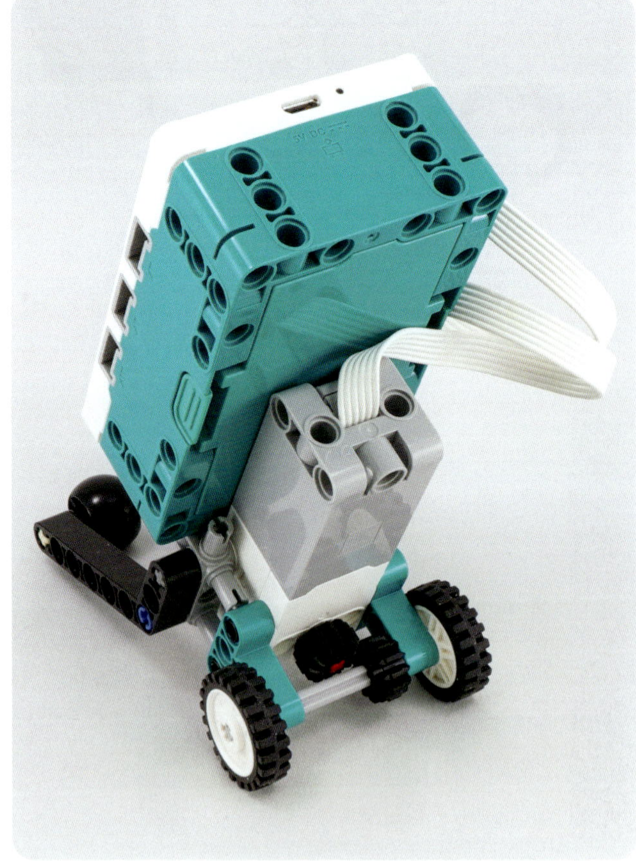

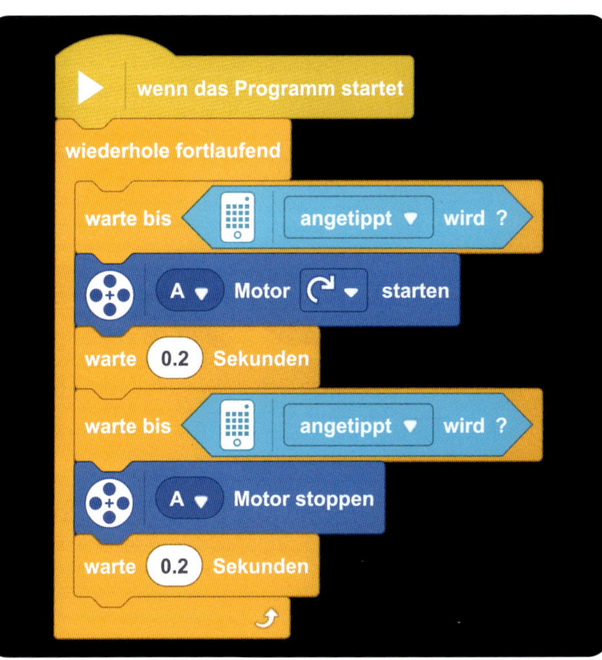
wenn das Programm startet
wiederhole fortlaufend
warte bis angetippt wird ?
A Motor starten
warte 0.2 Sekunden
warte bis angetippt wird ?
A Motor stoppen
warte 0.2 Sekunden

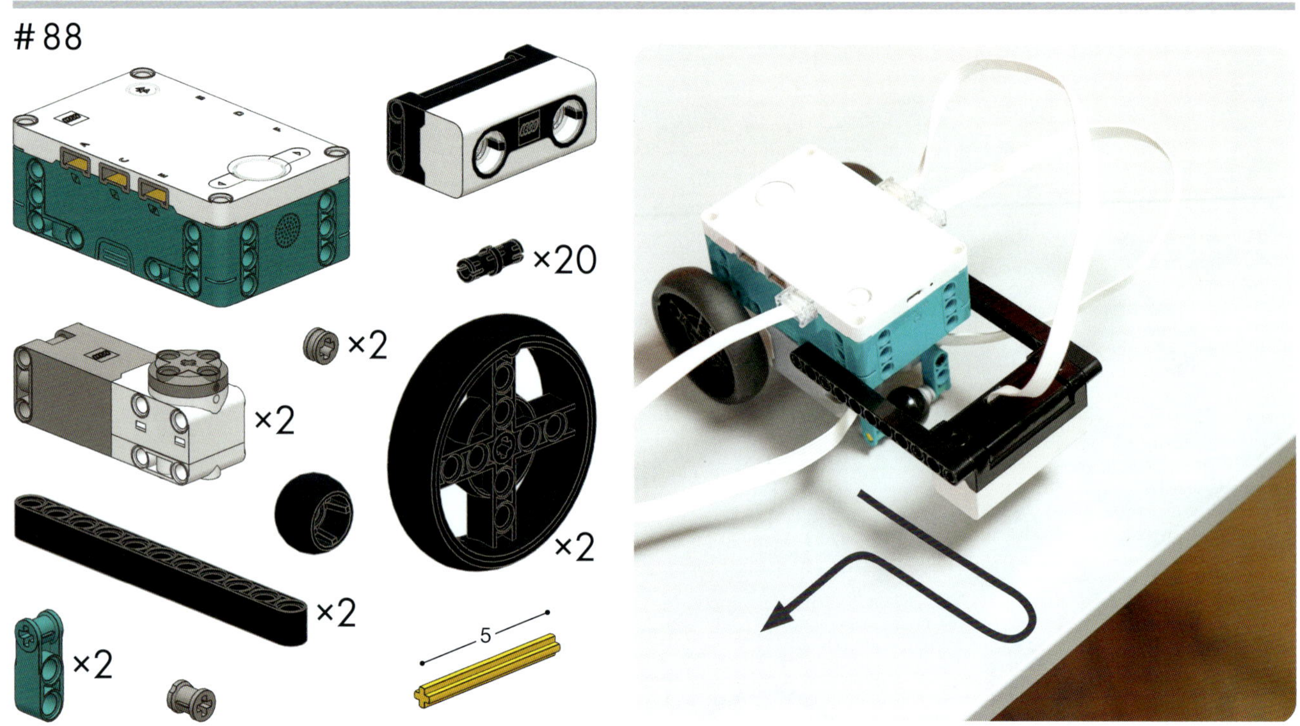

#88
×20
×2
×2
×2
×2
×2
5

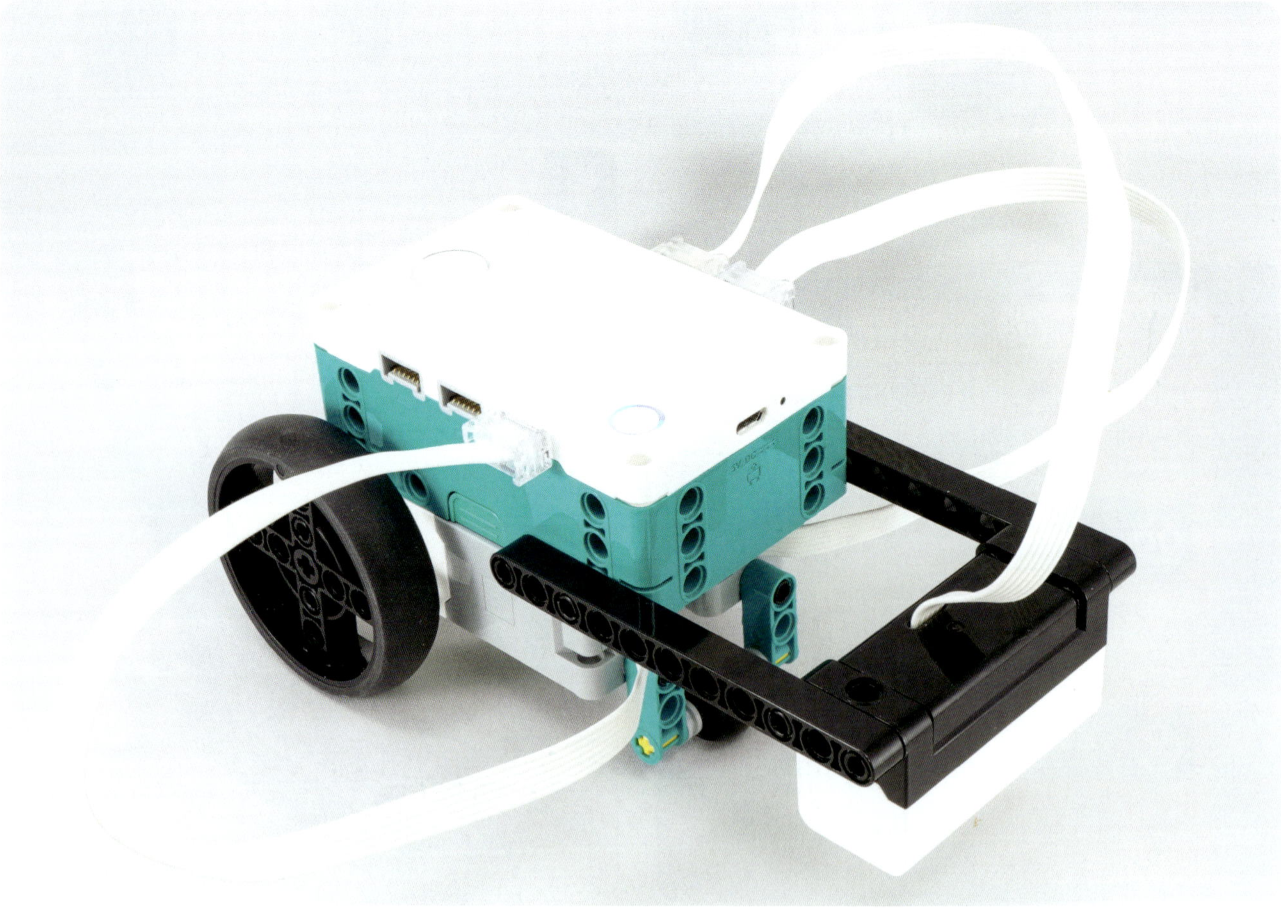

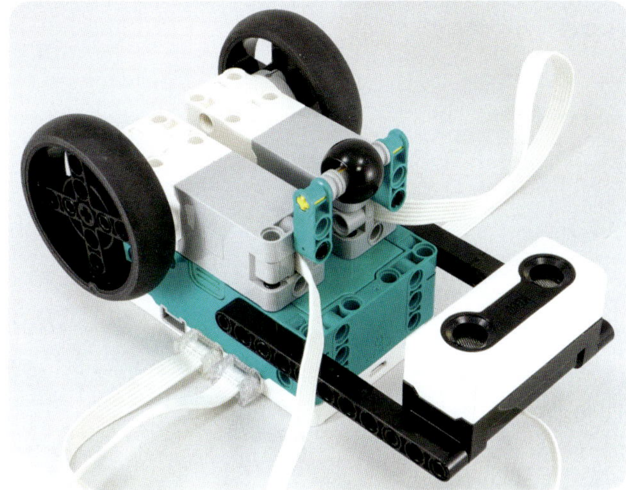

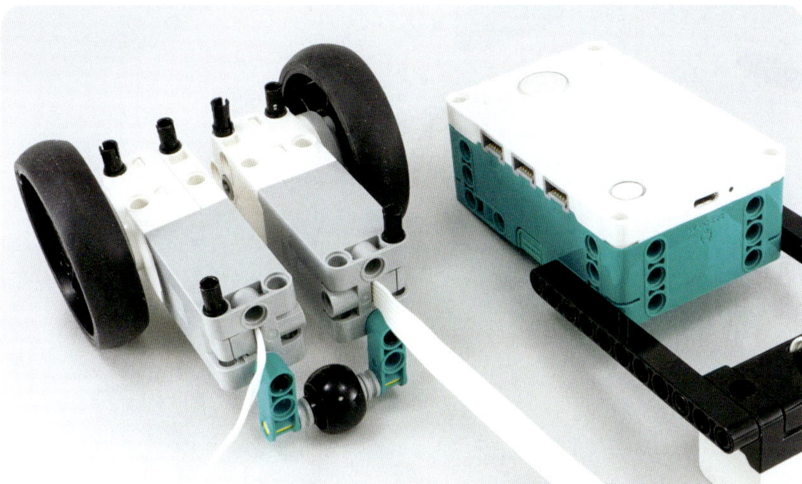

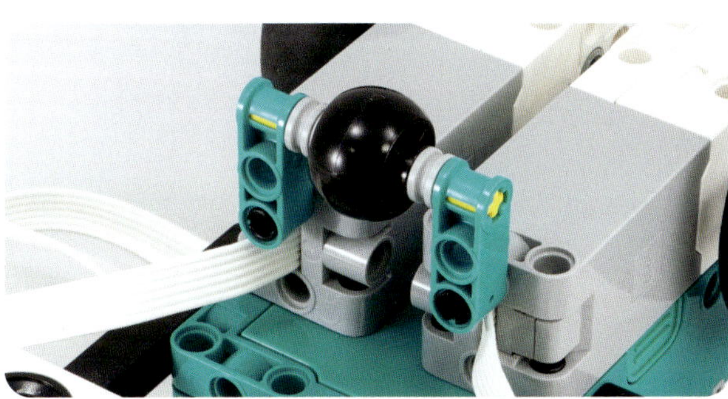

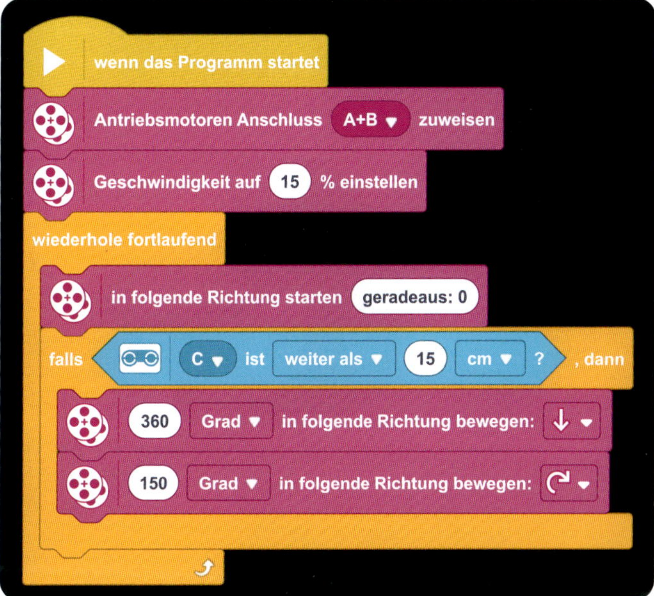
wenn das Programm startet
Antriebsmotoren Anschluss A+B zuweisen
Geschwindigkeit auf 15 % einstellen
wiederhole fortlaufend
in folgende Richtung starten geradeaus: 0
falls C ist weiter als 15 cm ? , dann
360 Grad in folgende Richtung bewegen: ↓
150 Grad in folgende Richtung bewegen:

#89

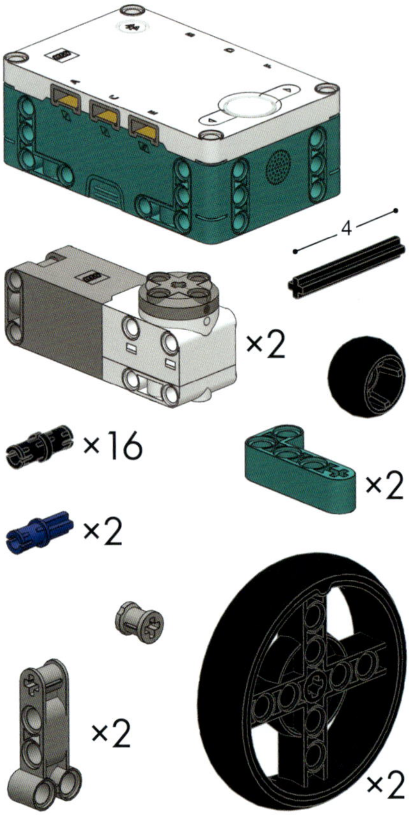

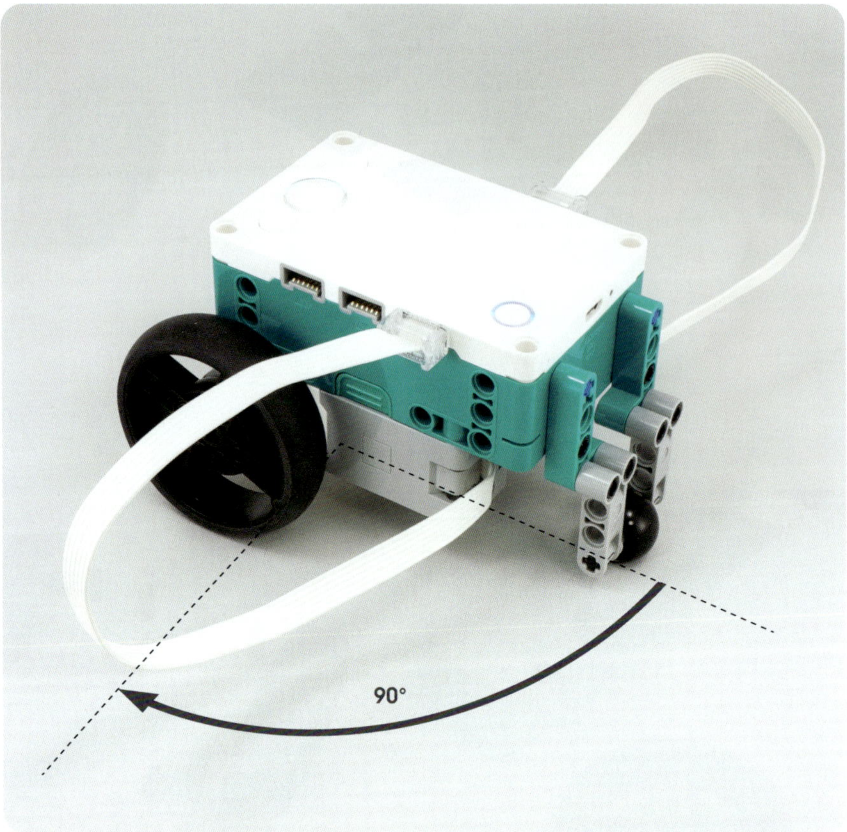

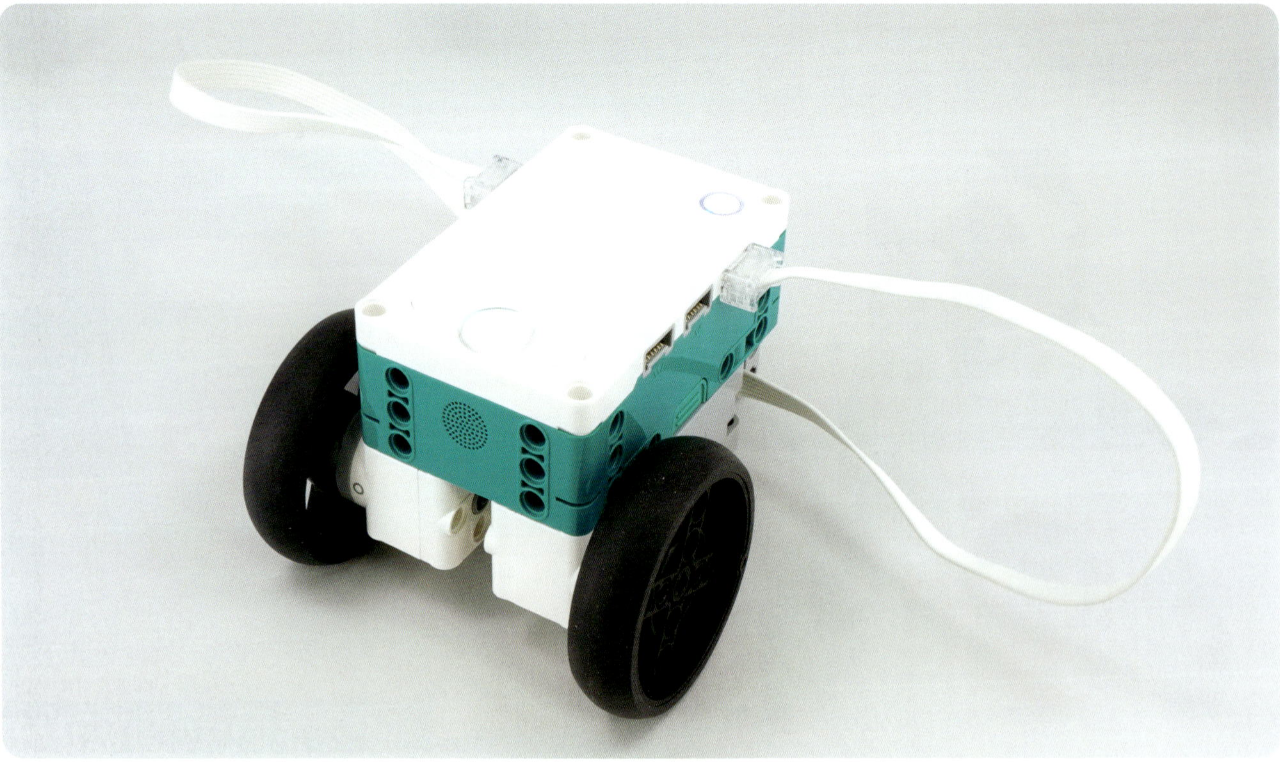

×2

×16

×2

×2

4

×2

×2

90°

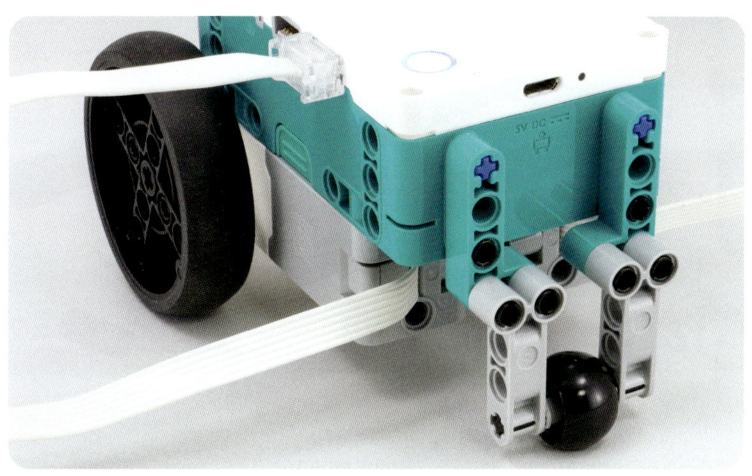

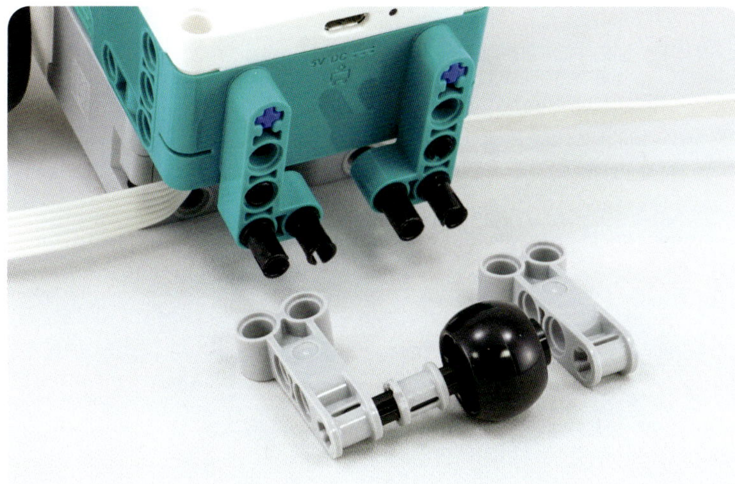

Das Fahrzeug hält an, wenn der Abbiegewinkel 90° oder mehr beträgt.

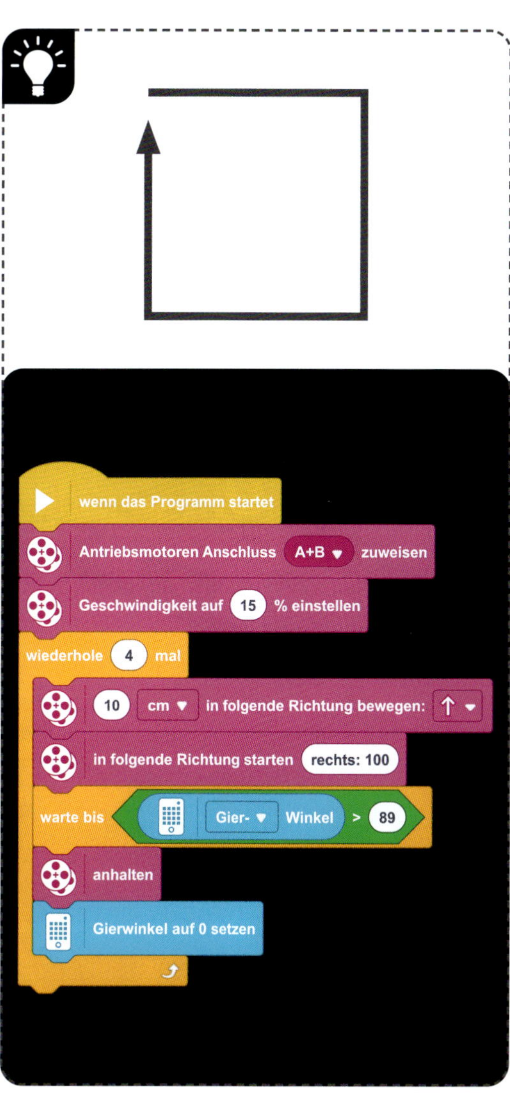

#90

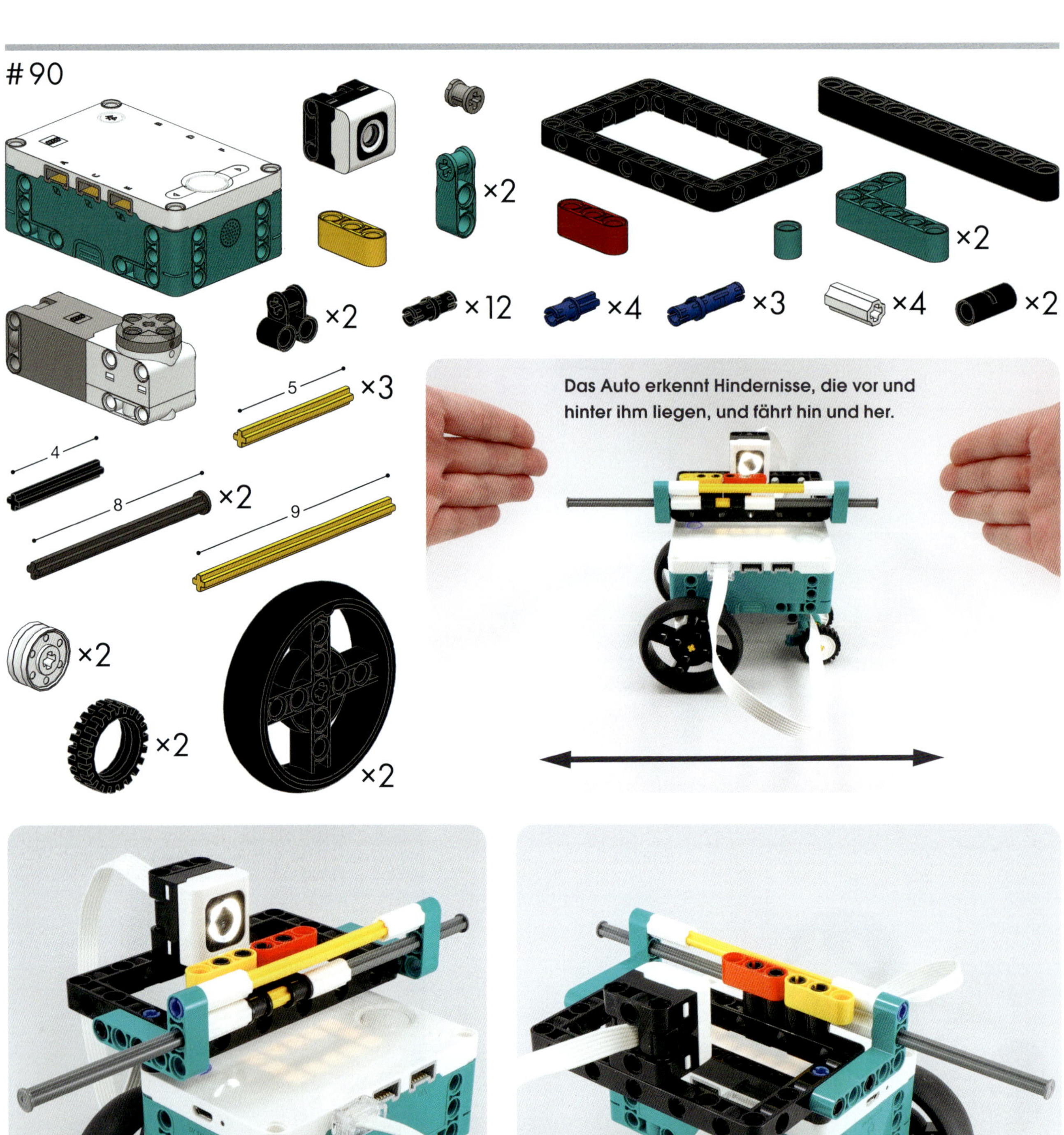
×2
×2
×2
×12
×4
×3
×4
×2
5
×3
4
8
×2
9
Das Auto erkennt Hindernisse, die vor und hinter ihm liegen, und fährt hin und her.
×2
×2
×2

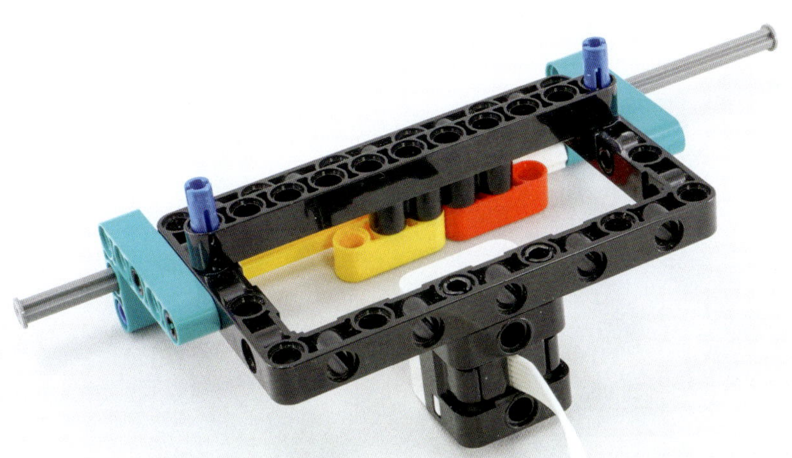

wenn das Programm startet
A Geschwindigkeit auf 30 % einstellen
B bei Farbe
A Motor starten
B bei Farbe
A Motor starten

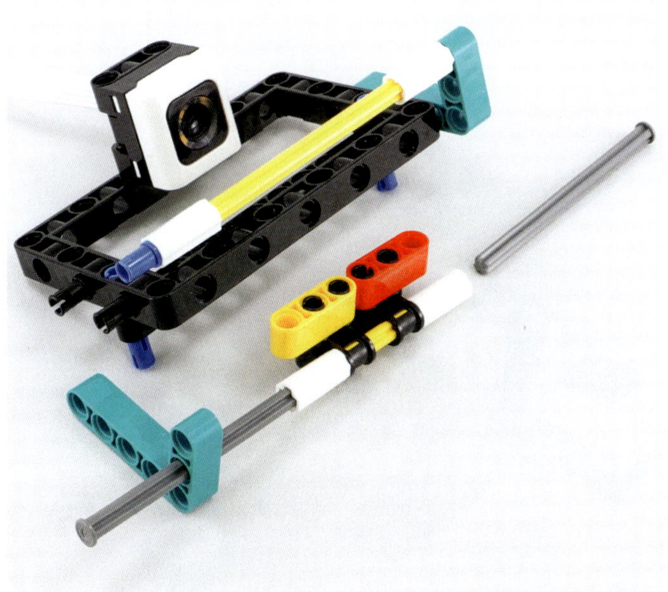

#91

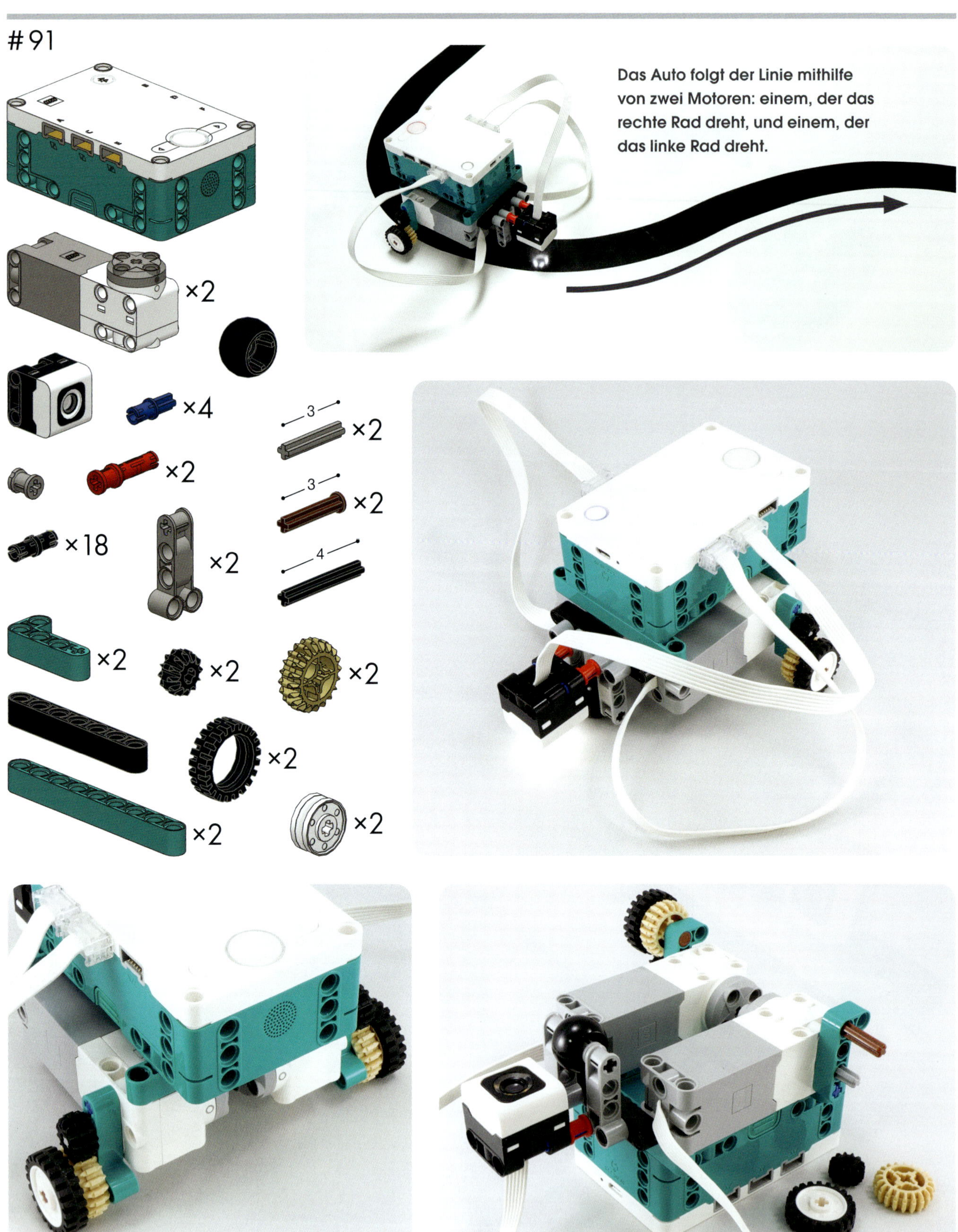

Das Auto folgt der Linie mithilfe von zwei Motoren: einem, der das rechte Rad dreht, und einem, der das linke Rad dreht.

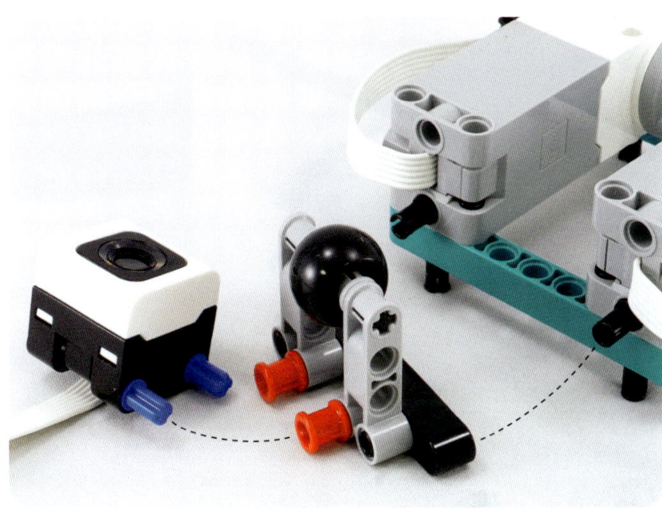

Dieses Programm verwendet die Differenz zwischen dem Schwellen- und dem Sensorwert als Bewegungsrichtung. Das Fahrzeug fährt etwas gleichmäßiger.

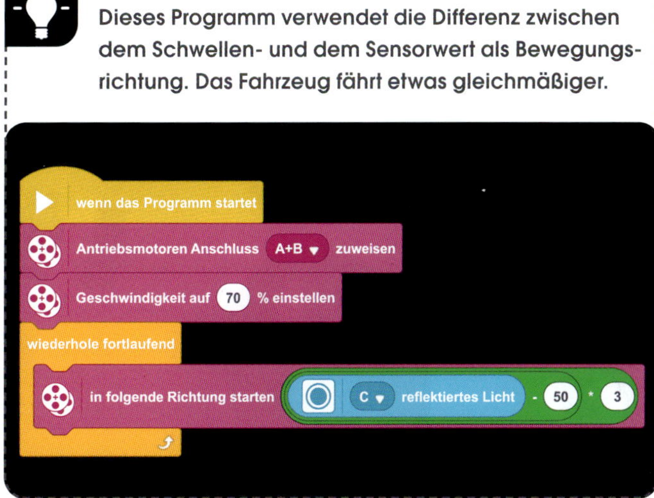

#92

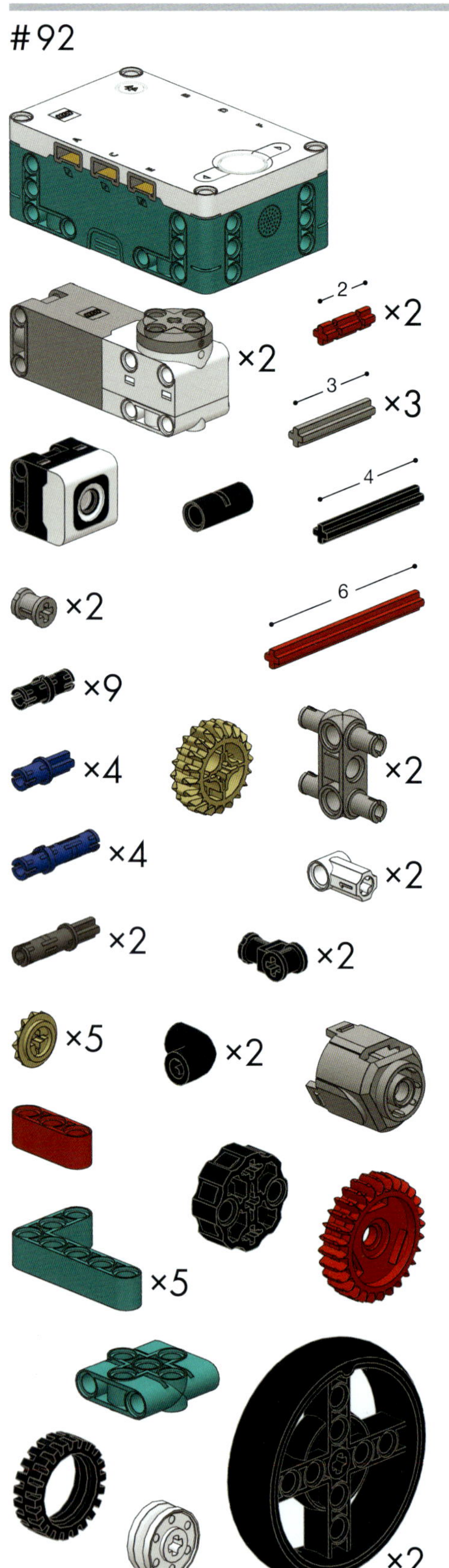

Das Fahrzeug folgt der Linie mithilfe eines Lenk- und eines Fahrmotors.

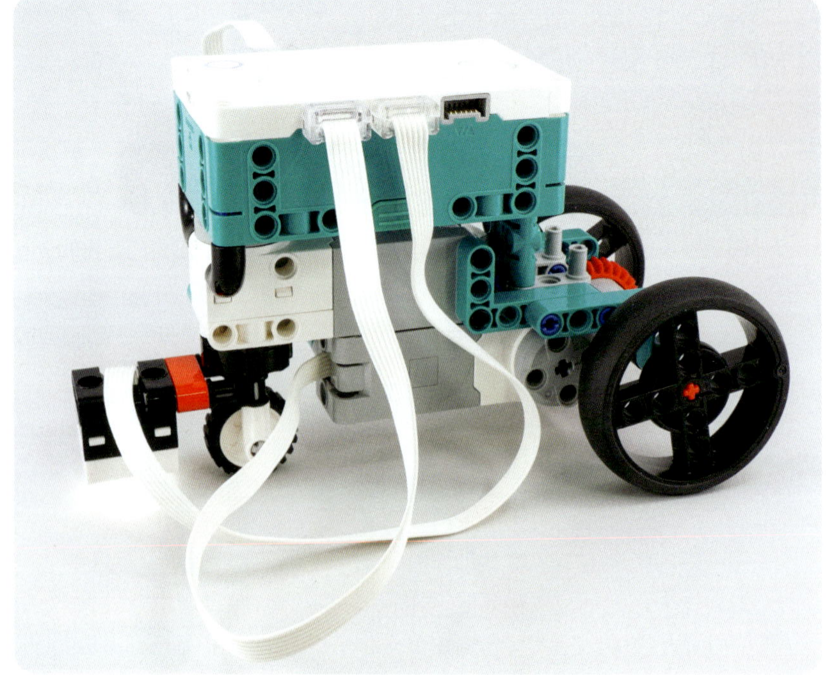

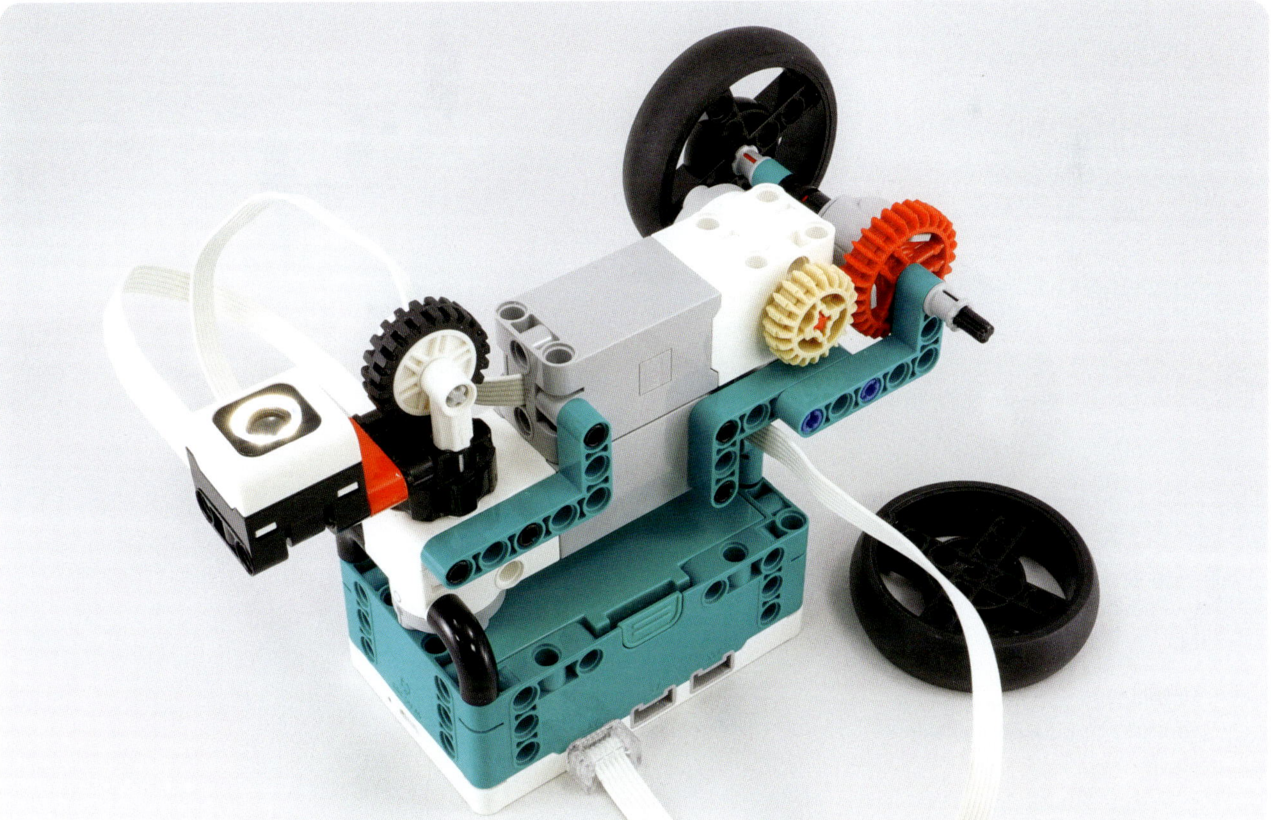

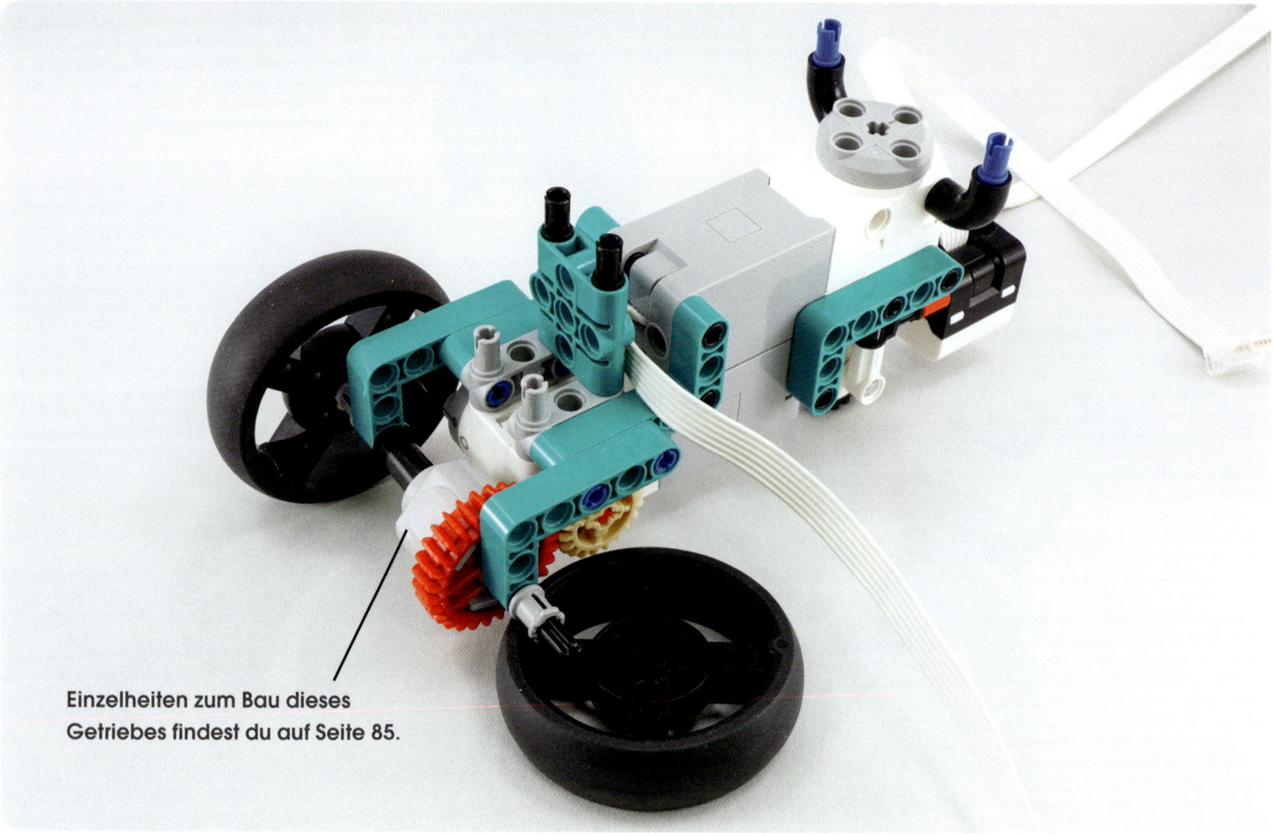

Einzelheiten zum Bau dieses
Getriebes findest du auf Seite 85.

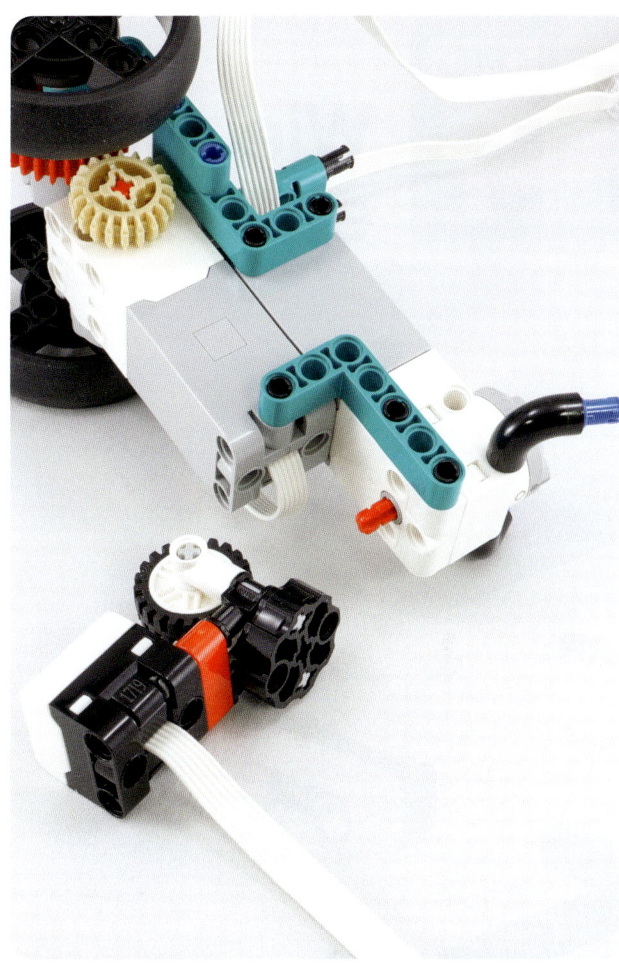

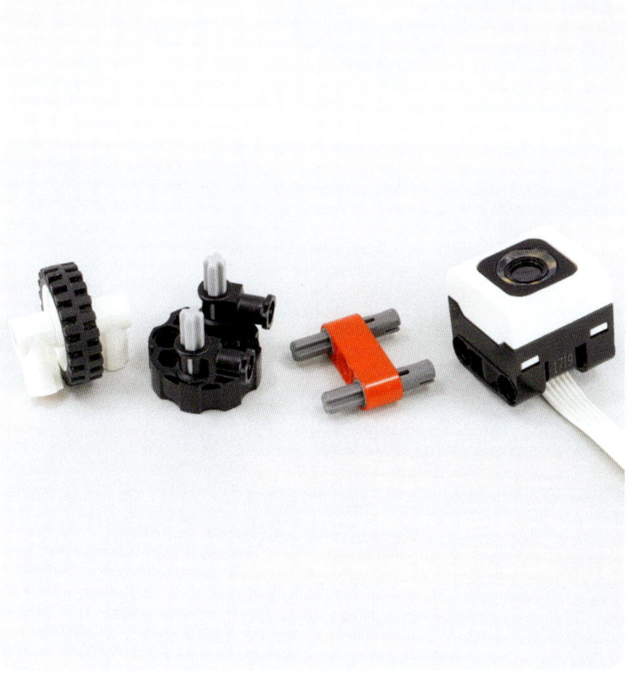

wenn das Programm startet
A Geschwindigkeit auf 20 % einstellen
B Geschwindigkeit auf 20 % einstellen
A Motor starten
wiederhole fortlaufend
falls C ist Reflexion < 50 %? , dann
B Motor starten
sonst
B Motor starten

Wie man Sensoren noch einsetzen kann

#93

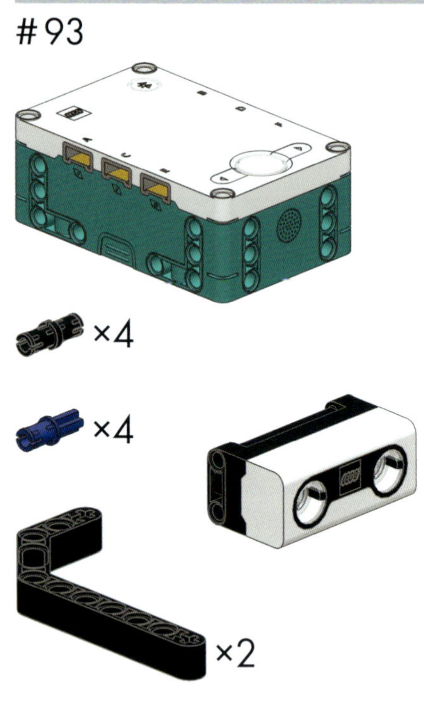

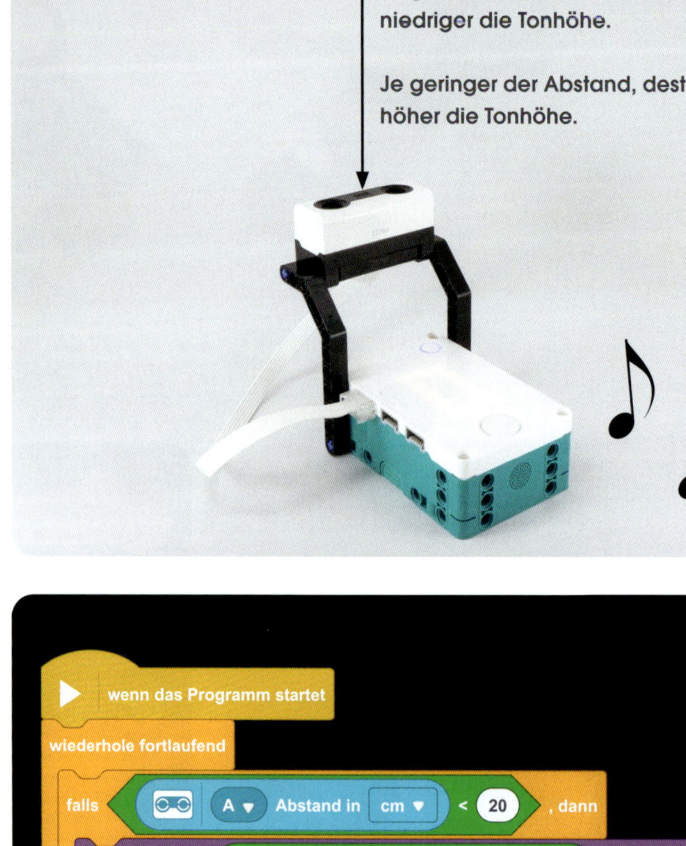

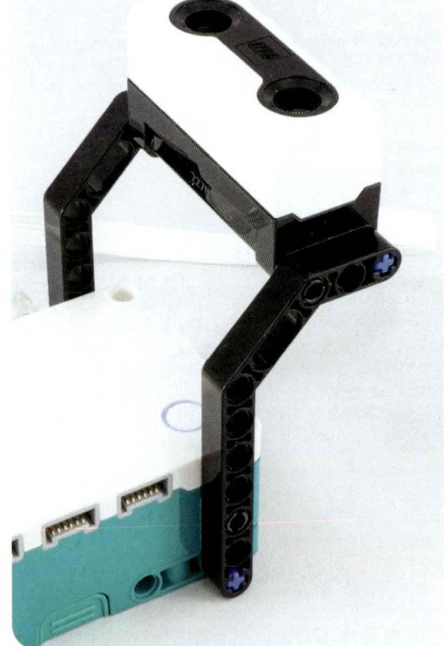

```
wenn das Programm startet
wiederhole fortlaufend
  falls (A Abstand in cm) < 20 , dann
    Piepton (80 - (A Abstand in cm)) 0.2 Sekunden abspielen
  sonst
    Piepton 60 0.2 Sekunden abspielen
```

#94

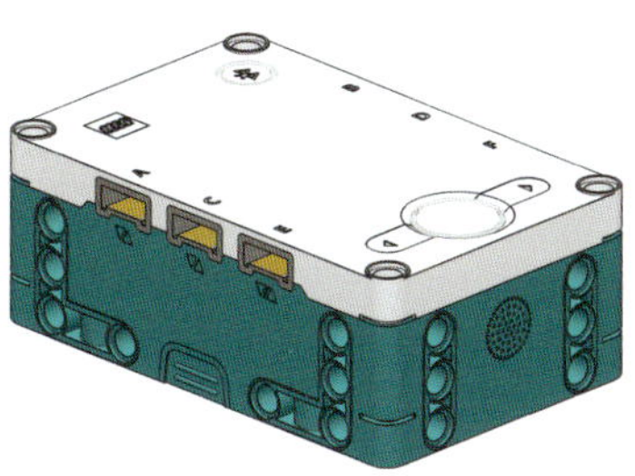

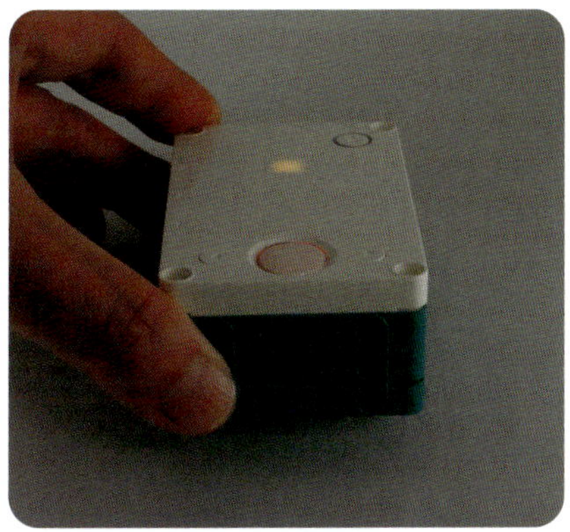

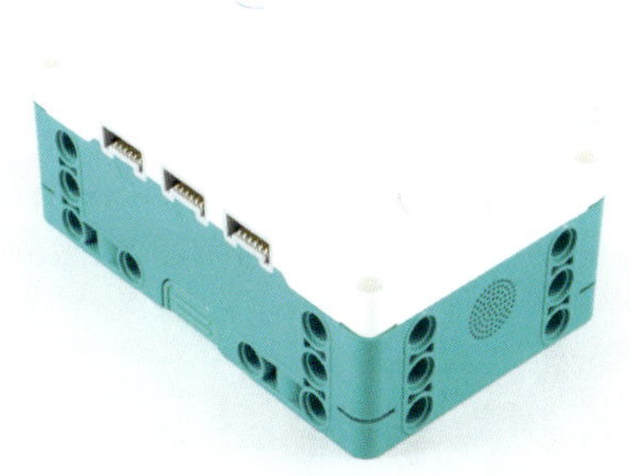

Probiere Neigungen an der linken und der rechten Seite und an der Vorder- und Rückseite aus.

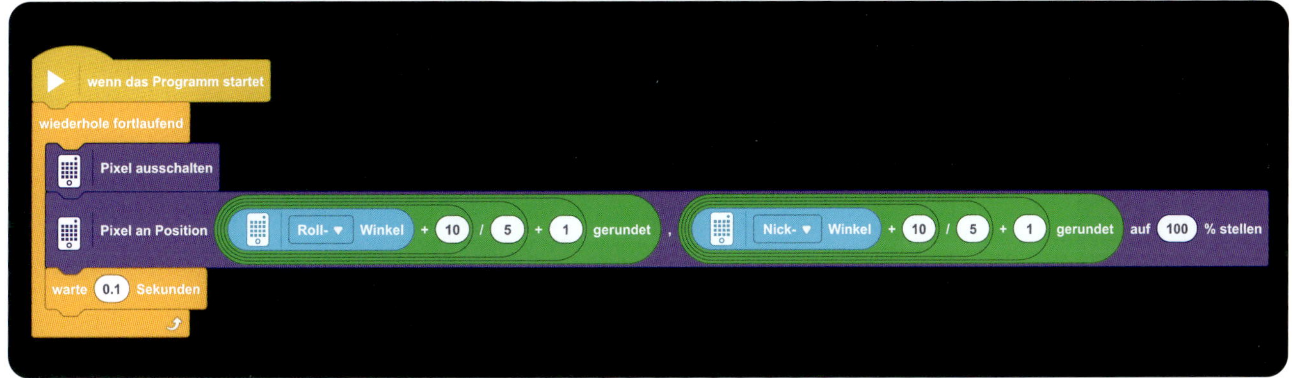

#95

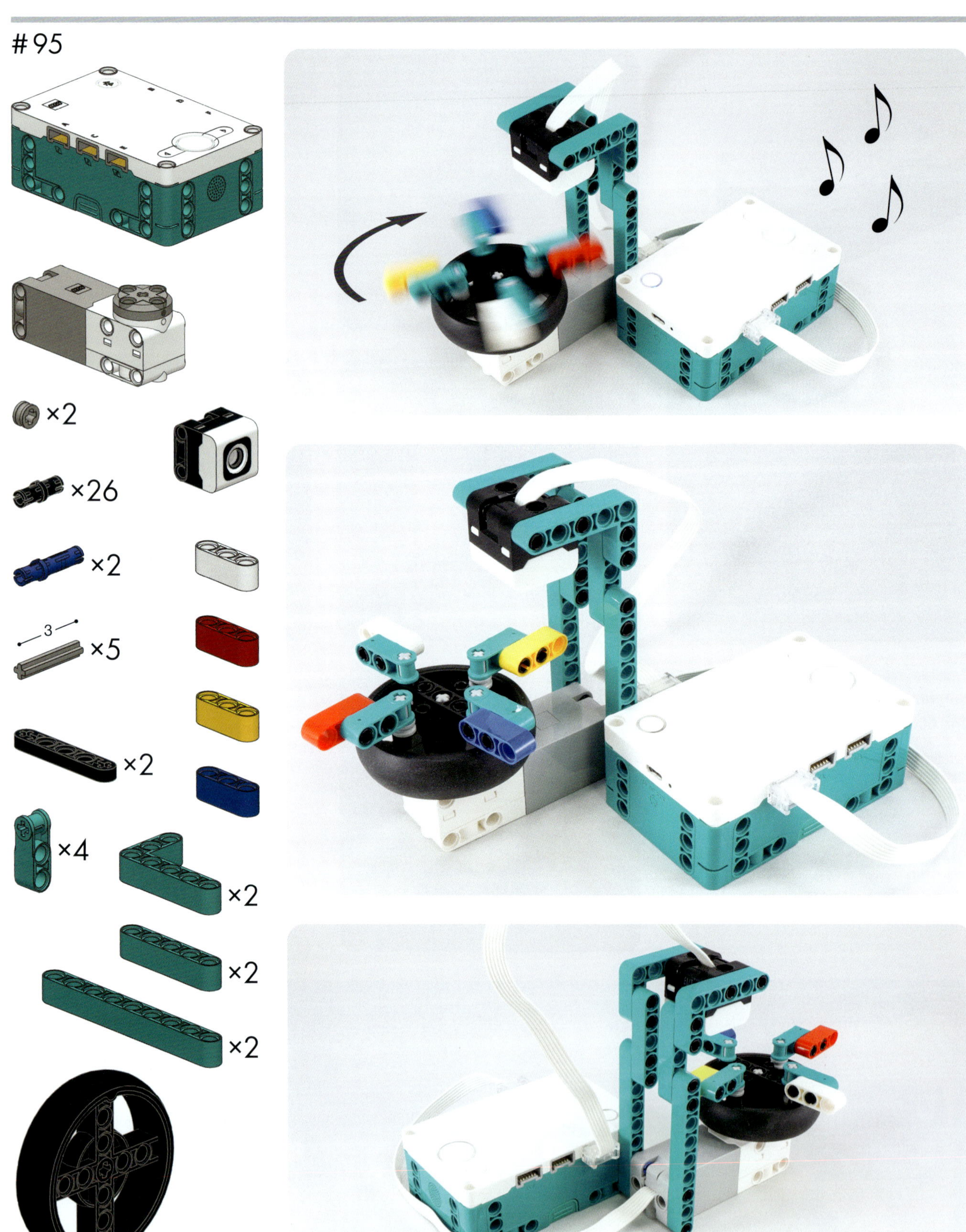

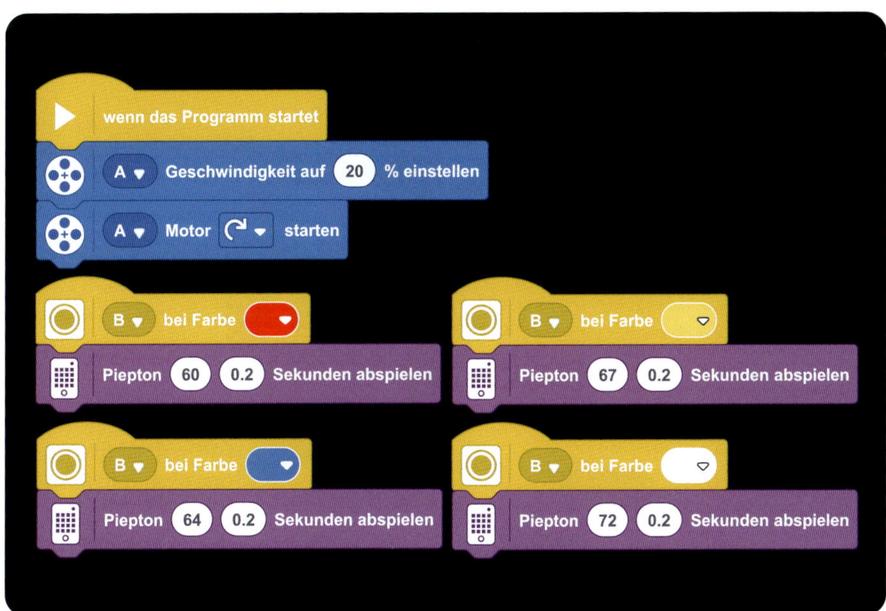
wenn das Programm startet
A Geschwindigkeit auf 20 % einstellen
A Motor starten
B bei Farbe
Piepton 60 0.2 Sekunden abspielen
B bei Farbe
Piepton 67 0.2 Sekunden abspielen
B bei Farbe
Piepton 64 0.2 Sekunden abspielen
B bei Farbe
Piepton 72 0.2 Sekunden abspielen

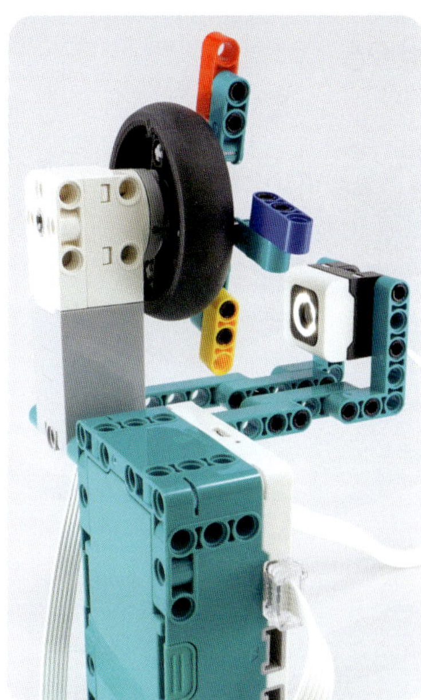

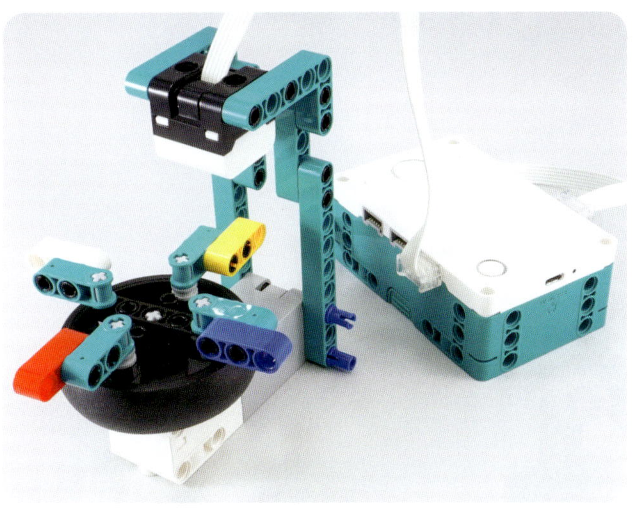

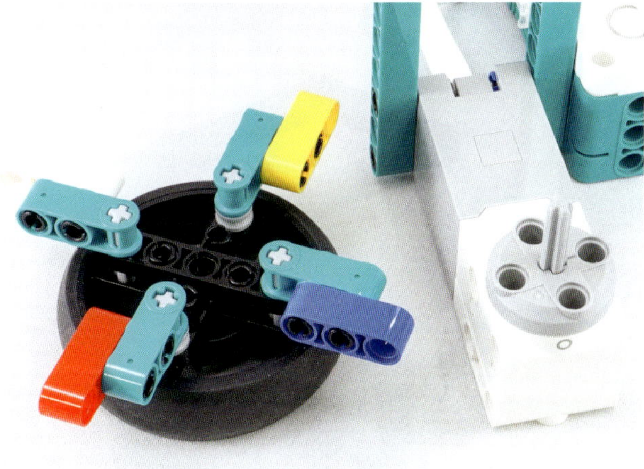

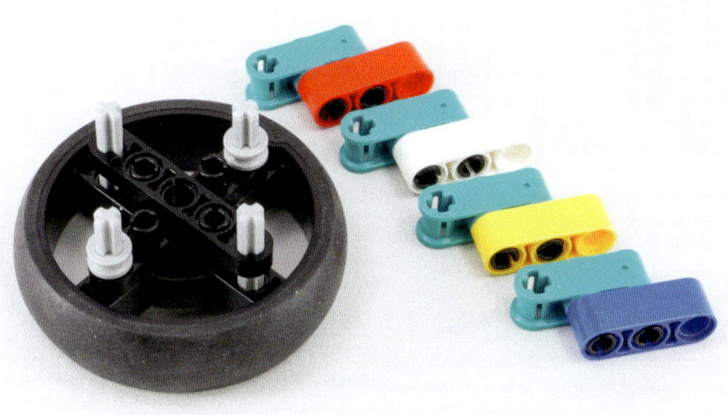

#96

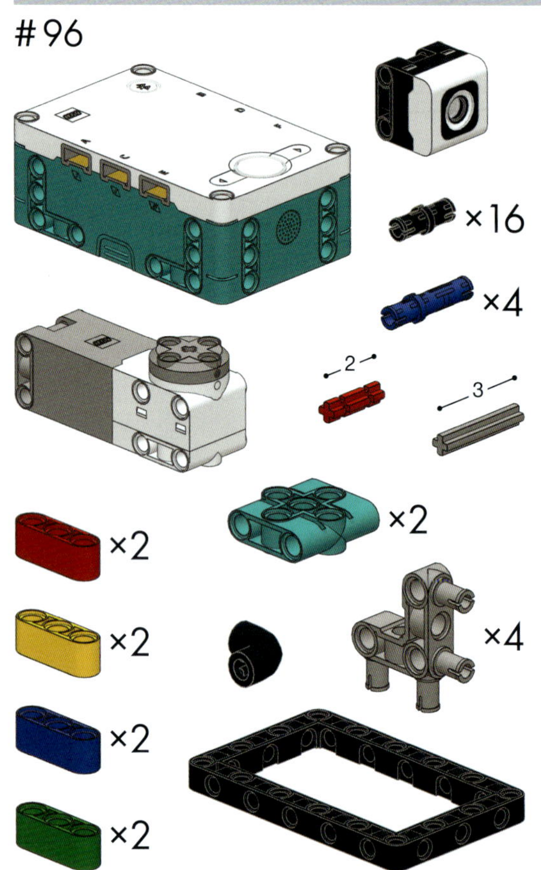
×16
×4
2
3
×2
×2
×2
×2
×2
×4

Der Zeiger zeigt die Farbe des Teils an, das über den Farbsensor gehalten wird.

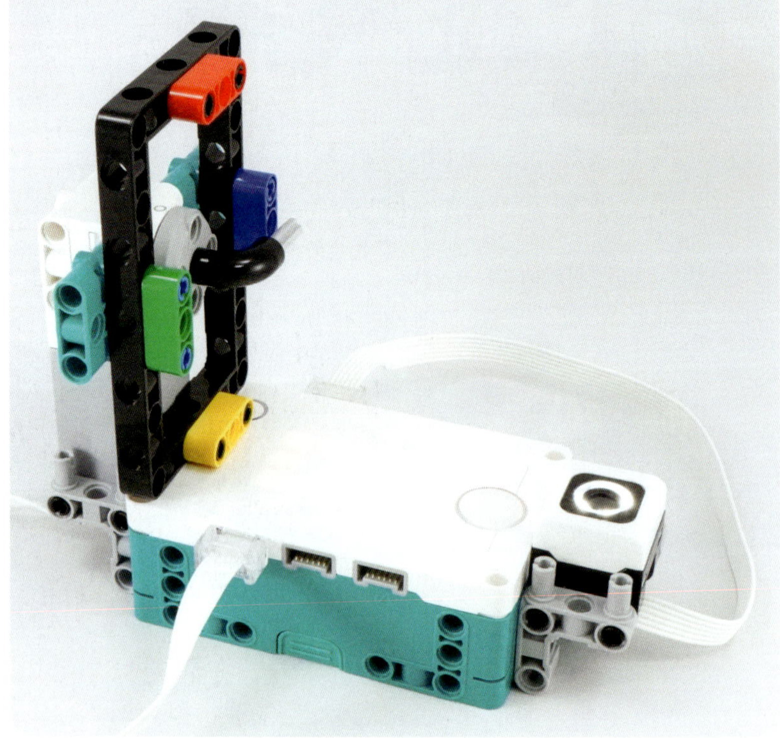

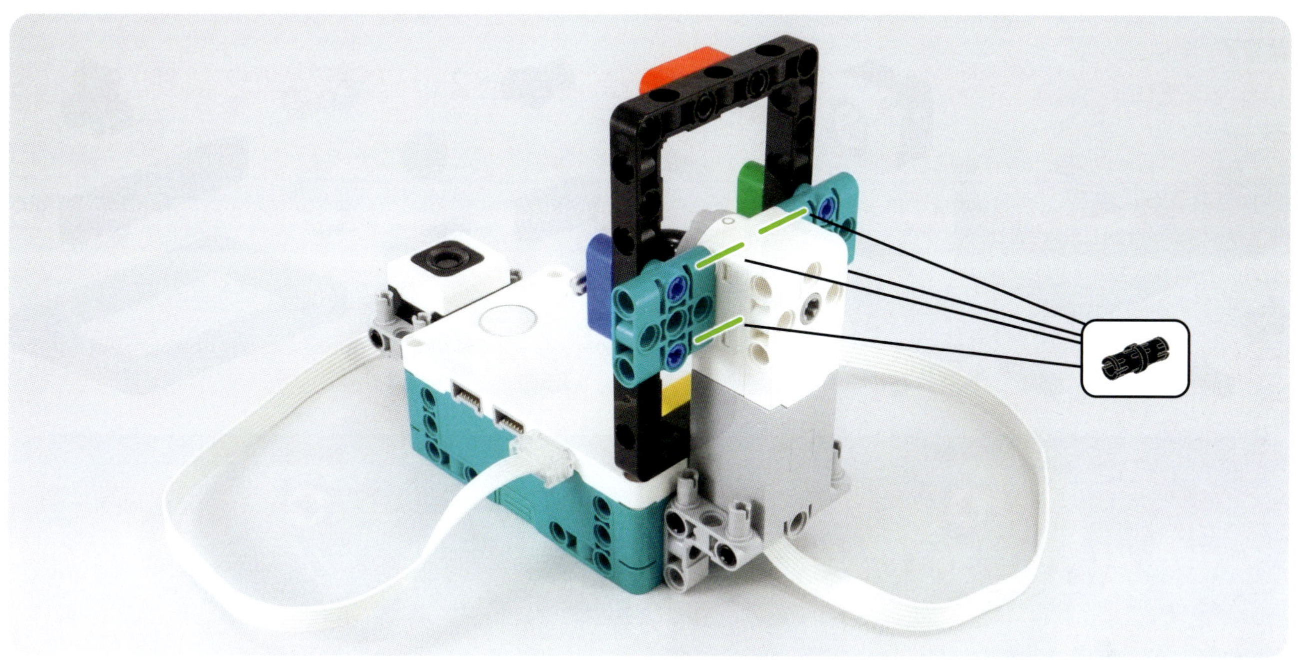

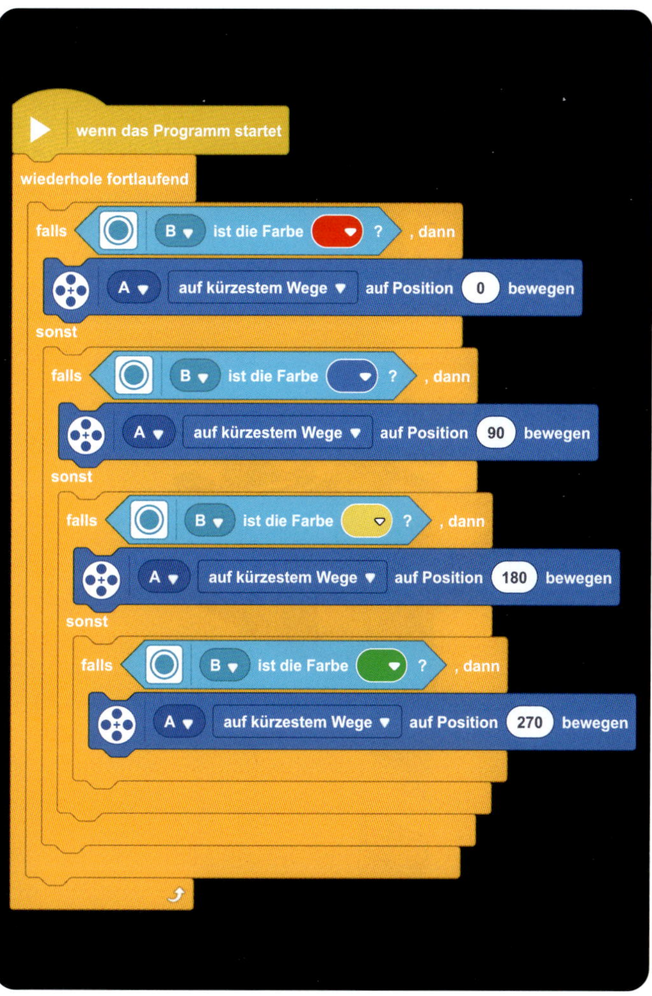
wenn das Programm startet
wiederhole fortlaufend
falls B ist die Farbe ? , dann
A auf kürzestem Wege auf Position 0 bewegen
sonst
falls B ist die Farbe ? , dann
A auf kürzestem Wege auf Position 90 bewegen
sonst
falls B ist die Farbe ? , dann
A auf kürzestem Wege auf Position 180 bewegen
sonst
falls B ist die Farbe ? , dann
A auf kürzestem Wege auf Position 270 bewegen

#97

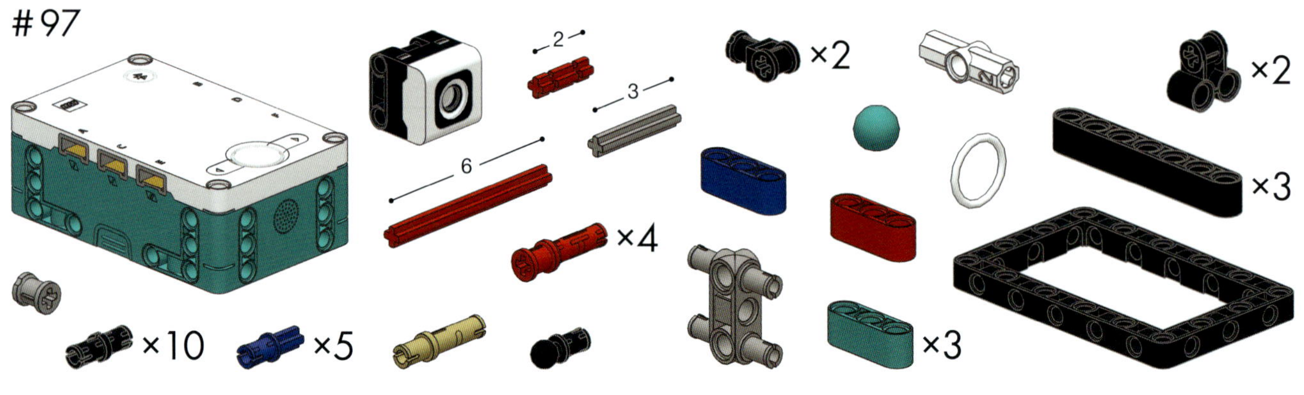

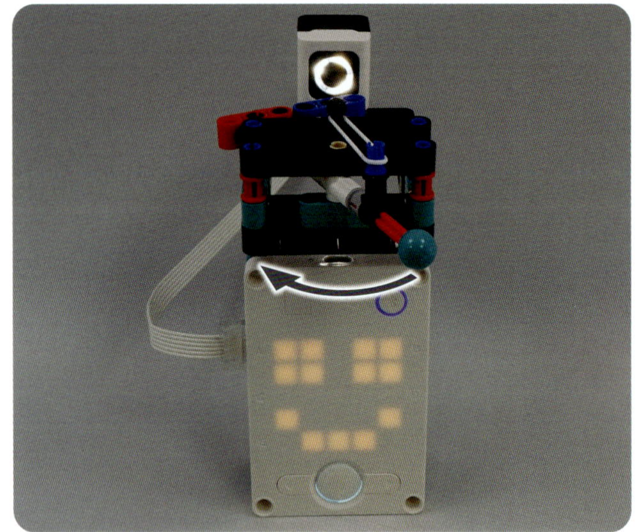

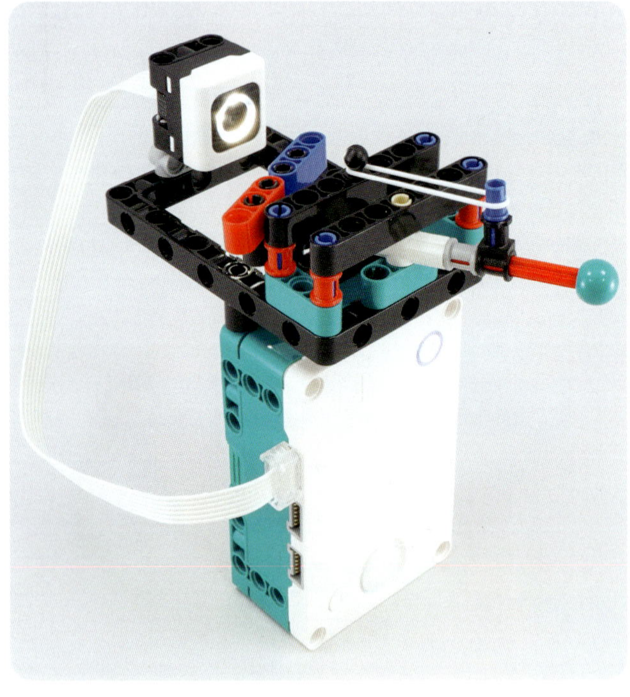

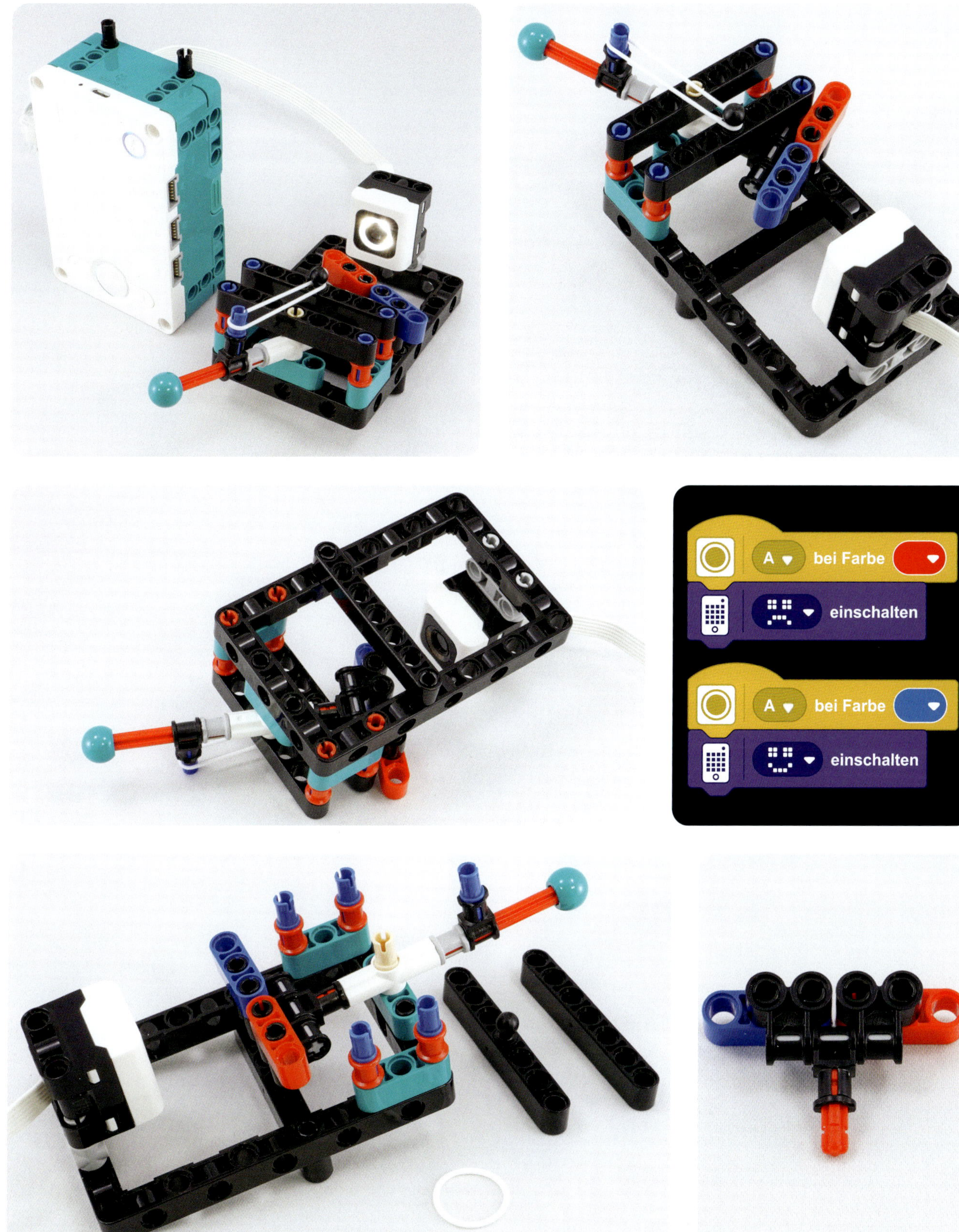
A
bei Farbe
einschalten
A
bei Farbe
einschalten

Teil 5
Andere unterhaltsame Mechanismen

Verschiedene Bewegungsmechanismen

#98

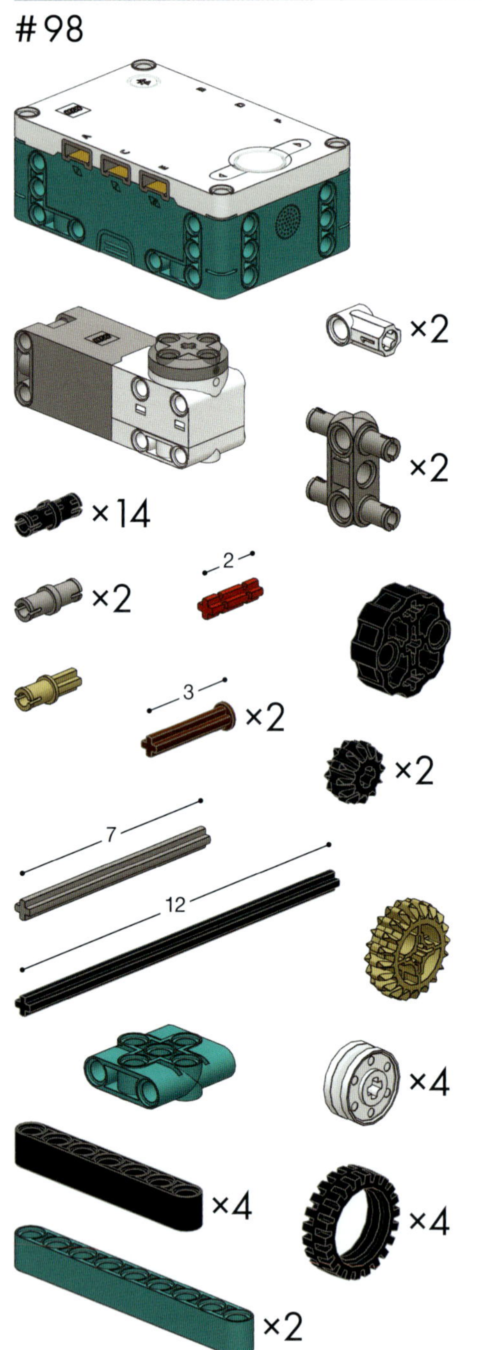

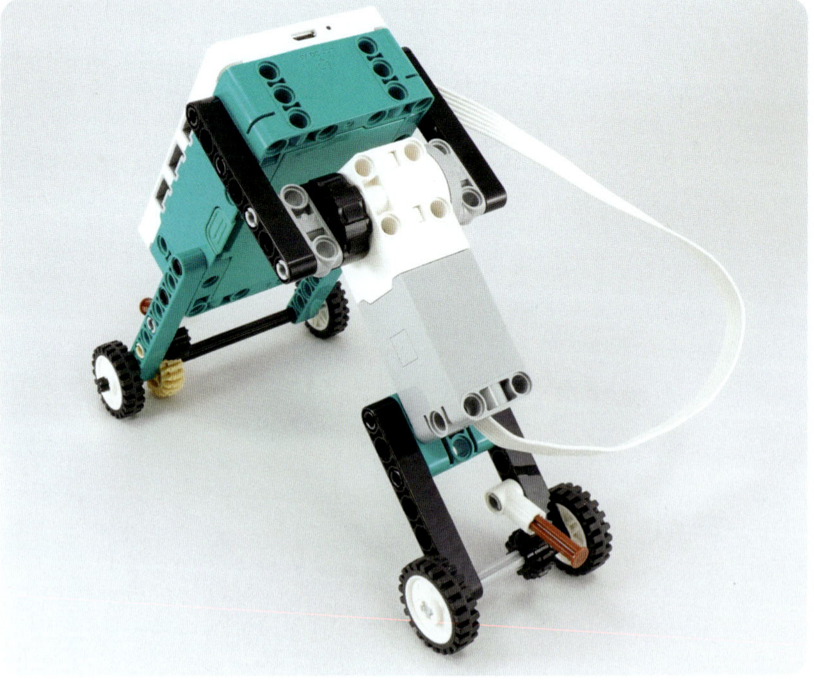

wenn das Programm startet
A Geschwindigkeit auf 50 % einstellen
wiederhole 3 mal
A auf kürzestem Wege auf Position 0 bewegen
A auf kürzestem Wege auf Position 45 bewegen

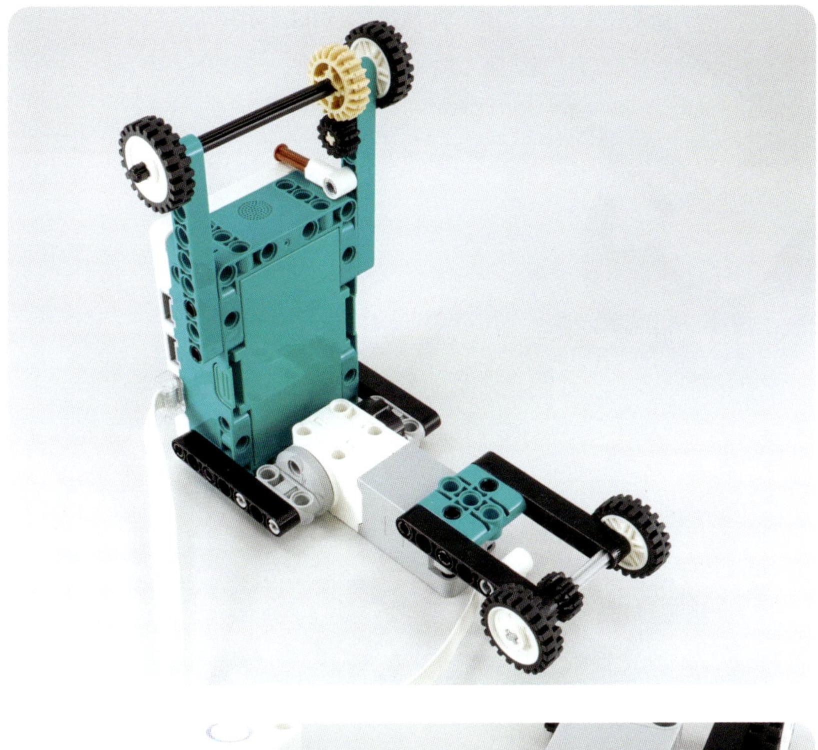

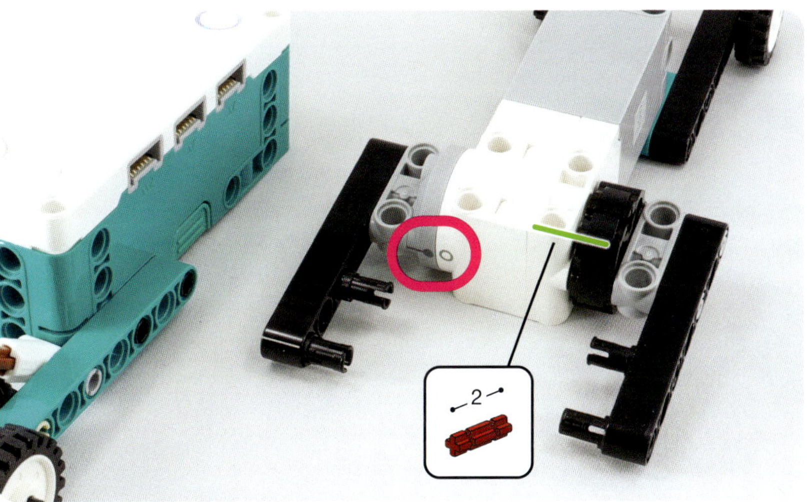
2

#99

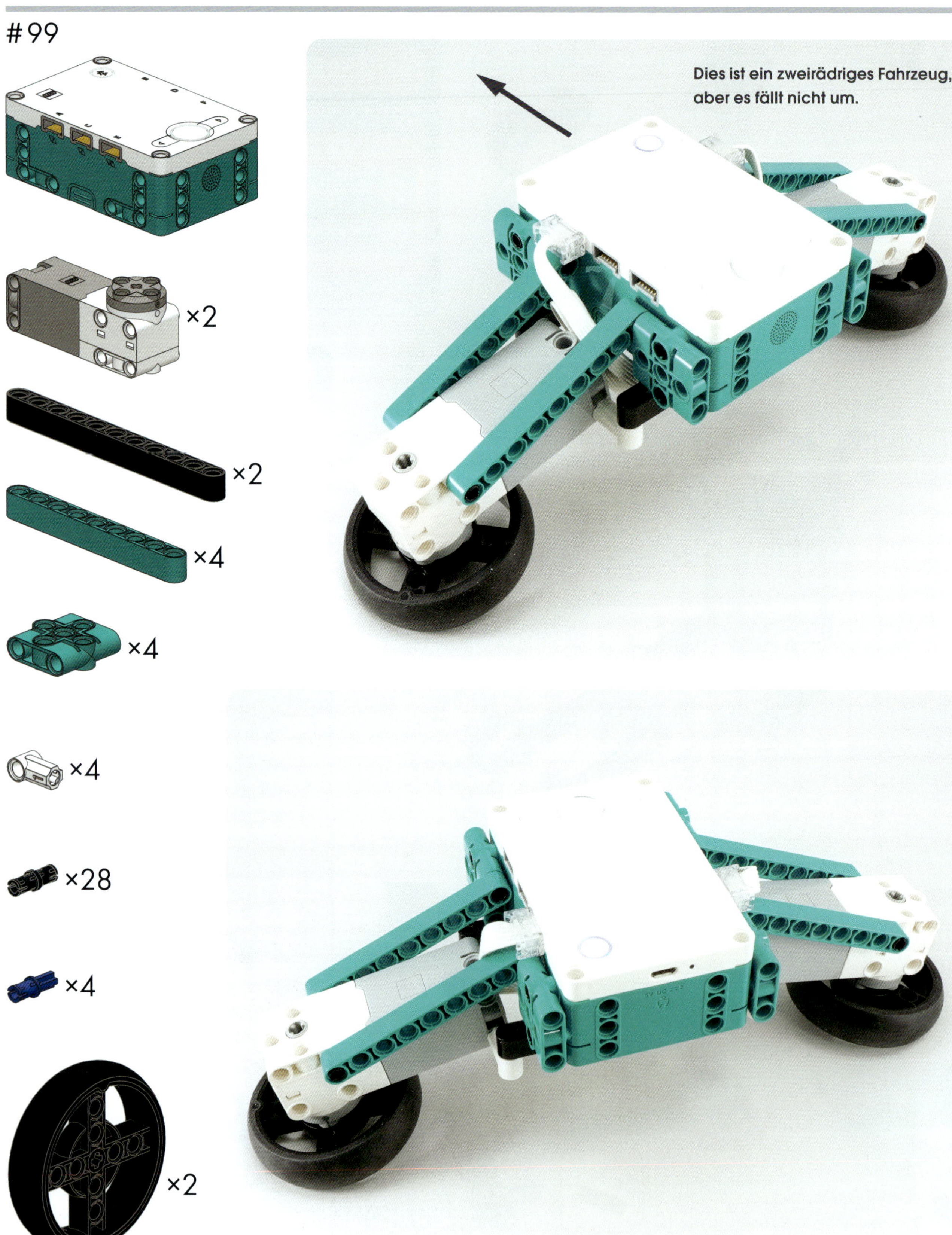
×2
×2
×4
×4
×4
×28
×4
×2
Dies ist ein zweirädriges Fahrzeug, aber es fällt nicht um.

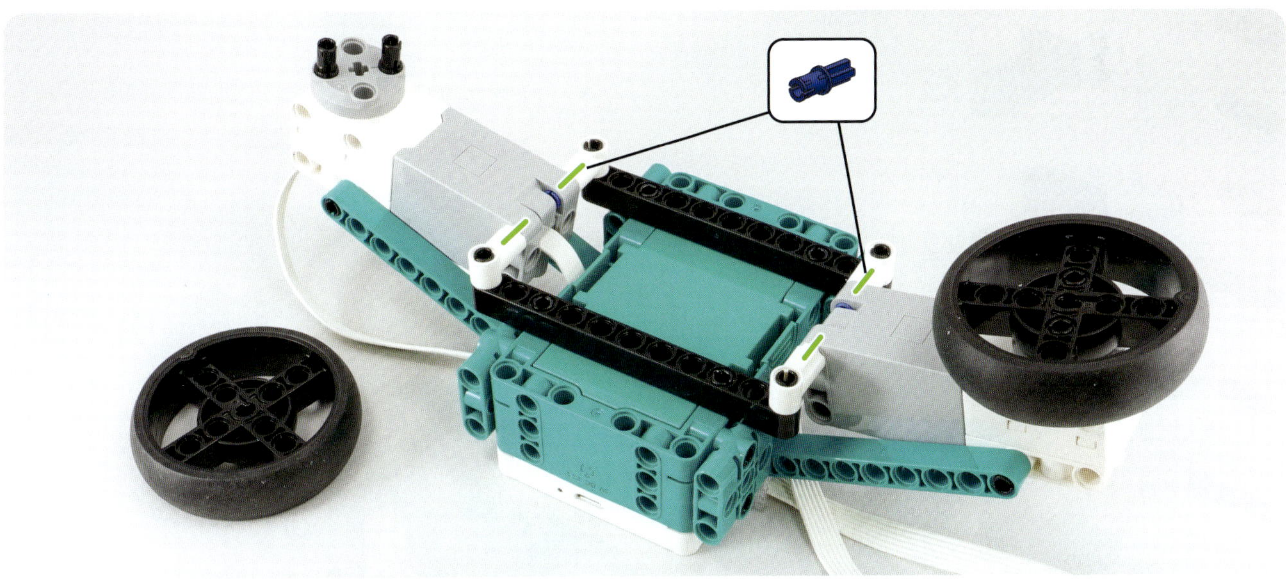

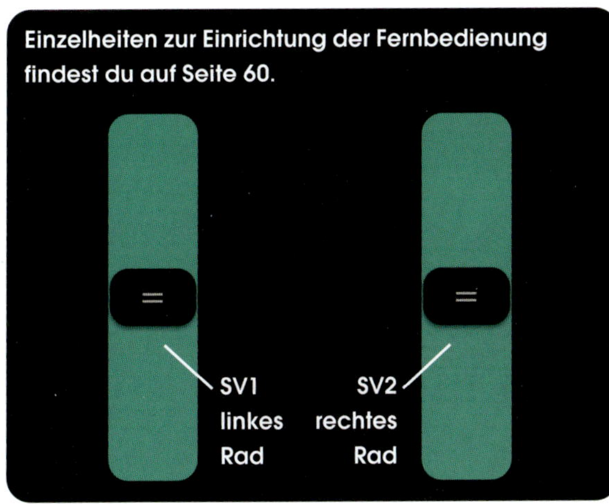
Einzelheiten zur Einrichtung der Fernbedienung findest du auf Seite 60.
SV1
linkes
Rad
SV2
rechtes
Rad

wenn das Programm startet
wiederhole fortlaufend
A Geschwindigkeit auf Schieberegler SV1 / 2 % einstellen
B Geschwindigkeit auf Schieberegler SV2 / -2 % einstellen
A+B Motor starten

100

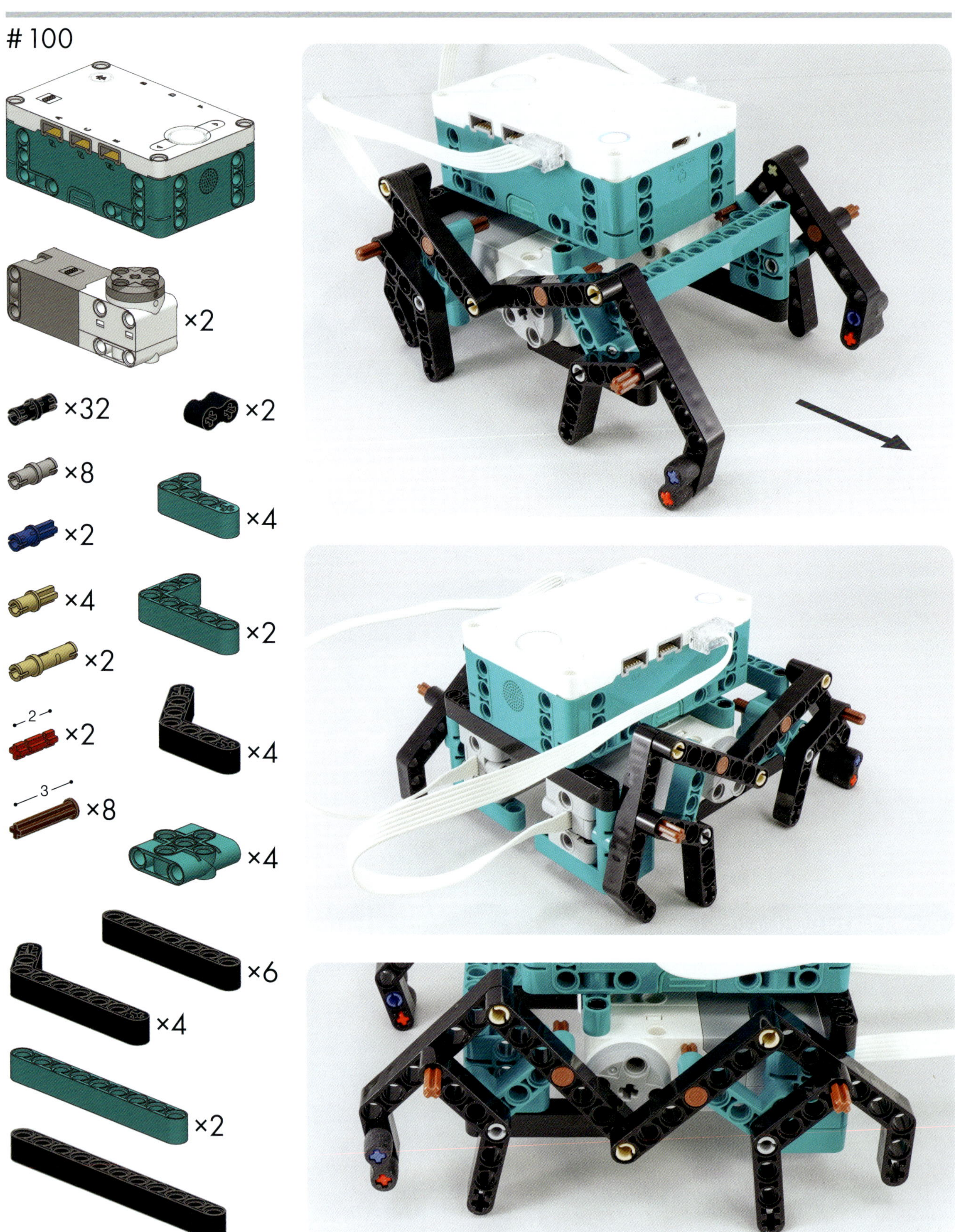

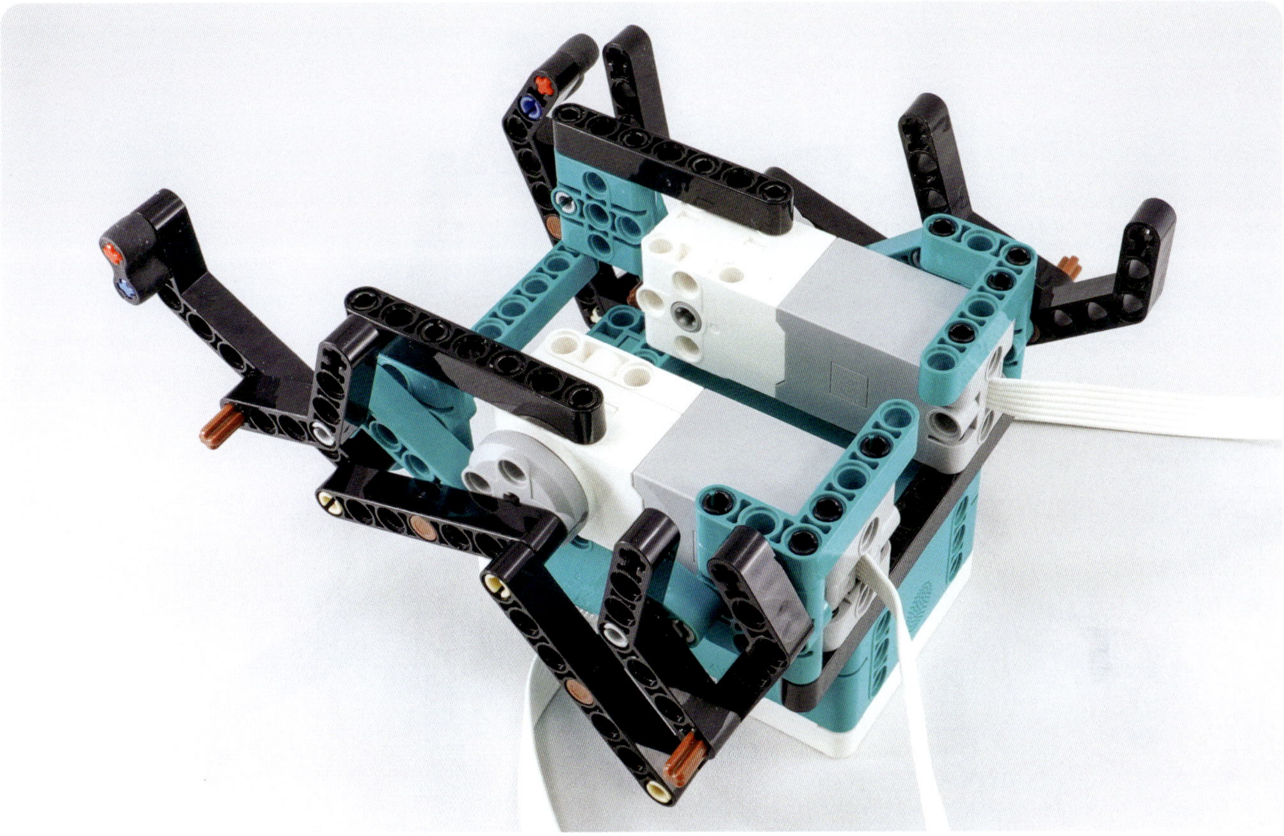

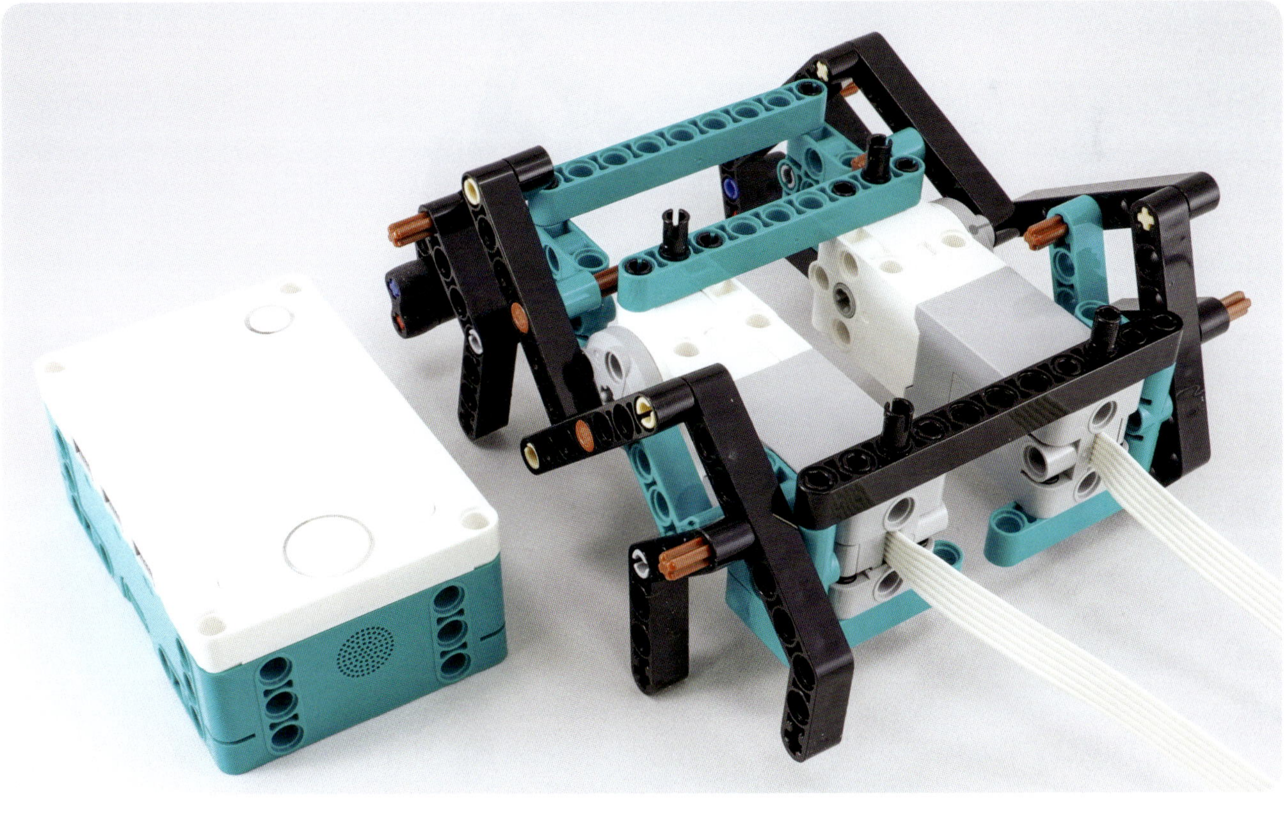

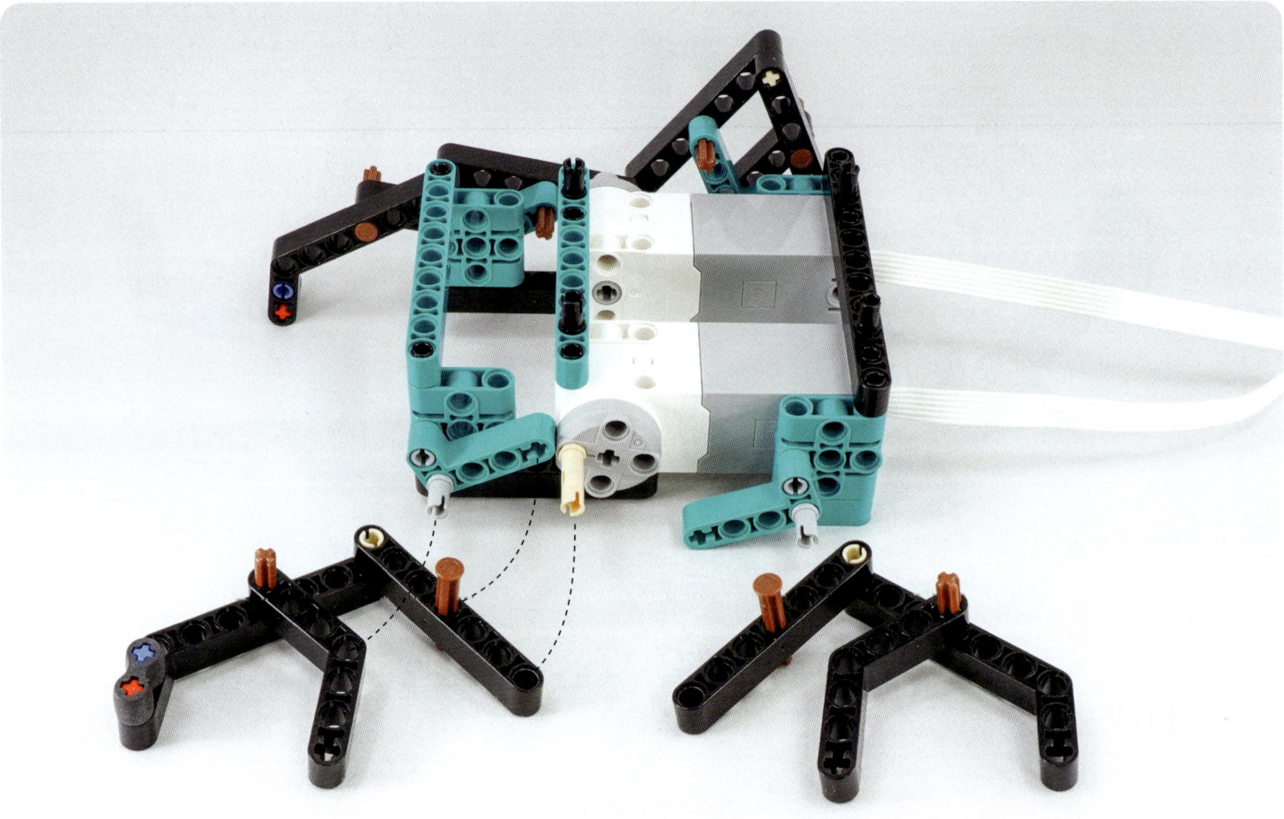

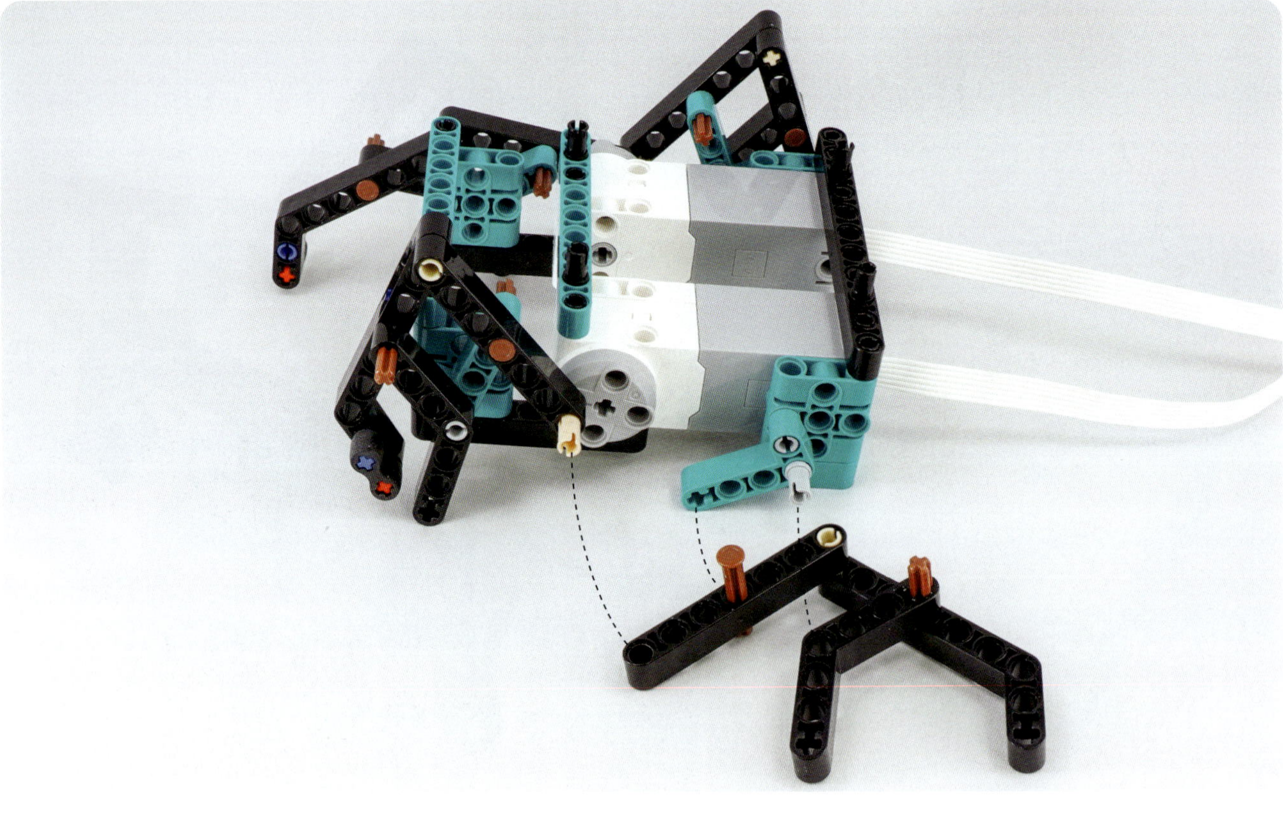

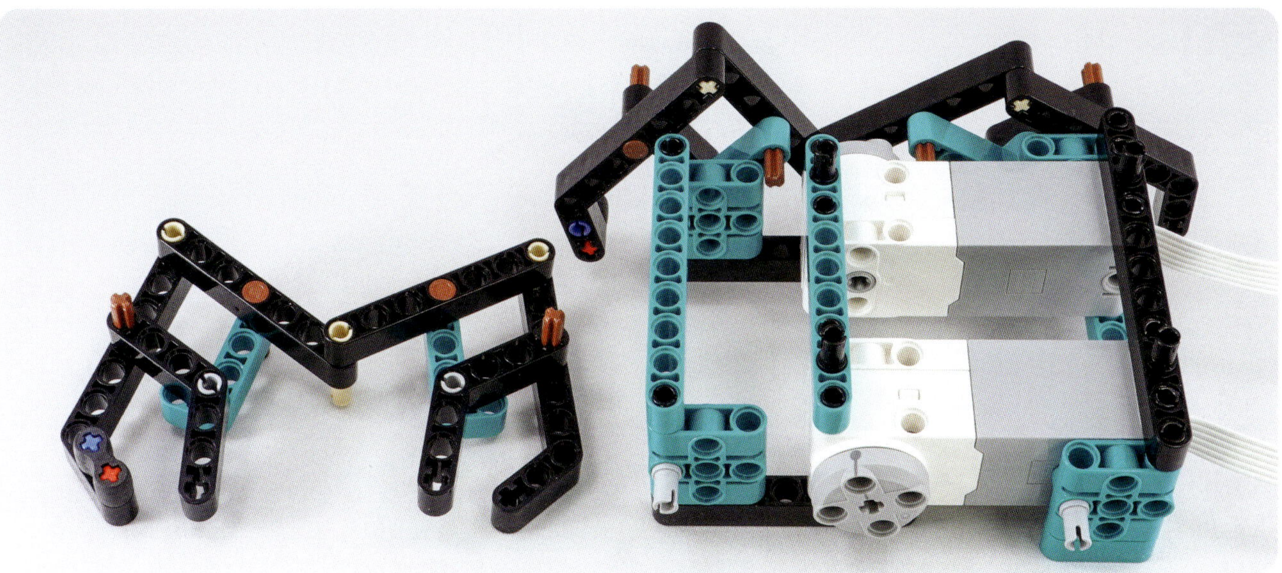

Einzelheiten zur Einrichtung der Fernbedienung findest du auf Seite 60.

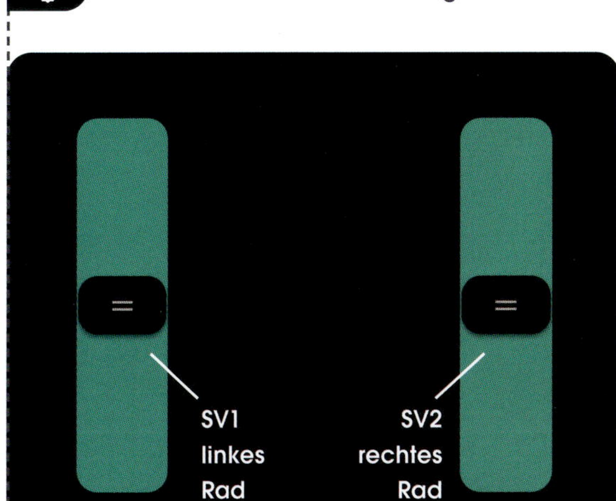

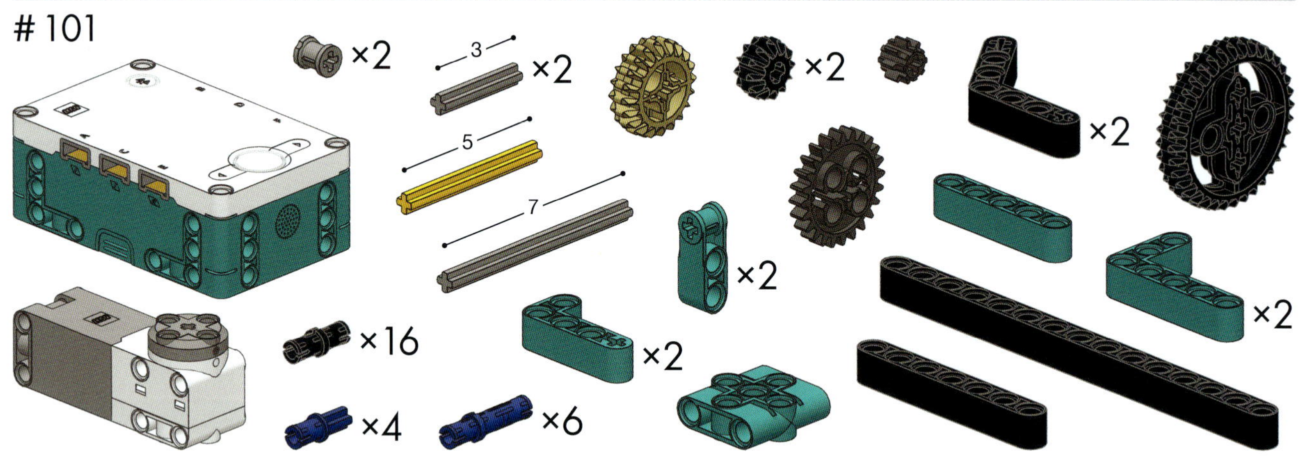

101
×2
3
×2
5
7
×2
×2
×2
×16
×2
×2
×4
×6
×2

Bewegung durch Vibration

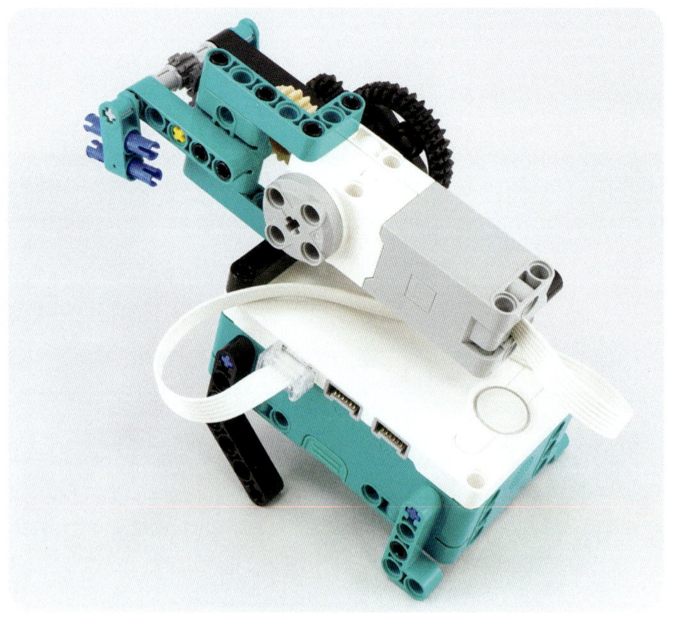

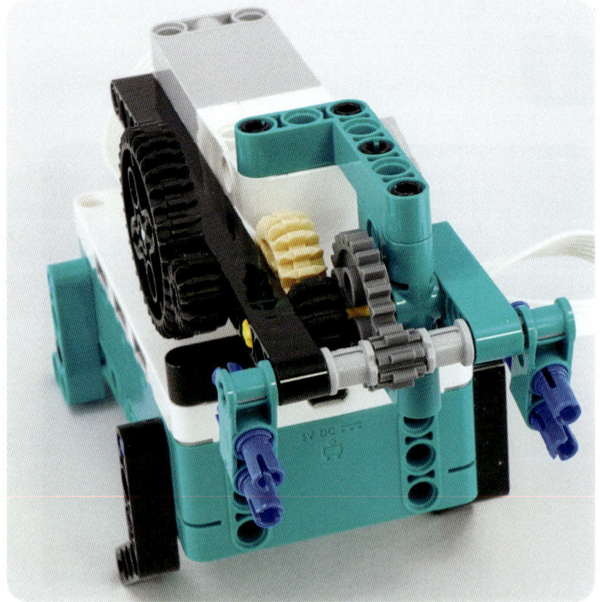

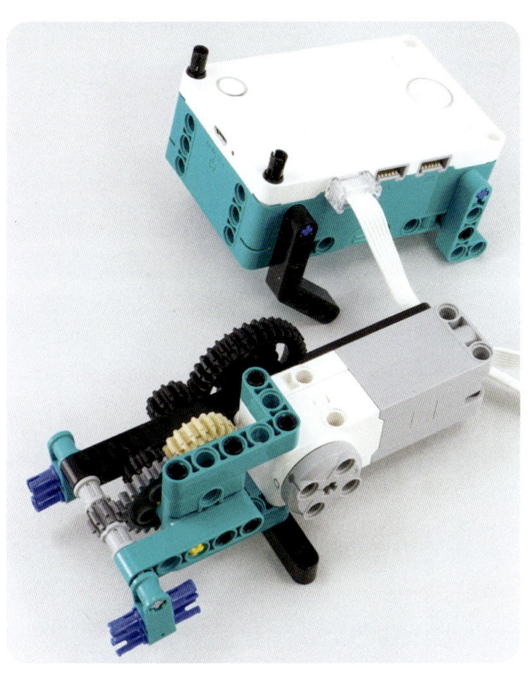

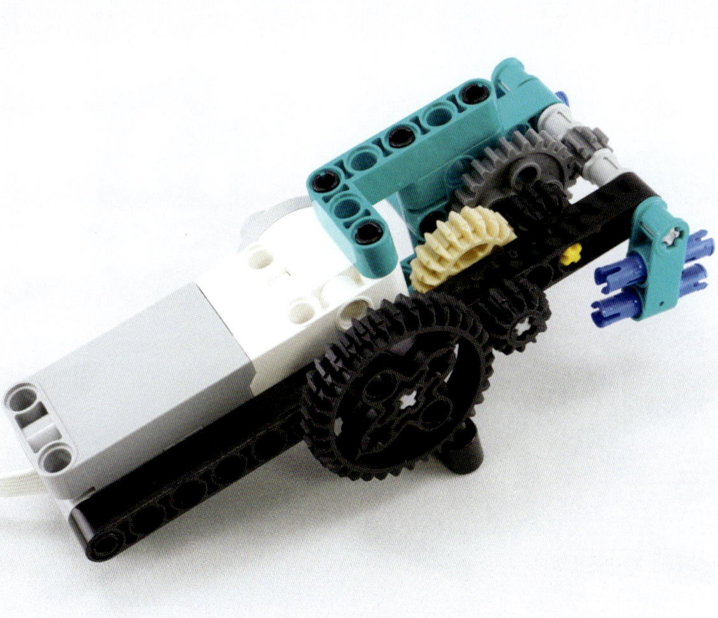

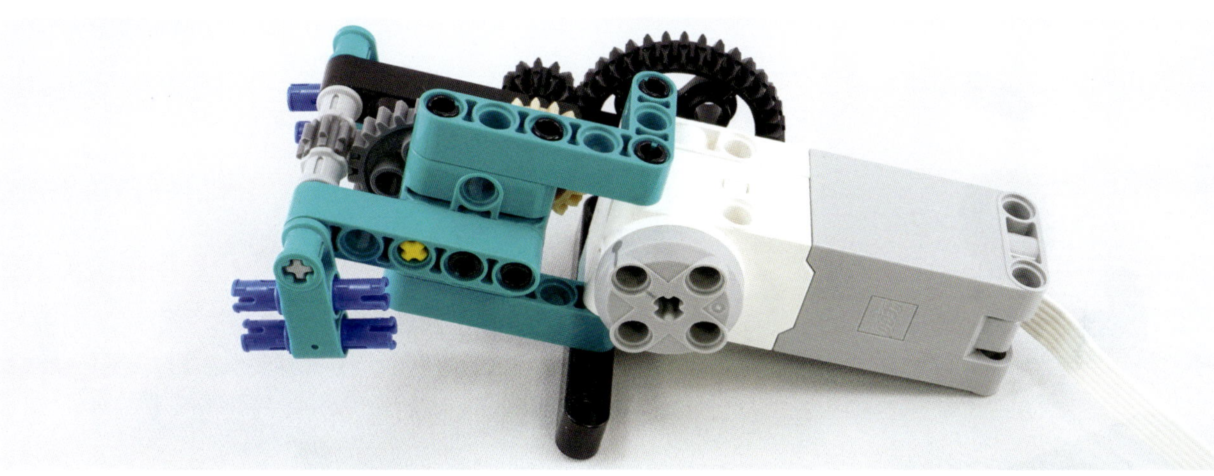

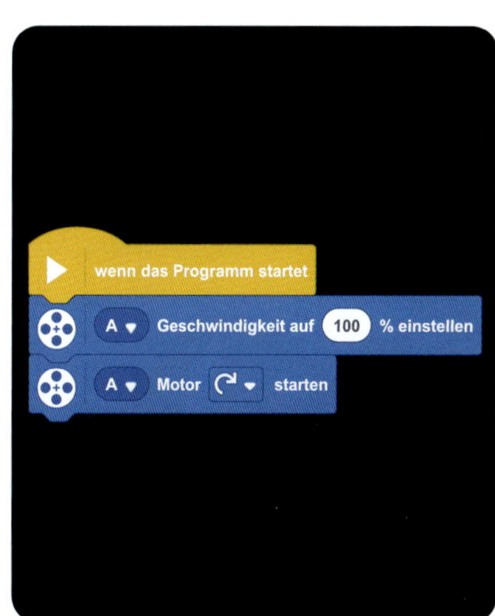
wenn das Programm startet
A Geschwindigkeit auf 100 % einstellen
A Motor starten

102

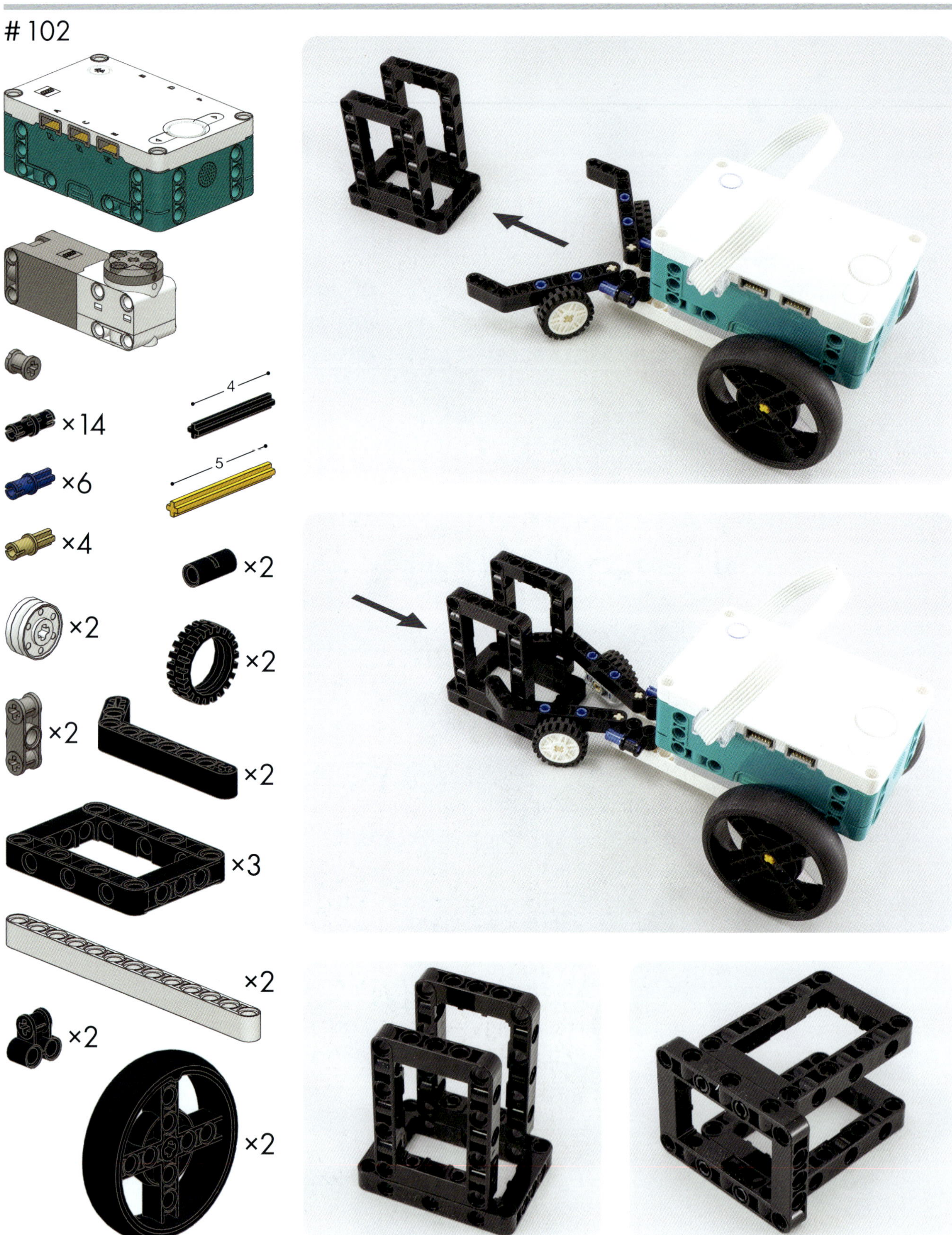

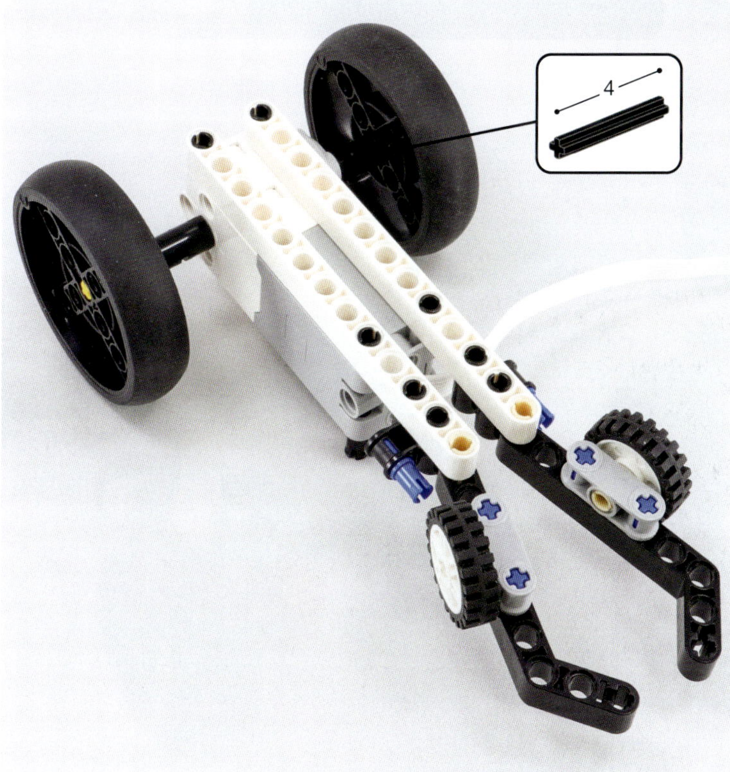
4

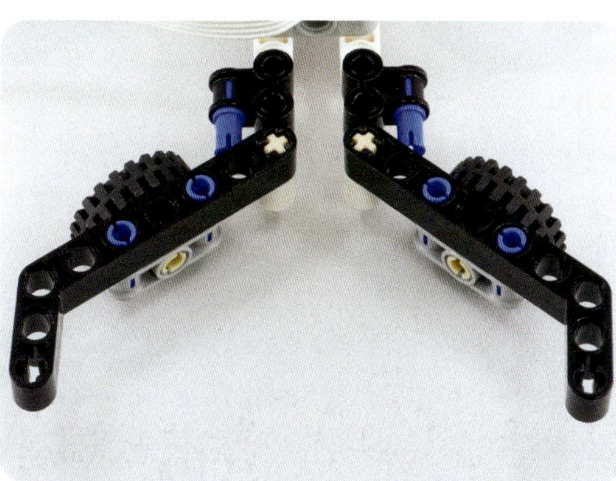

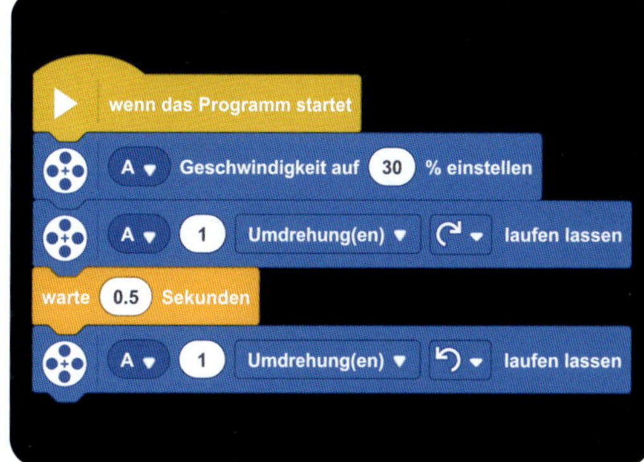
wenn das Programm startet
A Geschwindigkeit auf 30 % einstellen
A 1 Umdrehung(en) laufen lassen
warte 0.5 Sekunden
A 1 Umdrehung(en) laufen lassen

103

×23
×3
×2
×4
×5
2
3
×2
5
×2
7
×3

×2
×2
×2
×2
×2
×2

Entlang der Tischkante

Platziere diesen Ball an der Tischkante.

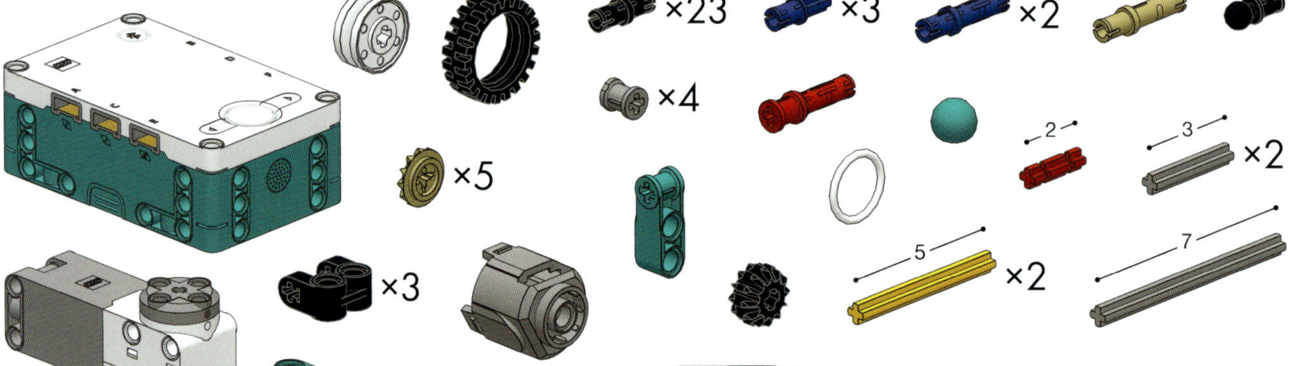

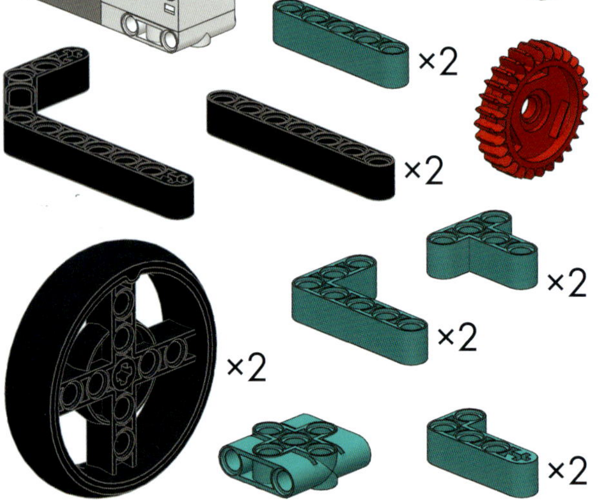

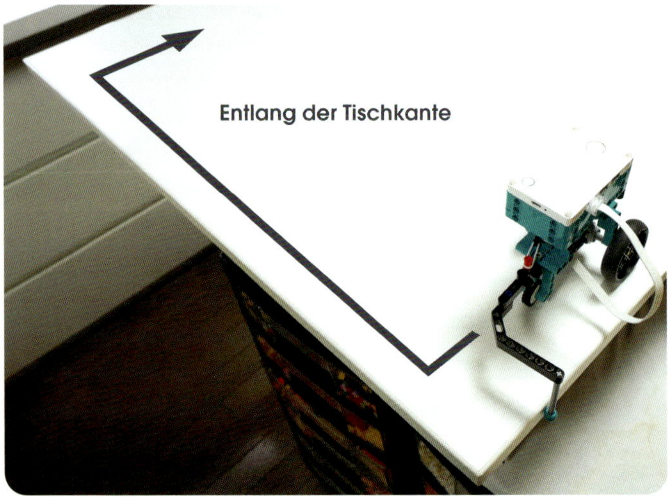

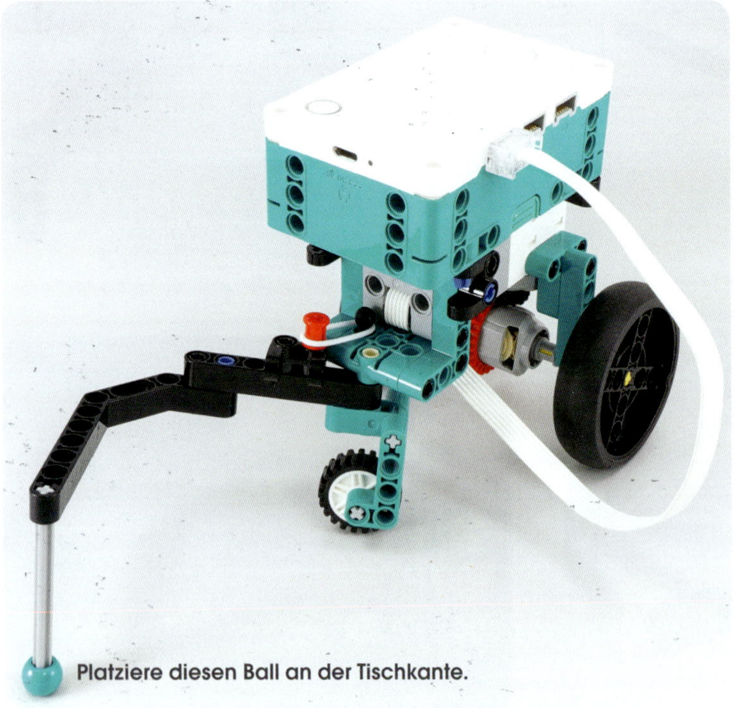

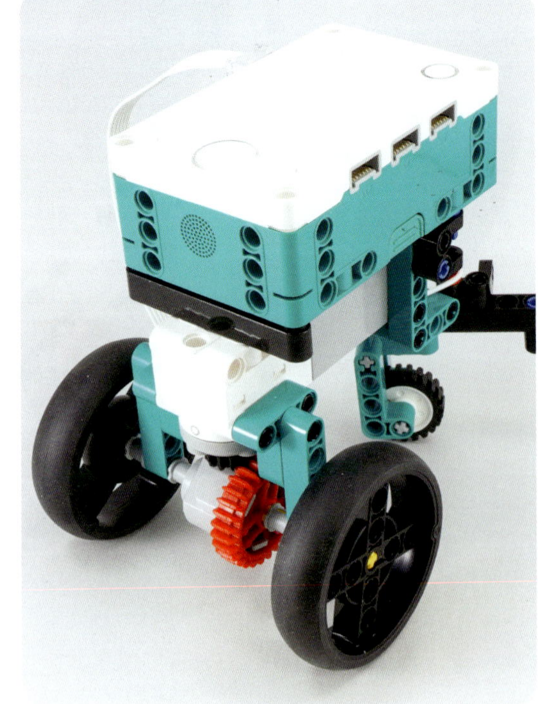

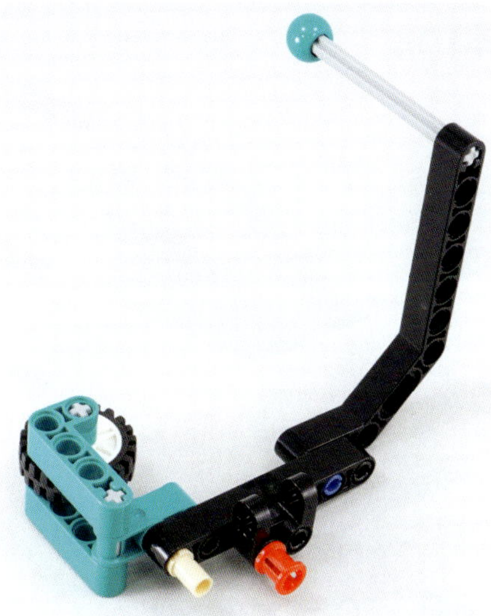

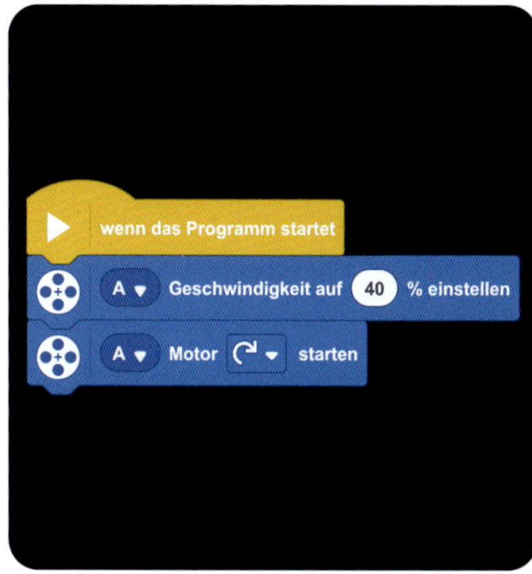

Einzelheiten zum Bau dieses Getriebes findest du auf Seite 85.

104

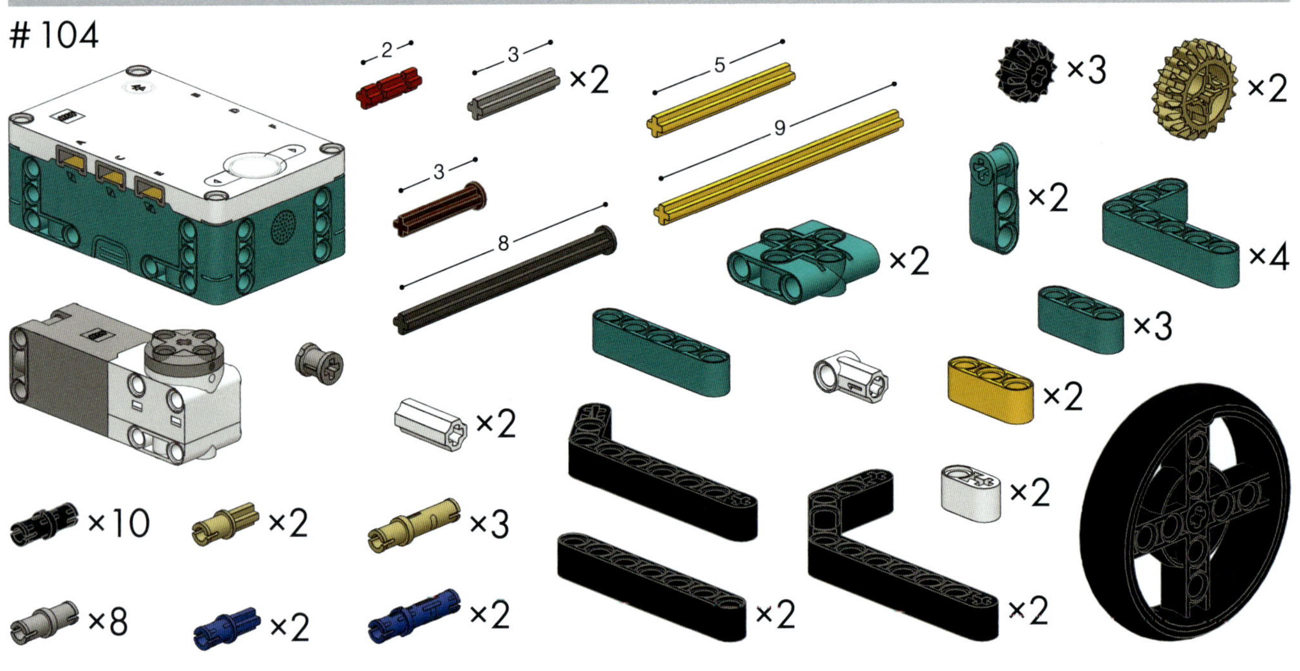

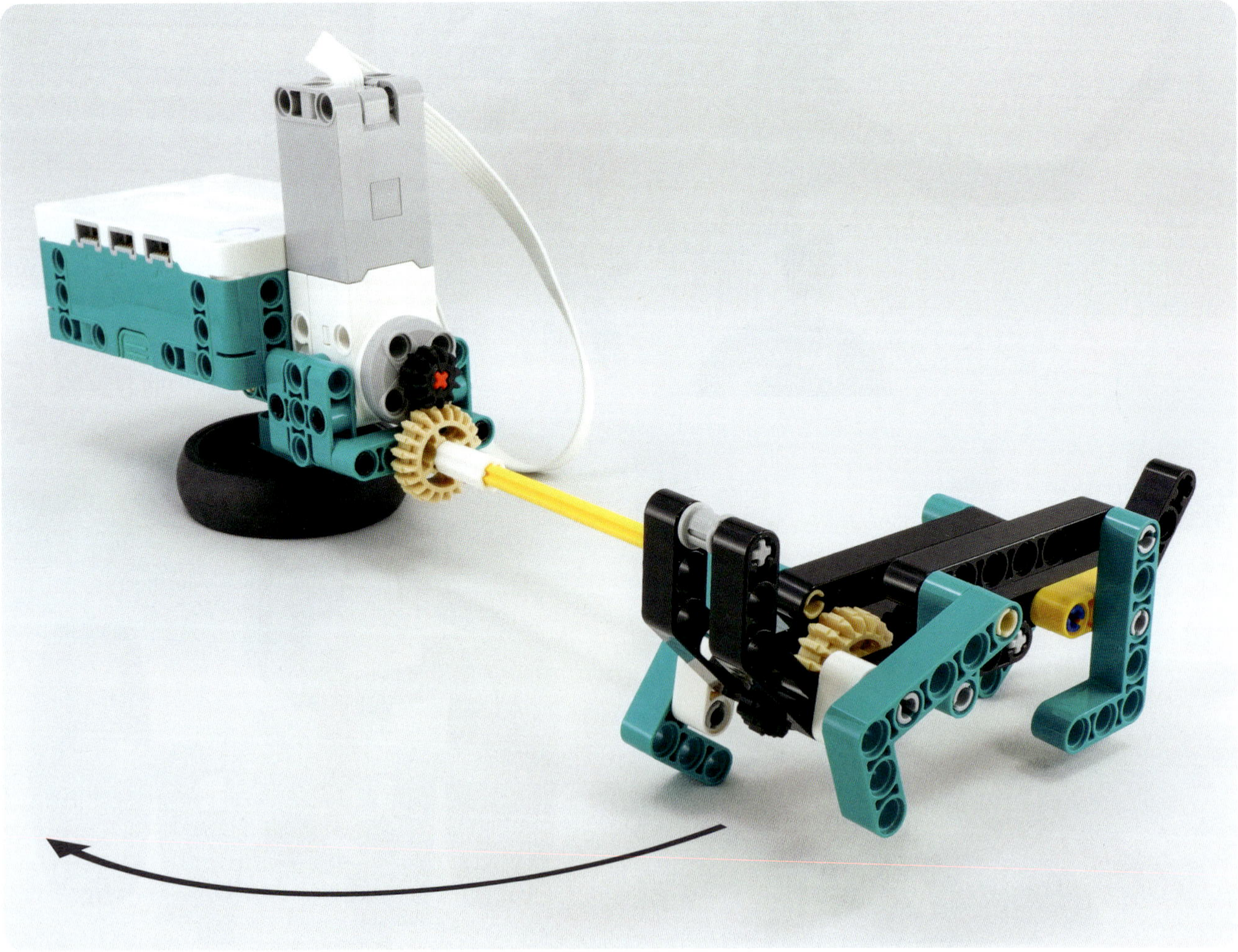

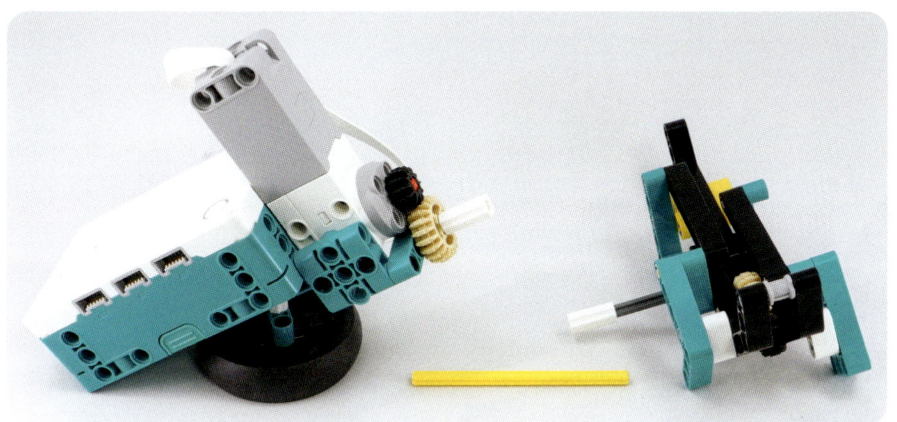

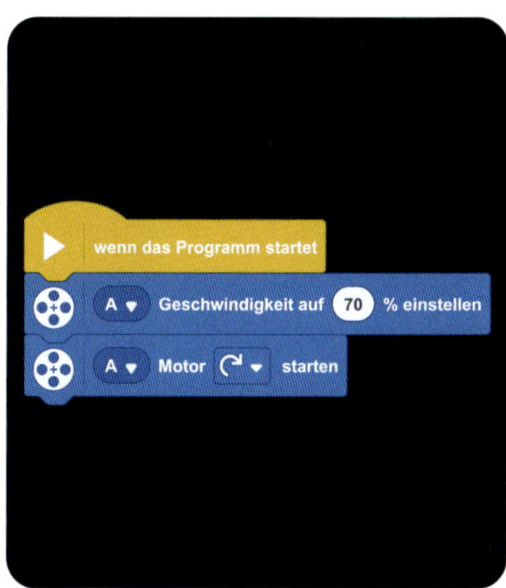
wenn das Programm startet
A Geschwindigkeit auf 70 % einstellen
A Motor starten

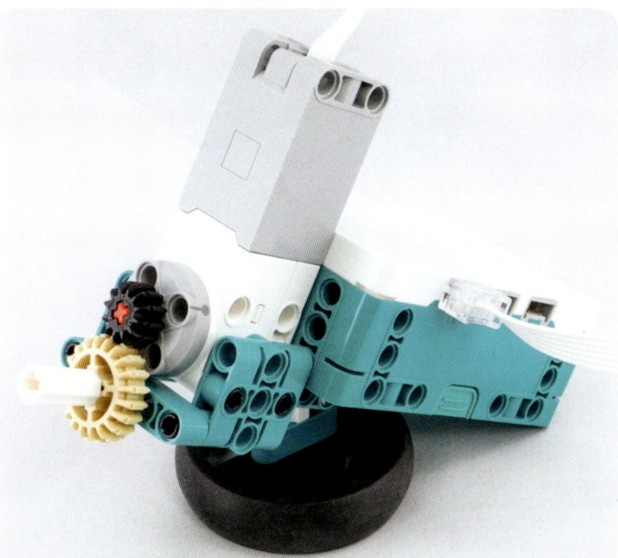

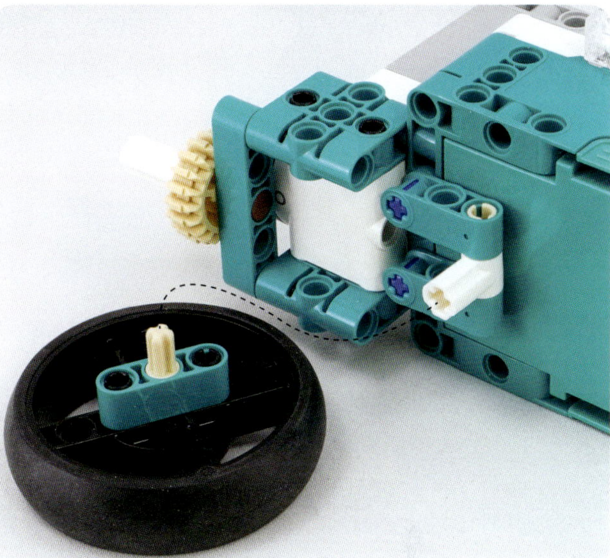

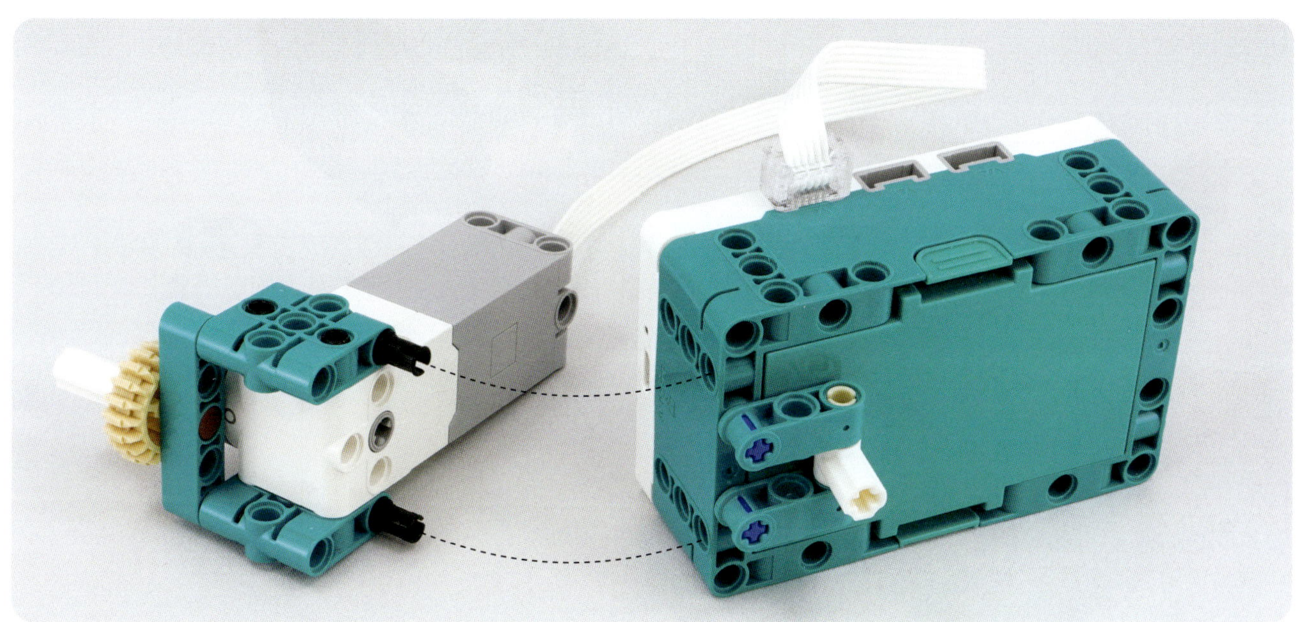

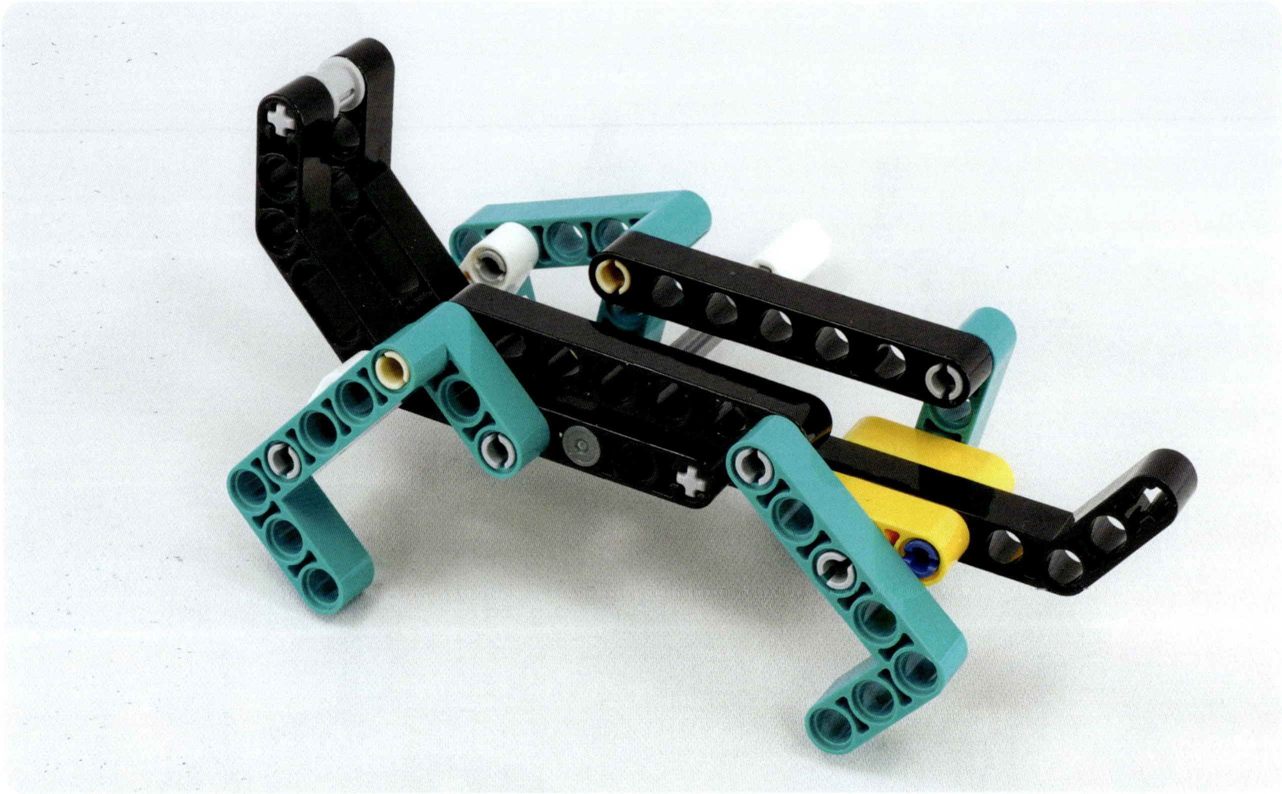

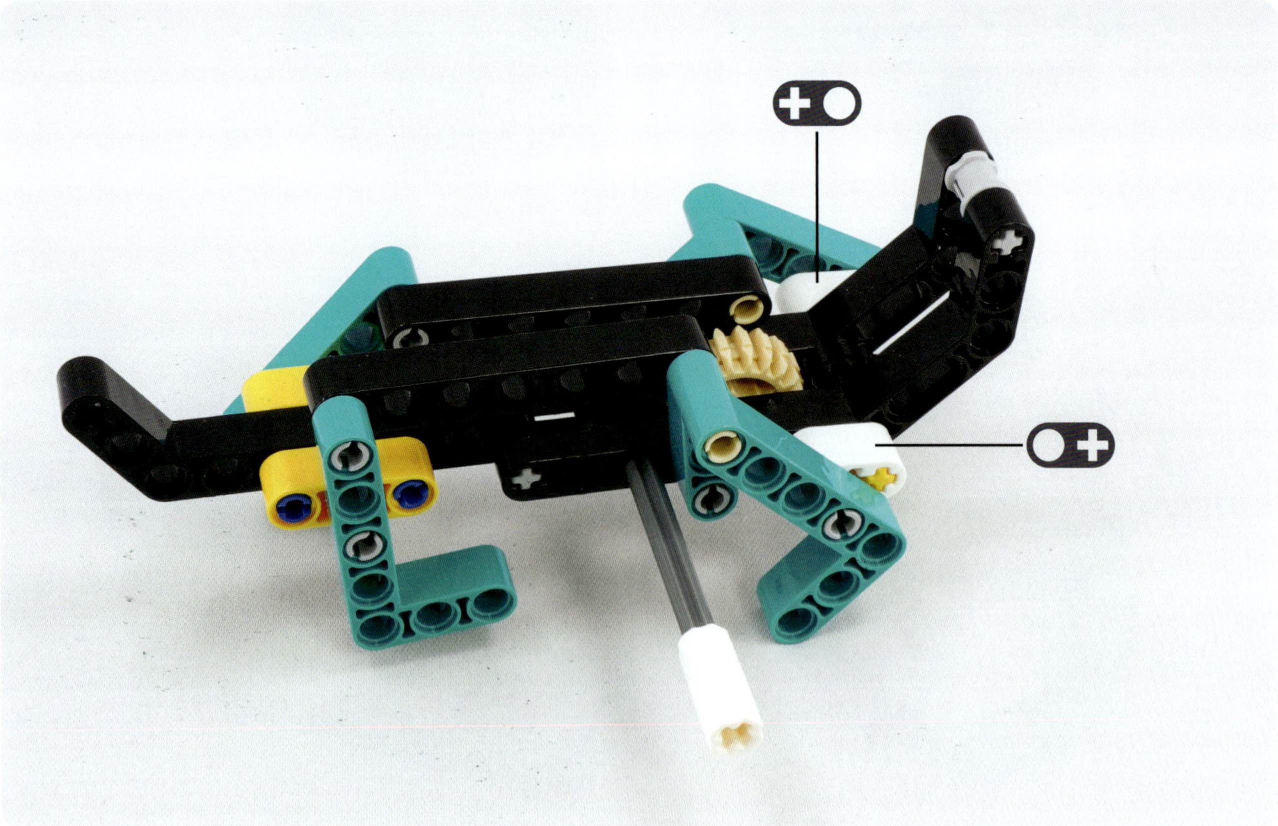

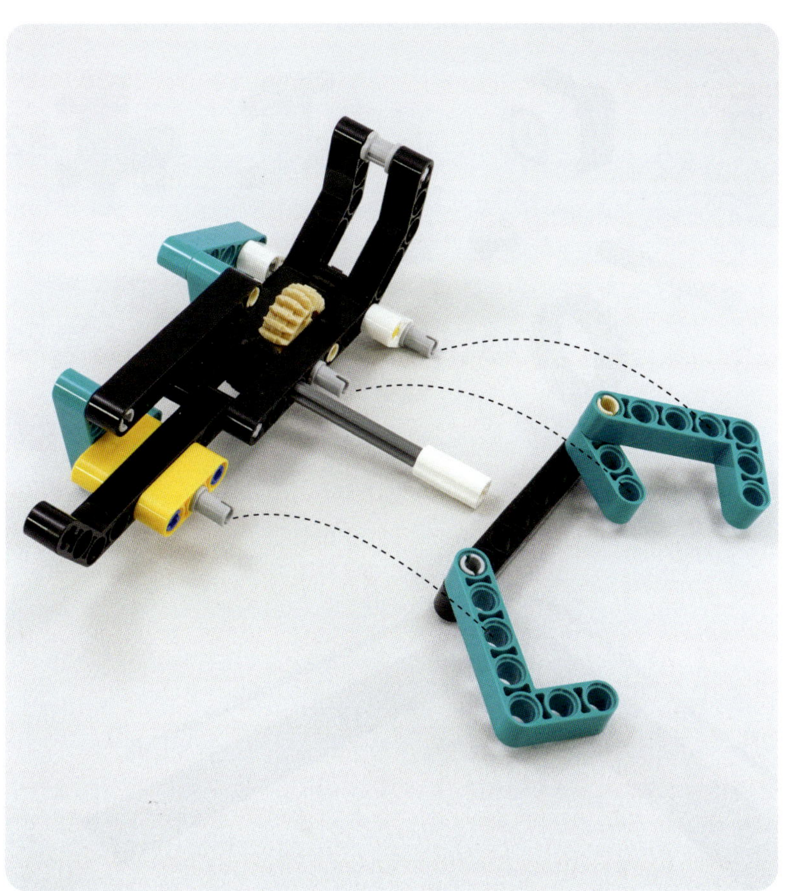

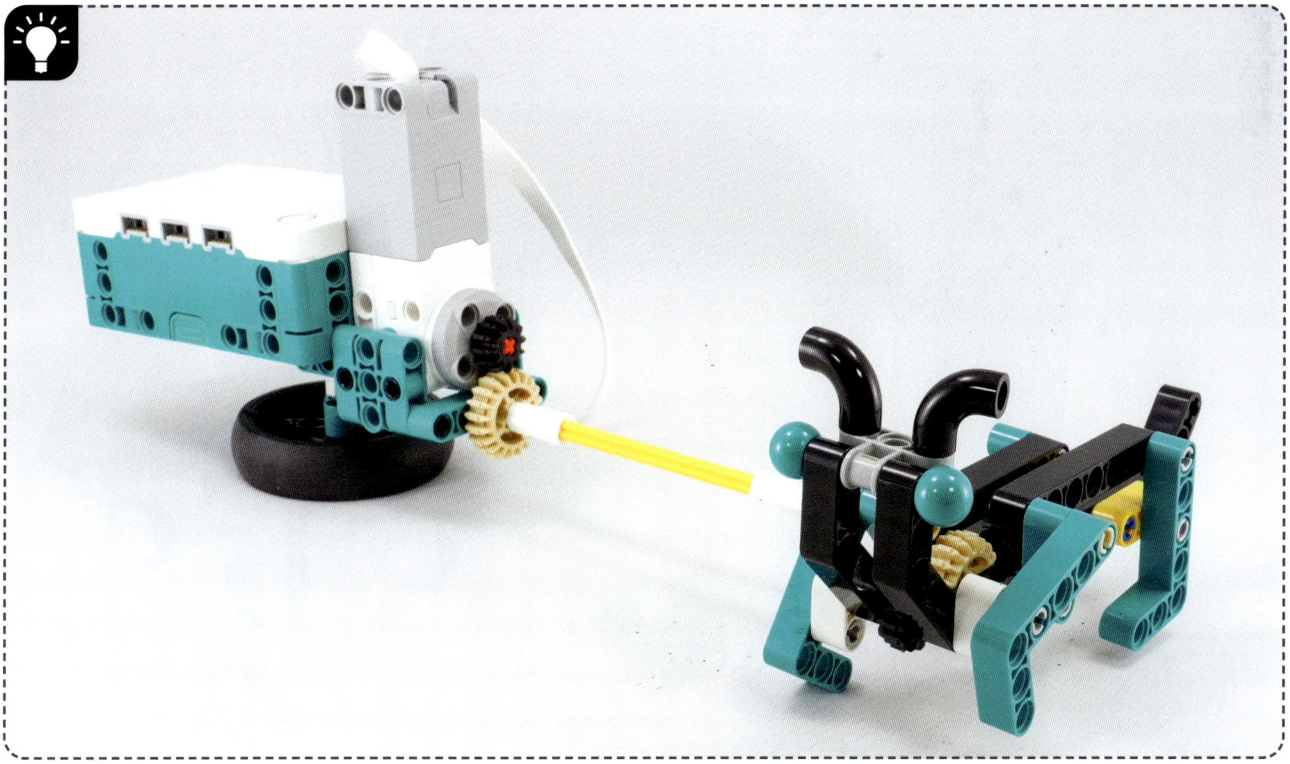

#105

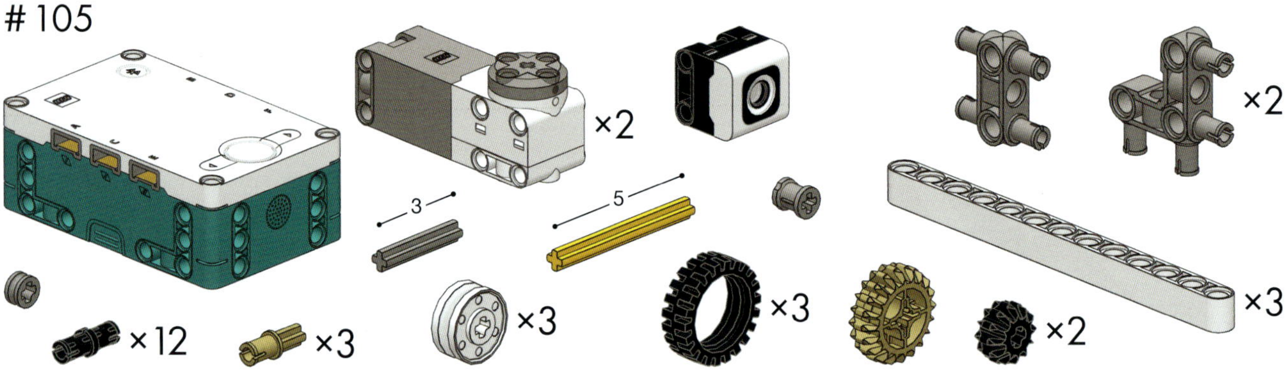

×2
×2
3
5
×3
×12
×3
×3
×3
×2

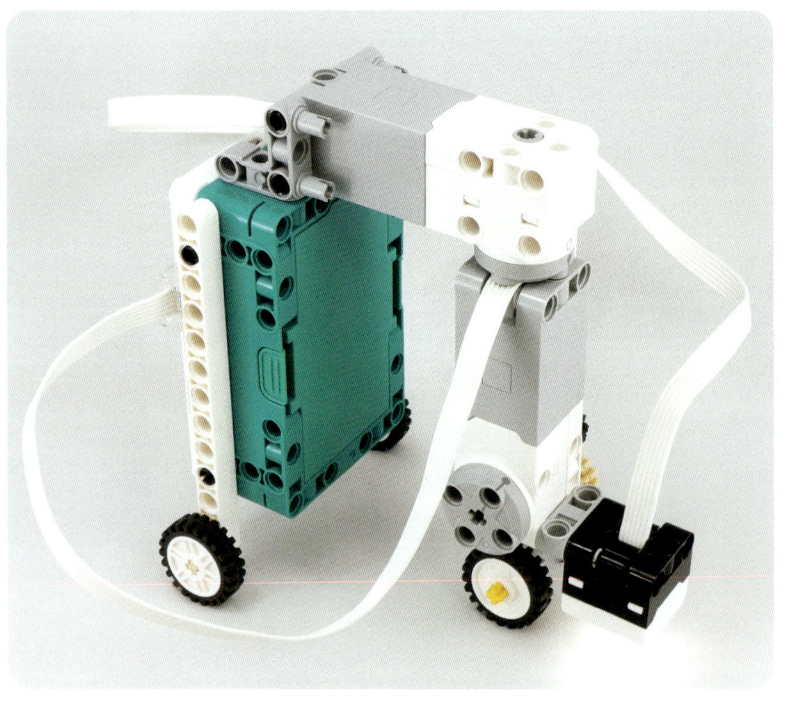

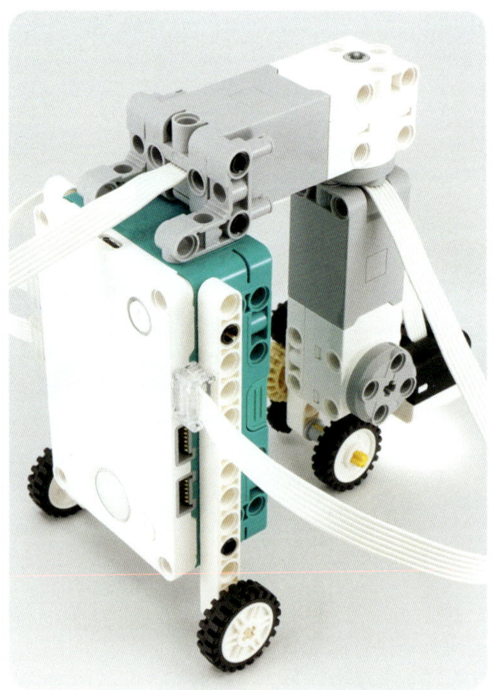

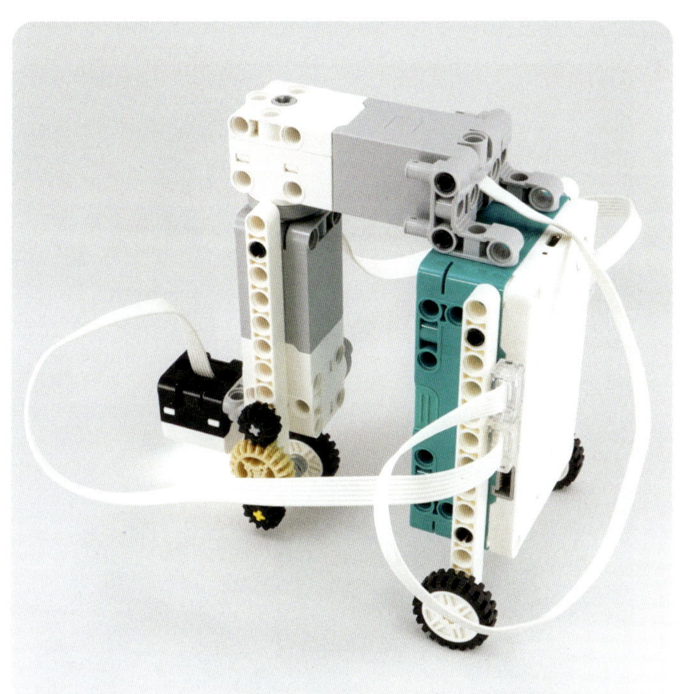

wenn das Programm startet
A Geschwindigkeit auf 20 % einstellen
B Geschwindigkeit auf 30 % einstellen
B Motor starten
wiederhole fortlaufend
falls C ist Reflexion < 40 %? , dann
A Motor starten
sonst
A Motor starten

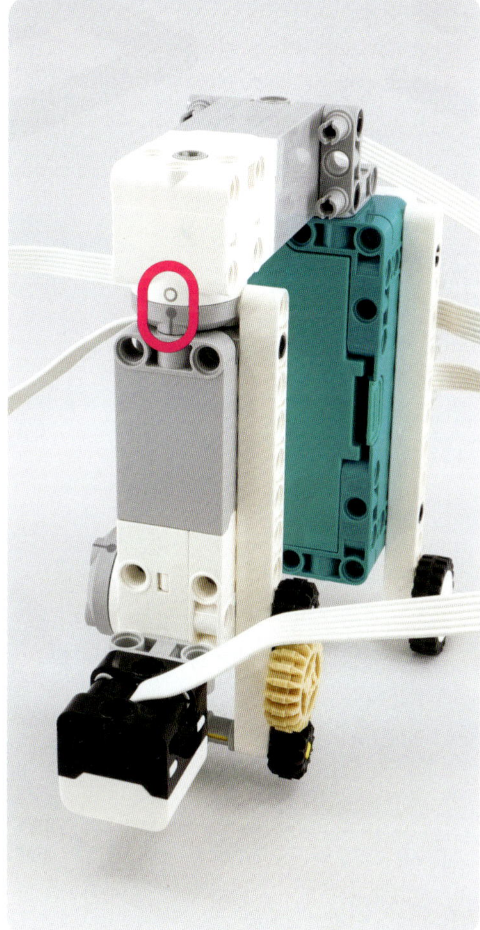

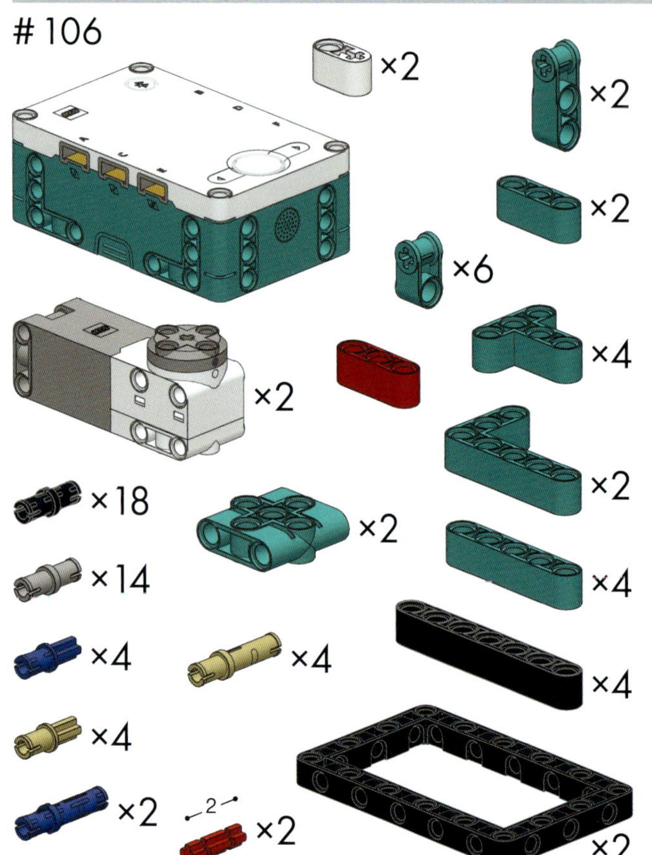
106
×2
×2
×2
×6
×4
×2
×2
×18
×2
×14
×4
×4
×4
×4
×2
2
×2
×2

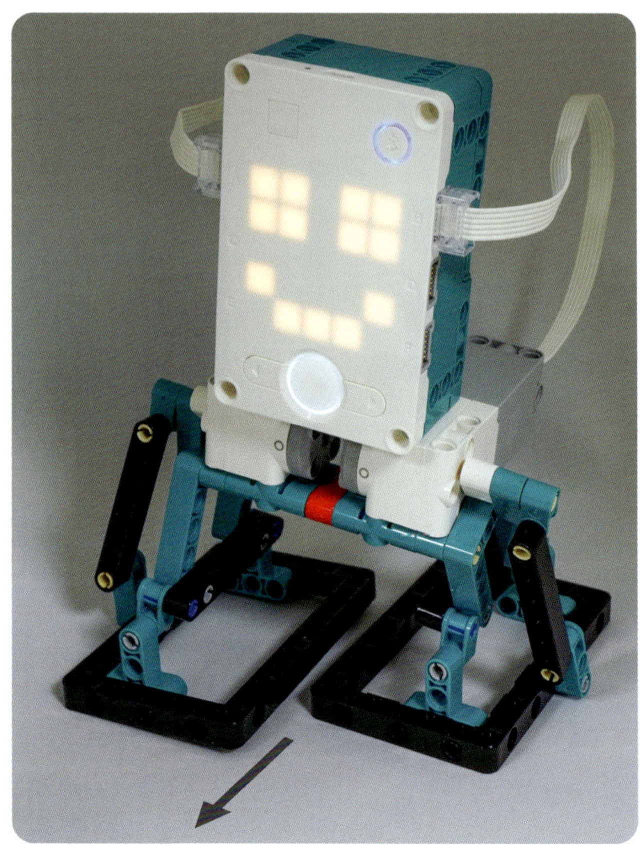

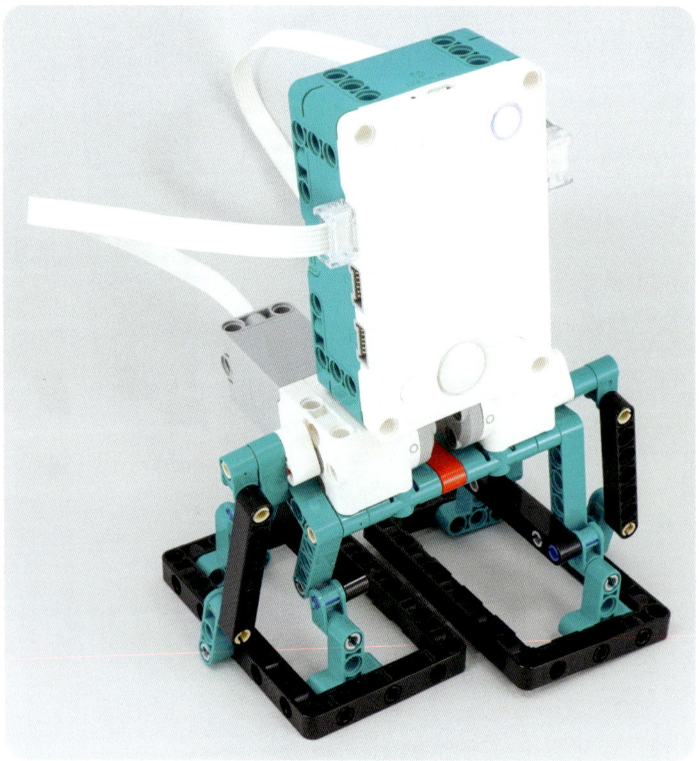

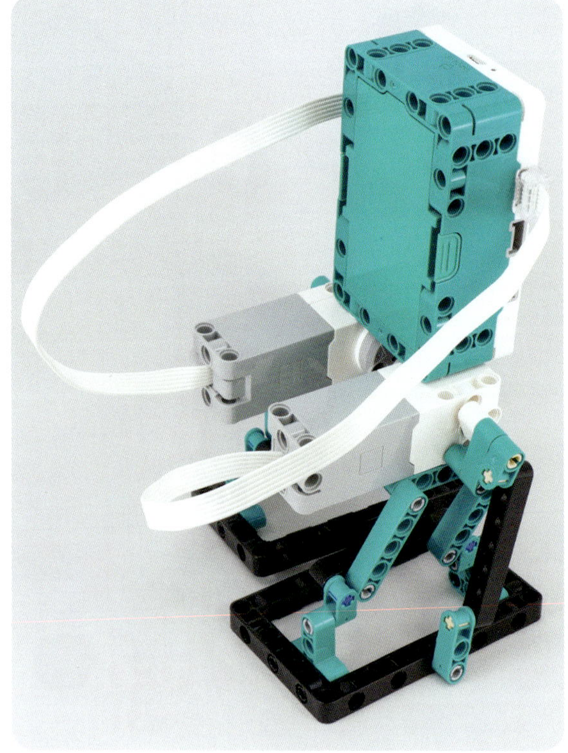

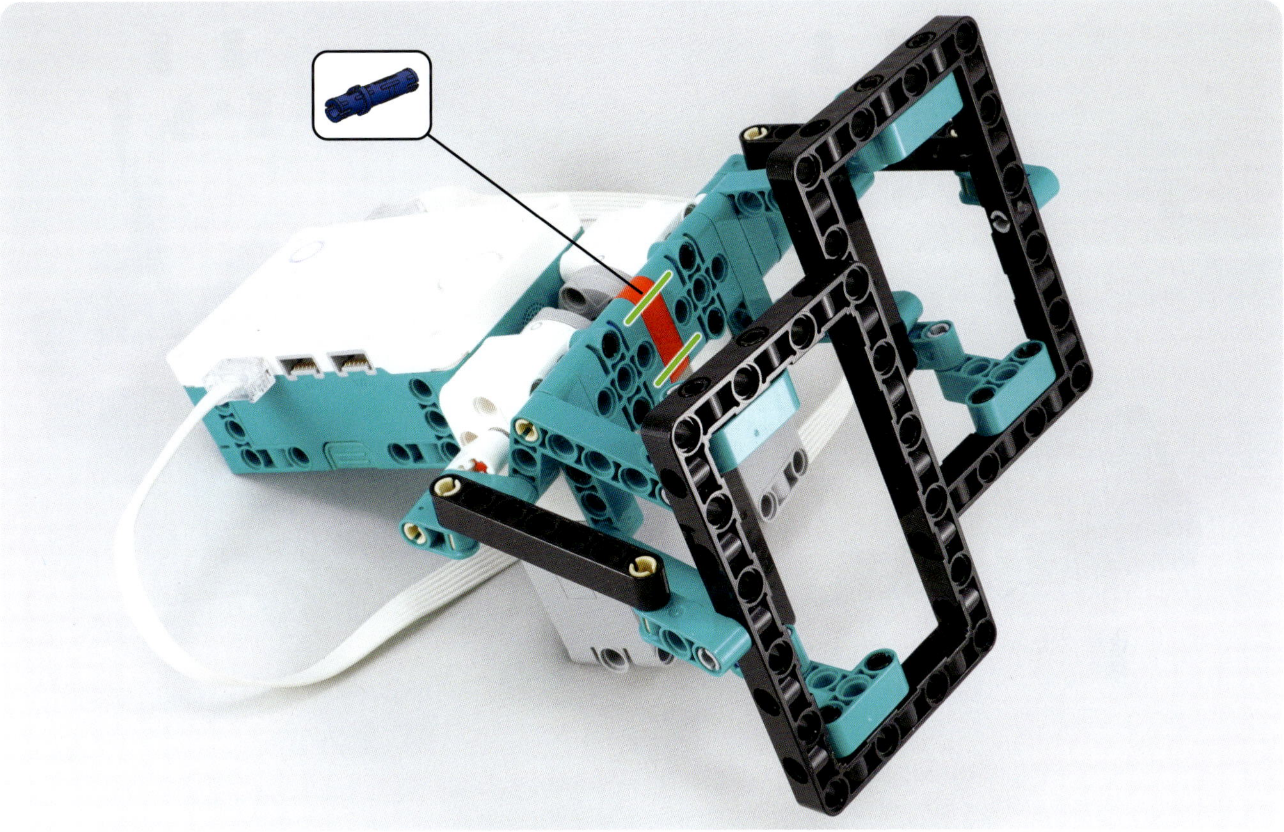

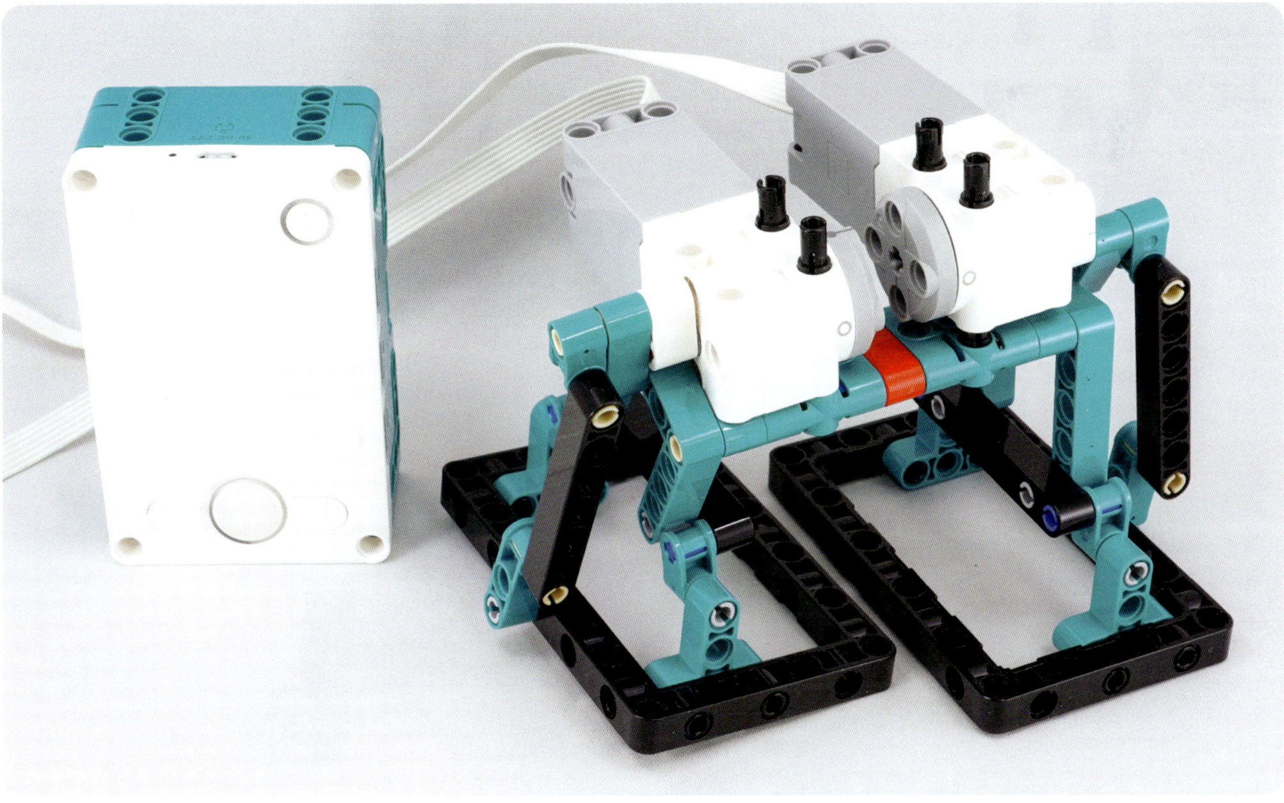

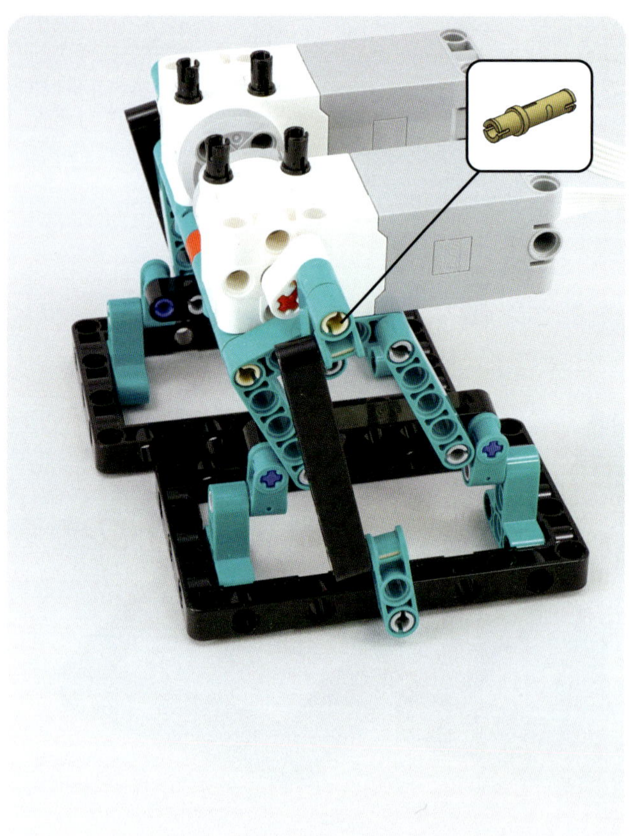

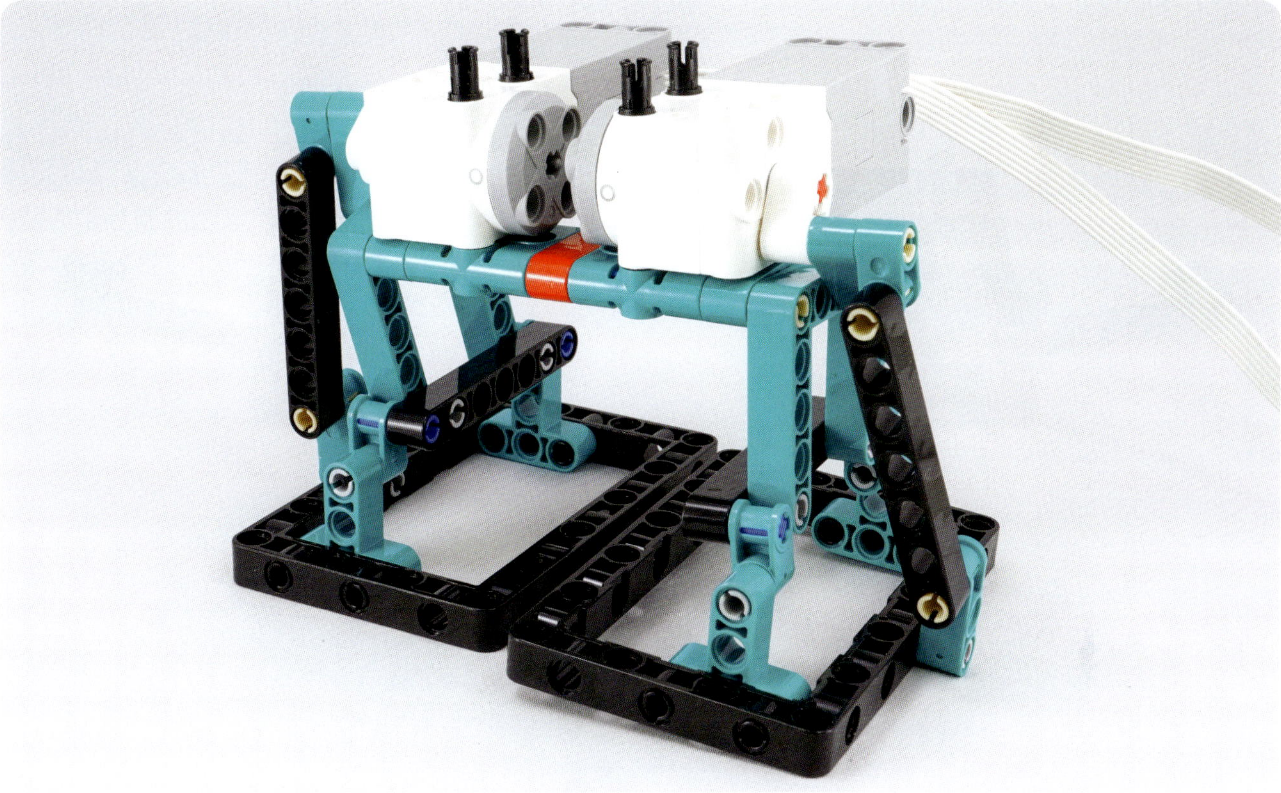

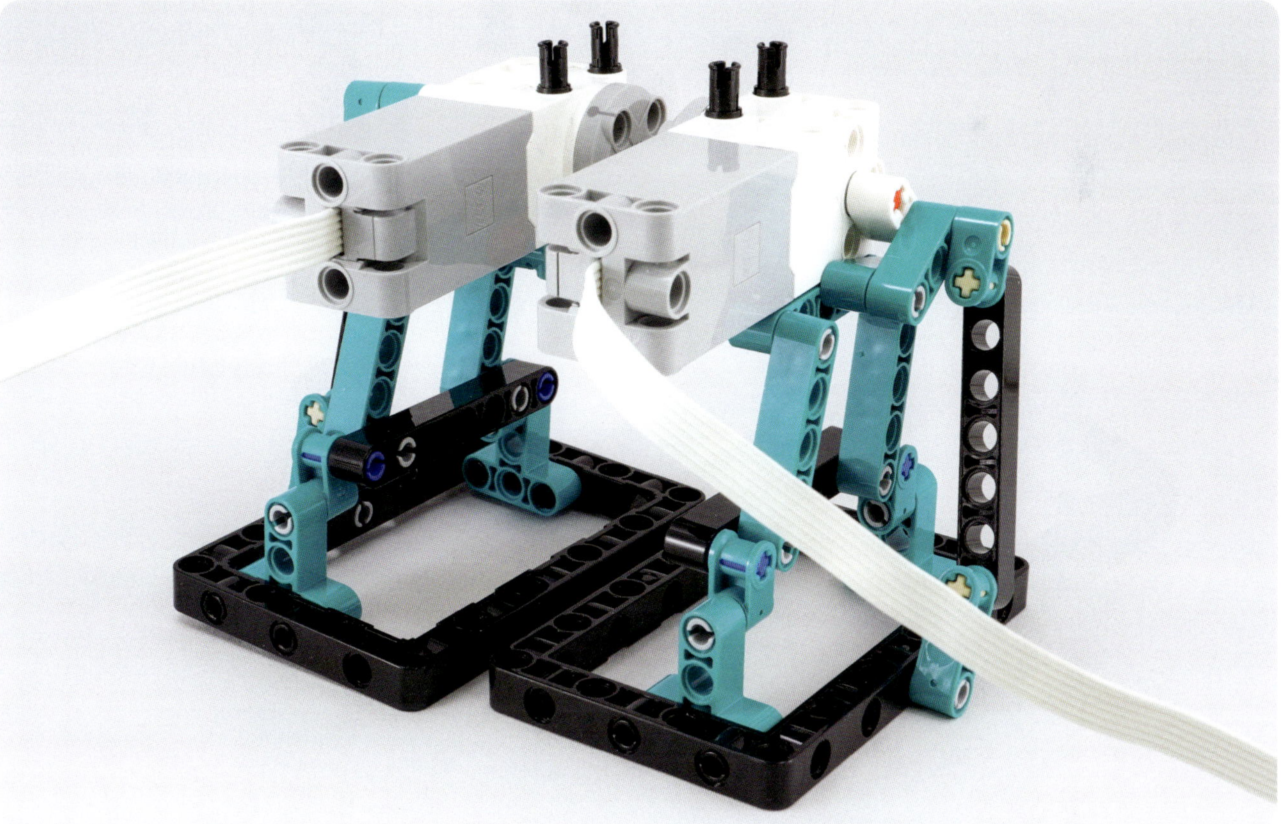

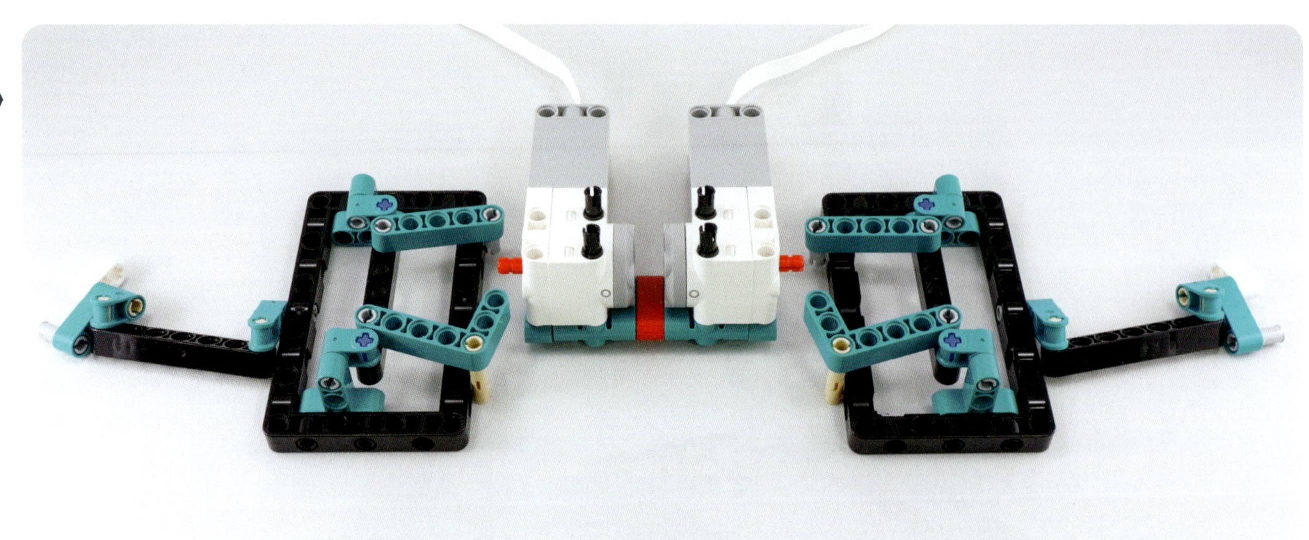

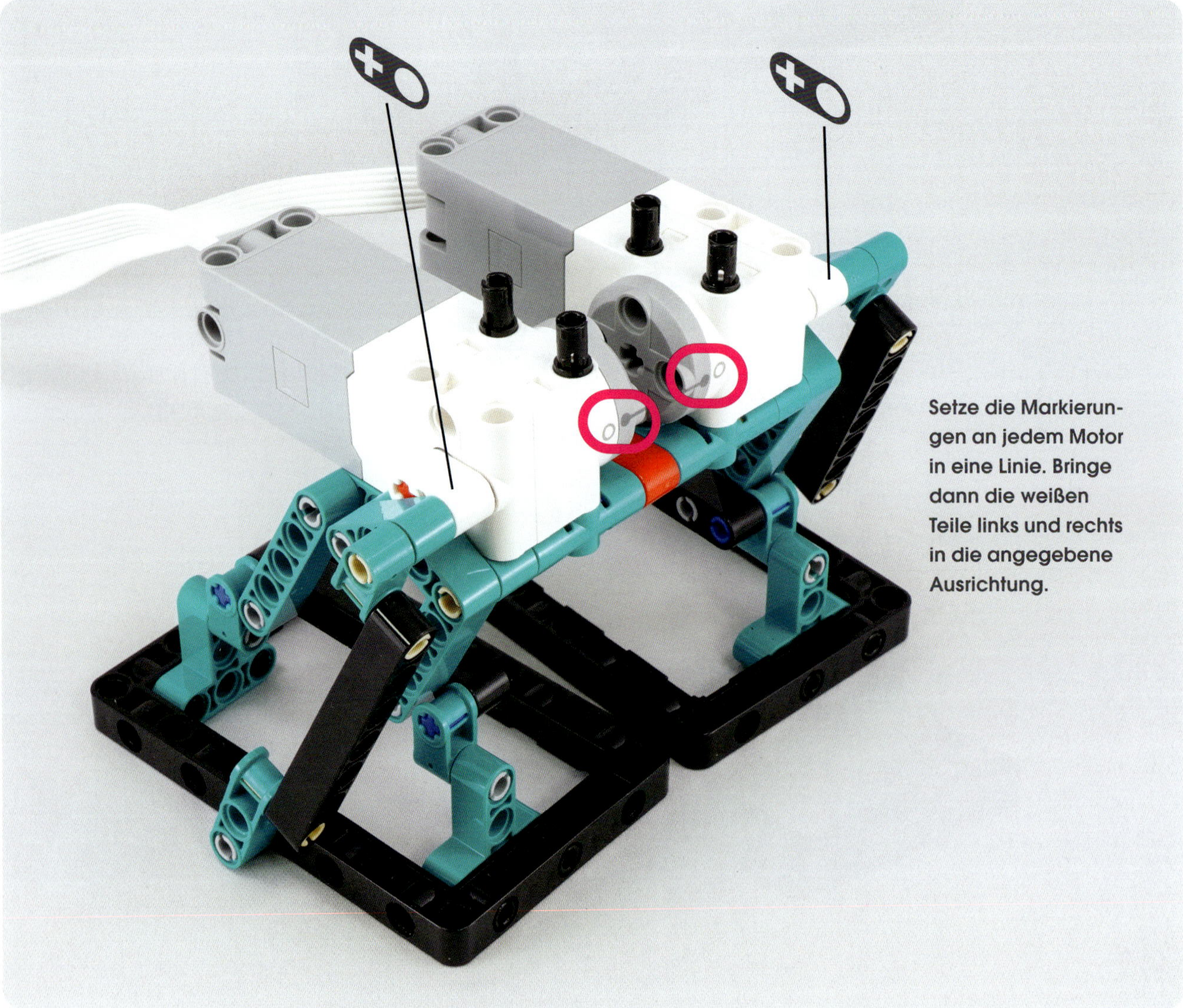

Setze die Markierungen an jedem Motor in eine Linie. Bringe dann die weißen Teile links und rechts in die angegebene Ausrichtung.

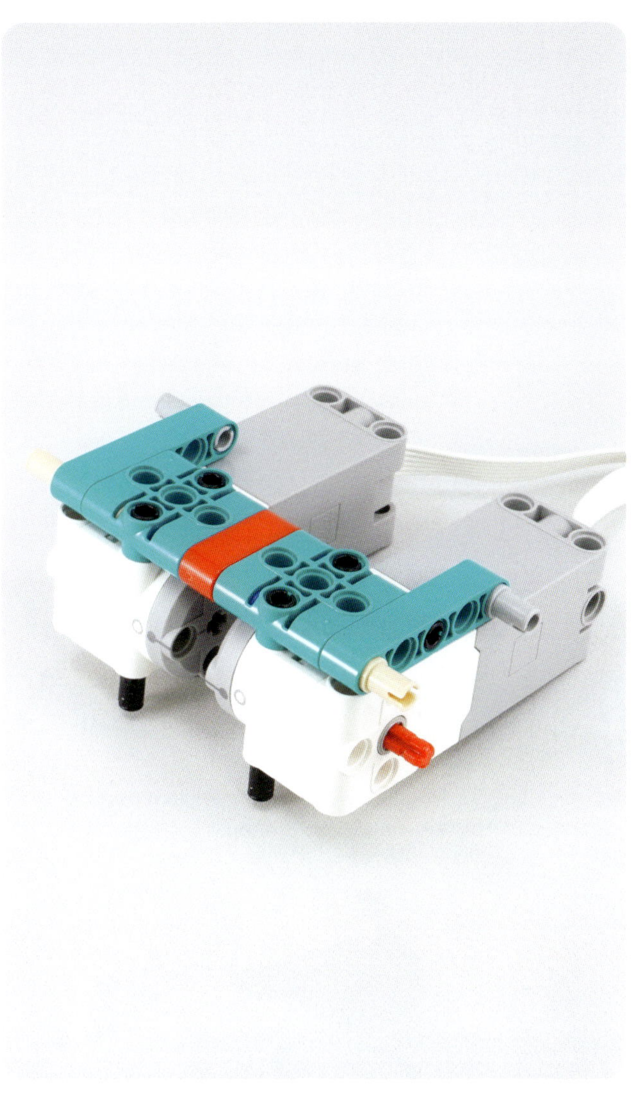

wenn das Programm startet
einschalten
A+B Geschwindigkeit auf 20 % einstellen

Geradeaus

A auf kürzestem Wege auf Position 0 bewegen
B auf kürzestem Wege auf Position 180 bewegen
A Motor starten
B Motor starten
warte 5 Sekunden

Nach links

A auf kürzestem Wege auf Position 90 bewegen
B auf kürzestem Wege auf Position 90 bewegen
A Motor starten
B Motor starten
warte 10 Sekunden

Geradeaus

A auf kürzestem Wege auf Position 0 bewegen
B auf kürzestem Wege auf Position 180 bewegen
A Motor starten
B Motor starten
warte 5 Sekunden

Nach rechts

A auf kürzestem Wege auf Position 90 bewegen
B auf kürzestem Wege auf Position 90 bewegen
A Motor starten
B Motor starten
warte 10 Sekunden

Geradeaus

A auf kürzestem Wege auf Position 0 bewegen
B auf kürzestem Wege auf Position 180 bewegen
A Motor starten
B Motor starten
warte 5 Sekunden
A+B Motor stoppen

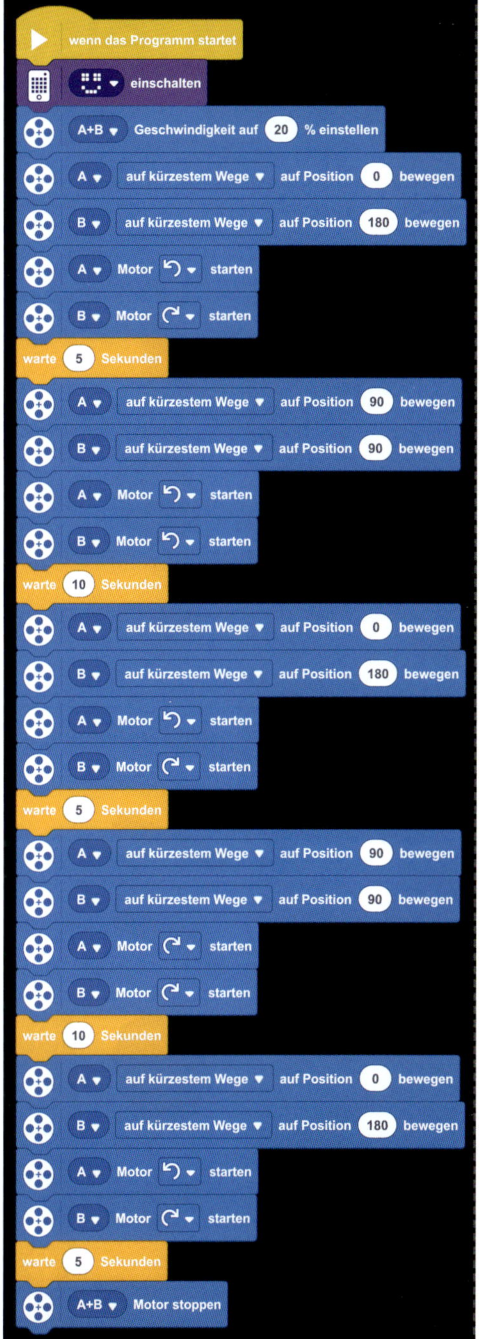

Kreisel

107

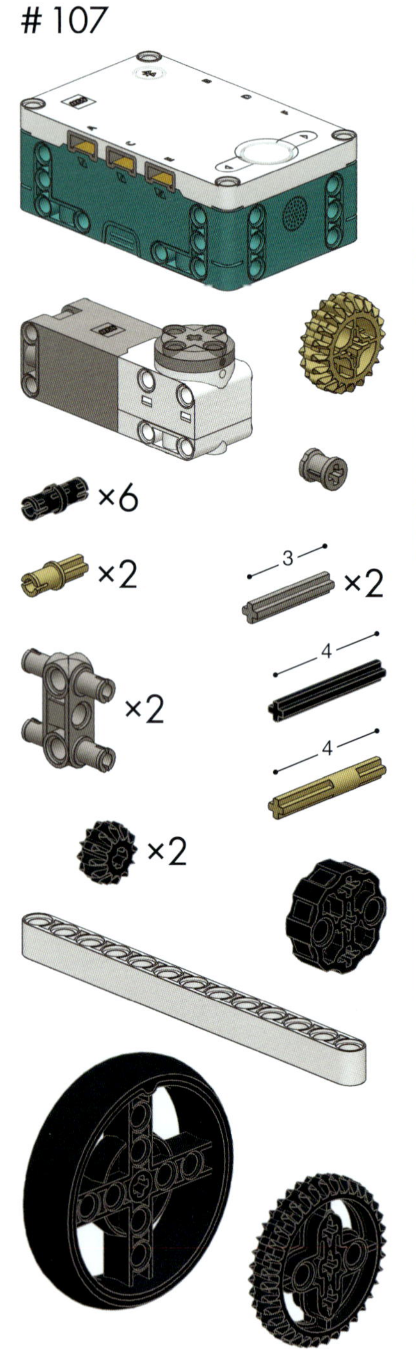

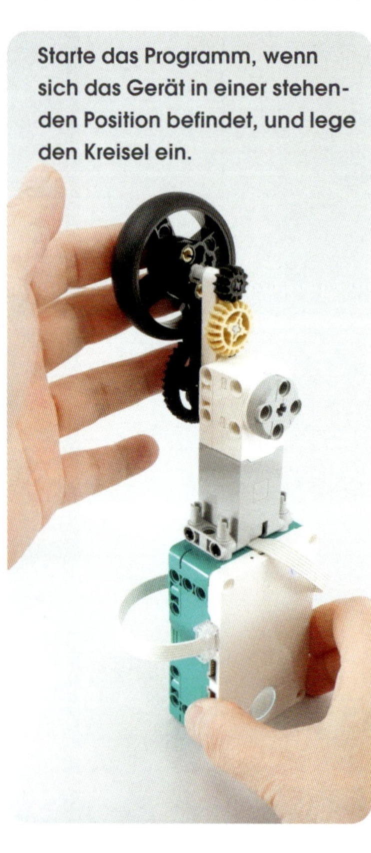

Starte das Programm, wenn sich das Gerät in einer stehenden Position befindet, und lege den Kreisel ein.

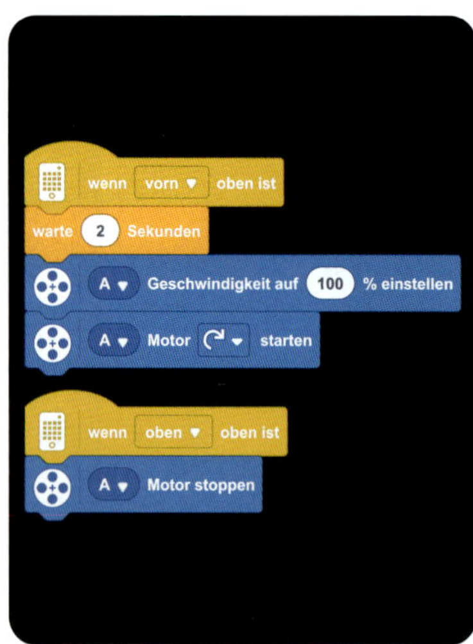

Halte den Kreisel mit der Hand fest und lege ihn auf den Boden.

Nach zwei Sekunden beginnt der Kreisel sich zu drehen.

Sobald die Drehung stabil ist, lasse den Kreisel los und stelle das Gerät hin.

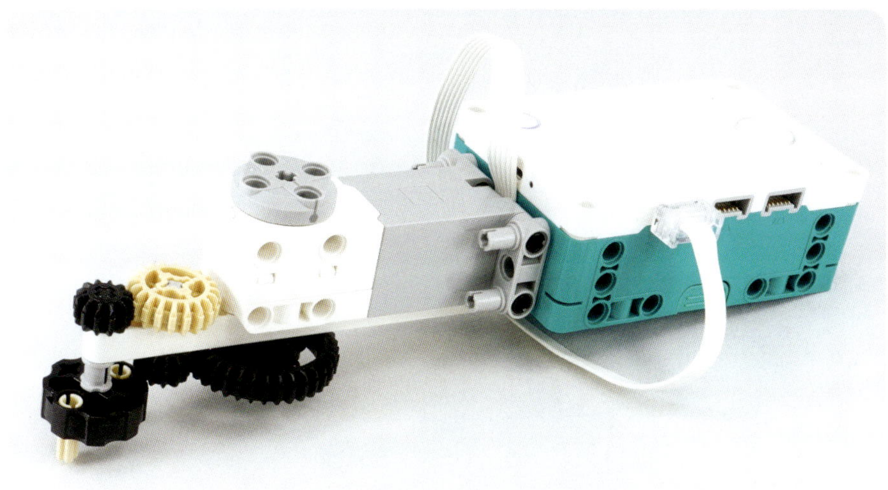

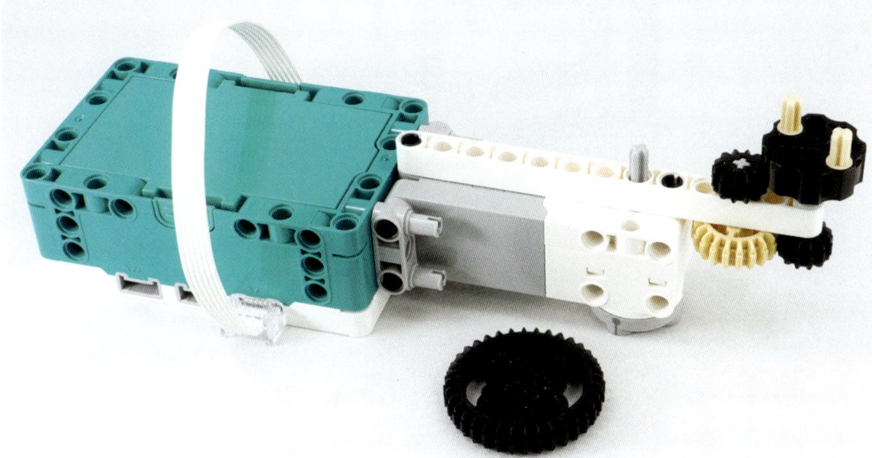

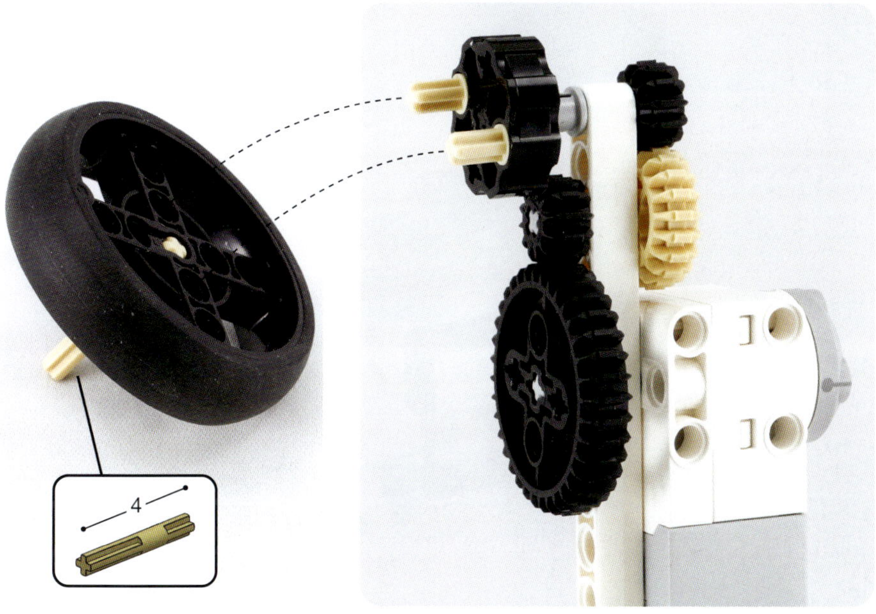
4

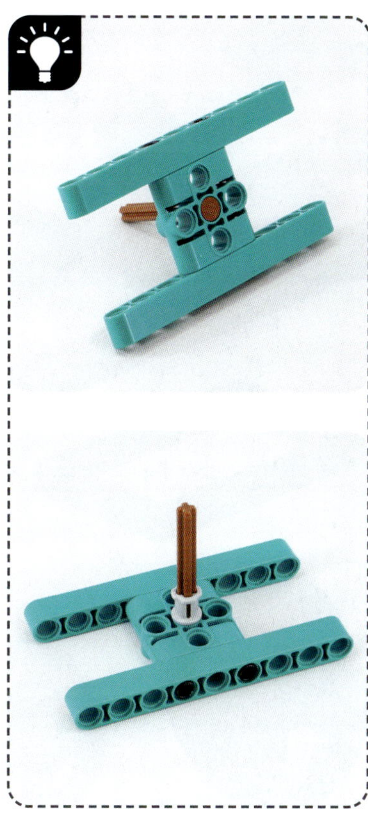

108

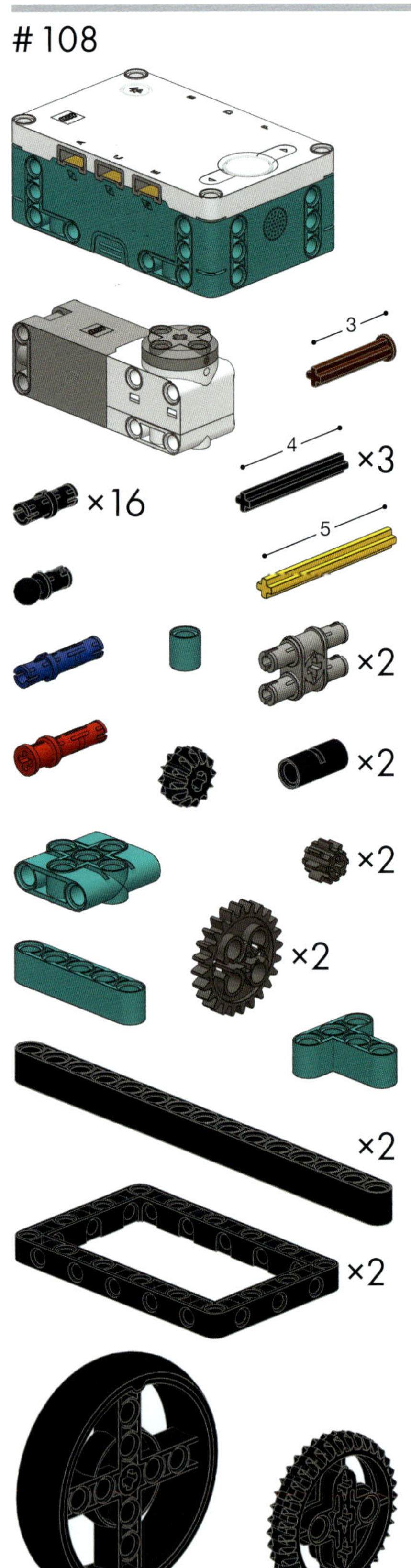

Lege den Kreisel nach dem Start des Programms ein und drücke ihn eine Zeit lang nach unten.

Die Drehung stabilisiert sich nach 10 bis 20 Sekunden. Sobald dies der Fall ist, nehme die Hand weg.

Der Kreisel bleibt waagerecht, auch wenn du die Basis kippst.

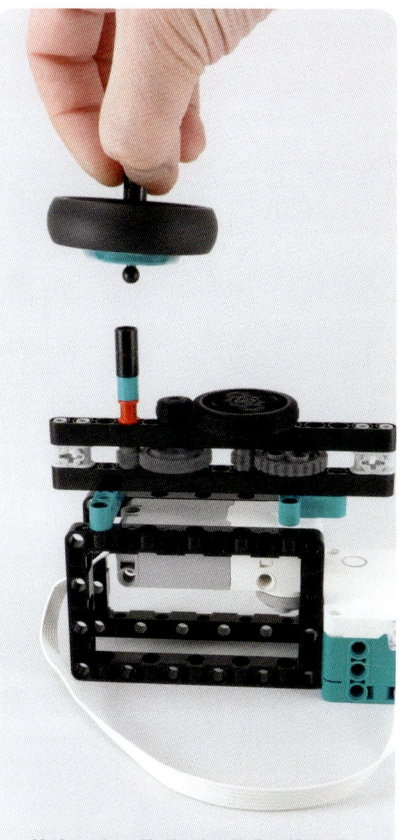

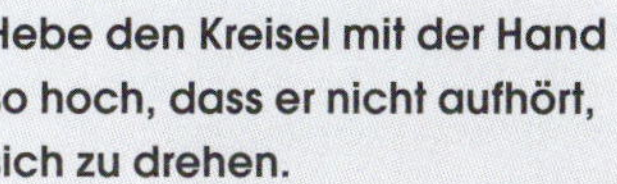

Hebe den Kreisel mit der Hand so hoch, dass er nicht aufhört, sich zu drehen.

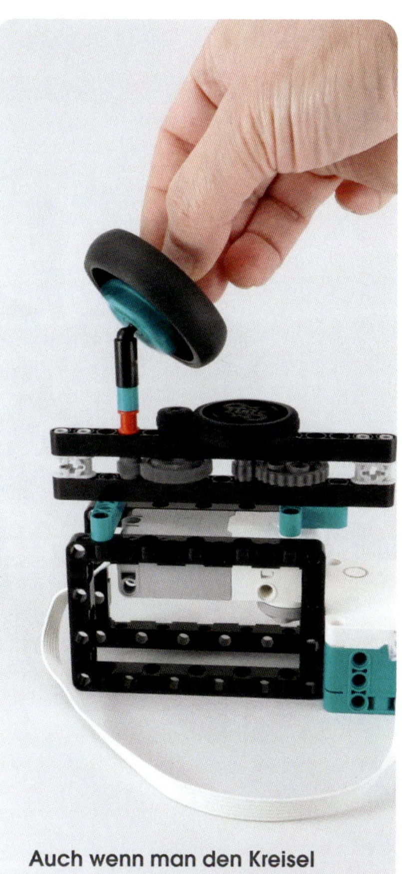

Auch wenn man den Kreisel kippt und ihn wie gezeigt aufsetzt, fällt er nicht um.

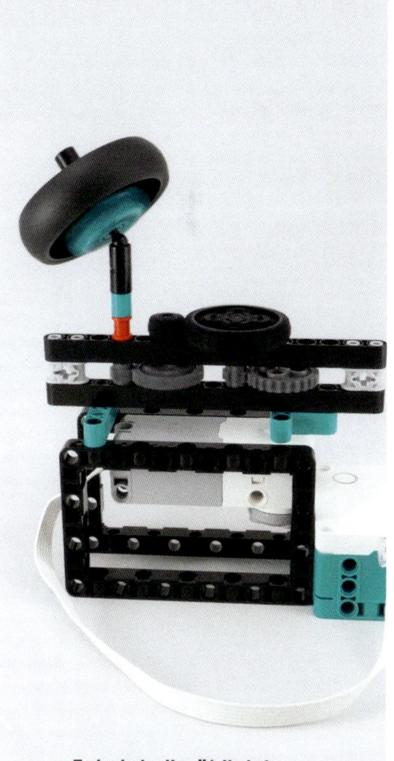

Er kehrt allmählich in seine ursprüngliche Position zurück.

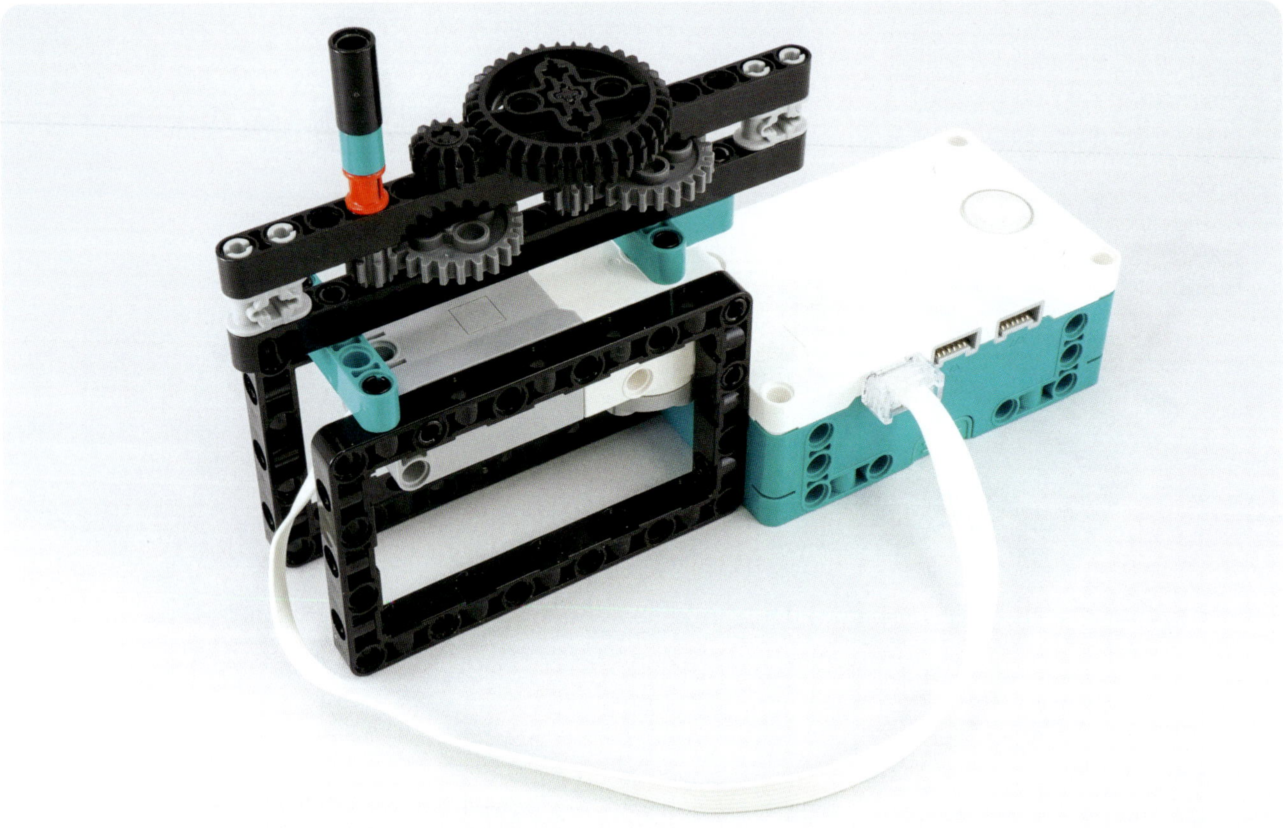

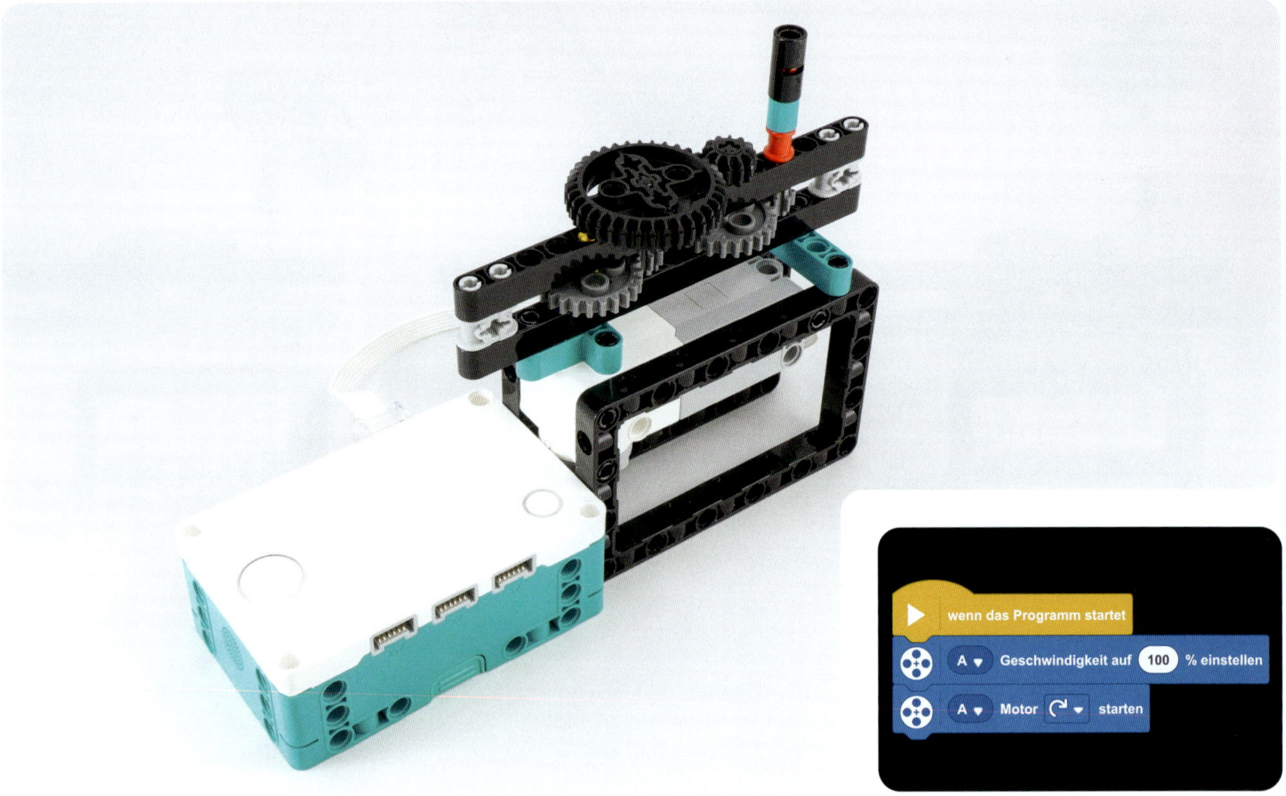

wenn das Programm startet
A Geschwindigkeit auf 100 % einstellen
A Motor starten

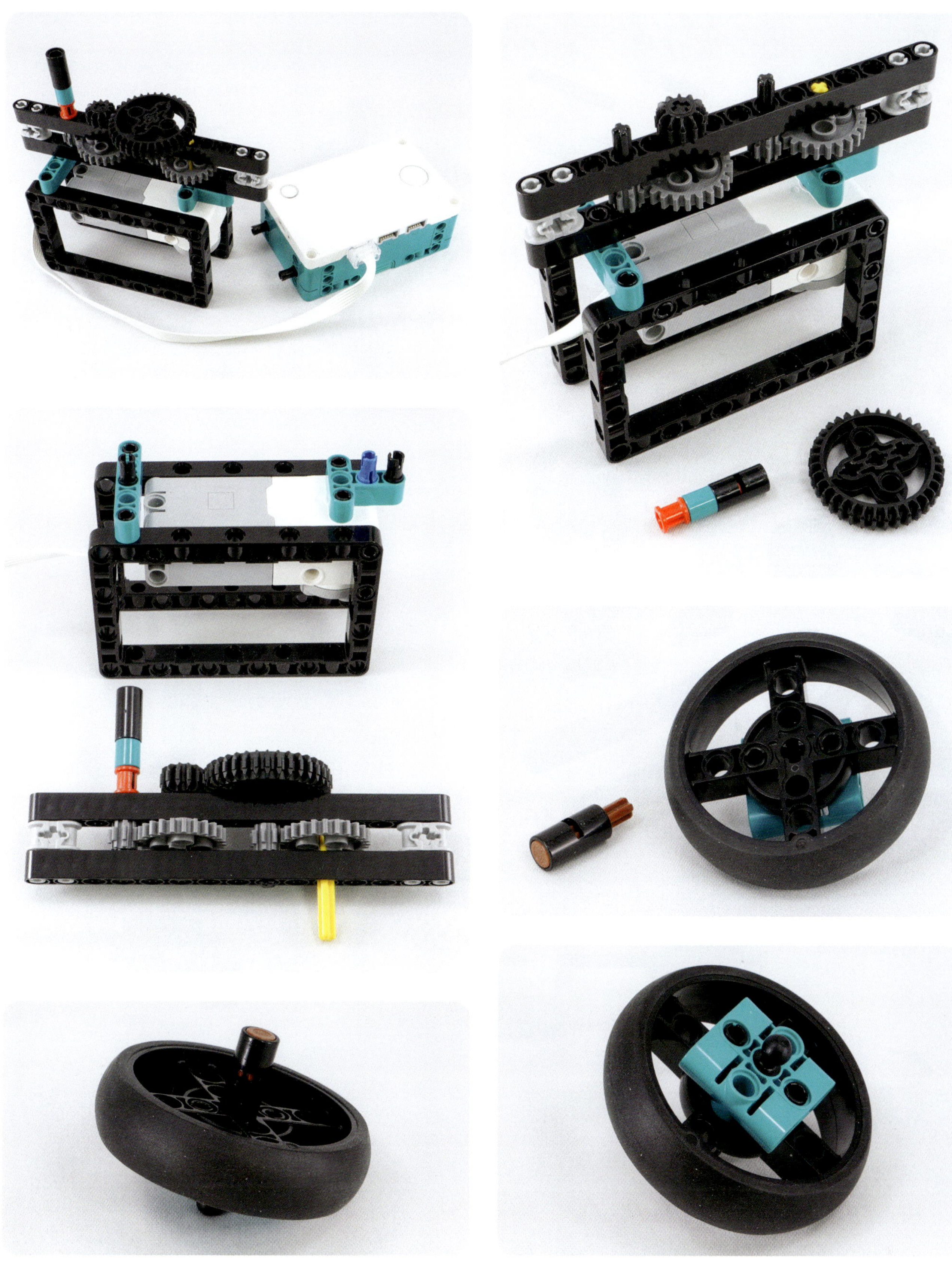

109

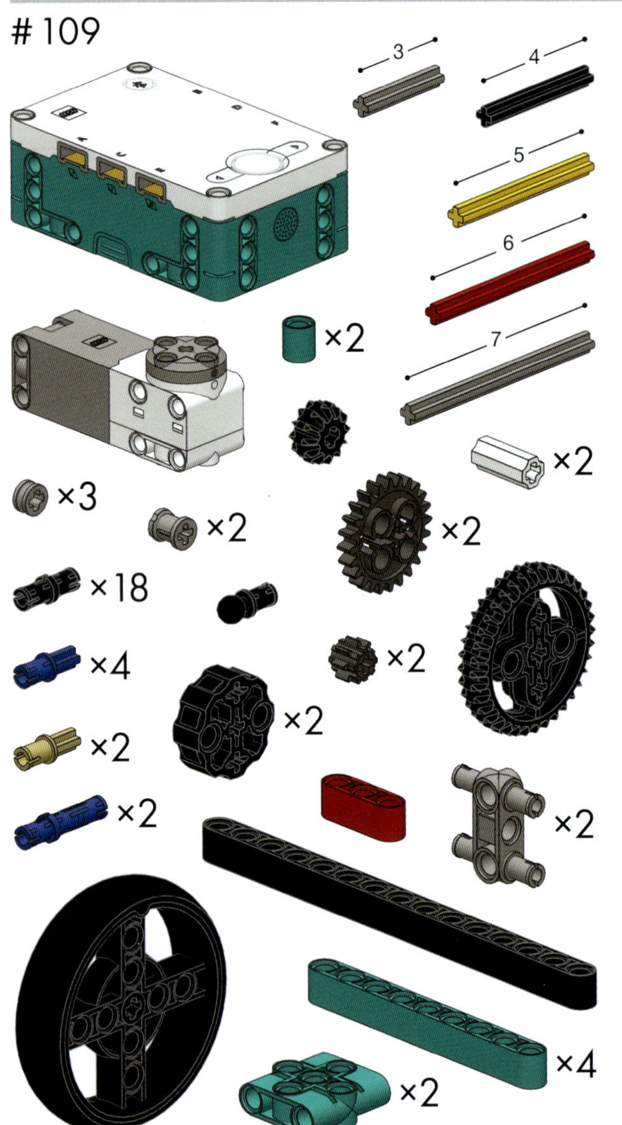

Starte das Programm, wenn das Gerät steht, und setze den Kreisel ein.

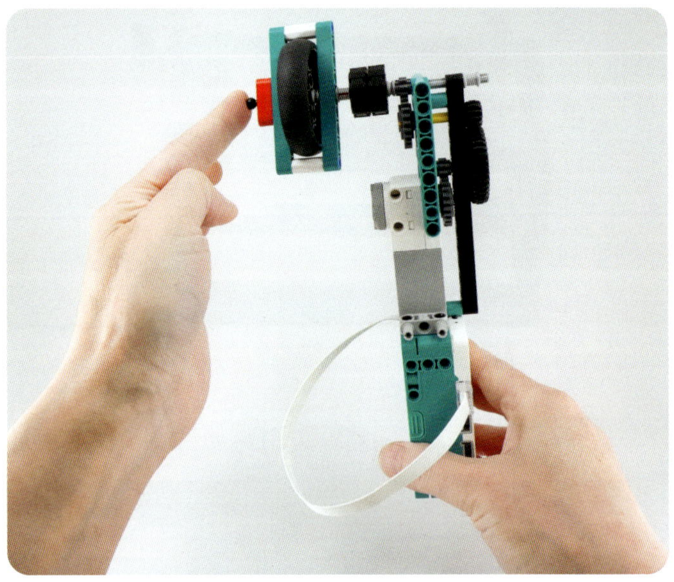

Wenn das Gerät um 90° gekippt wird, fängt der Kreisel an, sich zu drehen.

Sobald die Drehung stabil ist, lasse das Gerät los.

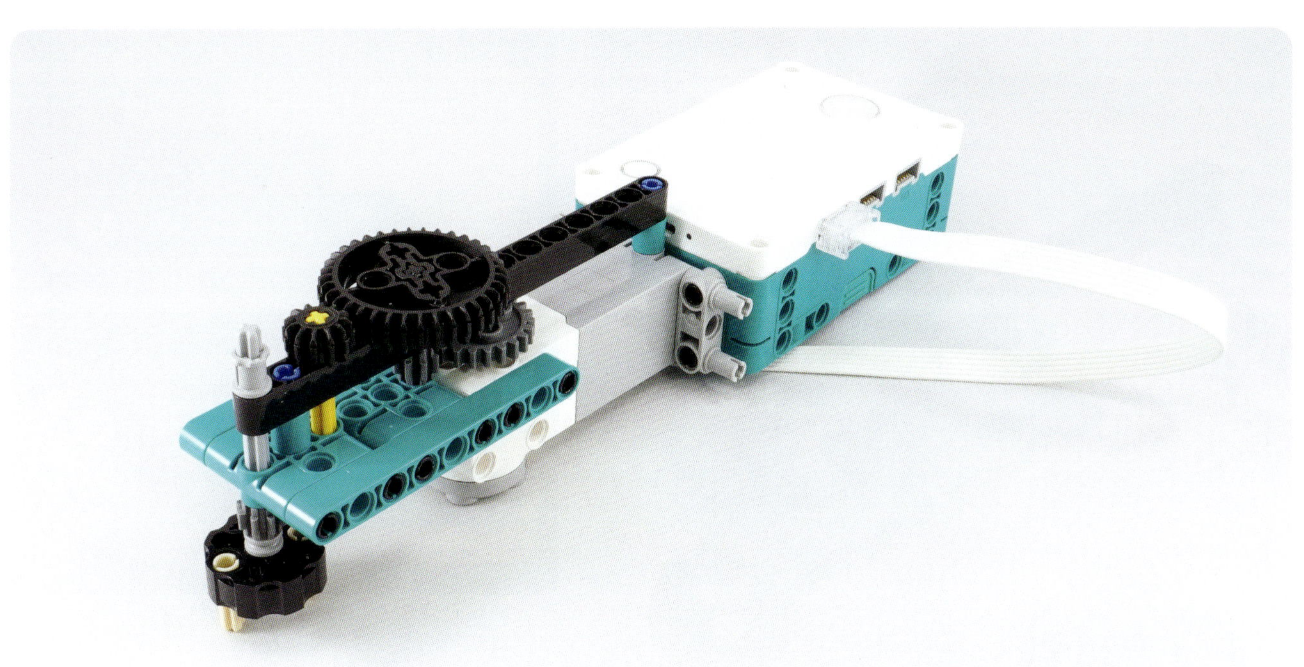

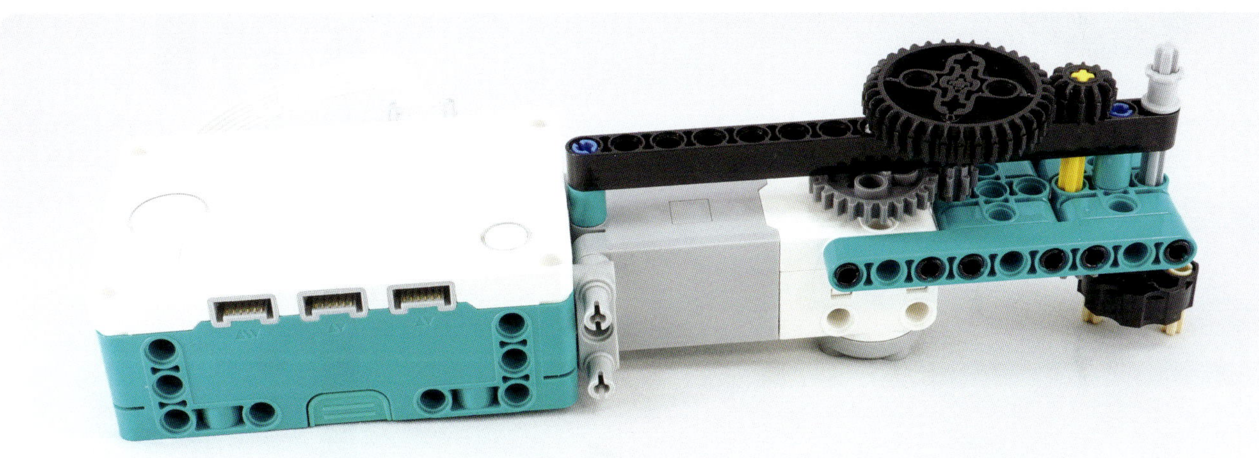

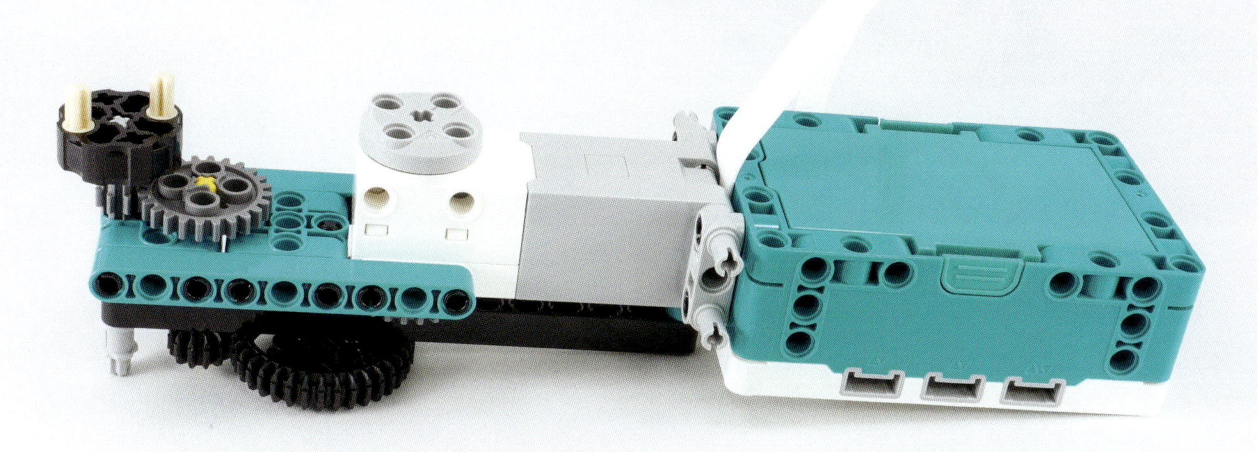

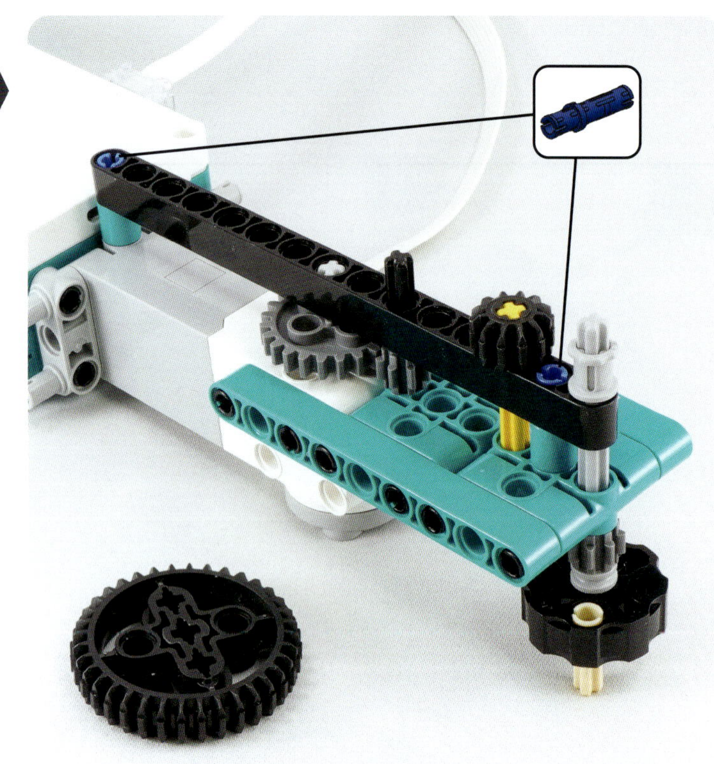

wenn das Programm startet
wiederhole fortlaufend
warte bis
Nick-
Winkel
<
10
A
Geschwindigkeit auf
100
% einstellen
A
Motor
starten
warte bis
Nick-
Winkel
>
50
A
Motor stoppen

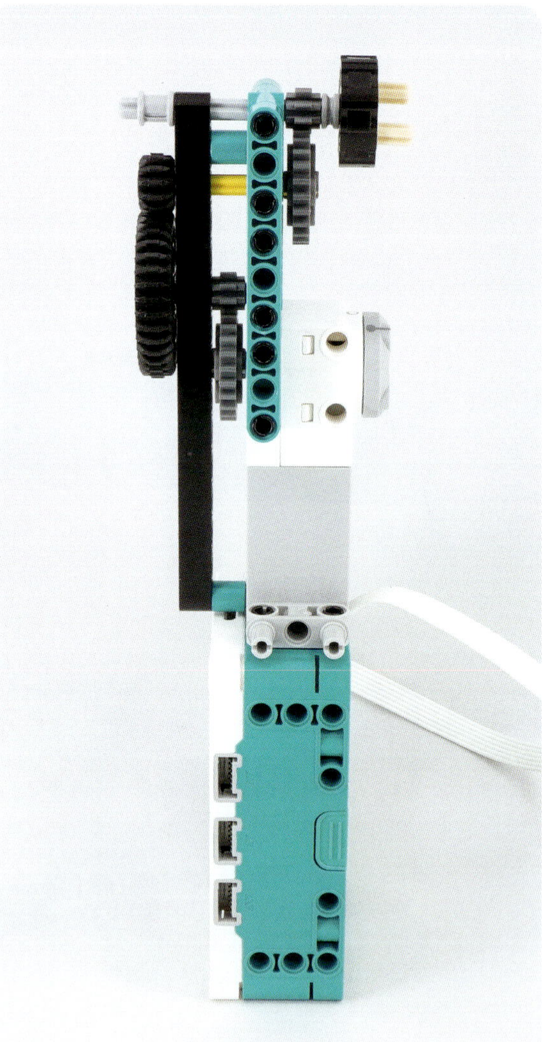

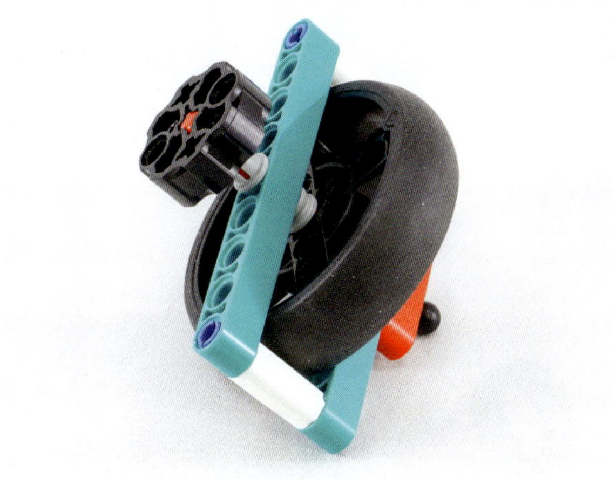

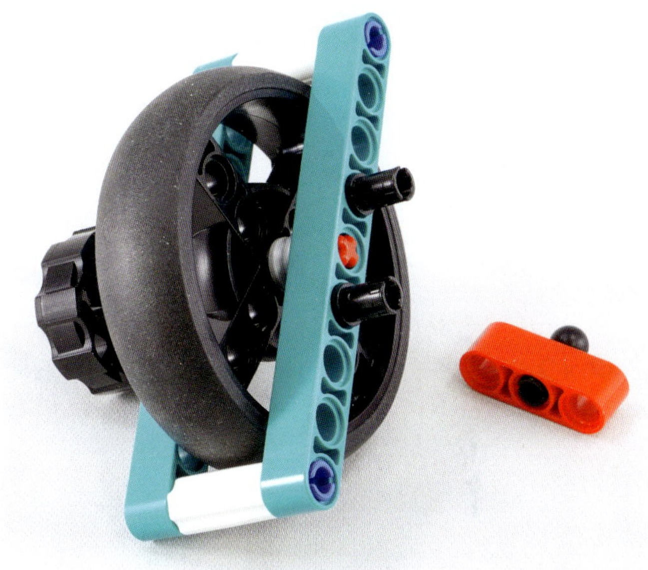

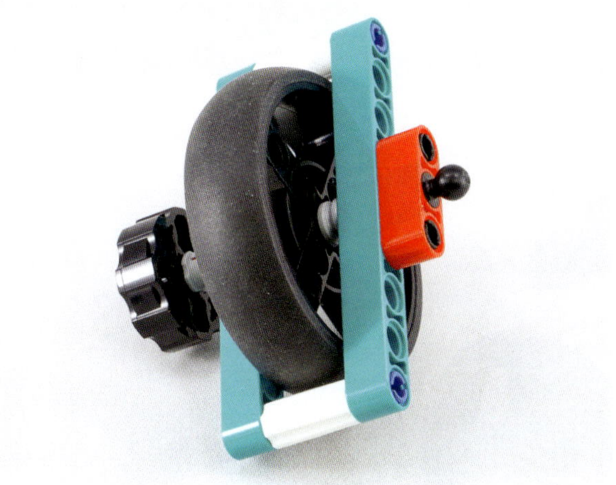

Zeichengeräte

110

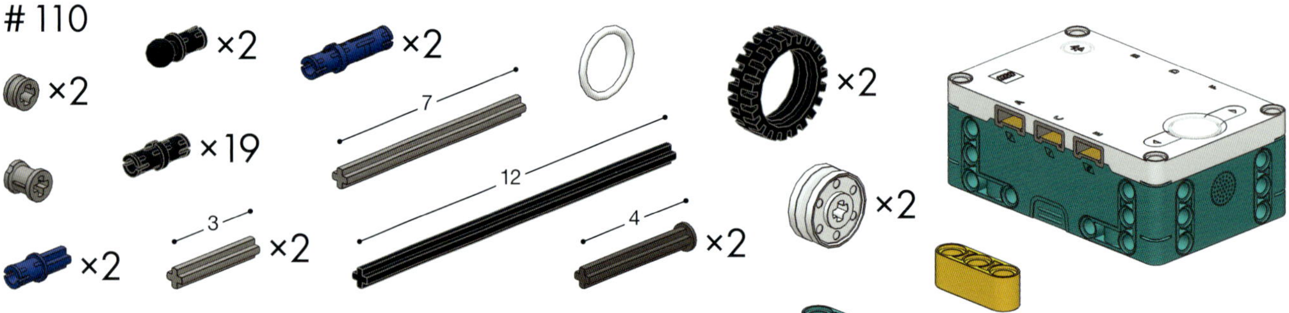

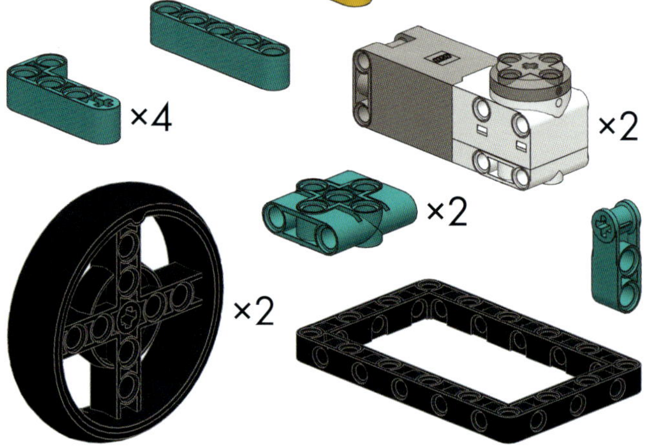

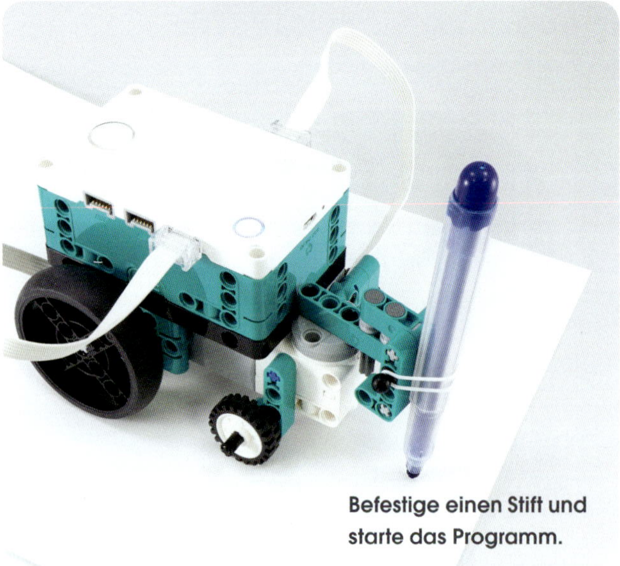

×2 ×2 ×2 ×2 ×19 ×2 ×2 ×2 ×2 ×4 ×2 ×2 ×2

Befestige einen Stift und starte das Programm.

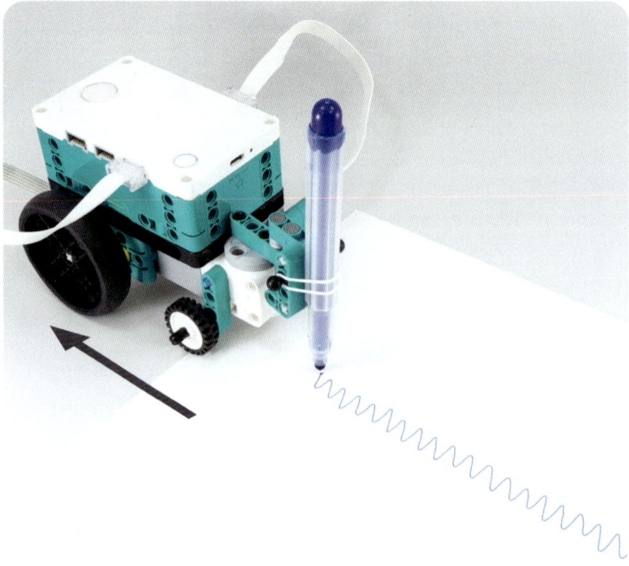

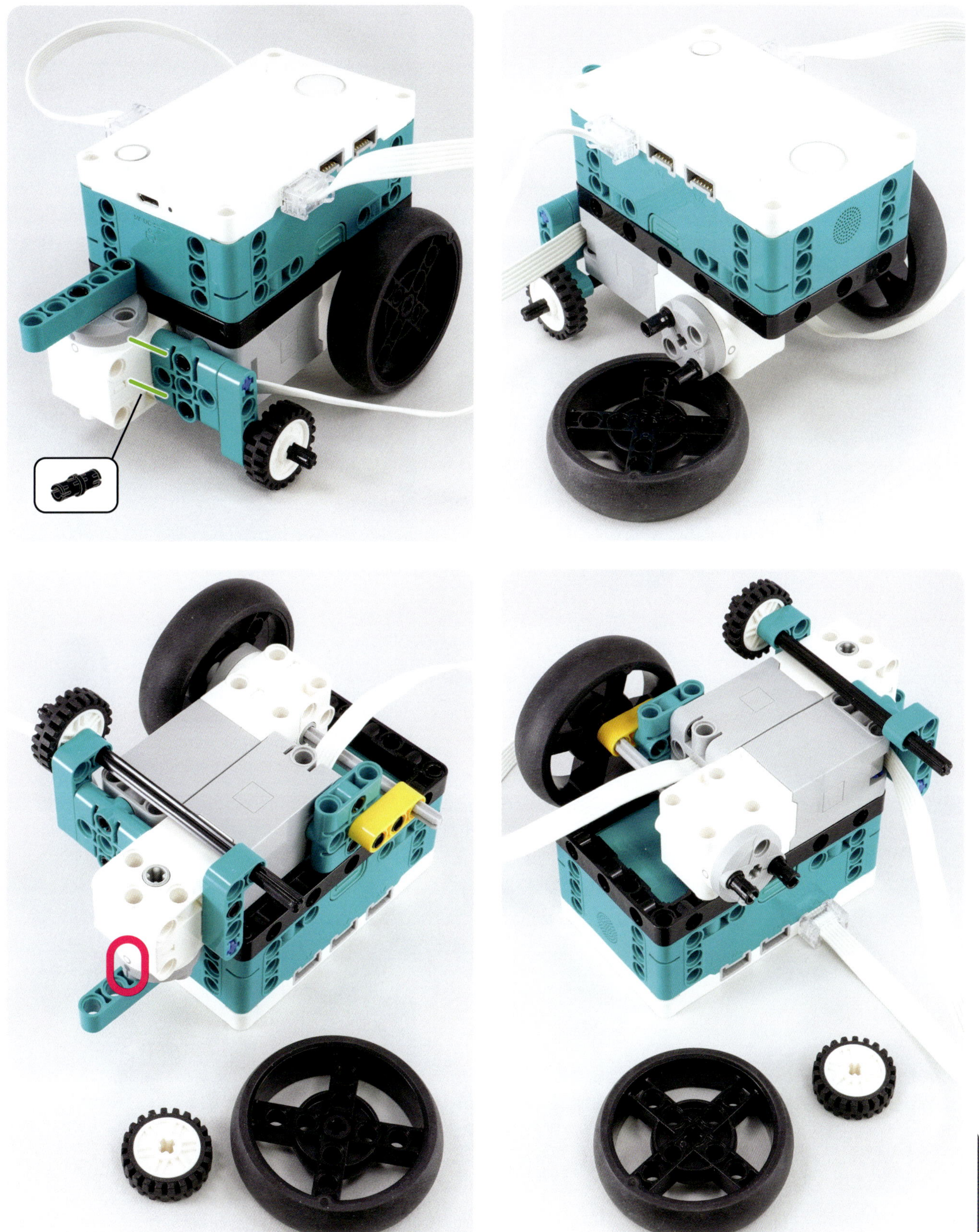

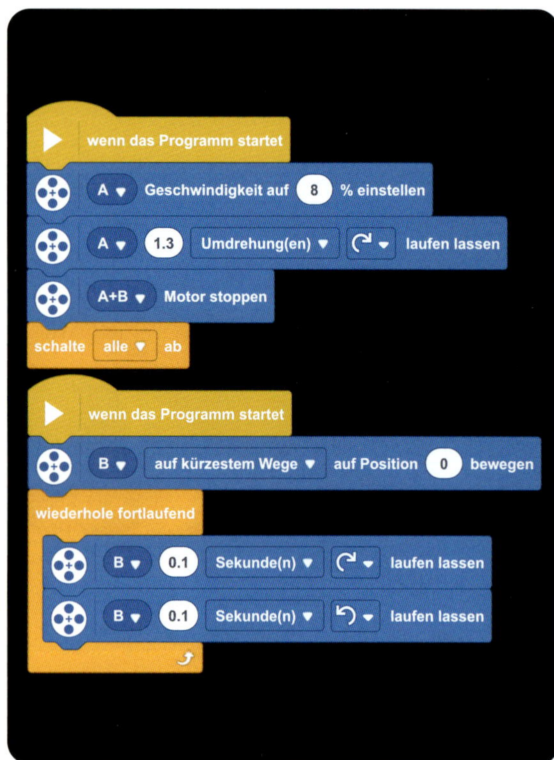

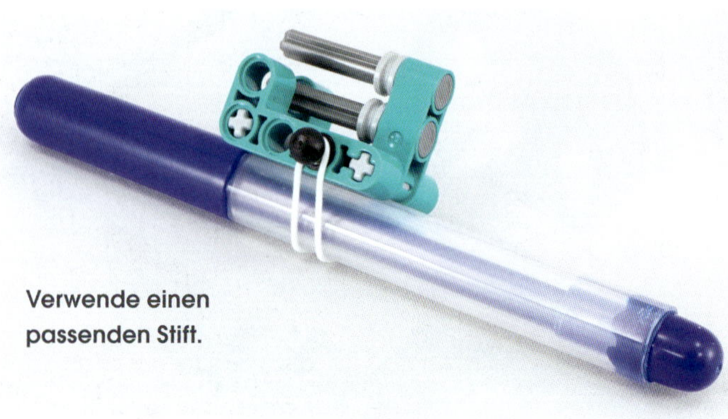

Verwende einen passenden Stift.

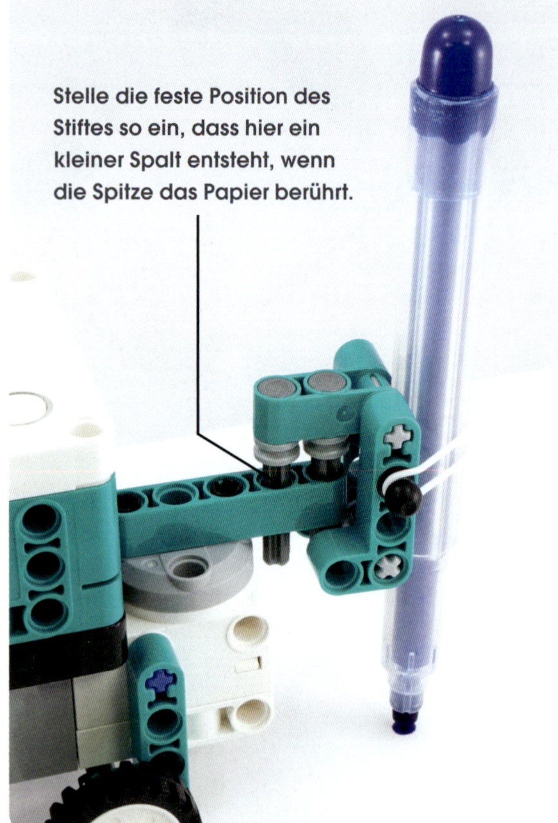

Stelle die feste Position des Stiftes so ein, dass hier ein kleiner Spalt entsteht, wenn die Spitze das Papier berührt.

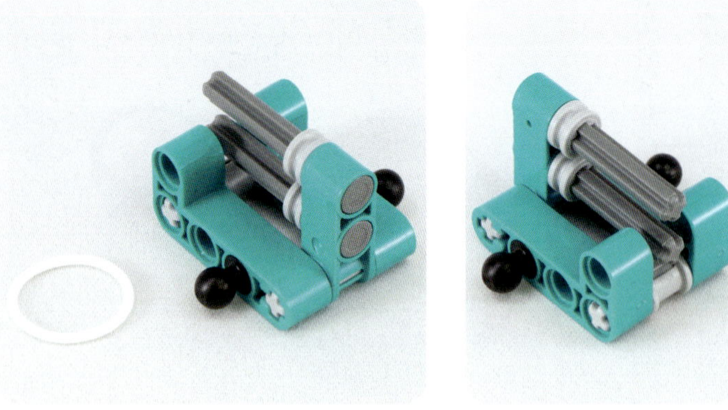

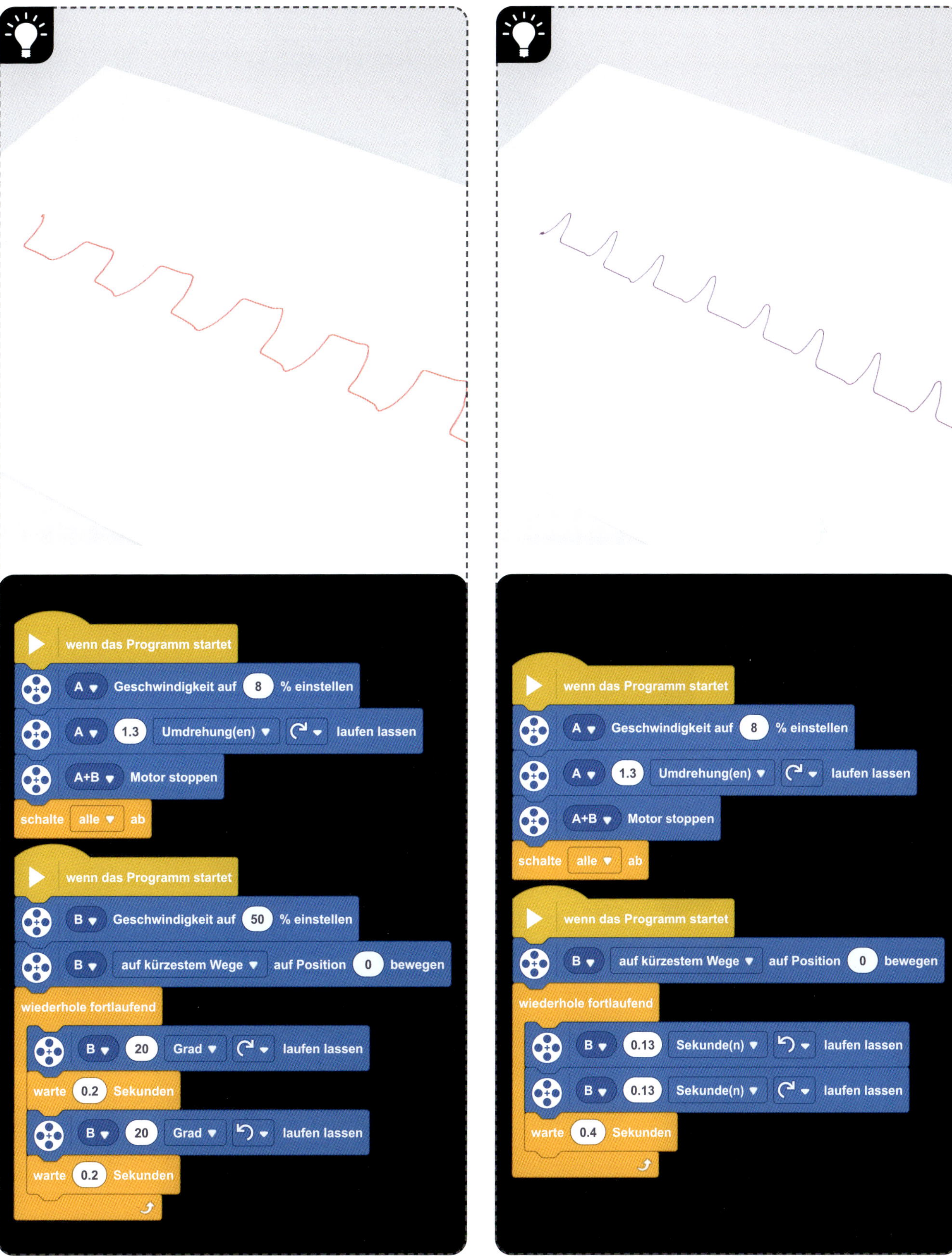
wenn das Programm startet
A Geschwindigkeit auf 8 % einstellen
A 1.3 Umdrehung(en) laufen lassen
A+B Motor stoppen
schalte alle ab
wenn das Programm startet
B Geschwindigkeit auf 50 % einstellen
B auf kürzestem Wege auf Position 0 bewegen
wiederhole fortlaufend
B 20 Grad laufen lassen
warte 0.2 Sekunden
B 20 Grad laufen lassen
warte 0.2 Sekunden
wenn das Programm startet
A Geschwindigkeit auf 8 % einstellen
A 1.3 Umdrehung(en) laufen lassen
A+B Motor stoppen
schalte alle ab
wenn das Programm startet
B auf kürzestem Wege auf Position 0 bewegen
wiederhole fortlaufend
B 0.13 Sekunde(n) laufen lassen
B 0.13 Sekunde(n) laufen lassen
warte 0.4 Sekunden

111

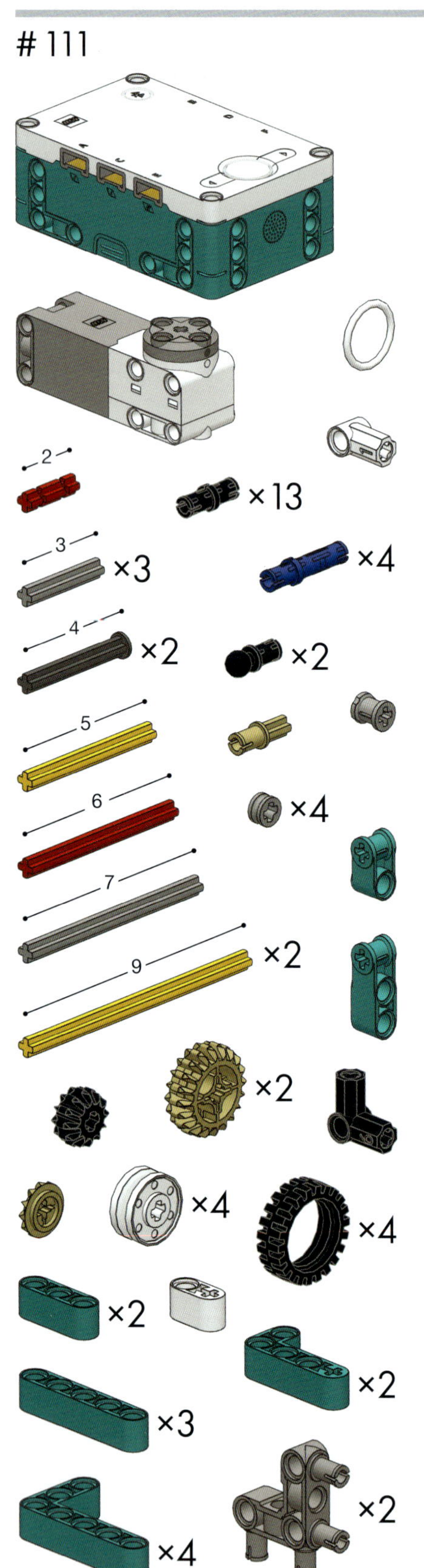

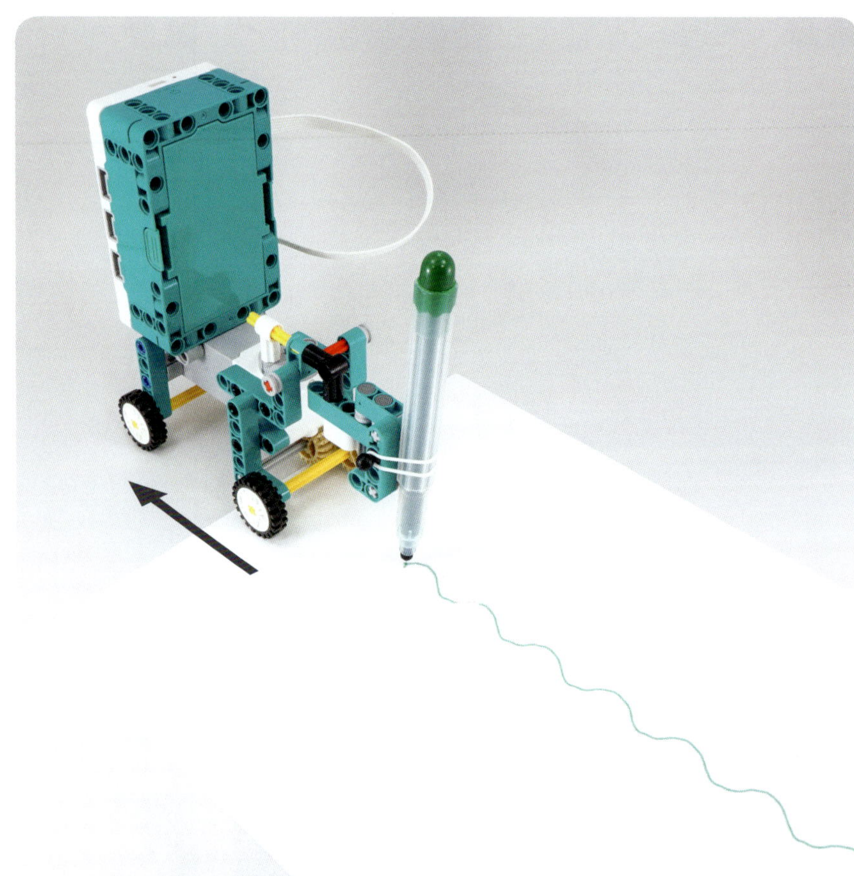

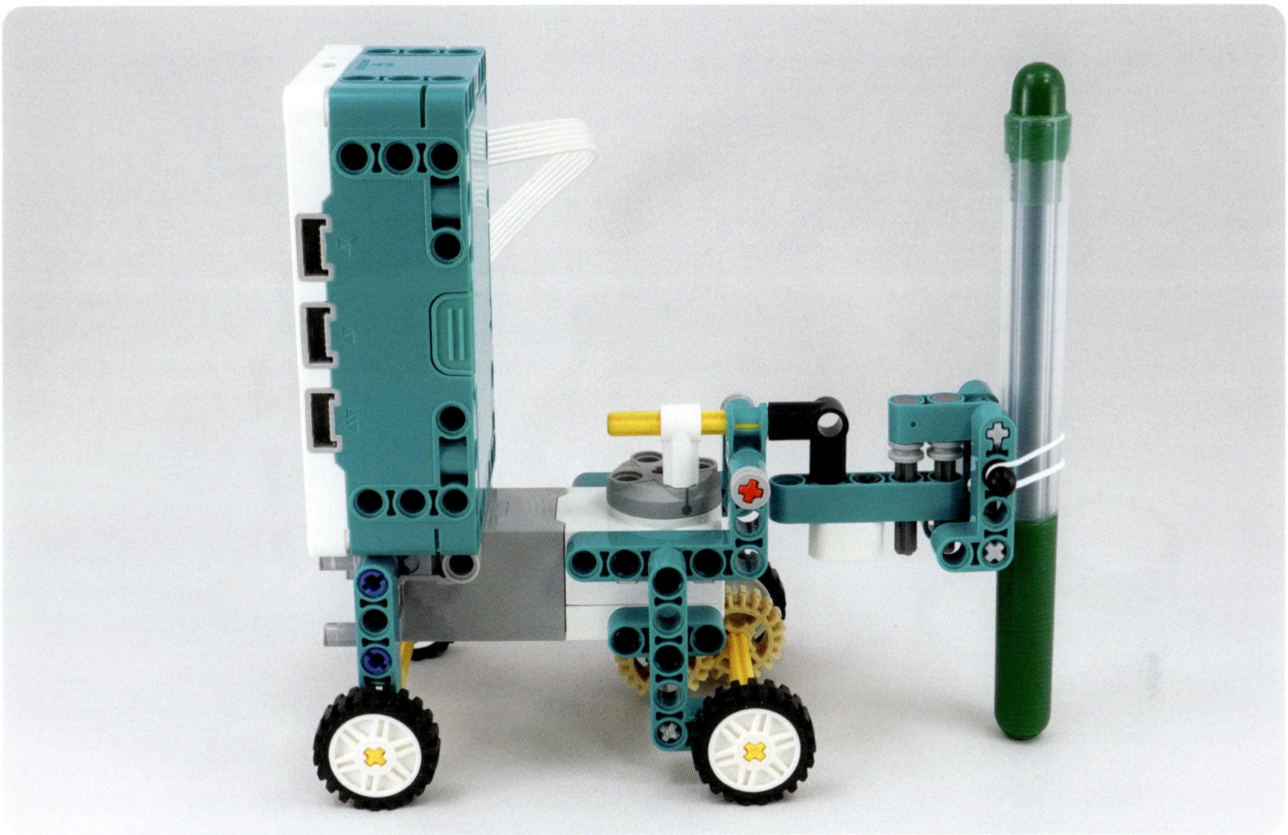

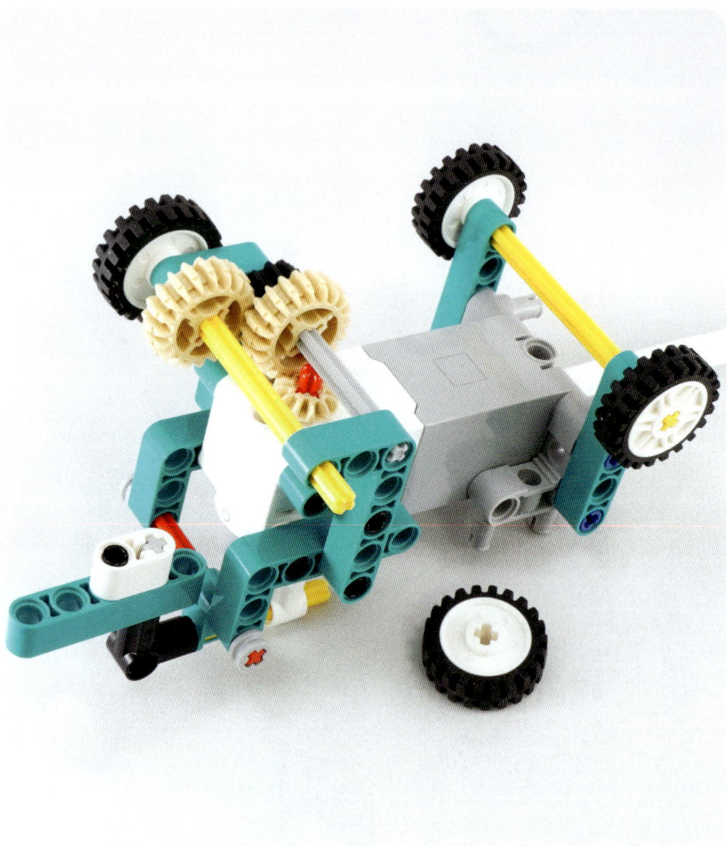

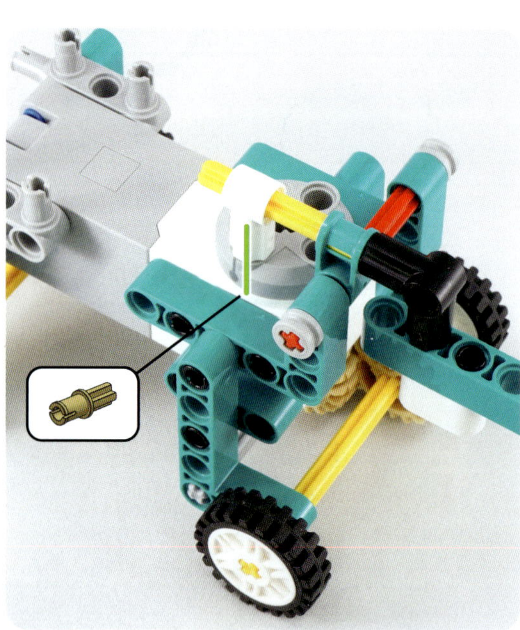

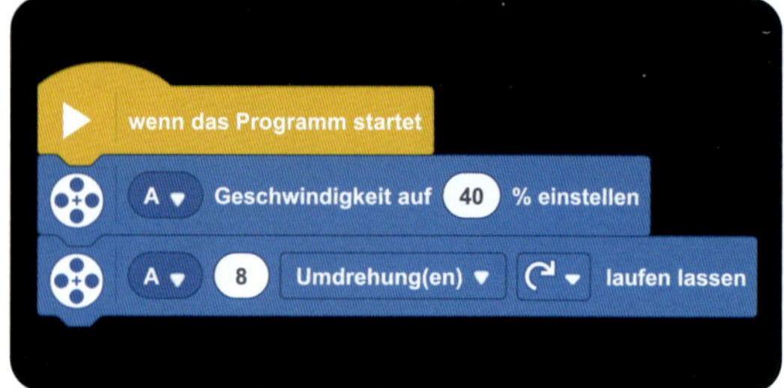
wenn das Programm startet
A Geschwindigkeit auf 40 % einstellen
A 8 Umdrehung(en) laufen lassen

Stelle die feste Position des Stiftes so ein, dass hier ein kleiner Spalt entsteht, wenn die Spitze das Papier berührt.

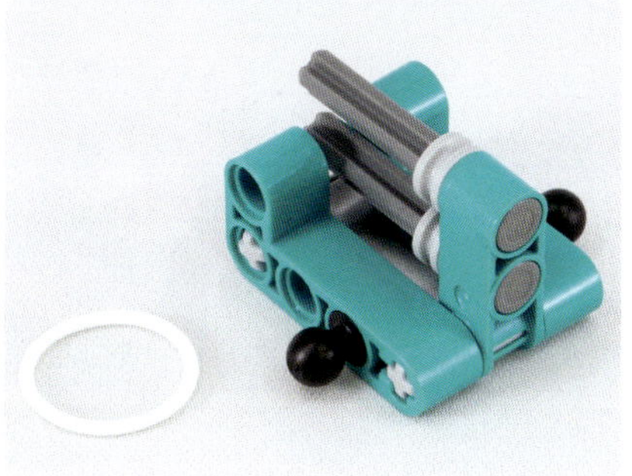

Verwende einen passenden Stift.

112

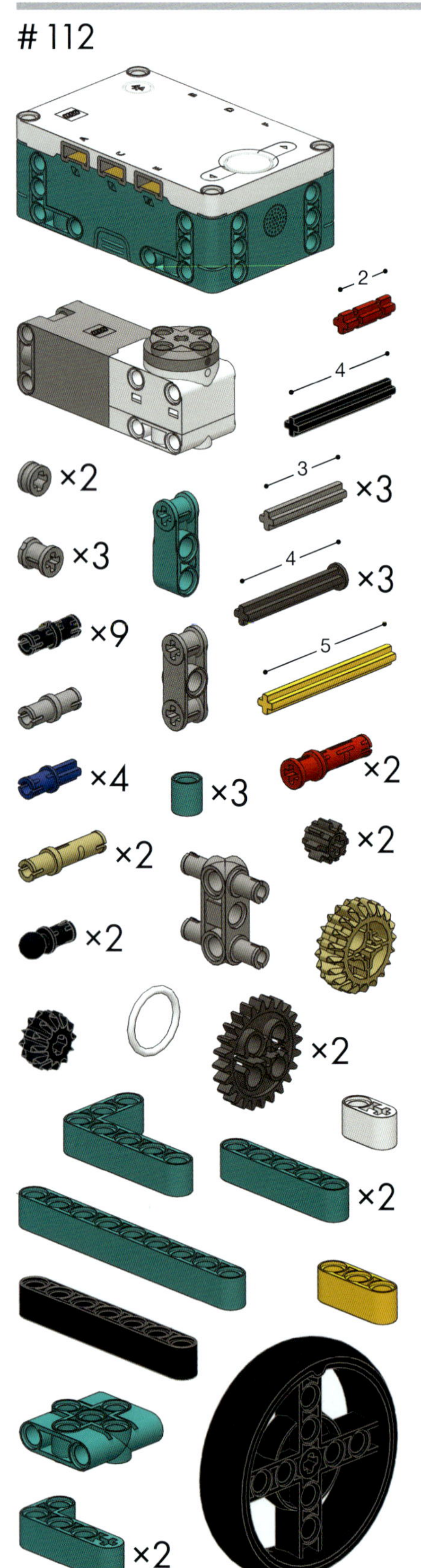

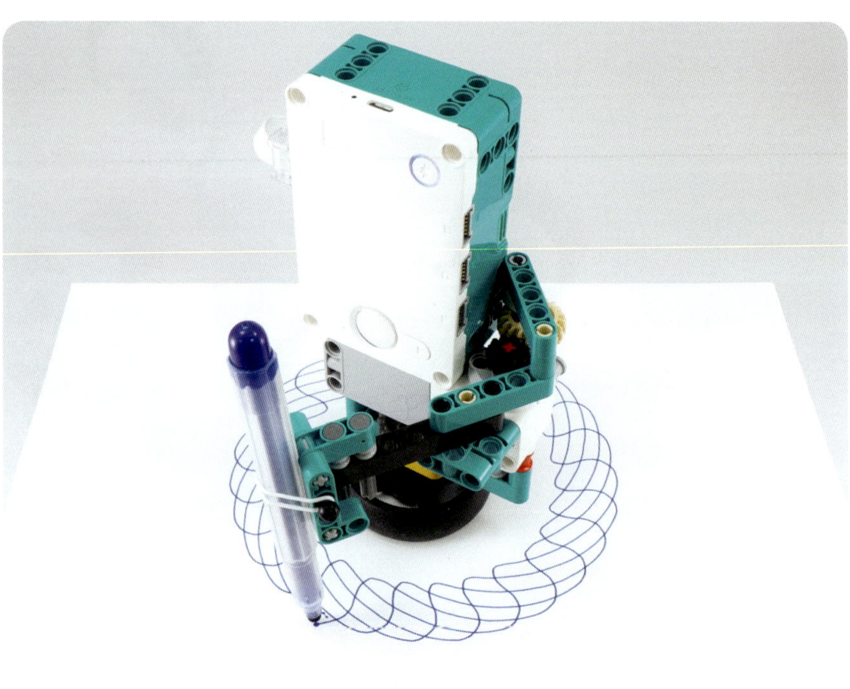

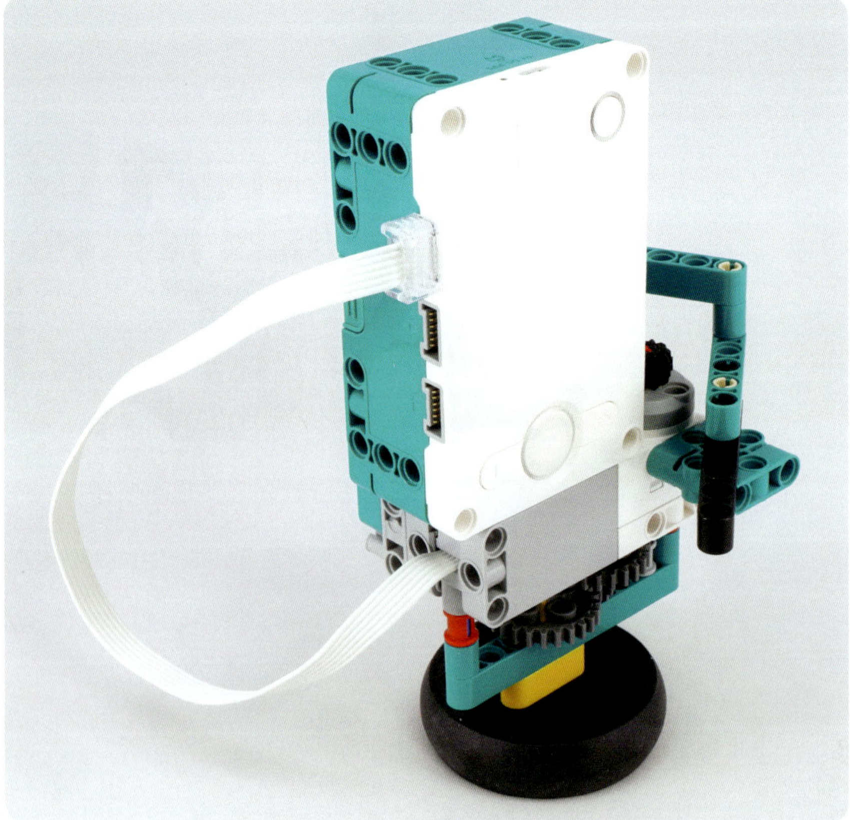

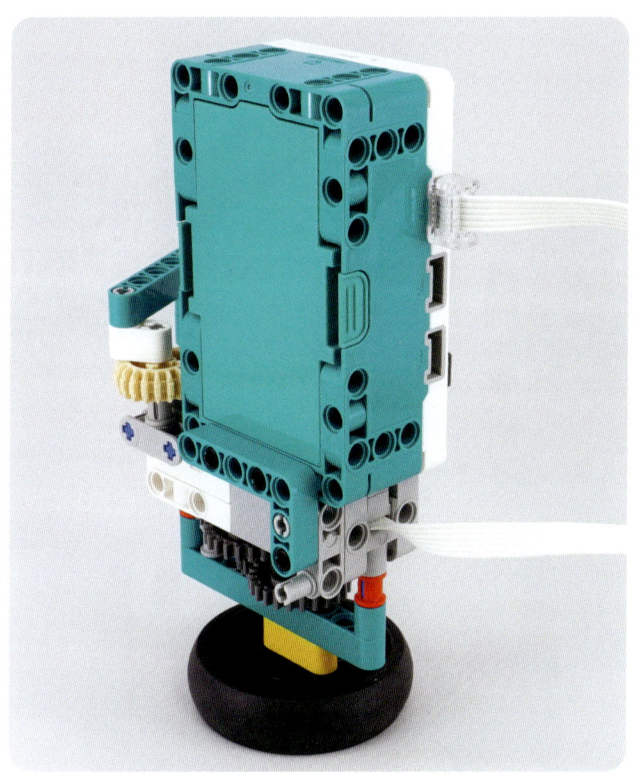

4

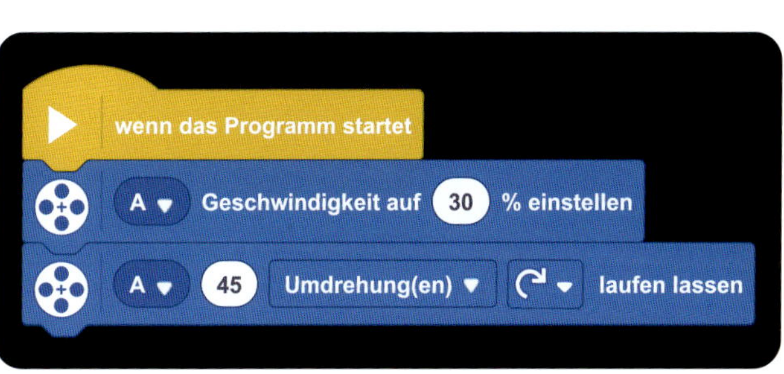

wenn das Programm startet
A Geschwindigkeit auf 30 % einstellen
A 45 Umdrehung(en) laufen lassen

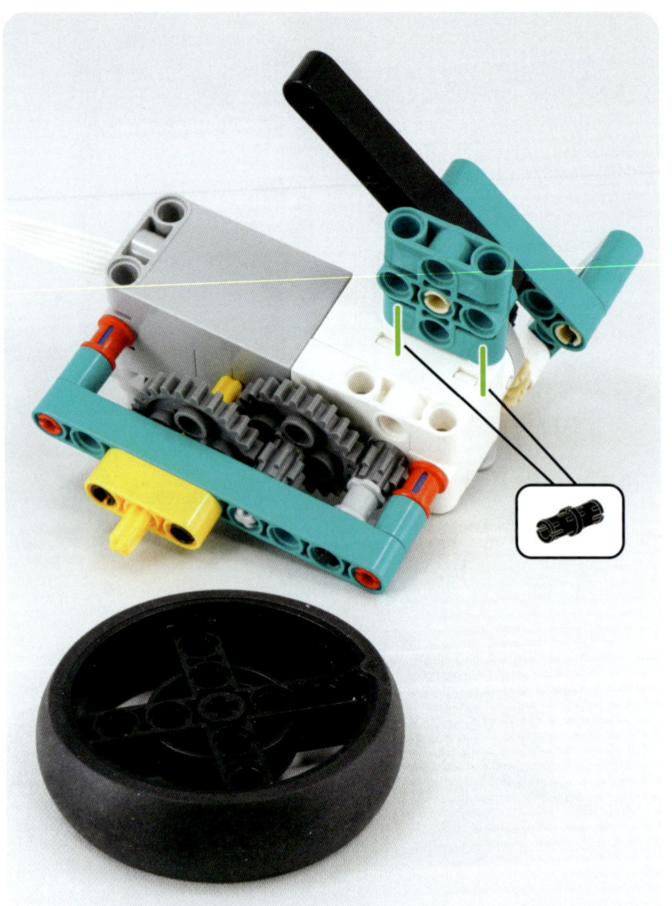

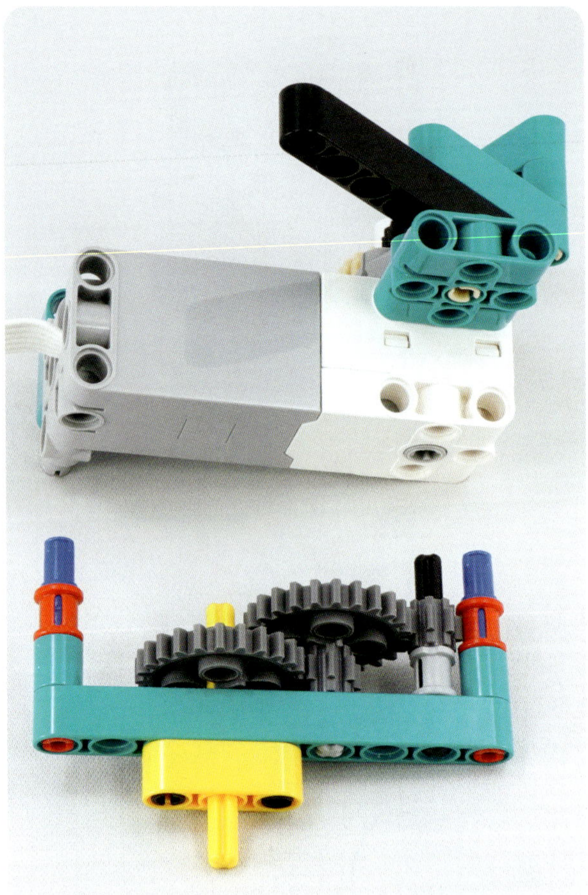

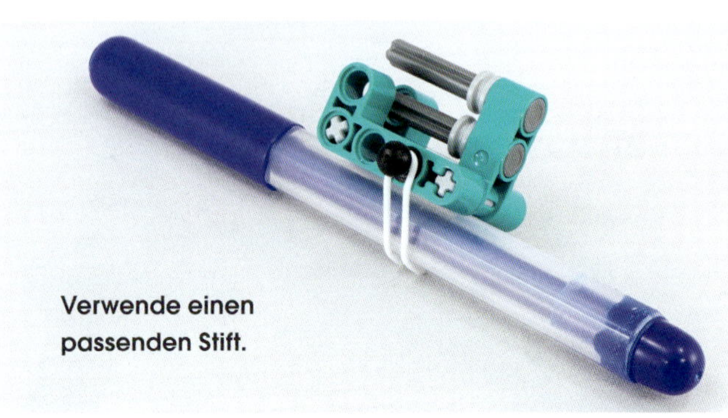

Verwende einen passenden Stift.

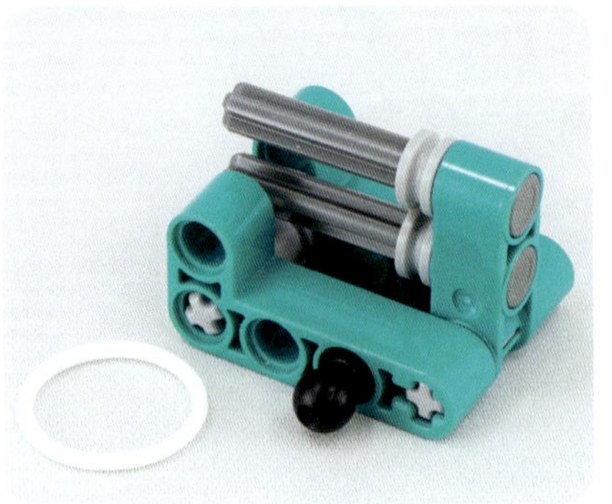

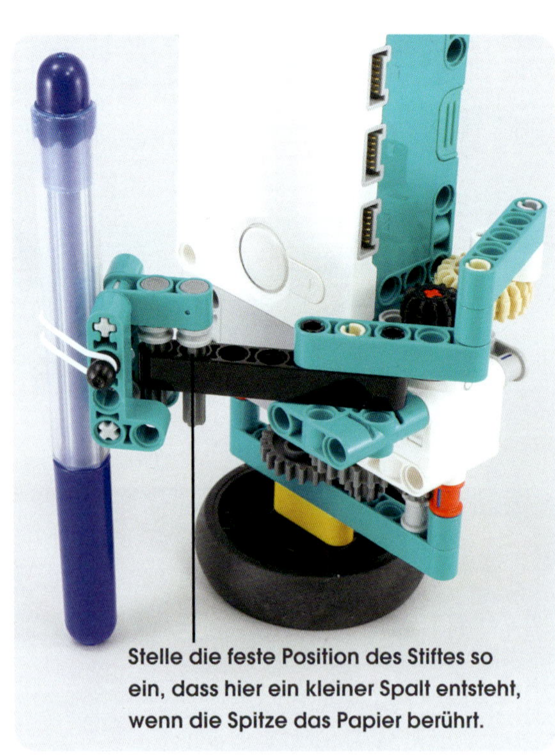

Stelle die feste Position des Stiftes so ein, dass hier ein kleiner Spalt entsteht, wenn die Spitze das Papier berührt.

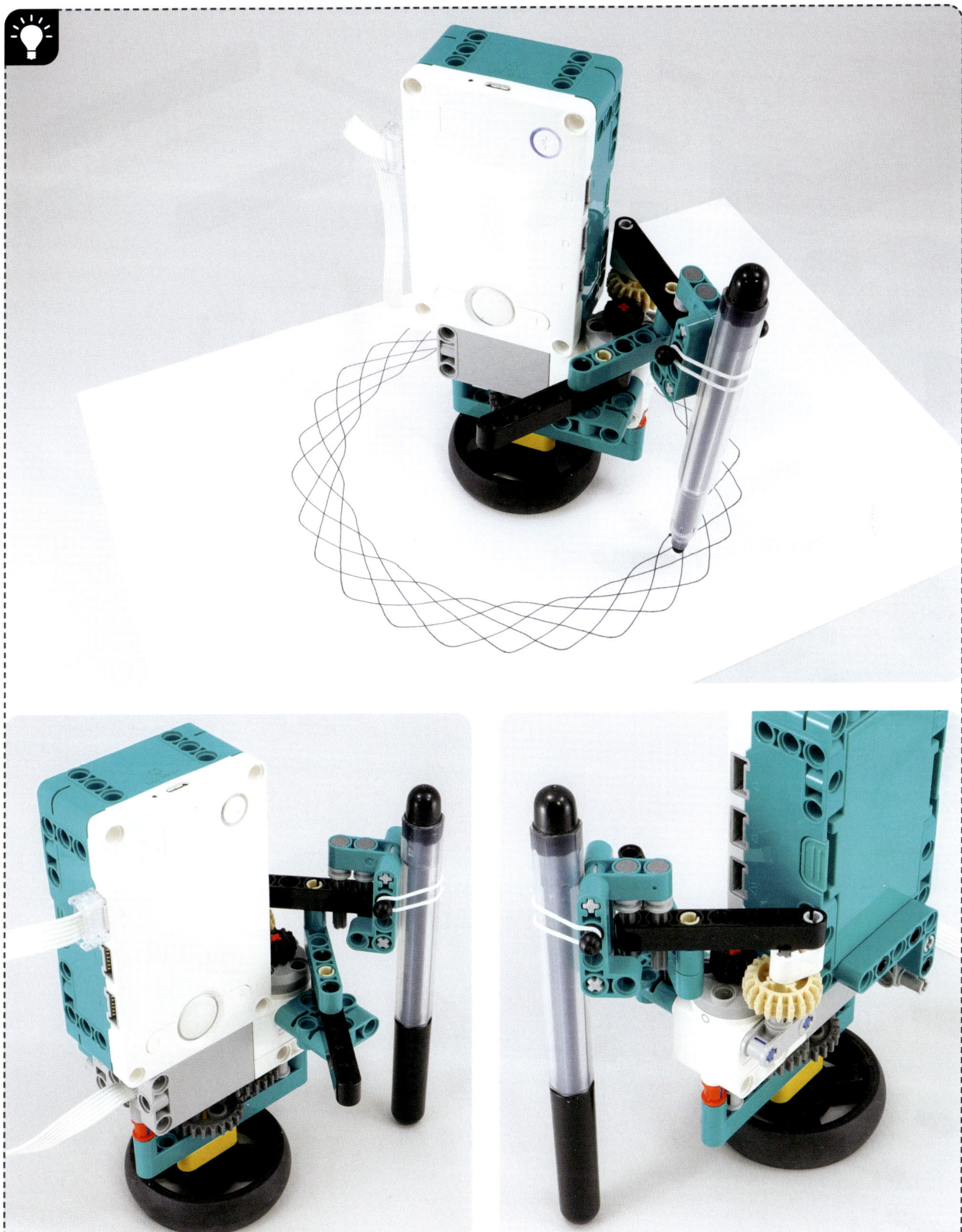

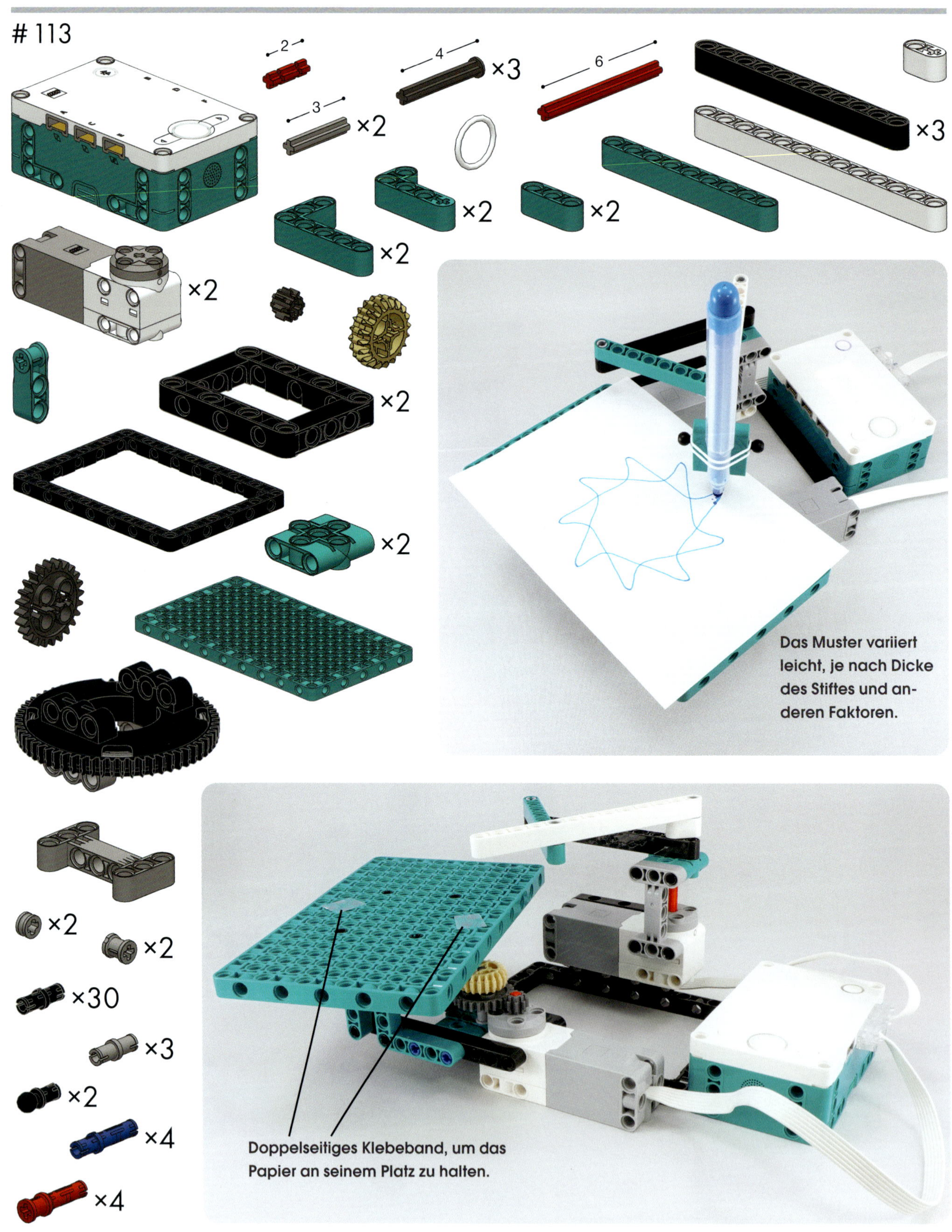

Das Muster variiert leicht, je nach Dicke des Stiftes und anderen Faktoren.

Doppelseitiges Klebeband, um das Papier an seinem Platz zu halten.

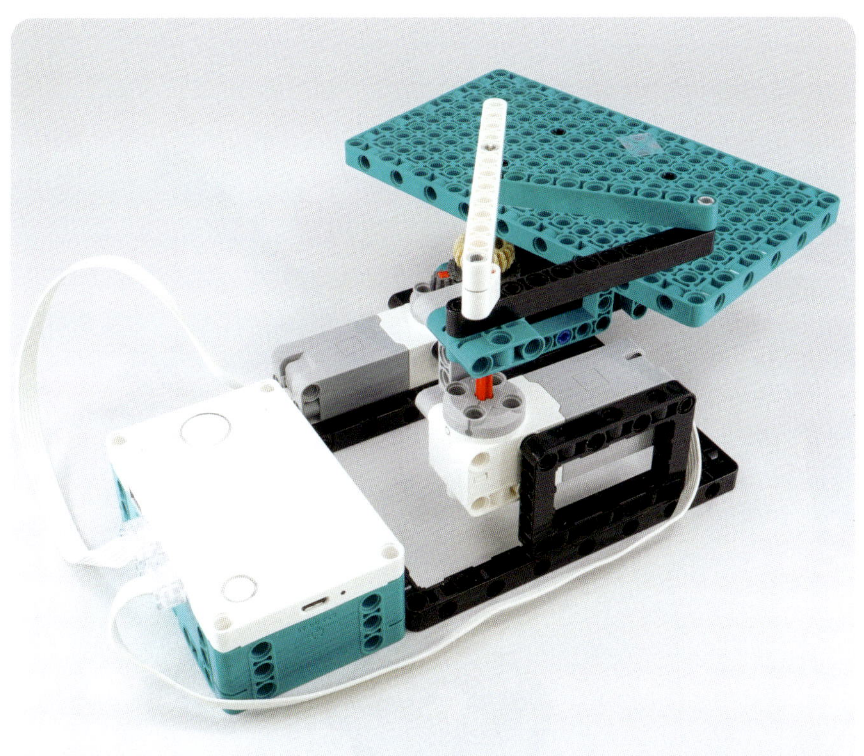

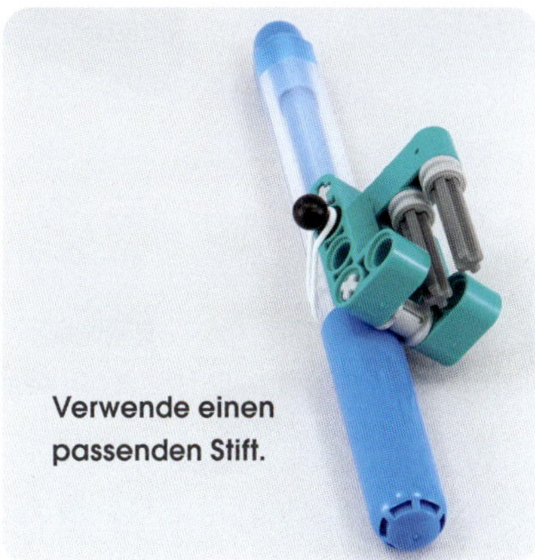

Verwende einen passenden Stift.

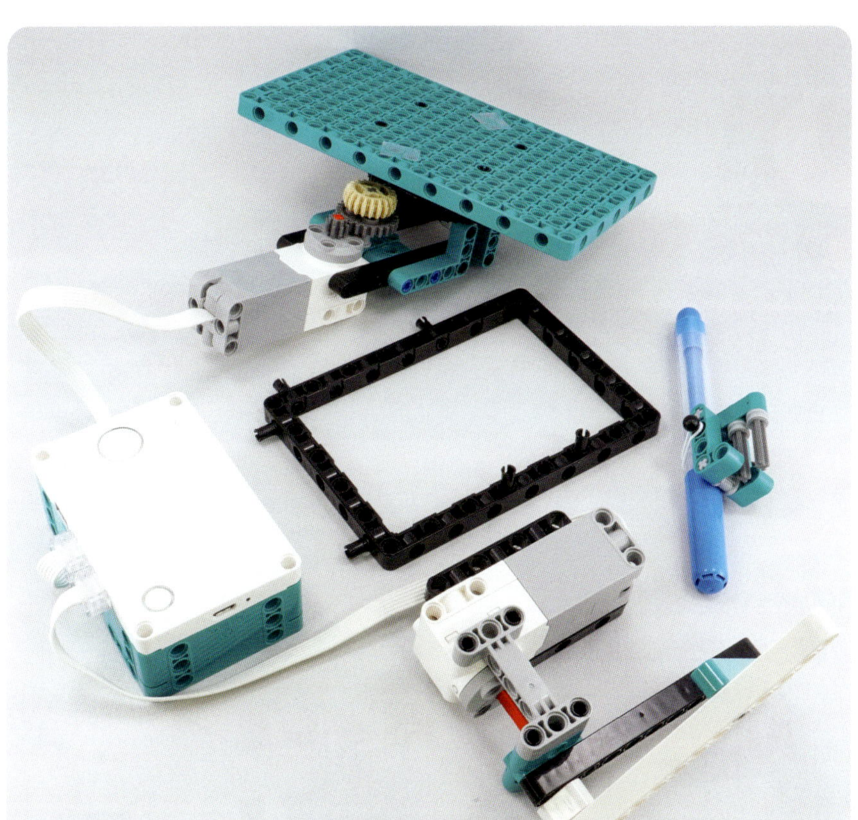

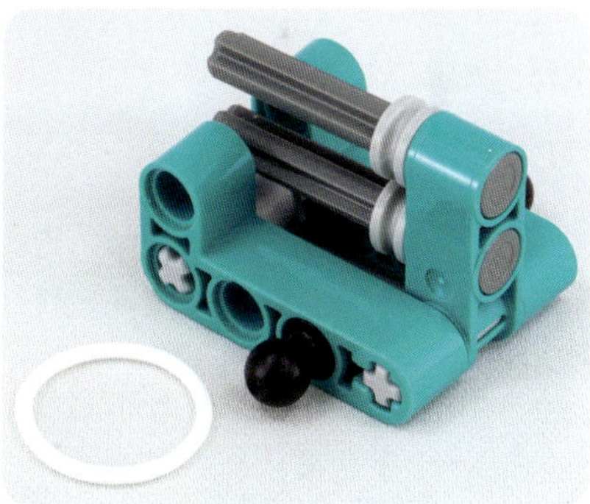

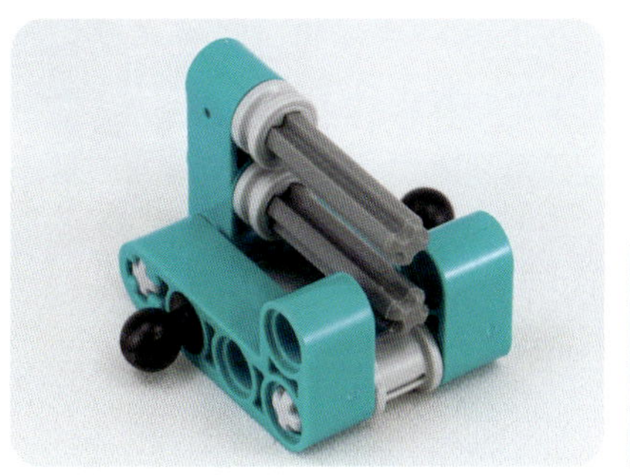

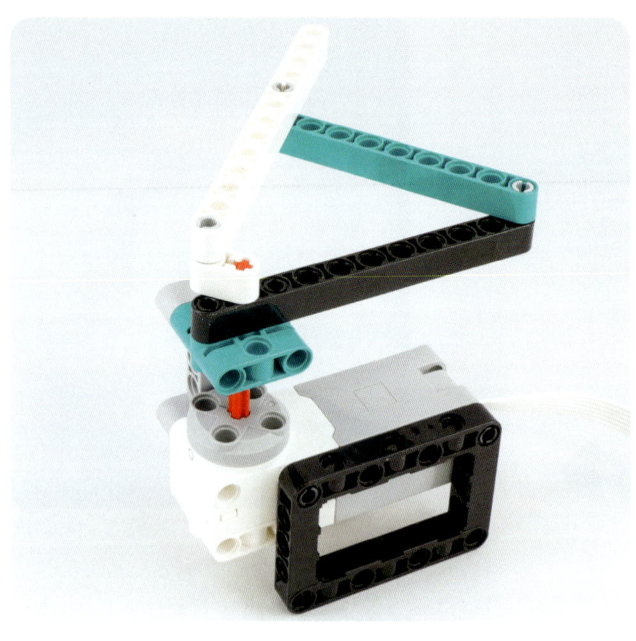

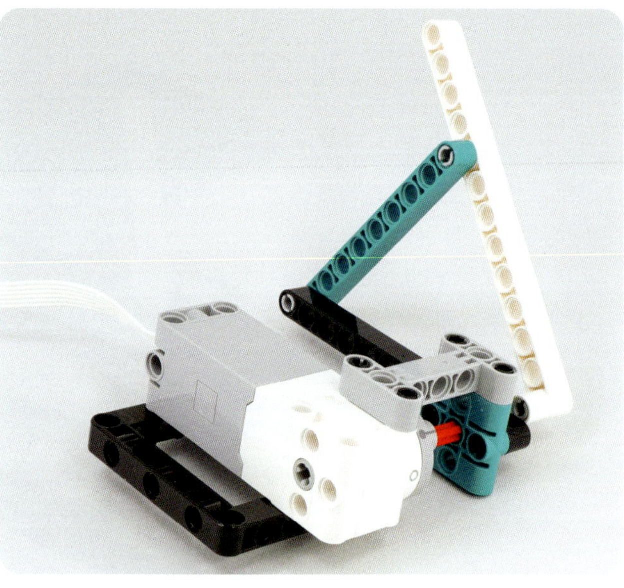

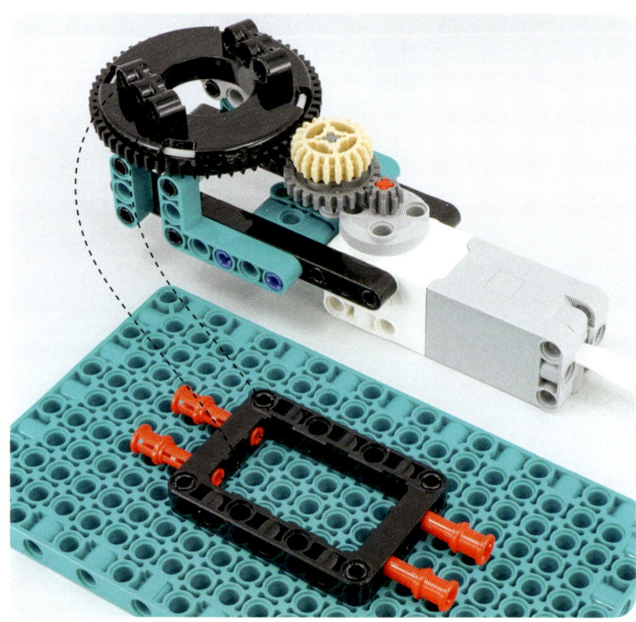

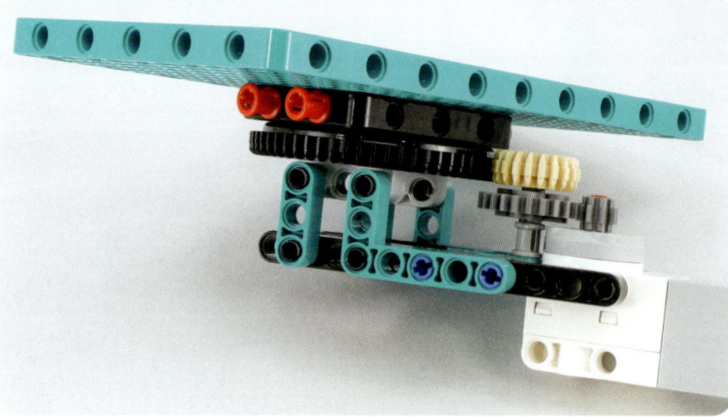

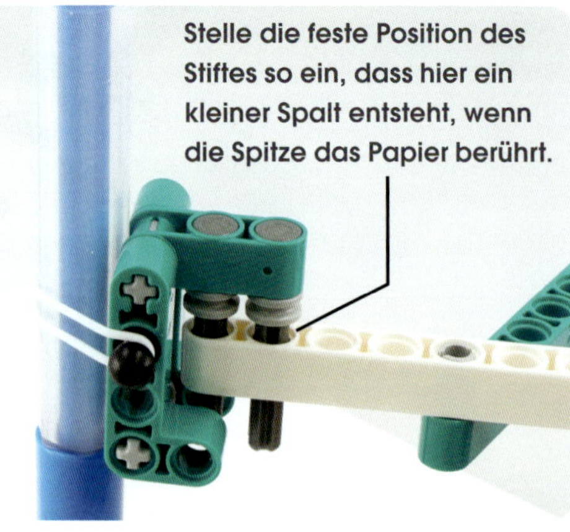

Stelle die feste Position des Stiftes so ein, dass hier ein kleiner Spalt entsteht, wenn die Spitze das Papier berührt.

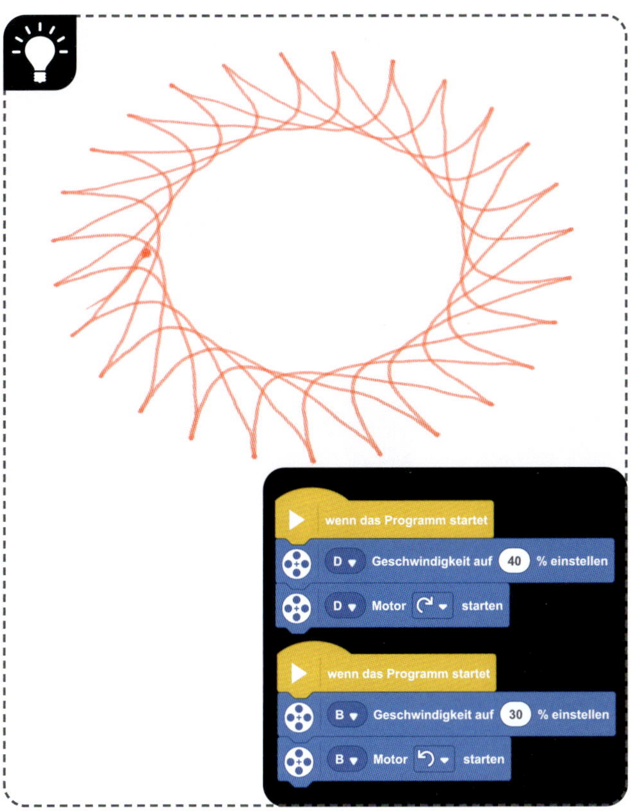
wenn das Programm startet
D Geschwindigkeit auf 40 % einstellen
D Motor starten
wenn das Programm startet
B Geschwindigkeit auf 30 % einstellen
B Motor starten

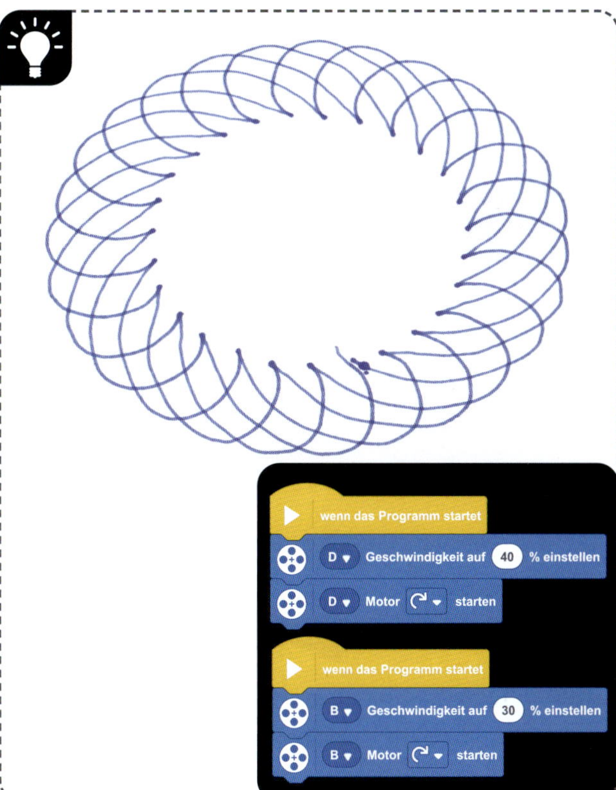
wenn das Programm startet
D Geschwindigkeit auf 40 % einstellen
D Motor starten
wenn das Programm startet
B Geschwindigkeit auf 30 % einstellen
B Motor starten

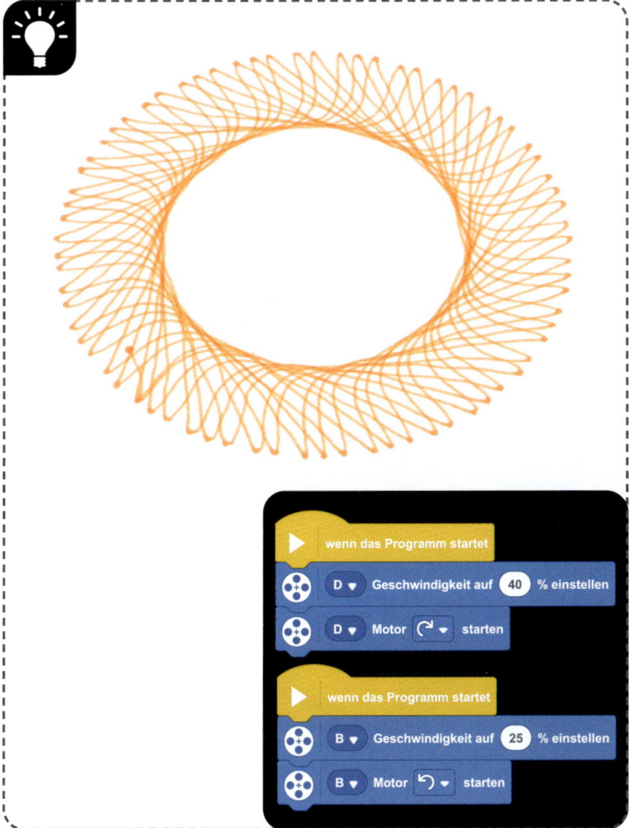
wenn das Programm startet
D Geschwindigkeit auf 40 % einstellen
D Motor starten
wenn das Programm startet
B Geschwindigkeit auf 25 % einstellen
B Motor starten

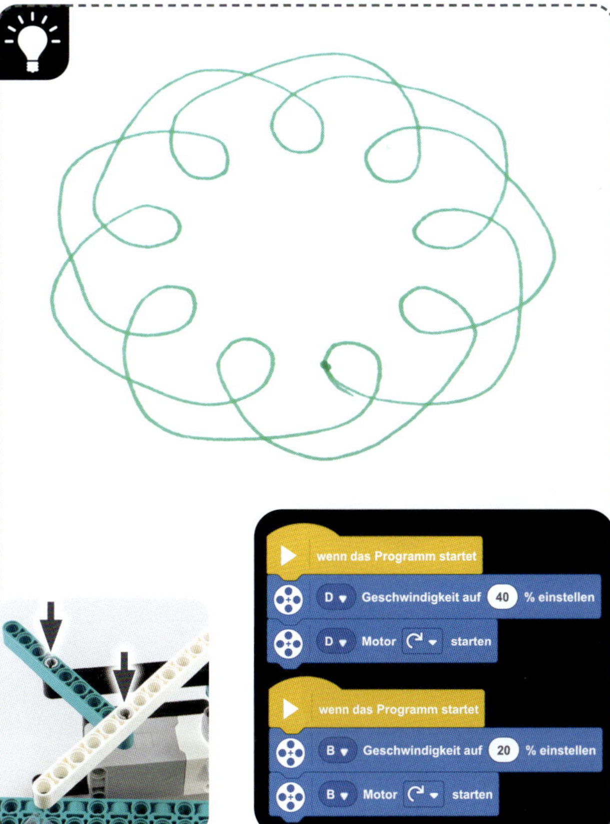
wenn das Programm startet
D Geschwindigkeit auf 40 % einstellen
D Motor starten
wenn das Programm startet
B Geschwindigkeit auf 20 % einstellen
B Motor starten

114

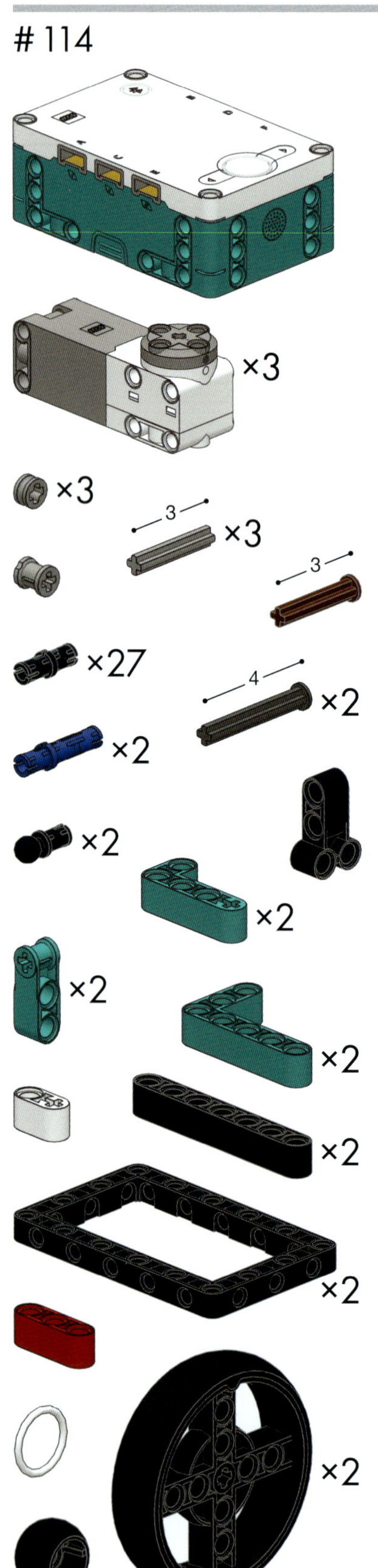

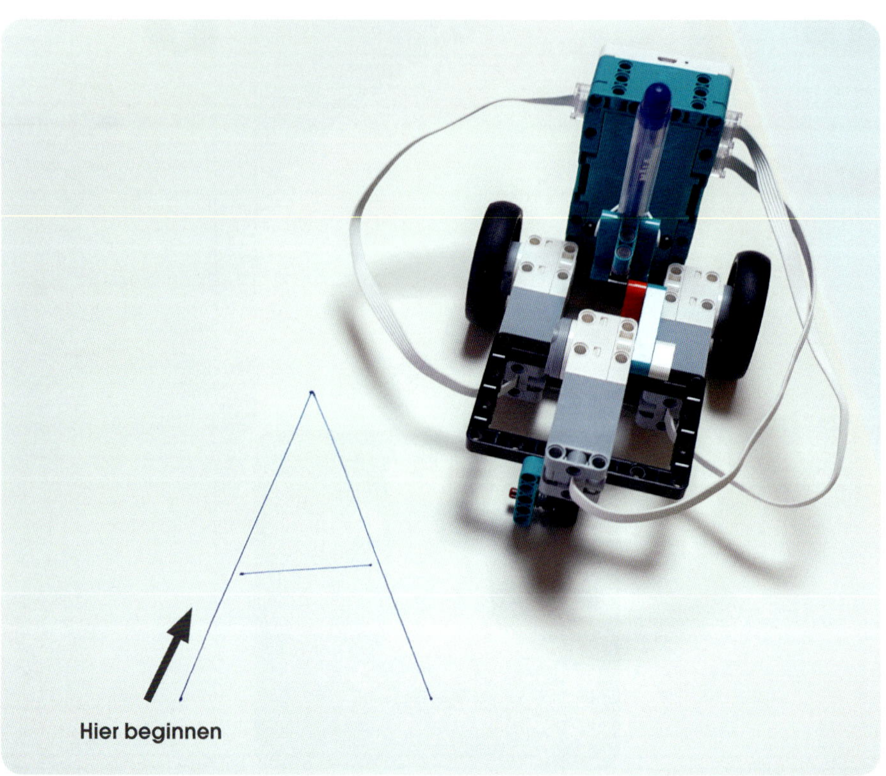

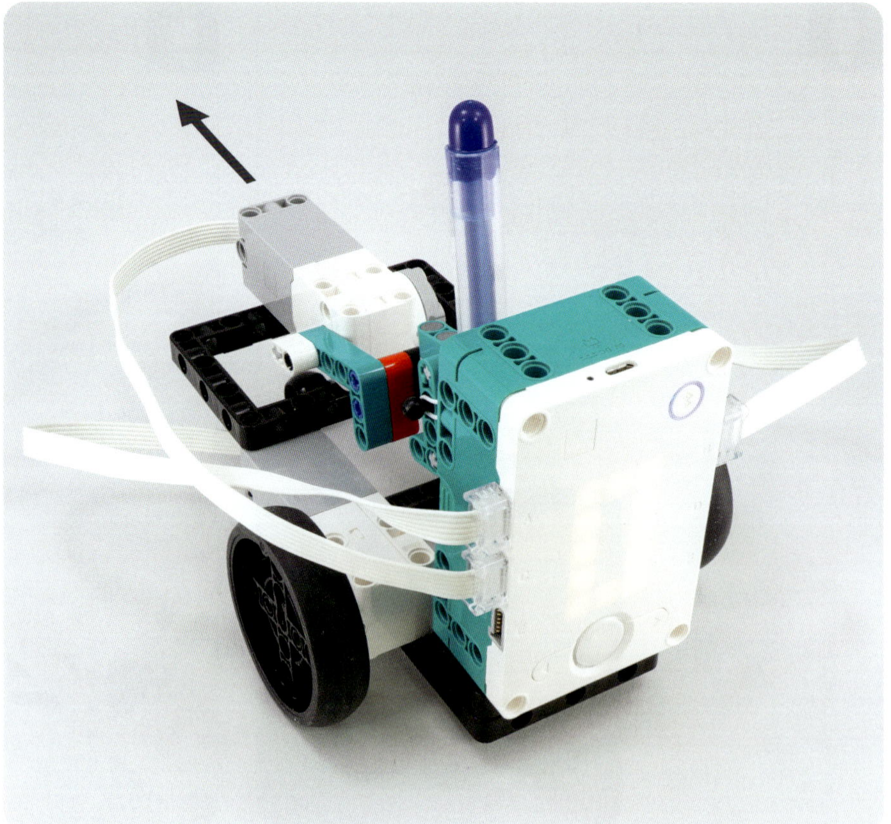

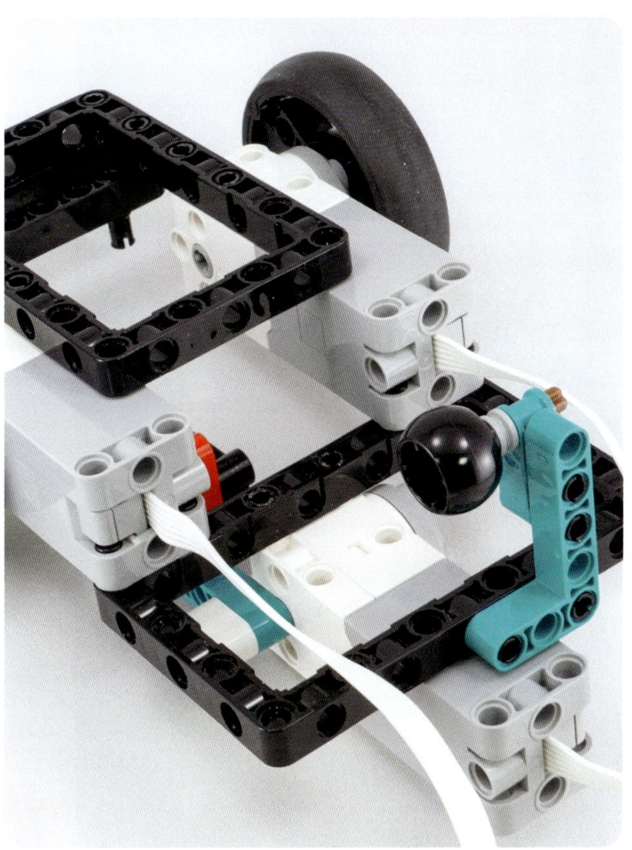

Verwende einen passenden Stift.

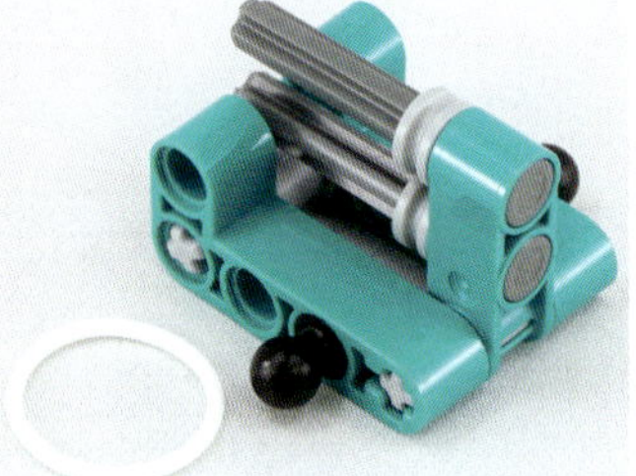

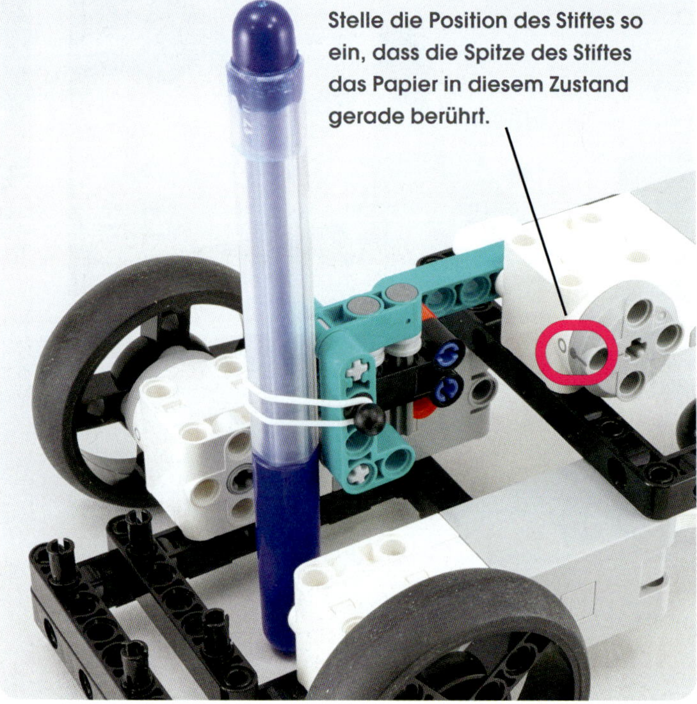

Stelle die Position des Stiftes so ein, dass die Spitze des Stiftes das Papier in diesem Zustand gerade berührt.

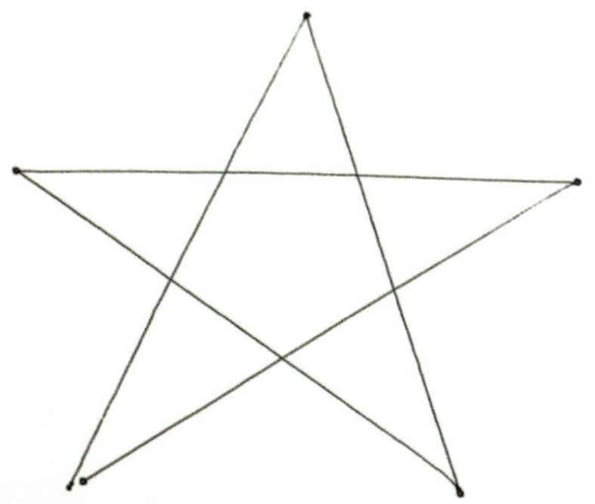

wenn das Programm startet
Antriebsmotoren Anschluss A+B zuweisen
Geschwindigkeit auf 20 % einstellen
C Geschwindigkeit auf 30 % einstellen
wiederhole 5 mal
C auf kürzestem Wege auf Position 0 bewegen
15 cm in folgende Richtung bewegen: ↑
14 cm in folgende Richtung bewegen: ↷
C auf kürzestem Wege auf Position 15 bewegen

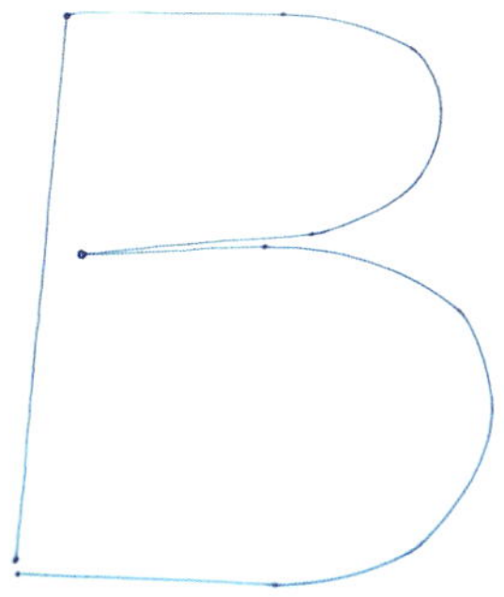

wenn das Programm startet
Antriebsmotoren Anschluss A+B zuweisen
Geschwindigkeit auf 20 % einstellen
C Geschwindigkeit auf 30 % einstellen
C auf kürzestem Wege auf Position 0 bewegen
14 cm in folgende Richtung bewegen: ↑
9 cm in folgende Richtung bewegen: ↷
5 cm in folgende Richtung bewegen: ↑
A Geschwindigkeit auf -20 % einstellen
B Geschwindigkeit auf -5 % einstellen
A+B Motor ↷ starten
warte 3 Sekunden
A+B Motor stoppen
5 cm in folgende Richtung bewegen: ↑
18 cm in folgende Richtung bewegen: ↷
4 cm in folgende Richtung bewegen: ↑
A Geschwindigkeit auf -20 % einstellen
B Geschwindigkeit auf -3 % einstellen
A+B Motor ↷ starten
warte 3.5 Sekunden
5 cm in folgende Richtung bewegen: ↑
C auf kürzestem Wege auf Position 15 bewegen

Automatische Türen

115

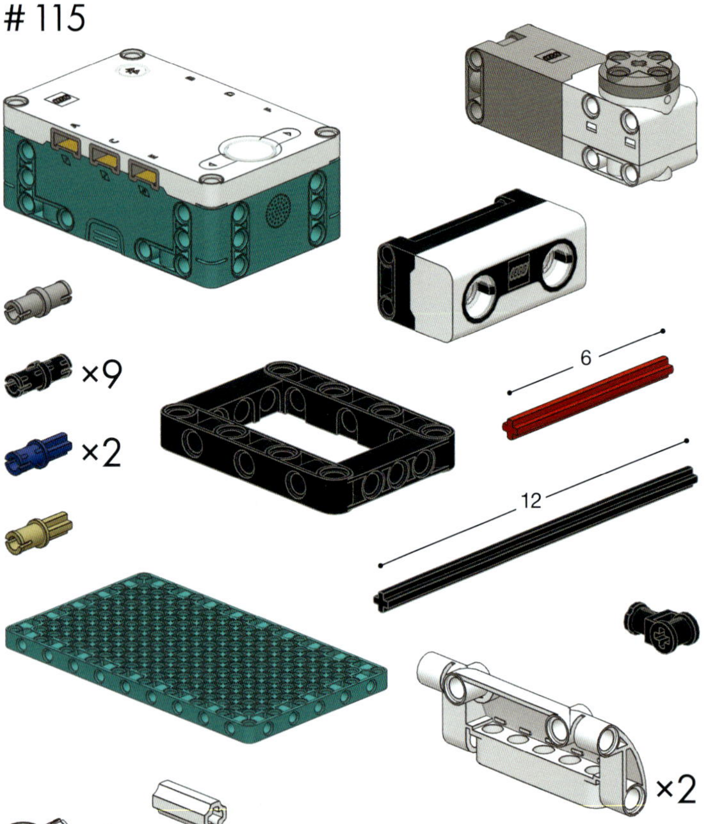

×9

×2

6

12

×2

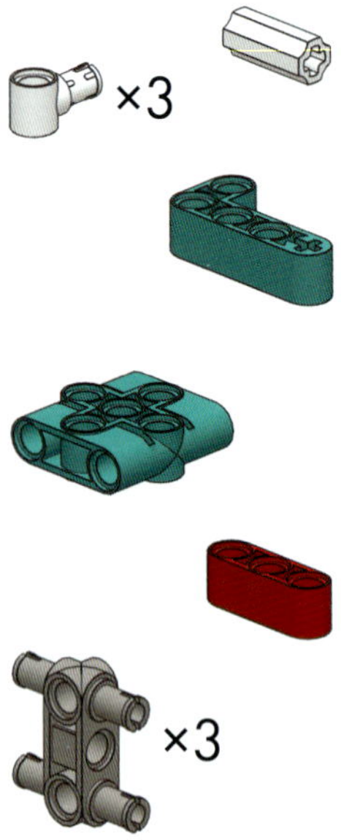

×3

×3

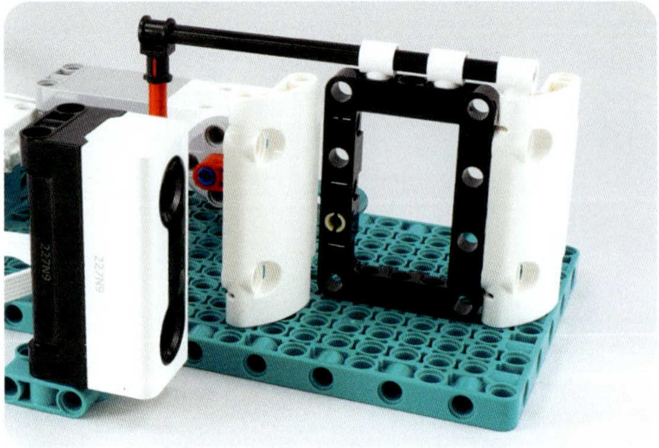

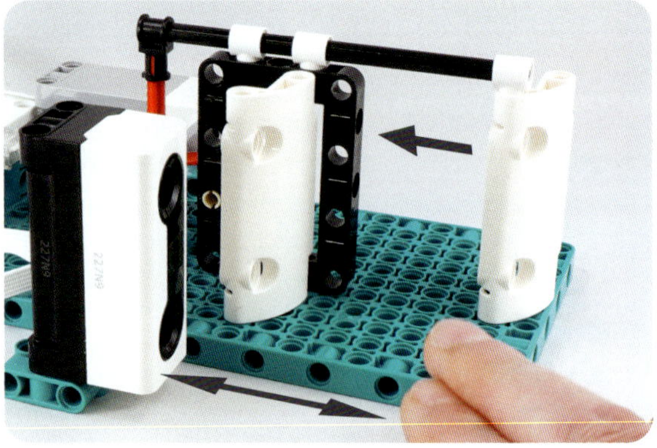

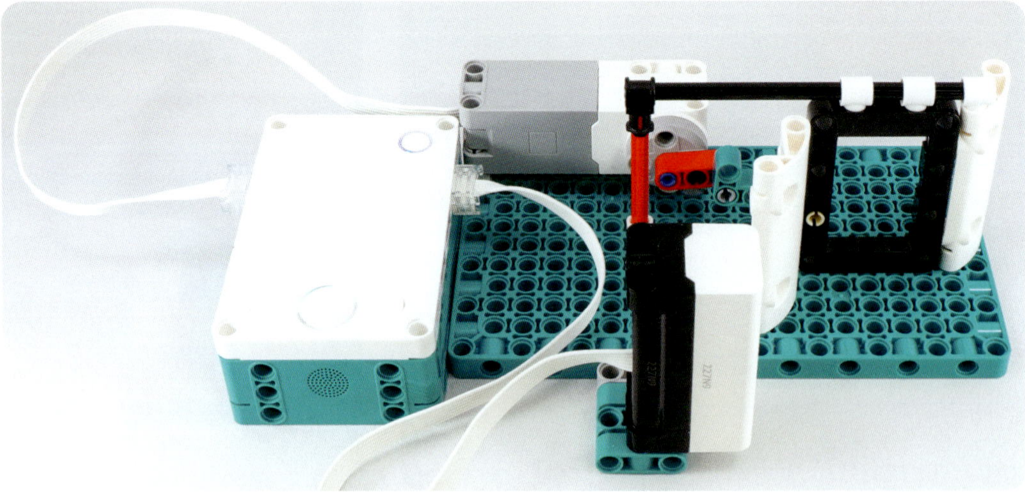

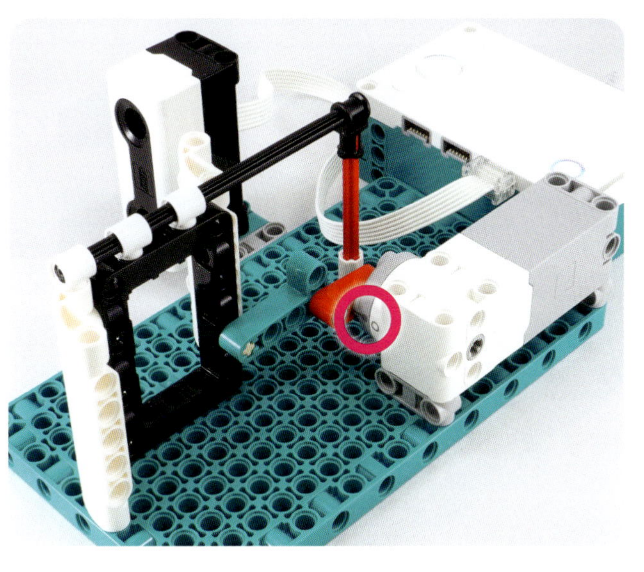

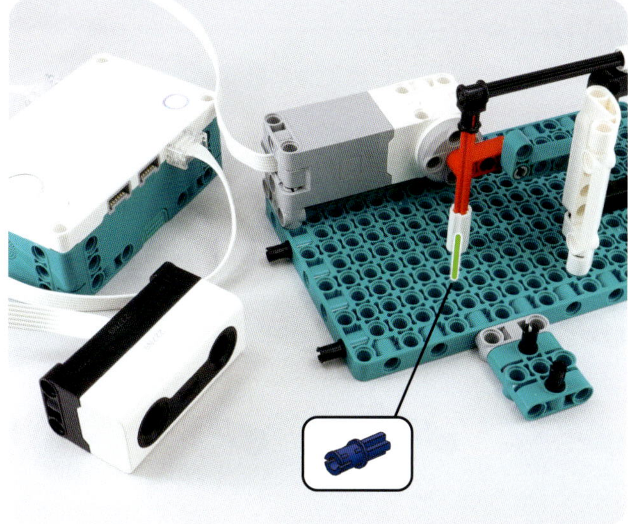

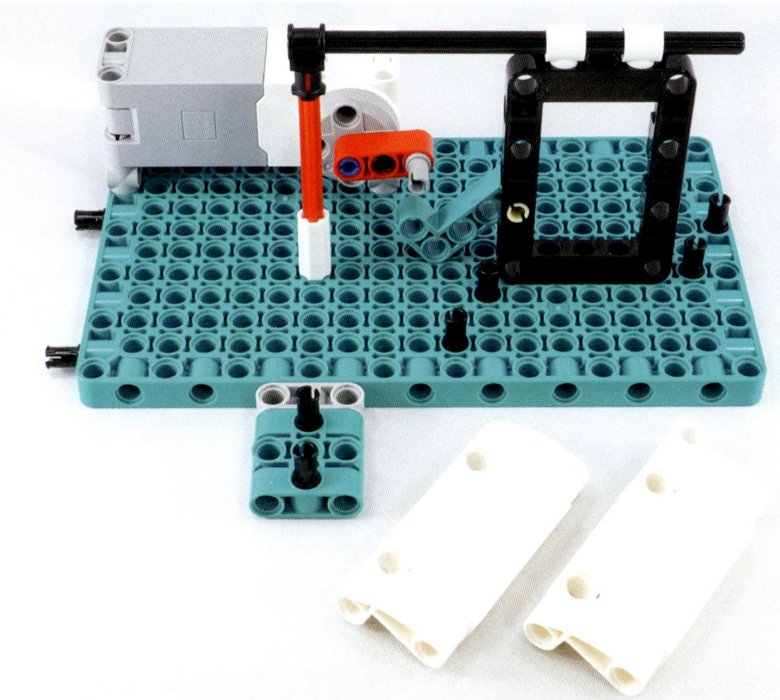

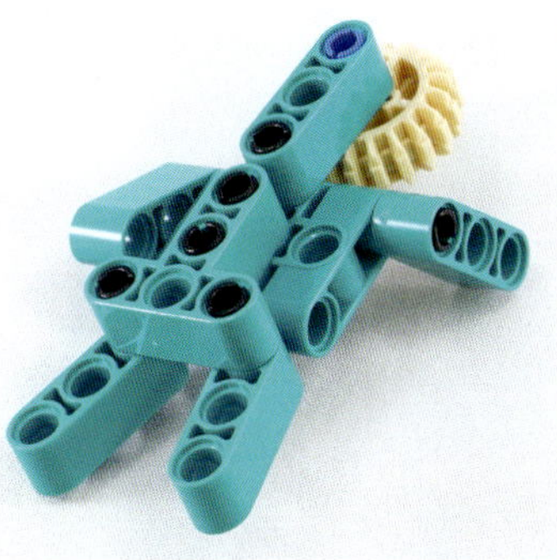

A wenn weiter als 15 cm
A auf kürzestem Wege auf Position 0 bewegen
A wenn näher als 10 cm
A auf kürzestem Wege auf Position 170 bewegen

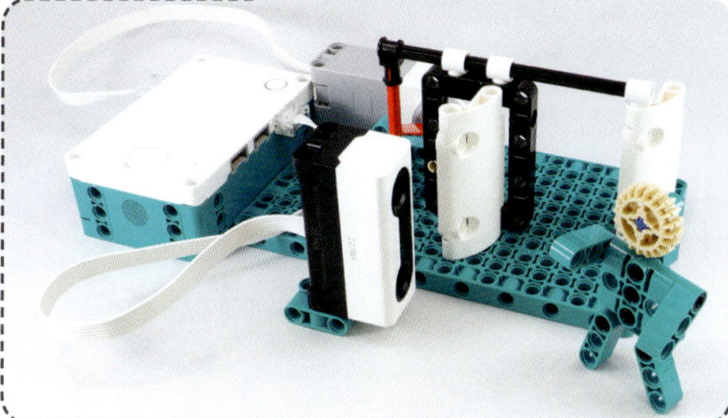

116

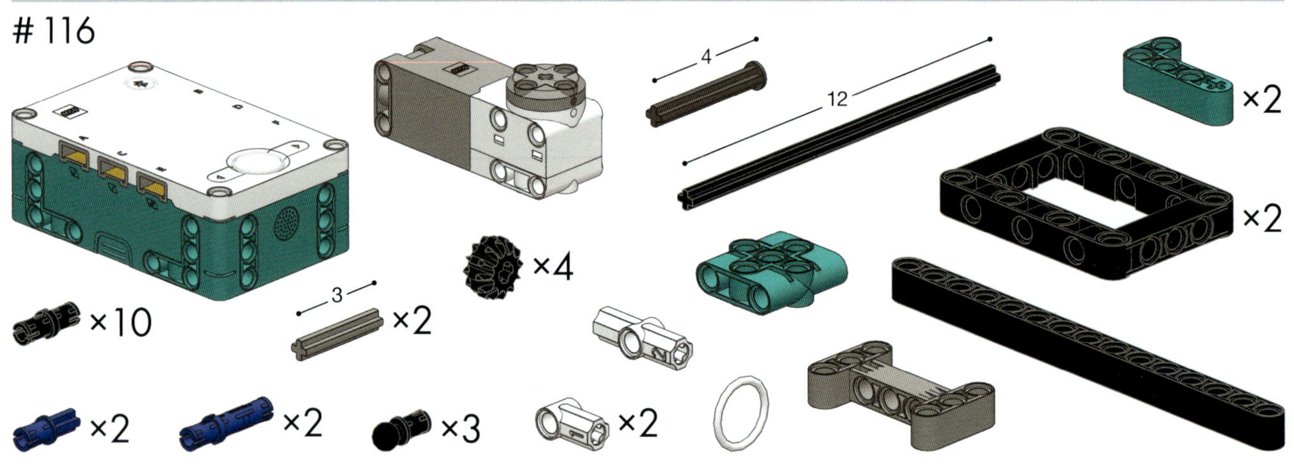

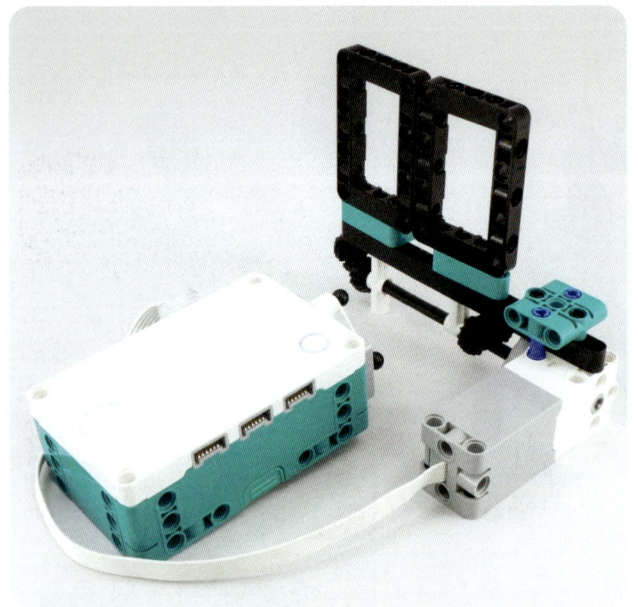

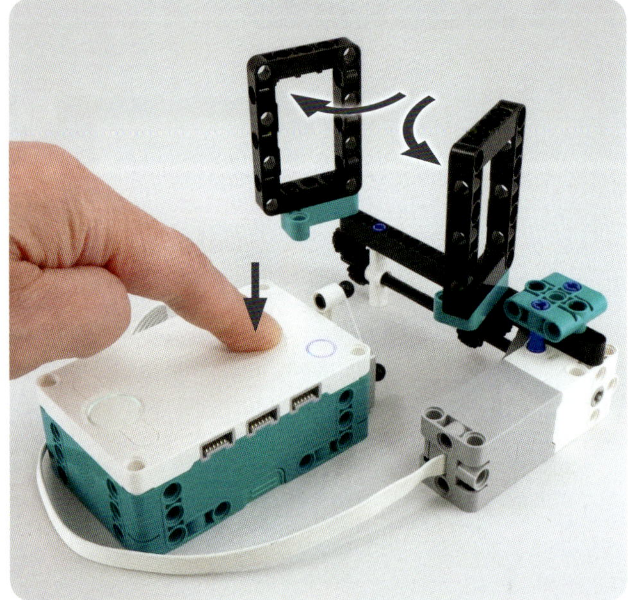

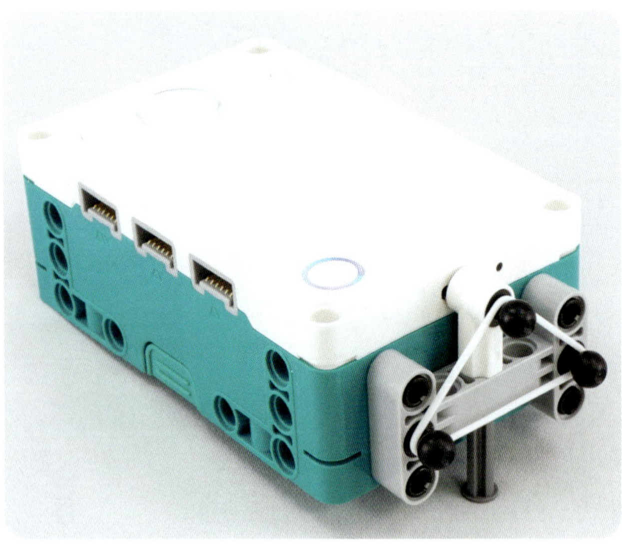

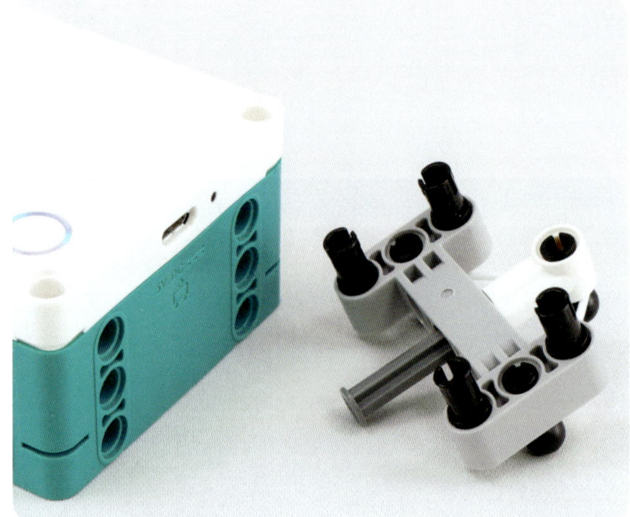

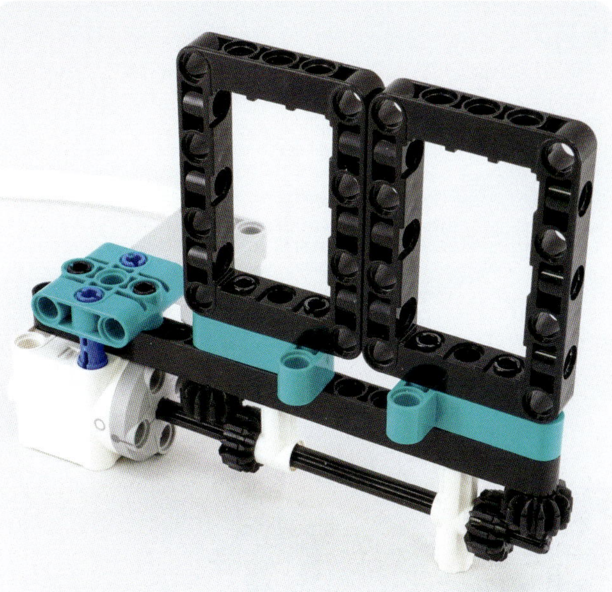

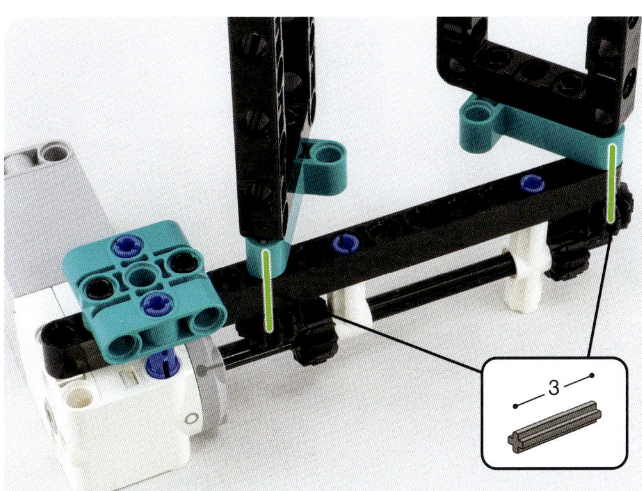
3

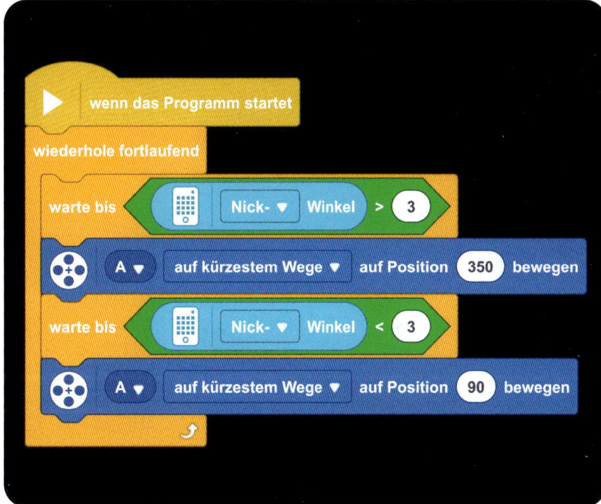
wenn das Programm startet
wiederhole fortlaufend
warte bis Nick- Winkel > 3
A auf kürzestem Wege auf Position 350 bewegen
warte bis Nick- Winkel < 3
A auf kürzestem Wege auf Position 90 bewegen

Nachdem du die Markierungen am Motor ungefähr auf diese Position eingestellt hast, stelle die Türen so ein, dass sie sich schließen lassen.

117

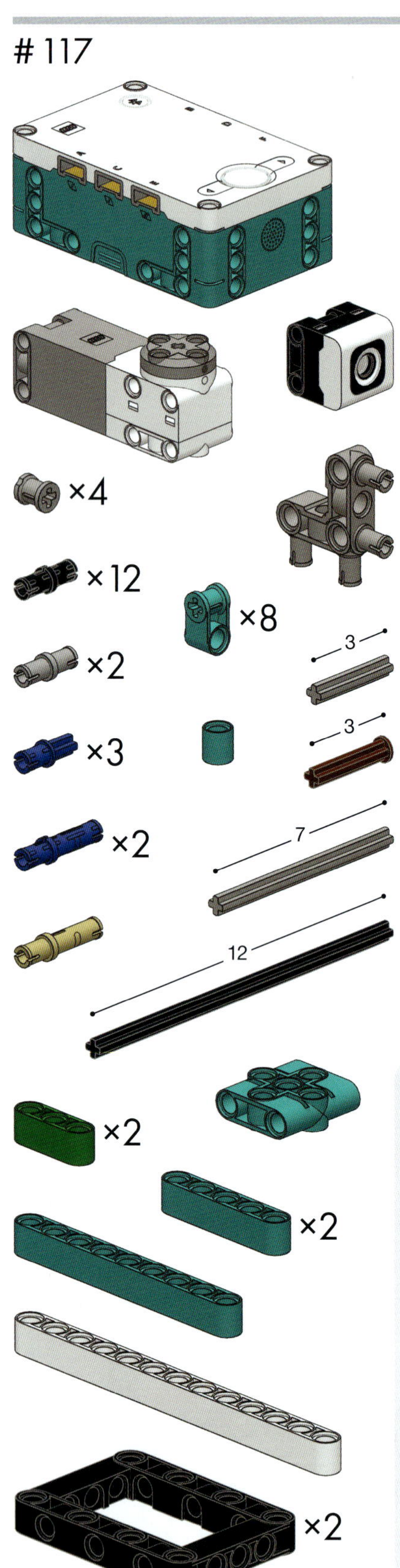

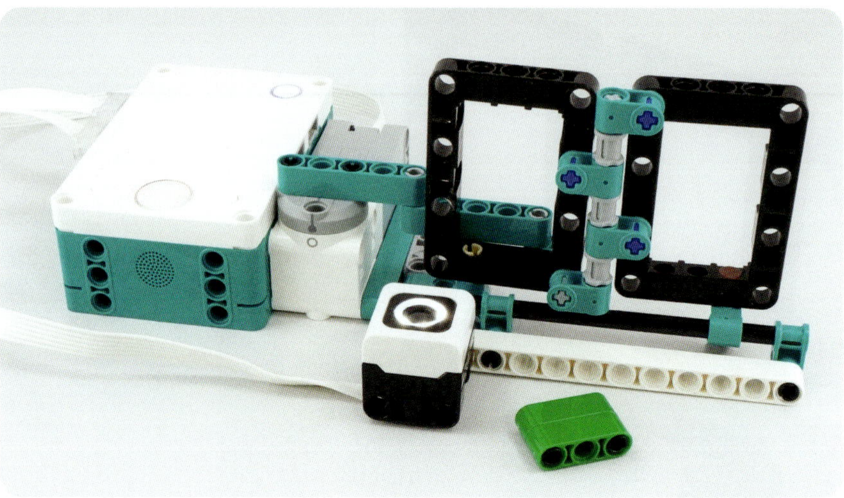

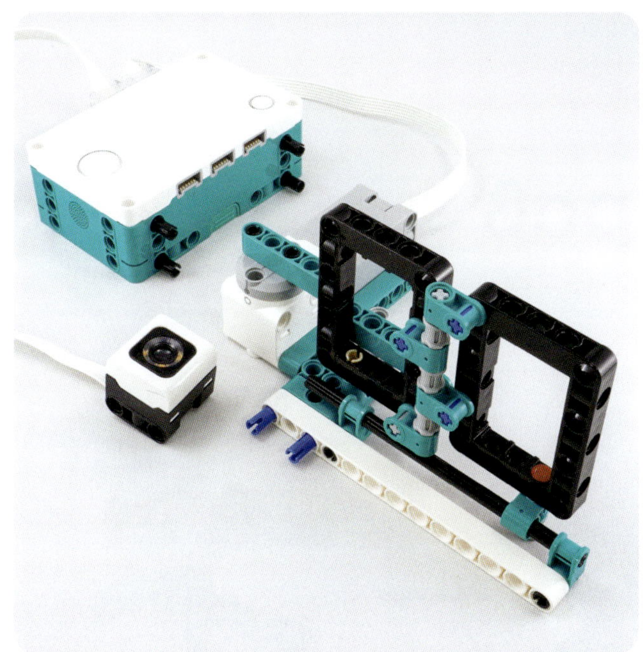

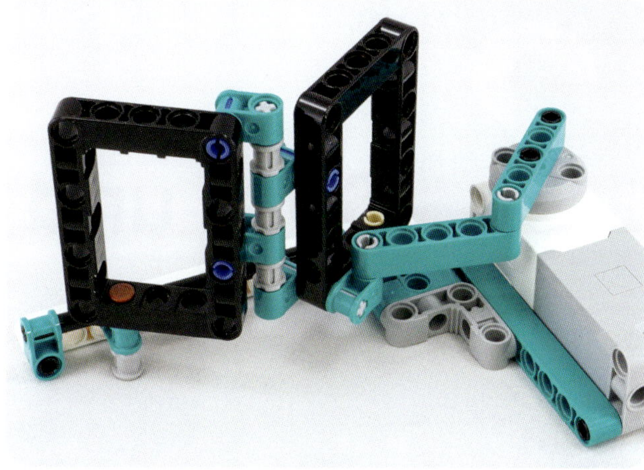

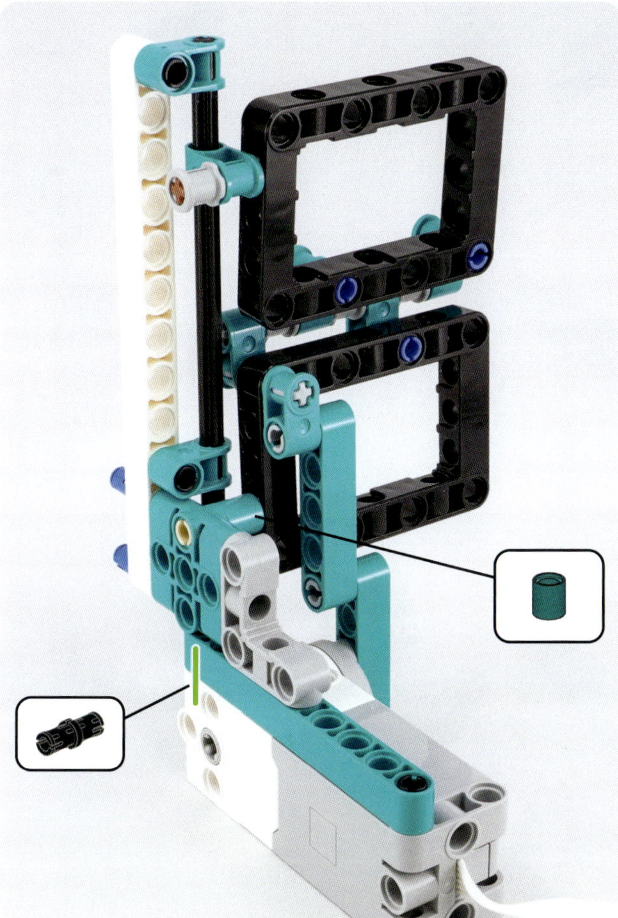

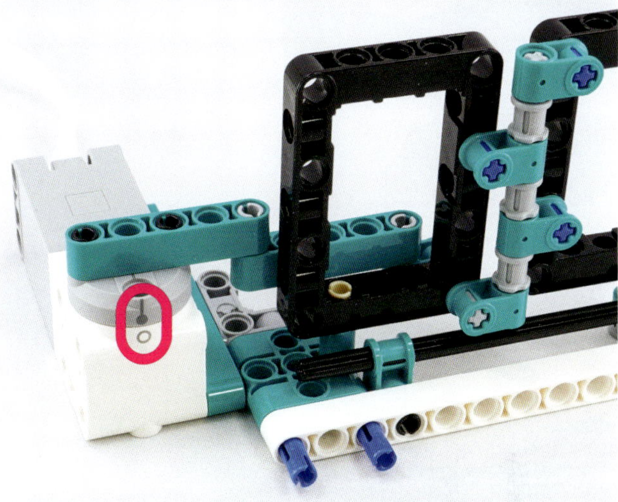

wenn das Programm startet
A Geschwindigkeit auf 30 % einstellen
A auf kürzestem Wege auf Position 0 bewegen
C bei Farbe
A auf kürzestem Wege auf Position 280 bewegen
warte 1 Sekunden
A auf kürzestem Wege auf Position 0 bewegen

Spiel und Spaß

118

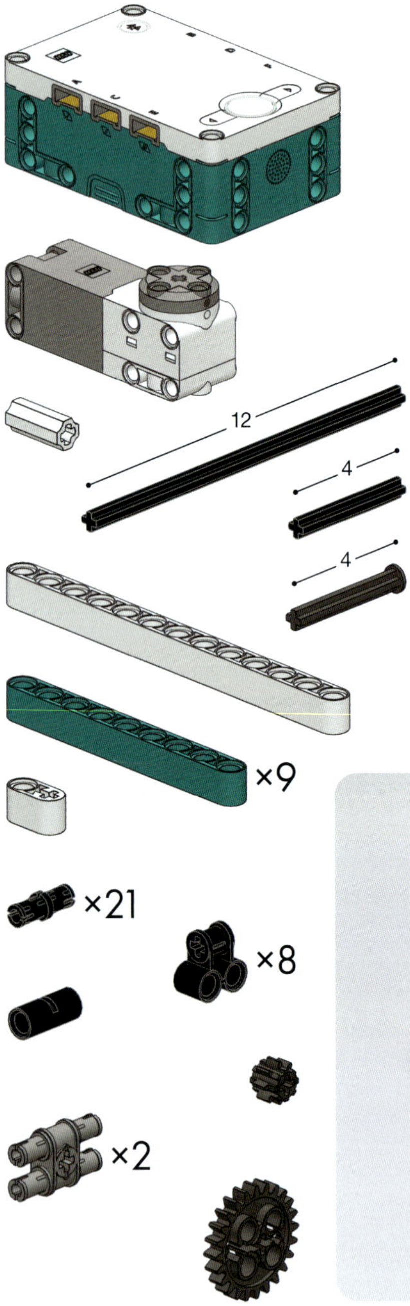

12

4

4

×9

×21

×8

×2

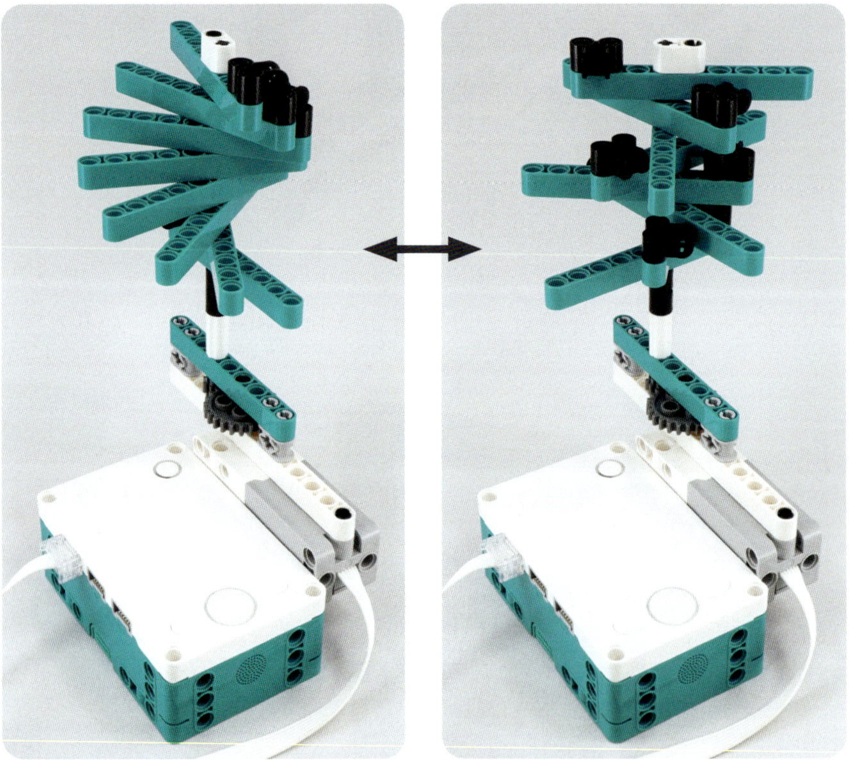

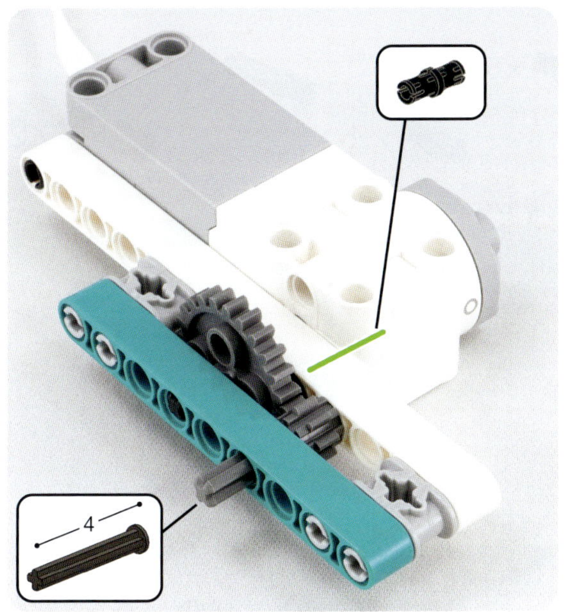
4

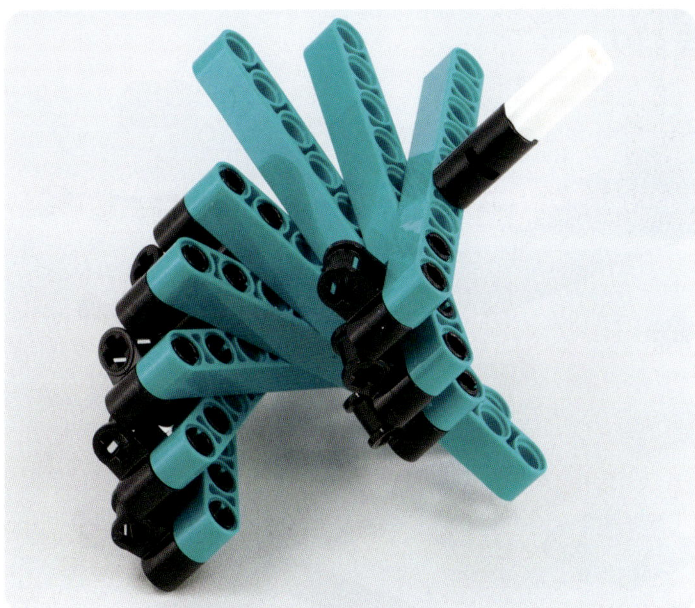

wenn das Programm startet
A Geschwindigkeit auf 100 % einstellen
wiederhole fortlaufend
A 1 Umdrehung(en) laufen lassen
warte 1 Sekunden
A 1 Umdrehung(en) laufen lassen
warte 1 Sekunden

119

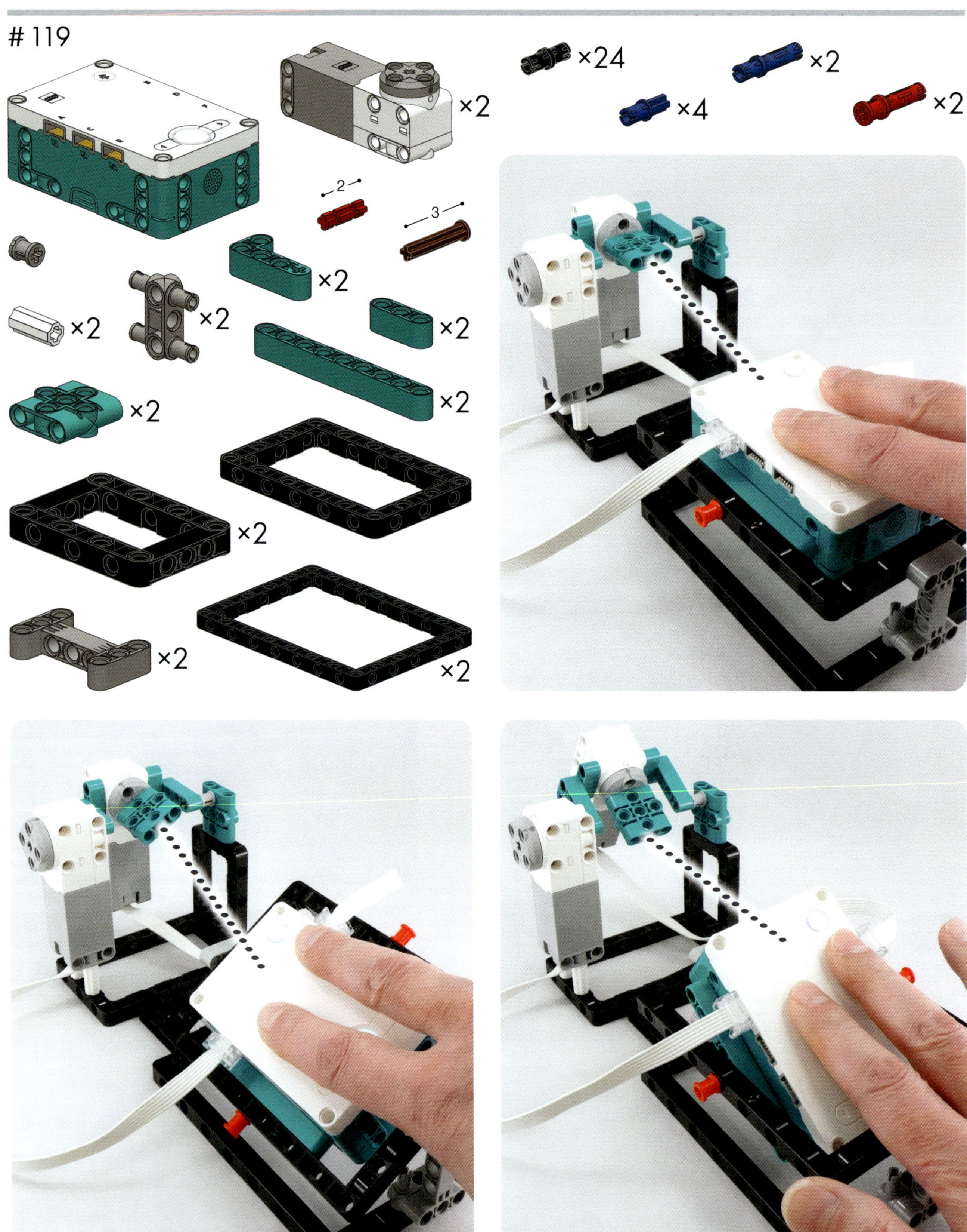

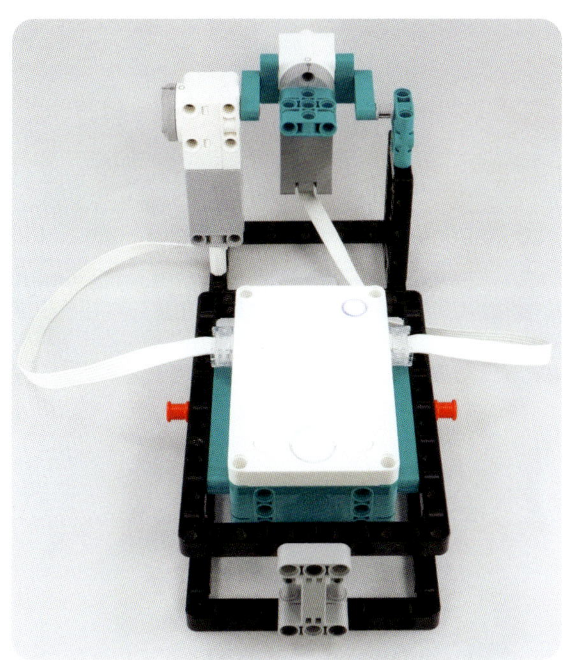

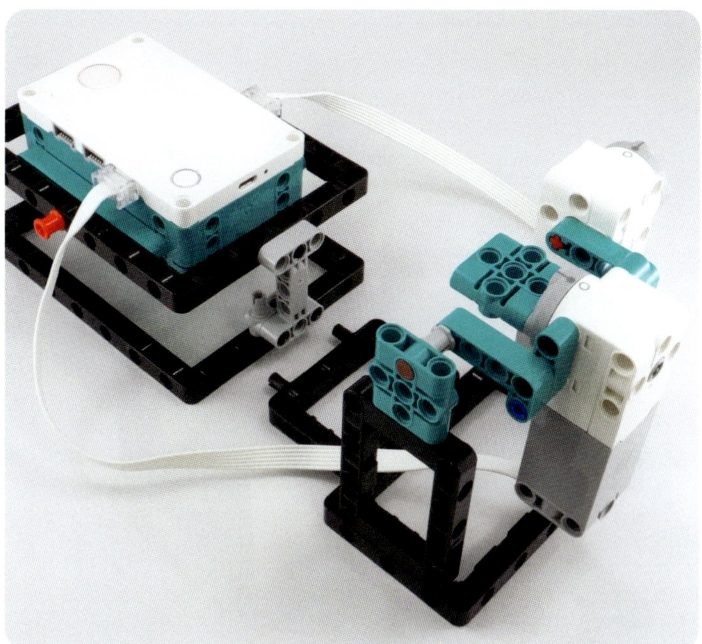

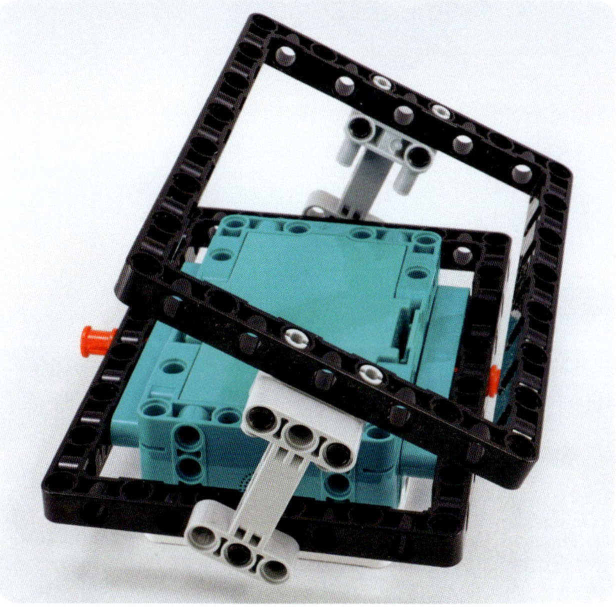

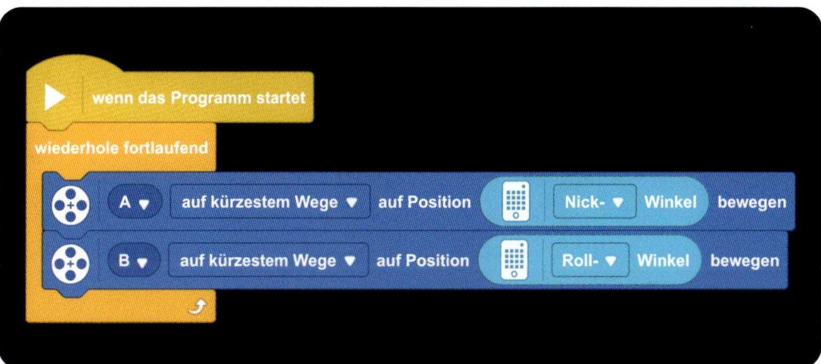
wenn das Programm startet
wiederhole fortlaufend
A auf kürzestem Wege auf Position Nick- Winkel bewegen
B auf kürzestem Wege auf Position Roll- Winkel bewegen

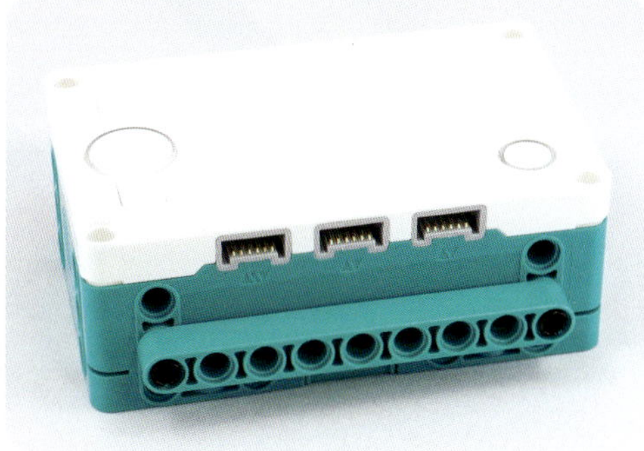

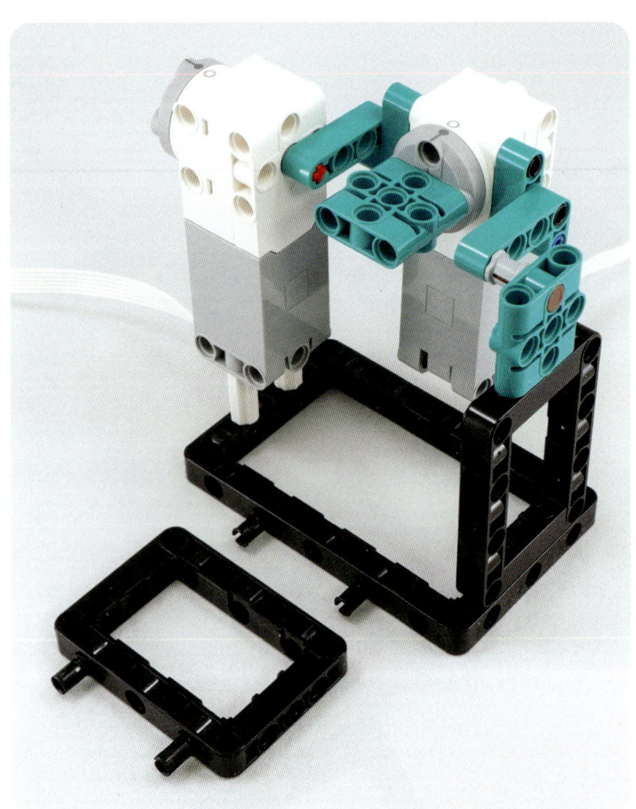

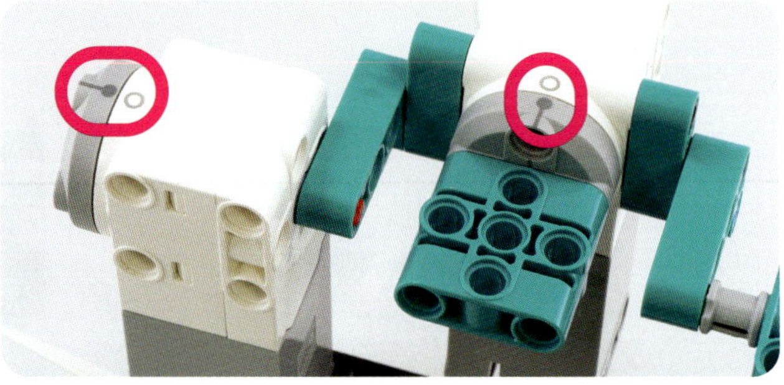

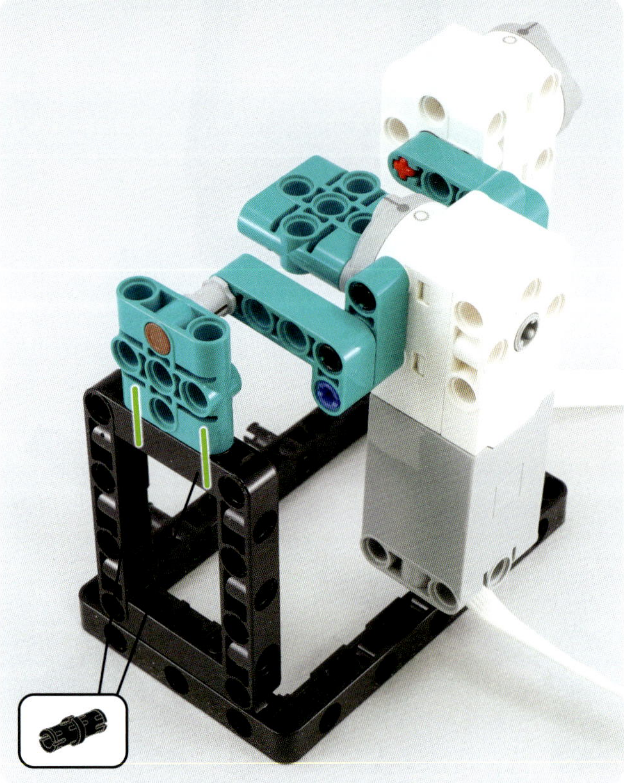

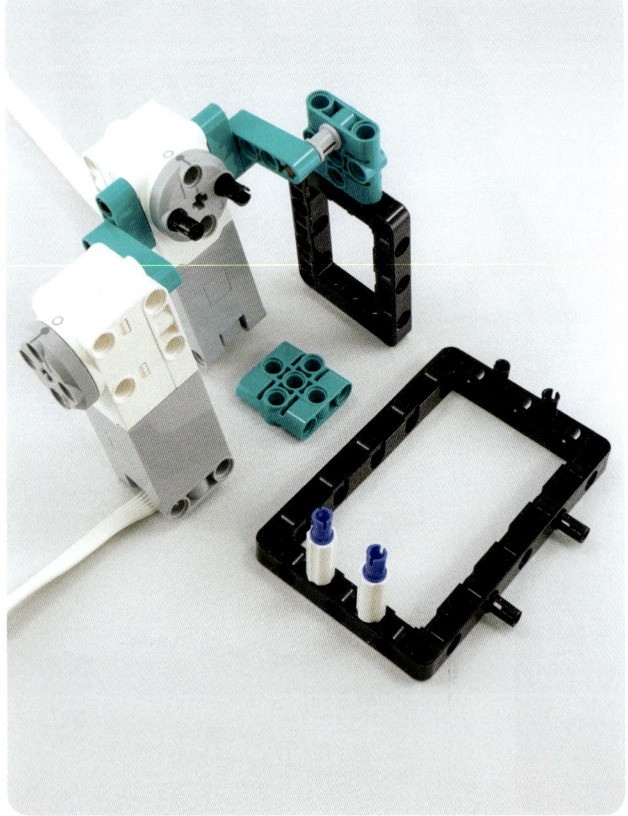

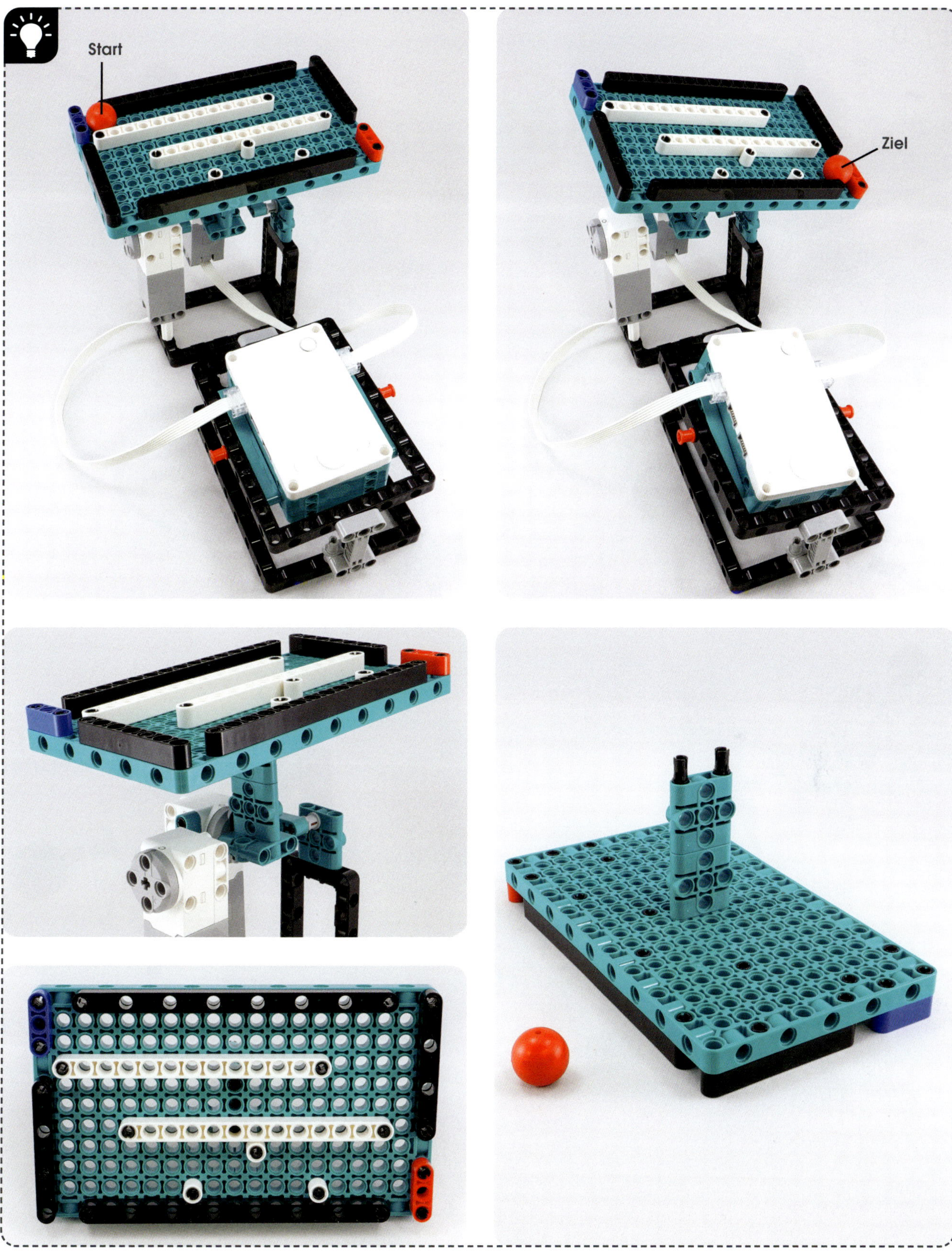
Start
Ziel

120

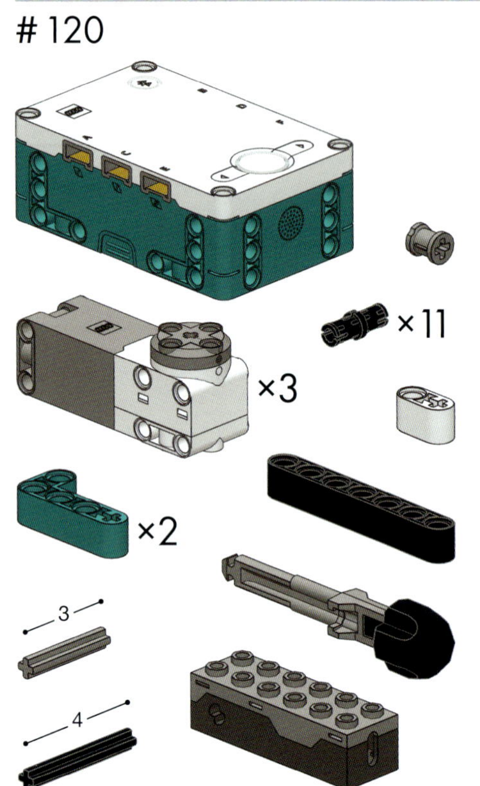

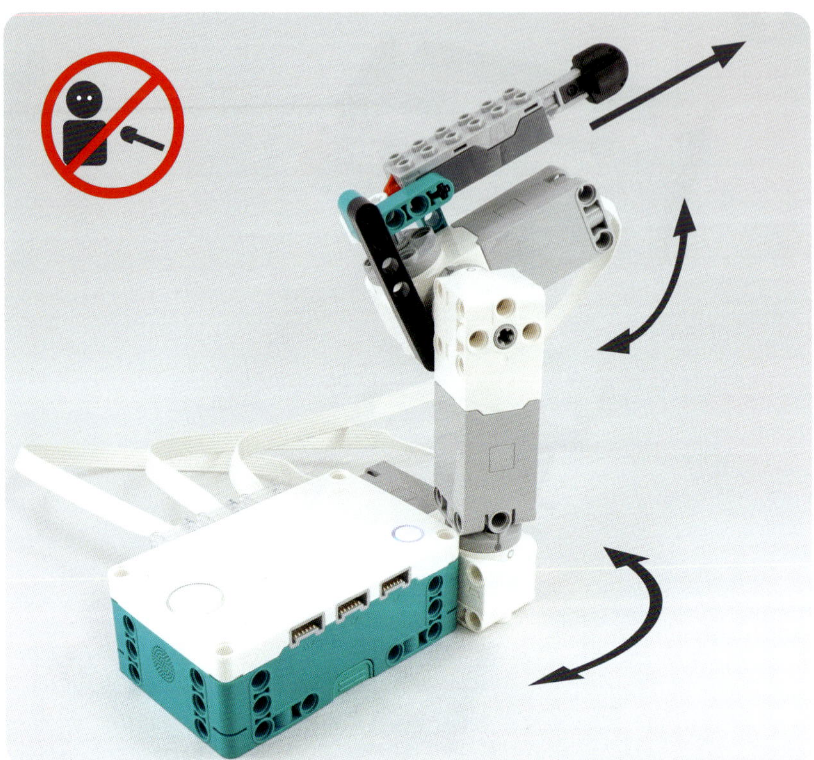

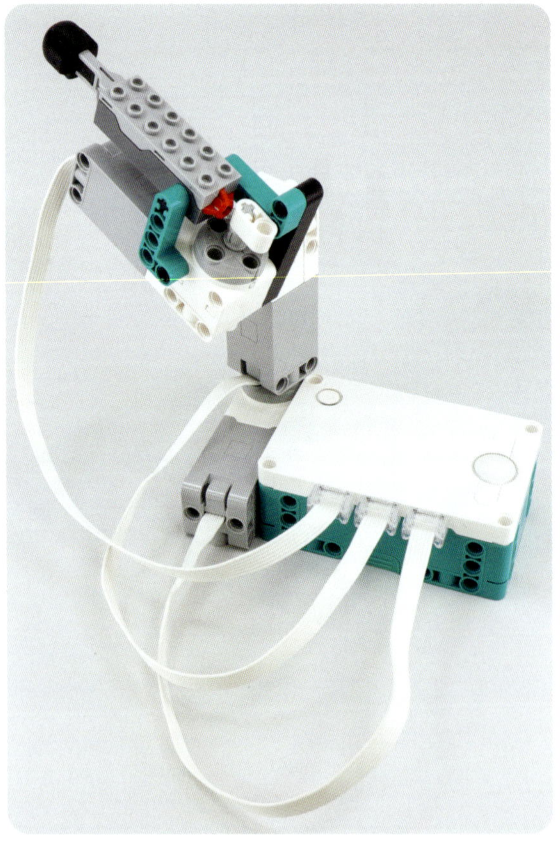

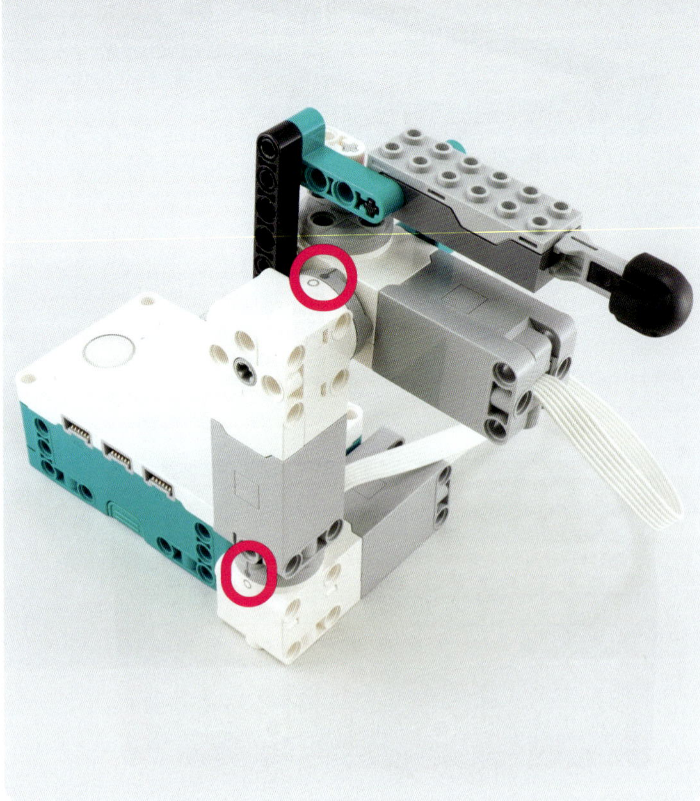

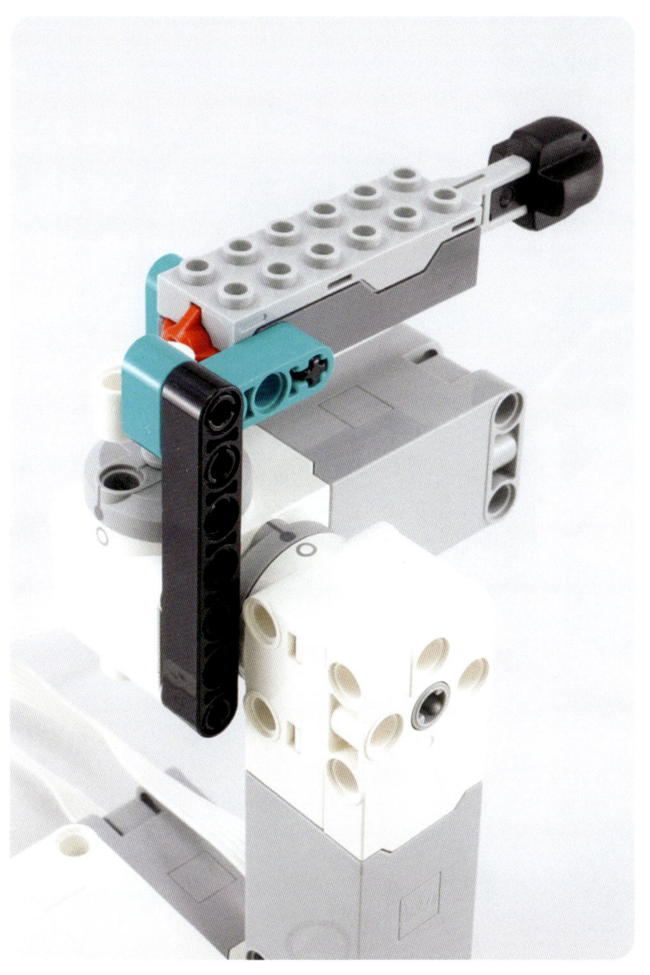

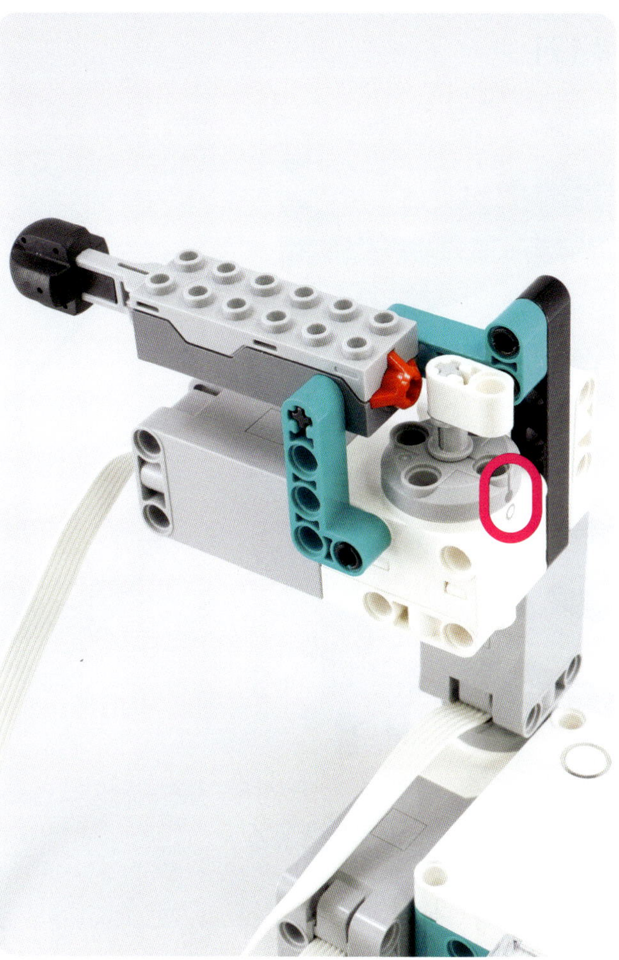

wenn das Programm startet
A+C+E Geschwindigkeit auf 20 % einstellen
A+C+E auf kürzestem Wege auf Position 0 bewegen
E auf kürzestem Wege auf Position 45 bewegen
C auf kürzestem Wege auf Position 45 bewegen
A auf kürzestem Wege auf Position 120 bewegen
A auf kürzestem Wege auf Position 0 bewegen
A+C+E auf kürzestem Wege auf Position 0 bewegen

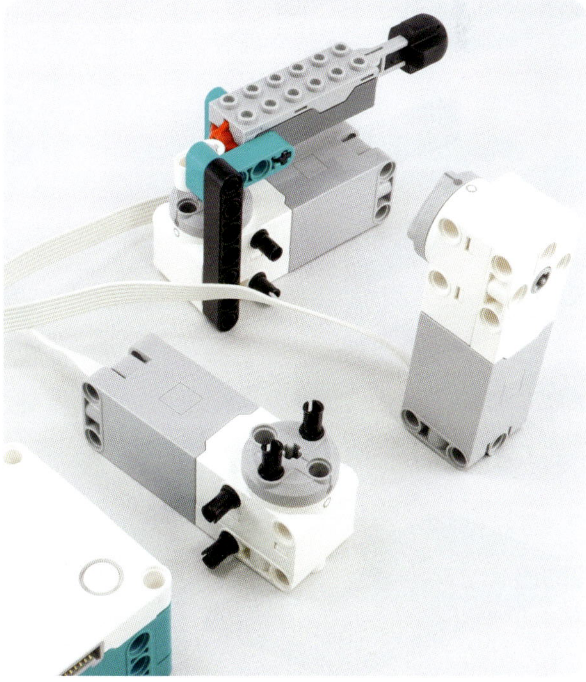

121

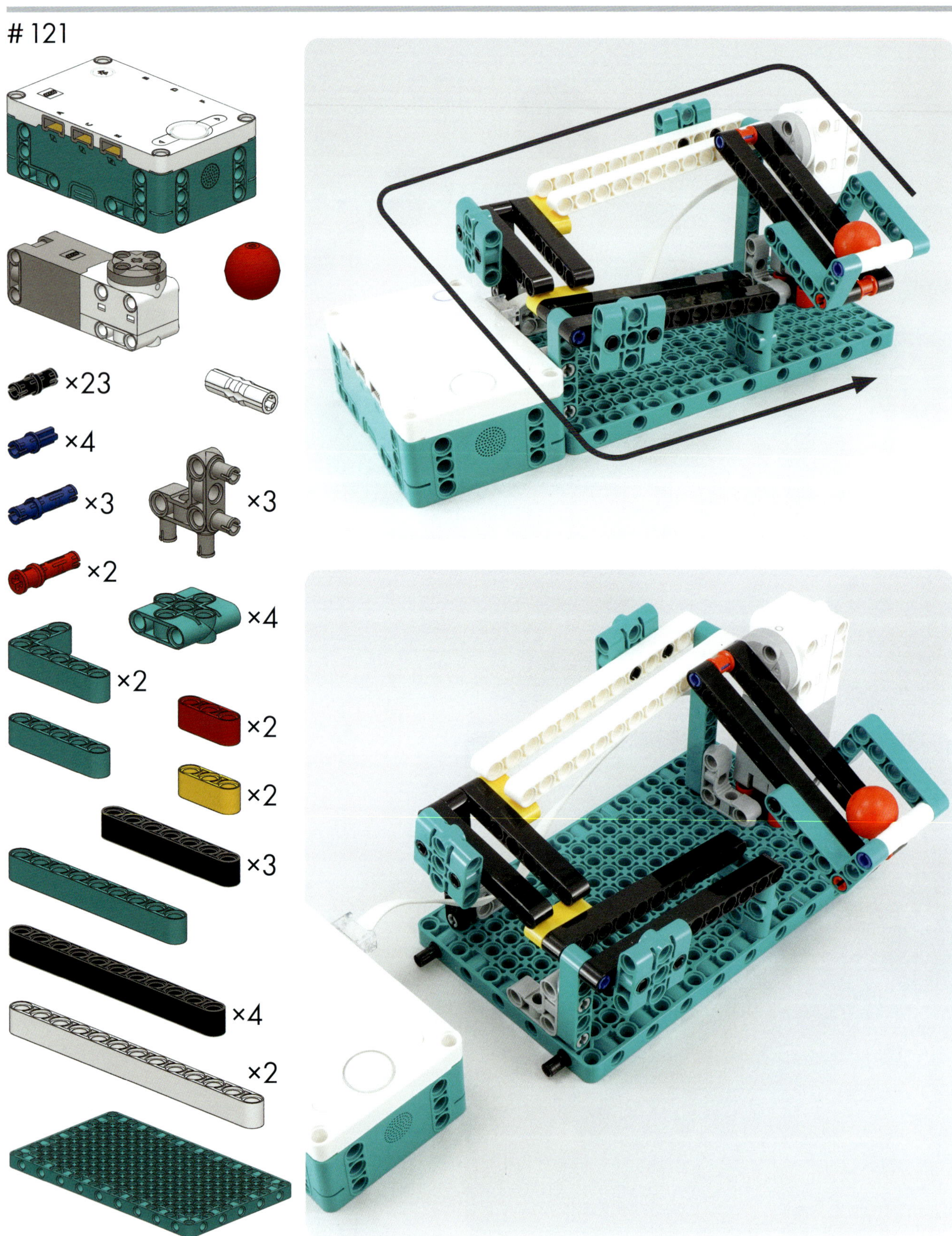

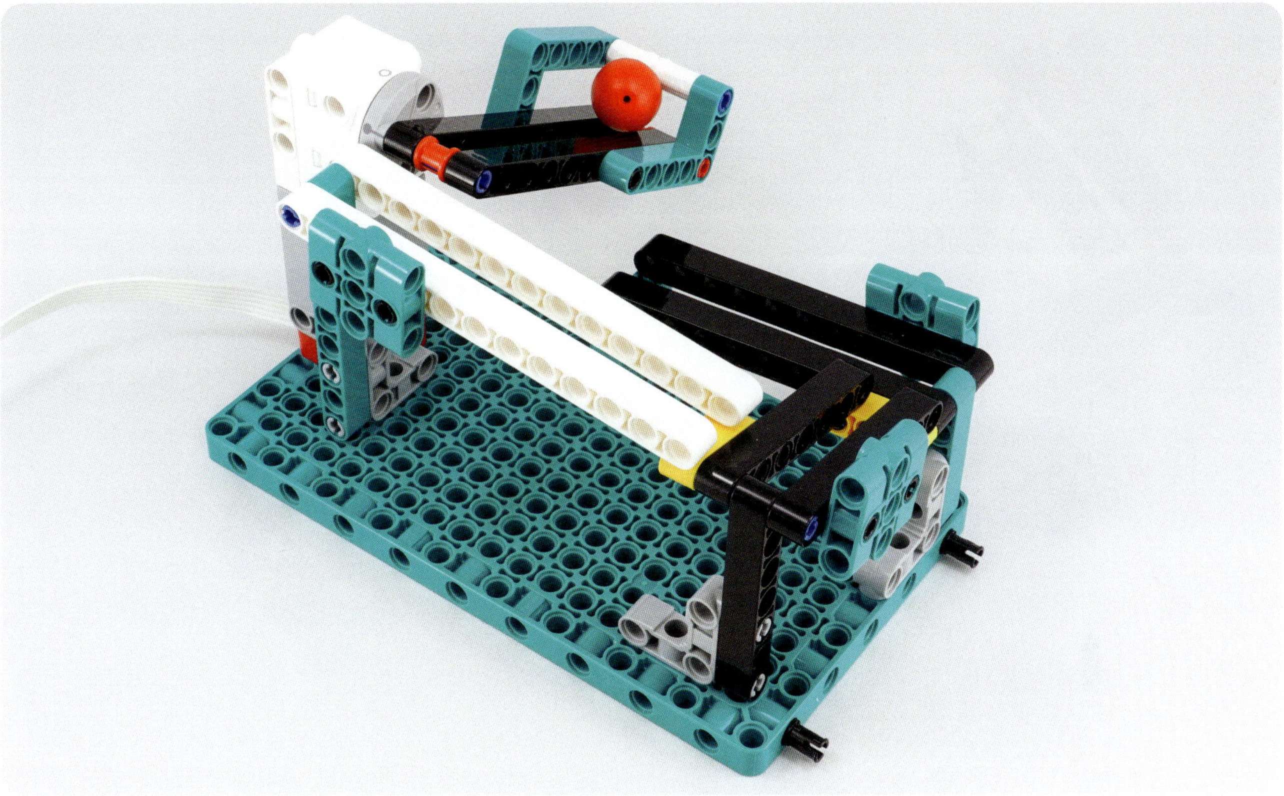

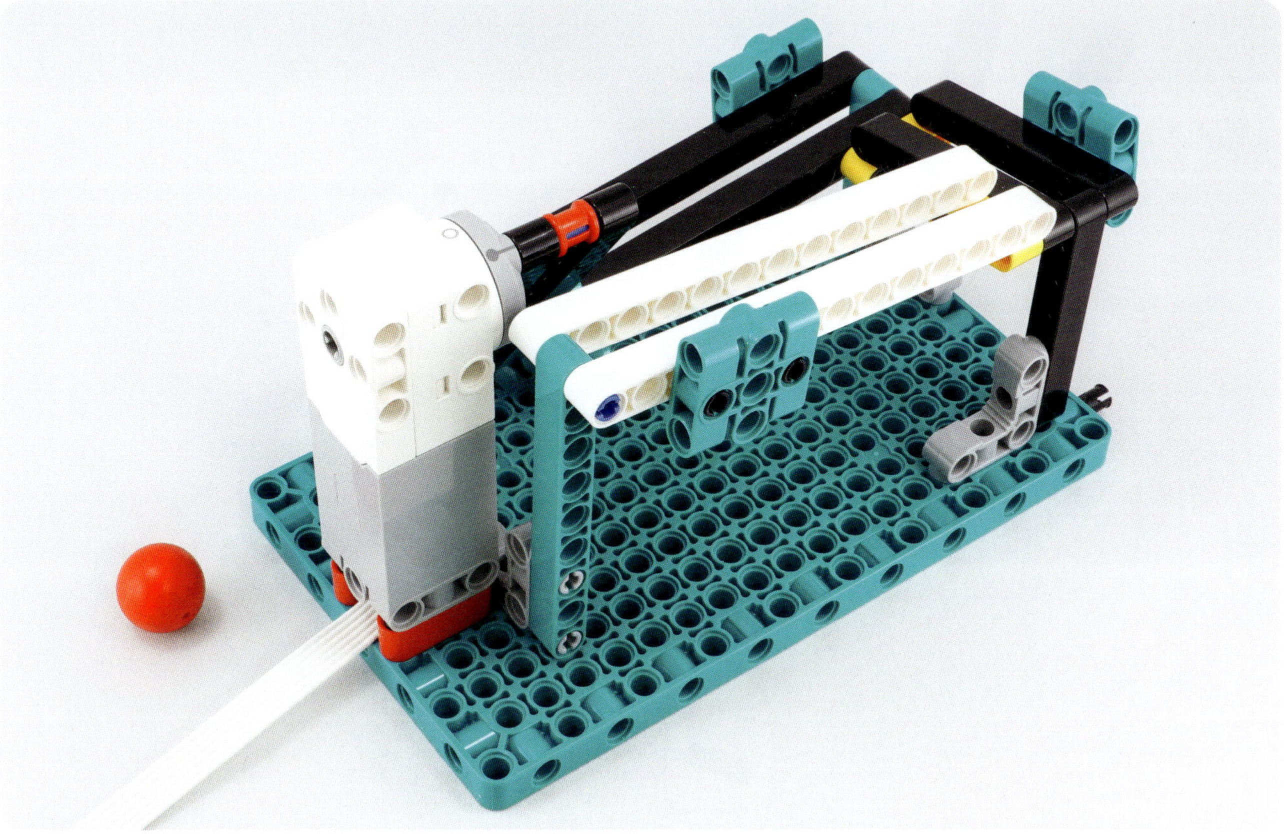

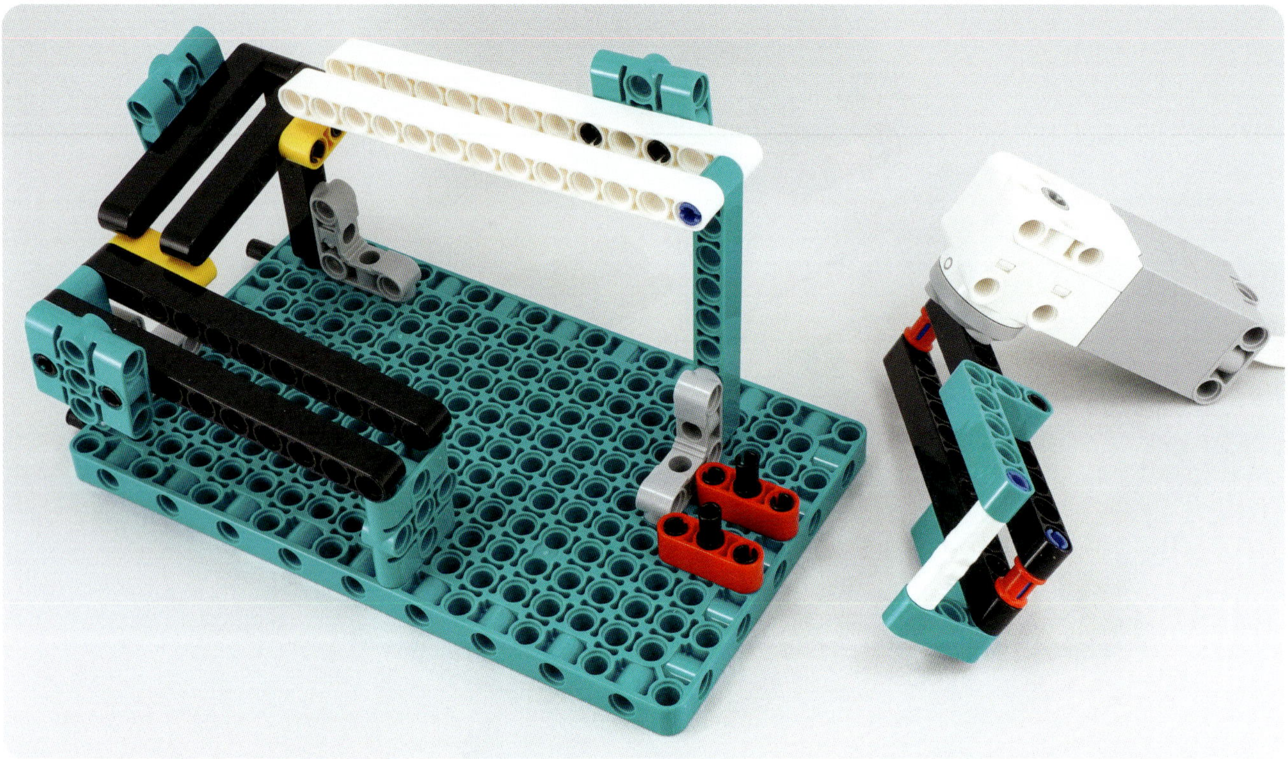

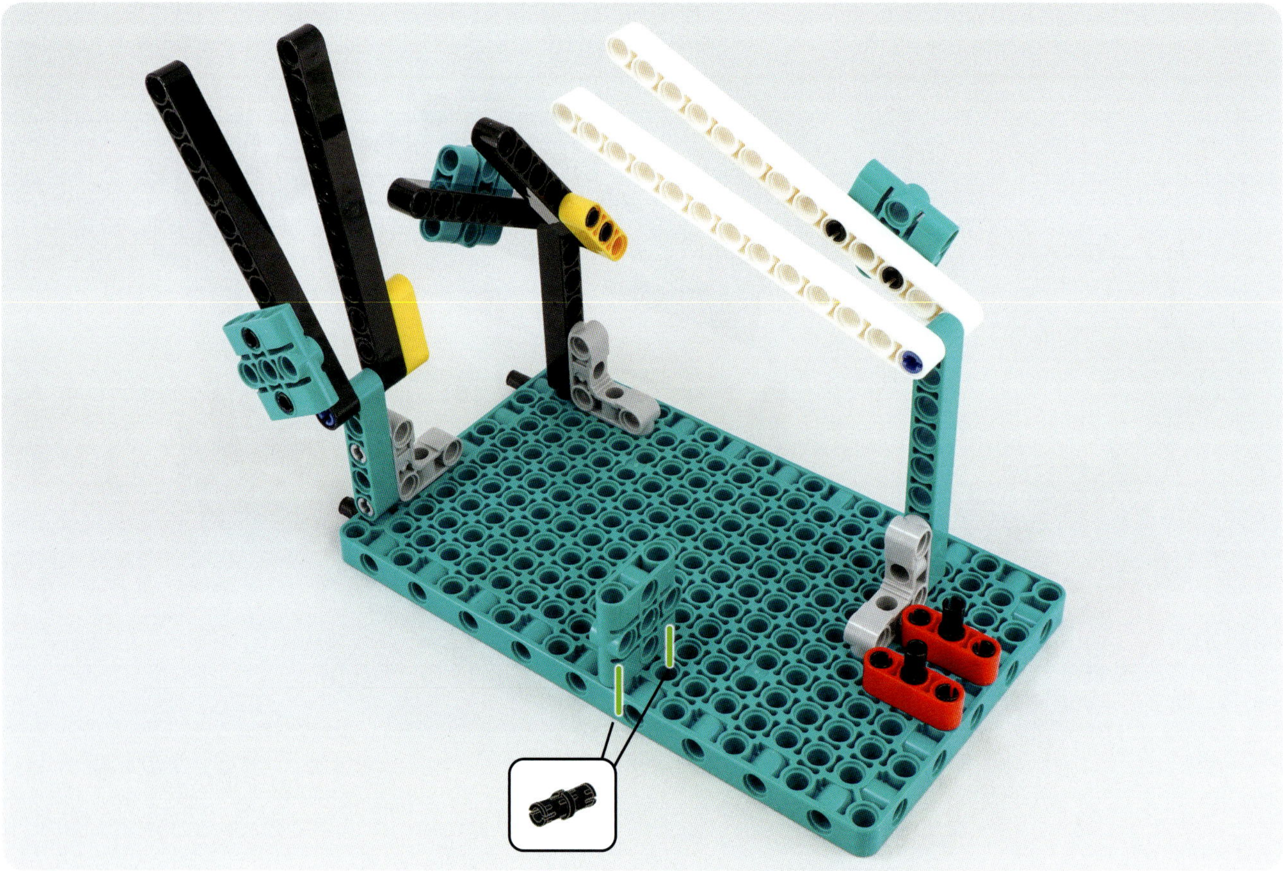

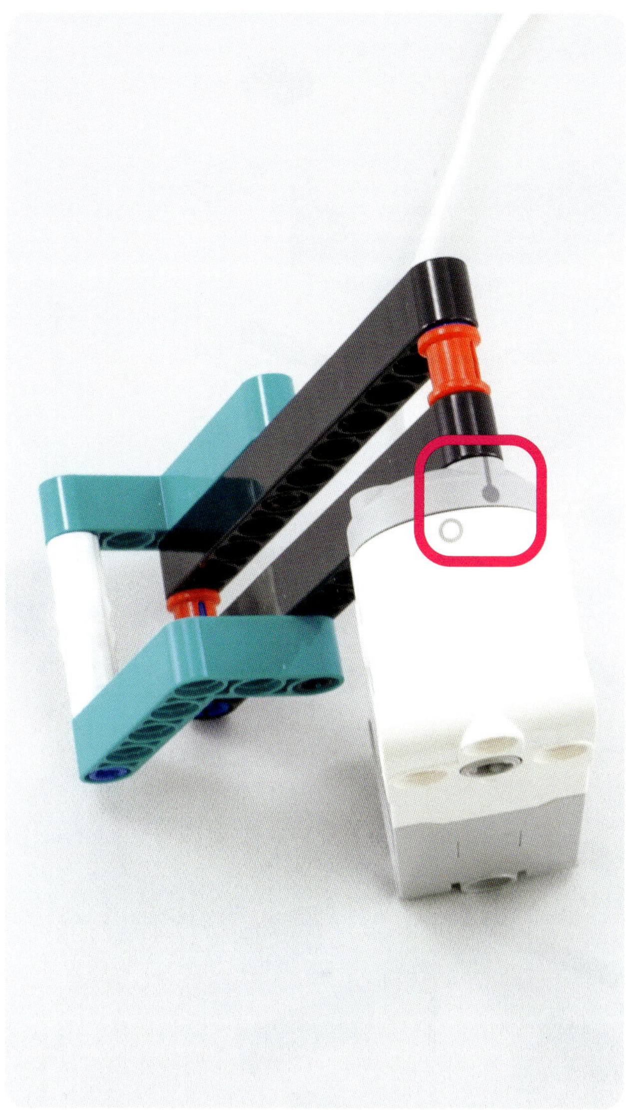

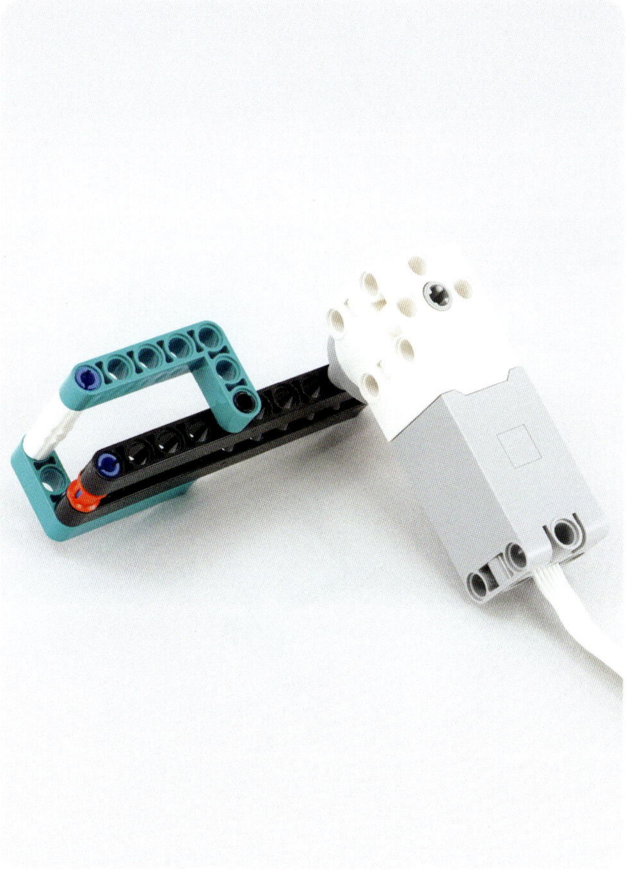

wenn das Programm startet
B Geschwindigkeit auf 20 % einstellen
wiederhole fortlaufend
B auf kürzestem Wege auf Position 330 bewegen
warte 1 Sekunden
B auf kürzestem Wege auf Position 260 bewegen
warte 1 Sekunden

122

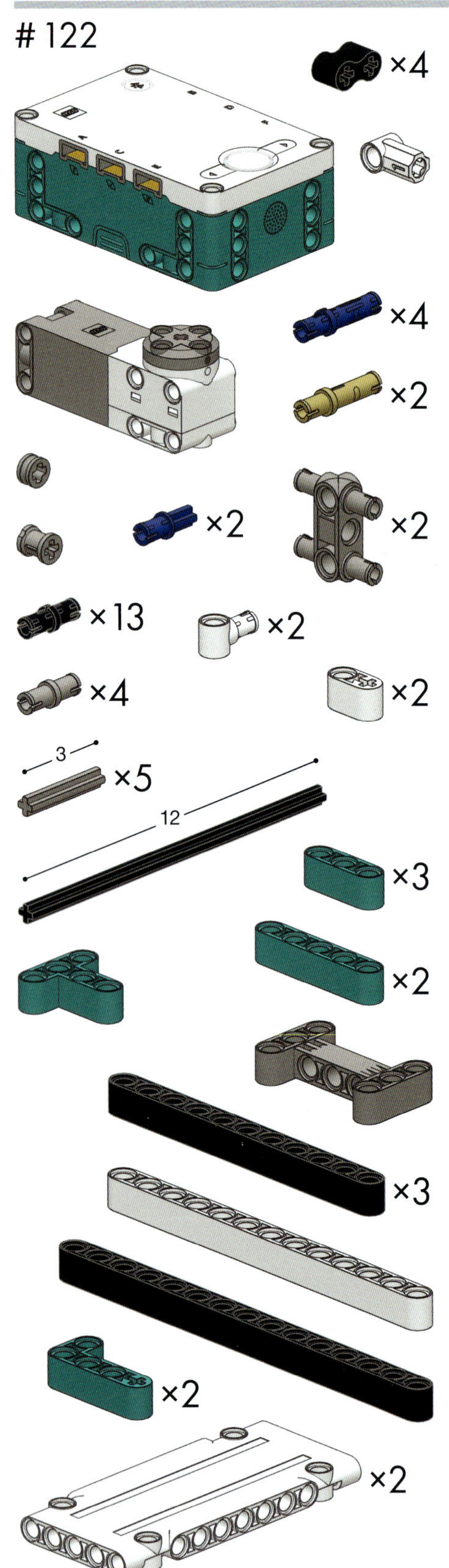
×4
×4
×2
×2
×2
×13
×2
×4
×2
3
×5
12
×3
×2
×3
×2
×2

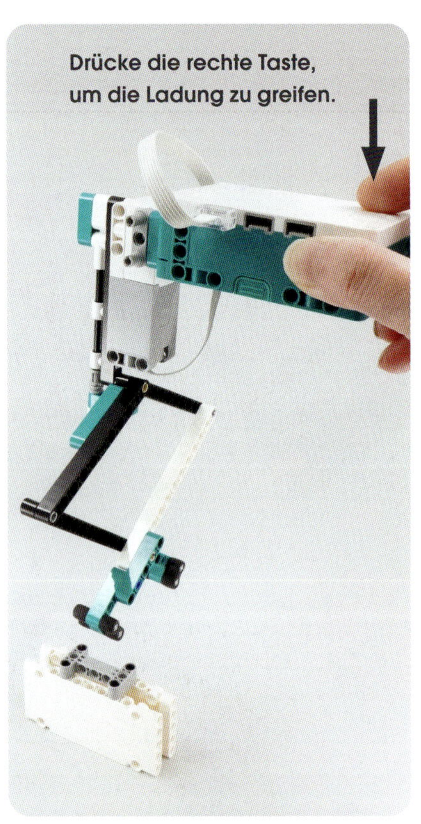
Drücke die rechte Taste,
um die Ladung zu greifen.

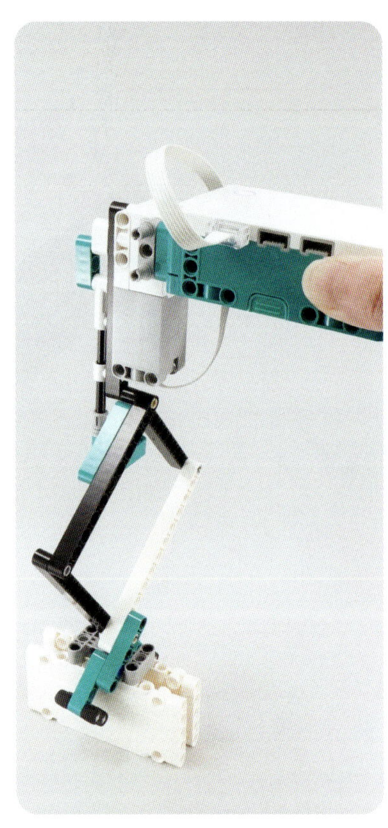

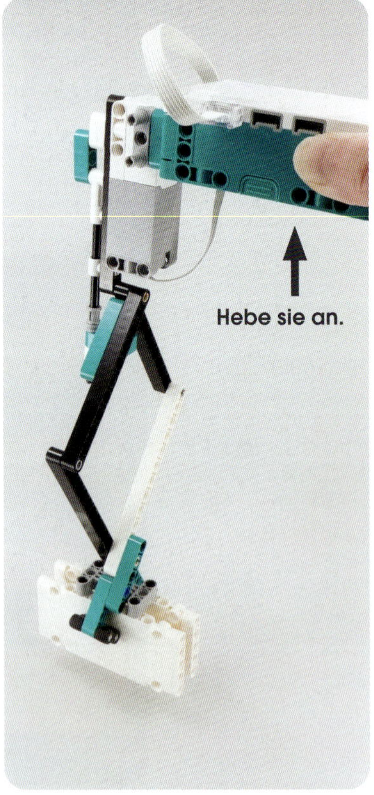
Hebe sie an.

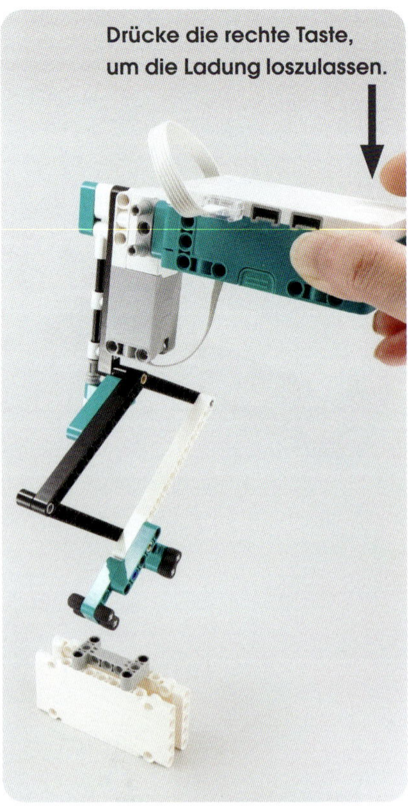
Drücke die rechte Taste,
um die Ladung loszulassen.

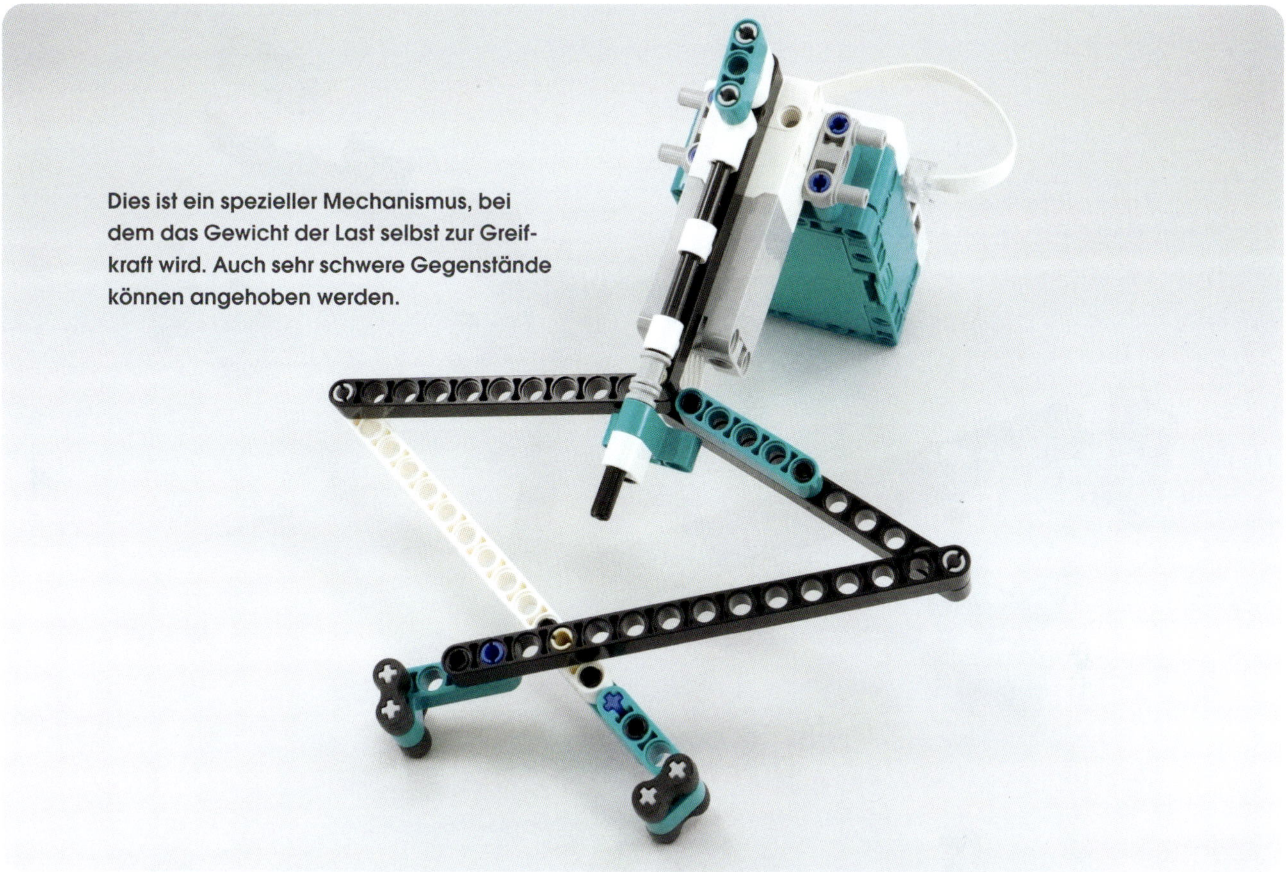

Dies ist ein spezieller Mechanismus, bei dem das Gewicht der Last selbst zur Greifkraft wird. Auch sehr schwere Gegenstände können angehoben werden.

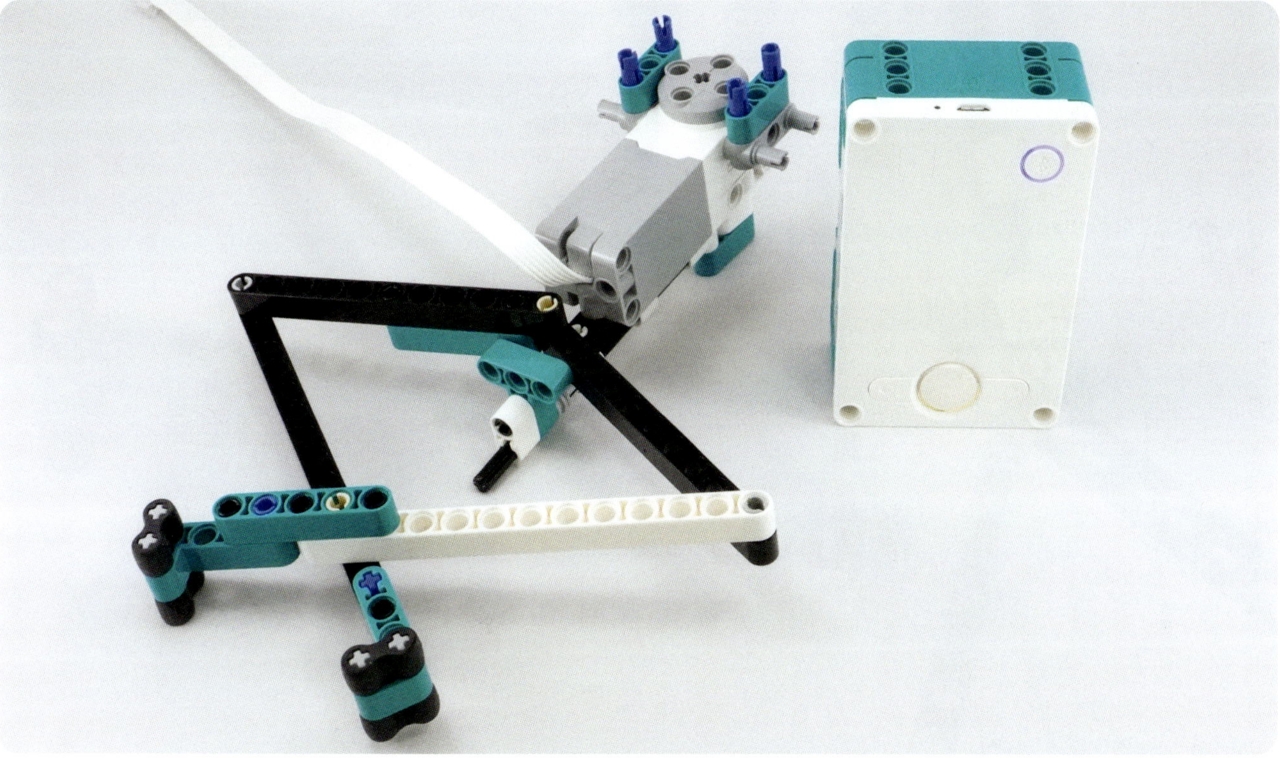

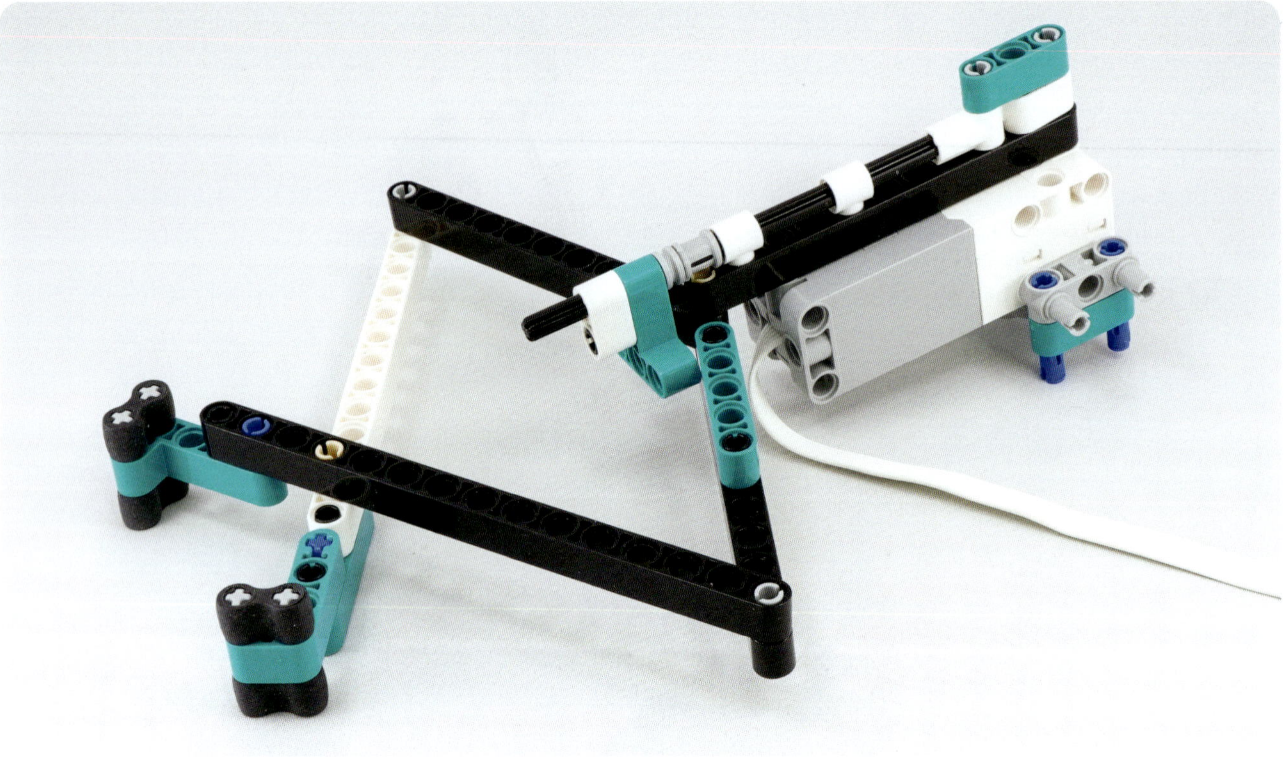

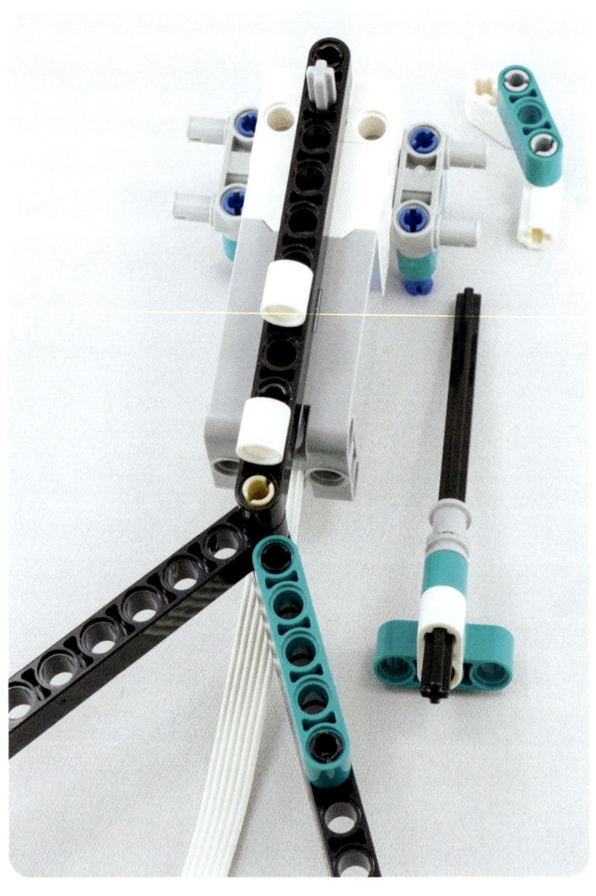

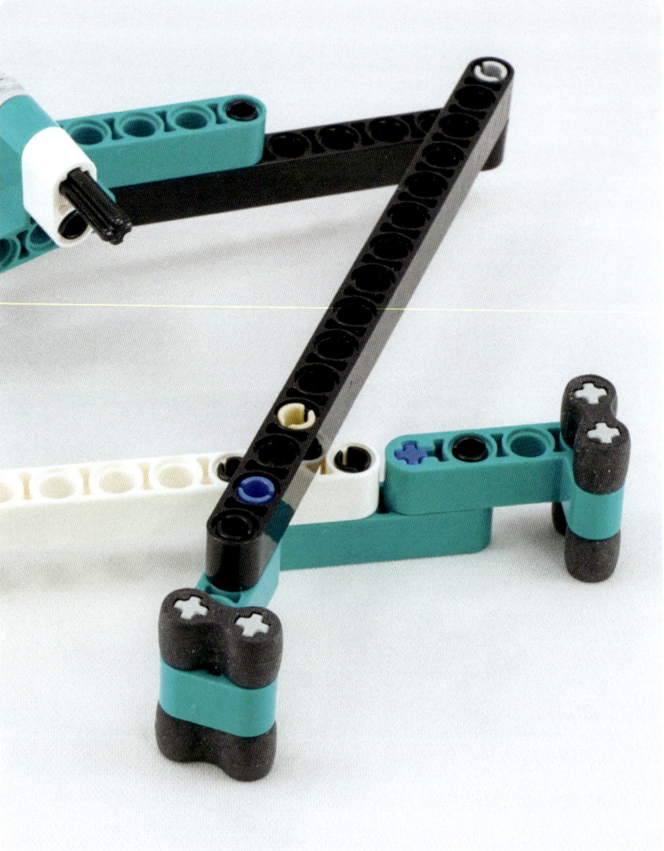

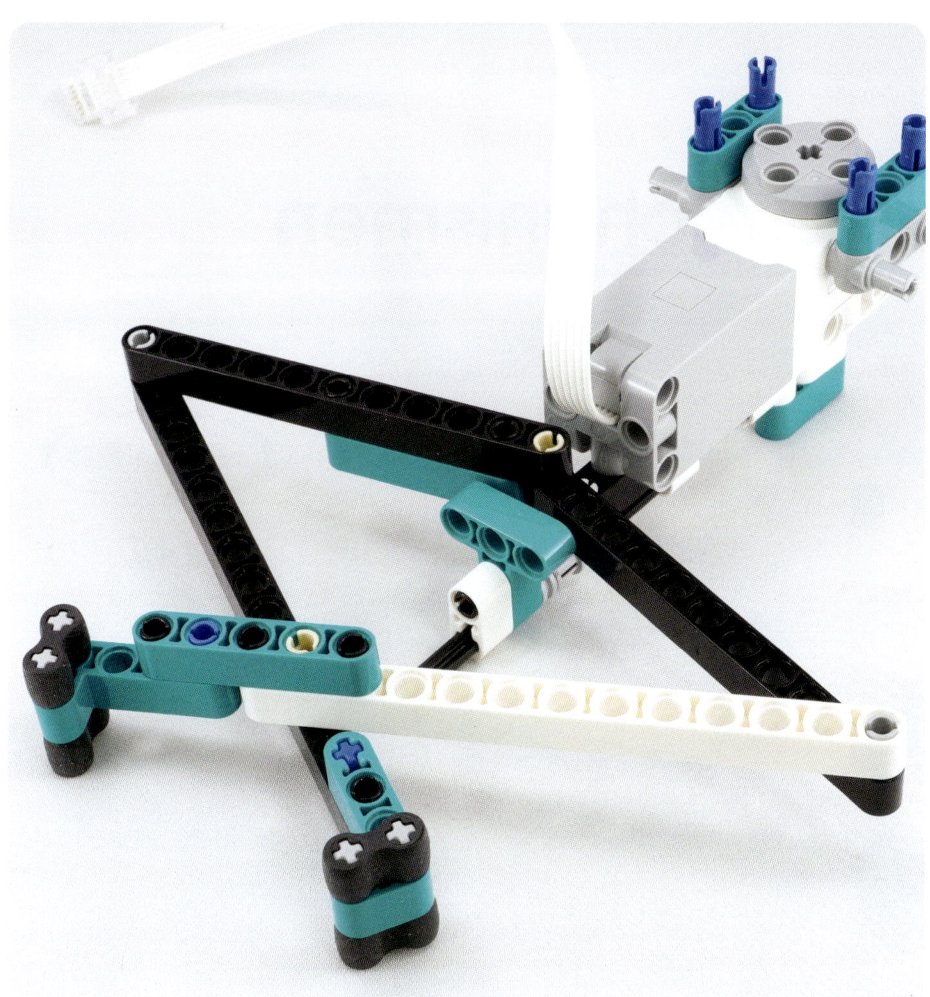

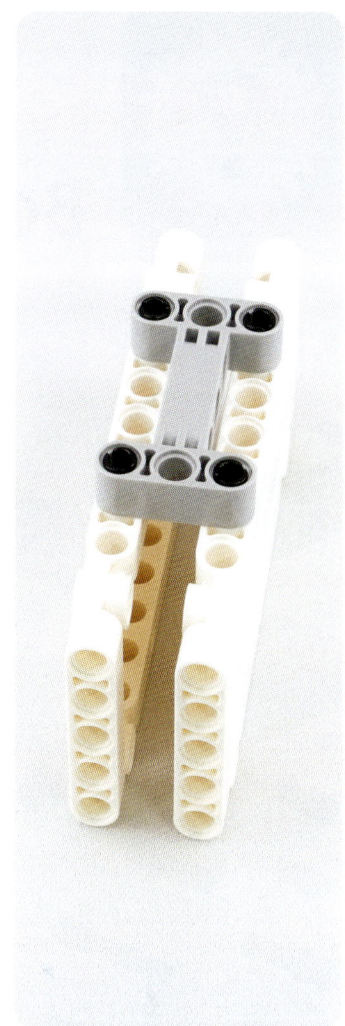

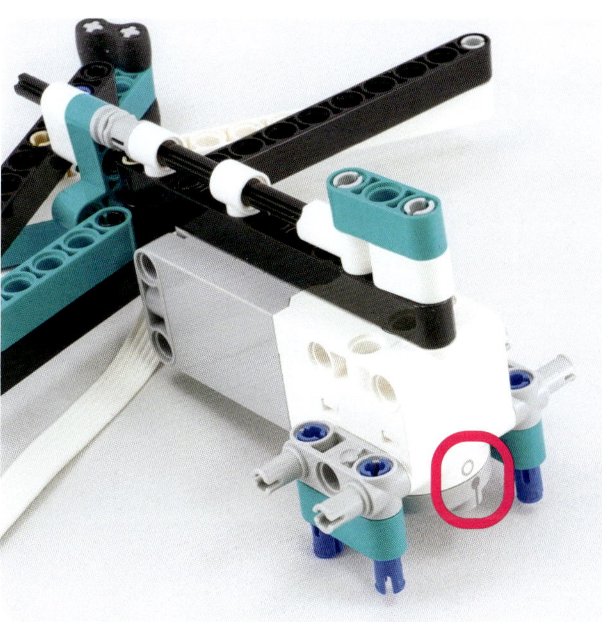

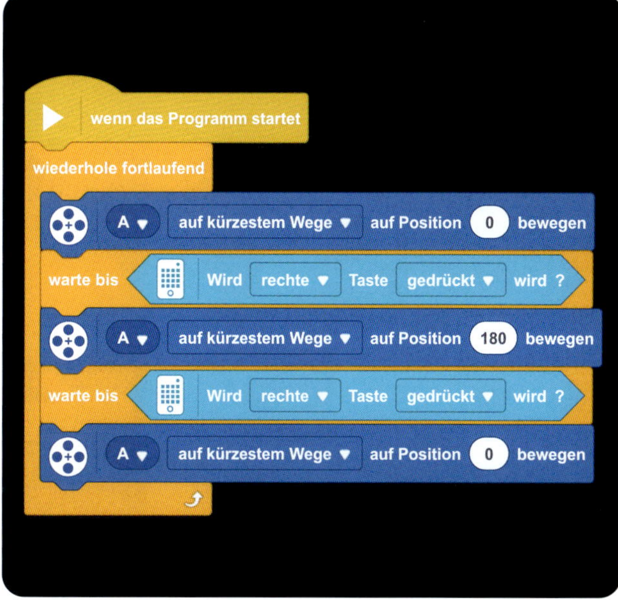
wenn das Programm startet
wiederhole fortlaufend
A auf kürzestem Wege auf Position 0 bewegen
warte bis Wird rechte Taste gedrückt wird ?
A auf kürzestem Wege auf Position 180 bewegen
warte bis Wird rechte Taste gedrückt wird ?
A auf kürzestem Wege auf Position 0 bewegen

Bonusmechanismen

123

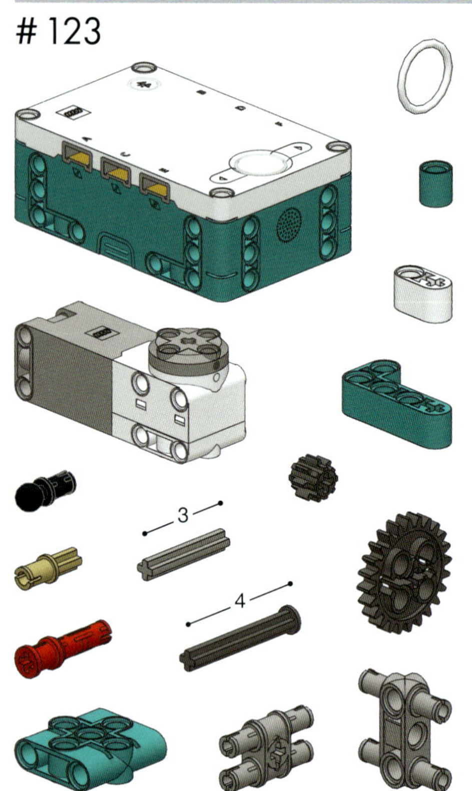

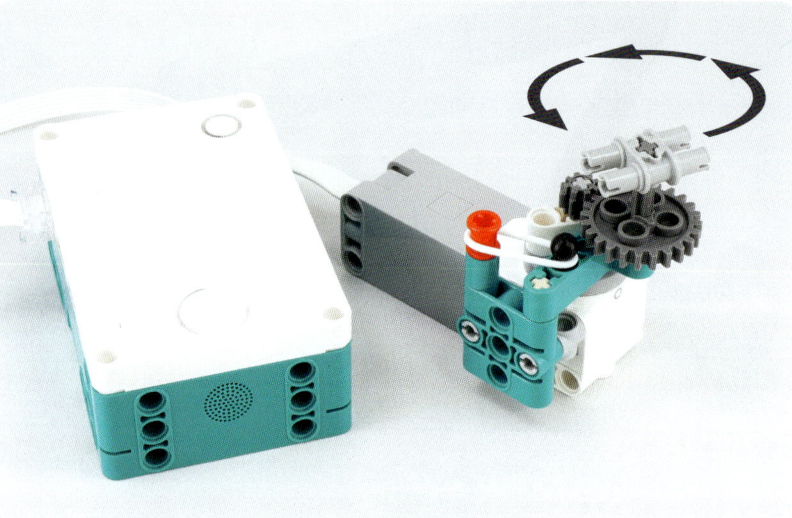

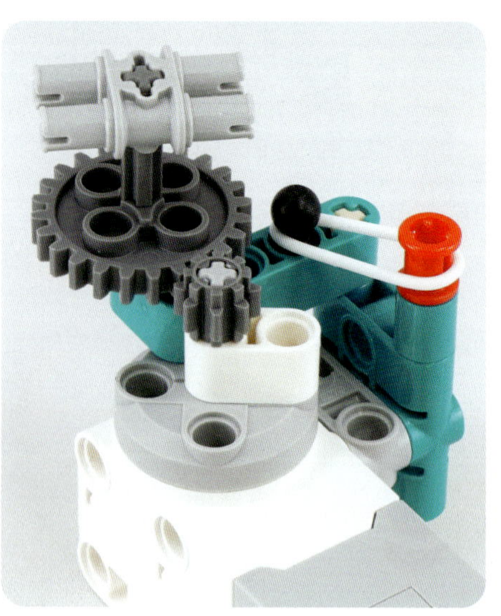

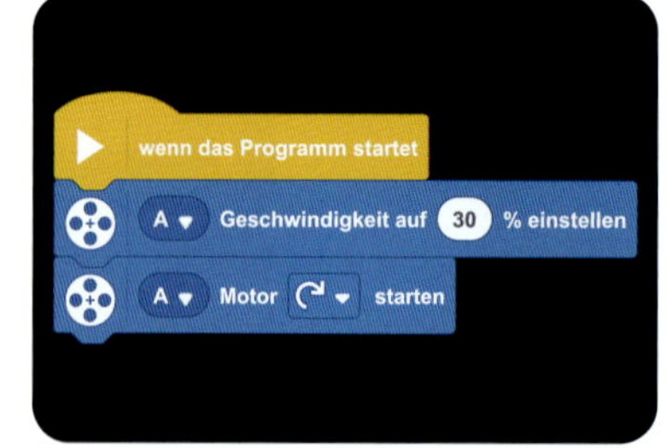

124

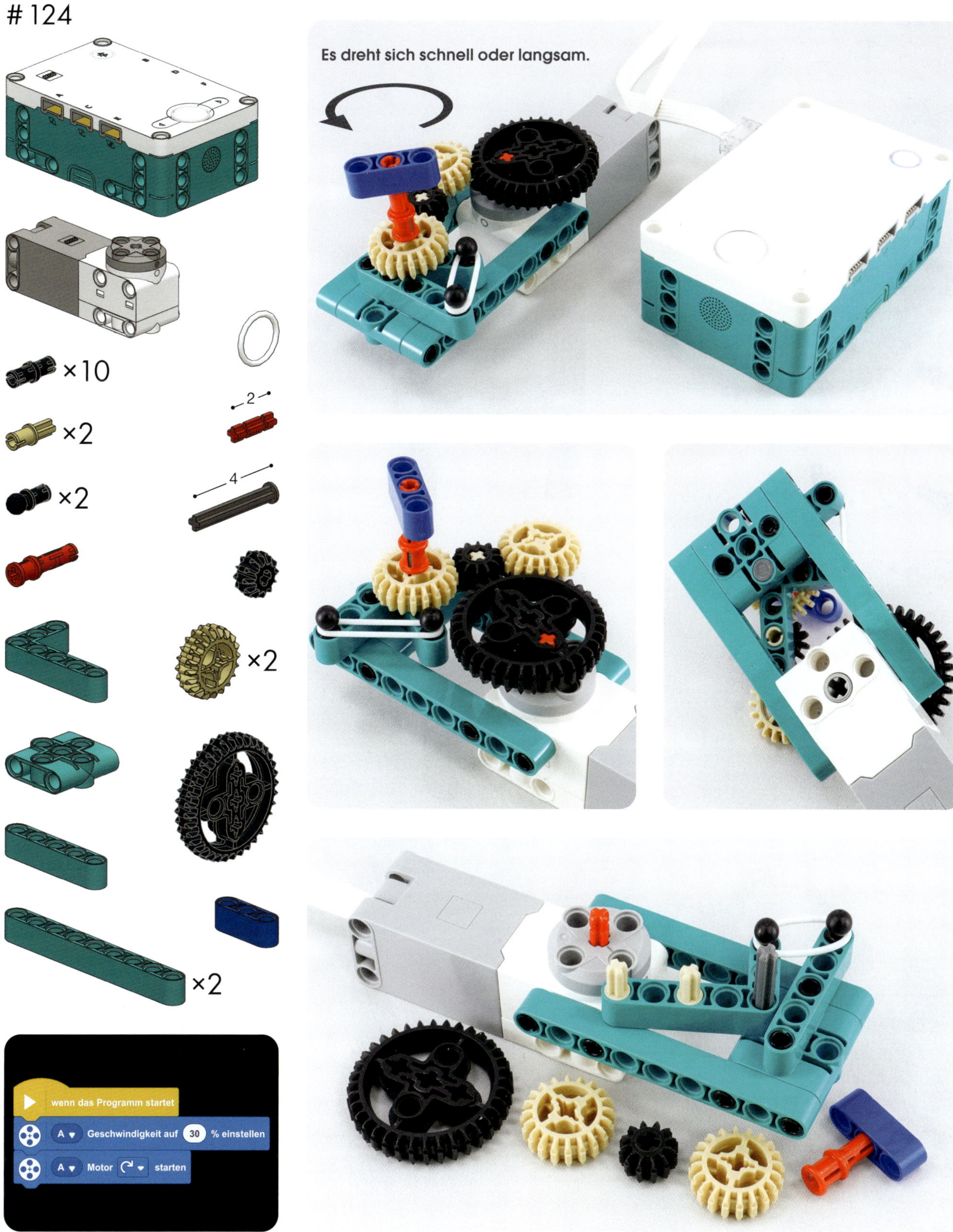
×10
×2
2
4
×2
×2
×2
Es dreht sich schnell oder langsam.
wenn das Programm startet
A Geschwindigkeit auf 30 % einstellen
A Motor starten

125

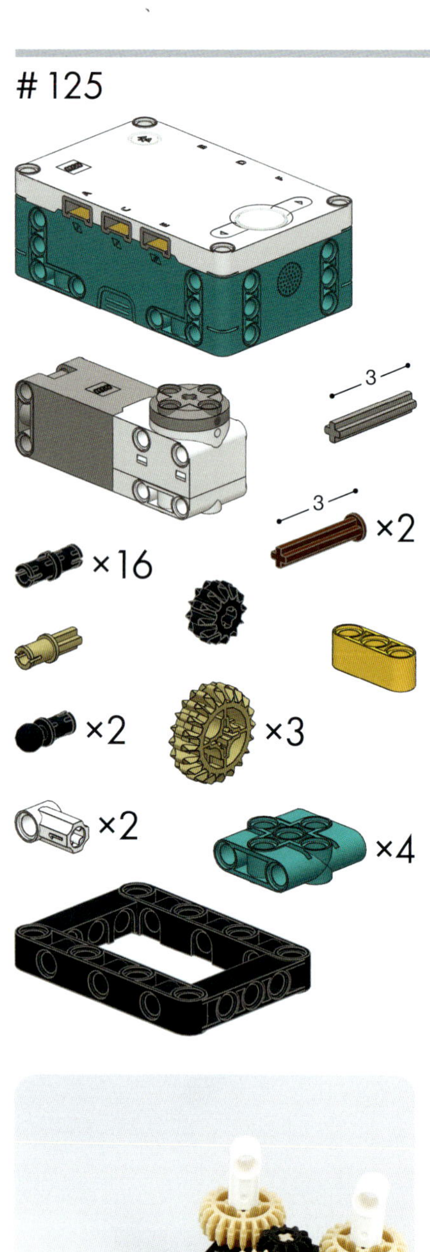

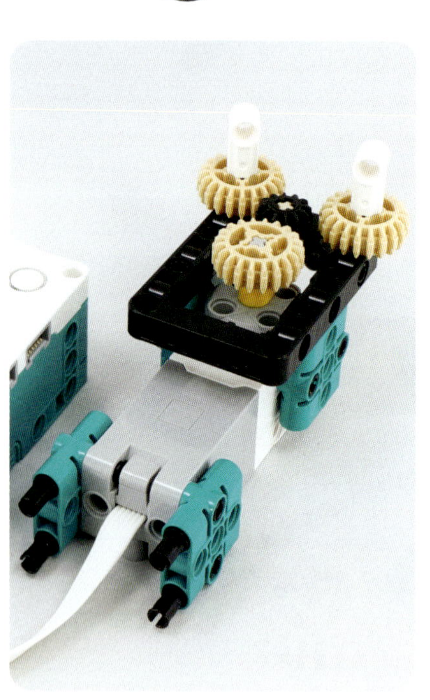

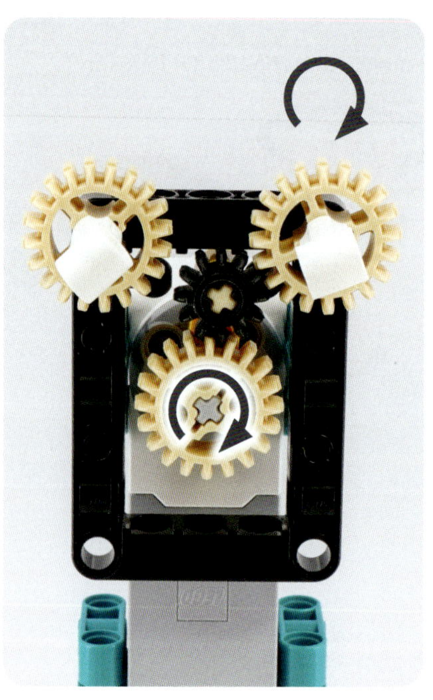

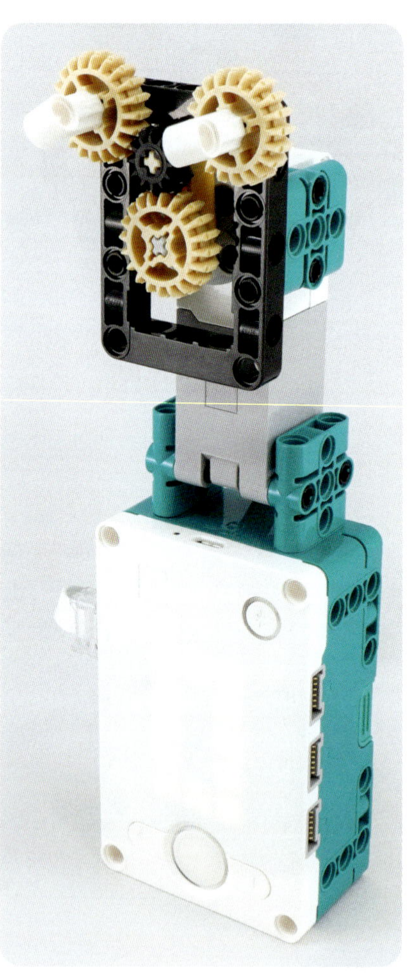

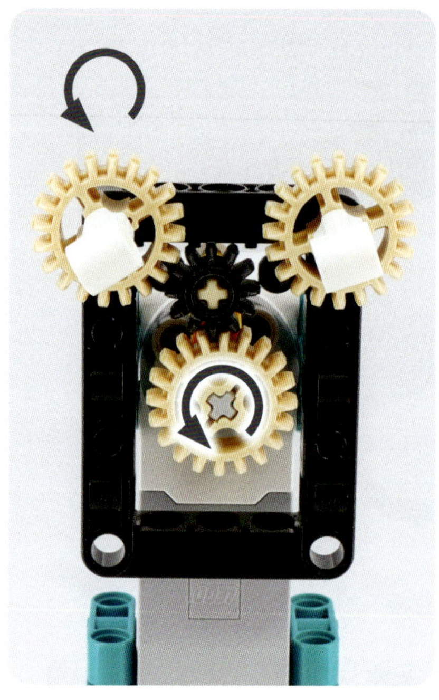

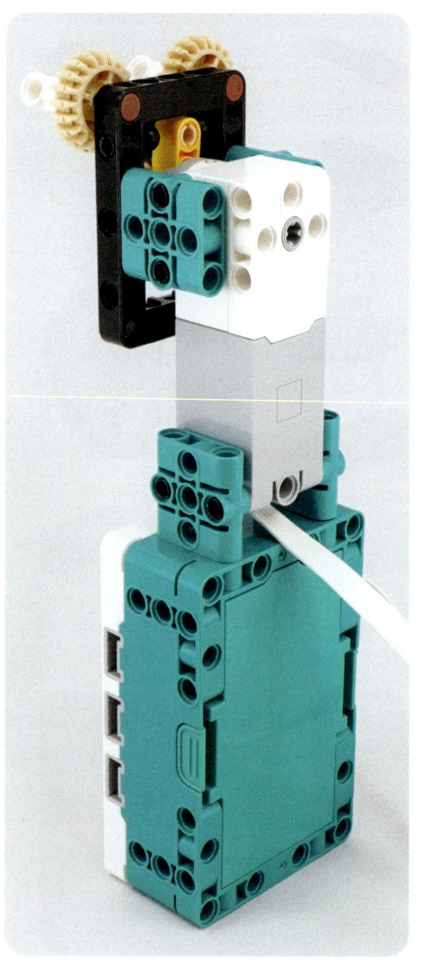

wenn das Programm startet
A Geschwindigkeit auf 100 % einstellen
wiederhole fortlaufend
A 2 Sekunde(n) laufen lassen
A 2 Sekunde(n) laufen lassen

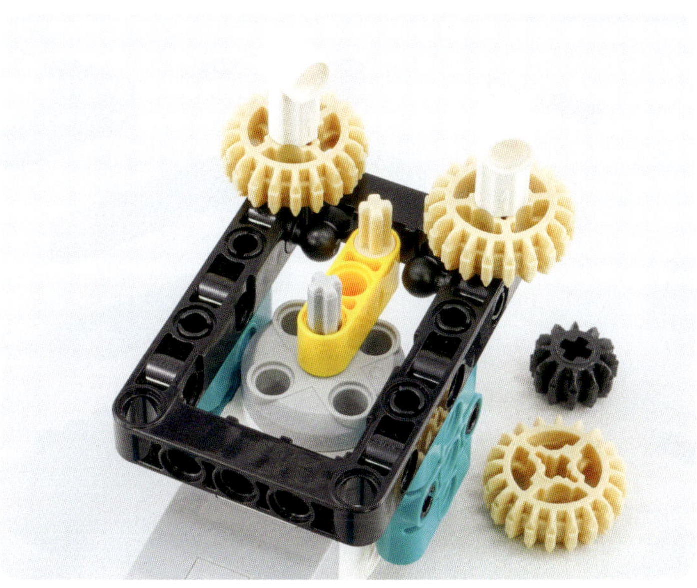

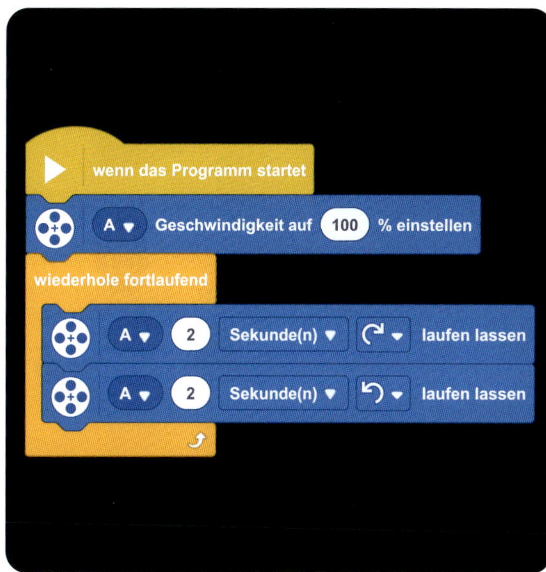

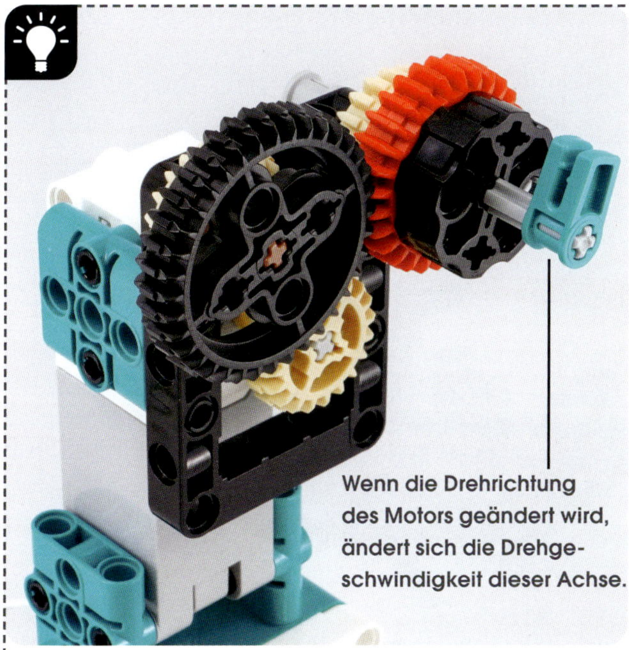

Wenn die Drehrichtung des Motors geändert wird, ändert sich die Drehgeschwindigkeit dieser Achse.

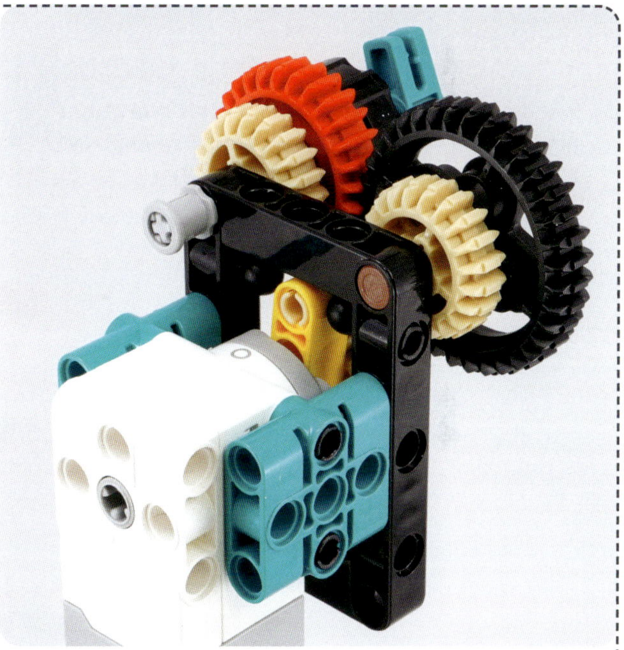

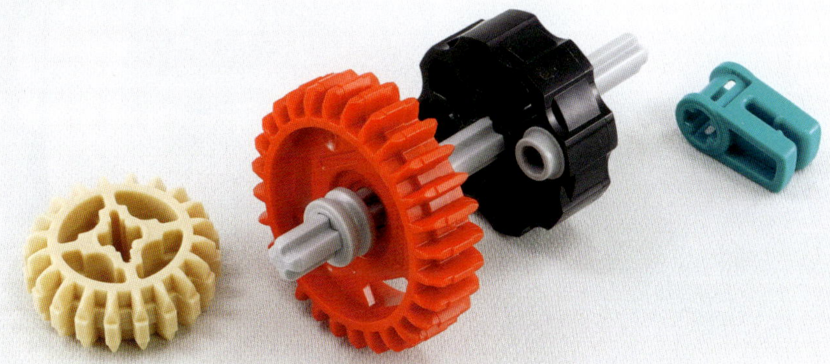

126

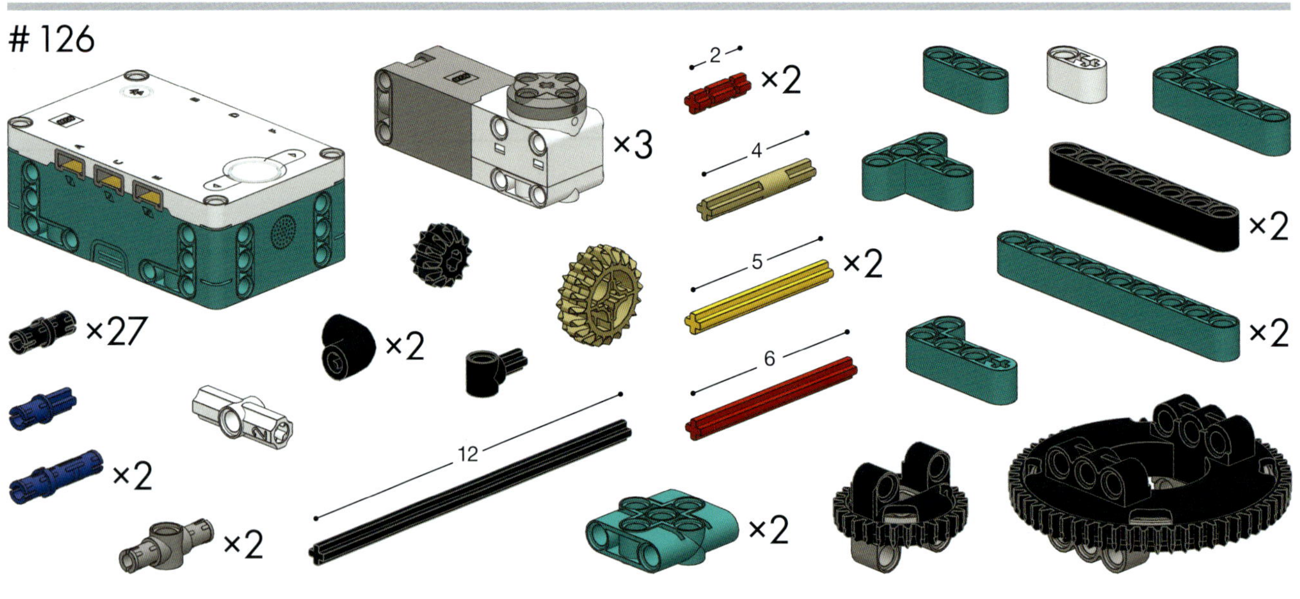

Wie die Zeiger einer Uhr drehen sich die drei Zeiger um dieselbe Achse. Bei diesem Modell werden drei Motoren verwendet: einer für jeden Zeiger.

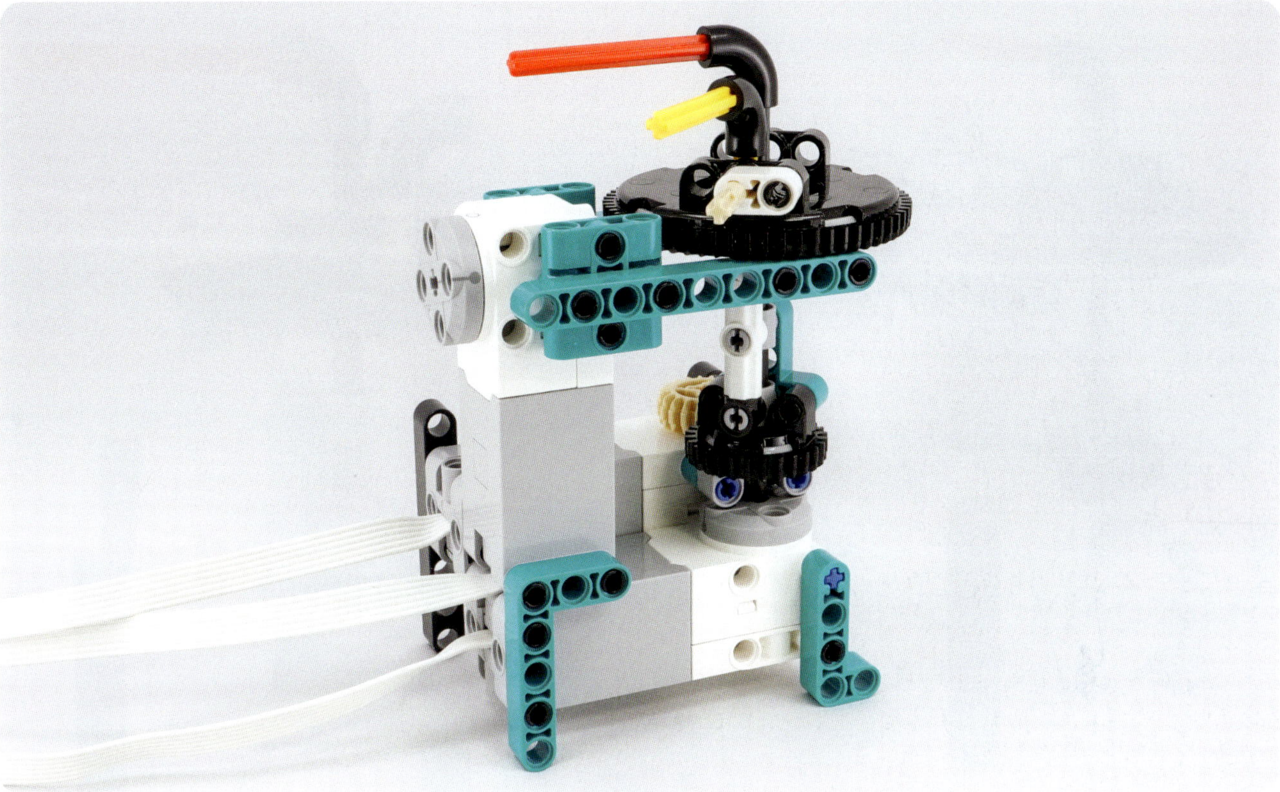

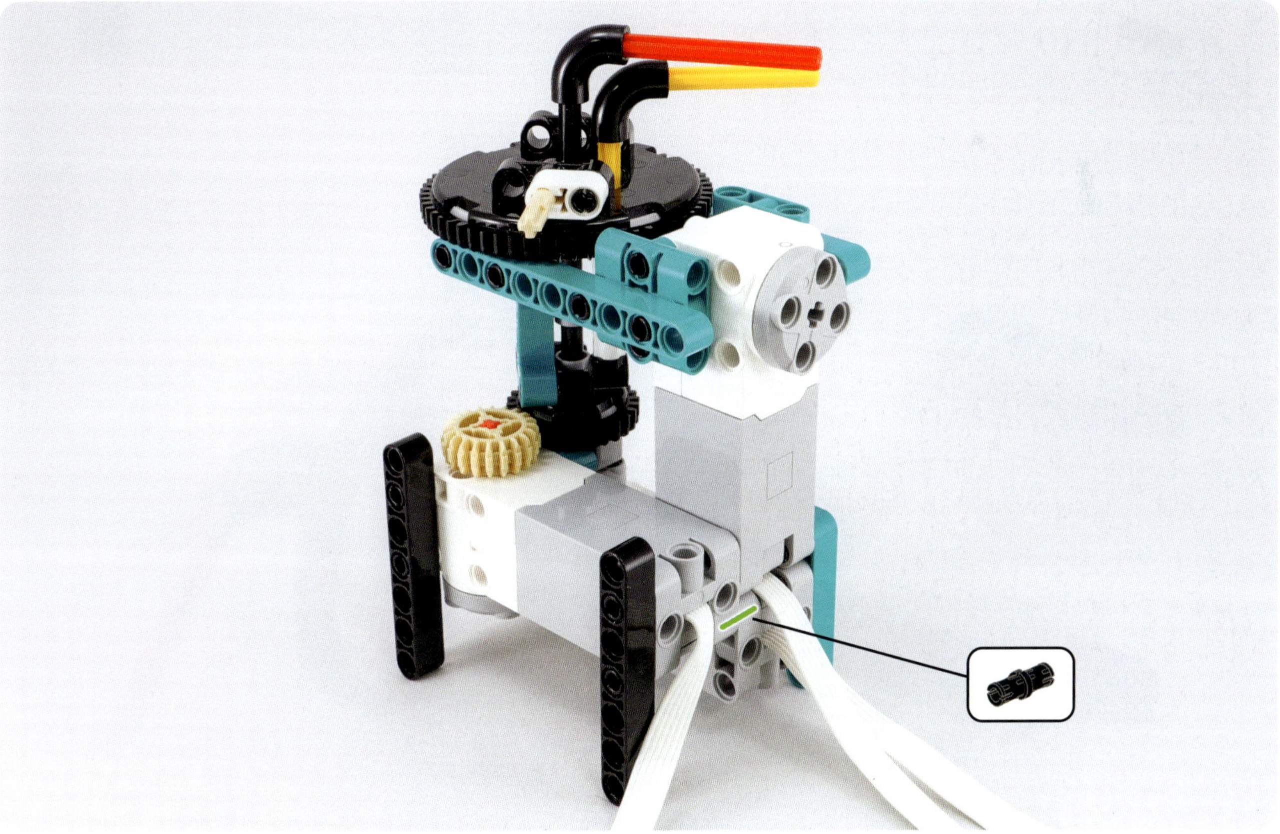

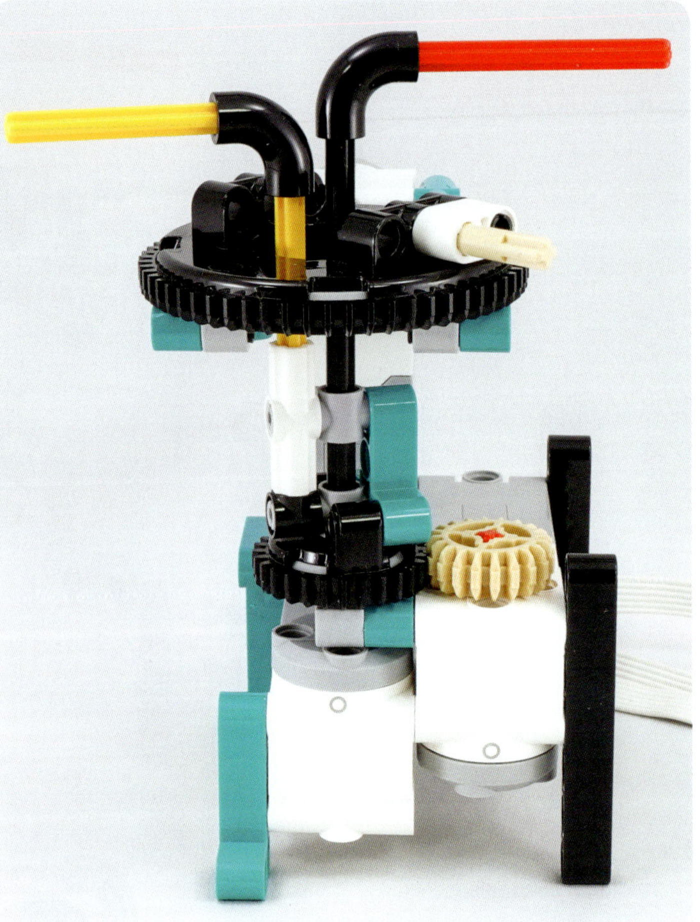

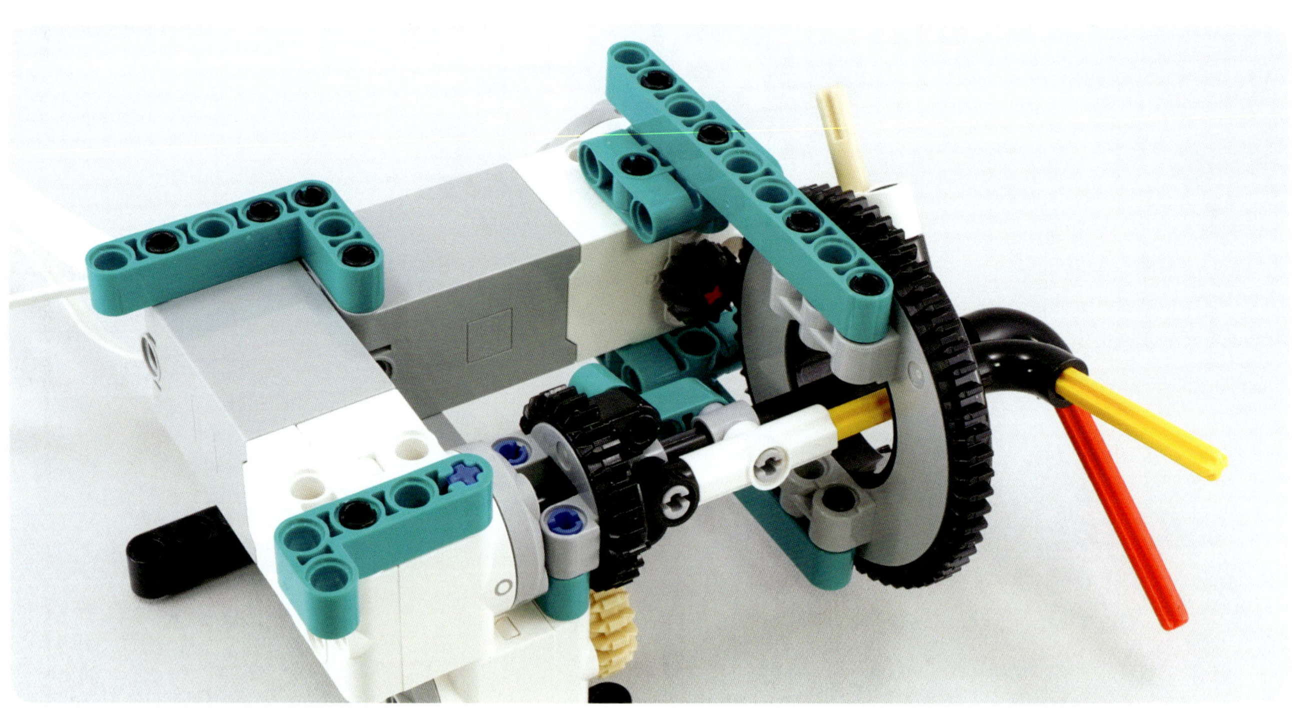

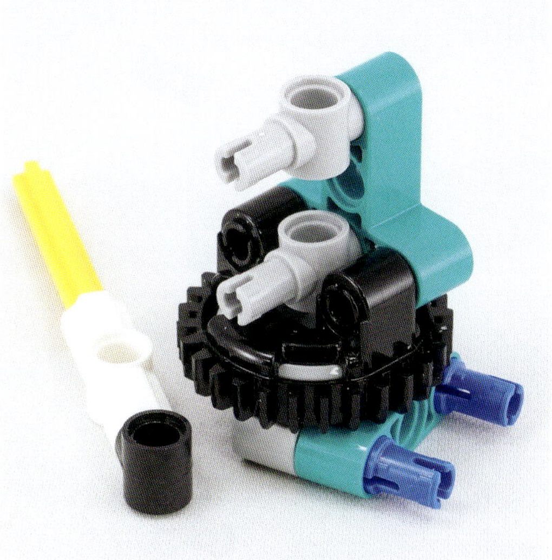

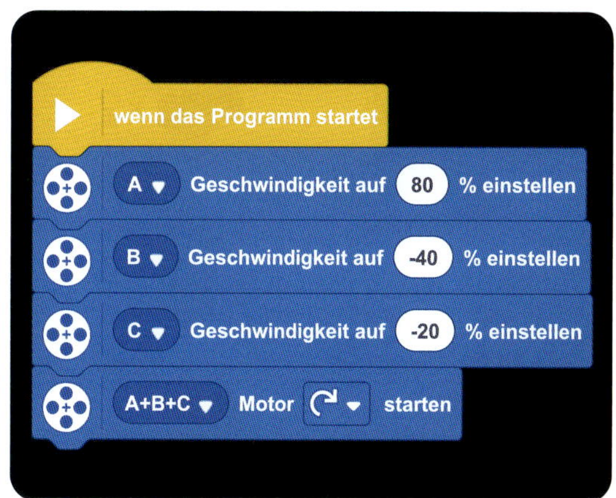

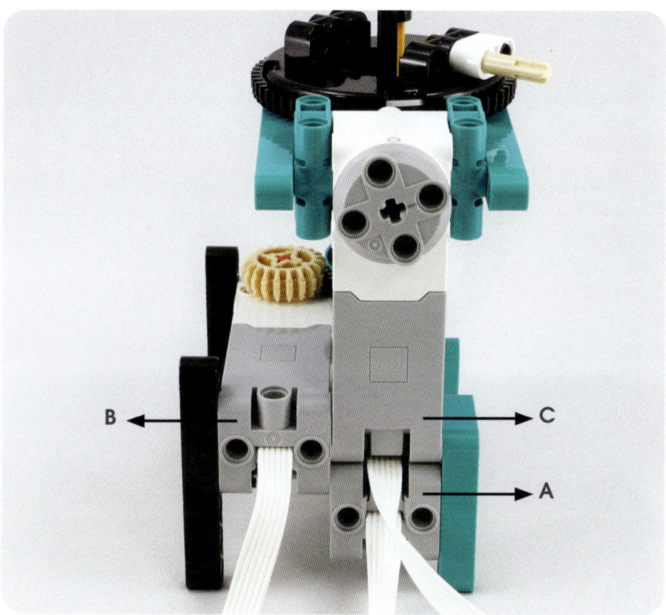

Die drei Zeiger drehen sich mit ungefähr der gleichen Geschwindigkeit. Einzelheiten zum Erstellen von Variablen findest du auf Seite 57.

127

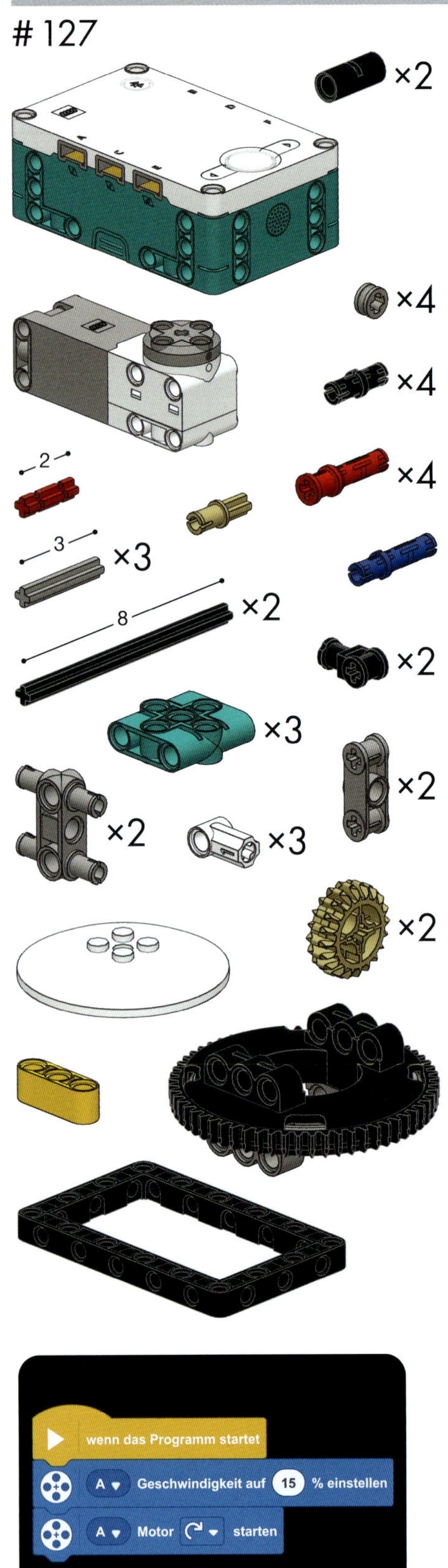
×2
×4
×4
2
×4
3
×3
8
×2
×2
×3
×2
×2
×3
×2
wenn das Programm startet
A Geschwindigkeit auf 15 % einstellen
A Motor starten

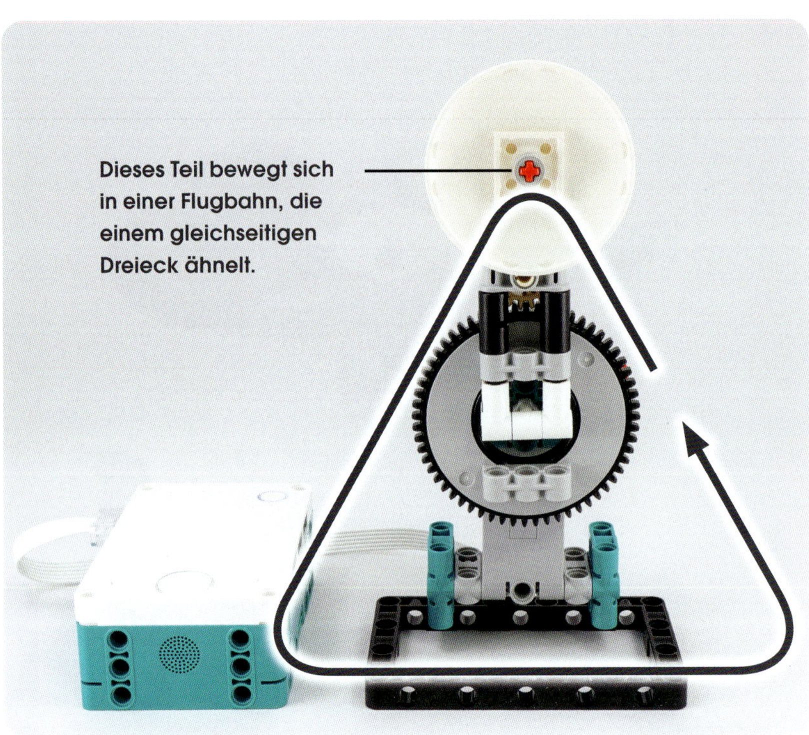
Dieses Teil bewegt sich in einer Flugbahn, die einem gleichseitigen Dreieck ähnelt.

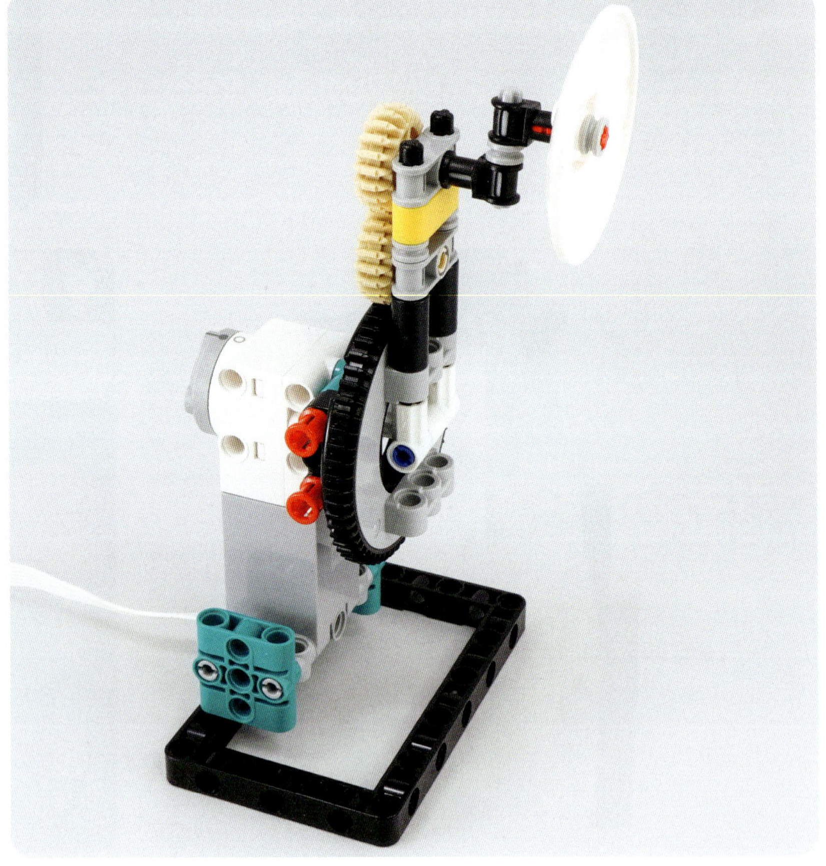

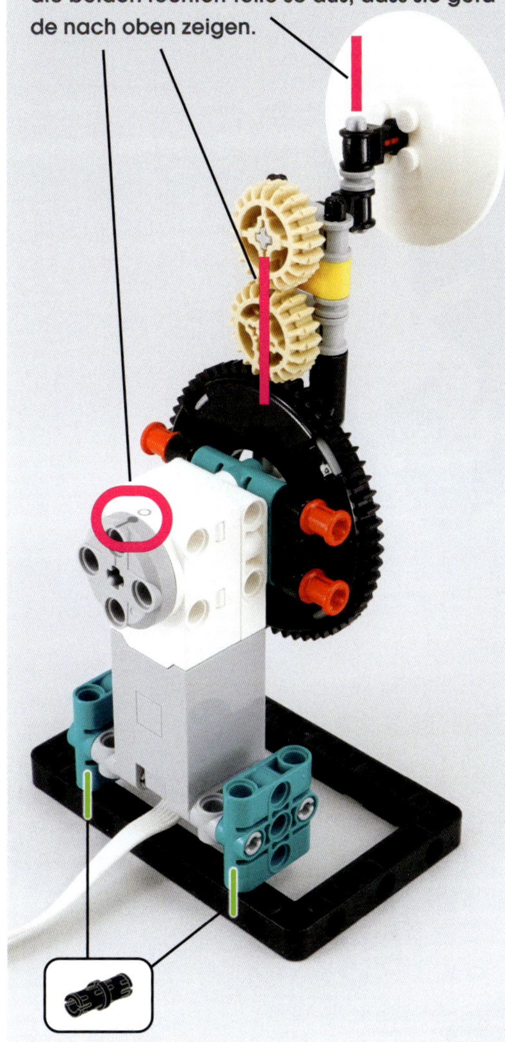
Nachdem du die Positionen der beiden Markierungen am Motor angeglichen hast, richte die beiden rechten Teile so aus, dass sie gerade nach oben zeigen.

128

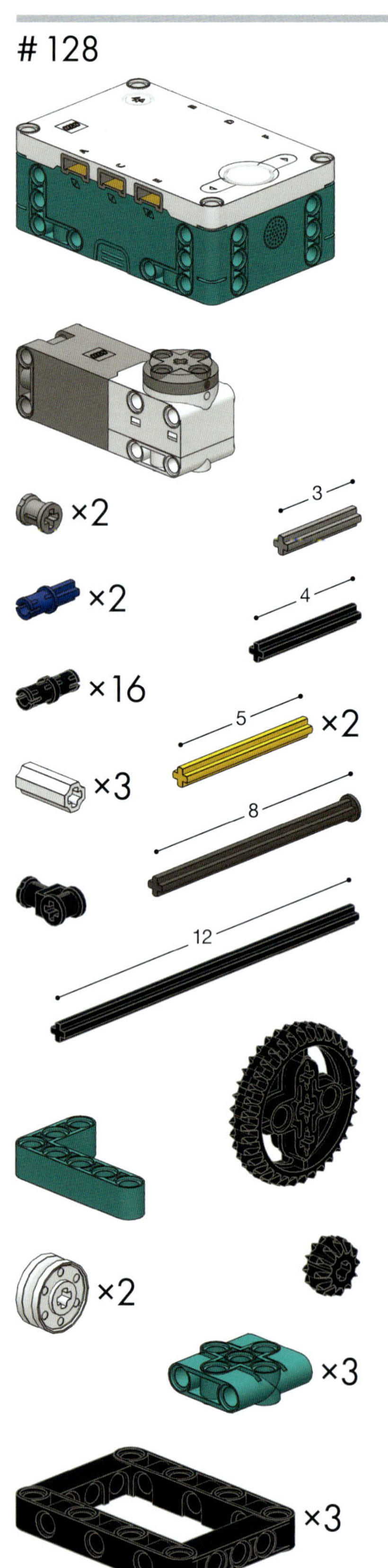

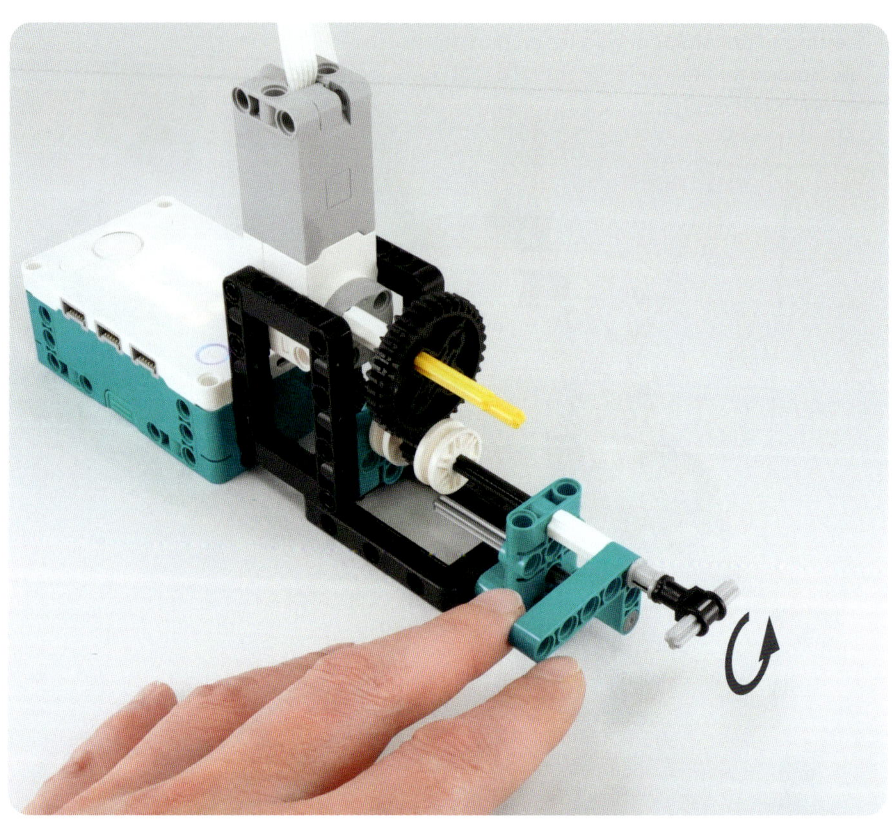

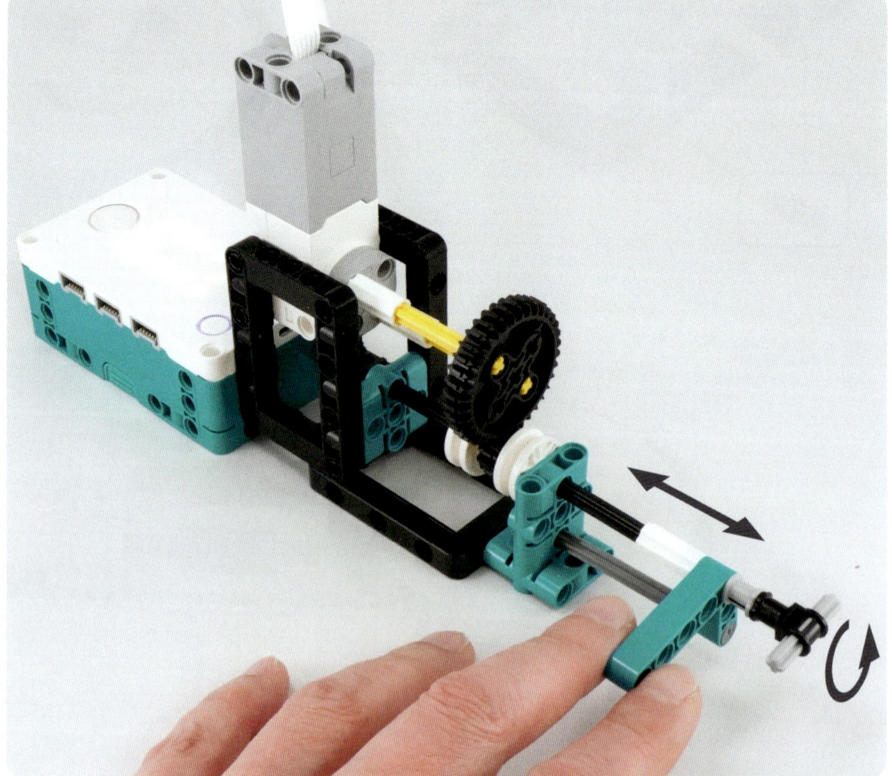

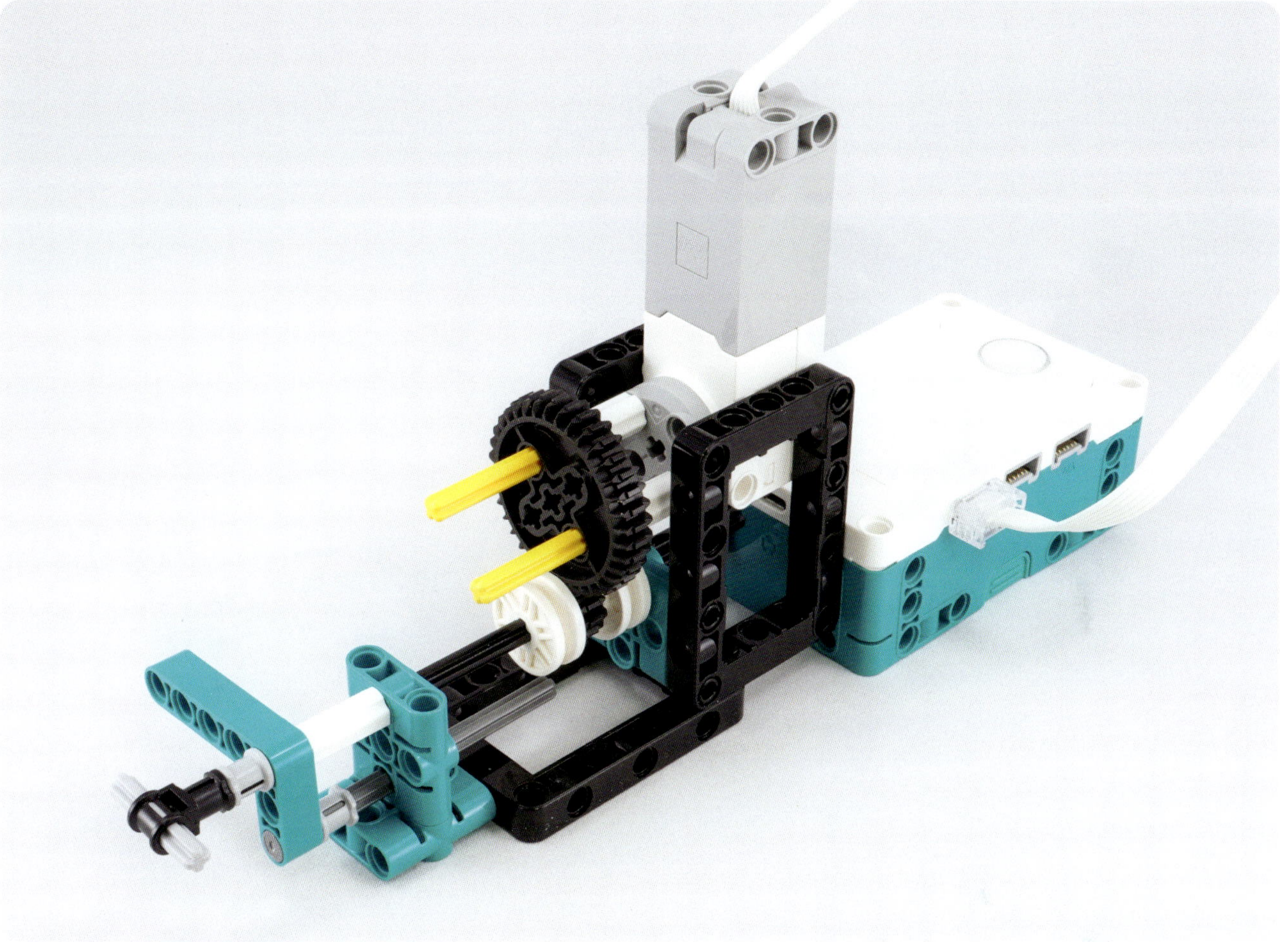

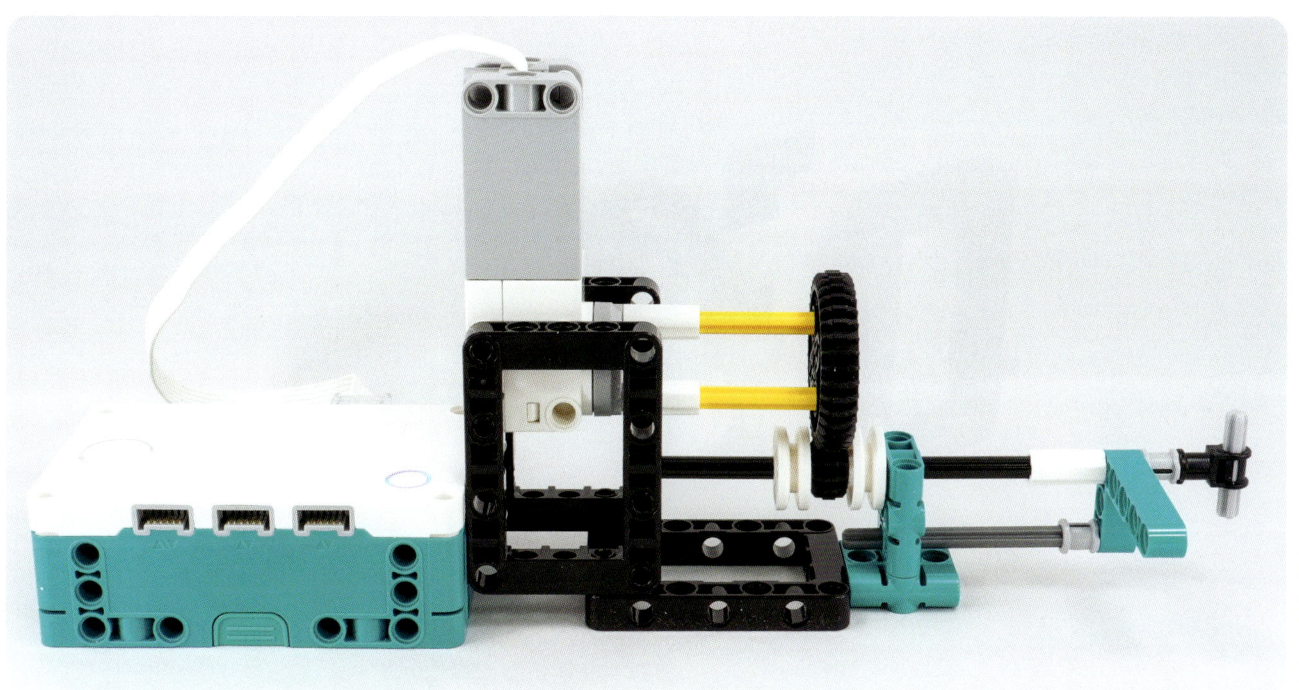

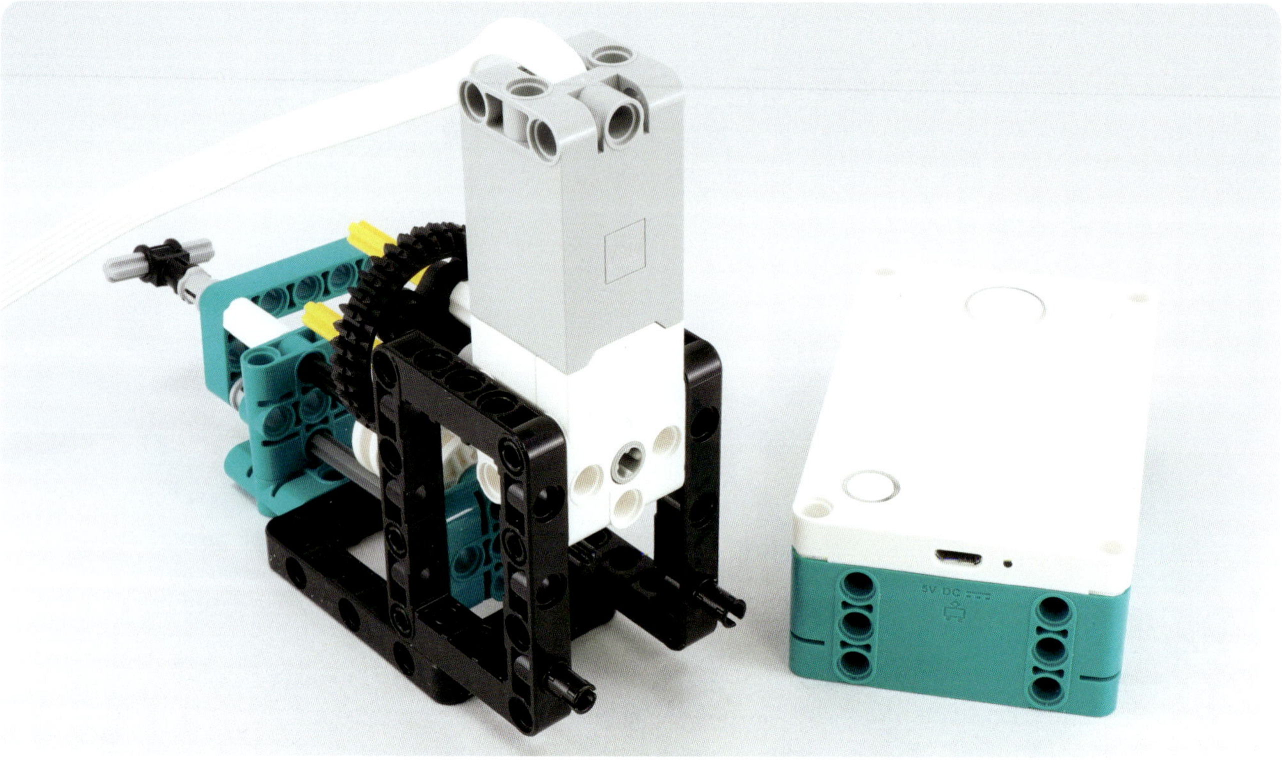

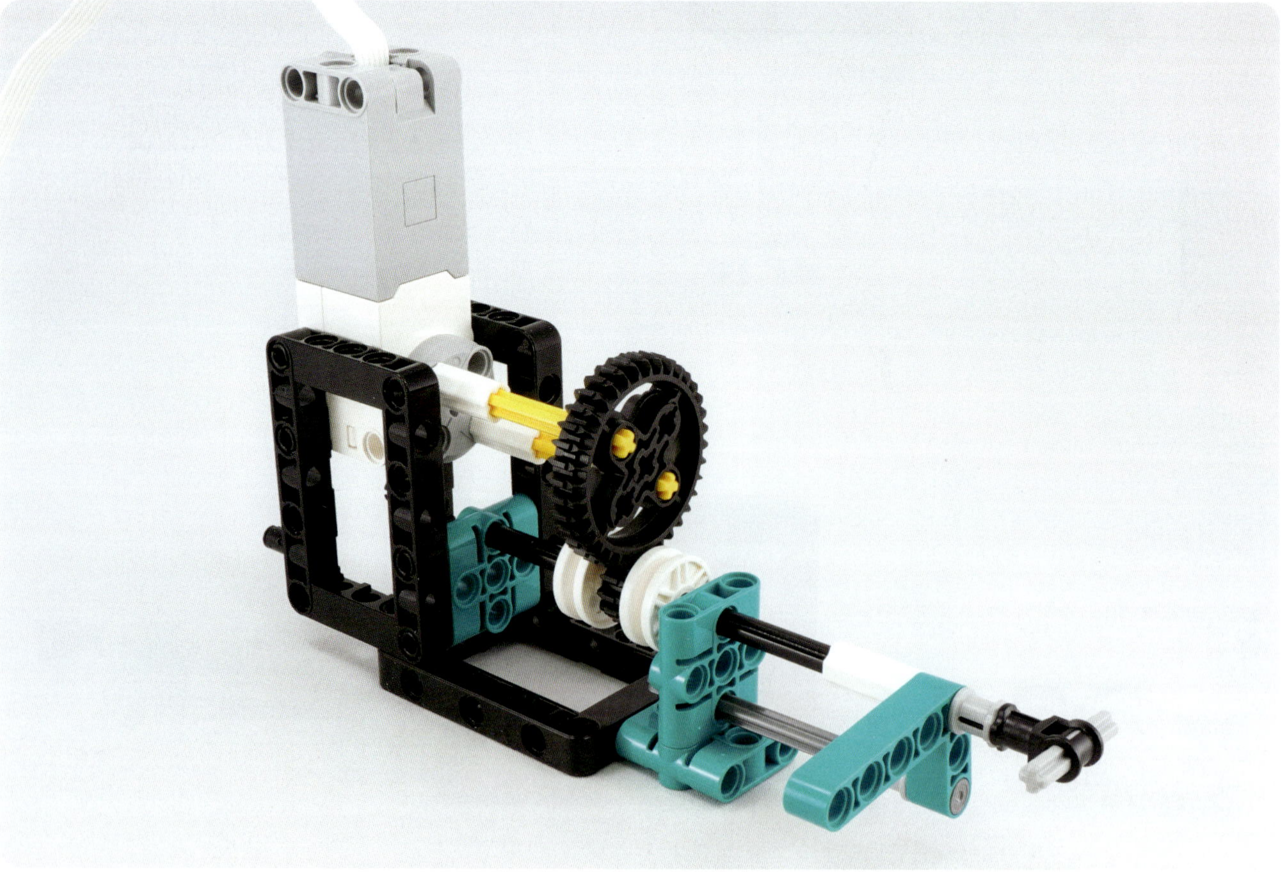

In die runden Löcher einsetzen, nicht in die kreuzförmigen.

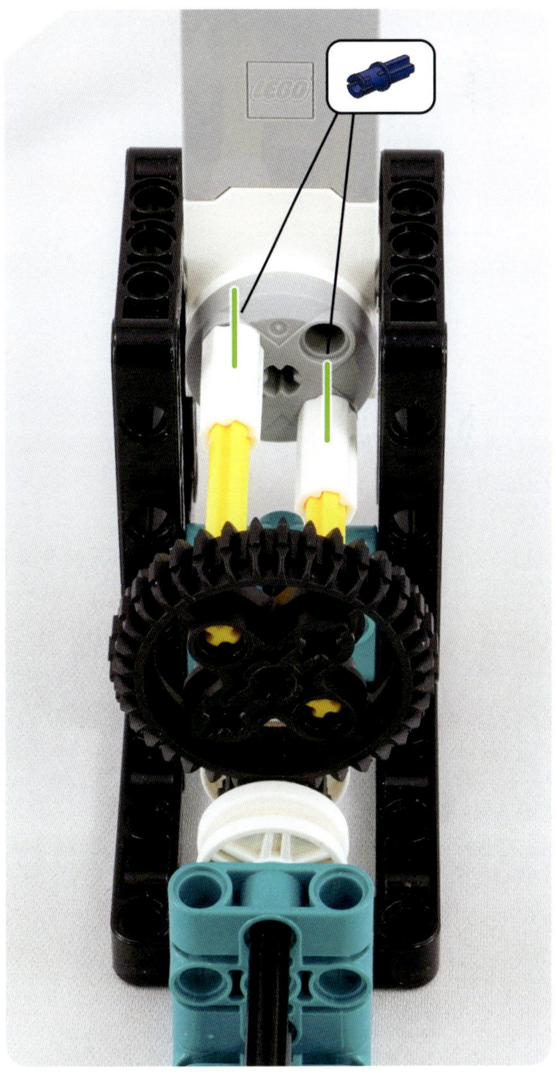

Alexander Schulze

Programmieren mit LEGO® MINDSTORMS® 51515 und SPIKE® Prime

Scratch und Python
für Einsteiger und Fortgeschrittene

2021
316 Seiten, Broschur
€ 29,90 (D)

ISBN:
Print 978-3-86490-856-9
PDF 978-3-96910-555-9
ePub 978-3-96910-556-6
mobi 978-3-96910-557-3

Auf *dpunkt.de* auch als Bundle (Print & E-Book) erhältlich.

Programmieren lernen muss nicht theoretisch sein: Zusammen mit den LEGO-Modellreihen Mindstorms Robot Inventor 51515 oder dem kompatiblen Spike Prime kannst du deine Programmzeilen direkt mit selbstgebauten Modellen ausprobieren.

Das Buch bietet einen methodisch sinnvollen Weg, die zwei Programmiersprachen zu erlernen, die LEGO für die Modellreihen vorsieht. Verfolge Programmier-Aufgabenstellungen jeweils in beiden Sprachen und lerne dabei ihre Unterschiede und Stärken kennen:

- Scratch, das mit grafischen Textblöcken arbeitet, eignet sich besonders gut für Einsteigerinnen und Einsteiger.
- Python dient als einfacher Zugang zur textbasierten Programmierung und ermöglicht auch komplizierte Abläufe.
- Experimente und intuitives Lernen mit dem exklusiven Beispielroboter, der aus Teilen des Sets LEGO Mindstorms Robot Inventor 51515 bzw. aus dem LEGO-Education-Spike-Prime-Set 45678 gebaut werden kann.